CAD/CAM/CAE 工程应用丛书

UG NX 11.0 基础应用与范例解析

第 4 版

韩凤起　李志尊　杨振军　等编著

机 械 工 业 出 版 社

本书介绍了利用 UG NX 11.0 进行实体建模、装配建模、工程制图、运动仿真以及有限元分析等 CAD/CAE 方面的内容。第 1 章对 UG NX 11.0 的界面和基本操作进行了介绍。第 2～6 章为实体建模部分，分别介绍了体素特征、成形特征、基准特征、草图、扫描特征、特征操作和特征编辑等实体建模和编辑的方法。第 7 章通过范例介绍了实体建模中各种特征的综合应用。第 8 章介绍了装配建模的方法以及装配爆炸图的生成和编辑的方法。第 9、10 章介绍了高级参数化建模技术和高级装配建模技术。第 11、12 章为工程制图部分，分别介绍了视图、剖视图、装配图的创建以及图纸标注的方法。第 13、14 章分别介绍了运动仿真和有限元仿真的基本理论，以及常用仿真、分析方法。

本书的写作结合了作者多年来在机械设计教学和科研方面的经验，内容选取适当，范例具有典型的代表性，叙述简练，深入浅出，易于掌握。随书所附网盘包含了书中范例所采用的部件文件，供读者在阅读本书时进行操作练习和参考。

本书是应用 UG NX 进行 CAD/CAE 设计的工程师的理想自学参考书，也可作为高等院校、职业学校和社会培训学校的教材和参考书。

图书在版编目（CIP）数据

UG NX 11.0 基础应用与范例解析 / 韩凤起等编著. —4 版. —北京：机械工业出版社，2017.6（2025.1 重印）

（CAD/CAM/CAE 工程应用丛书）

ISBN 978-7-111-57077-6

Ⅰ. ①U… Ⅱ. ①韩… Ⅲ. ①计算机辅助设计—应用软件—教材

Ⅳ. ①TP391.72

中国版本图书馆 CIP 数据核字（2017）第 122110 号

机械工业出版社（北京市百万庄大街 22 号 邮政编码 100037）

策划编辑：张淑谦 责任编辑：张淑谦

责任校对：张艳霞 责任印制：单爱军

北京虎彩文化传播有限公司印刷

2025 年 1 月第 4 版 • 第 4 次印刷

184mm×260mm • 23.75 印张 • 580 千字

标准书号：ISBN 978-7-111-57077-6

定价：69.00 元

电话服务

客服电话：010-88361066

010-88379833

010-68326294

网络服务

机 工 官 网：www.cmpbook.com

机 工 官 博：weibo.com/cmp1952

金 书 网：www.golden-book.com

机工教育服务网：www.cmpedu.com

出版说明

随着信息技术在各领域的迅速渗透，CAD/CAM/CAE 技术已经得到了广泛的应用，从根本上改变了传统的设计、生产、组织模式，对推动现有企业的技术改造、带动整个产业结构的变革、发展新兴技术、促进经济增长都具有十分重要的意义。

CAD 在机械制造行业的应用最早，使用也最为广泛。目前其应用主要涉及机械、电子、建筑等工程领域。世界各大航空、航天及汽车等领域的制造业巨头不但广泛采用 CAD/CAM/CAE 技术进行产品设计，而且投入大量的人力、物力及资金进行 CAD/CAM/CAE 软件的开发，以保持自己技术上的领先地位和国际市场上的优势。CAD 在工程中的应用，不但可以提高设计质量，缩短工程周期，还可以节约大量建设投资。

各行各业的工程技术人员也逐步认识到 CAD/CAM/CAE 技术在现代工程中的重要性，掌握其中一种或几种软件的使用方法和技巧，已成为他们在竞争日益激烈的市场经济形势下生存和发展的必备技能之一。然而，仅仅知道简单的软件操作方法是远远不够的，只有将计算机技术和工程实际结合起来，才能真正达到通过现代的技术手段提高工程效益的目的。

基于这一考虑，机械工业出版社特别推出了这套主要面向相关行业工程技术人员的“CAD/CAM/CAE 工程应用丛书”。本丛书涉及 AutoCAD、Pro/ENGINEER、Creo、UG、SolidWorks、Mastercam、ANSYS 等软件在机械设计、性能分析、制造技术方面的应用，以及 AutoCAD 和天正建筑 CAD 软件在建筑和室内配景图、建筑施工图、室内装潢图、水暖、空调布线图、电路布线图、建筑总图等方面的应用。

本套丛书立足于基本概念和操作，配以大量具有代表性的实例，并融入了作者丰富的实践经验，使得本丛书内容具有专业性强、操作性强、指导性强的特点，是一套真正具有实用价值的书籍。

机械工业出版社

前 言

Unigraphics NX（UG NX）是西门子公司推出的CAD/CAM/CAE一体化集成软件，广泛应用于航空航天、汽车、机械、电子等行业。利用 UG NX 可以进行产品设计（零件设计和装配设计）、绘制工程图、工程分析（运动分析和有限元分析等）以及编制数控加工程序等。

本书在第 3 版的基础上对内容进行了优化组合，内容更加合理，范例代表性更强，覆盖了 UG NX 在机械工程中的零部件结构设计、机构运动学/动力学仿真、零件结构有限元分析和优化等各方面的应用，使全书内容更为完整和充实。

本书针对应用 UG NX 进行零部件结构设计、装配、工程制图、机构运动学/动力学仿真、零件结构有限元分析和优化等机械设计的各个环节组织内容，目的是使读者通过本书的学习具备应用 UG NX 进行机械设计、分析、优化的能力。

本书依据 UG NX 11.0.0.33 版本编写，大部分章节分为基本功能介绍和范例解析两部分。基本功能介绍部分按照功能、操作命令和操作说明的顺序对常用功能进行介绍，范例解析部分用若干范例对本章涉及的功能进行综合应用介绍，使读者能够较为全面深入地了解和掌握本章内容。由于实体建模方法灵活多变，不容易掌握，是 UG NX CAD 应用的重点和难点，本书安排了第 7 章综合范例，通过具有一定复杂性和代表性的实例对建模方法的综合应用进行了介绍。

本书附赠的网盘中，包含书中介绍的范例所引用的模型文件，供读者在阅读过程中参照介绍的步骤进行操作。

本书语言力求简练，功能和操作步骤都配有图形进行说明，简单易懂。对于一些需要注意的问题以及技巧，在适当的地方以提示的形式进行说明，以引起读者的注意。

全书覆盖 UG NX 的 CAD、CAE 两方面的应用，内容更加充实和完整，希望不论是初学者还是有一定基础的用户，阅读本书后都会有一定的收获。

本书主要由韩凤起、李志尊、杨振军编写，参加编写的还有张会清、李佳宁、董鸿波、赵根兴、李志红、赵守冲和张雨倩等。

由于作者水平有限，书中难免有错误或不足之处，欢迎广大读者批评指正！

编 者

目　录

第1章 UG NX 11.0简介

Unigraphics NX（简称 UG NX）是西门子公司推出的高端 CAD/CAE/CAM 软件，它为制造业产品开发的全过程提供解决方案，功能包括：概念设计、工程设计、性能分析和制造等，广泛应用于汽车、航天航空、机械、电子产品、医疗仪器等行业。

本章简要介绍 UG NX 11.0 的主要技术特点和用户界面，并对常用的一些基本操作进行介绍，用户可先对本章进行简单浏览，在以后的操作中遇到问题时再详细了解相关内容。

1.1 UG NX 的主要技术特点

1.1.1 集成的产品开发环境

UG NX 是集成的 CAD/CAE/CAM 软件集，能够完成概念设计、详细设计、装配、生成工程图、结构与运动分析、数控加工的全过程。

1.1.2 全局相关性

在 UG NX 中采用主模型方法，所建立的主模型应用于装配、制图、数控加工、结构和运动分析等各个功能模块，保证了模块之间完全的相关性，极大地提高了整个产品开发的效率和准确性。

1.1.3 并行协同工作

通过 Internet 技术，在设计过程中，不同的设计人员可以同时进行不同的设计任务，每个设计人员都可根据自己的访问权限对同一产品的不同零件、组件和装配进行工作，因此，产品的任何修改信息可以立即被所有的设计人员获得。

1.1.4 满足客户需要的开放式环境

为方便用户的开发设计，UG NX 提供了多种用户开发工具，包括：

1）UG/Open GRIP：为用户提供的脚本语言，可以方便地对 UG NX 进行二次开发。

2）UG/Open API：UG NX 提供的其他应用程序的编程接口，支持当前流行的多种编程语言，包括 C、C++、Java 等。

3）UG/Open++：UG NX 提供的真正面向对象的编程接口，用 C++语言编写，具有面向对象编程的继承性、多态性等全部优点。

1.2 UG NX 11.0 的界面

在 Windows 7 操作系统下，UG NX 11.0 默认采用 Ribbon（功能区）用户界面，如图 1-1 所示。与传统的菜单式用户界面相比，Ribbon 界面的优势主要体现在如下几个方面：

1）所有功能有组织地集中存放，不再需要查找级联菜单、工具栏等；

2）更好地在每个应用程序中组织命令；

3）提供足够显示更多命令的空间；

4）丰富的命令布局可以帮助用户更容易地找到重要的、常用的功能；

5）可以显示图示，对命令的效果进行预览，例如改变文本的格式等；

6）更加适合触摸屏操作。

虽然从菜单式界面到 Ribbon 界面需要有一个逐渐熟悉的过程，但是有一个不争的事实就是，Ribbon 界面正在被越来越多的人接受，相应的，越来越多的软件开发商开始抛弃传统的菜单式界面，转而采用 Ribbon 界面。

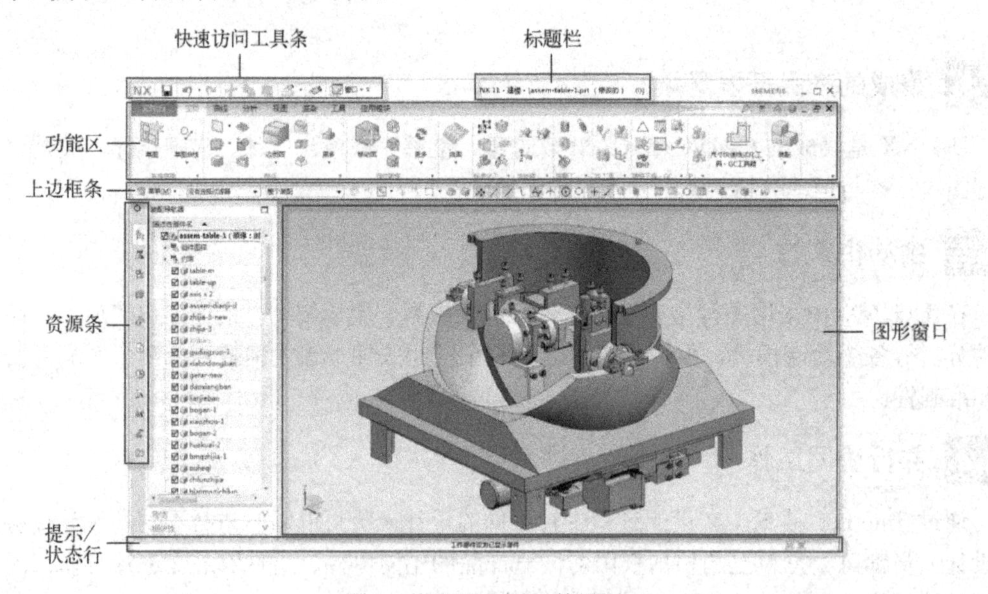

图 1-1 UG NX 11.0 的界面

1.2.1 主窗口

在图形窗口未最大化的情况下，主窗口顶部的标题栏显示了 UG NX 软件的版本号和当前的应用模块，如图 1-2 所示，此时标题栏显示软件版本号“NX 11”，当前应用模块为“建模”。

如果图形窗口最大化，在标题栏除了显示软件的版本号和当前应用模块，还会显示当前工作部件的文件名称和文件的修改状态，如图 1-3 所示，“下层工作台.part”为当前工作部件的文件名，“修改的”表示该部件文件自上次保存以来被修改过，若该文件属性为只读，则显示“只读”。

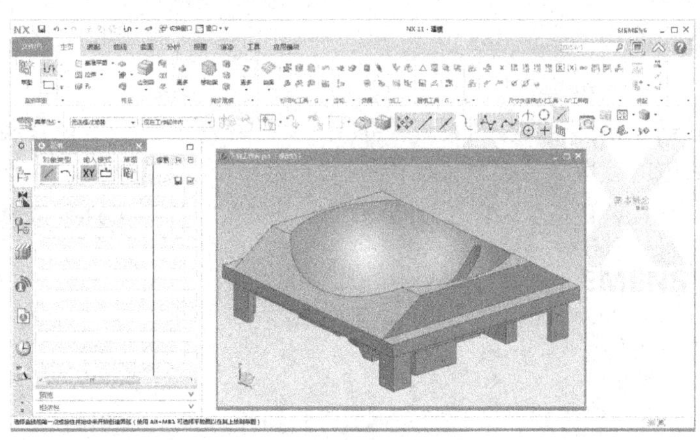

图 1-2　图形窗口未最大化时的界面

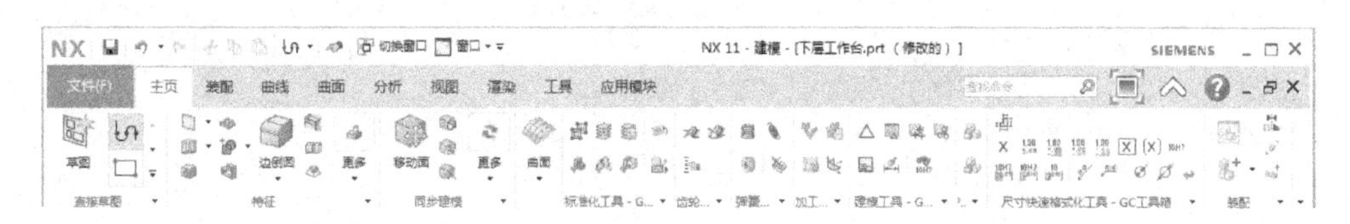

图 1-3　图形窗口最大化后主窗口标题栏的显示内容

1.2.2 快速访问工具条

快速访问工具条位于软件主窗口的左上角，如图 1-1 所示，包含常用命令，如“保存”“撤销”“剪切”“复制”“粘贴”等命令，便于上述命令的快捷操作。

1.2.3 功能区

在 NX 11.0 中，将每个应用程序的命令组织为选项卡，在每个选项卡中以下拉菜单和库的形式组织各个命令，如图 1-4 和图 1-5 所示的“主页”选项卡中的“边倒圆”下拉菜单和草图曲线库。

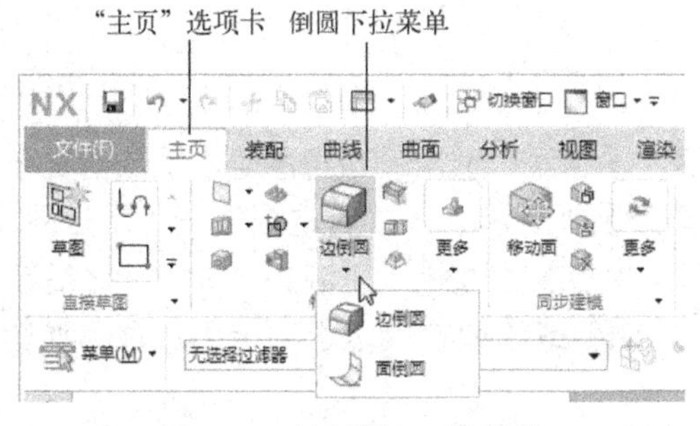

图 1-4　“边倒圆”下拉菜单

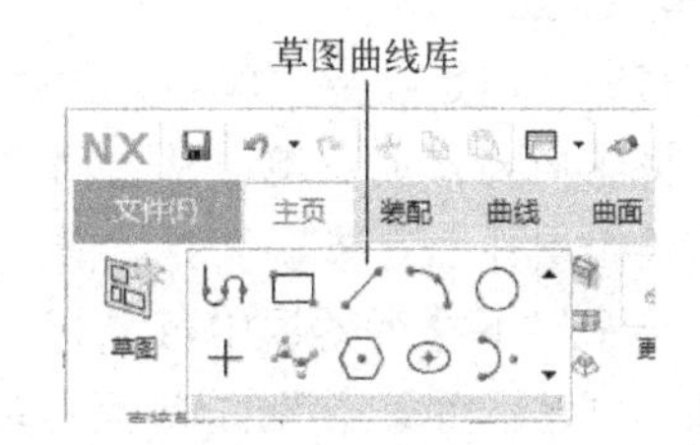

图 1-5　“草图曲线”库

1.2.4 边框条

默认情况下，在功能区下方，即资源条和图形窗口上方显示上边框条，如图 1-1 所示，包含“菜单”“选择”组“视图”组和“实用工具”组等命令。

1.2.5 菜单

在上边框条单击“菜单”命令可打开下拉菜单，系统所有命令或设置选项都归属到相应的菜单。菜单项右侧的三角形为级联菜单指示符，表示该菜单项有级联菜单，当光标移至该菜单项时，自动弹出其级联菜单，如图 1-6 所示。某些菜单项右侧标有快捷键，利用快捷键可以快速执行该命令。

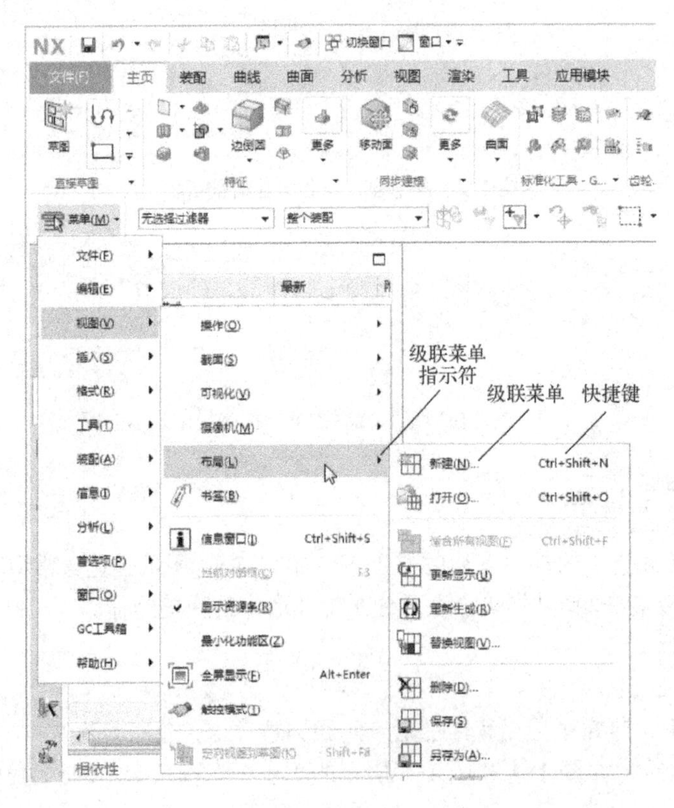

图 1-6 菜单

1.2.6 资源条

资源条包括装配导航器、约束导航器、部件导航器、重用库、角色等。默认情况下，资源条位于主窗口的左侧。从上边框条选择菜单命令“菜单”→“首选项”→“用户界面”，打开“用户界面首选项”对话框，在其左侧树形导览窗格选择“资源条”选项，然后在右侧的“显示”下拉列表框中可选择“左侧” “右侧”或“如功能区选项卡”选项，如图 1-7 所示，可以设置资源条的显示位置或方式。

1.2.7 图形窗口

图形窗口是用户用以执行任务的交互操作的窗口，是创建、显示和修改模型的地方。未最大化的图形窗口的标题栏显示当前部件文件下列信息：

1）当前工作部件的名称。

2）该工作部件是否只读。

3）自从上次保存以来该工作部件是否修改过。

图形窗口最大化后，在主窗口的标题栏显示以上信息。

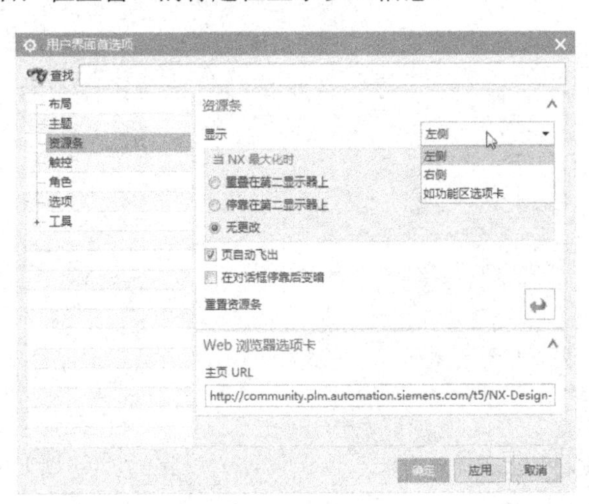

图 1-7 “用户界面首选项”对话框

1.2.8 提示/状态行

在操作过程中每操作一步，提示/状态行都提示下一步的操作内容，并显示当前操作状态或刚完成的操作结果。充分利用提示/状态行，可以大大提高工作效率，并及时了解当前的操作状态以及操作结果是否正确。

1.3 UG NX 的基本操作

1.3.1 NX 环境设置

1．功能区定制

可以设置 UG NX 中显示的功能区选项卡，以满足工作需要。在功能区、上边框条或下边框条等位置单击鼠标右键，在弹出的快捷菜单中选择“定制”命令，在打开的“定制”对话框中打开“选项卡/条”选项卡，如图 1-8 所示，在列表框中选中某个选项后，该选项卡或边框条等将在界面中显示。在“定制”对话框中打开“图标/工具提示”选项卡，可以对图标大小和工具提示进行设置。

2．角色设置

UG NX 具有许多高级功能，可以通过选择适当的角色来量身定制用户界面，从而使功能区各选项卡中包含自己工作所需的工具和命令。在资源条单击“角色”标签，在打开的选项卡的“内容”列表框中可以根据工作需要选择适合自己的角色，如图 1-9 所示。当选择某个角色后，在打开的“加载角色”对话框中单击“确定”按钮，即可将软件环境设置为所选的角色。

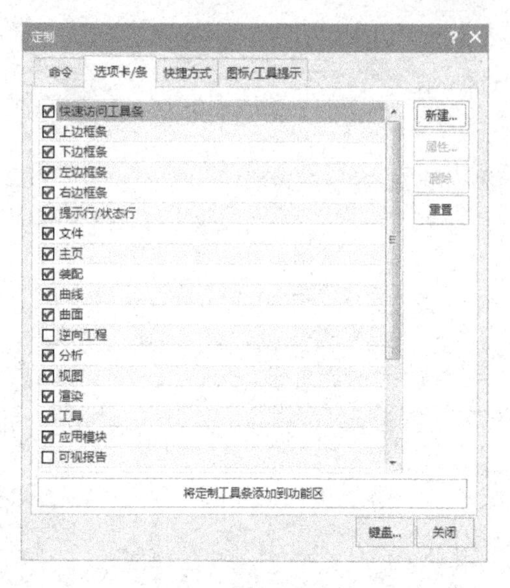

图 1-8 “定制”对话框

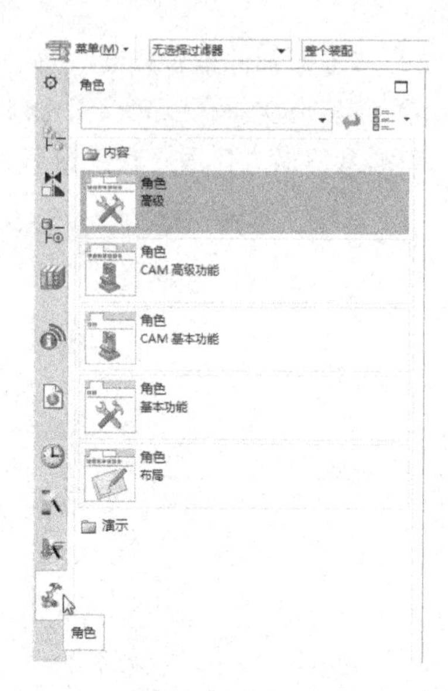

图 1-9 角色设置

📖 提示：

“高级”角色提供的工具和命令更为完整，而且支持更多任务，本书所介绍的操作都是基于“高级”角色。

3. 常用命令的组织

在工作过程中，可能某些命令使用比较频繁，如果每次都要在不同的选项卡、组或库中寻找这些命令，将会明显影响工作效率。UG NX 软件提供了自由组织常用命令的功能，其方法为：在功能区将鼠标置于某个命令图标上，单击鼠标右键，弹出如图 1-10 所示的右键快捷菜单，可以选择将该命令添加到某个边框条或快速访问工具条，便于该命令的快速访问。图 1-11 为将部分命令添加到左边框条后的操作结果。

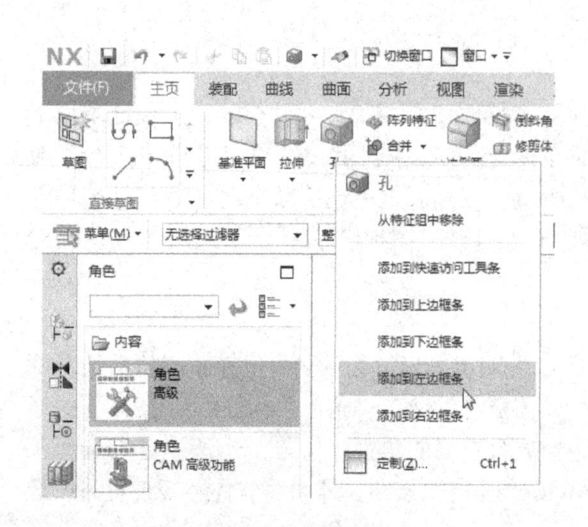

图 1-10 右键快捷菜单

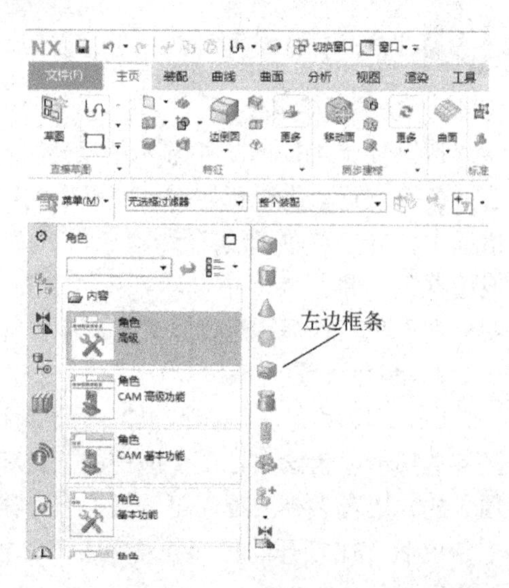

图 1-11 左边框条

1.3.2 文件操作

UG NX 的文件操作包括新建文件、打开已存文件、关闭文件、保存文件和输入输出文件等。

1．新建一个部件文件

在创建一个新的模型时，需要首先创建一个新的部件文件。要建立一个新的部件文件，在“主页”选项卡单击“新建”图标，或在功能区左上角的“文件”下拉菜单中选择“新建”命令，也可以在上边框条选择菜单命令“菜单”→“文件”→“新建”，打开如图 1-12 所示的“新建”对话框，然后进行如下操作：

图 1-12 “新建”对话框

1）从“模板”列表框中选择部件文件的类型。

2）在“文件夹”文本框中直接输入文件所要放置的目录，或者单击该文本框右侧的按钮，利用随后打开的“选择目录”对话框选择部件文件的目录。

3）在“名称”文本框中输入文件名。

4）在右上角的“单位”下拉列表框中选择单位。

5）单击“确定”按钮关闭对话框。

提示：

UG NX 从 10.0 版本开始支持中文文件名和目录。

2．打开已存文件

如果要对以前创建的部件进行修改，需要打开该部件文件，操作步骤如下：

1）在“主页”选项卡中单击“打开”图标，或在功能区左上角的“文件”下拉菜单中选择“打开”命令，也可以在上边框条中选择菜单命令“菜单”→“文件”→“打开”，打开如图 1-13 所示的“打开”对话框。

2）在“查找范围”下拉列表框中选择部件文件所在的目录，在列表框中选择该部件文件。部件文件被选择后高亮显示，并在右侧的预览窗口显示该部件模型，同时“文件名”文本框显示该部件文件的名称。

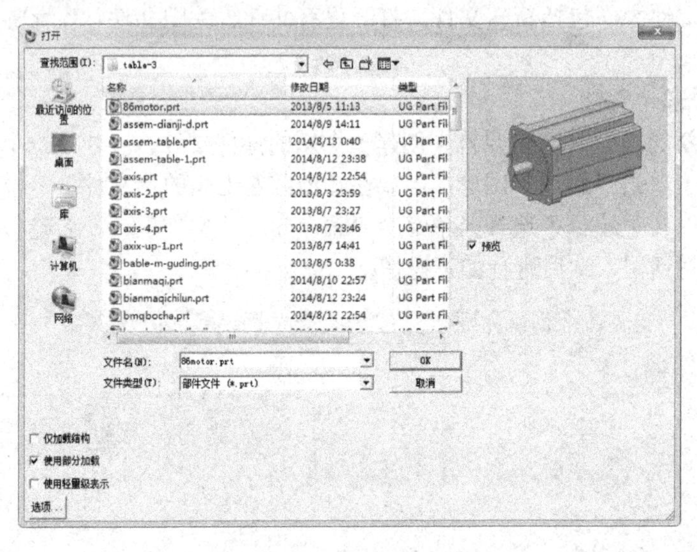

图 1-13 “打开”对话框

3）确认选择正确后单击“OK”按钮关闭该对话框，随后主窗口弹出“任务进行中”对话框，若单击“停止”按钮则中止打开该部件文件。

3．另存部件文件

在功能区左上角选择菜单命令“文件”→“保存”→“另存为”，或在上边框条选择菜单命令“菜单”→“文件”→“另存为”，打开“另存为”对话框，可将部件文件以原文件名或新文件名另存到需要的目录，其操作过程与新建部件文件类似。

4．关闭部件文件

在功能区左上角“文件”下拉菜单的“关闭”菜单项有多个级联菜单，可用于关闭文件的操作。有关级联菜单的作用和操作过程如下：

（1）选定的部件

关闭选择的部件文件。选择该命令后打开如图 1-14 所示的“关闭部件”对话框。该对话框列出了所有已经打开的部件文件，选择某个文件后单击“确定”按钮，或双击该文件将其关闭。如果执行该操作前文件未被修改过，或虽修改但被保存过，将直接关闭该文件，否则将弹出如图 1-15 所示的对话框，提醒在关闭文件前是否保存该文件。

（2）所有部件

关闭所有已打开的部件文件。

（3）保存并关闭

保存并关闭当前的部件文件。

（4）另存为并关闭

另存并关闭当前的部件文件。

（5）全部保存并关闭

保存并关闭所有被打开的部件文件。

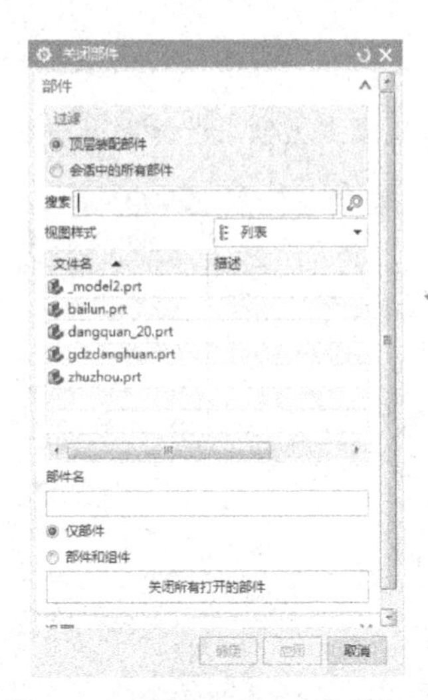

图 1-14 “关闭部件”对话框

图 1-15 “关闭文件”对话框

（6）全部保存并退出

保存并关闭所有被打开的部件文件，同时退出 UG NX。

（7）关闭并重新打开选定的部件

用当前保存在磁盘上的部件更新修改过的已打开部件。当不想保存当前修改或想要打开已由其他用户修改的部件或组件时，使用此选项。

（8）关闭并重新打开所有已修改的部件

重新打开当前会话中所有已修改的部件。包括在加载到当前会话之后，在磁盘上被其他用户修改过的部件。

5．输入输出文件

通过功能区左上角的“文件”下拉菜单的“导入”和“导出”菜单项的级联菜单分别可以输入或输出各种格式的文件，具体操作过程详见 12.3.1 节。

1.3.3 视图操作和模型显示控制

在工作过程中，经常需要调整视图以及模型的显示方式以满足工作需要。利用功能区“视图”选项卡，或鼠标右键快捷菜单，可以实现对视图和模型显示控制的操作。“视图”选项卡如图 1-16 所示。本节介绍常用的视图操作和模型显示控制方式。

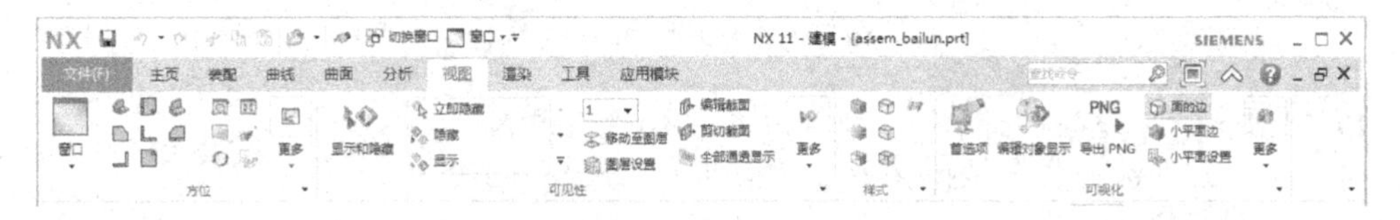

图 1-16 “视图”选项卡

1．视图操作

（1）刷新

在操作过程中，可能由于某种原因导致模型中的某些直线或曲线消失或显示不完全。为修正模型的显示，可在图形窗口单击鼠标右键，在弹出的快捷菜单中选择“刷新”命令，即可重新完全显示模型。

也可单击“视图”选项卡→“更多”库→“刷新”图标，或在上边框条选择菜单命令“菜单”→“视图”→“操作”→“刷新”，进行视图的刷新操作。

（2）适合窗口

如果需要使模型在图形窗口以最大方式全部显示，可以单击鼠标右键，在弹出的快捷菜单中选择“适合窗口”命令，也可单击“视图”选项卡→“方位”组→“适合窗口”图标，或在上边框条选择菜单命令“菜单”→“视图”→“操作”→“适合窗口”。

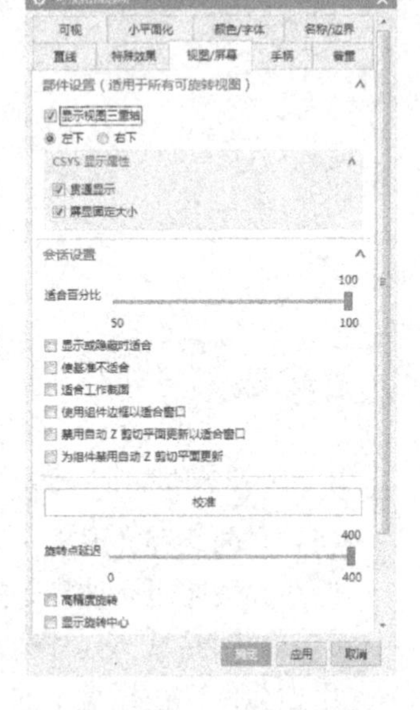

图 1-17 “可视化首选项”对话框

执行“适合窗口”命令后，模型所占屏幕的比例可根据需要和习惯进行设定。在功能区左上角选择菜单命令“文件”→“首选项”→“可视化”，打开“可视化首选项”对话框，然后打开“视图/屏幕”选项卡，如图 1-17 所示，通过拖动“适合百分比”滑动条可以调整执行“适合窗口”命令时模型在视图中的显示比例。

（3）视图的缩放

可以通过以下三种方式对模型视图进行缩放：

1）选择需要放大的部分进行缩放。在“视图”选项卡的“方位”组中单击“缩放”图标，或在图形窗口的空白区域单击鼠标右键，在弹出的快捷菜单中选择“缩放”命令，在需要放大观察的区域按下鼠标左键并拖动鼠标，则在开始点和移动的光标之间显示一个矩形线框，松开鼠标左键后矩形范围内的对象在视图中最大显示。图 1-18 为放大前后的模型显示对比。

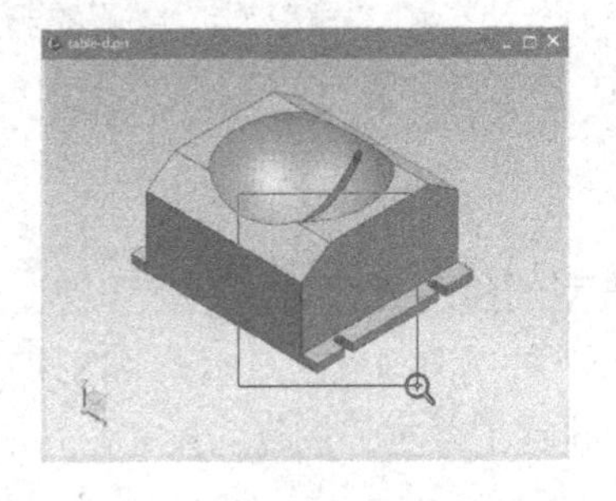

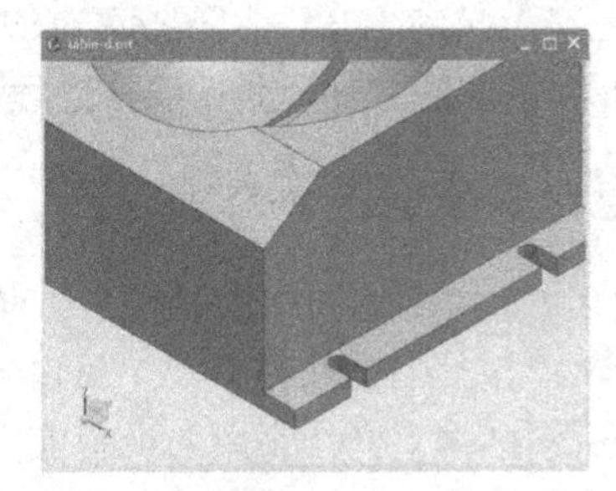

图 1-18 模型放大前后的显示对比

2）利用“缩放视图”对话框。在上边框条中选择菜单命令“文件”→“视图”→“操作”→“缩放”，打开如图 1-19 所示的“缩放视图”对话框，可以在“缩放”文本框中输入缩放比例，也可以通过四个按钮按一定的比例进行缩放。

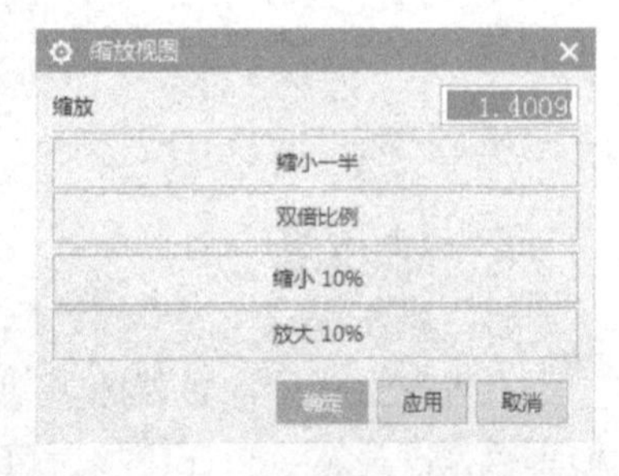

图 1-19 “缩放视图”对话框

3）将模型整体任意放大或缩小。单击“视图”选项卡→“更多”库→“放大/缩小”图标，然后按下鼠标左键并上下拖动鼠标，可将模型以鼠标左键按下时的光标所在点为中心放大或缩小显示。

（4）旋转视图

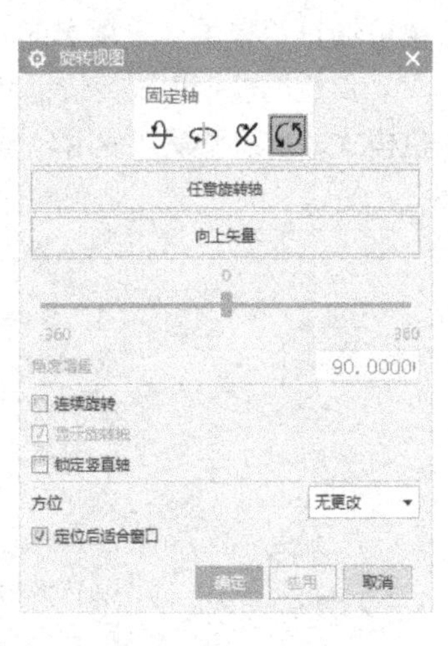

图 1-20 “旋转视图”对话框

可以通过以下两种方式对视图进行旋转，改变视图方向，利于模型的观察。

1）设置旋转轴线和角度。在上边框条中选择菜单命令“文件”→“视图”→“操作”→“旋转”，打开如图 1-20 所示的“旋转视图”对话框，利用该对话框可以将模型沿指定的轴线旋转指定的角度。

“固定轴”选项组用于设置旋转轴，其中，当以 X 轴、Y 轴、Z 轴为固定轴时，可以通过拖动“向上矢量”按钮下方的滑动条在-360°～360°进行一定角度的旋转，同时鼠标显示为相应固定轴标志，按下鼠标左键并拖动鼠标也可以对模型进行旋转。当以 XY 轴为旋转轴时，只能通过拖动鼠标对模型进行旋转。

2）利用鼠标进行旋转。单击“视图”选项卡→“方位”组→“旋转”图标，或在图形窗口的空白区域单击鼠标右键，在弹出的快捷菜单中选择“旋转”命令，然后将光标放置于图形窗口的不同位置，可以选择不同的固定轴进行旋转。光标处于不同位置时的固定轴选择方式见表 1-1。在选择了某个固定轴后，按下鼠标左键拖动鼠标则可对视图进行旋转。

表 1-1　光标形状及固定轴选择方式

光 标 位 置	光 标 形 状	所选固定轴
图形窗口的左侧和右侧		X 轴
图形窗口的下方		Y 轴
图形窗口的上方		Z 轴
图形窗口的中间部位		XY 轴

（5）平移视图

单击“视图”选项卡→“方位”组→“平移”图标，或在图形窗口的空白区域单击鼠标右键，在弹出的快捷菜单中选择“平移”命令，光标变为平移标志，按下鼠标左键并拖动鼠标可将视图平移。

（6）设置视图方向

UG NX 提供了 8 种视图：正三轴测图、正等测图、俯视图、前视图、左视图、右视图、后视图和仰视图。

在图形窗口的空白区域单击鼠标右键，通过弹出的快捷菜单中的“定向视图”菜单的级联菜单可设置视图方向，如图 1-21 所示，也可利用“视图”选项卡“方位”组中的相关命令图标进行视图的定向操作。

2．模型的渲染样式

模型的渲染样式主要包括模型的显示模式、面和边的显示方式的控制。与定向视图操作方式类似，可以通过右键快捷菜单中的“渲染样式”菜单的级联菜单选择模型的显示模式，也可通过“视图”选项卡的“样式”组中的相关命令图标进行操作。

常用的显示模式为线框和着色两种模式，所谓线框模式即在视图中仅显示模型的边线，着色模式即以系统默认或用户设定的颜色对模型进行渲染，两种模式如图 1-22 所示。

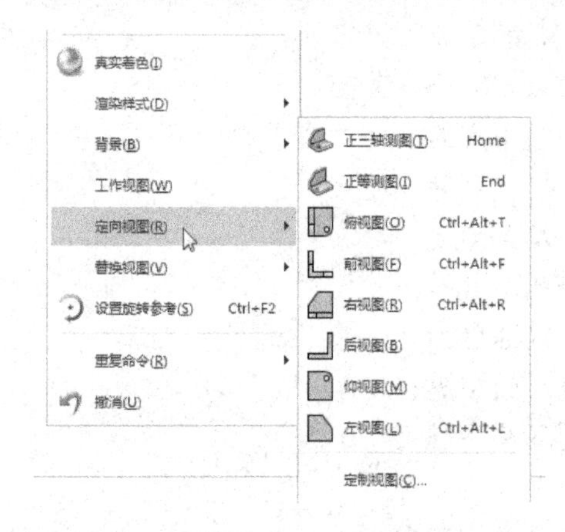

图 1-21 “定向视图”级联菜单

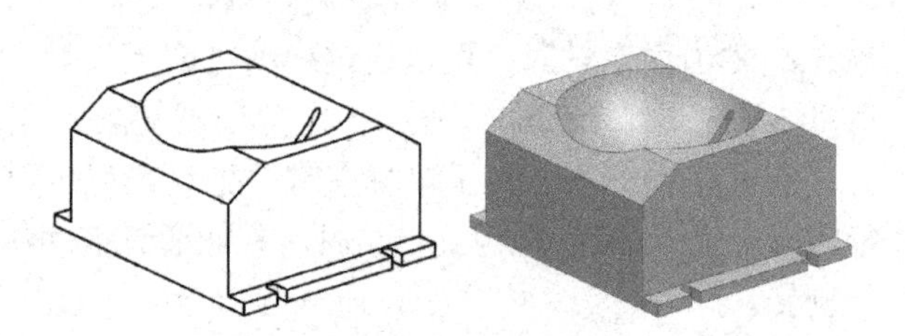

图 1-22 线框模式和着色模式

1.3.4 布局操作

在建模过程中，可以通过多个视图观察模型。用户可以根据需要进行建立、打开或删除布局等操作。

1. 打开布局

可以在需要的时候打开某个布局。系统提供了 5 种预定义的布局，如图 1-23 所示。

在上边框条中选择菜单命令“菜单”→“视图”→“布局”→“打开”，或单击“视图”选项卡→“更多”库→“打开布局”图标，打开如图 1-24 所示的“打开布局”对话框，在列表框中选择某个布局后单击“确定”按钮，可打开该布局并关闭对话框。

提示：

在“打开布局”对话框的列表框中不显示已经打开的视图布局。

2. 新建布局

1）在上边框条中选择菜单命令“菜单”→“视图”→“布局”→“新建”，或单击“视图”选项卡→“更多”库→“新建布局”图标，打开如图 1-25 所示的“新建布局”对话框。

2）在“名称”文本框中输入新建布局名，在“布置”下拉列表框中选择布局格式。在选择了某个布局格式后，视图的组成显示在视图列表下方的按钮区域，例如图 1-25 选择的布局格式为左右排列的 2 个视图，视图列表框下方的按钮显示的视图组成前视图和右视图两个视图。

3）系统提供了 6 种布局格式，每种布局格式提供了默认的视图组成形式，可以根据需要改变视图组成，方法是单击列表框下方的某个按钮，使该按钮为选中状态，然后在列表框中选择某个视图，则按钮显示为选中的视图。

4）单击“确定”按钮，完成布局建立并关闭对话框，则图形窗口的视图按照所建立的新布局进行显示。

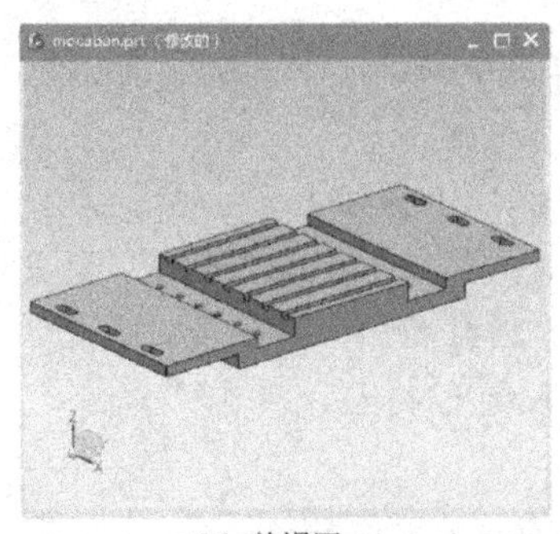

L1–单视图

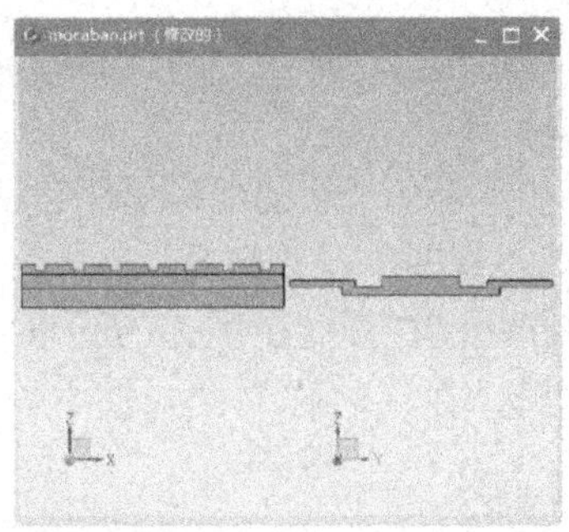

L2–两侧视图

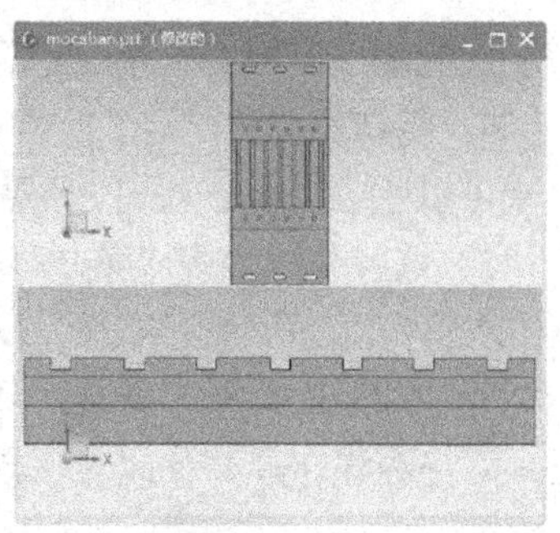

L3–上下视图

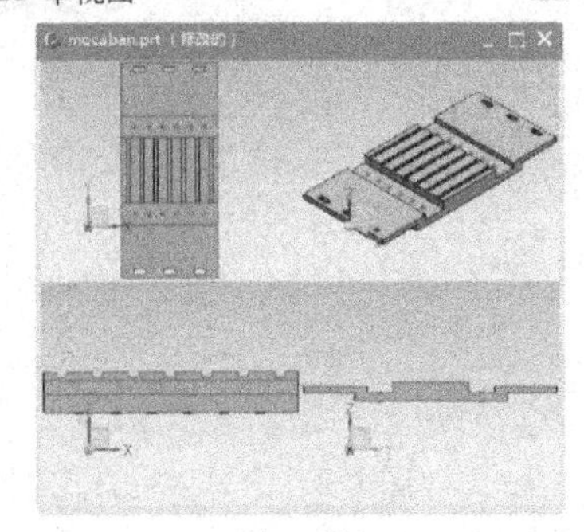

L4–四视图

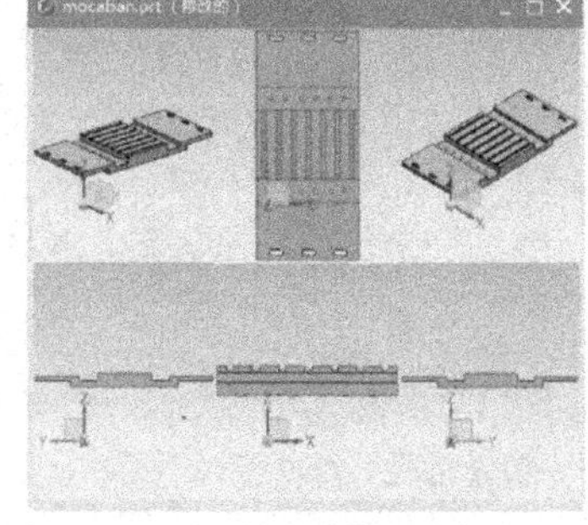

L6–六视图

图 1–23 系统预定义的视图布局

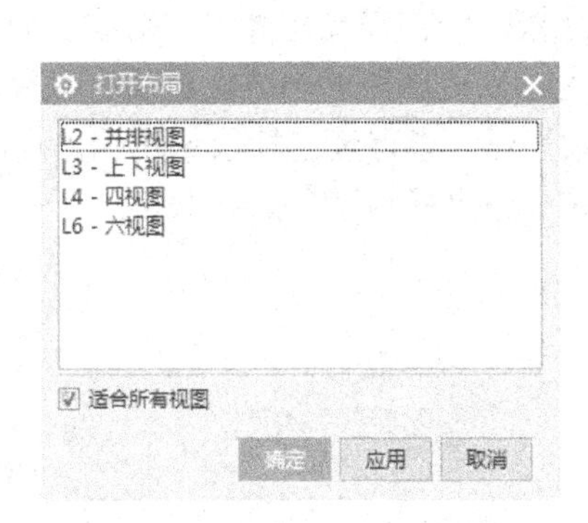

图 1–24 “打开布局”对话框

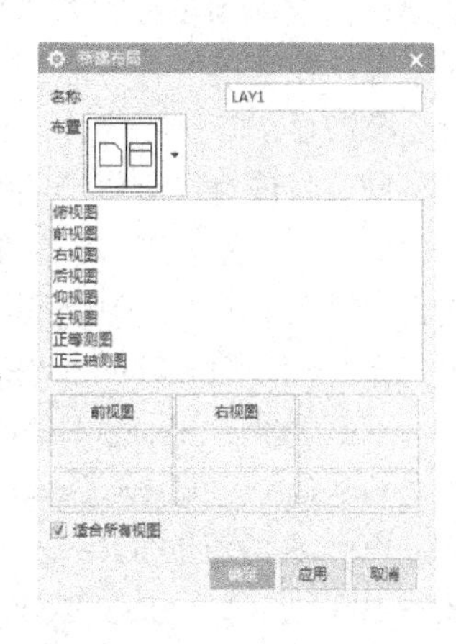

图 1–25 “新建布局”对话框

3. 删除布局

可以删除不需要的自定义布局，操作步骤如下：

1）在上边框条中选择菜单命令“菜单”→“视图”→“布局”→“删除”，或单击“视图”选项卡→“更多”库→“删除布局”图标，打开如图 1–26 所示的“删除布局”对话框。

2）在列表中选择某个布局，单击“应用”按钮则删除该布局。删除所有不需要的布局后，单击“确定”按钮关闭对话框。

4. 保存布局

在上边框条中选择菜单命令“菜单”→“视图”→“布局”→“保存”，或单击“视图”选项卡→“更多”库→“保存布局”图标，可保存当前的布局。

5. 另存布局

可以生成当前布局的一个副本并以一个新的名称保存它，操作步骤如下：

1）选择菜单命令“菜单”→“视图”→“布局”→“另存为”，或单击“视图”选项卡→“更多”库→“另存布局”图标，打开如图 1-27 所示的“另存布局”对话框。

2）在列表框中选择某个布局，在“名称”文本框中输入新布局名，单击“确定”按钮，可另存该布局并关闭对话框。

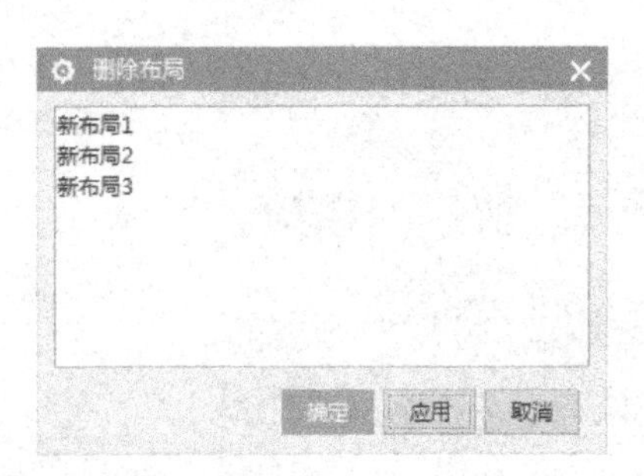

图 1-26 “删除布局”对话框

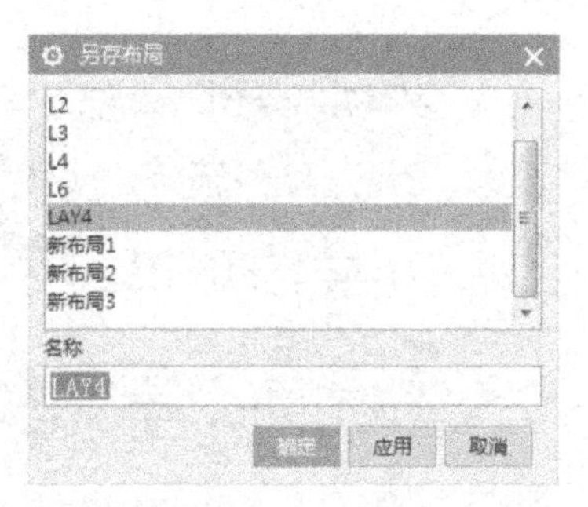

图 1-27 “另存布局”对话框

1.3.5 图层操作

创建模型需要用到多种类型的特征和对象，如实体、草图、曲线、参考对象、片体和工程制图对象等，在建模过程中，应当在不同的图层上创建不同类型的对象，以便对模型的创建、编辑、模型显示等进行操作。例如，为了便于建模，经常需要隐藏一些对象，如草图、基准面等，只要将该对象所位于的图层设置为不可见，则可隐藏该图层上的所有对象，从而提高工作效率。只有位于工作层图层上的对象可以被操作，以保证建模或编辑的正确性。

不同公司对图层的使用习惯有所不同，一般可按如下方式将图层进行分类：

- 1～20：实体（Solid Geometry）
- 21～40：草图（Sketch Geometry）
- 41～60：曲线（Curve Geometry）
- 61～80：参考对象（Reference Geometry）
- 81～100：片体（Sheet Body）
- 101～120：工程制图对象（Drafting Object）

图层操作可通过上边框条“菜单”下拉菜单的“格式”菜单项的级联菜单，或“视图”选项卡的“可见性”组的有关命令图标实现。

1. 图层下拉列表框

单击“视图”选项卡“可见性”组的图层下拉列表框 1 ，可以在打开的下拉列表中选择已经建立的图层。选择某个图层后，则该图层被设为工作层。若在该下拉列表框中输入某个数值后回车，则新建该图层，并且该图层为工作层。

2. 图层设置

在上边框条中选择菜单命令“菜单”→“格式”→“图层设置”，或在“视图”选项卡中单击“图层设置”图标，打开如图 1-28 所示的 “图层设置”对话框，对话框中的列表框中列出了该部件文件所有的层。

选择某个层后，单击列表框下方的“图层控制”右侧的箭头，可利用展开的各选项右侧的按钮设置该层的状态，选项的说明如下：

1）设为可选：设置选择的图层为可见并可选。

2）设为工作图层：将选择的图层设置为工作层。工作层只有一个，只有工作层所属的对象可以进行建模和修改编辑等操作。

3）设为仅可见：将所选图层设置为只可见而不可选。

4）设为不可见：将所选的图层设置为不可见。

3．移动对象到指定层

在上边框条中选择菜单命令“菜单”→“格式”→“移动至图层”，或在“视图”选项卡的“可见性”组中单击“移动至图层”图标，打开“类选择”对话框，选择某个对象后，单击“类选择”对话框中的“确定”按钮，打开如图 1-29 所示的“图层移动”对话框。在“目标图层或类别”文本框中输入移动对象的目标图层，或在“图层”列表框中选择某个图层，单击“确定”按钮，则将所选目标移至选定图层。

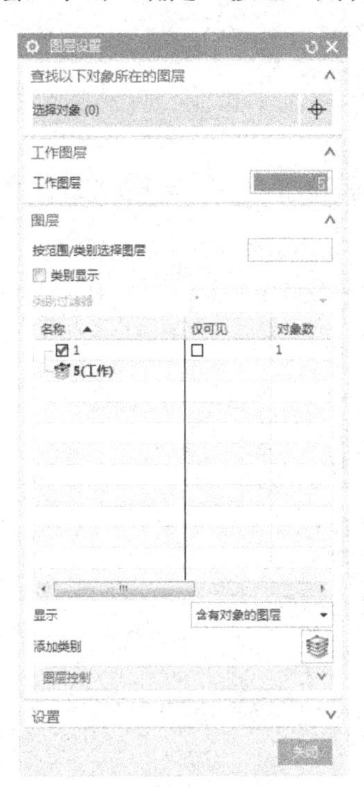

图 1-28 “图层设置”对话框

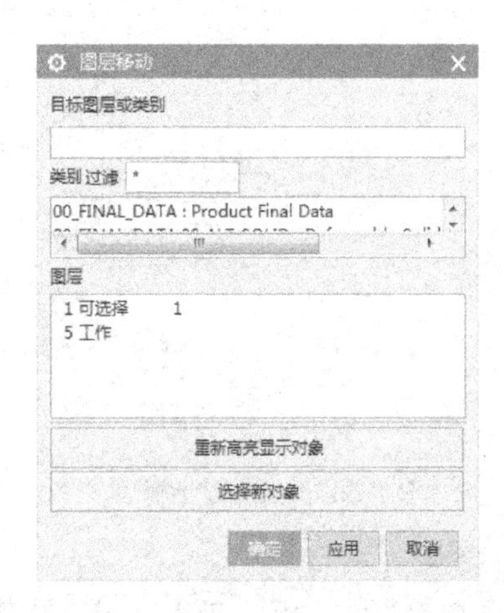

图 1-29 “图层移动”对话框

提示：

1）选择对象时，可利用“类选择”对话框在复杂的图形中准确、快速地选择需要的对象。“类选择”对话框的说明可参考 1.3.9 节。

2）若在“目标图层或类别”文本框中输入新的图层号，完成操作后则创建新图层，所选对象移至该层，并且该图层默认情况下是不可见的，如果需要显示该图层，可通过“图层设置”对话框进行设置。

1.3.6 点构造器

点构造器为用户在 UG NX 内的三维空间创建点对象和确定点位置提供了标准的方式，对话框如图 1-30 所示。用户可以通过以下两种方式指定点：在“点”对话框的“类型”下拉列表框中选择某个选项（图 1-31），或在“XC”“YC”“ZC”文本框中直接输入点的 X、Y、Z 坐标。

点构造器可单独使用，用于创建独立的点对象，但更多的情况是在建模过程中使用，用于建立一个临时的点标记。

“点”对话框各选项说明如下：

1. 自动判断的点

该选项允许系统根据用户选择的对象和光标的位置来决定使用的点的选择方式。“自动判断的点”是使用光标位置来指定的，所以该选项被局限于光标位置（仅当“光标位置”也是一个有效的点方式时有效）、现有的点、端点、中点、控制点以及弧/椭圆中心等。

2. 光标位置

在光标所在的位置指定一个点位置。

3. 现有点

通过选择一个现存的点对象来指定一个点位置。

图 1-30 “点”对话框

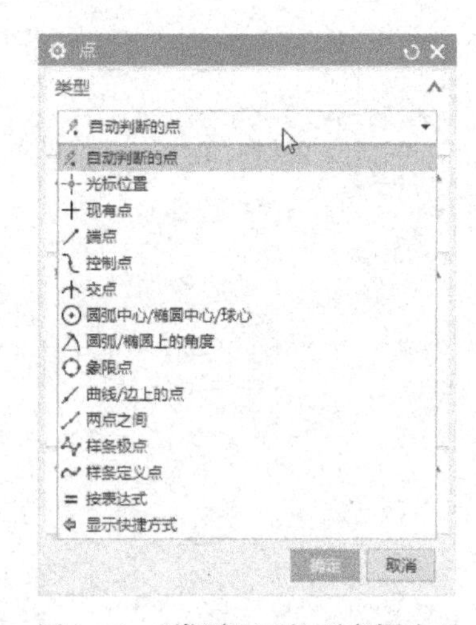

图 1-31 “类型”下拉列表框选项

4. 端点

在现有的直线、弧、二次曲线以及其他曲线的端点指定一个点位置。选择该选项时，用鼠标左键选择某个对象，以该对象上靠近选择位置的端点为指定点。

5. 控制点

在几何体对象的控制点指定一个点位置。各对象类型的控制点不同，这些控制点包括：存在点、二次曲线的端点、不封闭弧的端点和中点、圆的中心点、直线的中点和端点、样条的端点和节点以及样条的极点。

6. 交点

在两条曲线或一条曲线和一个曲面或平面的交点指定一个点位置。 如果两个对象有多个交点，系统将在最接近用户所选对象的位置的交点创建点。

7. 圆弧中心/椭圆中心/球心

在已存圆弧、圆、椭圆、椭圆弧或球的中心指定一个点位置。单击该按钮后，中心线标记出现在鼠标覆盖的各弧、椭圆和圆以及球的中心。这些标记在选择过程结束时被自动擦除。

8. 圆弧/椭圆上的角度

在沿一个弧或一个椭圆的指定角度位置指定一个点位置。用户根据需要键入一个角度值，该角度从正向的 XC 轴被引用，并在工作坐标系逆时针测量。如果键入的角度值超出了圆弧和椭圆弧的实际范围，则在其延长线上获得该点的位置。

9. 象限点

在一个圆、圆弧、椭圆或椭圆弧的象限点指定一个位置。选择某个对象后，在该对象上靠近选择位置的象限点创建点。

10. 曲线/边上的点

在曲线或边上指定一个点位置。

11. 面上的点

在曲面上指定一个点位置。

12. 按表达式

使用点类型的表达式指定点。有关表达式的概念将在后续有关章节中介绍。

13. 显示快捷方式

选择该选项后，各选项以图标的形式在对话框顶部显示，如图 1-32 所示。

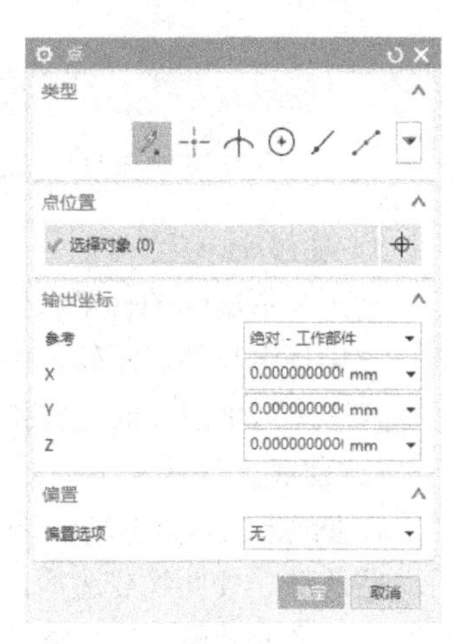

图 1-32　以快捷方式显示各选项

1.3.7 矢量构造器

矢量构造器有时被称为“方向子功能”或“矢量子功能”，用于确定特征或对象的方向。矢量各坐标值只是用以确定矢量的方向，其幅值和原点不被保存。定义一个矢量通常从原点显示一个矢量符号，刷新视图显示后该符号消失。

矢量构造器不能单独使用建立一个矢量，而是在建模过程中根据需要弹出矢量构造器对话框，实现对特征或对象的定向。“矢量”对话框如图 1-33 所示。可通过如图 1-34 所示的“类型”下拉列表框选项创建矢量，各选项的说明如下：

1. 自动判断的矢量

根据所选的对象自动推断方向矢量。实际所使用的方法基于所选择的对象，包括边界/曲线、面的法向、基准平面以及基准轴。

2. 两点

定义任意两点之间的矢量，矢量方向从第一点指向第二点。

3. 与 XC 成一角度

从 XC 轴沿逆时针方向以所指定的角度在 XC-YC 平面定义一个矢量。

图 1-33 “矢量”对话框

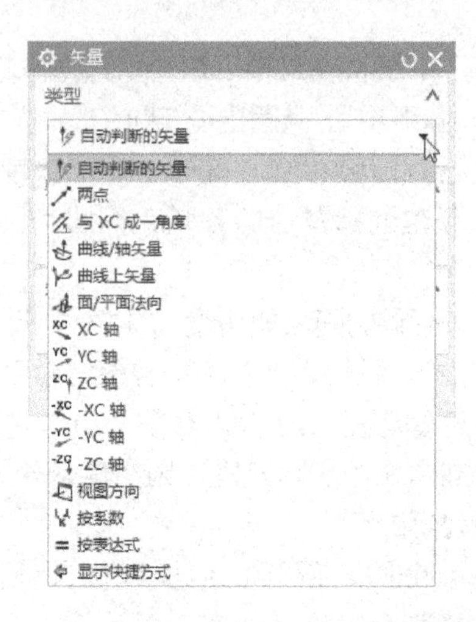

图 1-34 “类型”下拉列表框选项

4．曲线/轴矢量

指定与基准轴的轴平行的矢量，或者指定与曲线或边在曲线、边或圆弧起始处相切的矢量。如果是完整的圆，软件将在圆心并垂直于圆面的位置处定义矢量。如果是圆弧，软件将在垂直于圆弧平面并通过圆弧中心的位置处定义矢量。

5．曲线上矢量

在曲线上的指定点建立沿曲线切线或法线方向的矢量。选择该选项时，对话框如图 1-35 所示。在选择一条曲线或边后，可通过对话框“曲线上的位置”选项组的“位置”下拉列表框的选项编辑矢量原点的位置。双击该矢量可使其反向。

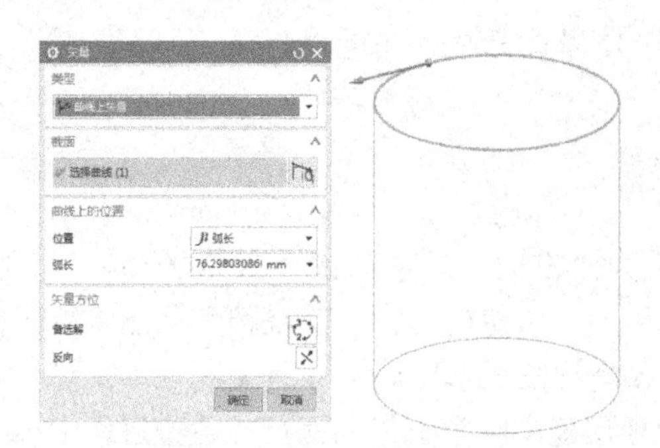

图 1-35 在曲线上创建矢量

6．面/平面法向

定义一个平行于平面法向或平行于圆柱面的轴线的矢量。

7．XC 轴

定义一个平行于已有坐标系的 X 轴正向的矢量。

8．YC 轴

定义一个平行于已有坐标系的 Y 轴正向的矢量。

9．ZC 轴

定义一个平行于已有坐标系的 Z 轴正向的矢量。

10. -XC 轴

定义一个平行于已有坐标系的 X 轴负向的矢量。

11. -YC 轴

定义一个平行于已有坐标系的 Y 轴负向的矢量。

12. -ZC 轴

定义一个平行于已有坐标系的 Z 轴负向的矢量。

13. 视图方向

指定与当前工作视图平行的矢量。

14. 按系数

按系数指定一个矢量。选择该选项后对话框如图 1-36 所示，可利用笛卡儿坐标系或球坐标系创建矢量。

图 1-36　按系数创建矢量

选择“笛卡尔坐标系”单选按钮，则根据输入的 I、J 和 K 的值确定矢量方向。I、J、K 值分别代表 X、Y、Z 各个坐标分量，用以指定坐标轴的方向，例如，设置 I=0、J=-1、K=0，则设置矢量方向为 Y 轴的负方向。

选择“球坐标系”单选按钮，则根据输入的“Phi”值和“Theta”值确定矢量方向。“Phi”值是沿 ZC 轴正向的角度。“Theta”值是在 X-Y 平面上旋转的角度，沿 X 轴正向。

15. 按表达式

使用矢量类型的表达式来指定矢量。

16. 显示快捷方式

选择该选项后，各种创建矢量的方式在对话框顶部以图标形式显示。

提示：

当指定矢量后，如果矢量方向与预期相反，可单击“反向”图标，或在图形窗口中双击所显示的矢量，可使矢量反向。

1.3.8 坐标系（WCS）的操作

工作坐标系符号表示工作坐标系的原点位置和坐标轴的方向。它的坐标轴通常是正交的（即相互间为直角）并且总是形成一个右手系统。工作坐标系的坐标用 XC、YC 和 ZC 表示。工作坐标系的 XC-YC 平面称为工作平面。

读者可以根据需要对工作坐标系进行操作，可以通过上边框条的“菜单”→“格式”→“WCS”菜单项的级联菜单操作 WCS，也可通过如图 1-37 所示的上边框条的 WCS 下拉菜单实现。默认情况下，上边框条不显示 WCS 下拉菜单，可单击上边框条右侧的箭头，将“实用工具组”“WCS 下拉菜单”及其级联菜单全部选中，如图 1-38 所示，即可将“WCS”下拉菜单显示在上边框条。

常用的 WCS 操作方法介绍如下：

1. 重新定义 WCS 原点

在上边框条选择菜单命令“菜单”→“格式”→“WCS”→“原点”，或在上边框条的 WCS 下拉菜单中选择“WCS 原点”，打开“点”对话框，利用该对话框定义新 WCS 的原点后，单击“确定”按钮创建新的 WCS，新 WCS 各坐标轴方向与原 WCS 相同。

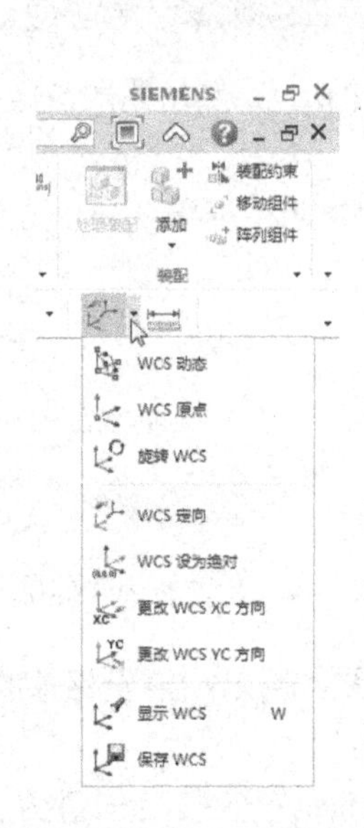

图 1-37　WCS 下拉菜单

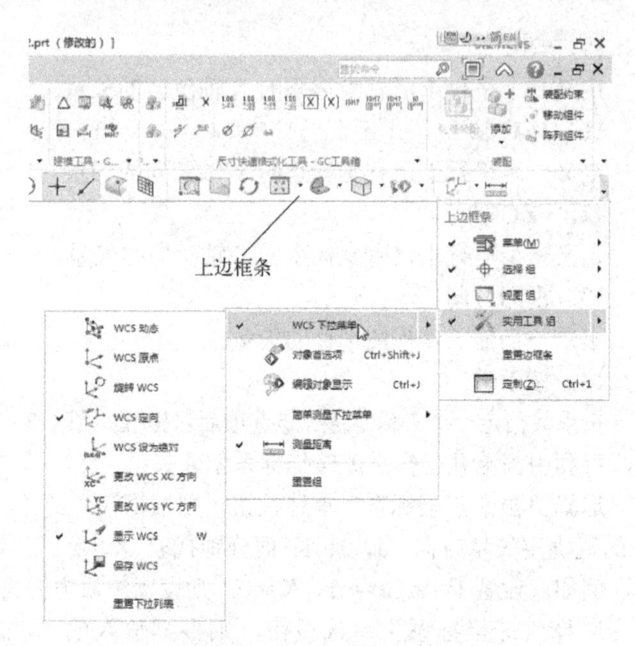

图 1-38　WCS 下拉菜单的显示设置

2．动态操纵 WCS

在上边框条选择菜单命令“菜单”→“格式”→“WCS”→“动态”，或在上边框条的 WCS 下拉菜单中选择“WCS 动态”，可对 WCS 进行以下操作：

（1）平移 WCS

将鼠标放置于当前 WCS 原点，则鼠标变为平移标志，如图 1-39 所示，此时按下鼠标左键可移动 WCS 原点到任意位置。若将鼠标放置于某个对象上，则自动弹出点的捕捉方式，单击左键则 WCS 原点移动到相应的捕捉点。

（2）沿坐标轴移动 WCS

将鼠标放置于某坐标轴端部箭头附近，则鼠标变为相应的移动标志，如图 1-40 所示，按下鼠标左键并拖动鼠标则可沿该坐标轴移动 WCS。也可以单击鼠标左键，在附近弹出的对话框中输入移动距离来移动 WCS。

（3）旋转 WCS

将鼠标放置于 WCS 的控制点附近，则鼠标变为相应的旋转标志，如图 1-41 所示，按下鼠标左键并拖动鼠标可旋转 WCS，也可以单击鼠标左键，在弹出的对话框中重输入旋转角度来旋转 WCS。在该对话框的“捕捉”文本框中可以设置合适的捕捉角度。

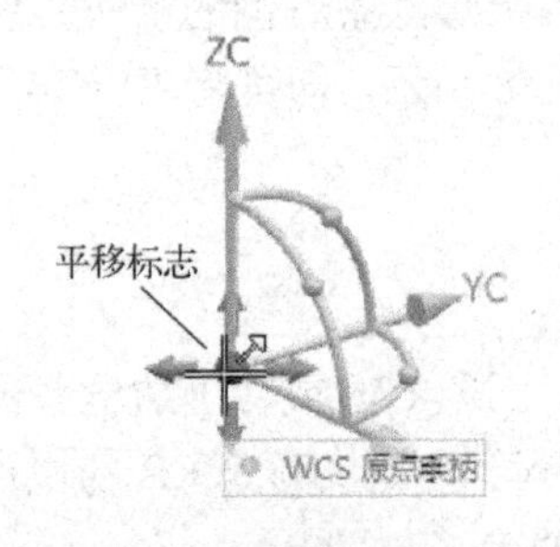

图 1-39　平移 WCS

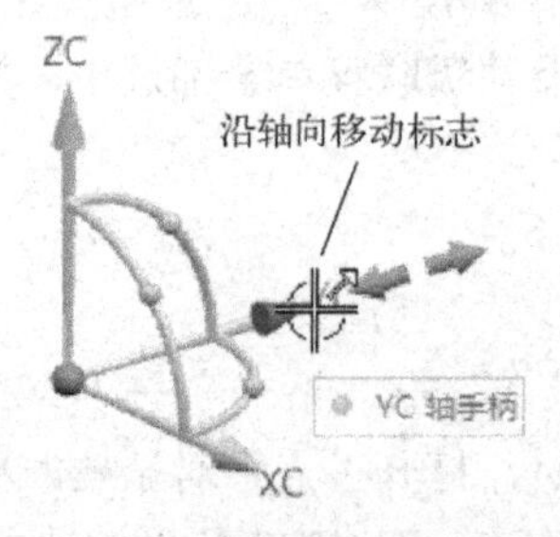

图 1-40　沿坐标轴移动 WCS

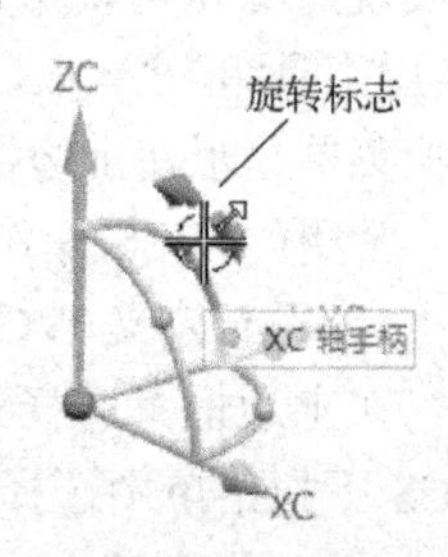

图 1-41　旋转 WCS

（4）重定向 WCS

选择某个坐标轴，然后选择一个对象，则该坐标轴平行于该对象。图 1-42 为令 Y 轴平行于已存的一条直线。

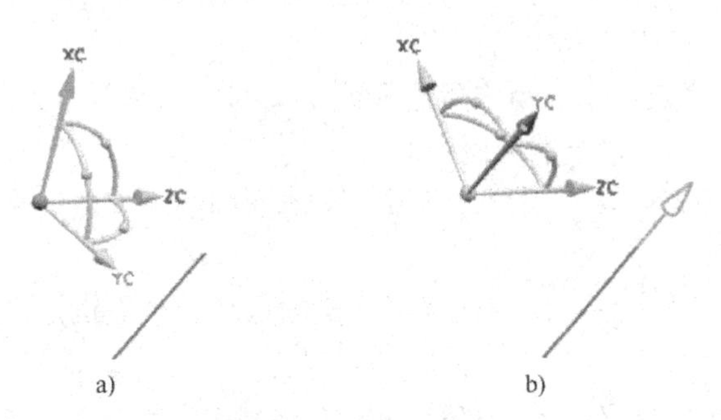

图 1-42　重定向 WCS

a) 重定向前　b) 重定向后

（5）反转 WCS 方向

双击某个坐标轴，则 180° 反转该轴的方向。

3．旋转 WCS

在上边框条选择菜单命令“菜单”→“格式”→“WCS”→“旋转”，或在上边框条的 WCS 下拉菜单中选择“旋转 WCS”，打开如图 1-43 所示的“旋转 WCS 绕...”对话框，利用该对话框可以将 WCS 沿指定的轴线和角度进行旋转。

4．定向 WCS

在上边框条选择菜单命令“菜单”→“格式”→“WCS”→“定向”，或在上边框条的 WCS 下拉菜单中选择“WCS 定向”，打开如图 1-44 所示的“CSYS”对话框，利用该对话框的“类型”下拉列表框可定义 WCS 的方向。

“类型”下拉列表框中各定向方式如下所述：

1）动态：可以手动移动 CSYS 到任何想要的位置或方位，或创建一个关联、相对于选定 CSYS 动态偏置的 CSYS。

2）自动推断：定义一个与所选对象相关的坐标系或通过 X、Y 和 Z 增量定义 WCS。实际所使用的方法基于所选择的对象和选项。

图 1-43　“旋转 WCS 绕...”对话框

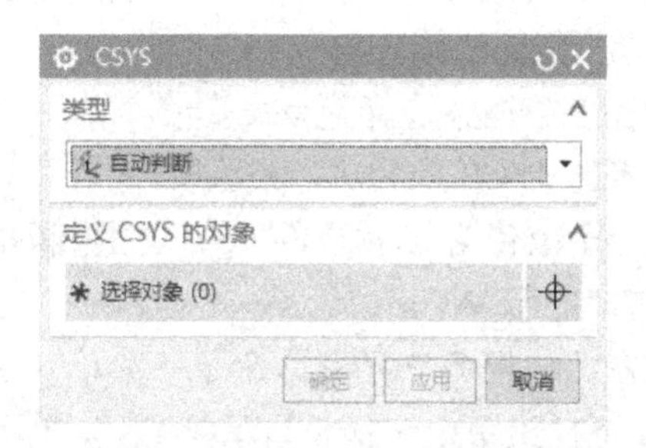

图 1-44　“CSYS”对话框

3）原点，X 点，Y 点：根据指定的三点定义坐标系。X 轴是从第一点到第二点的矢量；Y 轴是从第一点到第三点的矢量，原点是第一点。

4）X 轴，Y 轴：基于用户所选择或定义的矢量来定义坐标系。X 和 Y 轴是矢量。矢量交点为原点。

5）X 轴，Y 轴，原点：基于用户所选择或定义的一点和两个矢量来定义坐标系。定义的矢量分别为 X 轴和 Y 轴，指定点为原点。

6）Z 轴，X 轴，原点：基于用户选择或定义的点和两个矢量定义坐标系。Z 轴和 X 轴是矢量；指定点为原点。

7）Z 轴，Y 轴，原点：根据用户选择或定义的点和两个矢量定义坐标系。Z 轴和 Y 轴是矢量；指定点为原点。

8）Z 轴，X 点：根据定义的一个点和一条 Z 轴来定义坐标系。X 轴是从 Z 轴矢量到点的矢量；Y 轴是从 X 轴和 Z 轴计算得出的；原点是这三个矢量的交点。

9）对象的 CSYS：从所选择的曲线、平面或草图对象的坐标系来定义相关的坐标系。

10）点，垂直于曲线：通过指定的点和曲线定义坐标系。当用户选择点和一条直线时，X 轴是从直线到点的垂直的矢量；Y 轴垂直于 X 轴，Z 轴是在垂直点的相切矢量，原点是曲线上的垂点。

11）平面和矢量：基于用户所选择或定义的平面和矢量定义坐标系。X 轴是平面法向方向，Y 轴为矢量到该平面的投影方向，原点是平面和矢量的交点。

12）三平面：基于三个所选择的平面定义坐标系。X 轴是第一个平面的法向，Y 轴是第二个平面的法向，原点是三个面的交点。

13）绝对 CSYS：指定模型空间的坐标系统为坐标系统。X 和 Y 轴是绝对坐标系的 X 和 Y 轴，原点是绝对坐标系的原点。

14）当前视图的 CSYS：在当前视图创建坐标系。X 轴平行于视图的底部，Y 轴平行于视图的侧边，原点为视图的原点（图形屏幕的中点）。

15）偏置 CSYS：基于指定的来自用户所选择的坐标系的 x、y 和 z 的增量定义坐标系。X 轴和 Y 轴为现有 CSYS 的 X 轴和 Y 轴；原点为指定的点。

5．改变 X 轴方向

在上边框条选择菜单命令“菜单”→“格式”→“WCS”→“更改 XC 方向”，或在上边框条的 WCS 下拉菜单中选择“更改 WCS XC 方向”，打开“点”对话框，利用该对话框指定一个点作为新的 X 轴上的一点，则重新指定 X 轴的方向。

6．改变 Y 轴方向

在上边框条选择菜单命令“菜单”→“格式”→“WCS”→“更改 YC 方向”，或在上边框条的 WCS 下拉菜单中选择“更改 WCS YC 方向”，打开“点”对话框，利用该对话框指定一个点作为 Y 轴上的一点，则重新指定 Y 轴的方向。

7．显示 WCS

在上边框条选择菜单命令“菜单”→“格式”→“WCS”→“显示”，或在上边框条的 WCS 下拉菜单中选择“显示 WCS”，可控制图形窗口中的 WCS 图标的显示。当在视图中已经显示当前 WCS 时，执行上述命令则关闭 WCS 的显示。否则，执行上述命令则显示当前 WCS。

1.3.9 对象选择

在操作过程中，当需要选择对象时，系统打开如图 1-45 所示的“类选择”对话框，利用该对话框可以设置所选对象的类别，从而便于准确而快捷地选择所需对象。“类选择”对话框的有关使用说明介绍如下：

1. 设置对象选择过滤方式

过滤方式决定了选择的对象类型和方式，合理设置过滤方式可提高对象选择的准确性和效率。

（1）根据指定的类型选择

单击“过滤器”右侧的箭头展开选项，单击“类型过滤器”图标，打开如图 1-46 所示的“按类型选择”对话框，在列表框中选择需要的对象类型（可按住键盘的<Ctrl>键选择多个类型），完成后单击“确定”按钮返回“类选择”对话框，则随后只能选择指定类型的对象。

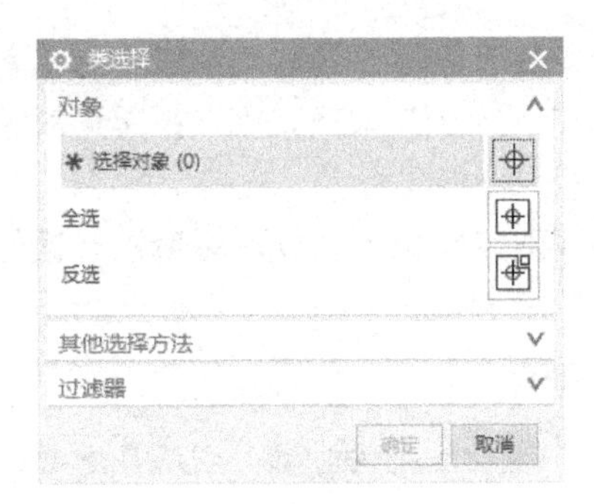

图 1-45 “类选择”对话框

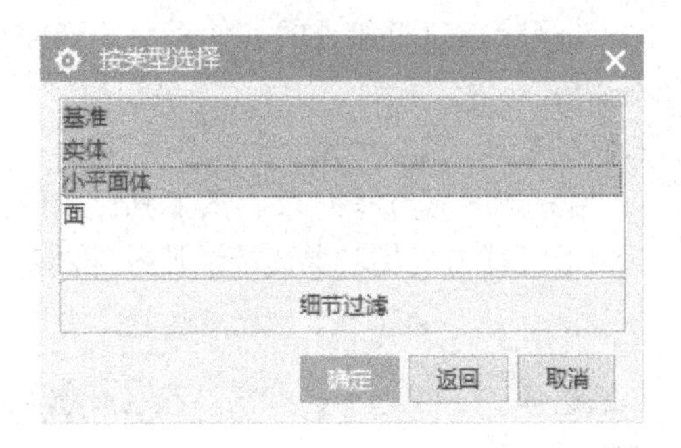

图 1-46 “按类型选择”对话框

（2）根据指定的图层选择

在“过滤器”选项组单击“图层过滤器”图标，打开如图 1-47 所示的“根据图层选择”对话框，在“图层”列表框选择某个图层后单击“确定”按钮返回“类选择”对话框，则随后只能选择位于该指定层的对象。

（3）根据属性选择

在“过滤器”选项组单击“属性过滤器”图标，打开如图 1-48 所示的“按属性选择”对话框，利用该对话框可以选择对象的线型、线宽以及其他自定义的属性来过滤选择对象。

📖 **提示：**

在选择过程中，单击过滤器选项组的“重置过滤器”图标可重新设置对象选择过滤方式。

2. 对象选择方法

根据操作需要，可以采用以下方法选择对象：

1）用鼠标选择对象。在所选对象上单击鼠标左键则选择该对象。

2）选择所有对象。在“类选择”对话框中单击“全选”按钮，则选择所有满足过滤条件的对象。

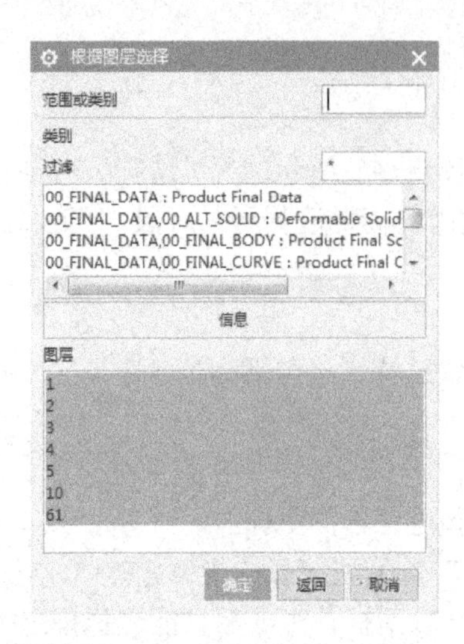

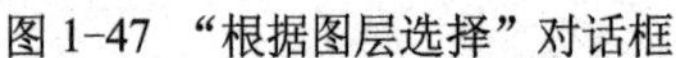
图 1-47 “根据图层选择”对话框

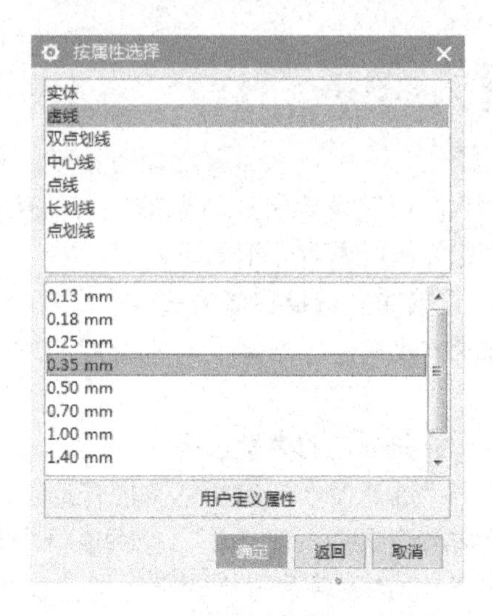

图 1-48 “按属性选择”对话框

3）选择除指定对象外的其他对象。当需要选择除少数对象外的其他对象时，可以首先选择不需要的几个对象，然后在“类选择”对话框中单击“反选”按钮，则选择所选对象之外的其他对象。

4）用矩形区域选择对象。按下鼠标左键，拖动鼠标确定一矩形区域，然后松开鼠标左键，则矩形区域内满足对象选择过滤条件的对象被选择。

提示：

如果选择了不应选择的对象，按住键盘的<Shift>键，然后单击该对象，则从已选择的对象中排除该对象。

第 2 章 体素特征与布尔运算

体素特征包括长方体、圆柱、圆锥、球等基本几何体，可以作为开始建模的基本形体。体素特征是参数化的，但特征之间不相关，每个体素特征都是相对于模型空间而建立，当在模型空间中已经存在其他实体模型时，在创建体素特征的最后一步需要选择所创建的体素特征与已存实体的布尔运算关系。本章介绍体素特征和布尔运算的概念和操作方法。

2.1 体素特征

实体模型是 UG NX 工作的基础。建模应用模块的实体建模系统提供了方便实用的工作环境，用户利用基于模型的建模特征和约束可以快速实现概念设计和详细设计。建模应用模块支持实体建模、特征建模、自由形状建模、钣金特征建模和用户自定义特征等建模方式，是其他应用模块的基础。

建立一个新部件文件后，系统默认状态下工作在建模应用模块。如果工作于其他应用模块下，可在功能区的“应用模块”选项卡中单击“建模”图标进入建模应用模块。

体素特征包括长方体、圆柱、圆锥、圆台和球等基本形体，通常用作开始建模时的基本形状。可利用上边框条“菜单”→“插入”→“设计特征”菜单项的级联菜单，或功能区“主页”选项卡“特征”组中“更多”库的“设计特征”组的命令图标（如图 2-1 所示）创建体素特征。

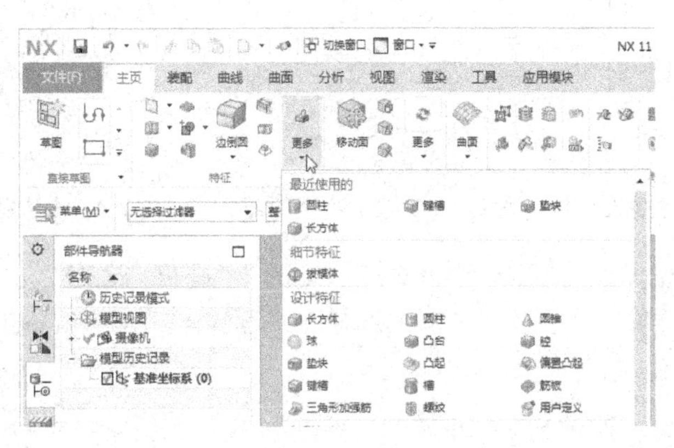

图 2-1 “主页”选项卡的“更多”库

📖 **提示：**

1）图 2-1 所示的“特征”组“更多”库中所显示的内容基于“高级”角色。

2）如果软件界面的功能区中没有显示“应用模块”标签，可在功能区或上边框条的空白区域单击鼠标右键，在弹出的快捷菜单中选中“应用模块”选项。

2.1.1 长方体

功能：根据指定的方向、边长和位置创建长方体。创建的长方体的边平行于当前工作坐标系的坐标轴。

操作命令有：

菜单："菜单"→"插入"→"设计特征"→"长方体"

功能区："主页"选项卡→"特征"组→"更多"库→"长方体"

操作说明：执行上述命令后，打开"长方体"对话框，可以通过该对话框的"类型"下拉列表框选择以下三种方式创建长方体：

1．原点和边长

功能：通过指定长方体的原点和边长创建长方体，如图 2-2 所示。

操作说明：选择该选项后对话框如图 2-3 所示。

在建立长方体时需要首先指定原点。此时上边框条显示点的捕捉方式图标，如图 2-4 所示，可以利用有关选项确定长方体原点的位置（这些选项也可通过单击对话框中"指定点"最右侧的箭头进行选择），或者单击"指定点"右侧的"点对话框"图标，利用打开的"点"对话框确定原点。

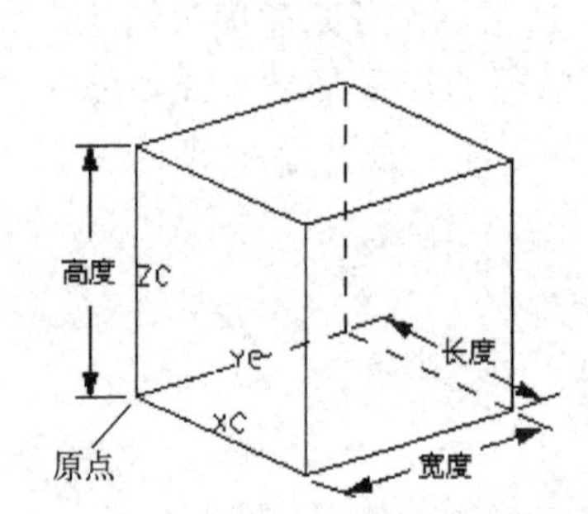

图 2-2 根据原点和边长创建长方体

图 2-3 "长方体"对话框

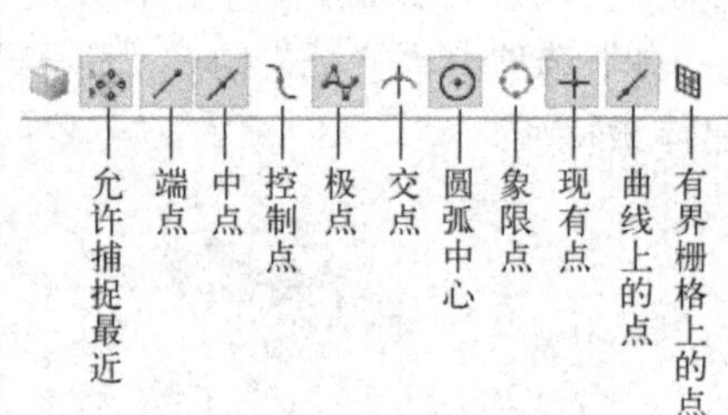

图 2-4 上边框条中的捕捉点选项

确定原点后，在"长度（XC）""宽度（YC）""高度（ZC）"文本框输入长方体的长、宽、高后，在"布尔"下拉列表框中选择布尔运算方式，最后单击"确定"按钮可创建长方体。

提示：

1）默认情况下，长方体的原点位于坐标原点。

2）在创建长方体时，若不存在其他的已经建好的实体特征，则应该在"布尔"下拉列表框中选择"无"选项，即直接创建该长方体。

3）在操作过程中应该注意图形窗口下方的提示/状态行给出的提示信息，这样有助于进行正确的操作。

2. 两点和高度

功能：通过指定长方体底面的两个对角点和长方体的高度创建长方体，如图 2-5 所示。

操作说明：选择该选项后，“长方体”对话框如图 2-6 所示。首先利用前述方法依次指定长方体底面上的两个对角点，然后在“高度（ZC）”文本框中输入长方体的高度，并在“布尔”下拉列表框中选择布尔运算方式，最后单击“确定”按钮创建长方体。

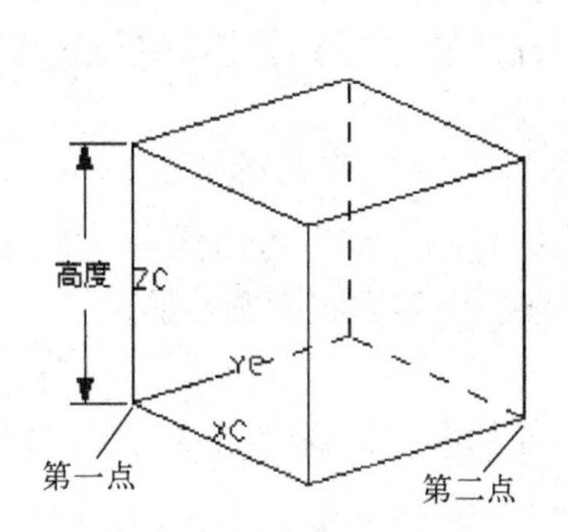

图 2-5 利用两个点和高度创建长方体

图 2-6 选择“两点和高度”选项后的对话框

3. 两个对角点

功能：通过指定长方体的两个对角点创建长方体，如图 2-7 所示。

操作说明：选择该选项后，对话框如图 2-8 所示。首先分别指定长方体的第一个对角点及第二个对角点，然后在“布尔”下拉列表框指定布尔运算方式，最后单击“确定”按钮创建长方体。

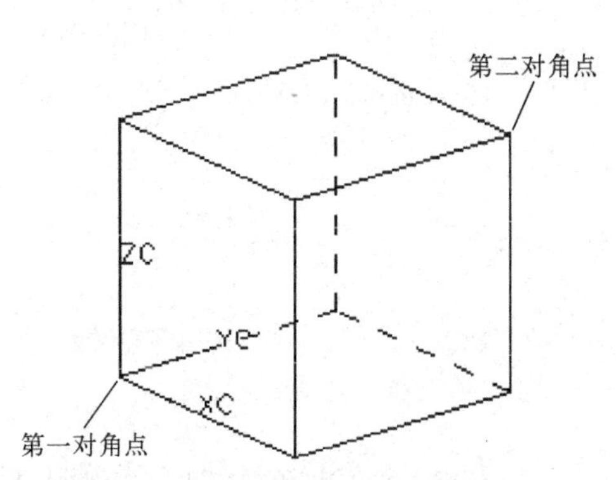

图 2-7 利用对角点创建长方体

图 2-8 选择“两个对角点”选项后的对话框

2.1.2 圆柱

功能：通过指定圆柱的轴线方向、直径和位置创建圆柱。

操作命令有：

菜单："菜单"→"插入"→"设计特征"→"圆柱体"

功能区："主页"选项卡→"特征"组→"更多"库→"圆柱"

操作说明：执行上述命令后，打开如图 2-9 所示的"圆柱"对话框，可以通过"类型"下拉列表框选择以下两种方式创建圆柱：

1．轴、直径和高度

功能：根据指定的圆柱的底面直径和高度创建圆柱。

操作说明：选择该选项后，可采取如下步骤创建圆柱：

（1）指定圆柱轴线方向

单击"指定矢量"右侧的"矢量构造器"图标，利用打开的"矢量"对话框指定圆柱的轴线方向；或者单击"指定矢量"最右侧的箭头，从打开的选项中指定圆柱轴线方向。必要时可单击"反向"图标改变矢量方向。

（2）指定圆柱底面圆心的位置

单击"指定点"右侧的"点构造器"图标，利用打开的"点"对话框指定底面圆心的位置；或者单击"指定点"最右侧的箭头，利用打开的选项中确定底面圆心的位置。

（3）设置圆柱参数

在"直径"和"高度"文本框中分别输入圆柱的直径和高度，在"布尔"下拉列表框中选择布尔运算方式，单击"确定"按钮创建圆柱。

2．圆弧和高度

功能：根据指定的圆弧/圆和高度创建圆柱。

操作说明：选择该选项后，"圆柱"对话框如图 2-10 所示，用鼠标选择现有的某个圆弧或圆，在"高度"文本框中输入圆柱的高度，在"布尔"下拉列表框中选择布尔运算方式，单击"确定"按钮创建圆柱。

图 2-9 "圆柱"对话框

图 2-10 根据指定的圆弧和高度创建圆柱

在创建过程中，当选择圆或圆弧时，在所选圆弧或圆的圆心出现一垂直于圆弧或圆所在平面的矢量，必要时可单击"反向"图标改变矢量方向。所选择的圆或圆弧确定了圆柱的底面直径和圆心位置。

2.1.3 圆锥

功能：通过指定圆锥的轴线方向、底面和顶面直径、位置生成圆锥/圆台。

操作命令有：

菜单：“菜单”→“插入”→“设计特征”→“圆锥”

功能区：“主页”选项卡→“特征”组→“更多”库→“圆锥”

操作说明：执行上述命令后，打开如图 2-11 所示的“圆锥”对话框，可以通过“类型”下拉列表框选择以下 5 种方式创建圆锥：

1. 直径和高度

功能：根据指定的直径和高度创建圆锥/圆台。

操作说明：选择该选项后，“圆锥”对话框如图 2-11 所示，与前述创建圆柱的过程相似，分别指定圆锥的轴线方向、底面圆心位置、底面直径、顶面直径和高度，最后单击“确定”按钮创建圆锥/圆台。

2. 直径和半角

功能：根据指定的底面直径和圆锥半角创建圆锥/圆台。

操作说明：该方法与“直径和高度”方法操作过程类似。

3. 底部直径，高度和半角

功能：根据指定的底面直径、高度、半角创建圆锥/圆台。

操作说明：该方法与“直径和高度”方法操作过程类似。

4. 顶部直径，高度和半角

功能：根据指定的顶面直径、高度、半角创建圆锥/圆台。

操作说明：该方法与“直径和高度”方法操作过程类似。

5. 两个共轴的圆弧

功能：根据指定的两共轴圆弧创建圆台。

操作说明：选择该选项后的“圆锥”对话框如图 2-12 所示，用鼠标依次选择已有的两个共轴的圆/圆弧，则可根据所选的两个圆/圆弧为底面和顶面创建圆台。

图 2-11 “圆锥”对话框

图 2-12 选择“两个共轴的圆弧”选项后的对话框

2.1.4 球

功能：根据指定的直径和球心位置创建球体。

操作命令有：

菜单：“菜单”→“插入”→“设计特征”→“球”

功能区：“主页”选项卡→“特征”组→“更多”库→“球”

操作说明：执行上述命令后，打开如图 2-13 所示的“球”对话框，利用“类型”下拉列表框可以选择以下两种方式创建球体：

图 2-13 “球”对话框

1．中心点和直径

功能：根据指定的球心和直径创建球体。

操作说明：选择该选项后，单击“指定点”右侧的“点对话框”图标，利用打开的“点”对话框指定球心的位置；或者单击“指定点”最右侧的箭头，利用打开的选项确定球心的位置，然后在“直径”对话框输入直径，在“布尔”下拉列表框选择布尔运算方式，最后单击“确定”按钮创建球体。

2．圆弧

功能：根据选择的圆/圆弧创建球体。

操作说明：选择该选项后，用鼠标选择已存的圆/圆弧，然后单击“确定”按钮创建以所选圆/圆弧为母线的球体。

2.2 布尔运算

长方体、圆柱、圆锥和球这几个体素特征均相对于模型空间建立，相互之间不关联，当模型空间已存在实体模型时，在创建上述模型的过程中，需要指定与已有模型的布尔运算方式。

布尔运算在实体建模过程中应用很多，通常可通过对话框中的选项选择布尔运算的方式，也可通过菜单命令或“主页”选项卡的组合下拉菜单的命令图标（见图 2-14）进行布尔运算操作。

2.2.1 合并

功能：合并两个或多个实体。

操作命令有：

菜单：“菜单”→“插入”→“组合”→“合并”

功能区：“主页”选项卡→“特征”组→组合下拉菜单→“合并”

操作说明：执行上述命令后，打开如图 2-15 所示的“合并”对话框。首先选择目标体，然后选择一个或多个工具体，最后单击“确定”按钮合并实体。

在“设置”选项组中可以选择“保留工具”复选框和“保留目标”复选框保存工具体和目标体。图 2-16a 为一个长方体和一个球进行“合并”操作的结果。

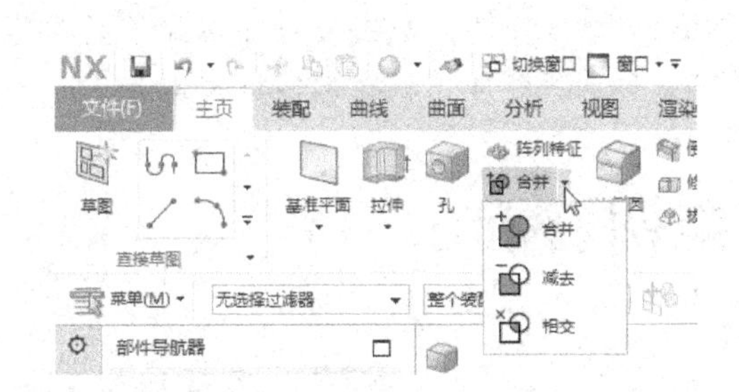

图 2-14 “主页”选项卡的组合下拉菜单

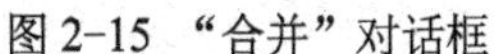
图 2-15 “合并”对话框

提示：

每个布尔运算都要指定一个目标体和一个或多个工具体。目标体被工具体所修改，而工具体在操作后成为目标体的一部分。

2.2.2 减去

功能：从一个目标体中减去一个或多个工具体。

操作命令有：

菜单：“菜单”→“插入”→“组合”→“减去”

功能区：“主页”选项卡→“特征”组→组合下拉菜单→“减去”

操作说明：执行上述命令后打开“求差”对话框，其操作过程与“合并”操作类似。图 2-16b 为一个长方体和一个球进行“减去”操作的结果。

2.2.3 相交

功能：生成包含两个不同实体的共有部分的体。

操作命令有：

菜单：“菜单”→“插入”→“组合”→“相交”

功能区：“主页”选项卡→“特征”组→组合下拉菜单→“相交”

操作说明：执行上述命令后打开“相交”对话框，其操作过程与“合并”操作类似。图 2-16c 为一个长方体和一个球进行“相交”操作的结果。

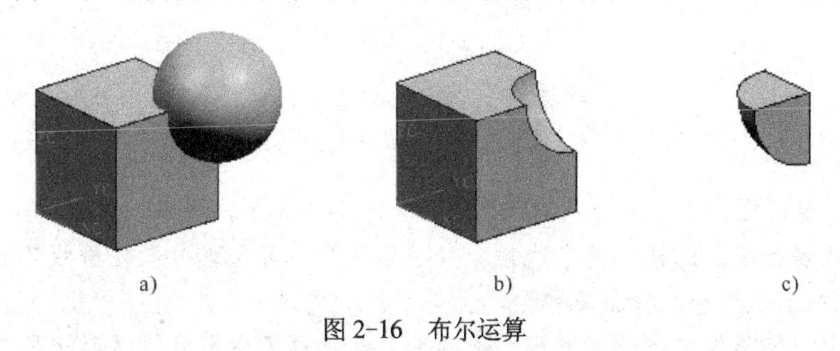

图 2-16 布尔运算

a) 合并运算 b) 减去运算 c) 相交运算

📖 提示：

以上介绍的是在独立进行布尔操作情况下的合并、相交、减去三种布尔操作的操作过程，若在对话框中选择布尔操作方式时，已存的实体为目标体，新建的实体为工具体。

2.3 体素特征与布尔运算范例解析

2.3.1 接头创建范例

本范例通过如图 2-17 所示的接头重点介绍长方体和圆柱的创建过程，以及布尔操作的基本方法。

根据接头结构特点，建模步骤如下：

1. 创建新部件文件

启动 UG NX，在“主页”选项卡单击“新建”图标，在打开的“新建”对话框的“模板”列表框中选择“模型”，单位为毫米，选择目录建立新部件文件“接头.prt”。建立该部件文件后，UG NX 工作于建模应用模块下。

2. 创建正方体

单击“主页”选项卡→“特征”组→“更多”库→“长方体”图标，在打开的对话框的“类型”下拉列表框中选择“原点和边长”选项，在“长度（XC）”“宽度（YC）”“高度（ZC）”文本框中分别输入长方体的长、宽、高参数，均为 100，单击“确定”按钮创建正方体。

在图形窗口单击右键，在弹出的快捷菜单中选择“定向视图”→“正等测图”，设置视图方向为正等测视图。同样，在右键快捷菜单中选择“渲染样式”→“静态线框”，设置模型不可见部分的轮廓线以虚线显示。

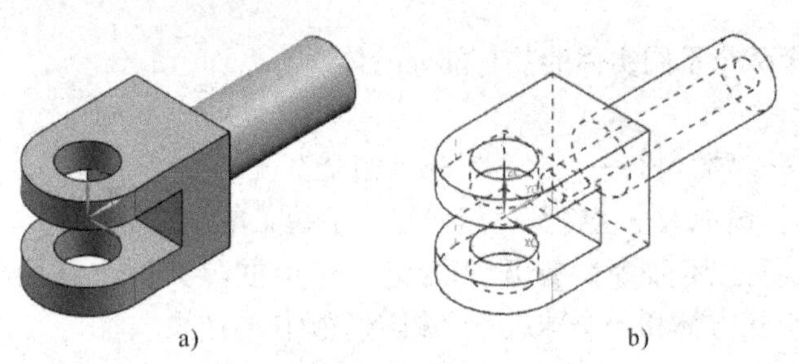

a) b)

图 2-17 接头

a) 着色显示方式 b) 线框显示方式

📖 提示：

1）如果未专门指定长方体原点，默认以坐标原点为长方体原点。

2）在默认情况下，选择“静态线框”命令后模型不可见部分的轮廓线不显示为虚线，在此情况下，在上边框条选择菜单命令“菜单”→“首选项”→“可视化”，然后在打开的“可视化首选项”对话框中打开“可视”选项卡，在选项卡中展开“边显示设置”选项组，在“隐藏边”按钮右侧的下拉列表框中选择“虚线”选项，单击“确定”按钮关闭对话框，可设置实体不可见部分的轮廓线显示为虚线。

3. 创建圆柱

（1）指定轴线方向

单击“主页”选项卡→“特征”组→“更多”库→“圆柱”图标，在打开的“圆柱”对话框的“类型”下拉列表框中选择“轴，直径和高度”选项，单击“指定矢量”最右侧的箭头，在打开的选项中选择“ZC 轴”选项，使该圆柱轴线为铅垂方向，此时在长方体的原点显示一个 Z 轴方向的矢量，如图 2-18 所示。

（2）指定底面圆心位置

在“圆柱”对话框中单击“指定点”，将光标置于长方体底面的左侧边缘的中点附近，将在光标附近显示中点捕捉提示，如图 2-18 所示，单击鼠标左键捕捉该边的中点为圆柱底面圆心。

（3）设定参数和指定布尔运算方式

在“圆柱”对话框的“直径”和“高度”文本框中分别输入 100，即设置圆柱的直径和高度均为 100mm。在“布尔”下拉列表框中选择“合并”选项，单击“确定”按钮，将所创建的圆柱和正方体合并，得到的模型如图 2-19 所示。

上述创建的模型可参考网盘文件“练习文件\第 2 章\接头－1.prt”。

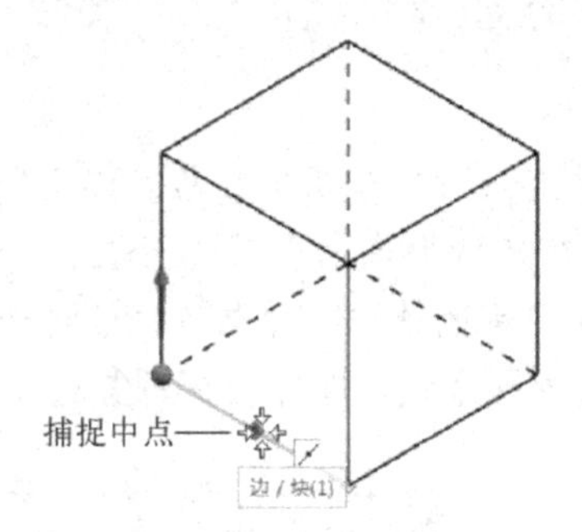

图 2-18 指定轴线方向和底面圆心位置

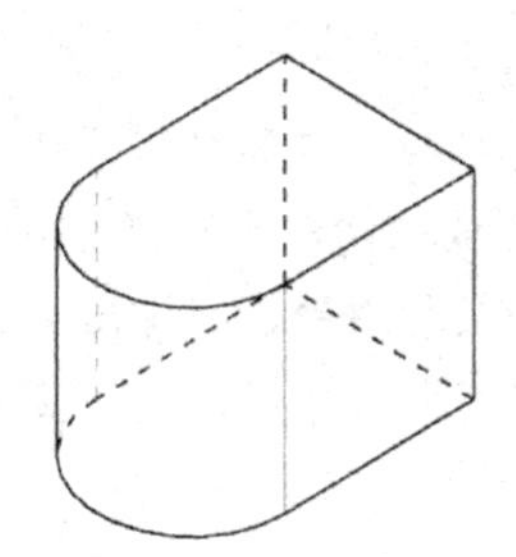

图 2-19 合并后的正方体和圆柱

提示：

为了便于捕捉特定点，可在“圆柱”对话框中单击“指定点”后，将上边框条中的各个点捕捉方式图标按下（当图标变为灰色后表示被按下，该功能被打开，再次单击可弹起并变为白色，表示关闭该功能），启动所有捕捉方式。这样，当光标置于某个对象附近时，可用的点的捕捉方式将自动在光标附近显示，如果所显示的捕捉方式正是自己所需，单击鼠标左键即可完成捕捉。

4. 通过在上述实体减去一圆柱形成圆孔

（1）指定轴线方向

再次执行“圆柱”命令，在打开的“圆柱”对话框的“类型”下拉列表框中选择“轴，直径和高度”选项，单击“指定矢量”最右侧的箭头，在打开的选项中选择“ZC 轴”选项，使该圆柱轴线为铅垂方向。

（2）指定圆柱底面圆心的位置

在“圆柱”对话框中单击“指定点”，在上边框条打开“圆弧中心”捕捉方式，将光标置于上步创建的圆柱的底面圆圆弧上，出现如图 2-20 所示的捕捉圆心的标记后，单击鼠标左键，捕捉该圆心为新建圆柱的底面圆心。

（3）设定参数和指定布尔操作方式

设置圆柱的直径为 50mm，高度为 100mm，在“布尔”下拉列表框中选择“减去”选项，单击“确定”按钮，从上述实体中减去该圆柱，得到的实体中出现一个圆孔，如图 2-21 所示。

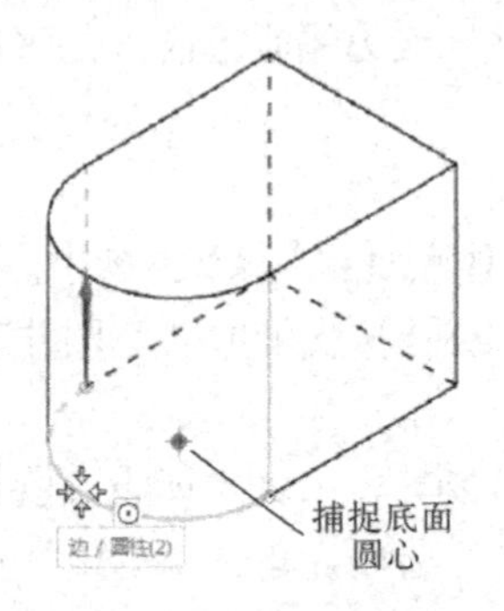

图 2-20 捕捉底面圆心

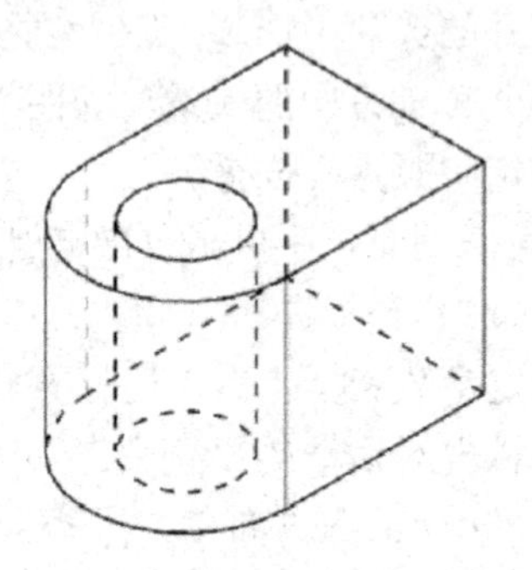

图 2-21 通过减去圆柱打孔

上述创建的模型可参考网盘文件“练习文件\第 2 章\接头－2.prt”。

📖 **提示：**

利用上边框条中点的捕捉方式自动捕捉某个特定点时，如果不容易直接找到捕捉点，可将光标置于所捕捉的对象附近，稍等片刻，将会在光标附近出现多选标志，如图 2-22 所示。此时单击鼠标左键，将弹出如图 2-23 所示的“快速拾取”对话框，该对话框的列表框中列出了所有可用的捕捉方式，在其中单击所需的捕捉方式，即可捕捉所需点。

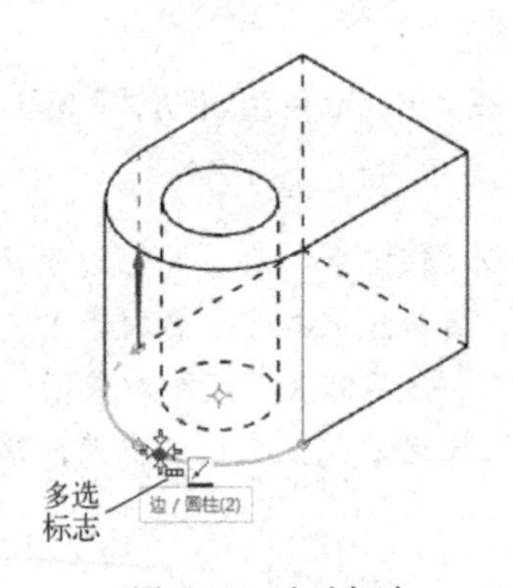

图 2-22 多选标志

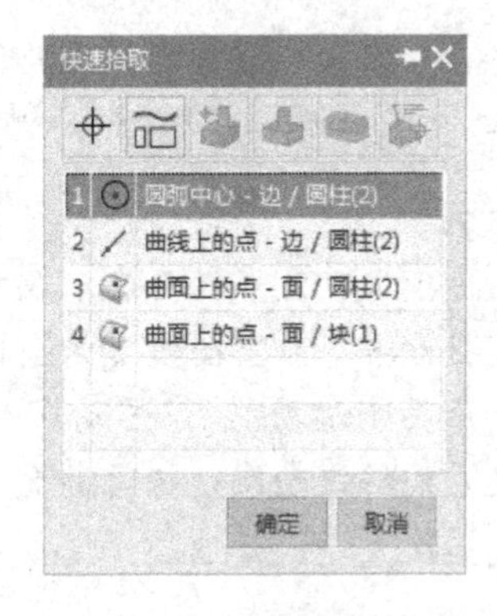

图 2-23 “快速拾取”对话框

5．通过在上述实体减去一长方体形成矩形槽

（1）重新定位 WCS

在上边框条选择菜单命令“菜单”→“格式”→“WCS”→“原点”，首先，在打开的“点”对话框的下拉列表框中选择“圆弧中心/椭圆中心/球心”选项，用鼠标选择上述所创建的模型底面的半圆或圆，使工作坐标系原点移至圆柱底面的圆心。

然后，在对话框下部的“偏置选项”下拉列表框中选择“直角坐标”选项，设置“XC 增量”和“YC 增量”为 0，而“ZC 增量”为 50，也就是将坐标原点从底面圆心沿 Z 轴向上移动 50mm。

最后单击“确定”按钮关闭对话框。此时，WCS 原点被移至圆孔轴线的中间，如图 2-24 所示。

📖 **提示：**

可通过菜单命令“菜单”→“格式”→“WCS”→“显示”控制图形窗口中 WCS 是否显示。

（2）创建长方体

单击“主页”选项卡→“特征”组→“更多”库→“长方体”图标，在打开的“块”对话框的“类型”下拉列表框中选择“原点和边长”选项，单击“指定点”右侧的“点对话框”图标，在打开的“点”对话框的“参考”下拉列表框中选择“WCS”，在“XC”文本框输入-50，“YC”文本框输入-50，“ZC”文本框输入-25，即设置长方体的角点坐标为（-50，-50，-25），单击“确定”按钮关闭“点”对话框。

设置长方体的参数“长度（XC）”为 100，“宽度（YC）”为 100，“高度（ZC）”为 50，在“布尔”下拉列表中选择“减去”选项，单击“确定”按钮完成开槽，得到的模型如图 2-25 所示。

上述创建的模型可参考网盘文件“练习文件\第 2 章\接头－3.prt”。

6．创建轴线为水平方向的圆柱

（1）指定轴线方向

再次执行“圆柱”命令，在打开的“圆柱”对话框的“类型”下拉列表框中选择“轴、直径和高度”选项，单击“指定矢量”最右侧的箭头，在打开的选项中选择“YC 轴”选项，使圆柱的轴线方向为 YC 轴的正向。

（2）指定圆柱底面圆心的位置

单击“圆柱”对话框的“指定点”右侧的“点对话框”图标，在随后打开的“点”对话框中确认“参考”下拉列表框中的选项为“WCS”，设置圆柱底面圆心坐标为（0，100，0），单击“确定”按钮关闭“点”对话框。

（3）设置圆柱参数和布尔操作方式

设置圆柱的直径为 60mm，高度为 150mm，在“布尔”下拉列表框中选择“合并”选项，单击“确定”按钮创建圆柱，得到的模型如图 2-26 所示。

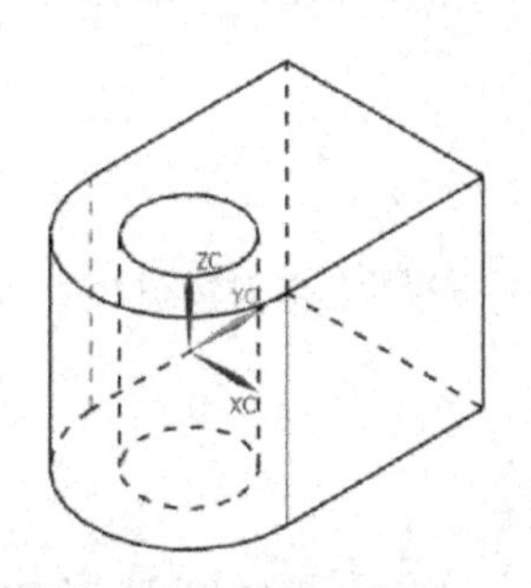

图 2-24　重新定位 WCS

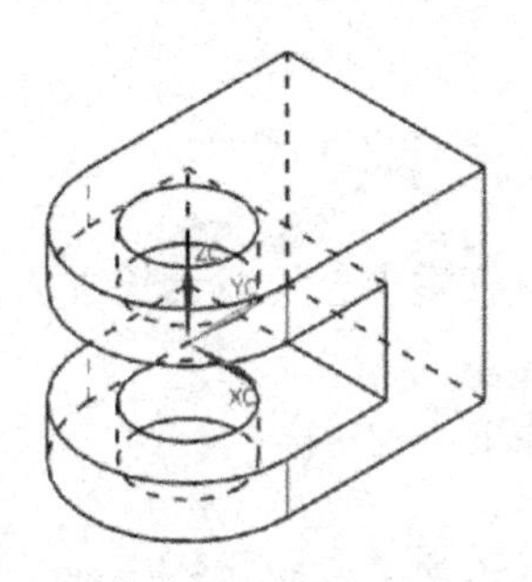

图 2-25　开槽后的实体

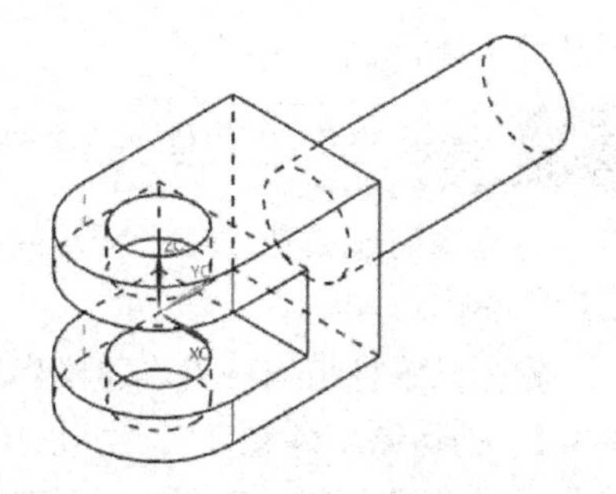

图 2-26　创建水平圆柱

7. 通过在右侧圆柱减去一圆柱形成圆孔

（1）指定轴线方向

重新执行“圆柱”命令，在打开的“圆柱”对话框的“类型”下拉列表框中选择“轴、直径和高度”选项，单击“指定矢量”右侧的“矢量对话框”图标，在打开的“矢量”对话框的“类型”下拉列表框中选择“按系数”选项，在“系数”选项组中选择“笛卡儿坐标”单选按钮，设置参数：I=0，J=－1，K=0，使其轴线方向为Y轴的负方向，单击“确定”按钮关闭“矢量”对话框。

（2）指定圆柱底面圆心的位置

在“圆柱”对话框中单击“指定点”最右侧的箭头，选择“圆弧中心/椭圆中心/球心”选项，选择上步创建的水平圆柱的右端面圆，指定该端面的圆心为新建圆柱的底面圆心，如图2-27所示。

（3）设置圆柱参数和布尔操作方式

设置圆柱的直径为25mm，高度为200mm，在“布尔”下拉列表框中选项“减去”选项，单击“确定”按钮，在右侧水平圆柱减去所创建的圆柱形成圆孔，得到如图2-28所示的接头的实体模型。

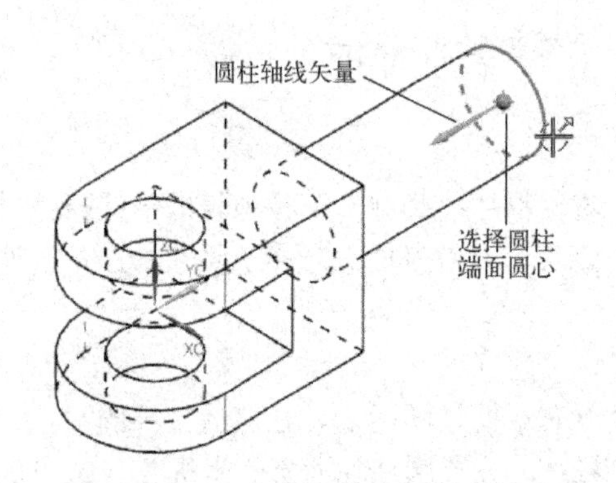

图2-27 指定轴线矢量和圆心位置

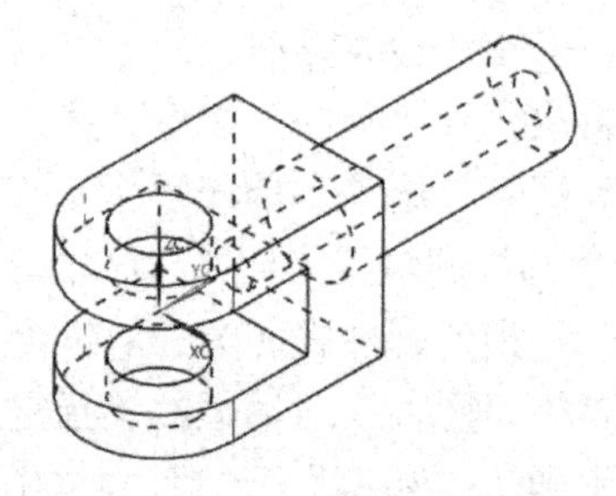

图2-28 减去圆柱形成圆孔

上述创建的模型可参考网盘文件“练习文件\第2章\接头－4.prt”。

8. 保存文件

在上边框条选择菜单命令“菜单”→“文件”→“关闭”→“保存并关闭”，保存并关闭部件文件。

2.3.2 操纵杆创建范例

本范例通过如图2-29所示的操纵杆重点介绍球、长方体、圆柱和圆锥的创建过程和布尔运算操作。

根据操纵杆结构特点，建模步骤如下：

1. 创建新部件文件

启动UG NX，在“主页”选项卡中单击“新建”图标，在打开的“新建”对话框的“模板”列表框中选择“模型”，选择目录建立新部件文件“操纵杆.prt”，单位为毫米。

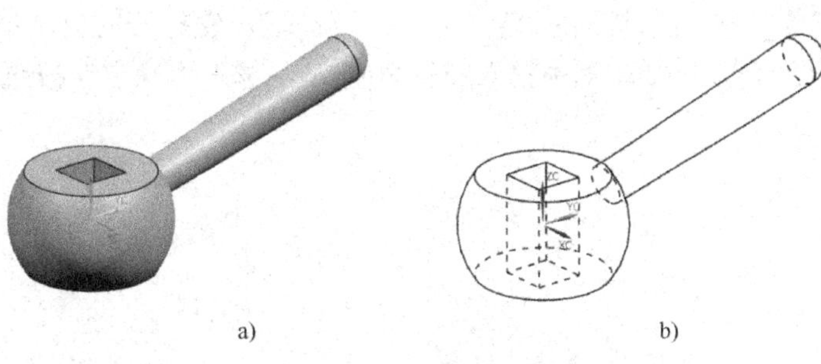

图 2-29　操纵杆

a) 着色显示　b) 线框显示

2．创建球

在功能区单击“主页”选项卡→“特征”组→“更多”库→“球”图标，在打开的对话框的“类型”下拉列表框中选择“中心点和直径”选项，单击“指定点”右侧的“点对话框”图标，在打开的“点”对话框中设置“XC”、“YC”和“ZC”的值均为 0，即设置球心坐标为（0，0，0），单击“确定”按钮关闭“点”对话框。

在“球”对话框中设置球的直径为 50mm，在“布尔”下拉列表框中选择“无”选项，单击“确定”按钮创建球体。

在图形窗口空白区域单击鼠标右键，在弹出的快捷菜单中选择“定向视图”→“正三轴测图”。同样，在右键快捷菜单中选择“渲染样式”→“静态线框”，并利用前面提到的方法，利用“可视化首选项”对话框设置模型不可见部分的轮廓线以虚线显示。

3．创建圆柱与上述球体进行差运算

（1）创建第一个圆柱

单击“主页”选项卡→“特征”组→“更多”库→“圆柱”图标，在打开的“圆柱”对话框的“类型”下拉列表框中选择“轴、直径和高度”选项，单击“指定矢量”最右侧的箭头，选择“ZC 轴”选项；单击“指定点”右侧的“点对话框”图标，在打开的“点”对话框的“参考”下拉列表框中选择“绝对－工作部件”选项，设置圆柱底面圆心的坐标为（0，0，15），单击“确定”按钮关闭“点”对话框；设置圆柱的直径为 50mm，高度为 20mm，选择布尔操作方式为“减去”，单击“应用”按钮，在上述创建的球体中减去圆柱，得到的实体模型如图 2-30 所示。

（2）创建第二个圆柱

在仍然打开的“圆柱”对话框中单击“指定矢量”最右侧的箭头，选择“-ZC 轴”选项；单击“指定点”右侧的“点对话框”图标，在打开的“点”对话框中设置圆柱底面圆心的坐标为（0，0，-15），单击“确定”按钮关闭“点”对话框；设置圆柱的直径为 50mm，高度为 20mm，选择布尔操作方式为“减去”，单击“确定”按钮，在上述创建的实体中减去圆柱，得到的实体模型如图 2-31 所示。

上述创建的模型可参考网盘文件“练习文件\第 2 章\操纵杆－1.prt”。

4．利用上述实体创建倾斜的圆台作为锥柄

（1）旋转坐标系

因为手柄为倾斜方向，首先需要旋转 WCS，然后根据旋转后的 WCS 创建圆锥。在上边框条选择命令“菜单”→“格式”→“WCS”→“旋转”，在打开的对话框中选择单选按钮 -XC 轴：ZC --> YC，在“角度”文本框中输入旋转角度 75，单击“确定”按钮将 WCS 绕 X 轴沿顺时针方向旋转 75°。

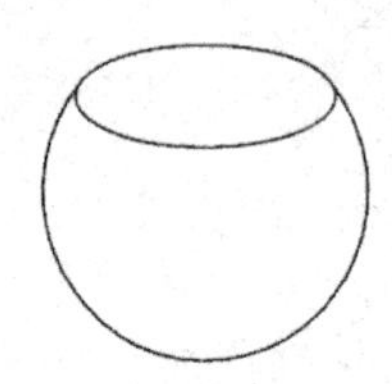

图 2-30 在球的上方减去圆柱

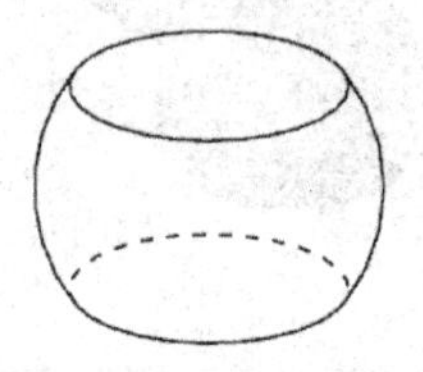

图 2-31 在球的下方减去圆柱

选择菜单命令“菜单”→“格式”→“WCS”→“显示”，可观察到 WCS 旋转到如图 2-32 所示的位置。

（2）创建圆台

单击“主页”选项卡→“特征”组→“更多”库→“圆锥”图标，在打开的“圆锥”对话框的“类型”下拉列表框中选择“直径和高度”选项，单击“指定矢量”最右侧的箭头，选择“ZC 轴”选项。

单击“指定点”右侧的“点对话框”图标，在打开的“点”对话框的“参考”下拉列表框中选择“WCS”选项，设置圆柱底面圆心的坐标为（0，0，20），单击“确定”按钮关闭“点”对话框。

设置“底部直径”为 12mm，“顶部直径”为 15mm，“高度”为 80mm，选择布尔运算方式为“合并”，单击“确定”按钮创建圆台，得到的实体模型如图 2-33 所示。

5．在圆台底面创建锥柄端部球体

再次执行“球”命令，在打开的“球”对话框的“类型”下拉列表框中选择“中心点和直径”选项，单击“指定点”最右侧的箭头，选择“圆弧中心/椭圆中心/球心”选项，选择上述创建的圆台的右侧端面边缘，即指定端面圆心为新建球体的球心；设置球的直径为 15mm，布尔操作方式为“合并”，单击“确定”按钮创建球体，得到的模型如图 2-34 所示。

上述创建的模型可参考网盘文件“练习文件\第 2 章\操纵杆－2.prt”。

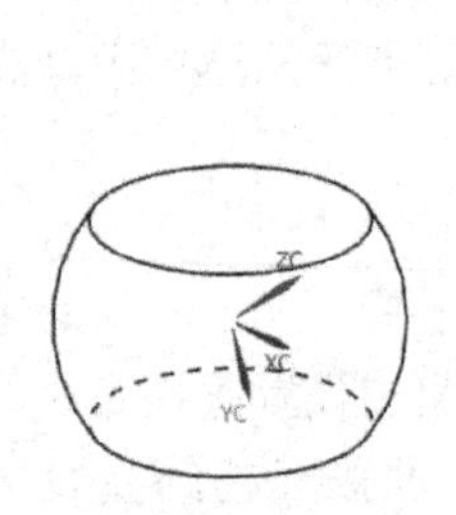

图 2-32 旋转 WCS

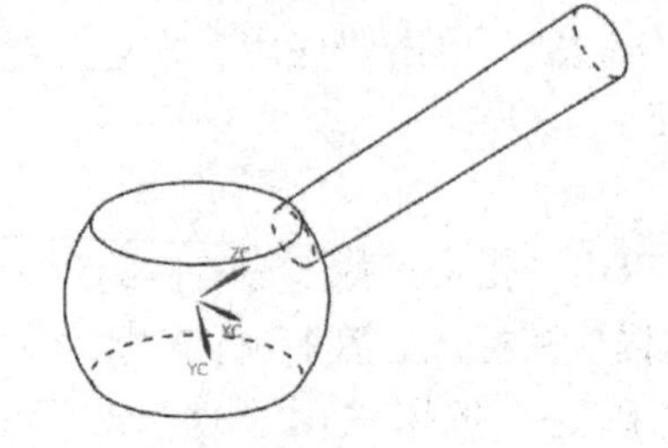

图 2-33 创建手柄

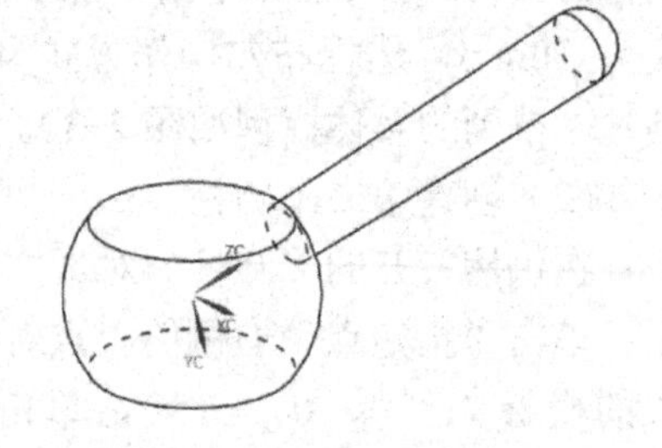

图 2-34 创建锥柄端部球体

6．通过在上述实体中减去一个长方体形成方孔

（1）旋转坐标系

由于现在 WCS 为倾斜方向，需要首先对 WCS 进行旋转。选择菜单命令“菜单”→“格式”→“WCS”→“旋转”，在打开的对话框中选择单选按钮 -XC 轴：ZC --> YC，在“角度”

文本框中输入旋转角度-75，单击“确定”按钮，将 WCS 的 Z 轴恢复为垂直方向。

（2）创建长方体

执行“长方体”命令，在打开的“长方体”对话框的“类型”下拉列表框中选择“原点和边长”选项，单击“指定点”右侧的“点对话框”图标，在打开的“点”对话框中设置长方体原点坐标为（-7.5，-7.5，-15），单击“确定”按钮关闭“点”对话框；设置长方体的参数“长度（XC）”为 15，“宽度（YC）”为 15，“高度（ZC）”为 30，在“布尔”下拉列表框中选择“减去”布尔操作方式，单击“确定”按钮，在上述模型中减去长方体，得到的操纵杆如图 2-35 所示。

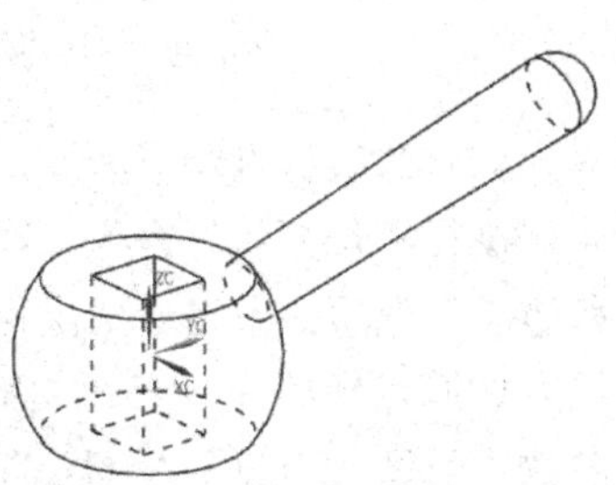

图 2-35 减去长方体形成方孔

上述创建的模型可参考网盘文件“练习文件\第 2 章\操纵杆—3.prt”。

7．保存文件

在上边框条选择菜单命令“菜单”→“文件”→“关闭”→“保存并关闭”，保存并关闭部件文件。

2.3.3 手柄创建范例

本范例通过如图 2-36 所示的手柄重点介绍圆锥、长方体、圆柱的创建过程和布尔运算操作。

1．创建新部件文件

启动 UG NX，在“主页”选项卡中单击“新建”图标，在打开的“新建”对话框的“模板”列表框中选择“模型”，选择目录建立新部件文件“手柄.prt”，单位为毫米。

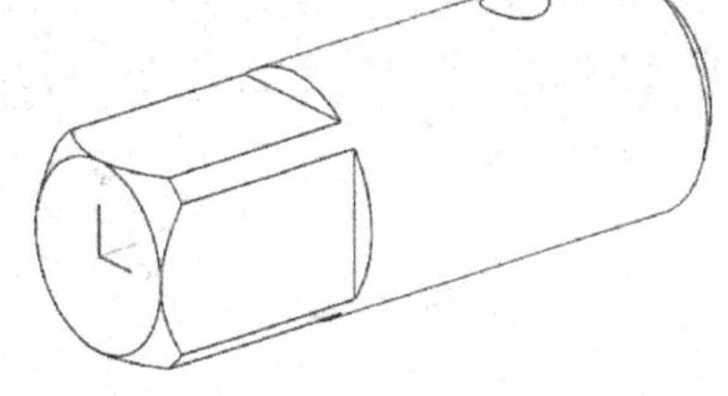

图 2-36 手柄

2．创建圆台

单击“主页”选项卡→“特征”组→“更多”库→“圆锥”图标，在打开的“圆锥”对话框的类型下拉列表框中选择“直径和高度”选项，单击“指定矢量”最右侧的箭头，选择“YC 轴”选项；单击“指定点”右侧的“点对话框”图标，在打开的“点”对话框中设置圆台底面圆心的坐标为（0，0，0），单击“确定”按钮关闭“点”对话框；设置圆锥的底部直径为 11mm，顶部直径为 14mm，高度为 1.5mm，布尔运算方式为“无”，单击“确定”按钮创建圆台。

在图形窗口中单击鼠标右键，在弹出的快捷菜单中选择“定向视图”→“正三轴测图”命令，设置视图方向为正三轴测图。同样，在右键快捷菜单中选择“渲染样式”→“带有隐藏边的线框”命令，设置模型不可见部分的轮廓线不可见。创建的圆台如图 2-37 所示。

3．创建圆柱

执行“圆柱”命令，在打开的“圆柱”对话框的“类型”下拉列表框中选择“圆弧和高度”选项，选择如图 2-37 所示的圆台顶面边缘，此时显示一个沿 YC 轴负方向的矢量，单击“反向”图标将其反向；设置圆柱的高度为 14mm，布尔运算方式为“合并”，单击“确定”按钮创建圆柱，得到的模型如图 2-38 所示。

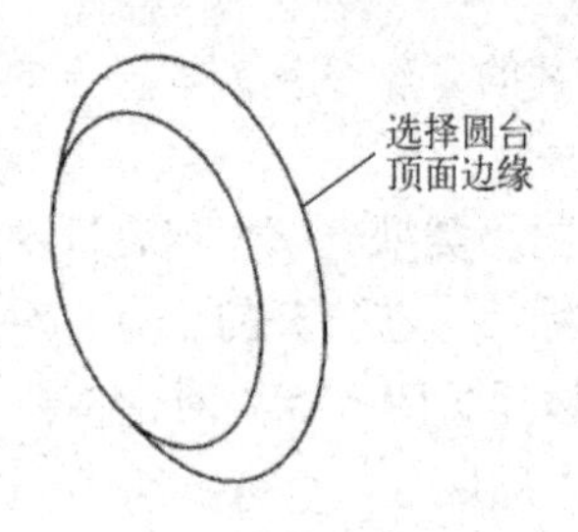

图 2-37 圆台

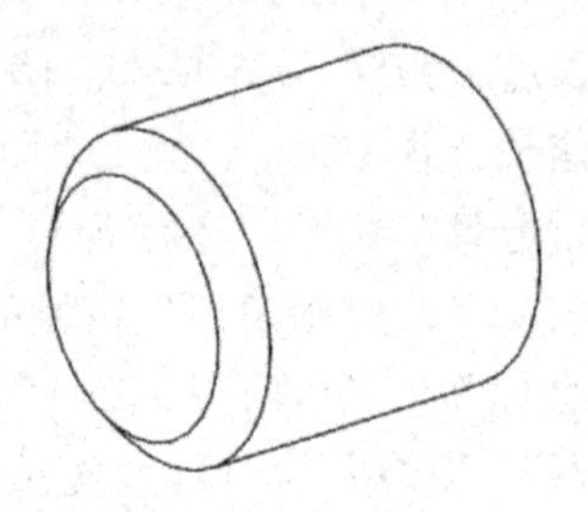

图 2-38 创建圆柱

4. 创建长方体

执行“长方体”命令，在打开的“长方体”对话框的“类型”下拉列表框中选择“原点和边长”选项，单击“指定点”右侧的“点对话框”图标，在打开的“点”对话框中设置长方体原点坐标为（-5.5，0，-5.5），单击“确定”按钮关闭“点”对话框；设置长方体的参数“长度（XC）”为 11，“宽度（YC）”为 15.5，“高度（ZC）”为 11，在“布尔”下拉列表框中选择“相交”布尔操作方式，单击“确定”按钮，得到的模型如图 2-39 所示。

上述创建的模型可参考网盘文件“练习文件\第 2 章\手柄－1.prt”。

5. 创建圆柱

再次执行“圆柱”命令，在打开的“圆柱”对话框的“类型”下拉列表框中选择“圆弧和高度”选项，选择如图 2-39 所示的圆柱端面圆弧，此时显示一个沿 YC 轴负方向的矢量，单击“反向”图标将其反向；设置圆柱的高度为 24mm，布尔操作方式为“合并”，单击“确定”按钮创建圆柱，得到的模型如图 2-40 所示。

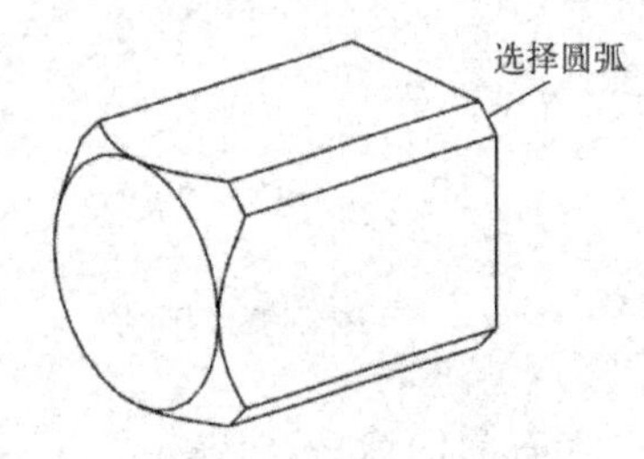

图 2-39 创建长方体

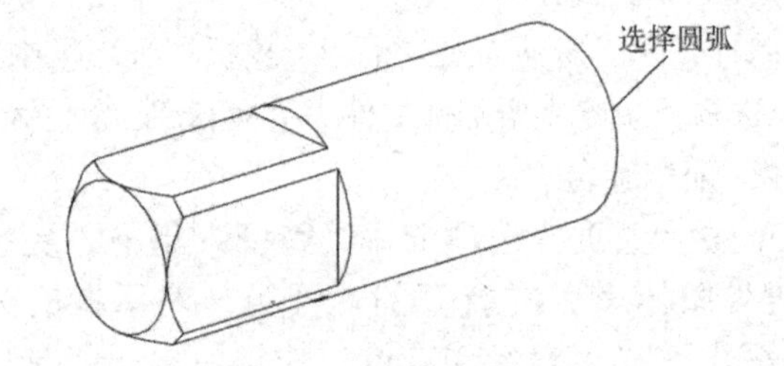

图 2-40 创建圆柱

6. 创建圆台

再次执行“圆锥”命令，在打开的“圆锥”对话框的类型下拉列表框选择“底部直径，高度和半角”选项，单击“指定矢量”最右侧的箭头，选择“YC 轴”选项；单击“指定点”最右侧的箭头，选择“圆弧中心/椭圆中心/球心”选项，然后选择如图 2-40 所示的圆柱的端面圆弧，设置圆弧圆心为圆台底面圆心；设置圆台的底部直径为 14mm，高度为 1.5mm，半角为 45°，布尔运算方式为“合并”，单击“确定”按钮创建圆台，得到的模型如图 2-41 所示。

7. 通过创建圆柱打孔

再次执行“圆柱”命令，在打开的“圆柱”对话框的“类型”下拉列表框中选择“轴、直径和高度”选项，单击“指定矢量”最右侧的箭头，选择“ZC 轴”选项；单击“指定点”右侧的“点对话框”图标，在打开的“点”对话框中设置圆柱底面圆心的坐标为

（0，30，-7），单击“确定”按钮关闭“点”对话框；设置圆柱的直径为 4mm，高度为 14mm，选择布尔运算方式为“减去”，单击“确定”按钮，得到的模型如图 2-42 所示。

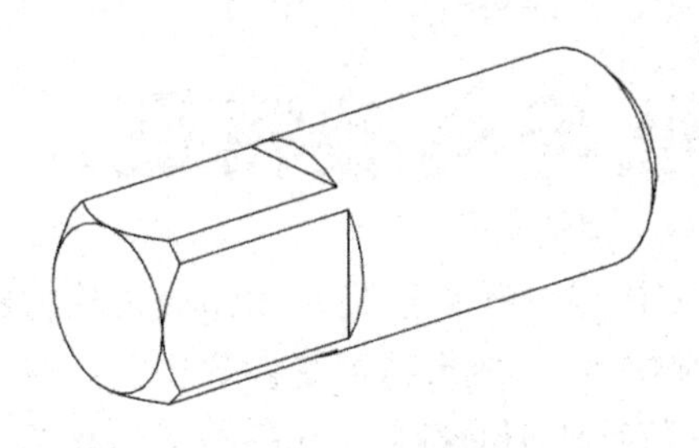

图 2-41　创建圆台

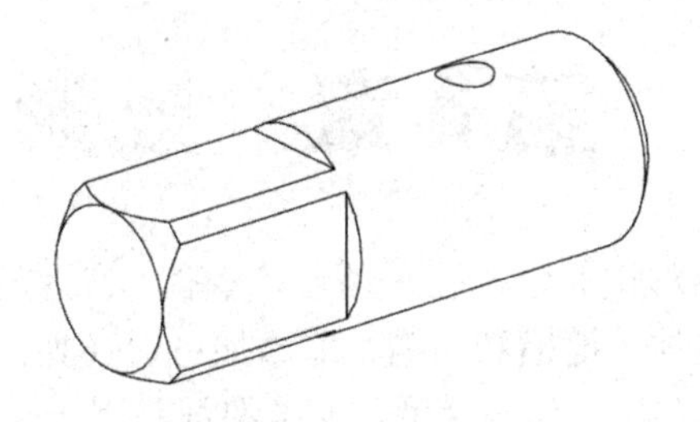

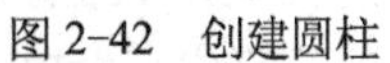

图 2-42　创建圆柱

上述创建的模型可参考网盘文件“练习文件\第 2 章\手柄一2.prt”。

8．保存文件

在上边框条选择菜单命令“菜单”→“文件”→“关闭”→“保存并关闭”，保存并关闭部件文件。

提示：

本章通过以上三个范例除了介绍 UG NX 体素特征及布尔运算的操作外，更主要的目的是介绍 WCS 的操作方法以及 WCS 在建模过程中所起的作用。至于上述三个零件的建模，用后面几章所介绍的成型特征和特征操作等建模方法更为方便快捷，将来对模型的编辑和修改也更方便。

第3章 成形特征与基准特征

成形特征包括孔、凸台、腔体、垫块、键槽和沟槽，其特点是在实体上去除材料（如孔、腔体、键槽和沟槽）或添加材料（如凸台、垫块等）。成形特征是参数化的，修改成形特征的参数可修改模型。基准特征是用于建立其他特征的辅助特征，包括基准面和基准轴。在创建成形特征的过程中，经常需要采用基准特征作为放置面和进行定位。本章介绍成形特征和基准特征的创建方法。

3.1 成形特征综述

3.1.1 成形特征的创建方法

成形特征必须在已经存在的实体上创建，多数成形特征是关联的，即如果更改了用于生成成形特征的几何体，它就会自动更新。可以通过“菜单”→“插入”→“设计特征”菜单项的级联菜单，或“主页”选项卡的“更多”库中“设计特征”组的有关命令图标创建成形特征。

创建成形特征的一般步骤如下：

1）选择放置面。

2）需要的话，选择水平参考。

3）需要的话，选择一个或多个通过面。

4）输入特征参数的值。

5）定位特征。

3.1.2 放置面

绝大多数成形特征都需要一个平的放置面，在其上生成成形特征，并与之相关联。可以选择基准面或目标实体上的平面作为放置面。

在所选放置面上创建成形特征时，特征垂直于放置面，并位于选择放置面时鼠标点击位置的附近，特征将自动链接到选中面。所以当面被平移或旋转时，特征将保持与面的垂直关系，并且特征的高度相对于放置面将保持恒定。

如果将基准平面作为放置面，将出现方向矢量，显示将在基准平面的哪一侧生成特征，如图3-1所示。可以接受这一默认侧，也可以对矢量进行反向，以使用另一侧。

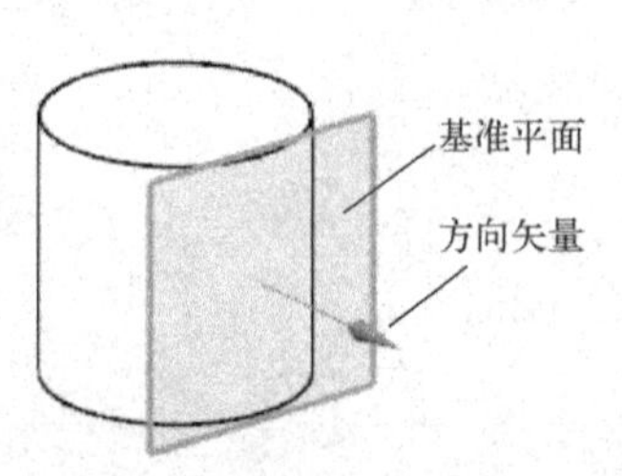

图3-1 以基准平面作为放置面

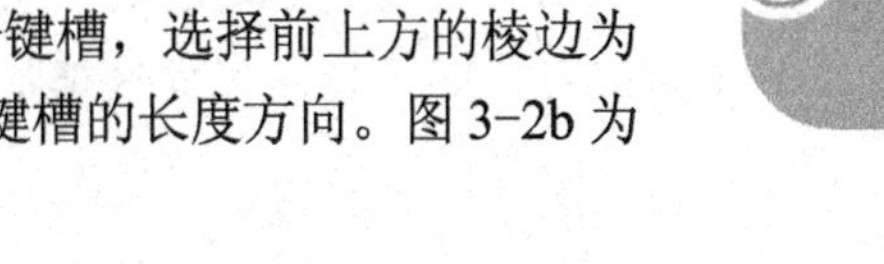

3.1.3 水平参考

有些成形特征要求指定水平参考，它定义特征坐标系的 XC 方向，即成形特征的长度方向。可以选择边、面、基准轴或基准平面作为水平参考。

如图 3-2a 所示，选择长方体的上表面作为放置面创建一个键槽，选择前上方的棱边为水平参考，将显示一个箭头表示方向矢量，该方向矢量定义了键槽的长度方向。图 3-2b 为根据该水平参考创建的键槽。

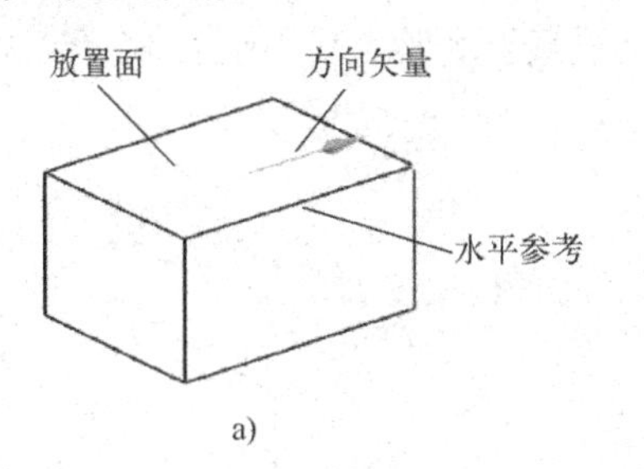

a)

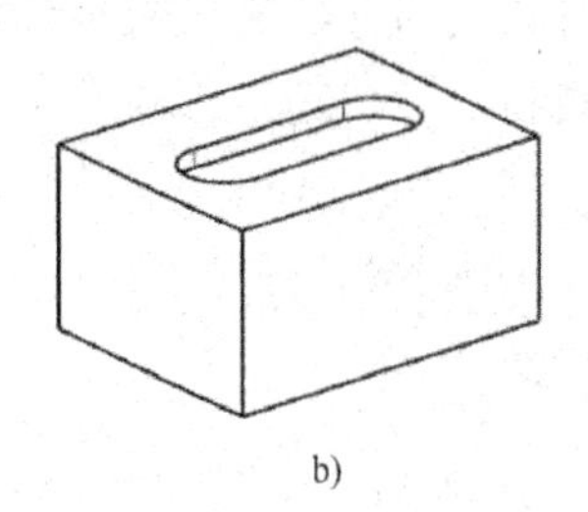

b)

图 3-2 水平参考

a) 水平参考 b) 键槽

3.1.4 通过面

如果在创建孔和键槽时为其指定通过面，不管实体怎样修改，孔或键槽特征始终贯穿通过面，并且只受限于放置面和通过面。如图 3-3a 所示，在长方体上创建一沉头孔，选择顶面为放置面，底面为通过面，所创建的沉头孔如图 3-3b 所示。

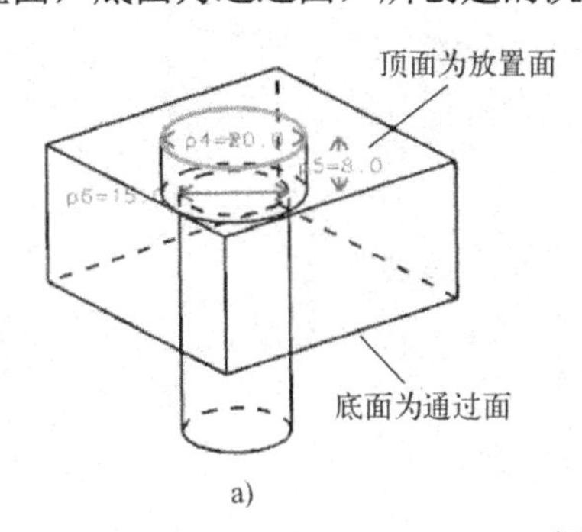

a)

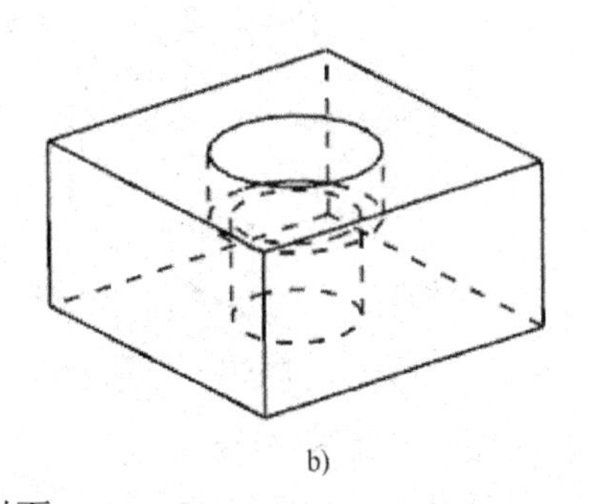

b)

图 3-3 通过面

a) 放置面和通过面 b) 沉头孔

3.1.5 定位特征

在创建成形特征时，特征在未被定位前位于选择放置面时的鼠标点击点附近，需要对特征进行定位，使其位于指定的位置。当操作过程中需要定位特征时，系统弹出如图 3-4 所示的“定位”对话框，该对话框中各选项说明如下：

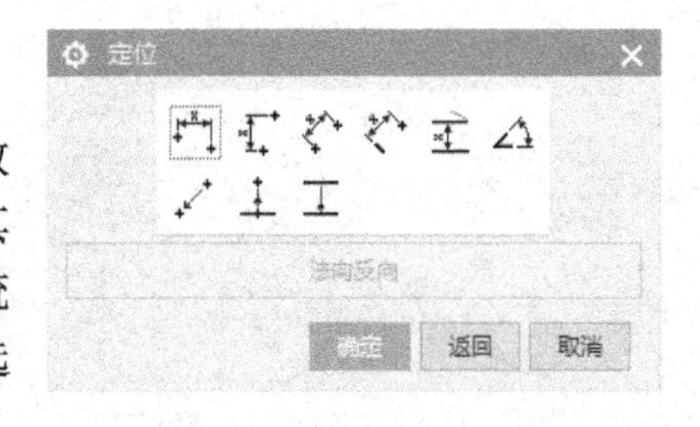

图 3-4 “定位”对话框

1. （水平）

指定工具体和目标体的 XC 轴方向的距离，即水平参考方向上的距离，如图 3-5 所示。

提示：

目标体是定位特征时所选择的已创建的实体上的对象，如实体的边缘、点或基准面和基准轴等。工具体是定位特征时所选择的特征上的对象，如边缘、控制线和控制点等。

2. （竖直）

指定工具体和目标体 YC 轴方向的距离，即垂直于水平参考方向上的距离，如图 3-6 所示。

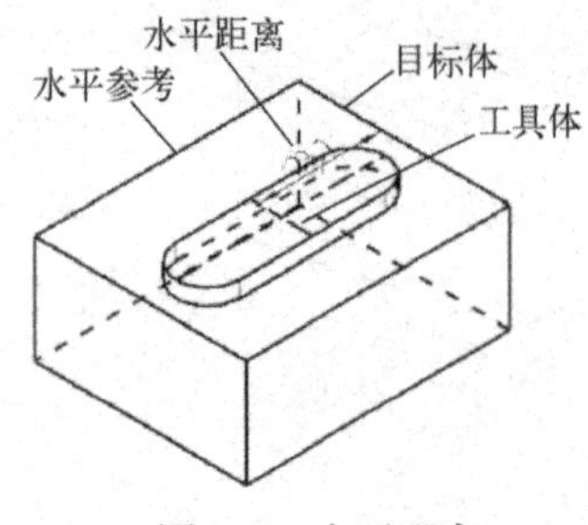

图 3-5 水平距离

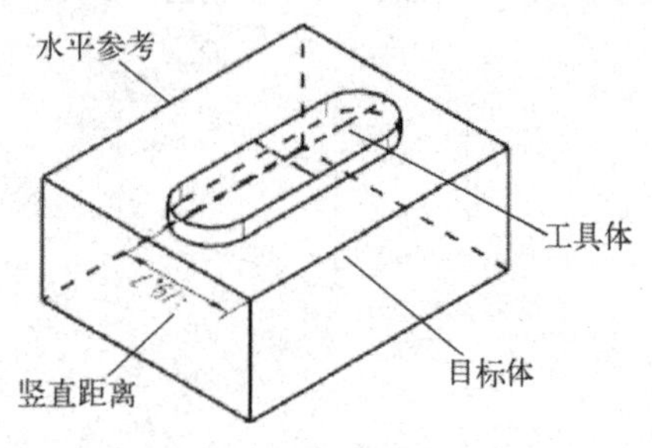

图 3-6 竖直距离

3. （平行）

指定工具体和目标体两点间的距离，如图 3-7 所示。

4. （垂直）

指定工具体和目标体的垂直距离，如图 3-8 所示。

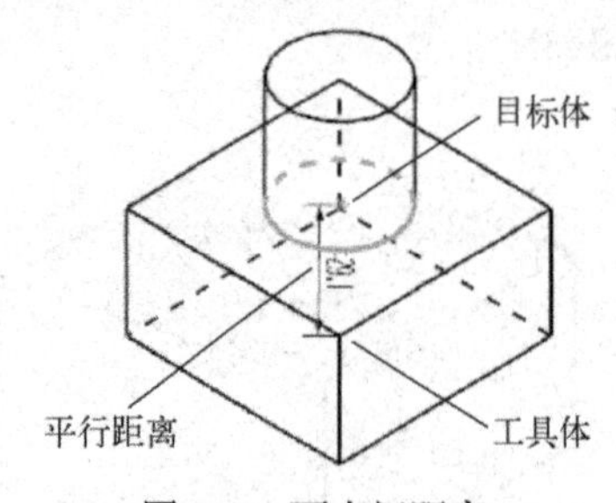

图 3-7 两点间距离

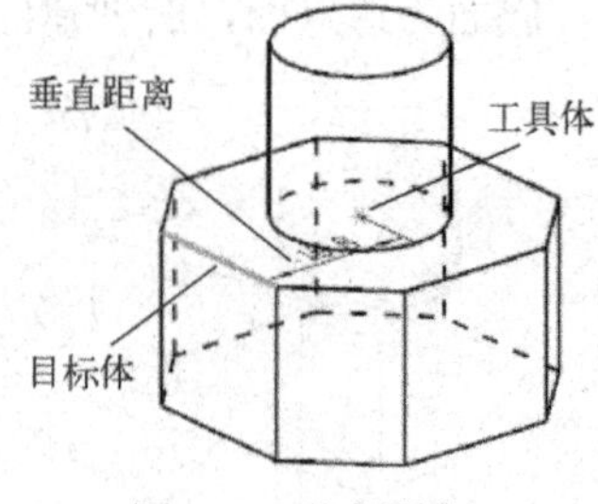

图 3-8 垂直距离

5. （按一定距离平行）

指定工具体和目标体的平行距离，如图 3-9 所示。

6. （斜角）

指定工具体和目标体之间的夹角，如图 3-10 所示。

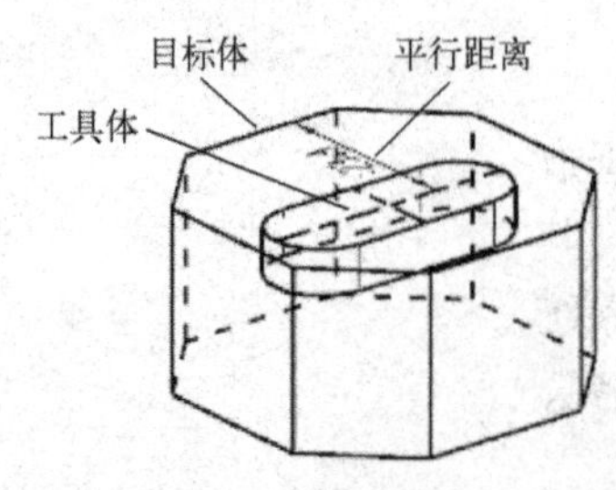

图 3-9 平行距离

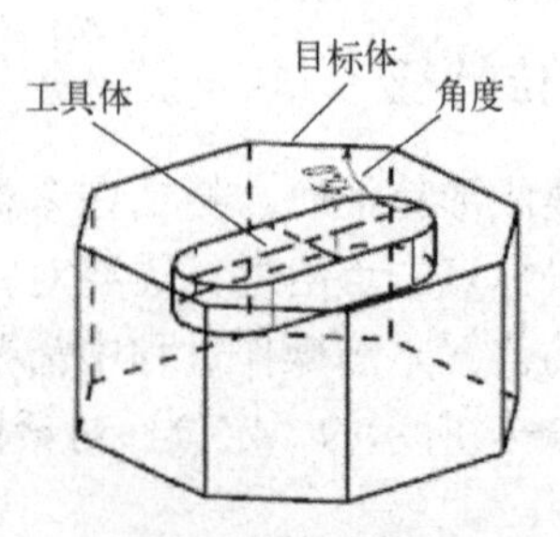

图 3-10 两线夹角

7. （点落在点上）

指定作为工具体的点和作为目标体的点重合，如图 3-11 所示。

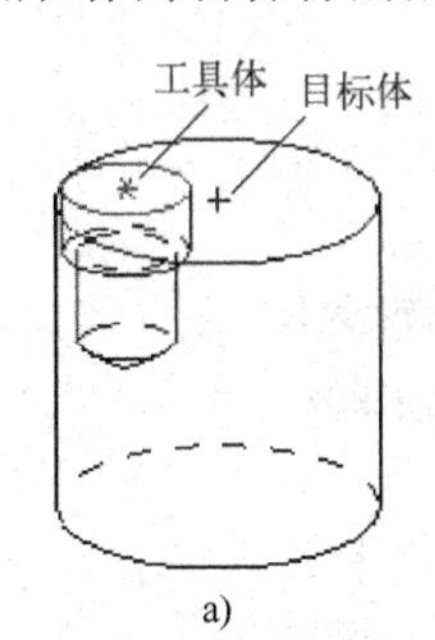

a)

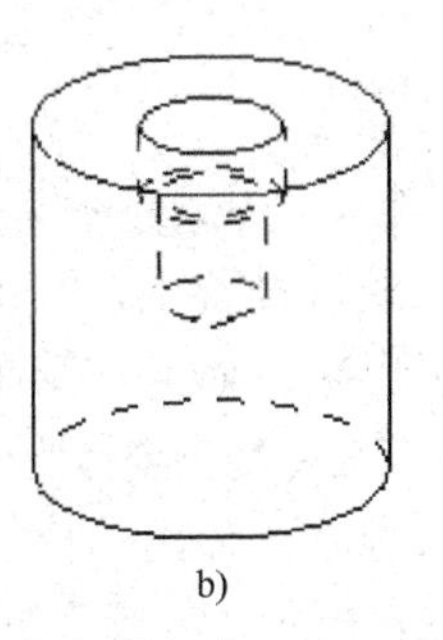

b)

图 3-11 点落在点上定位方式

a) 定位前 b) 定位后

8. （点落在线上）

指定作为工具体的点位于作为目标体的线上，如图 3-12 所示。

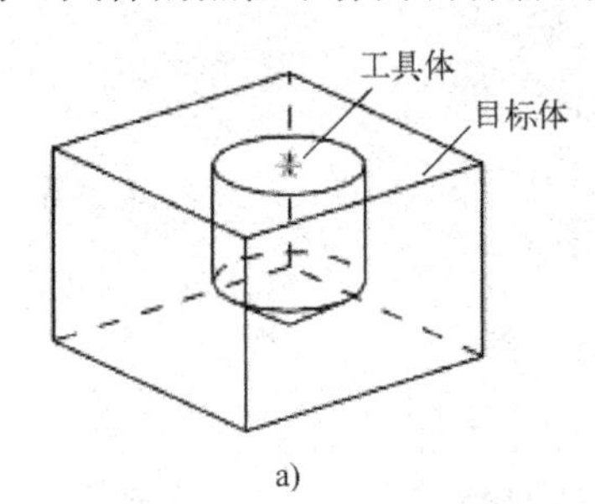

a)

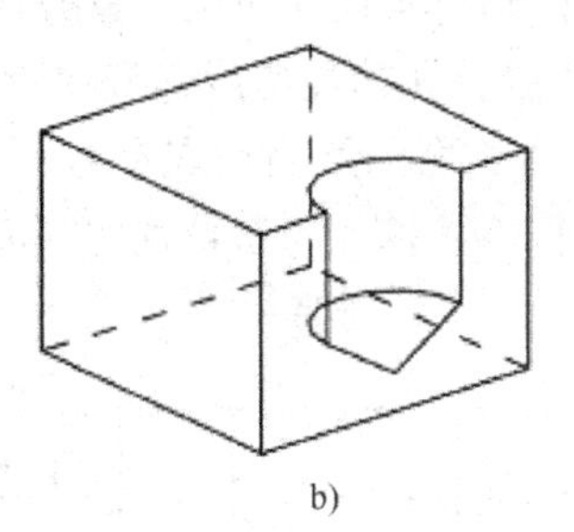

b)

图 3-12 点落在线上定位方式

a) 定位前 b) 定位后

9. （线落在线上）

指定作为工具体的线和作为目标体的线重合，如图 3-13 所示。

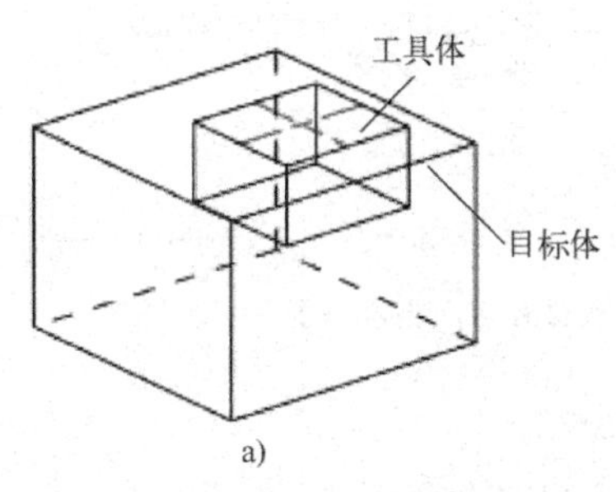

a)

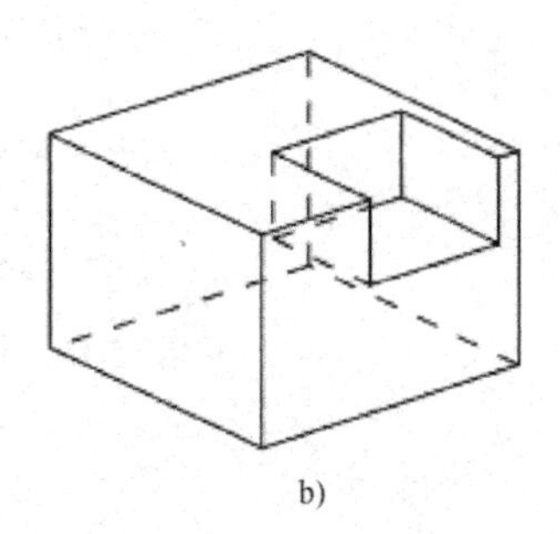

b)

图 3-13 线落在线上定位方式

a) 定位前 b) 定位后

3.2 成形特征

3.2.1 NX5之前版本的孔

功能：创建简单孔、沉头孔或埋头孔。

操作命令：在软件的默认设置下，“NX5 之前版本的孔”没有在功能区显示出来，而且在菜单中也没有对应的命令，但可以通过定制命令将其显示出来：

在功能区单击鼠标右键，在弹出的快捷菜单最下端选择“定制”命令，在打开的“定制”对话框中打开“命令”选项卡，在“类别”列表框中展开“菜单”项，并在“插入”菜单项中选择“设计特征”，在右侧的列表框中选择“NX5 之前版本的孔”，按住鼠标左键，将其拖放到功能区即可。

操作说明：执行上述命令后，打开如图 3-14 所示的“孔”对话框，选择孔的类型后选择放置面，如果需要创建通孔则选择通过面，然后设置参数，最后定位孔，完成创建孔的操作。各种孔的参数说明如图 3-15 所示。

图 3-14 “孔”对话框

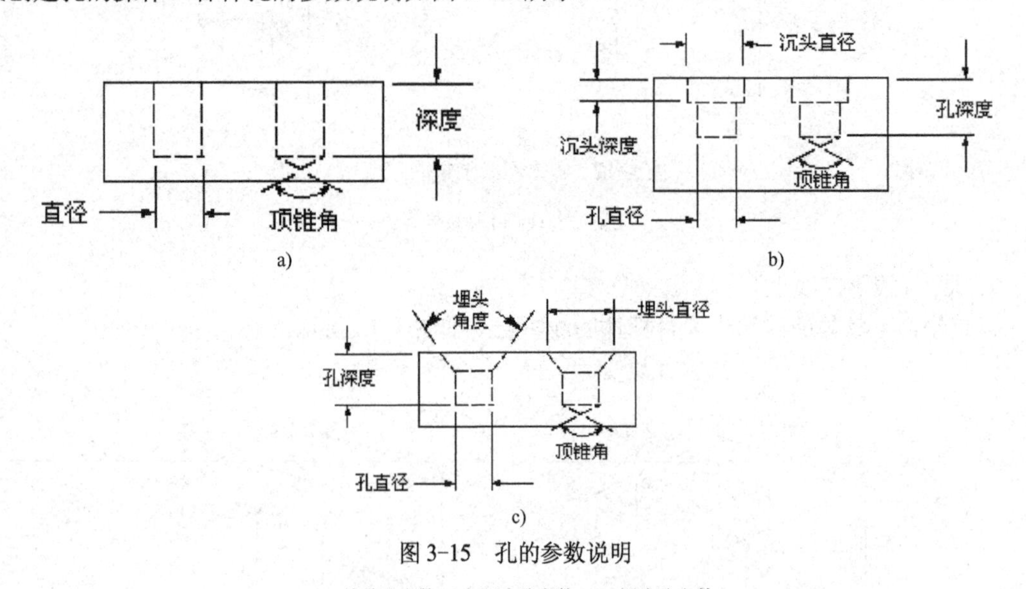

图 3-15 孔的参数说明

a) 简单孔参数 b) 沉头孔参数 c) 埋头孔参数

3.2.2 孔

功能：该命令为从 NX6.0 版本开始增加的功能，使用该命令可在部件或装配中添加各种类型的孔特征：常规孔（简单孔、沉头孔、埋头孔或锥形状孔）、钻形孔、螺钉间隙孔（简单孔、沉头孔或埋头形状孔）、螺纹孔和孔系列（部件或装配中一系列多形状、多目标体、对齐的孔）。

操作命令有：

菜单：“菜单”→“插入”→“设计特征”→“孔”

功能区：“主页”选项卡→“特征”组→“孔”

图 3-16 “孔”对话框

操作说明：执行上述命令后打开如图 3-16 所示的“孔”对话框，在“类型”下拉列表框中可选择“常规孔”“钻形孔”“螺钉间隙孔”“螺纹孔”“孔系列”几个选项，当选择“常规孔”选项，可在“形状和尺寸”选项组的“成形”下拉列表框中选择“简单孔”“沉头孔”“埋头孔”“锥孔”几个选项创建相应的孔。

在“类型”下拉列表框中选择了某个选项后，“指定点”高亮显示，此时可利用以下三种方式确定圆孔的位置：

（1）选择现有点作为圆孔的圆心位置。

（2）单击图形窗口上方的上边框条中的“点对话框”图标，利用打开的“点”对话框确定圆孔的位置。

（3）单击将要放置圆孔的实体表面，则选择该实体表面作为放置面并进入草图环境，并打开“草图点”对话框，可利用该对话框指定点位置，指定点后退出对话框，并在“主页”选项卡中单击“完成”图标退出草图环境返回建模应用模块。

在“类型”下拉列表框中选择不同的选项，“形状和尺寸”选项组的选项也不同，在该选项组中设置必要的参数，并在“布尔”选项组中设置“减去”布尔运算方式，最后单击“确定”按钮创建圆孔。

提示：

1）与“NX5 之前版本的孔”功能相比，“孔”功能更为丰富，而且有一些新的特色，比如：

- 首先通过指定点确定圆孔的位置，而不是在选择放置面和设置参数之后利用定位工具定位。
- 在指定点时，可指定多个定位点，一次创建多个圆孔，与“NX5 之前版本的孔”的创建方式相比效率更高。

2）“孔”功能内容比较丰富，详细内容可参考 NX 的在线帮助。

3.2.3 凸台

功能：创建圆形凸台。

操作命令有：

菜单：“菜单”→“插入”→“设计特征”→“凸台”

功能区：“主页”选项卡→“特征”组→“更多”库→“凸台”

操作说明：执行上述命令后打开“凸台”对话框，首先选择放置面，然后设置凸台参数，最后定位凸台，即完成创建凸台的操作。凸台的参数说明如图 3-17 所示，锥角为凸台的圆锥面与凸台轴线的夹角。

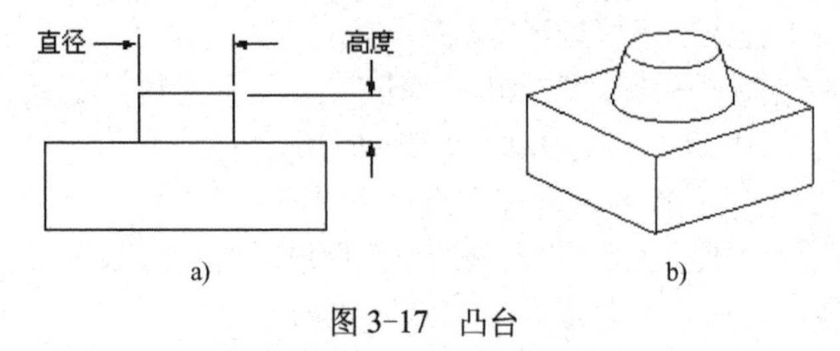

图 3-17 凸台

a) 凸台参数 b) 带锥角的凸台

3.2.4 垫块

功能：建立矩形垫块或通用垫块。

操作命令有：

菜单：“菜单”→“插入”→“设计特征”→“垫块”

功能区：“主页”选项卡→“特征”组→“更多”库→“垫块”

操作说明：执行上述命令后，打开如图 3-18 所示的“垫块”对话框，其中，“矩形”选项用于创建常用的矩形垫块，“常规”选项用于创建通用垫块。本书仅介绍创建矩形垫块的方法。

单击“矩形”按钮后，首先选择放置面，然后选择水平参考，之后设置垫块参数，最后定位垫块，完成创建垫块的操作。矩形垫块的参数说明如图 3-19 所示。

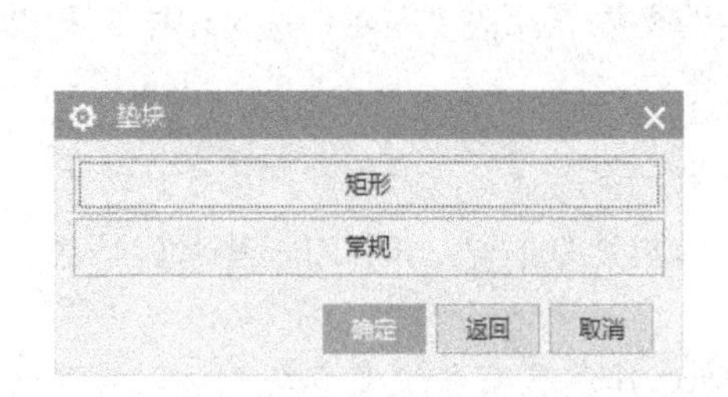

图 3-18 “垫块”对话框

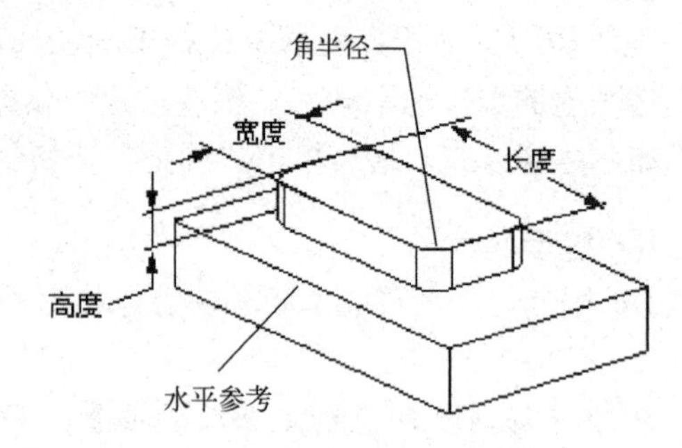

图 3-19 矩形垫块参数说明

3.2.5 腔体

功能：创建圆柱形腔体、矩形腔体或一般腔体。

操作命令有：

菜单：“菜单”→“插入”→“设计特征”→“腔”

功能区：“主页”选项卡→“特征”组→“更多”库→“腔”

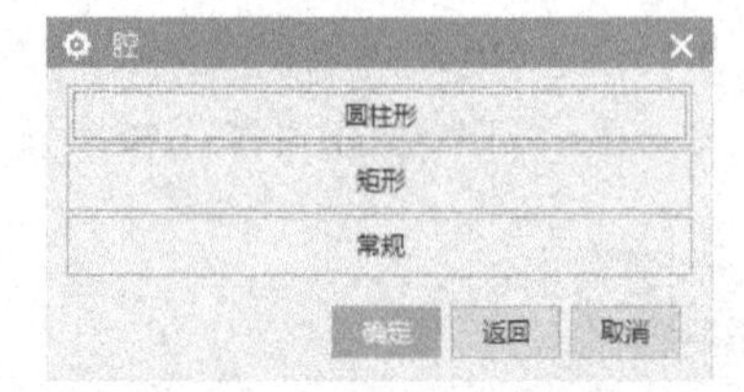

图 3-20 “腔”对话框

操作说明：执行上述命令后，打开如图 3-20 所示的“腔”对话框，利用该对话框可以创建圆柱形腔体、矩形腔体和常规腔体。对常规腔体本书不作介绍。

在“腔”对话框中单击“圆柱形”或“矩形”按钮后，首先选择放置面，然后设置腔体参数，最后定位腔体，完成创建腔体的操作。圆柱形和矩形腔体的参数说明如图 3-21 和图 3-22 所示。

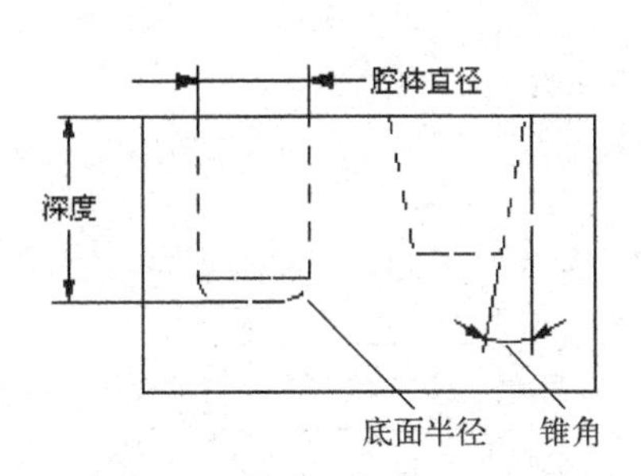

图 3-21 圆柱形腔体参数说明

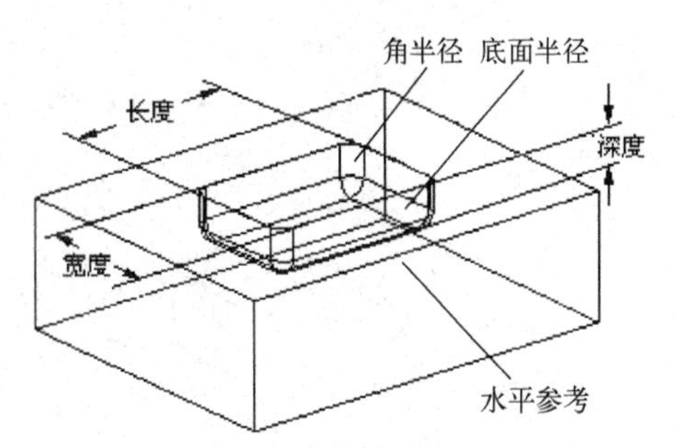

图 3-22 矩形腔体参数说明

3.2.6 键槽

功能：在实体上创建直槽，创建过程中在当前目标实体上自动执行减去布尔操作。所有槽类型的深度值按垂直于平面放置面的方向测量。

操作命令有：

菜单：“菜单”→“插入”→“设计特征”→“键槽”

功能区：“主页”选项卡→“特征”组→“更多”库→“键槽”

操作说明：执行上述命令后，打开如图 3-23 所示的“键槽”对话框，各选项说明如下：

1．矩形槽

功能：创建截面为矩形的键槽，如图 3-24 所示。

操作说明：选择该单选按钮后，首先选择放置面，然后选择水平参考，设置键槽参数，最后定位键槽，则完成创建矩形键槽的操作。矩形键槽的参数说明如图 3-24 所示。

2．球形端槽

功能：创建球形末端键槽，如图 3-25 所示。

操作说明：操作过程与“矩形”选项相同，参数说明如图 3-25 所示。

3．U 形槽

功能：创建 U 形键槽，如图 3-26 所示。

操作说明：操作过程与“矩形”选项相同，参数说明如图 3-26 所示。

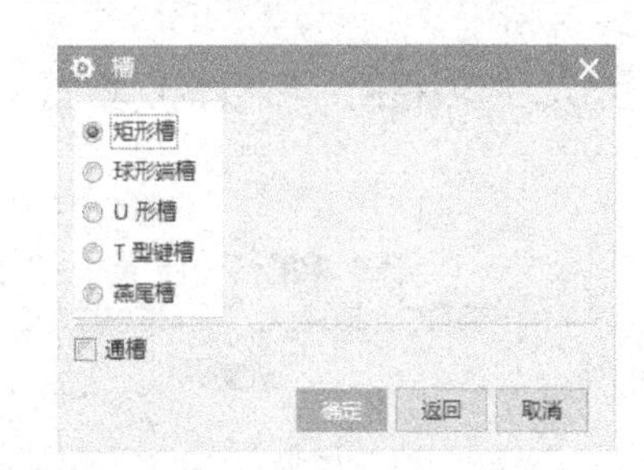

图 3-23 “键槽”对话框

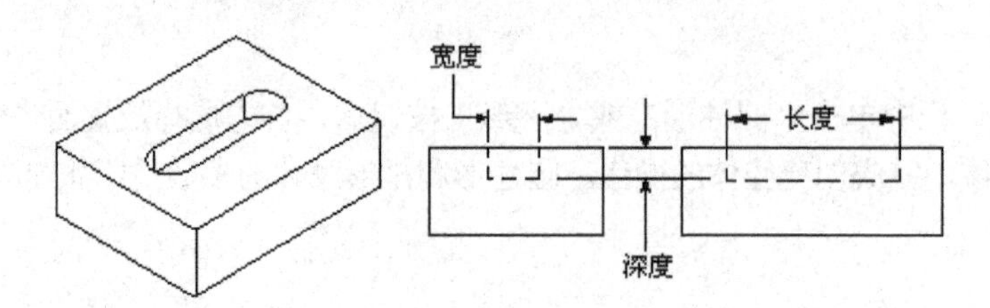

图 3-24 矩形键槽及参数说明

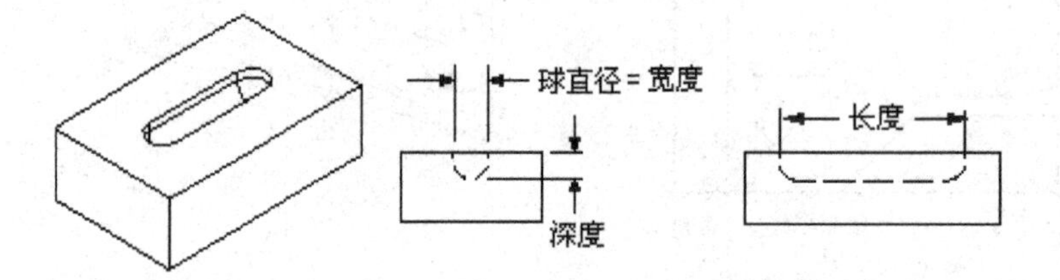

图 3-25 球形端键槽及参数说明

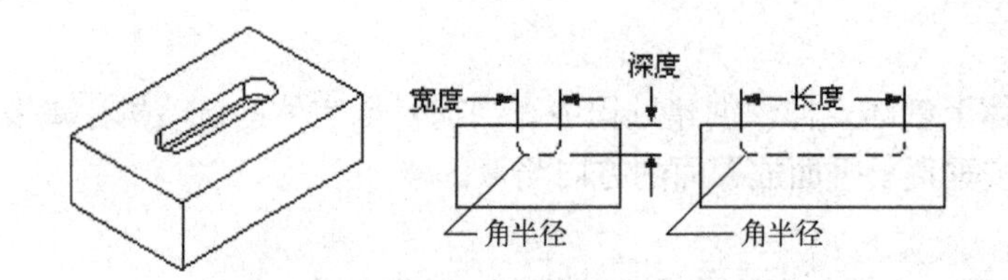

图 3-26 U 形槽及参数说明

4. T 型键槽

功能：创建 T 型键槽，如图 3-27 所示。

操作说明：操作过程与“矩形”选项相同，参数说明如图 3-27 所示。

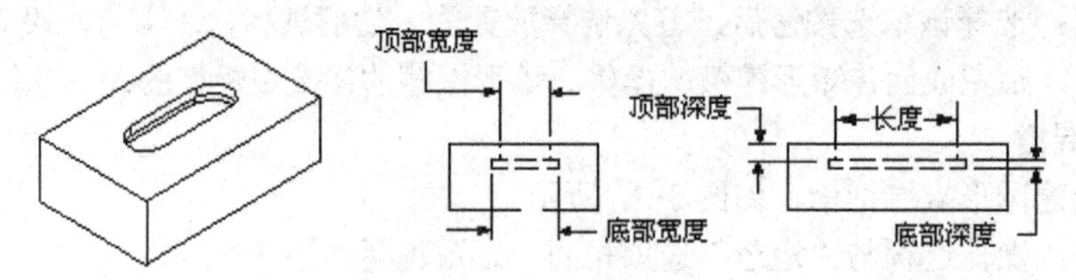

图 3-27 T 型键槽及参数说明

5. 燕尾槽

功能：创建燕尾槽，如图 3-28 所示。

操作说明：操作过程与“矩形”选项相同，参数说明如图 3-28 所示。

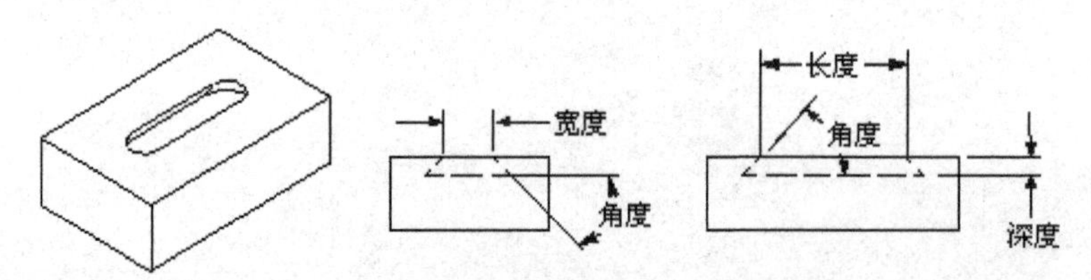

图 3-28 燕尾槽及参数说明

3.2.7 沟槽

功能：在圆柱形或圆锥形表面创建沟槽。

操作命令有：

菜单：“菜单”→“插入”→“设计特征”→“槽”

功能区：“主页”选项卡→“特征”组→“更多”库→“槽”

操作说明：执行上述命令后，打开如图 3-29 所示的“槽”对话框，各选项说明如下：

1．矩形

功能：创建矩形沟槽，如图 3-30 所示。

操作说明：单击该按钮后，首先选择圆柱形表面为放置面，然后设置参数，最后定位沟槽，则完成创建沟槽的操作。

定位沟槽时首先选择目标体边缘，然后选择沟槽边缘或中心线为工具体（沟槽“刀具”临时显示为一个圆盘），通过指定二者之间的距离定位沟槽。矩形沟槽的参数说明如图 3-30 所示。

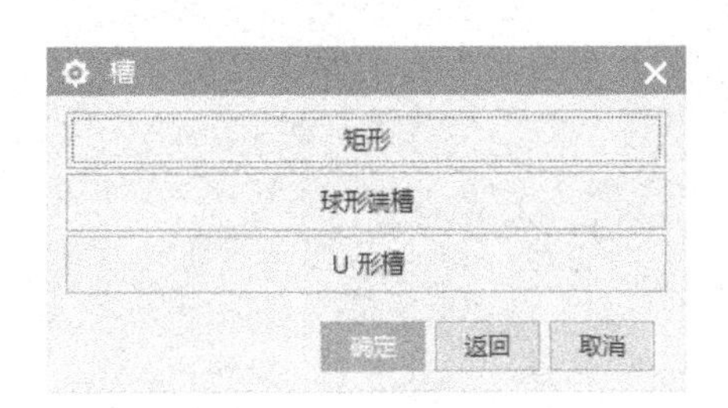

图 3-29 “槽”对话框

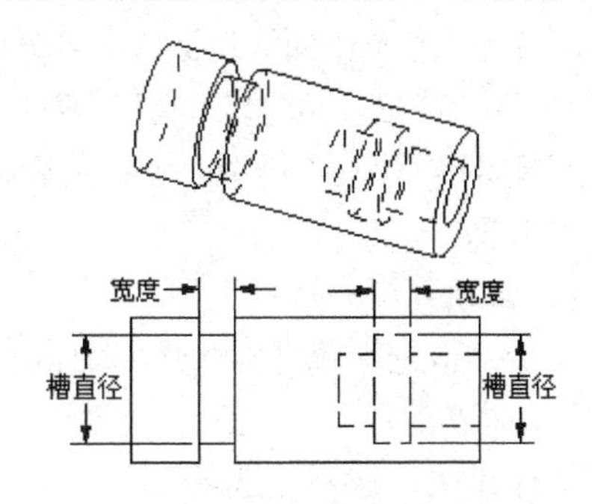

图 3-30 矩形沟槽及参数说明

2．球形端槽

功能：创建球形末端沟槽，如图 3-31 所示。

操作说明：操作过程与“矩形”选项相同，参数说明如图 3-31 所示。

3．U 形槽

功能：创建 U 形槽，如图 3-32 所示。

操作所说明：操作过程与“矩形”选项相同，参数说明如图 3-32 所示。

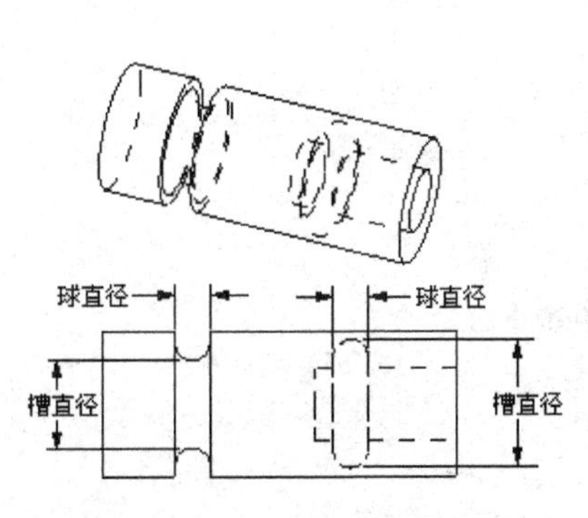

图 3-31 球形端槽及参数说明

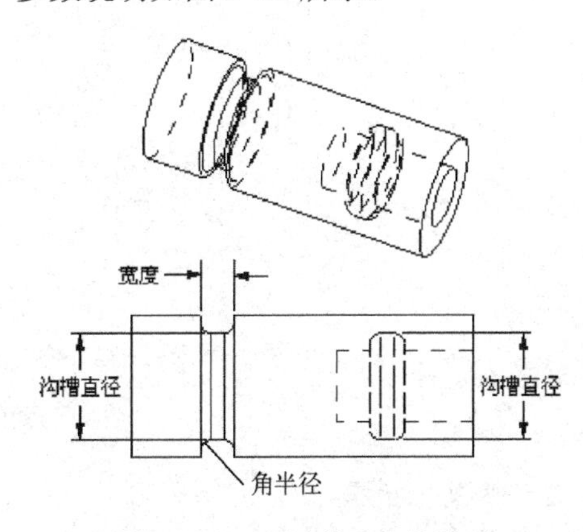

图 3-32 U 形沟槽及参数说明

3.3 基准特征

基准特征是用于建立其他特征的辅助特征，包括基准平面和基准轴。基准平面有助于在圆柱、圆锥、球等旋转实体的回转面上生成特征，还有助于在目标实体面的非法线角度上生成特征。基准轴可用于生成基准面、旋转特征、拉伸体等。

基准包括相对基准和固定基准，相对基准是相关的和参数化的特征，与目标实体的表面、边缘和控制点相关，因此，相对基准在建模过程中应用较多。本节介绍的基准平面和基准轴均为相对基准平面和相对基准轴。

3.3.1 基准平面

选择菜单命令“菜单”→“插入”→“基准/点”→“基准平面”，或在“主页”选项卡的基准/点下拉菜单中选择“基准平面”命令，如图 3-33 所示，打开“基准平面”对话框，可根据需要从“基准平面”对话框的“类型”下拉列表框中选择相应的选项创建基准平面。“类型”下拉列表框中的常用选项说明如下：

图 3-33 “主页”选项卡中的基准/点下拉菜单

1．自动判断

功能：根据系统针对所选对象的自动推断创建基准面。

操作说明：选择该选项后，系统根据所选择的对象自动判断可以创建的基准平面，此时显示基准面的预览，并以箭头显示基准平面的法线方向，单击“平面方位”按钮打开该选项组，单击“反向”图标可改变法线方向，最后单击“确定”按钮创建基准平面。

如图 3-34 所示，选择该选项后，选择圆柱面，显示如图 3-34a 所示的基准面的预览，单击“确定”按钮可创建如图 3-34b 所示的基准平面。

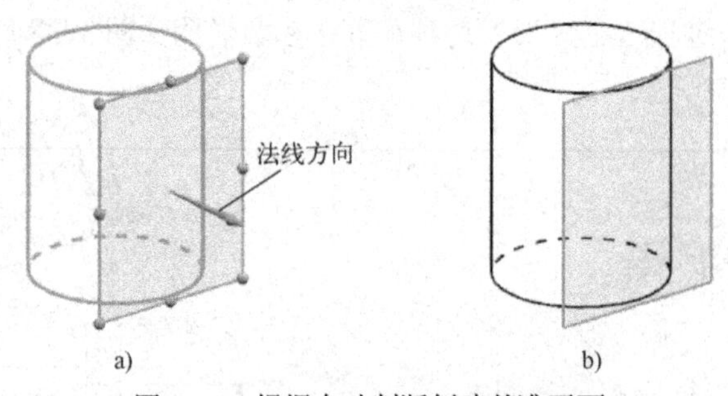

图 3-34 根据自动判断创建基准平面

a) 基准平面预览 b) 创建的基准平面

2．按某一距离

功能：通过指定与选定平面/基准平面的偏置距离创建基准平面。

操作说明：选择该选项并选择某个平面/基准平面后，在“偏置”选项组的“距离”文本框中设置所要创建的基准平面与所选对象的距离，最后单击“确定”按钮创建基准面，如图 3-35a、b 所示。

如果在“偏置”选项组的“平面的数量”文本框中设置所创建的基准平面数大于 1，可创建相互之间距离为“距离”文本框设定值的多个基准平面，如图 3-35c 所示。

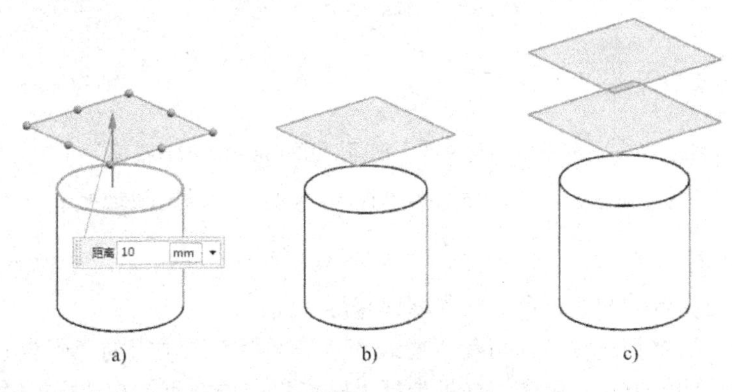

图 3-35 根据偏置创建基准平面

a) 选择平面并设置偏置距离 b) 创建的基准平面 c) 创建多个基准平面

3. 成一角度

功能：创建与指定平面/基准平面成一定角度的基准平面。

操作说明：选择该选项后，选择一个平面/基准平面，然后选择一条直线边缘或基准轴，在角度文本框中设置基准平面与指定平面的角度，单击“确定”按钮可创建通过所选直线并与所选平面成指定夹角的基准平面，如图 3-36 所示。

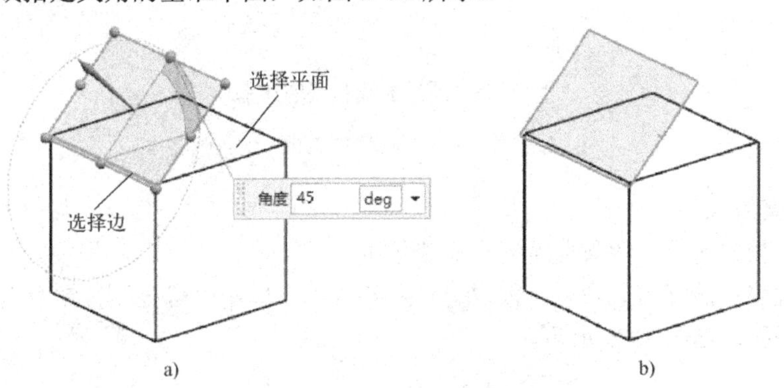

图 3-36 与指定平面成一角度的基准平面

a) 选择平面与直线边缘 b) 创建的基准平面

4. 二等分

功能：创建位于两个平面/基准平面中间的基准平面。

操作说明：选择该选项后，依次选择两个平面/基准平面，如果所选的两个平面/基准平面平行，则创建平行并且位于所选的两个平面/基准平面中间的基准平面，如图 3-37a 所示；如果所选的两个平面/基准平面成一定夹角，则创建通过两个平面/基准平面的交线并且平分夹角的基准平面，如图 3-37b 所示。

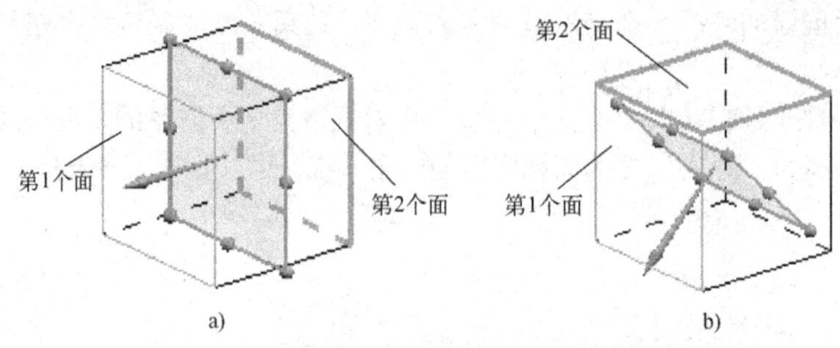

图 3-37 位于两个平面/基准平面中间的基准面

a) 通过两个平行的面创建基准面 b) 通过两个相交的面创建基准面

5. 曲线和点

功能：根据指定的曲线、点等对象创建基准平面。

操作说明：选择该选项后，可在“曲线和点子类型”选项组的“子类型”下拉列表框中选择创建基准平面的方法，例如，如果选择“两点”选项，可依次选择 2 个点，创建以所选的 2 个点定义的方向为法向的基准平面，并通过所选的第 1 个点，如图 3-38a 所示；如果选择“三点”选项，可依次选择 3 个点，则创建这 3 个点确定的基准平面，如图 3-38b 所示。

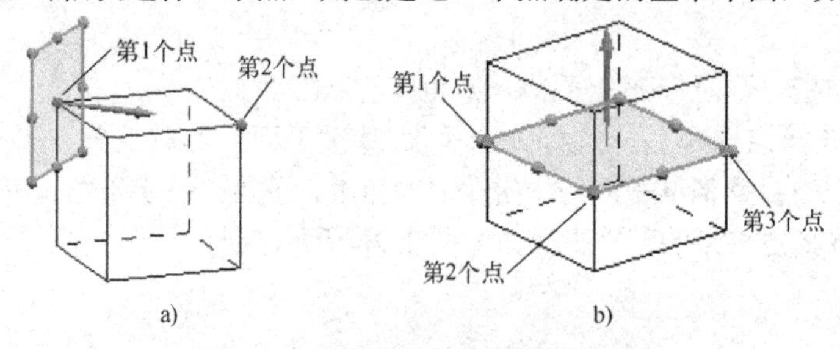

图 3-38 通过曲线和点创建基准平面

a) 通过 2 个点创建基准面 b) 通过 3 个点创建基准面

6. 两直线

功能：根据选择的两条直线创建基准平面。

操作说明：选择该选项后，依次选择两条直线，单击“确定”按钮可创建通过这两条直线的基准平面，如图 3-39 所示。

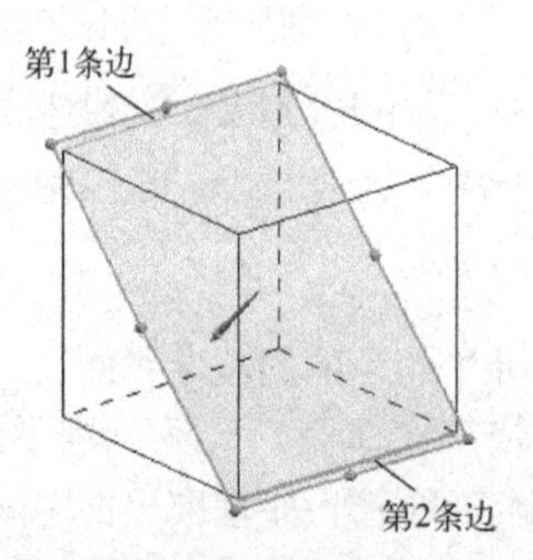

图 3-39 通过两条直线创建基准平面

7．相切

功能：创建与曲面相切的基准平面。

操作说明：选择该选项后，可在“相切子类型”下拉列表框中选择创建基准平面的方式，例如，如果选择“相切”或“通过线条”选项时，可首先选择要与基准平面相切的曲面，然后选择与曲面平行的直线，可创建通过所选直线并与所选平面相切的基准平面，如图 3-40 所示。可在“平面方位”选项组中单击“备选解”图标，在可能的若干个解中切换。

8．通过对象

功能：根据选择的对象平面创建基准平面。

操作说明：选择该选项后，选择某个对象，系统会根据对象的特点创建相应的基准平面。例如，如图 3-41 所示，如果选择圆柱面，则创建通过圆柱轴线的基准平面。

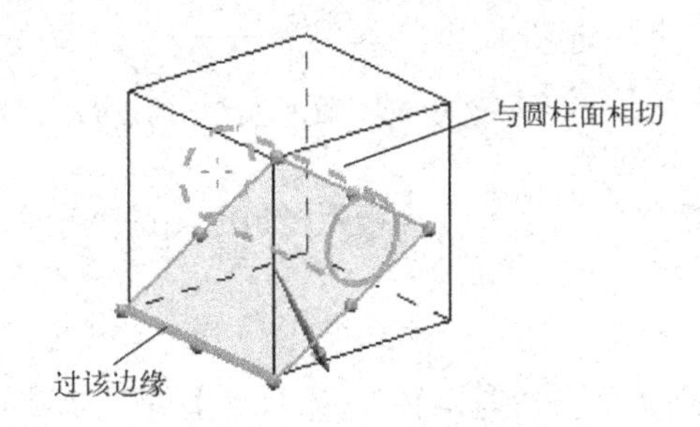

图 3-40　通过直线与圆柱面相切的基准平面

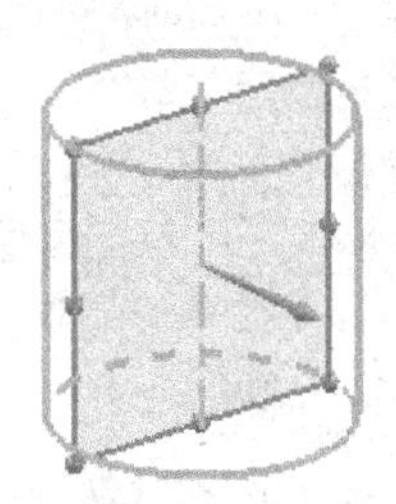

图 3-41　通过圆柱轴线的基准平面

9．点和方向

功能：根据指定的点和方向创建基准平面。

操作说明：选择该选项后，可利用上边框条设置点的捕捉方式并选择某个点；也可通过“通过点”选项组的“指定点”右侧的“点对话框”图标打开“点”对话框指定点；或者通过“指定点”最右侧的箭头选择某个选项确定点。所指定的点为基准平面的通过点。

指定基准平面的通过点后，需要指定基准平面的法向。可单击“法向”选项组的“指定矢量”右侧的“矢量对话框”图标打开“矢量”对话框创建矢量，也可以单击“指定矢量”最右侧的箭头选择矢量方向。最后单击“确定”按钮创建基准面。

如图 3-42 所示，选择该选项后，选择如图 3-42a 所示的边的中点，然后选择所示的边定义基准平面的法向平行于该边，单击“确定”按钮创建基准平面，如图 3-42b 所示。

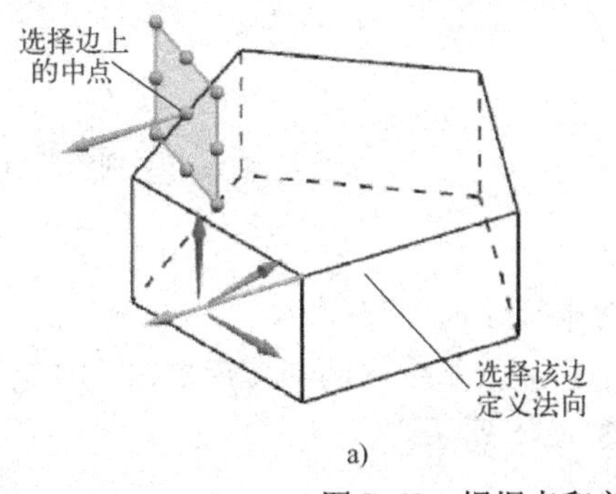

a)

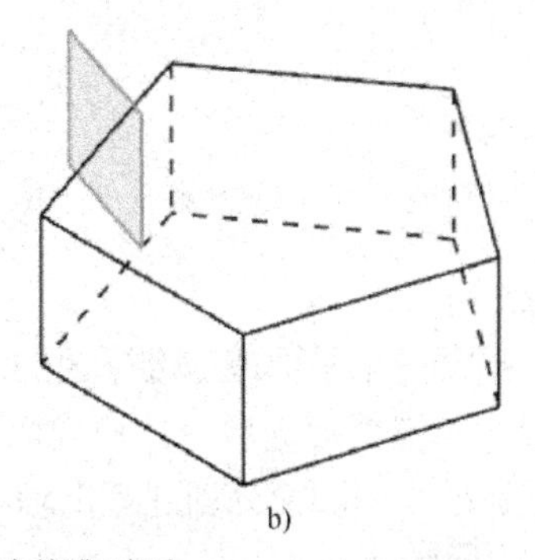

b)

图 3-42　根据点和方向创建基准平面

a) 选择点和方向　b) 创建的基准平面

10．在曲线上

功能：根据指定的曲线上的点创建基准面。

操作说明：选择该选项后，选择曲线上的一个点，则显示通过该点的基准面的预览，如图 3-43 所示，基准平面的法向为曲线的切向。可以通过“曲线上的位置”选项组设置所选点与该曲线起始点的距离，以确定基准平面的位置。单击“曲线”选项组的“反向”图标可翻转曲线起点和终点的位置。

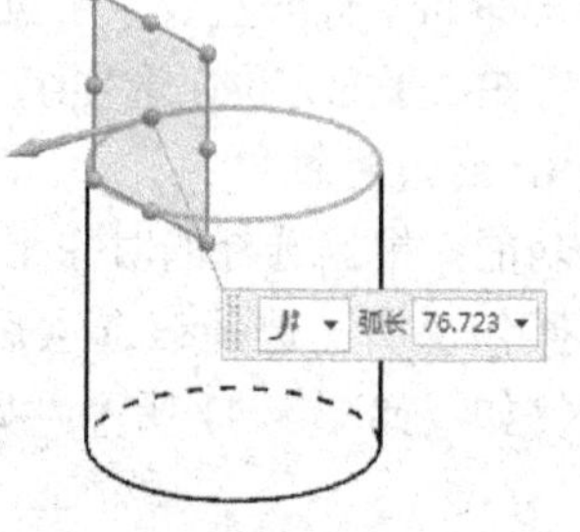

图 3-43 通过曲线上的点创建基准平面

11．YC-ZC 平面（XC-ZC 平面、XC-YC 平面）

功能：创建与工作坐标系或绝对坐标系的坐标面平行的基准平面。

操作说明：选择该选项后，在“偏置和参考”选项组选择“WCS”或“绝对”选项，然后在“距离”文本框中设置偏置距离，最后单击“确定”按钮，可创建与坐标系的 YC-ZC 平面（XC-ZC 平面、XC-YC 平面）平行，且相距指定距离的基准平面。

3.3.2 基准轴

选择菜单命令“菜单”→“插入”→“基准/点”→“基准轴”，或从“主页”选项卡基准/点下拉菜单中选择“基准轴”命令，打开如图 3-44 所示的“基准轴”对话框，可根据需要从“类型”下拉列表框选择适当的选项创建基准轴。“类型”下拉列表框常用选项的说明如下：

1．自动判断

功能：根据系统的自动推断创建基准轴。

操作说明：选择该选项后，选择用于创建基准轴的对象，系统根据所选的对象自动判断可以创建的基准轴。例如，如图 3-45 所示，选择该选项后选择圆柱面，可创建通过圆柱轴线的基准轴。

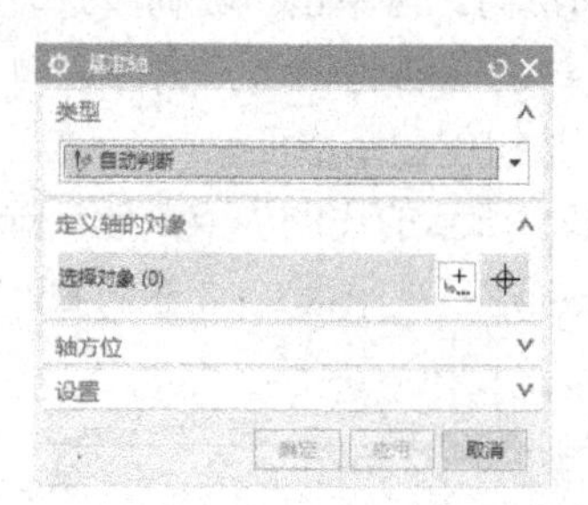

图 3-44 “基准轴”对话框

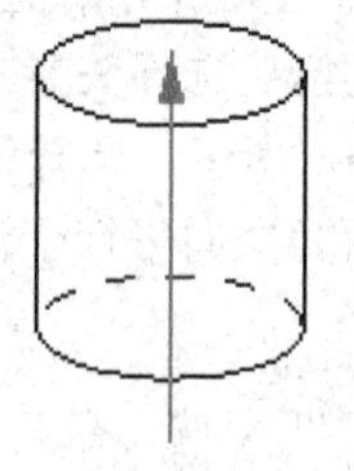
图 3-45 通过自动判断创建基准轴

2．交点

功能：根据两个平面或基准平面的交线创建基准轴。

操作说明：选择该选项后，依次选择两个平面或基准平面，最后单击“确定”按钮，在两个平面或基准平面相交处创建基准轴，如图 3-46 所示。

3．曲线/面轴

功能：沿线性曲线或线性边、圆柱面、圆锥面或圆环的轴创建基准轴。

操作说明：选择该选项后，如果选择线性的曲线或实体的线性边缘，则以所选的曲线或边创建基准轴；如果选择曲面，尤其是回转面，则以回转面的轴线创建基准轴，如图 3-47 所示。

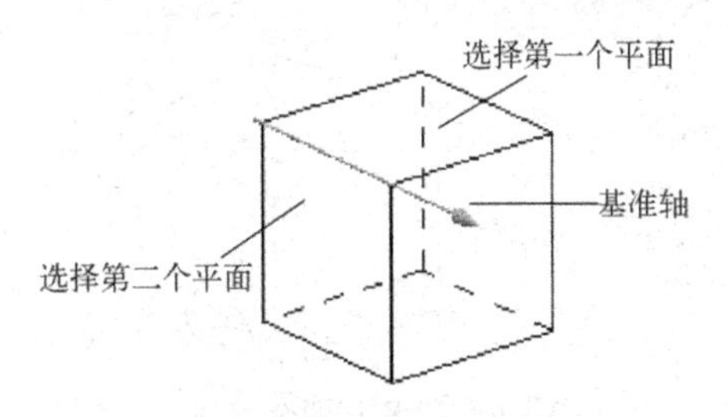

图 3-46 在两个平面的相交处创建基准轴

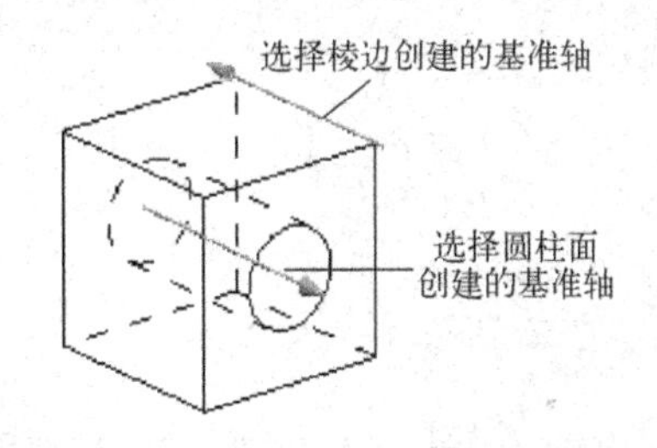

图 3-47 根据选定的曲线和曲面创建基准轴

4．曲线上矢量

功能：创建与曲线或边上的某点相切、垂直或双向垂直，或者与另一对象垂直或平行的基准轴。

操作说明：选择该选项后，选择曲线上的一个点，NX 自动将曲线在该点的切线方向作为基准轴的方向，并显示通过该点的基准轴的预览，如图 3-48 所示。也可选择某个对象（如直线）定义轴线方向，并可通过对话框的“曲线上的位置”选项组调整基准轴的原点。

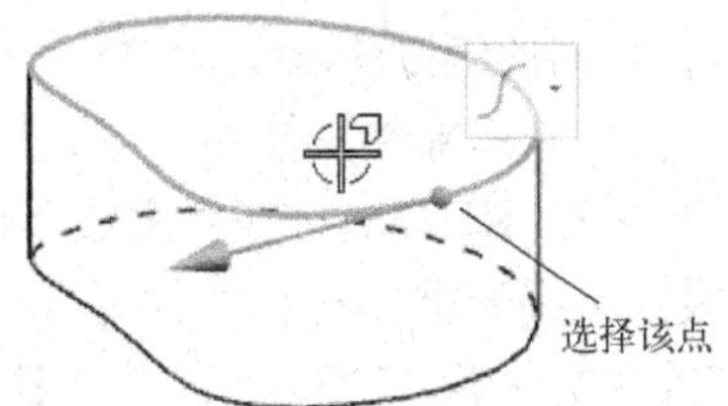

图 3-48 通过曲线上的点创建基准轴

5．XC 轴（YC 轴、ZC 轴）

功能：沿 WCS 的坐标轴创建基准轴。

操作说明：选择该选项后，沿相应的坐标轴创建固定基准轴。

6．点和方向

功能：从一点沿指定方向创建基准轴。

操作说明：选择该选项后，可利用图形窗口上方的上边框条中点的捕捉方式选择基准轴的通过点；也可单击“通过点”选项组“指定点”右侧的“点对话框”图标，利用打开的“点”对话框指定通过点，或者单击“指定点”最右侧的箭头，选择某个选项来指定通过点。

指定通过点后，需要指定基准轴的方向。可单击“方向”选项组“指定矢量”右侧的“矢量对话框”图标，利用打开的“矢量”对话框指定矢量，也可单击“指定矢量”最右侧的箭头选择矢量，并在“方位”下拉列表框中设置基准轴方向与所指定矢量的平行或垂直关系，最后单击“确定”按钮创建基准轴。

例如，如图 3-49 所示，选择该选项后，选择实体底面边缘上的一点，然后选择如图所示的方向为基准轴方向，最后单击“确定”按钮，所创建的基准轴通过所选点，并平行于指定的基准轴方向。

7．两点

功能：根据指定的两个点创建基准轴。

操作说明：选择该选项后，依次选择两个点定义基准轴，基准轴的方向默认为由所选的第一个点指向第二个点，如图 3-50 所示。单击“轴方位”选项组的“反向”图标可翻转基准轴的方向。

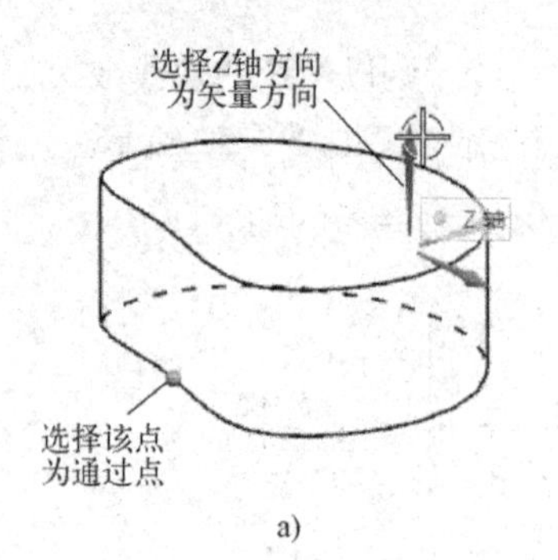

a)

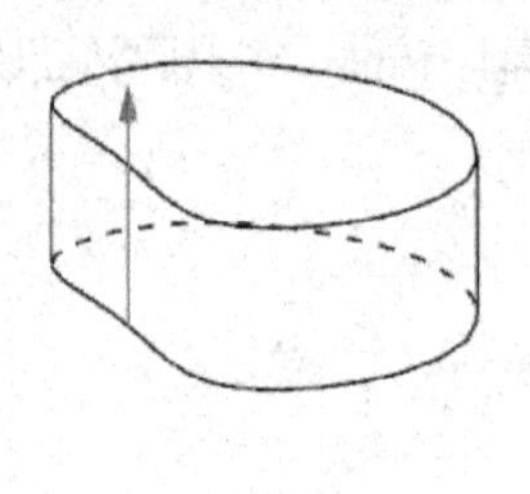
b)

图 3-49 根据点和方向创建基准轴

a) 选择点和方向 b) 创建的基准轴

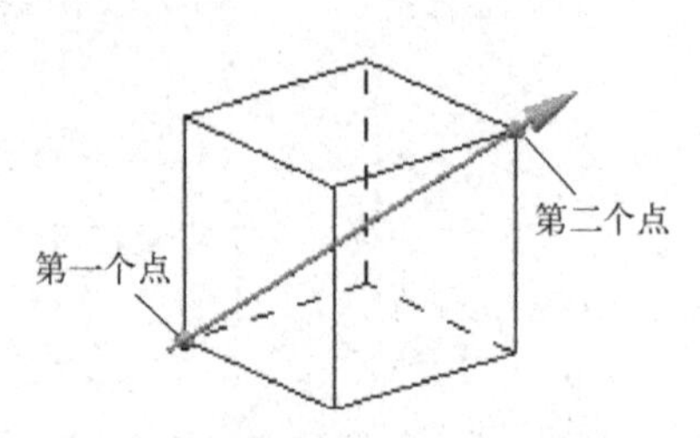

图 3-50 根据两个点创建基准轴

3.4 成形特征范例解析

3.4.1 主轴创建范例

本节通过介绍如图 3-51 所示的轴的制作方法介绍圆台、凸垫、沟槽、键槽和基准平面等特征的创建方法。

1. 新建部件文件

启动 UG NX，在“主页”选项卡中单击“新建”图标，在打开的“新建”对话框的“模板”列表框中选择“模型”，单位为毫米，选择目录建立新部件文件“主轴.prt”。建立该部件文件后，UG NX 工作于建模应用模块。

2. 创建圆柱

执行“圆柱”命令，在打开的“圆柱”对话框中选择“轴、直径和高度”选项，单击“轴”选项组“指定矢量”最右侧的箭头，从打开的选项中选择（YC 轴），单击“指定点”右侧的“点对话框”图标，利用打开的“点”对话框设置圆柱底面圆心的坐标为（0，0，0），设置圆柱的直径为 20mm，高度为 25mm，单击“确定”按钮创建圆柱。

设置视图方向为正三轴测图，如图 3-52 所示。

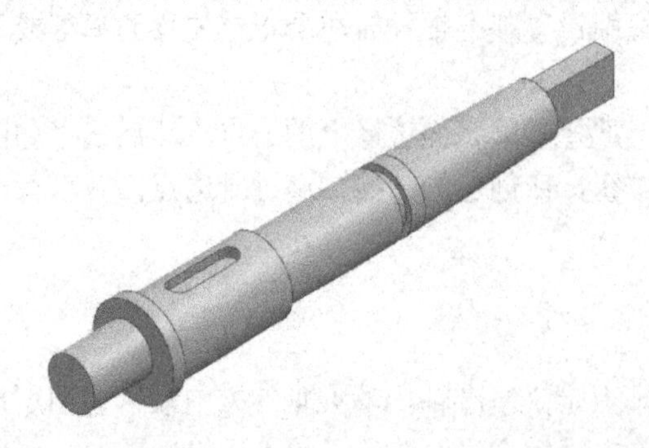

图 3-51 轴

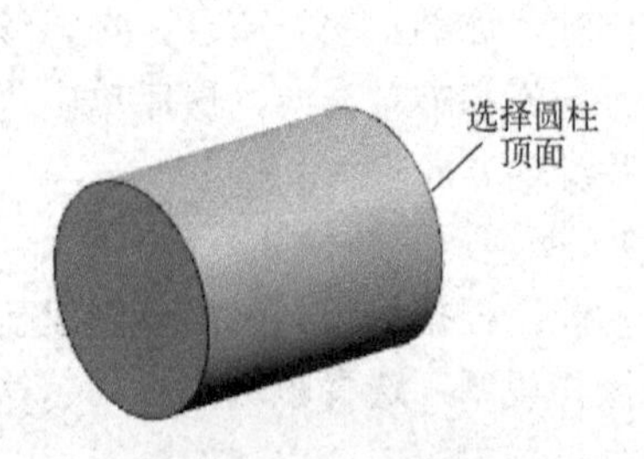

图 3-52 创建圆柱

3．创建第一个凸台

（1）设置参数

单击“主页”选项卡→“特征”组→“更多”库→“凸台”图标，选择上步创建的圆柱的顶面为放置面，如图 3-52 所示，设置凸台的直径为 35mm，高度为 5mm，锥角为 0°，单击“确定”按钮。

（2）定位凸台

在打开的“定位”对话框中单击“水平”图标，选择如图 3-52 所示的圆柱的顶面，在随后打开的“设置圆弧的位置”对话框中单击“圆弧中心”按钮，在随后打开的对话框的表达式右侧文本框中输入 2，单击“应用”按钮。

在“定位”对话框中单击“竖直”图标，仍然选择图 3-52 所示的圆柱顶面，并在随后打开的对话框中单击“圆弧中心”按钮，在打开的对话框的表达式右侧文本框中输入 0，单击“确定”按钮创建凸台，得到的模型如图 3-53 所示。

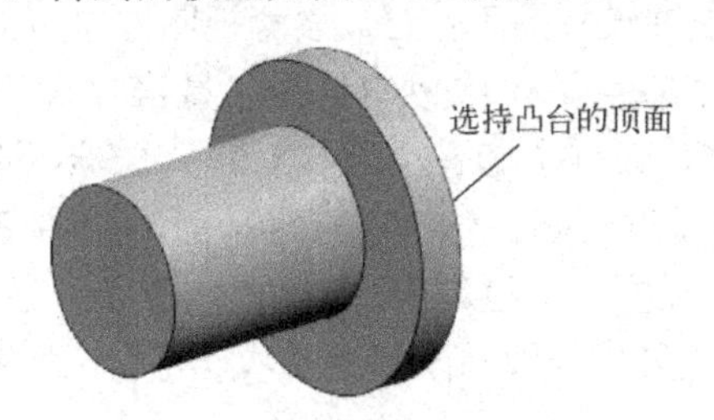

图 3-53　创建第一个凸台

上述创建的模型可参考网盘文件“练习文件\第 3 章\主轴－1.prt”。

4．创建第二个凸台

重新执行“凸台”命令，选择如图 3-53 所示的上步创建的凸台的顶面为放置面，设置凸台的直径为 30mm，高度为 50mm，锥角为 0°，单击“应用”按钮，在打开的“定位”对话框中单击“点落在点上”图标，选择图 3-53 所示的凸台顶面边缘，在随后打开的“设置圆弧的位置”对话框中单击“圆弧中心”创建凸台，得到的模型如图 3-54 所示。

5．创建第三个圆台

采用上述同样的方法，选择上步创建的如图 3-54 所示的圆台的顶面为放置面，创建直径为 25mm，高度为 60mm，锥角为 0° 的圆台，并采用“点落在点上”定位方式使所创建的凸台与第 4 步创建的凸台同轴，得到的模型如图 3-55 所示。

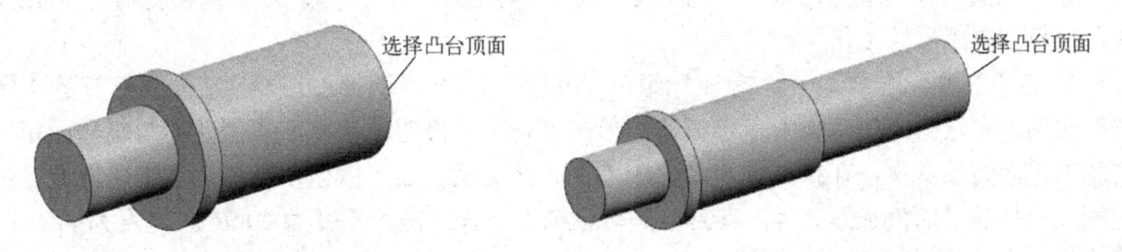

图 3-54　创建第二个凸台　　　图 3-55　创建第三个圆台

6．创建带锥角的凸台

采用上述同样的方法，选择上步创建的如图 3-55 所示的凸台的顶面为放置面，创建直径为 25mm，高度为 60mm，锥角为 2° 的圆台，并采用“点落在点上”定位方式使所创建的圆台与第 5 步创建的圆台同轴，得到的模型如图 3-56 所示。

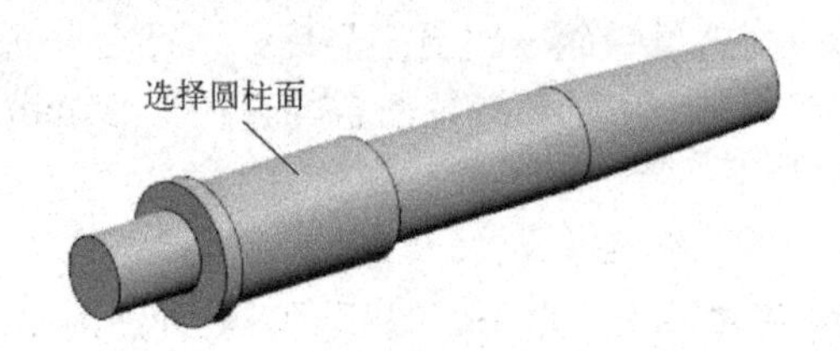

图 3-56 创建带锥角的凸台

上述创建的模型可参考网盘文件“练习文件\第 3 章\主轴－2.prt”。

7. 创建基准平面

在“视图”选项卡“可见性”组的图层下拉列表框 1 中输入 61 后按键盘的<Enter>键，建立新图层 61 层并设置为工作层。设置视图方向为正等测图。

在“主页”选项卡的基准/点下拉菜单中选择“基准平面”命令，在打开的“基准平面”对话框的“类型”下拉列表框中选择“通过对象”选项，选择如图 3-56 所示的圆柱面，单击“应用”按钮创建通过该圆柱轴线的基准平面，如图 3-57a 所示。在仍然打开的“基准平面”对话框中选择“类型”下拉列表框的“自动判断”选项，仍然选择图 3-57 所示的圆柱面，单击“确定”按钮创建与圆柱面相切的基准平面，如图 3-57b 所示。

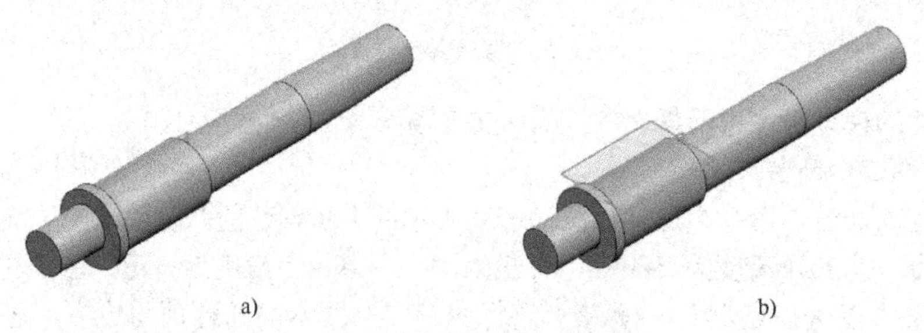

图 3-57 创建基准平面

a) 通过圆柱轴线的基准平面 b) 与圆柱面相切的基准平面

8. 创建键槽

（1）设置参数

在“视图”选项卡“可见性”组的图层下拉列表框 1 中输入 1 后按键盘的<Enter>键，重新设置 1 层为工作层。

单击“主页”选项卡→“特征”组→“更多”库→“键槽”图标，在打开的“键槽”对话框中选择“矩形槽”单选按钮，单击“确定”按钮，选择上步创建的与圆柱面相切的基准平面为放置面，在打开的对话框中单击“接受默认边”按钮，选择上步创建的通过圆柱轴线的基准平面为水平参考，在打开的对话框中设置键槽的长度为 30mm，宽度为 8mm，深度为 4mm，单击“确定”按钮。

（2）设置渲染样式

在图形窗口单击鼠标右键，在弹出的快捷菜单中选择“渲染样式”→“静态线框”命令，设置模型以线框方式显示。并利用前述方法，通过菜单命令“首选项”→“可视化”打开“可视化首选项”对话框，利用“可视”选项卡设置不可见轮廓线显示为虚线。

（3）定位键槽

在“定位”对话框中单击“线落在线上”图标，选择如图 3-58a 所示的通过圆柱轴线的基准平面为目标体，选择图 3-58a 所示的键槽宽度方向的对称中心线为工具体。然后，在“定位”对话框中单击“水平”图标，选择如图 3-58b 所示的凸台顶面边缘，在随后打开的对话框中单击“圆弧中心”按钮，然后选择如图 3-58b 所示的键槽宽度方向的对称中心线为工具体，在随后打开的对话框中设置距离为 25mm，单击“确定”按钮创建键槽。

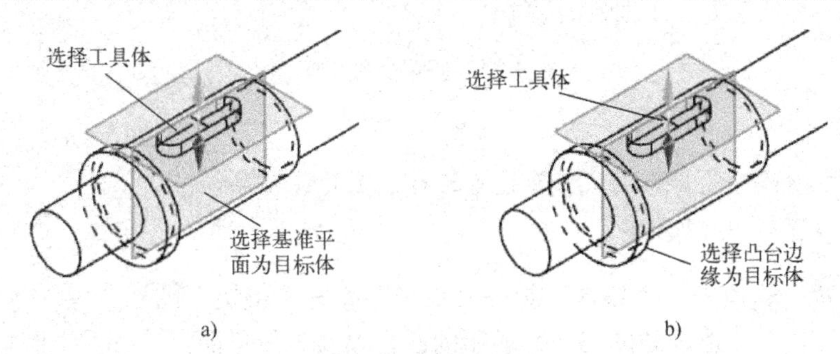

图 3-58　定位键槽

a) 线落在线上定位方式　b) 水平定位

（4）设置渲染样式

在图形窗口单击鼠标右键，在弹出的快捷菜单中选择“渲染样式”→“带边着色”命令，设置模型以着色方式显示，得到的模型如图 3-59 所示。

上述创建的模型可参考网盘文件“练习文件\第 3 章\主轴－3.prt”。

9．创建矩形沟槽

单击“主页”选项卡→“特征”组→“更多”库→“槽”图标，在打开的“槽”对话框中单击“矩形”按钮，选择如图 3-59 所示的圆柱面为放置面，在随后打开的对话框中设置沟槽直径为 20mm，宽度为 4mm，单击“确定”按钮，选择如图 3-59 所示的凸台顶面边缘为目标体，选择预览的沟槽靠近目标体的边缘为工具体，在随后打开的对话框中设置距离为 50mm，单击“确定”按钮创建沟槽，得到的模型如图 3-60 所示。

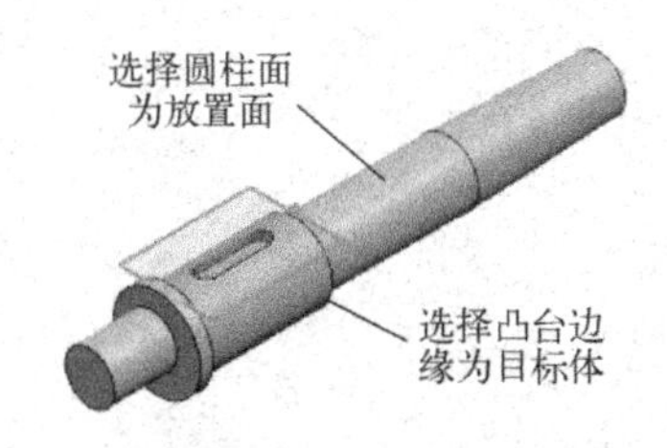

图 3-59　创建键槽

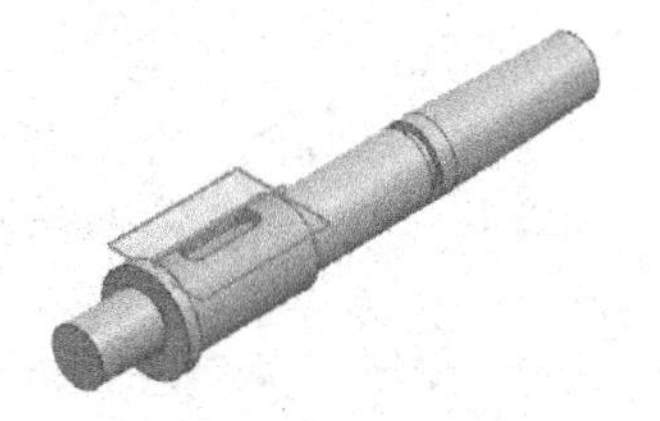

图 3-60　创建矩形沟槽

上述创建的模型可参考网盘文件“练习文件\第 3 章\主轴－4.prt”。

10．创建矩形垫块

（1）改变模型的视图方向

单击鼠标右键，在弹出的快捷菜单中选择“旋转”命令（或按键盘的<F7>键），按下鼠标左键并拖动鼠标，将视图旋转至如图 3-61 所示的方向。

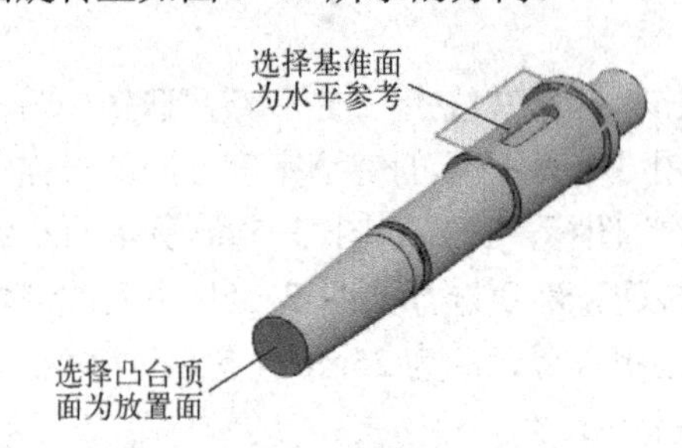

图 3-61 旋转视图方向

📖 提示：

按下鼠标中键或滚轮后移动鼠标，也可进行视图的旋转操作。

（2）设置参数

单击“主页”选项卡→“特征”组→“更多”库→“垫块”图标，在打开的对话框中单击“矩形”按钮，选择如图 3-61 所示的凸台顶面为放置面，选择通过圆柱轴线的基准平面为水平参考，如图 3-61 所示，在随后打开的对话框中设置凸垫的长度为 16mm，宽度为 8mm，高度为 30mm，其余参数为 0，单击“确定”按钮。

（3）定位垫块

设置模型以线框方式显示。在“定位”对话框中单击“水平”图标，选择如图 3-62a 所示的凸台顶面边缘，在随后打开的“设置圆弧的位置”对话框中单击“圆弧中心”按钮，然后选择图 3-62a 所示的垫块长度方向的对称中心线为工具体，在随后打开的对话框中设置距离为 0，单击“确定”按钮。在“定位”对话框中单击“竖直”图标，选择如图 3-62b 所示的圆台顶面边缘，在随后打开的“设置圆弧的位置”对话框中单击“圆弧中心”按钮，然后选择如图 3-62b 所示的垫块宽度方向的对称中心线为工具体，在打开的对话框中设置距离为 0，单击“确定”按钮。最后单击“确定”按钮关闭“定位”对话框创建垫块。

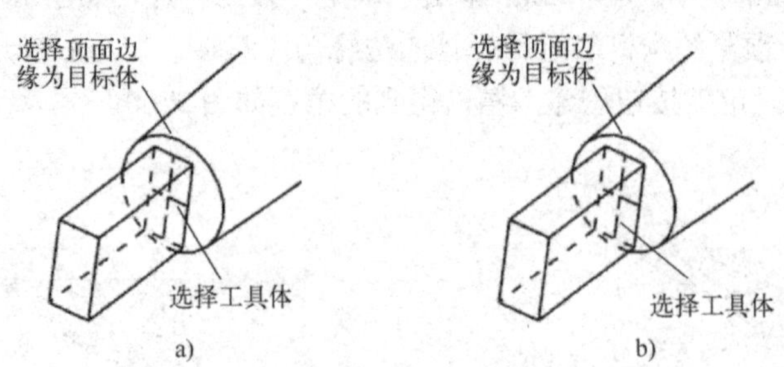

图 3-62 定位垫块

a) 水平定位 b) 竖直定位

重新设置模型以着色方式显示，得到的模型如图 3-63 所示。

上述创建的模型可参考网盘文件“练习文件\第 3 章\主轴－5.prt”。

📖 提示：

在定位垫块时，当采用“水平”和“竖直”定位方式时，所谓的水平方向与所选择的水平参考一致。

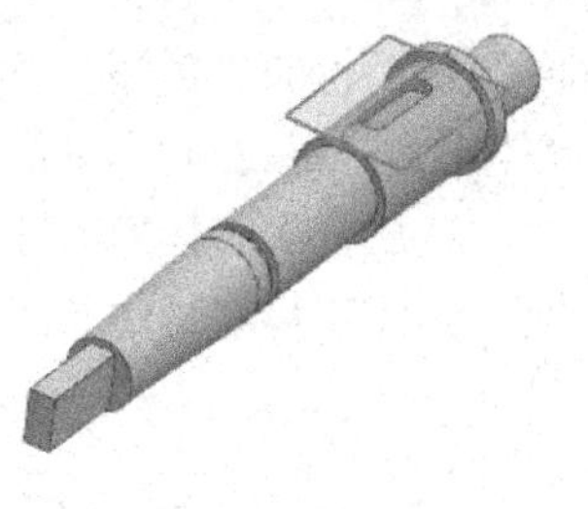

图 3-63　创建垫块

11．隐藏基准平面。

在图形窗口单击鼠标右键，在弹出的快捷菜单中选择“定向视图”→“正等测图”，设置视图方向为正等测图。

基准平面位于 61 层，通过隐藏 61 层可隐藏基准面。在“视图”选项卡的“可见性”组中单击“图层设置”图标，在打开的对话框的“图层”选项组的列表框中选择“61”层，在“图层控制”选项组中单击“设为不可见”图标，最后单击“关闭”按钮关闭对话框并隐藏基准平面，得到图 3-51 所示的主轴的模型。

提示：

建模时将不同的几何对象放置于不同的图层，为以后对各个特征的操作和编辑提供了方便。例如第 11 步操作中通过隐藏某个图层就可以隐藏位于该图层的所有对象。将来如果需要显示该图层上的对象，可通过“层设置”对话框设置为“设为仅可见”“设为可选”等方式进行显示。

12．保存文件

选择菜单“文件”→“关闭”→“保存并关闭”保存并关闭部件文件。

上述创建的模型可参考网盘文件“练习文件\第 3 章\主轴－6.prt”。

3.4.2 泵盖创建范例

本节通过介绍如图 3-64 所示的泵盖的创建方法介绍垫块、凸台、简单孔、沉头孔等特征的创建方法以及利用基准平面定位特征的方法。

由于基准面与创建该基准面的特征是关联的，当用于创建基准平面的特征的尺寸改变时，基准平面的位置也随之发生相应改变，因此利用该基准平面定位的特征也自动调整位置，从而保证了模型结构的正确性，提高了特征编辑的效率。

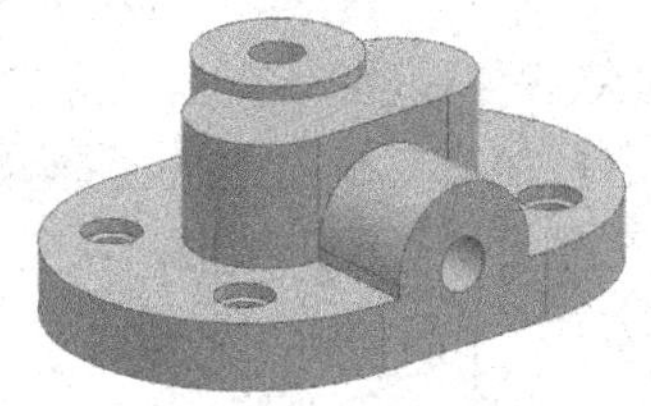

图 3-64　泵盖

1．新建部件文件

启动 UG NX，在“主页”选项卡中单击“新建”图标，在打开的“新建”对话框的“模板”列表框中选择“模型”，单位为毫米，选择目录建立新部件文件“泵盖.prt”

2．创建长方体

执行“长方体”命令，在打开的“长方体”对话框的“类型”下拉列表框中选择“原点和边长”选项，设置长方体的“长度（XC）”为 60mm，“宽度（YC）”为 90mm，“高度（ZC）”为 10mm，布尔运算方式为“无”，单击“确定”按钮创建长方体。此时，长方体的原点默认为 WCS 原点。

设置视图方向为正三轴测图，渲染方式为静态线框，并设置不可见轮廓线显示为虚线。

3．创建基准平面

在“主页”选项卡的基准/点下拉菜单中选择“基准平面”命令，在打开的“基准平面”对话框的“类型”下拉列表框中选择“自动判断”选项，依次选择如图 3-65 所示的长方体上 1 和 2 两个平面，单击“应用”按钮创建位于所选两个平面的对称面位置的基准平面。然后依次选择如图 3-65 所示的 3 和 4 两个平面，单击“确定”按钮创建第二个基准平面。创建的基准平面如图 3-66 所示。

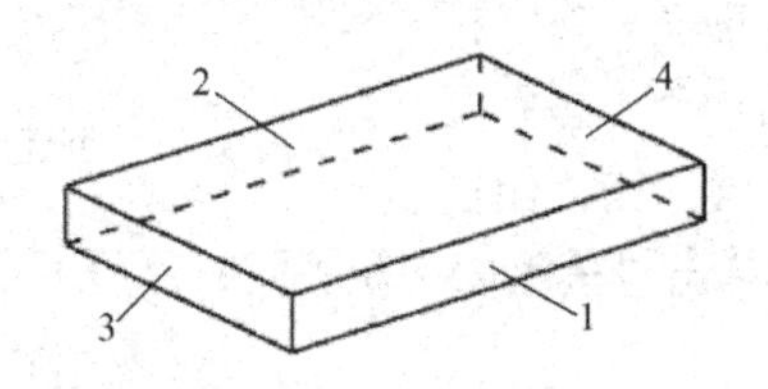

图 3-65 选择长方体表面

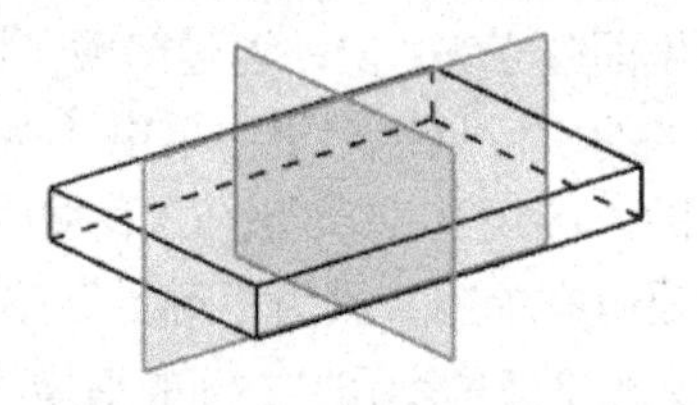
图 3-66 创建基准平面

4. 创建圆角

单击“主页”选项卡→“特征”组→“边倒圆”图标，依次选择上述创建的长方体的 ZC 轴方向的四条边，在“边”选项组的“半径 1”文本框中设置圆角半径为 30mm，单击“确定”按钮创建圆角，得到的模型如图 3-67 所示。

提示：

有关“边倒圆”的操作可参考 6.1.1 节。

上述创建的模型可参考网盘文件“练习文件\第 3 章\泵盖－1.prt”。

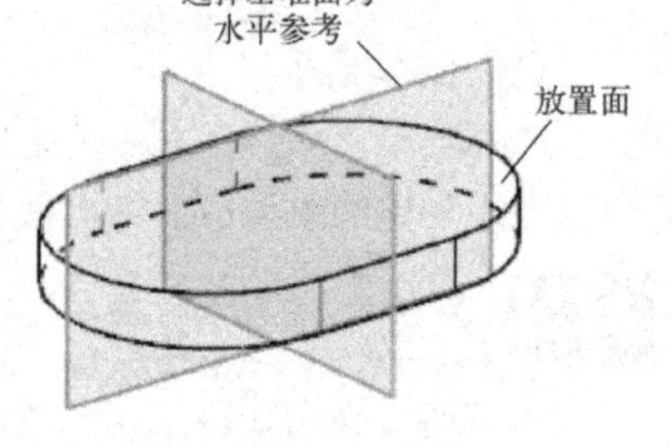

图 3-67 创建圆角

5. 创建矩形垫块

（1）选择放置面和水平参考

单击“主页”选项卡→“特征”组→“更多”库→“垫块”图标，在打开的对话框中单击“矩形”按钮，选择如图 3-67 所示的实体顶面为放置面，然后选择如图 3-67 所示的基准平面为水平参考，在随后打开的对话框中设置凸垫的长度为 24mm，宽度为 24mm，高度为 18mm，其余参数为 0，单击“确定”按钮。

（2）定位垫块

在打开的“定位”对话框中单击“线落在线上”图标，选择如图 3-68 所示的基准面作为目标体，然后选择如图 3-68 所示的垫块宽度方向的对称中心线为工具体。再次单击“定位”对话框的“线落在线上”图标，然后依次选择如图 3-69 所示的目标体和工具体，创建垫块后的模型如图 3-70 所示。

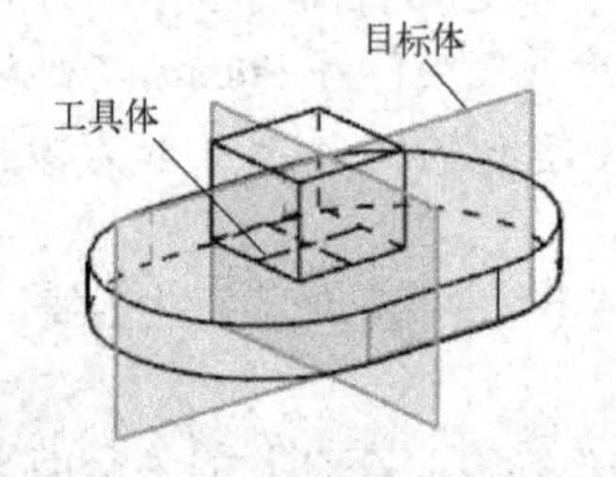

图 3-68 第一组目标体和工具体

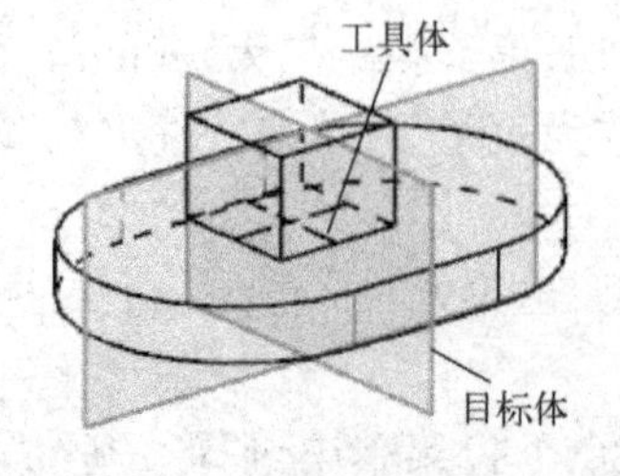

图 3-69 第二组目标体和工具体

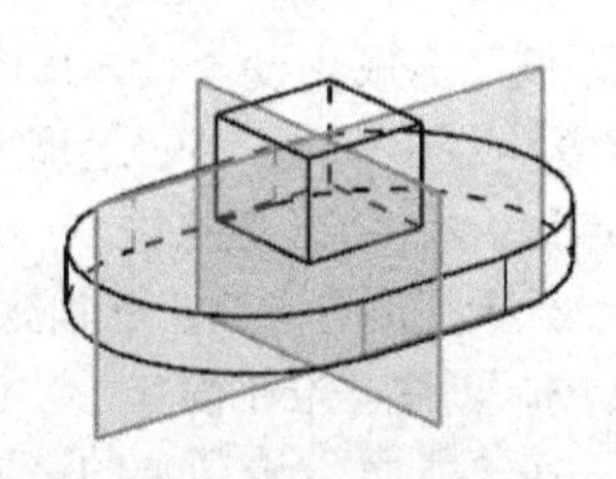
图 3-70 创建垫块

📖 **提示：**

在创建上述矩形垫块时利用基准面定位的好处是：在以后对底座长度、宽度方向的尺寸进行修改时，所创建的矩形垫块的位置随之自动调整，将仍然位于底座的中间，从而提高模型编辑效率。

上述创建的模型可参考网盘文件“练习文件\第 3 章\泵盖－2.prt”。

6．创建凸台

（1）创建第一个凸台

执行“凸台”命令，设置凸台的直径为 24mm，高度为 18mm，锥为 0，选择第 2 步创建的长方体的顶面为放置面，单击“确定”按钮。

在“定位”对话框单击“点落在线上”图标⊥，选择如图 3-71 所示的基准平面，使圆台底面圆心位于该基准平面；再次单击“点落在线上”图标⊥，选择如图 3-71 所示的凸垫块底面边缘，使圆台底面圆心也位于该边缘，最后单击“确定”按钮创建凸台，如图 3-72 所示。

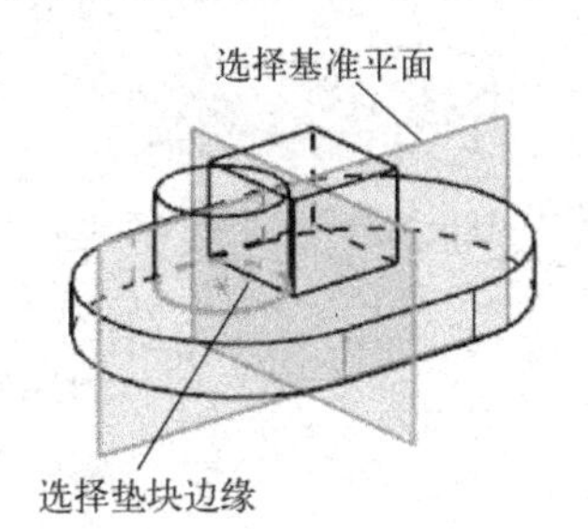

图 3-71　定位凸台

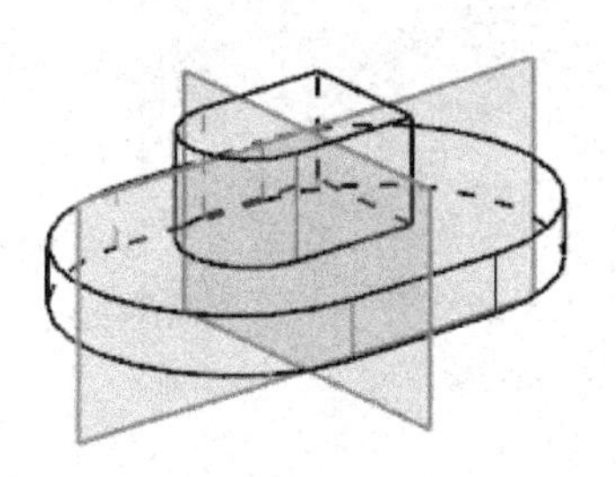

图 3-72　创建第一个凸台

（2）创建第二个凸台

利用上述同样的方法和参数在垫块的右侧创建凸台，如图 3-73 所示。

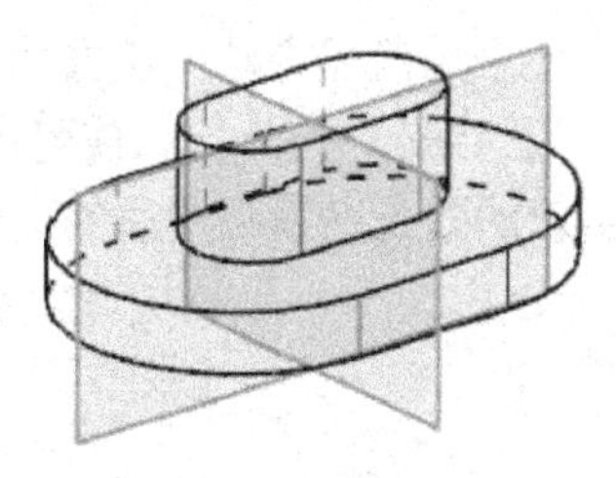

图 3-73　创建第二个凸台

（3）创建第三个凸台

按下鼠标中键或滚轮，移动鼠标将视图旋转至如图 3-74 所示的方向。

采用上述方法，选择底座的顶面为放置面，创建直径为 25mm，高度为 20mm 的凸台，采用“点落在线上”定位方式，选择如图 3-74 所示的基准平面和垫块边缘定位凸台。

创建凸台后将视图重新设置为正三轴测图，得到的模型如图 3-75 所示。

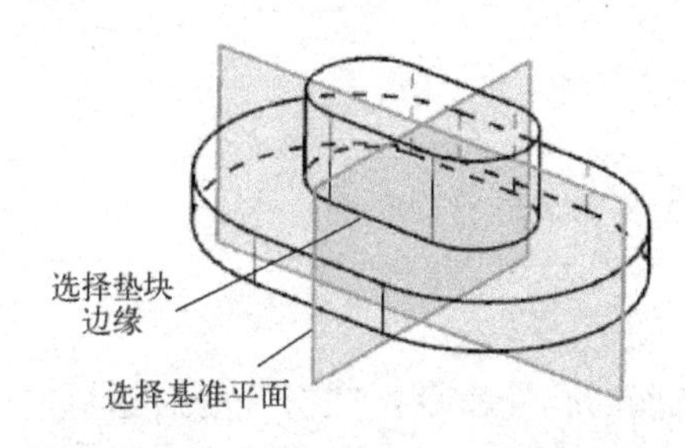

图 3-74　选择定位对象

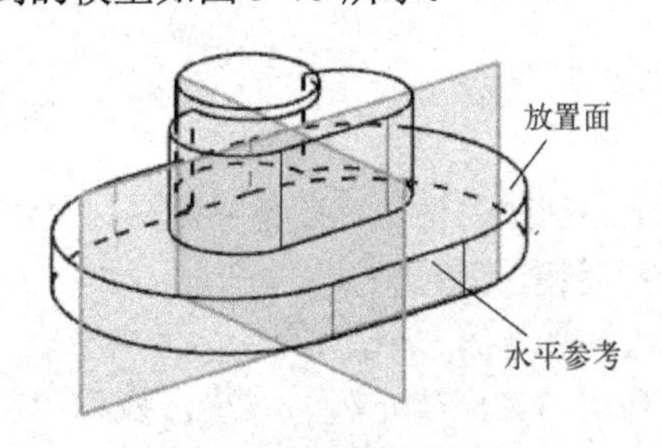

图 3-75　创建第三个凸台

📖 提示：

当将视图方向进行旋转后，模型隐藏边的显示方式仍然按照原来视图方向的显示，可在“视图”选项卡的“方位”组单击“适合窗口”图标进行纠正。

上述创建的模型可参考网盘文件“练习文件\第3章\泵盖－3.prt”。

7. 创建垫块

执行“垫块”命令，在打开的对话框中单击“矩形”按钮，分别选择如图 3-75 所示的实体顶面和边缘作为放置面和水平参考，在打开的对话框中设置垫块的长度为 24mm，宽度为 18mm，高度为 2mm，单击“确定”按钮。

在“定位”对话框中单击“线落在线上”图标，依次选择如图 3-76 所示的基准平面和垫块长度方向的对称中心线；再次单击“线落在线上”图标，依次选择如图 3-76 所示的实体边缘和新创建的垫块的边缘，创建的垫块如图 3-77 所示。

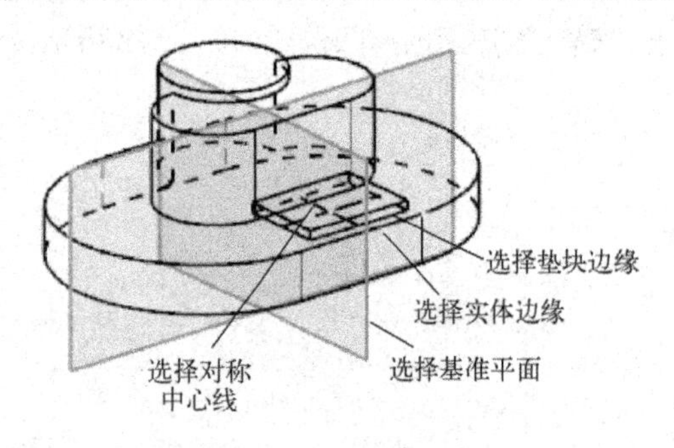

图 3-76 选择定位对象

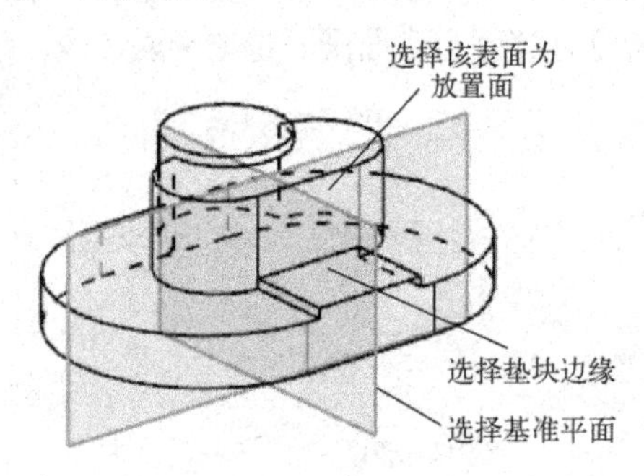

图 3-77 创建垫块

8. 创建凸台

采用前述方法，选择如图 3-77 所示的垫块的前表面为放置面，创建直径为 24mm，高度为 18mm 的凸台。使用“点落在线上”定位方式，使凸台底面的圆心分别位于如图 3-77 所示的基准平面和垫块的边缘，得到的模型如图 3-78 所示。

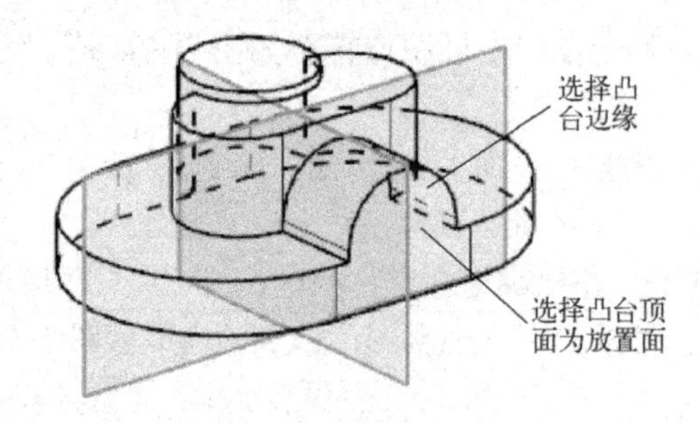

图 3-78 创建凸台

上述创建的模型可参考网盘文件“练习文件\第3章\泵盖－4.prt”。

9. 创建简单孔

（1）创建第一个简单孔

利用 3.2.1 节介绍的方法，执行“NX5 版本之前的孔”命令，在打开的对话框的“类型”选项组中单击“简单”图标，选择如图 3-78 所示的凸台顶面为放置面，设置孔的直径为 8mm，深度为 38mm，顶锥角为 118°，单击“应用”按钮，在“定位”对话框中单击“点落在点上”图标，然后选择如图 3-78 所示的凸台顶面边缘，在打开的对话框中单击“圆弧中心”按钮，创建的圆孔如图 3-79 所示。

（2）创建第二个简单孔

此时“孔”对话框仍然打开，选择图 3-79 所示的凸台顶面为放置面创建简单孔，选择图 3-79 所示的实体底面为通过面，设置孔的直径为 8mm，使用上述同样的方法，通过“点落在点上”定位方式使孔与圆台同轴，得到的模型如图 3-80 所示。

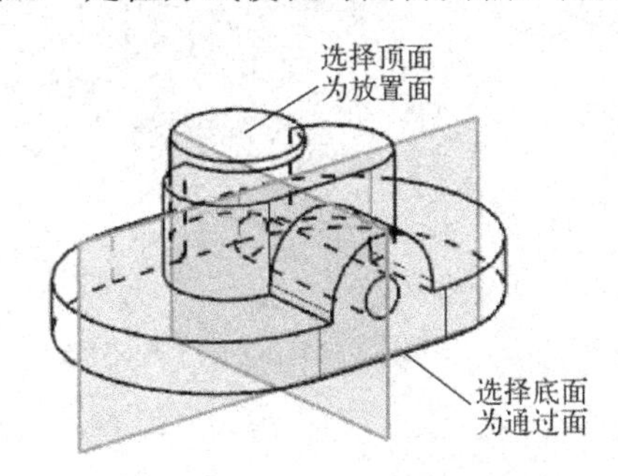

图 3-79 创建第一个简单孔

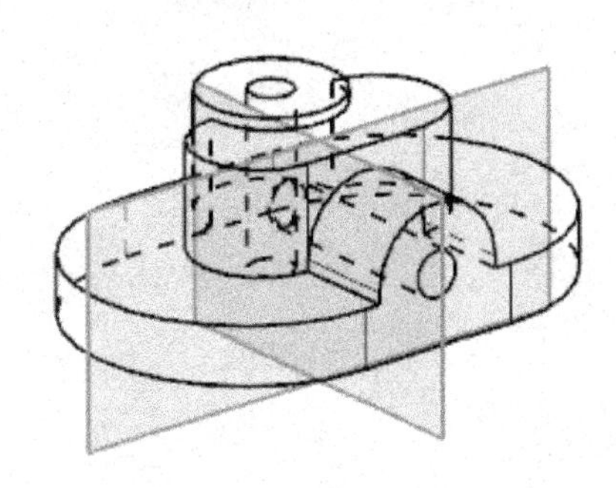

图 3-80 创建第二个简单孔

10．创建沉头孔

重新执行“NX5 版本之前的孔”命令，在“类型”选项组单击“沉头镗孔”图标，选择如图 3-81 所示的表面为放置面，选择实体底面为通过面，设置沉头直径为 9mm，沉头深度为 2mm，孔径为 5.5mm，单击“确定”按钮。

在“定位”对话框中单击“垂直”图标，选择图 3-81 所示的第一个基准平面，在打开的对话框的表达式右侧的文本框中设置距离为 28mm，单击“应用”按钮；再次单击“垂直”图标，选择图 3-81 所示的第二个基准平面，在打开的对话框中设置距离为 15mm，单击“确定”按钮创建沉头孔，如图 3-82 所示。

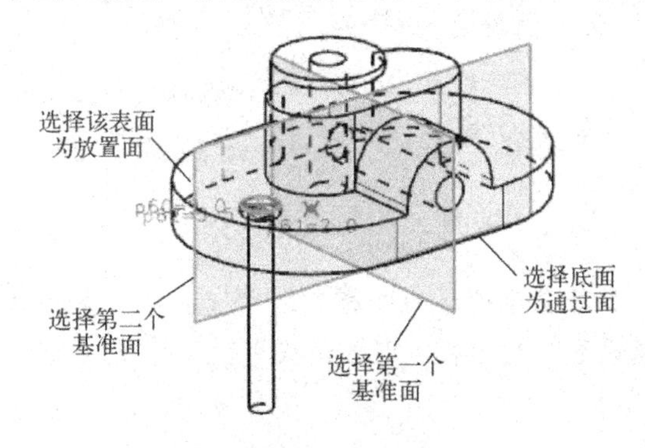

图 3-81 选择放置面和通过面

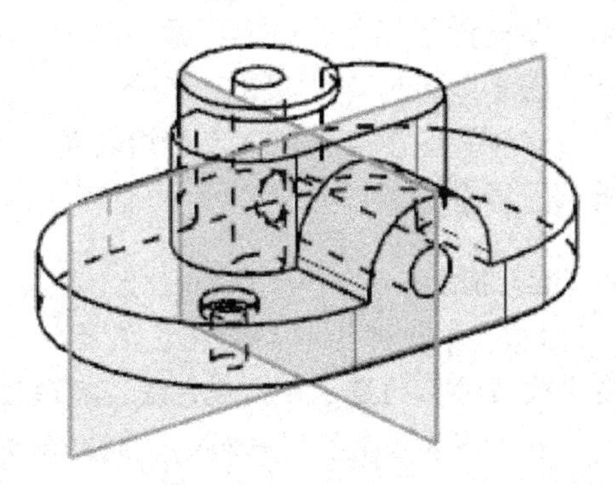

图 3-82 创建沉头孔

11．矩形阵列沉头孔

在上边框条选择菜单命令“菜单”→“插入”→“关联复制”→“阵列特征”，用鼠标在实体模型上选择上述创建的沉头孔，在“布局”下拉列表框中选择“线性”选项，然后设置图 3-83 所示的参数（特别要注意“方向 1”和“方向 2”选项组中矢量的设置），单击

“确定”按钮，创建矩形阵列，得到的模型如图 3-84 所示。

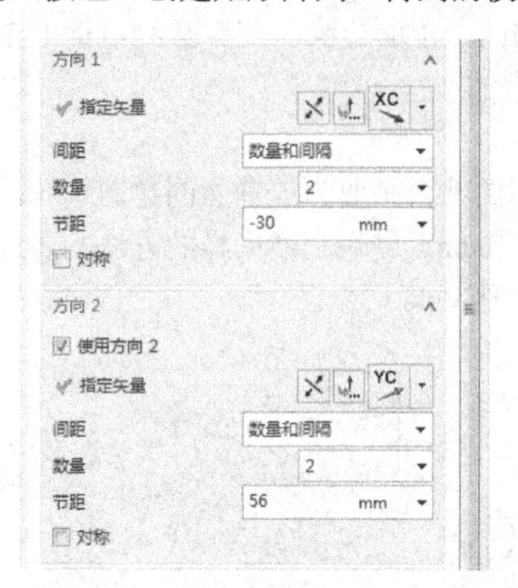

图 3-83 设置参数

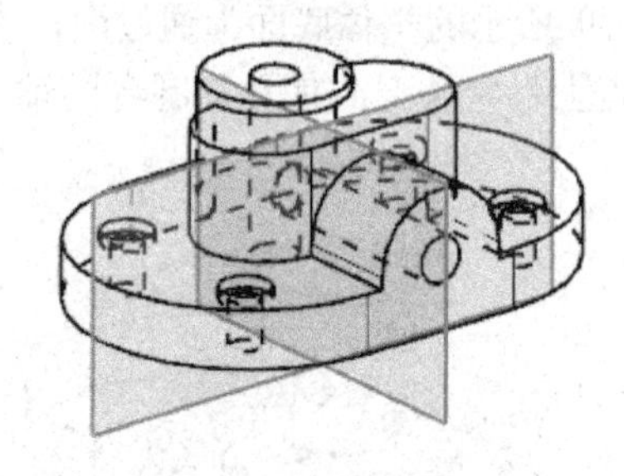

图 3-84 创建矩形阵列

📖 **提示：**

关于矩形阵列特征的操作，可参考 6.3.1 节。

12. 移动基准平面至新图层

在“视图”选项卡的“可见性”组中单击“移动至图层”图标，依次选择两个基准平面，单击“确定”图标关闭“类选择”对话框，在打开的“图层移动”对话框的“目标图层或类别”文本框中输入 61，单击“确定”按钮关闭对话框，则基准平面被移动到 61 层。

在“视图”选项卡的“可见性”组中单击“图层设置”图标，在打开的对话框的列表框中选择 61 层，在“图层控制”选项组中单击“设为不可见”图标，设置为不可见，即设置基准平面也不可见，单击“关闭”按钮关闭对话框。最终得到的模型如图 3-85 所示。

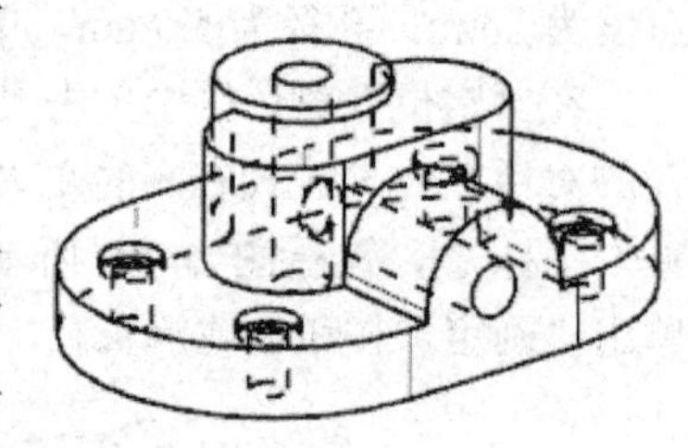

图 3-85 移动基准平面

设置视图渲染模式为“带边着色”，最终完成如图 3-64 所示的泵盖。

📖 **提示：**

1）将某个对象移动到指定图层后，目标图层的显示设置随即指定给所选对象。如果需要更改该对象的显示或工作方式，可通过“图层设置”对话框进行重新设置。

2）“图层设置”对话框的说明可参考 1.3.5 节。

13. 保存文件

选择菜单“文件”→“关闭”→“保存并关闭”保存并关闭部件文件。

上述创建的模型可参考网盘文件“练习文件\第 3 章\泵盖－5.prt”。

3.4.3 闸板创建范例

本节通过介绍如图 3-86 所示的闸板的创建方法重点介绍孔、垫块、T 型槽、腔体等特征的创建方法，并介绍基准平面的创建方法和利用基准平面定位特征的方法。

1．新建部件文件

启动 UG NX，在“主页”选项卡中单击“新建”图标，在打开的“新建”对话框的“模板”列表框中选择“模型”，单位为毫米，选择目录建立新部件文件“闸板.prt”。

图 3-86　闸板

2．创建圆柱

执行“圆柱”命令，在打开的对话框的“类型”下拉列表框中选择“轴、直径和高度”选项，单击“轴”选项组“指定矢量”最右侧的箭头，在打开的选项中选择YC；单击“指定点”右侧的“点对话框”图标，在打开的“点”对话框中设置圆柱底面圆心的坐标为（0,0,0）；设置圆柱的直径为 185mm，高度为 110mm，布尔运算方式为“无”，最后单击“确定”按钮创建圆柱。

设置视图方向为正等轴测图，渲染样式为静态线框，并设置不可见轮廓线显示为虚线。

3．创建基准平面

在“视图”选项卡“可见性”组的图层下拉列表框 1 中输入 61 后按键盘的<Enter>键，建立新图层 61 层并设置为工作层。

执行“基准平面”命令，在打开的对话框的“类型”下拉列表框中选择“通过对象”选项，选择上述创建的圆柱的圆柱面，单击“应用”按钮创建通过圆柱轴线的基准平面，如图 3-87 所示。

在仍然打开的“基准平面”对话框的“类型”下拉列表框中选择“曲线和点”选项，在“子类型”下拉列表框中选择“三点”选项，在上边框条按下“象限点”图标，启动该捕捉方式，然后选择如图 3-88 所示的圆柱顶面和底面圆的三个象限点，单击“应用”按钮创建第二个基准平面。

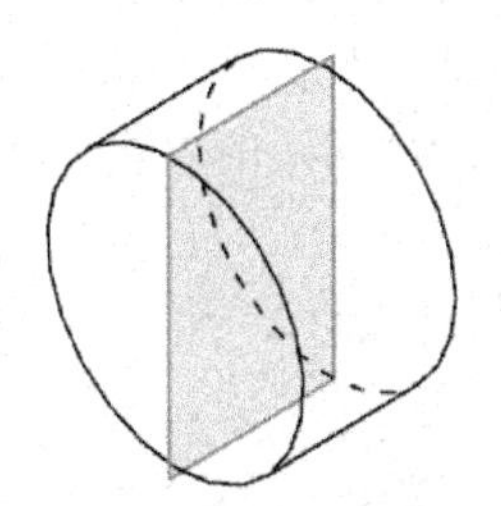

图 3-87　创建第一个基准平面

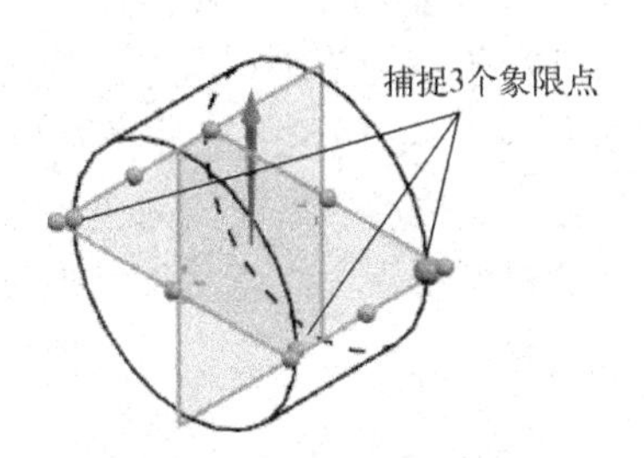

图 3-88　创建第二个基准平面

在“基准平面”对话框中单击“类型”下拉列表框选择“自动判断”选项，依次选择如图 3-89 所示的圆柱顶面和底面，单击“确定”按钮创建如图 3-90 所示的位于圆柱高度方向中心的基准平面。

4．创建矩形垫块

（1）选择放置面和水平参考

在“视图”选项卡“可见性”组的图层下拉列表框 61 中输入 1 后按键盘的<Enter>键，重新设置 1 层为工作层。

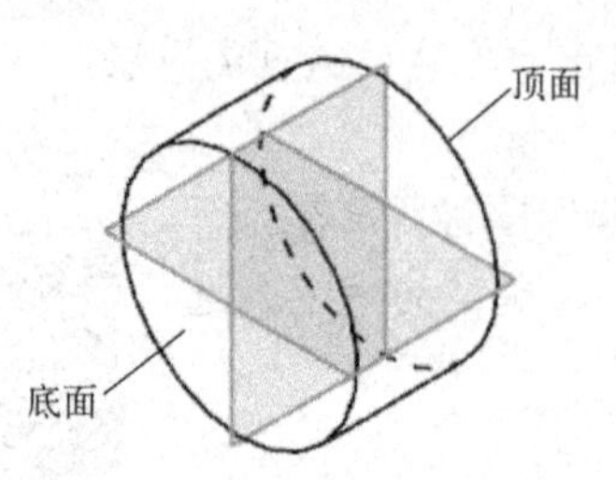

图 3-89 选择圆柱底面和顶面

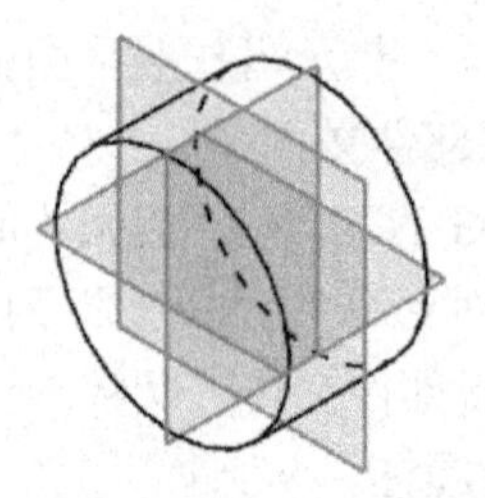

图 3-90 创建第三个基准平面

执行“垫块”命令，在打开的对话框中单击“矩形”按钮，选择图 3-91 所示的水平方向的基准平面为放置面，此时在基准平面下方显示如图 3-91 所示的箭头，该箭头表示所要创建的垫块将位于基准平面的下方，在打开的对话框中单击“翻转默认侧”按钮，然后选择上述创建的第三个基准平面（位于圆柱高度中心）作为水平参考，如图 3-91 所示，在随后打开的对话框中设置垫块的长度为 200mm，宽度为 60mm，高度为 140mm，其余参数为 0，单击“确定”按钮。

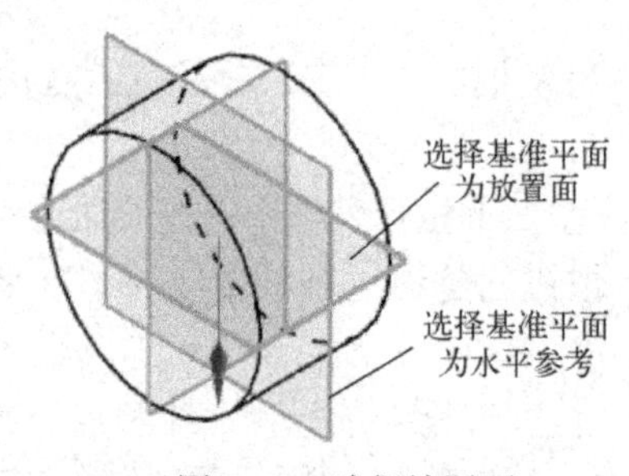

图 3-91 选择放置面

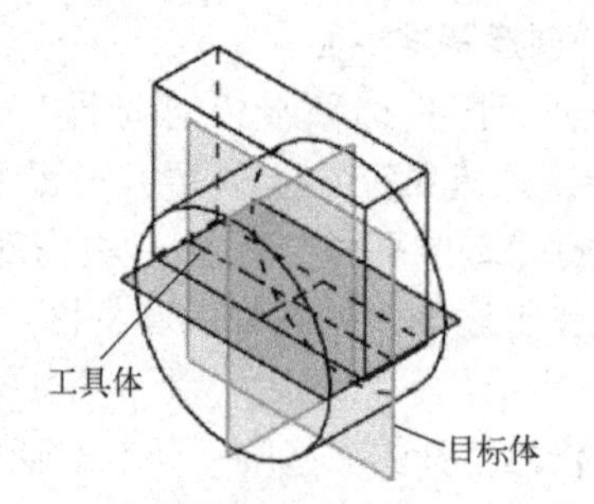

图 3-92 第一组目标体和工具体

（2）定位垫块

在“定位”对话框中单击“线落在线上”图标工，选择图 3-92 所示的基准平面为目标体，选择图 3-92 所示的垫块宽度方向的对称中心线为工具体；重新在“定位”对话框中单击图标工，选择图 3-93 所示的基准平面为目标体，选择图 3-93 所示的垫块长度方向的对称中心线为工具体。定位后的垫块如图 3-94 所示。

上述创建的模型可参考网盘文件“练习文件\第 3 章\闸板－1.prt”。

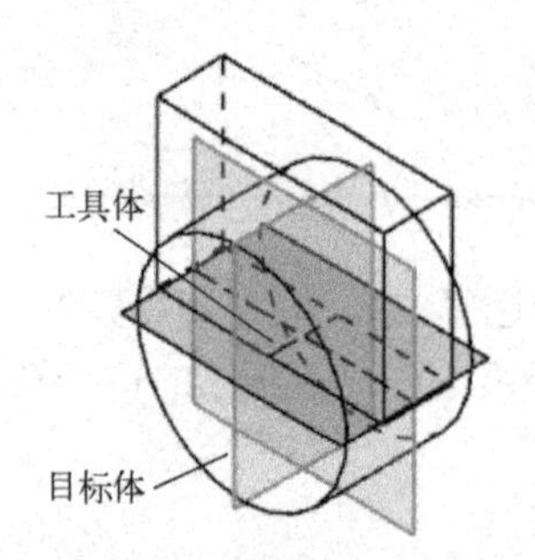

图 3-93 第二组目标体和工具体

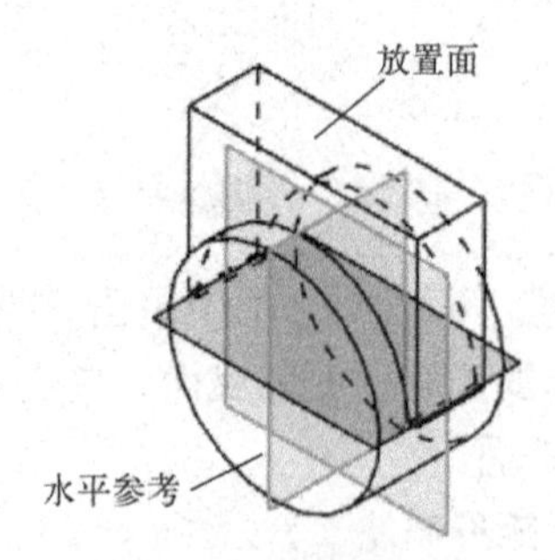

图 3-94 创建的垫块

5．创建 T 型键槽

（1）选择放置面和水平参考

单击“主页”选项卡→“特征”组→“更多”库→“键槽”图标，在打开的对话框中选择“T 型键槽”单选按钮，选择图 3-94 所示的垫块顶面为放置面，选择图 3-94 所示的过圆柱轴线的竖直方向的基准平面为水平参考，在随后打开的对话框中按照图 3-95 所示设置参数，单击“确定”按钮。

（2）定位 T 型键槽

在“定位”对话框中单击“线落在线上”图标工，选择图 3-96 所示的基准平面为目标体，选择图 3-96 所示的键槽宽度方向的对称中心线为目标体；重新在“定位”对话框中单击图标工，选择图 3-97 所示的基准平面为工具体，选择图 3-97 所示的键槽长度方向的对称中心线为工具体，创建的 T 型槽如图 3-98 所示。

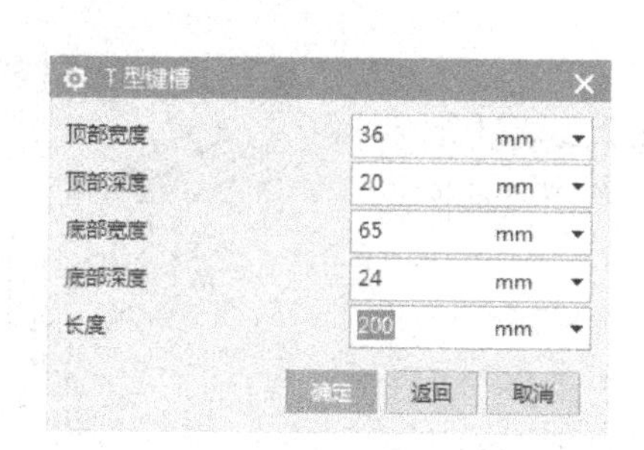

图 3-95　设置参数

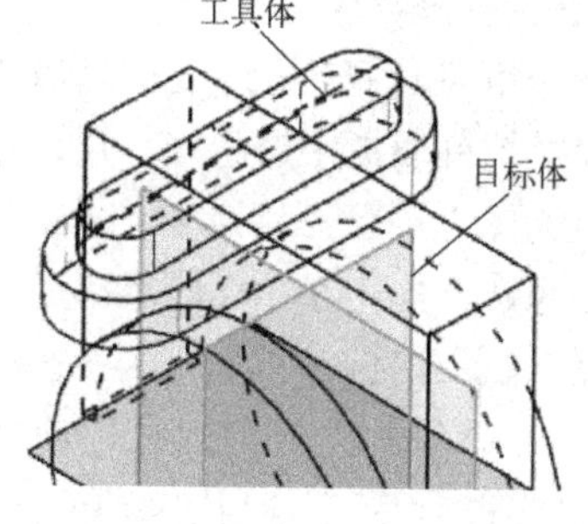

图 3-96　第一组目标体和工具体

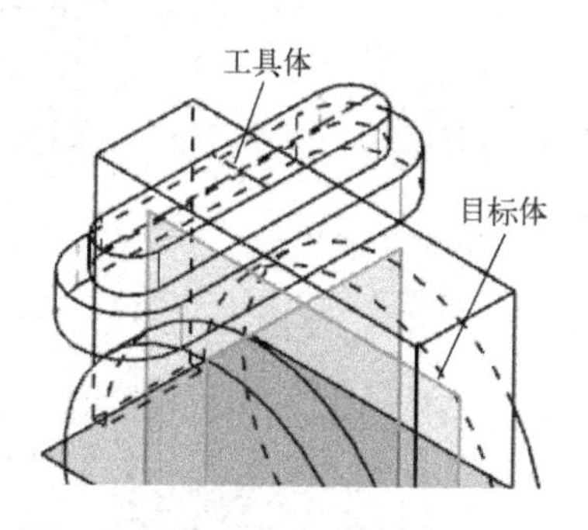

图 3-97　第二组目标体和工具体

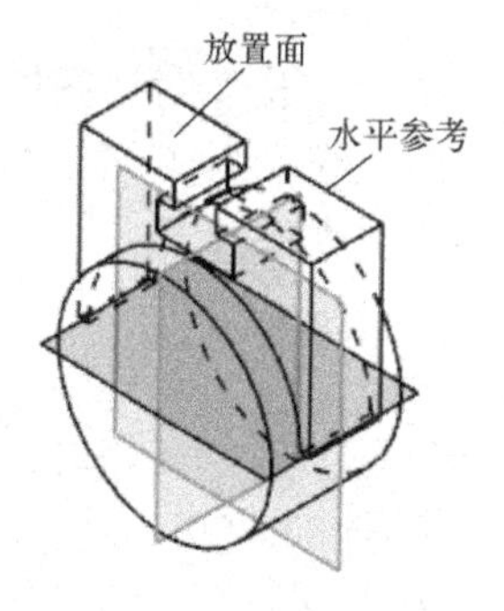

图 3-98　创建的 T 型键槽

上述创建的模型可参考网盘文件“练习文件\第 3 章\闸板－2.prt”。

6．创建腔体

（1）选择放置面和水平参考

单击“主页”选项卡→“特征”组→“更多”库→“腔”图标，在打开的对话框中单击“矩形”按钮，选择图 3-98 所示的垫块的顶面为放置面，选择垫块顶面长度方向的边为水平参考，设置腔体的长度为 200mm，宽度为 12mm，深度为 100mm，其余参数为 0，单击“确定”按钮。

（2）定位腔体

在“定位”对话框中单击“线落在线上”图标工，选择图 3-99 所示的垫块的边为目标体，选择腔体的边为工具体；再次在“定位”对话框中单击图标工，选择图 3-100 所示的基准平面为目标体，选择腔体宽度方向的对称中心线为工具体，创建的腔体如图 3-101 所示。

上述创建的模型可参考网盘文件“练习文件\第 3 章\闸板－3.prt”。

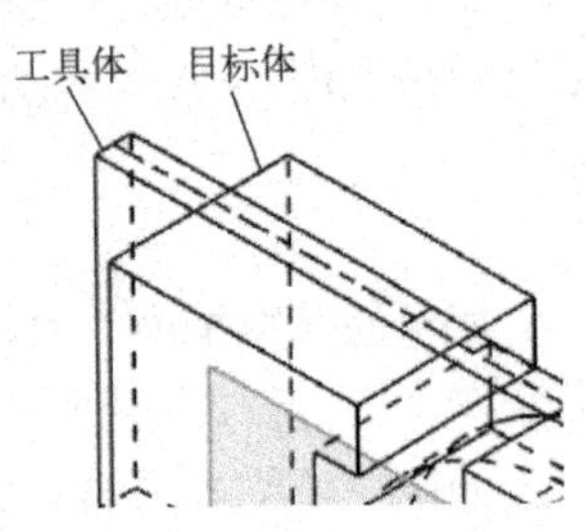

图 3-99　第一组目标体和工具体

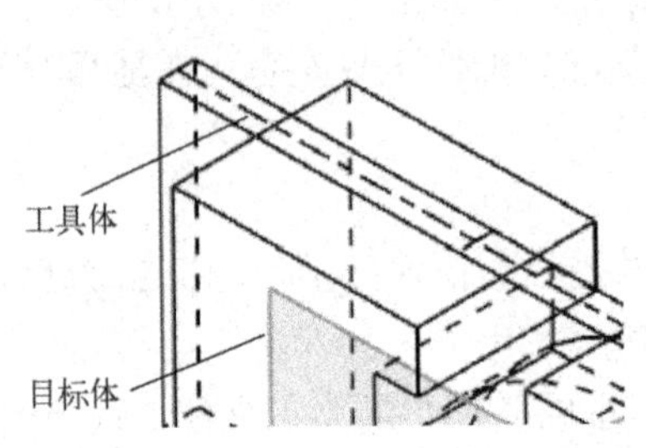

图 3-100　第二组目标体和工具体

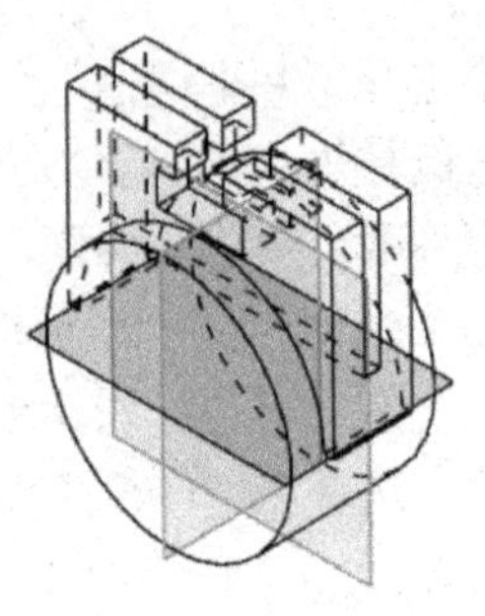

图 3-101　创建的腔体

7．隐藏基准平面

在上边框条选择菜单命令“菜单”→“格式”→“图层设置”，在打开的对话框的“图层”选项组的列表框中选择 61 层，单击鼠标右键，从弹出的快捷菜单中选择“不可见”命令，单击“关闭”按钮关闭对话框，将基准面隐藏，如图 3-102 所示。

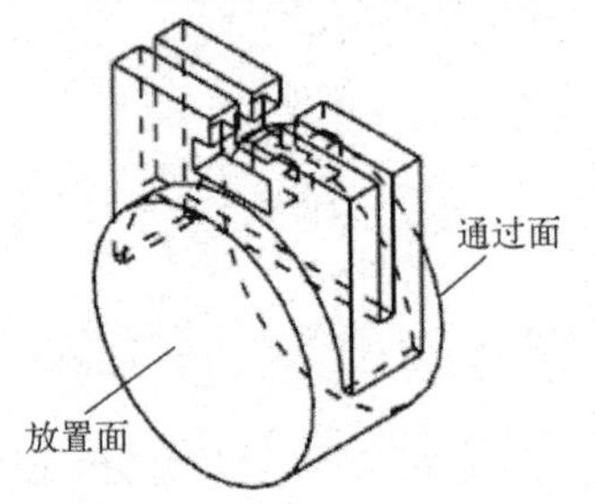

图 3-102　隐藏基准平面

8．创建沉头孔

执行“NX5 版本之前的孔”命令，在打开的对话框中单击“沉头镗孔”图标，分别选择图 3-102 所示的圆柱底面和顶面为放置面和通过面，设置如图 3-103 所示的参数，单击“应用”按钮。

在打开的“定位”对话框中单击“点落在点上”图标，选择圆柱底面边缘，在打开的“设置圆弧的位置”对话框中单击“圆弧中心”按钮，创建的沉头孔如图 3-104 所示。

沉头直径	100	mm
沉头深度	20	mm
孔径	30	mm
孔深	50	mm
顶锥角	118	deg

图 3-103　设置参数

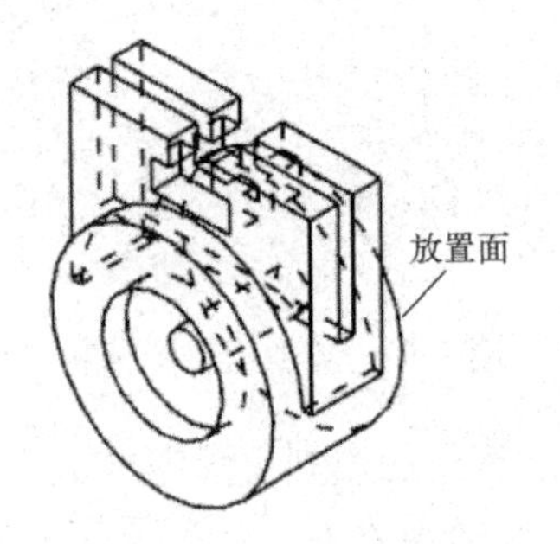

图 3-104　创建的沉头孔

9．创建简单孔

在仍然打开的“孔”对话框中单击“简单”图标，选择如图 3-104 所示的圆柱右侧顶面为放置面，设置孔的直径为 100mm，深度为 20mm，顶锥角为 0°，单击“确定”按钮。

在打开的“定位”对话框中单击“点落在点上”图标，选择圆柱顶面边缘，在打开的“设置圆弧的位置”对话框中单击“圆弧中心”按钮，创建的简单孔如图 3-105 所示。

上述创建的模型可参考网盘文件“练习文件\第 3 章\闸板－4.prt”。

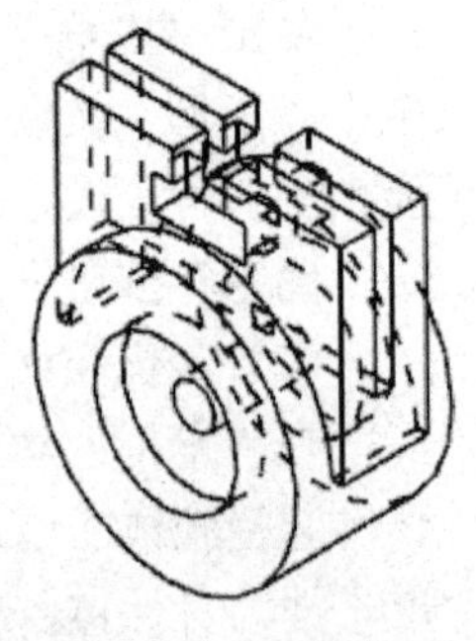

图 3-105　创建简单孔

10．拔模实体表面

单击“主页”选项卡→“特征”组→“拔模”图标，在打开的“拔模”对话框的“类型”下拉列表框中选择“面”选项，选择图 3-106 所示的实体边确定脱模方向，然后选择垫块的顶面为固定面，在“要拔模的面”选项组中选择“选择面”图标，之后选择圆柱的顶面和底面为要拔模的面，最后在“角度 1”文本框中输入-6，单击“确定”按钮将圆柱的顶面和底面进行拔模，得到的实体如图 3-107 所示。

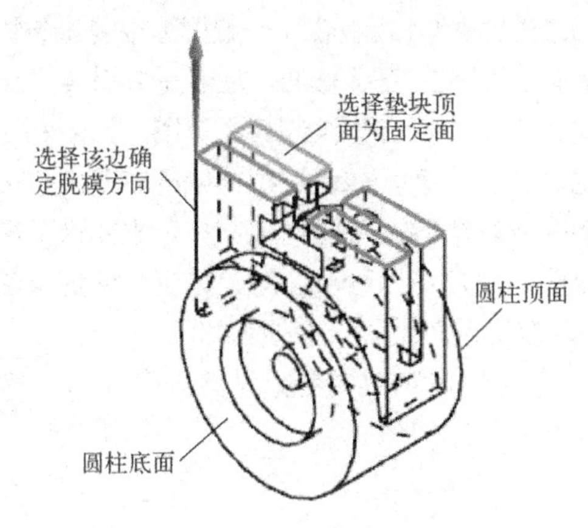

图 3-106　指定拔模方向和拔模表面

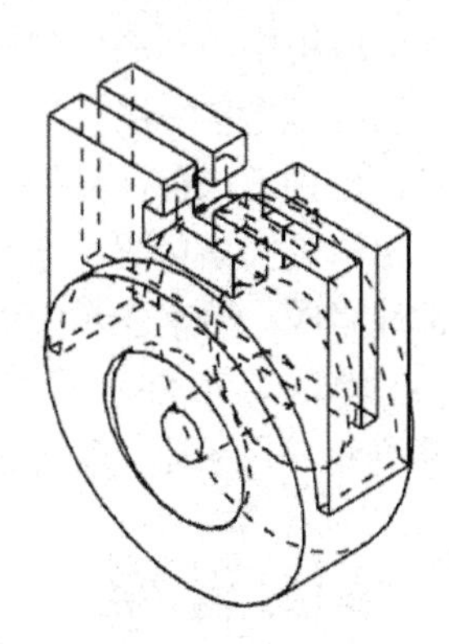

图 3-107　拔模结果

提示：

上述拔模操作的详细介绍可参考 6.2.1 节。

11．倒斜角

在“主页”选项卡的“特征”组中单击“倒斜角”图标，依次选择垫块顶面宽度方向的边以及圆柱的顶面和底面边缘，在“偏置”选项组的“横截面”下拉列表框选择“对称”选项，在“距离”文本框中输入 5，单击“确定”按钮创建倒角。

设置渲染样式为“带有隐藏边的线框”，得到的闸板的最终模型如图 3-108 所示。

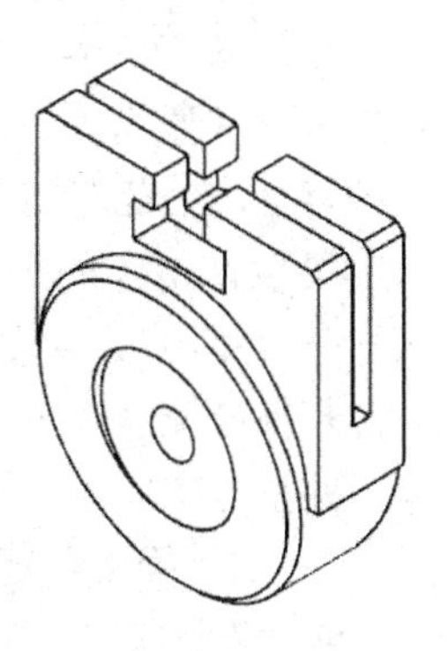

图 3-108　创建倒角

提示：

上述倒斜角操作的详细介绍可参考 6.1.2 节。

设置渲染样式为带边着色方式，则得到如图 3-86 所示的闸板模型。

上述创建的模型可参考网盘文件“练习文件\第 3 章\闸板－5.prt”。

12．保存文件

选择菜单“文件”→“关闭”→“保存并关闭”，保存并关闭部件文件。

第4章 草 图

第 3 章介绍的建模方法是根据各种成形特征按照各种方式组合在一起而形成复杂结构的过程。在实际应用中，有的模型可能在某个方向上具有相同的复杂截面，或者是具有复杂结构的回转体，这些模型单纯由成形特征建模可能会比较麻烦，可首先绘制截面草图，然后利用草图生成实体，这种方法会更简便。草图可以用于生成各种模型，如通过拉伸或旋转草图生成实体或片体、沿轨迹扫描草图、作为自由形状特征的生成轮廓等。草图由位于指定平面或基准平面的点和曲线组成，用来表示实体或片体的二维轮廓。用户可以给草图对象指定几何约束和尺寸约束，精确地定义实体或片体的轮廓形状和尺寸，以准确表达设计意图。

本章介绍草图管理、草图曲线、草图操作、草图约束和草图参数设置等内容。

4.1 草图管理

4.1.1 创建草图

草图在 UG NX 的建模中具有重要的作用，常用于创建具有复杂截面的模型。草图与从其生成的模型相关联，对草图的几何或尺寸约束的修改将引起模型的修改。由于草图也属于一种特征，因此草图在部件导航器中可见。

可以在指定的平面或基准平面建立新草图。在上边框条选择菜单命令“菜单”→“插入”→“草图”，或单击“主页”选项卡→“直接草图”组→“草图”图标，进入草图环境，打开如图 4-1 所示的“创建草图”对话框，利用“草图类型”下拉列表框选项，可通过以下两种方式创建草图：

1．在平面上创建草图

在“草图类型”下拉列表框中选择“在平面上”选项，可以在指定平面绘制草图。选择该选项时，可以通过“草图 CSYS”选项组的“平面方法”下拉列表框选择以下 2 种平面绘制草图：

（1）自动判断

选择该选项后，可以选择现有的实体的平面表面或基准坐标系的坐标面绘制草图。

（2）新平面

选择该选项后，可单击“指定平面”右侧的“平面对话框”图标，打开如图 4-2 所示的“平面”对话框，可利用对话框中“类型”下拉列表框中的各选项创建基准平面；或者单击图标最右侧的箭头，从打开的选项中选择所需的方式创建基准平面。

提示：

“平面”对话框中“类型”下拉列表框中各选项同“基准平面”对话框，其具体说明和操作方式可参考 3.3.1 节的相关介绍。

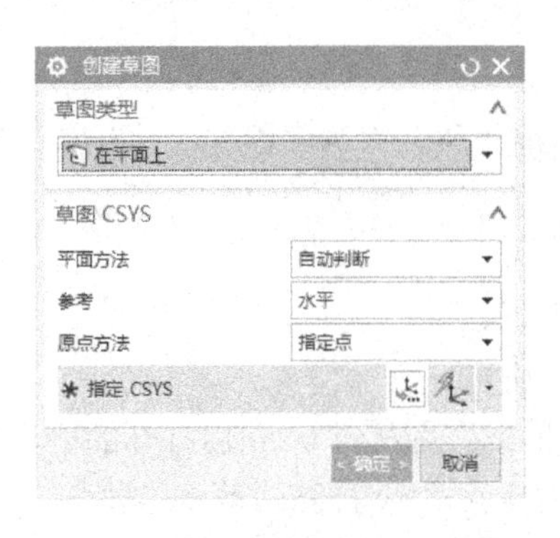

图 4-1 “创建草图”对话框

图 4-2 “平面”对话框

在指定操作平面后，可在“草图方向”选项组的“参考”下拉列表框中为草图指定参考方向。参考方向有“水平”和“竖直”两种，参考方向决定了草图绘制过程中各草图对象的排列方式。例如，当选择 YOZ 坐标面为草图平面，如果选择“水平”参考方向，草图绘制过程和绘制完成后以正三轴测图进行显示时，草图对象的分布如图 4-3 所示；如果选择“竖直”参考方向，草图绘制过程和绘制完成后以正三轴测图进行显示时，草图对象的分布如图 4-4 所示。

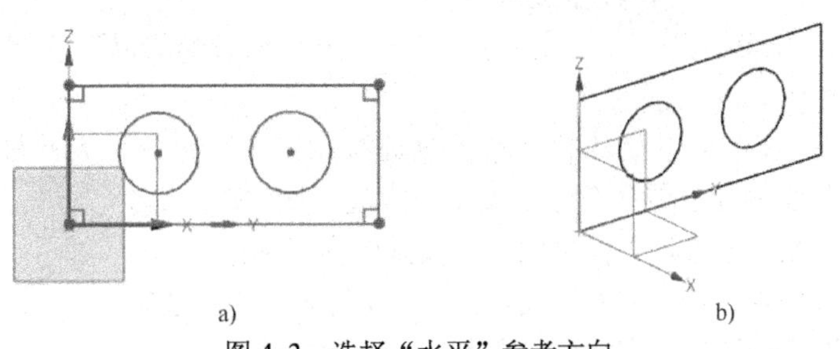

图 4-3 选择“水平”参考方向

a) 草图绘制过程 b) 完成草图后的正三轴测图

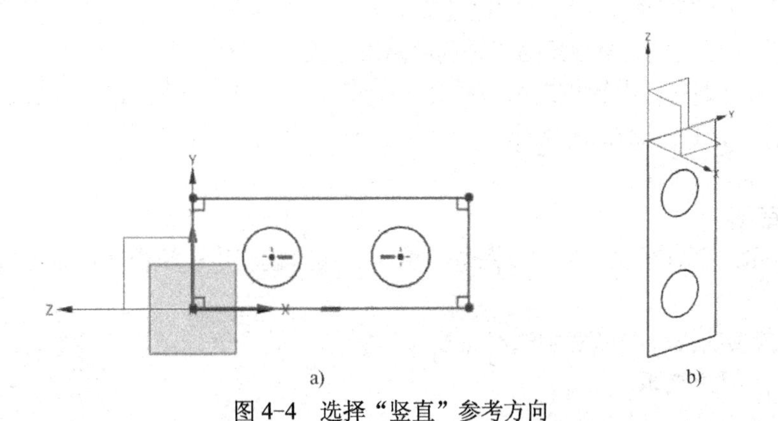

图 4-4 选择“竖直”参考方向

a) 草图绘制过程 b) 完成草图后的正三轴测图

2. 基于路径创建草图

在“创建草图”对话框的“草图类型”下拉列表框中选择“基于路径”选项，可以选择曲线、实体或片体的边作为路径曲线创建草图平面。

在选择该选项后，默认情况下“创建草图”对话框“路径”选项组的“选择路径”图标为选中状态，要求选择路径曲线。选择路径曲线后，可通过“平面位置”选项组的“位置”下拉列表框选择以下三种方式确定草图平面的位置：

- 弧长：可以用距离路径起点的弧长指定平面位置。
- 弧长百分比：可以用距离路径起点的弧长百分比指定平面位置。
- 通过点：可以单击“指定点”右侧的“点对话框”图标，利用打开的“点”对话框确定草图平面的通过点；也可以单击“指定点”最右侧的箭头选择指定点的方式，以确定草图平面的位置。如果存在可选的多个草图平面，可单击“备选解”图标进行转换。

当确定草图平面位置后，可根据需要通过“平面方位”选项组的“方位”下拉列表框的4种选项确定草图平面的方位：

- 垂直于路径：将草图平面设置为与要在其上绘制草图的路径垂直。
- 垂直于矢量：将草图平面设置为与指定的矢量垂直。
- 平行于矢量：将草图平面设置为与指定的矢量平行。
- 通过轴：使草图平面与指定的轴对齐。

最后，可通过“草图方向”选项组的“方法”下拉列表框的以下 3 个选项确定草图方向：

- 自动：保留 NX 5 中默认的“基于轨迹绘制草图”定位行为。如果选择曲线，则 NX 使用曲线参数定向草图轴。如果选择边，则 NX 相对于具有该边的面或者这些面中的一个面来定向草图轴。
- 相对于面：确保 NX 将草图定向到自动判断或者明确选定的面，所选择的路径位置决定了草图平面法向的方向。
- 使用曲线参数：确保 NX 使用曲线参数定位草图，即使路径是边或面上特征的一部分时也是如此。

图 4-5 为选择圆柱顶面圆弧为路径创建基准平面，位于 30%弧长，方位垂直于路径，草图方向为自动。

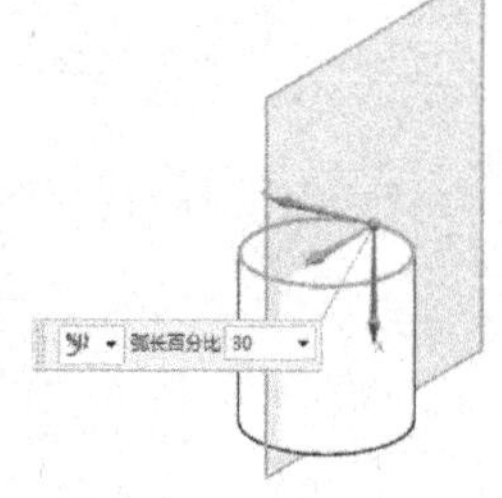

图 4-5 基于路径创建草图

4.1.2 编辑、重命名和删除草图

1. 编辑草图

必要时，用户可以对已创建的草图进行编辑。在建模应用模块中，可以通过以下 3 种方式编辑草图：

1）从资源条的部件导航器中选择某个草图特征，双击该草图，或者单击右键，从弹出的快捷菜单中选择“编辑”命令。

2）在图形窗口双击某个草图。

3）在图形窗口选择草图曲线，单击鼠标右键，在弹出的快捷菜单中选择“可回滚编辑”命令，可重新进入草图环境，根据需要对草图曲线进行编辑。

完成草图编辑后，单击鼠标右键，在弹出的快捷菜单中选择“完成草图”命令，或在“主页”选项卡中单击“完成草图”图标，退出草图编辑状态。

2. 重命名草图

可以通过以下两种方式更改草图名称：

1）从资源条的部件导航器中选择某个草图，单击鼠标右键，在弹出的快捷菜单中选择“属性”命令，打开如图4-6所示的“草图属性”对话框，在“常规”选项卡的“名称”文本框中修改草图名称。

2）从资源条的部件导航器中选择某个草图，单击鼠标右键，在弹出的快捷菜单中选择“重命名”命令，直接重新命名该草图。

3. 删除草图

当需要删除某个草图时，可打开资源条的部件导航器，用鼠标选择该草图，单击鼠标右键，从弹出的快捷菜单中选择“删除”命令将其删除。

图4-6 “草图属性”对话框

4.2 草图曲线及草图操作

4.2.1 草图曲线的绘制

在草图环境中可以绘制各种曲线。绘制草图曲线可在上边框条选择“菜单”→“插入”→“草图曲线”菜单项的级联菜单，或在“主页”选项卡的“草图曲线”下拉菜单（如图4-7所示）中选择需要的曲线命令。

1. （轮廓）

功能：绘制直线和圆弧组成的连续轮廓曲线。

操作命令：

菜单：“菜单”→“插入”→“草图曲线”→“轮廓”

功能区：“主页”选项卡→草图曲线下拉菜单→“轮廓”

操作说明：执行上述命令后，在图形窗口的左上角显示如图4-8所示的“轮廓”工具条，利用该工具条可以绘制由直线和圆弧组成的连续轮廓曲线。工具条的各选项说明如下：

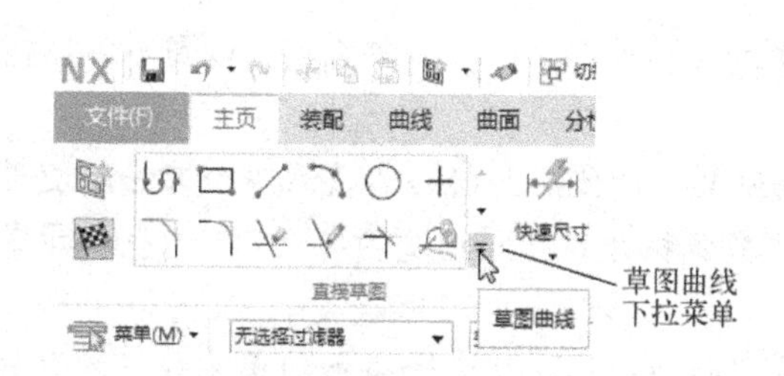

图4-7 草图曲线下拉菜单

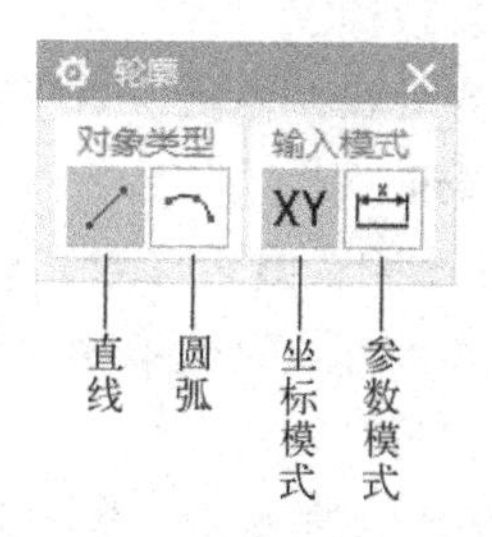

图4-8 “轮廓”的工具条

（1）直线

绘制直线，为执行“轮廓”命令的默认模式。绘制第一条直线时，在未确定直线起点的情况下，“坐标模式”按钮也为按下状态，光标附近出现如图4-9a所示的对话框，利用该对话框可指定点的 X、Y 坐标确定直线起点。在指定起点之后，“坐标模式”图标弹起，“参数模式”图标变为按下状态，光标附近出现如图 4-9b 所示的对话框，此时利用该对话框可指定直线的长度和角度绘制直线。如果需要，可单击“坐标模式”图标，利用指定端点的坐标绘制直线。

图 4-9 绘制直线

a) 以坐标方式指定起点 b) 以参数方式绘制直线

（2）圆弧

单击“圆弧”图标可绘制圆弧。如果从刚绘制完的直线的末端连续绘制圆弧，则可指定圆弧的另一个端点或指定的半径和扫掠角度创建圆弧，并且该圆弧与直线相切，如图 4-10a 所示；否则，可在坐标模式下根据指定的三点绘制圆弧，如图 4-10b 所示。与绘制直线类似，绘制圆弧时也可以根据坐标和参数两种方式进行绘制。

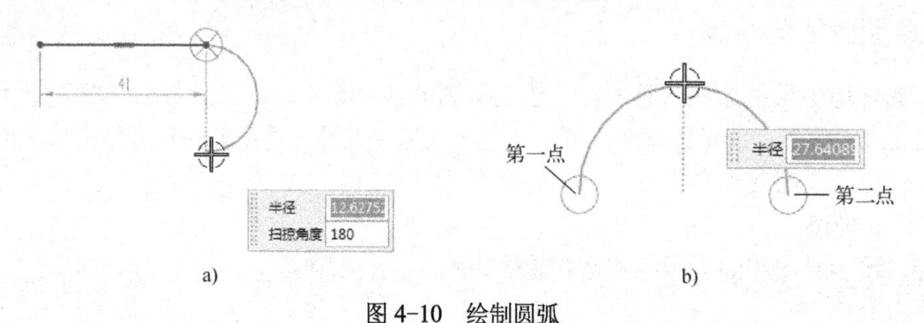

图 4-10 绘制圆弧

a) 绘制与直线相切的圆弧 b) 根据指定的三点绘制圆弧

（3）坐标模式

通过指定坐标绘制曲线。

（4）参数模式

根据参数绘制曲线。对于直线，其参数为长度和角度；对于圆弧，参数为半径和角度。

提示：

1）在绘制曲线过程中，将光标移动到某一曲线附近时会在鼠标附近显示捕捉方式，利用该捕捉方式可以快速准确地绘制曲线，各捕捉方式与点构造器的“点”对话框中各种点的捕捉方式相同。

2）在默认情况下，系统自动为所绘制的曲线标注尺寸和添加约束。如果不需要系统自动标注尺寸和添加约束，可单击“主页”选项卡→“直接草图”组→“更多”库→“草图工具”组→“连续自动标注尺寸”图标和“创建自动判断约束”图标，取消该功能，再次单击该图标，可重新启动自动标注尺寸功能。

【示例 1】绘制如图 4-11 所示的曲线。

（1）取消草图自动标注尺寸

在草图环境中，单击“主页”选项卡→“直接草图”组→“更多”库→“草图工具”组→“连续自动标注尺寸”图标，取消自动标注尺寸。

（2）绘制第一条直线

单击“主页”选项卡→草图曲线下拉菜单→“轮廓”图标，确认出现的“轮廓”工具条中的“直线”图标为按下状态，在合适的位置单击鼠标左键指定直线的第一点，然后水平向右拖动鼠标，在光标附近的对话框中的“长度”文本框中输入 30 后按键盘的<Enter>键，然后在“角度”文本框中输入 0 后按键盘的<Enter>键，绘制长为 30mm 的水平直线。

（3）绘制第一段圆弧

在“轮廓”工具条中单击“圆弧”图标，在光标附近的对话框的“半径”文本框中输入 15 后按键盘的<Enter>键，在“扫掠角度”文本框中输入 180 后按键盘的<Enter>键，单击鼠标左键绘制半径为 15mm 的半圆，如图 4-12 所示。

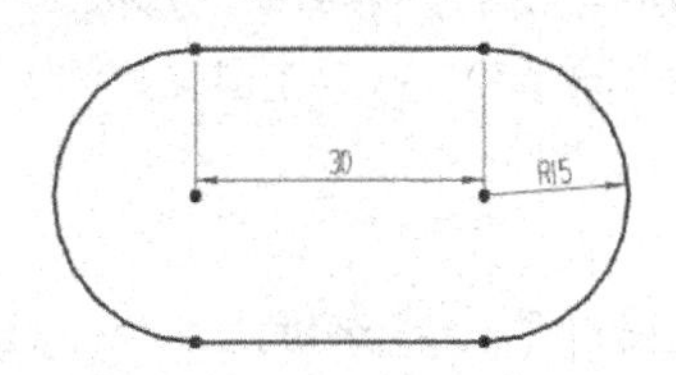

图 4-11　轮廓曲线

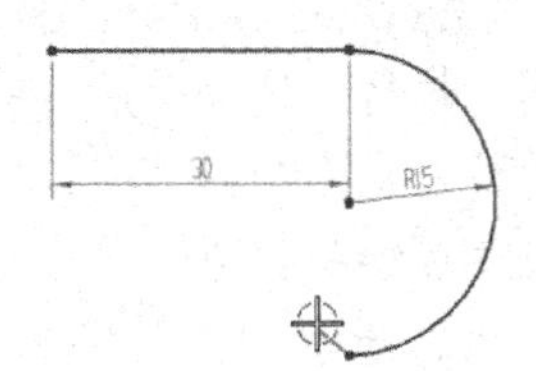

图 4-12　绘制圆弧

（4）绘制第二段直线

此时“轮廓”工具条的“直线”图标为按下状态，转变为绘制直线。水平向左拖动鼠标，当光标位于上述绘制的第一条直线左侧端点的正下方附近时，会显示一条竖直的虚线，如图 4-13a 所示，此时单击左键可绘制与上述绘制的第一条直线等长的水平线，如图 4-13b 所示。

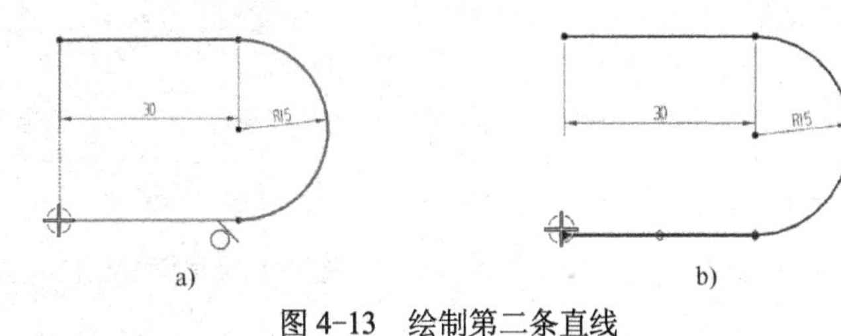

a)　　b)

图 4-13　绘制第二条直线

a) 自动约束　b) 绘制的直线

（5）绘制第二段圆弧

单击“轮廓”工具条的“圆弧”图标，捕捉绘制的第一条直线的左侧端点作为终点绘制第二段圆弧。单击鼠标右键，在弹出的快捷菜单中选择“确定”命令，结束绘制轮廓曲线，得到如图 4-11 所示的曲线。

提示：

在取消系统连续自动标注尺寸后，如果是输入参数创建的曲线，仍然会在图中显示该曲线的尺寸，如图 4-13 中的第一段直线和第一段圆弧所示。

2. （直线）

功能：绘制直线。

操作命令：

菜单：“菜单”→“插入”→“草图曲线”→“直线”

功能区：“主页”选项卡→“直接草图”组→草图曲线下拉菜单→“直线”

操作说明：执行上述命令后，在左上角出现如图 4-14 所示的工具条，如前所述，利用该工具条可以通过坐标方式和参数方式绘制直线。

图 4-14 “直线”工具条

3. （圆弧）

功能：绘制圆弧。

操作命令：

菜单：“菜单”→“插入”→“草图曲线”→“圆弧”

功能区：“主页”选项卡→“直接草图”组→草图曲线下拉菜单→“圆弧”

操作说明：执行上述命令后，打开如图 4-15 所示的“圆弧”工具条，利用该工具条可以通过以下两种方式绘制圆弧：

（1）通过三点绘制圆弧

单击图 4-15 所示的工具条的“三点定圆弧”图标后，依次指定三个点绘制圆弧，如图 4-10b 所示。

（2）通过圆心和端点绘制圆弧

单击图 4-15 所示的工具条的“中心和端点定圆弧”图标后，首先指定圆弧的圆心，然后指定圆弧的起点，最后指定圆弧的终点，完成圆弧的绘制，如图 4-16 所示。

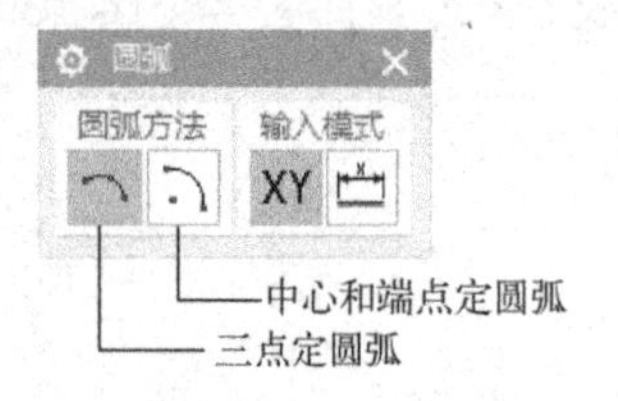

图 4-15 “圆弧”工具条

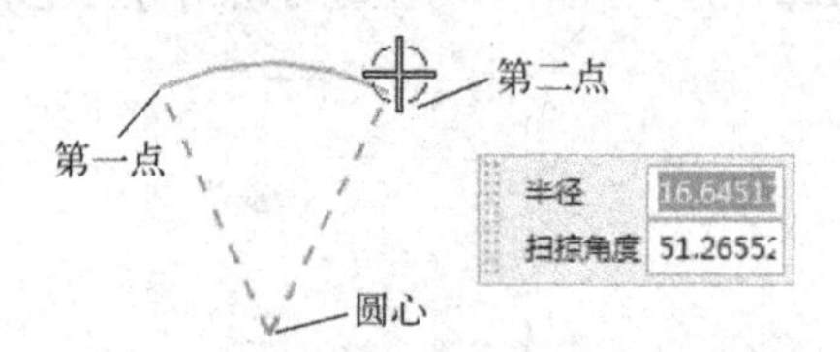

图 4-16 根据中心和端点绘制圆弧

4. （圆）

功能：绘制圆。

操作命令：

菜单：“菜单”→“插入”→“草图曲线”→“圆”

功能区：“主页”选项卡→“直接草图”组→草图曲线下拉菜单→“圆”

操作说明：执行上述命令后，打开如图 4-17 所示的“圆”工具条，利用该工具条可以通过以下两种方式绘制圆：

（1）根据中心和半径绘制圆

单击图 4-17 所示的“圆”工具条的“圆心和直径定圆”图标后，根据指定的圆心和直径绘制圆。

(2) 通过三点绘制圆

单击图 4-17 所示的“圆”工具条的“三点定圆”图标后，依次指定三个点绘制圆，如图 4-18 所示。

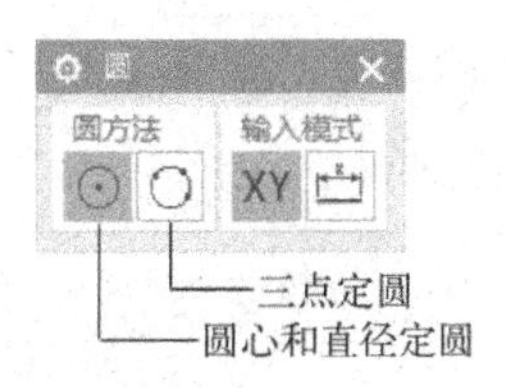

图 4-17 “圆”工具条

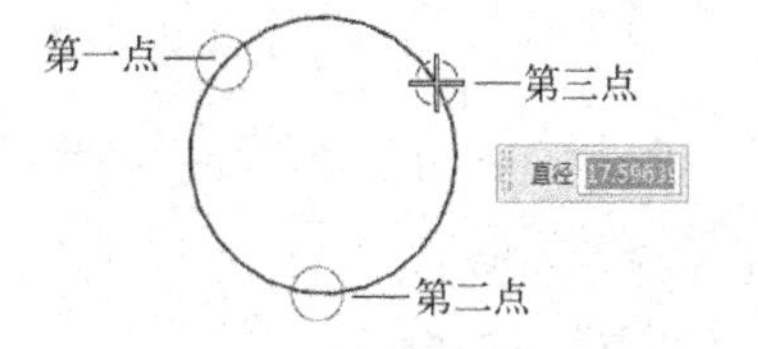

图 4-18 通过三点绘制圆

5. （矩形）

功能：绘制矩形。

操作命令：

菜单：“菜单”→“插入”→“草图曲线”→“矩形”

功能区：“主页”选项卡→“直接草图”组→草图曲线下拉菜单→“矩形”

操作说明：执行上述命令后，打开如图 4-19 所示的“矩形”工具条，利用该工具条可通过以下几种方式绘制矩形：

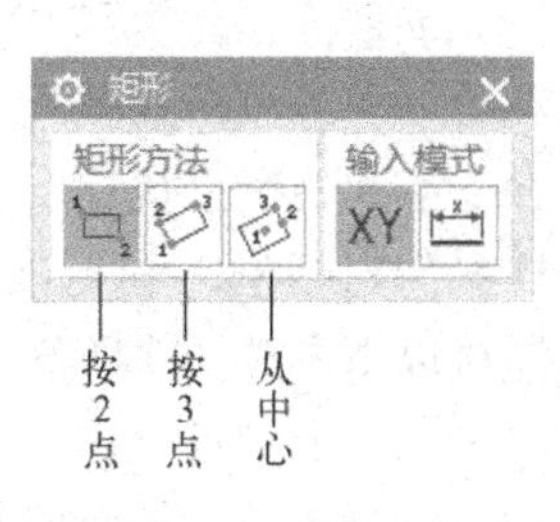

图 4-19 矩形工具条

(1) 通过对角点绘制矩形

在“矩形”工具条中单击“按 2 点”图标，首先指定矩形的第一个点，然后用鼠标指定其对角点，或在对话框中指定矩形宽度和高度绘制矩形，如图 4-20 所示。

(2) 通过三个点绘制矩形

在“矩形”工具条中单击“按 3 点”图标，依次指定三个点绘制矩形，如图 4-21 所示，或在指定第一点后，通过光标附近的对话框分别指定矩形的宽度、高度和倾斜角度绘制矩形。

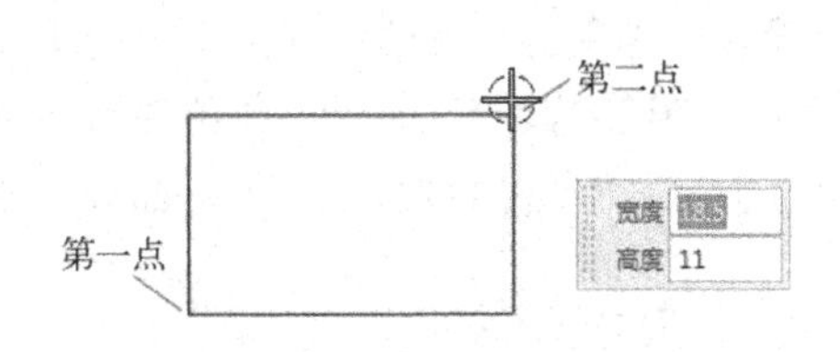

图 4-20 通过 2 个点绘制矩形

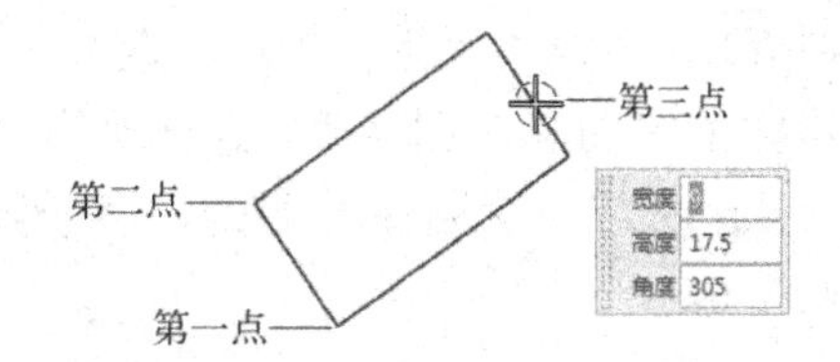

图 4-21 通过 3 个点绘制矩形

(3) 通过中心和 2 个点绘制矩形

在“矩形”工具条中单击“从中心”图标，首先指定一点作为矩形的中心，然后指定第二点作为矩形对称中心线上的一点确定矩形的宽度和倾斜方向，最后指定第三点确定矩形的高度，如图 4-22 所示。也可以在指定中心后，通过光标附近的对话框指定宽度、高度和倾斜角度绘制矩形。

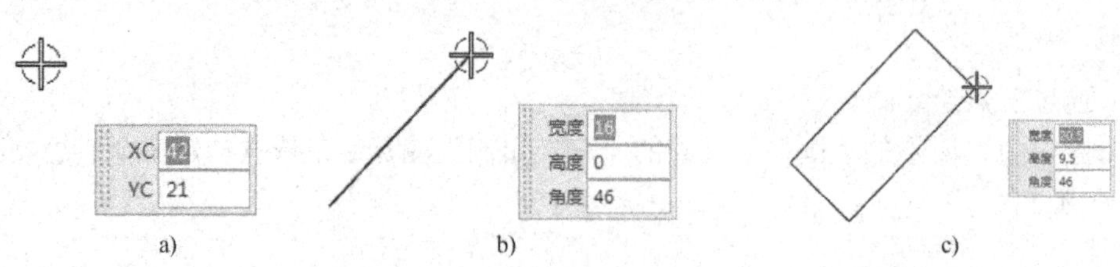

图 4-22 通过中心和 2 个点绘制矩形

a) 指定矩形中心 b) 指定第二点 c) 指定第三点

6. （样条曲线）

功能：绘制样条曲线。

操作命令：

菜单：“菜单”→“插入”→“草图曲线”→“艺术样条”

功能区：“主页”选项卡→“直接草图”组→草图曲线下拉菜单→“艺术样条”

操作说明：执行上述命令后，打开如图 4-23 所示的“艺术样条”对话框，利用该对话框“类型”下拉列表框的选项，可通过以下方式创建样条曲线：

图 4-23 “艺术样条”对话框

（1）通过点

利用该选项绘制的样条曲线通过指定的数据点，如图 4-24 所示。在“类型”下拉列表框中选择“通过点”选项，在图形窗口中单击鼠标左键指定一系列的点，最后单击“确定”按钮创建曲线。

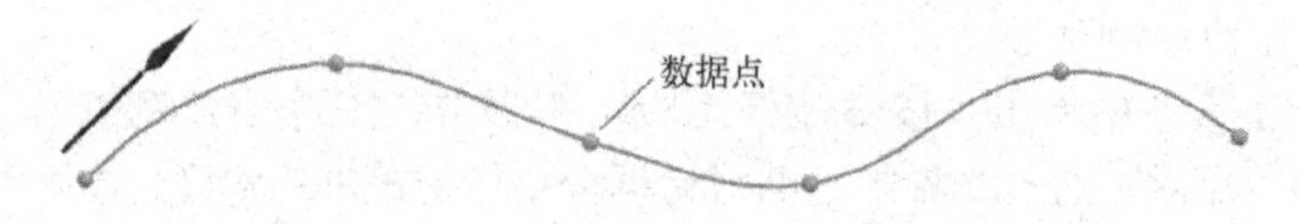

图 4-24 通过点绘制样条曲线

在“艺术样条”对话框的“次数”文本框中可设置样条曲线的阶次，当阶次较小时，阶次影响样条的曲率，图 4-24 是阶次为 2 时的形状，当阶次为 5 时，该样条曲线的形状如图 4-25 所示。应当注意的是，当阶次超过一定值时，阶次的增加对样条曲线的曲率不再有影响。

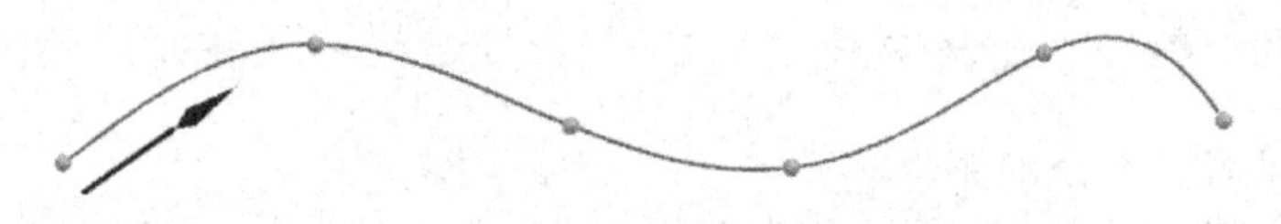

图 4-25 阶次数为 5 的样条图线的形状

如果要绘制封闭的样条曲线，可在“艺术样条”对话框的“参数化”选项组中选择“封闭”复选框，则指定的第一点同时也是曲线上的终点，如图 4-26 所示。

（2）根据极点

该方式将指定的数据点作为曲线的极点（或称为控制点），样条靠近它的各个极点，但通常不通过极点（端点除外），如图 4-27 所示。

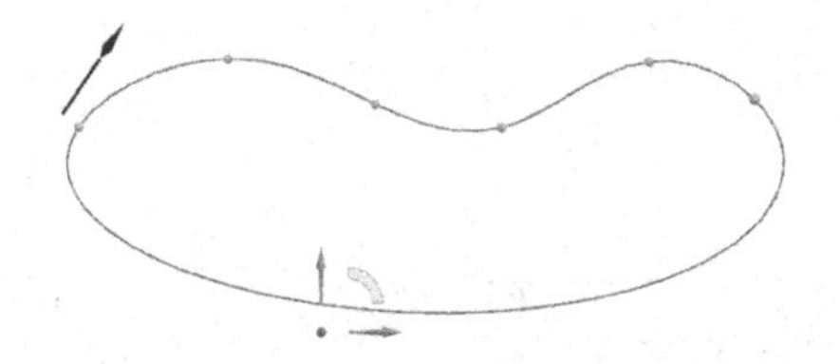

图 4-26　封闭的样条曲线

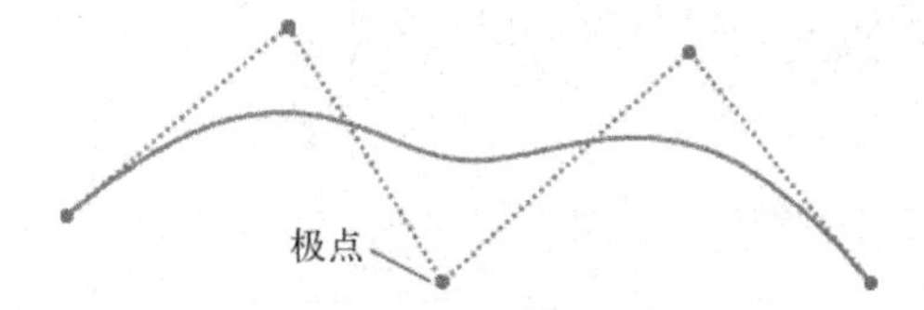

图 4-27　根据极点绘制样条曲线

7. ＋（点）

功能：绘制点。

操作命令：

菜单：“菜单”→“插入”→“草图曲线”→“点”

功能区：“主页”选项卡→“直接草图”组→草图曲线下拉菜单→“点”

操作说明：执行上述命令后，打开“草图点”对话框，可通过打开“点”对话框或选择适当方式创建点。

8. ⊙（椭圆）

功能：绘制椭圆。

操作命令：

菜单：“菜单”→“插入”→“草图曲线”→“椭圆”

功能区：“主页”选项卡→“直接草图”组→草图曲线下拉菜单→“椭圆”

操作说明：执行上述命令后，打开如图 4-28 所示的“椭圆”对话框，单击“中心”选项组“指定点”右侧的“点对话框”图标，利用打开的“点”对话框指定椭圆中心，单击“确定”按钮关闭“点”对话框；在“大半径”文本框中设置椭圆的长轴的半轴长，在“小半径”文本框中设置短轴的半轴长，在“旋转”选项组的“角度”文本框中设置椭圆长轴的倾斜角度，最后单击“确定”按钮可创建椭圆。

图 4-28　“椭圆”对话框

9. ）·（二次曲线）

功能：根据指定点和投影判别式绘制一般二次曲线。

操作命令：

菜单：“菜单”→“插入”→“草图曲线”→“二次曲线”

功能区：“主页”选项卡→“直接草图”组→草图曲线下拉菜单→“二次曲线”

操作说明：执行上述命令后，打开如图 4-29 所示的“二次曲线”对话框，利用该对话框依次为曲线指定起点、终点和控制点，并设置“Rho”值，最后单击“确定”按钮创建二次曲线。

“二次曲线”对话框中各参数的说明如图 4-30 所示。

10. ⊾（派生直线）

功能：根据已存的直线绘制派生直线。

图 4-29 “二次曲线”对话框

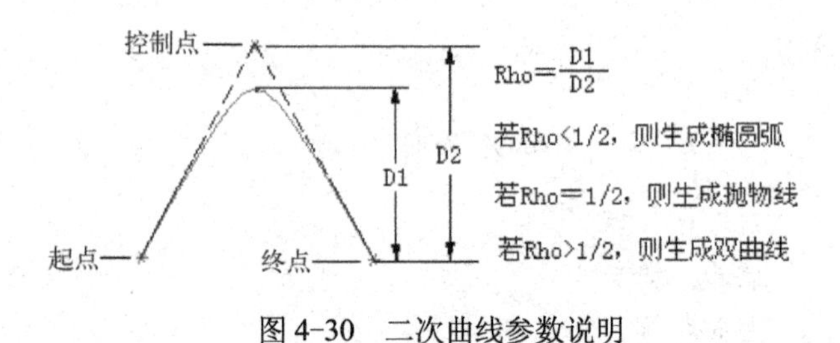

图 4-30 二次曲线参数说明

操作命令：

菜单：“菜单”→“插入”→“草图曲线”→“派生直线”

功能区：“主页”选项卡→“直接草图”组→草图曲线下拉菜单→“派生直线”

操作说明：利用该命令可以绘制以下三种直线：

（1）绘制已存的一条直线的平行线

执行上述命令后，选择一条已存的直线，就可以通过移动鼠标或在弹出的对话框中输入偏移距离绘制被选择直线的平行线，该平行线的长度与被选择直线相同，如图 4-31 所示。

（2）绘制已存的两条平行直线的等距线

执行上述命令后，选择两条已存的平行线，就可以绘制与被选择的两条直线等距离的平行线，该平行线的长度可以通过拖动鼠标或对话框设置，如图 4-32 所示。

（3）绘制两相交直线的角平分线

执行上述命令后，选择两条已存的相交直线，可绘制被选择的两相交直线的角平分线，该角平分线的长度可以通过拖动鼠标或对话框设置，如图 4-33 所示。

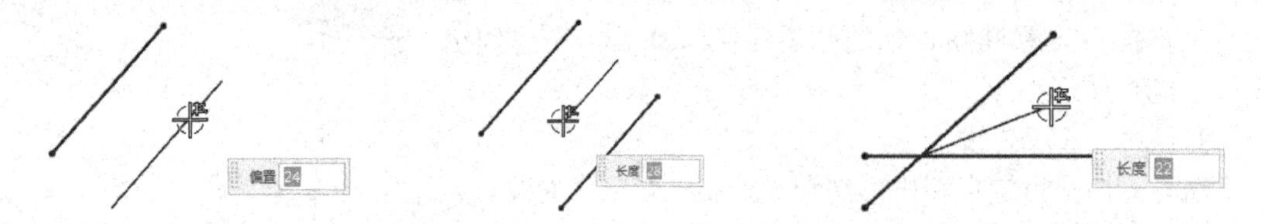

图 4-31 绘制已存直线的平行线　图 4-32 绘制两条直线的等距线　图 4-33 绘制两条相交直线的角平分线

4.2.2 草图曲线的编辑

1. （圆角）

功能：在两条曲线之间创建圆角。

操作命令：

菜单：“菜单”→“插入”→“草图曲线”→“圆角”

功能区：“主页”选项卡→“直接草图”组→草图曲线下拉菜单→“圆角”

操作说明：执行上述命令后，打开如图 4-34 所示的“圆角”工具条，依次选择需要倒角的边并设置圆角半径，即可创建圆角。默认情况下，“修剪”图标为按下状态，即创建圆角时修剪多余的曲线，如图 4-35 所示；如果按下“取消修剪”图标，创建圆角时不对多余的曲线进行修剪，如图 4-36 所示。

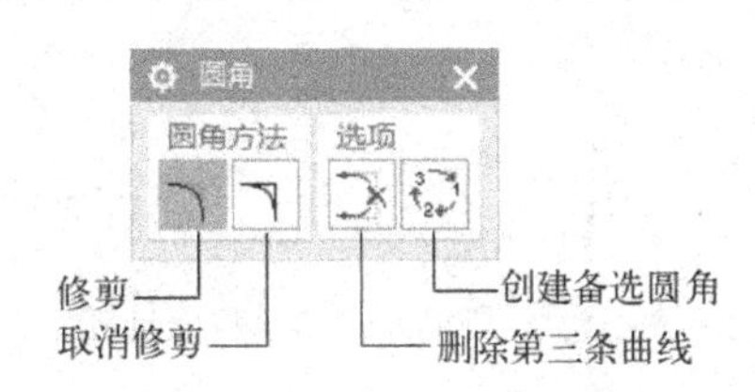

图 4-34 “圆角”工具条

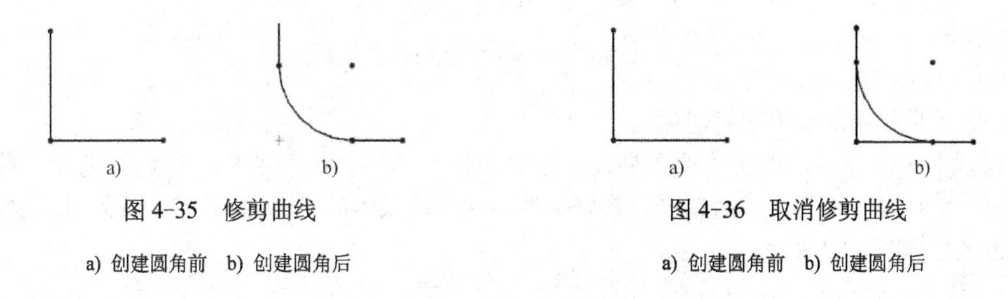

图 4-35 修剪曲线

a) 创建圆角前 b) 创建圆角后

图 4-36 取消修剪曲线

a) 创建圆角前 b) 创建圆角后

在创建圆角过程中，在图形窗口显示所要创建的圆角的预览，如果需要创建的圆角与预览圆角不同，可单击“创建圆角”工具条的“创建备选圆角”图标，选择满足需要的圆角。

提示：

在草图环境中执行绘制曲线的命令后，会在上边框条显示点的捕捉方式，帮助用户进行快速捕捉特定点。合理设置点的捕捉方式能够提高绘制草图的效率和精度。各个点的捕捉方式与点构造器的“点”对话框中各点的捕捉方式相同，可参考 1.3.6 节中的相关介绍。

2. （快速修剪）

功能：快速裁剪草图曲线。

操作命令：

菜单：“菜单”→“编辑”→“草图曲线”→“快速修剪”

功能区：“主页”选项卡→“直接草图”组→草图曲线下拉菜单→“快速修剪”

操作说明：可以通过以下三种方式修剪曲线：

（1）修剪单个对象

执行上述命令后，用鼠标选择对象需要修剪的部分，则将该部分剪掉，如图 4-37 所示。

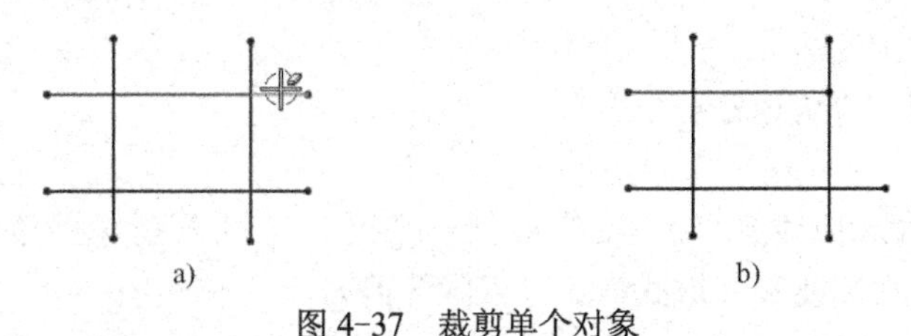

图 4-37 裁剪单个对象

a) 选择修剪对象 b) 修剪结果

（2）修剪多个对象

执行上述命令后，按下鼠标左键，此时光标变成笔形，拖动鼠标扫掠过需要修剪的对象，该对象即被修剪，如图 4-38a 所示，当修剪完所有对象后松开鼠标左键，则完成一次修剪多个对象，如图 4-38b 所示。

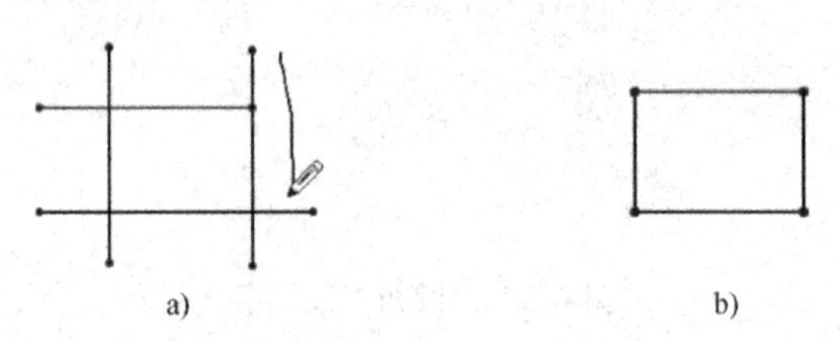

图 4-38　裁剪多个对象

a) 选择多个对象　b) 修剪结果

（3）根据指定的边界裁剪对象

执行上述命令后，单击“边界曲线”选项组的“选择曲线”图标，用鼠标选择修剪边界，可以选择多个边界，然后单击“要修剪的曲线”选项组的“选择曲线”图标，用鼠标选择对象进行修剪，如图 4-39 所示。

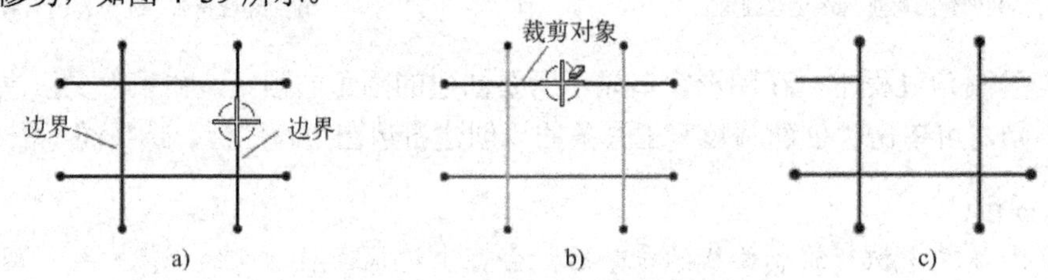

图 4-39　根据指定的边界修剪对象

a) 选择边界　b) 选择修剪对象　c) 修剪结果

3. （快速延伸）

功能：快速延伸曲线。

操作命令：

菜单：“菜单”→“编辑”→“草图曲线”→“快速延伸”

功能区：“主页”选项卡→“直接草图”组→草图曲线下拉菜单→“快速延伸”

操作说明：可以通过以下三种方式延伸曲线：

（1）延伸单个对象

（2）延伸多个对象

（3）延伸曲线到指定边界

其具体操作过程与“快速修剪”类似。

4. （倒斜角）

功能：将两条输入曲线延伸和/或修剪到一个公共交点来创建拐角，适用的对象为直线、圆弧、开放式二次曲线和开放式样条（仅限修剪）。

操作命令：

菜单：“菜单”→“插入”→“草图曲线”→“倒斜角”

功能区：“主页”选项卡→“直接草图”组→草图曲线下拉菜单→“倒斜角”

操作说明：执行上述命令后，打开如图 4-40 所示的“倒斜角”对话框，从“偏置”选项组的“倒斜角”下拉列表框中可选择“对称”“非对称”和“偏置和角度”三种方式创建斜角。以“对称”方式创建斜角为例，在图形窗口选择两条目标曲线，并在“距离”文本框中输入倒角距离后按键盘的<Enter>键，此时“指定点”图标为选中状态，要求通过光标指定一个点以确定倒角在哪一侧。

图 4-40 “倒斜角”对话框

与创建圆角类似，如果在对话框中不选择“修剪输入曲线”复选框，创建斜角时将不对曲线进行修剪。

如果不选择“距离”复选框，选择需要倒角的曲线后，随着鼠标的移动，将在鼠标附近的对话框中出现不同的倒角距离提示，单击鼠标左键即可创建所显示距离的倒角；如果选择该复选框，将根据“距离”文本框中设定的值进行倒角。

在某些情况下，NX 对所选曲线的延伸或修剪方法取决于在何处单击。以下为几种曲线的典型组合：

（1）延伸所选的两条曲线

当所选的两条曲线都没有到拐角位置，NX 将延伸两条曲线创建斜角，如图 4-41 所示。

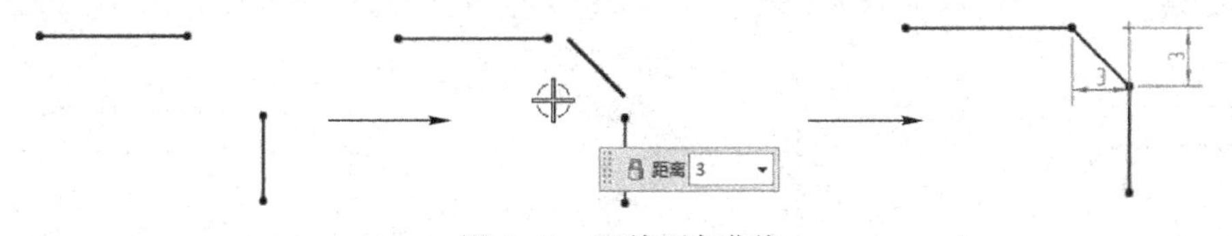

图 4-41 延伸两条曲线

（2）延伸一条曲线，修剪另一条曲线

当所选的两条曲线中一条没有到拐点位置，而另一条超过拐角位置时，NX 将对两条曲线分别进行延伸和修剪创建拐角，如图 4-42 所示。

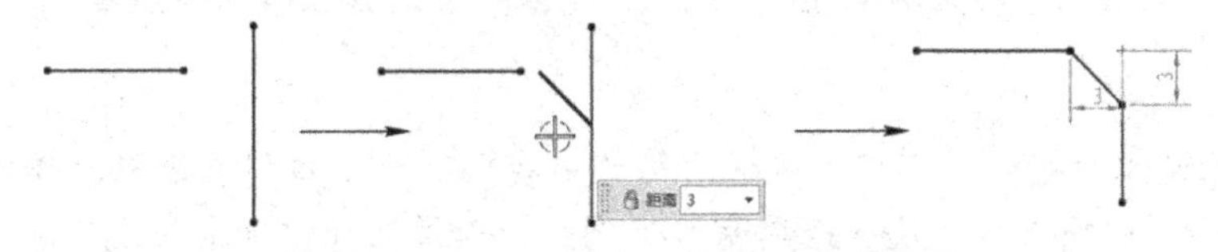

图 4-42 延伸一条曲线，修剪另一条曲线

（3）修剪两条曲线

当所选的两条曲线相交时，NX 会同时修剪它们，如图 4-43 所示。

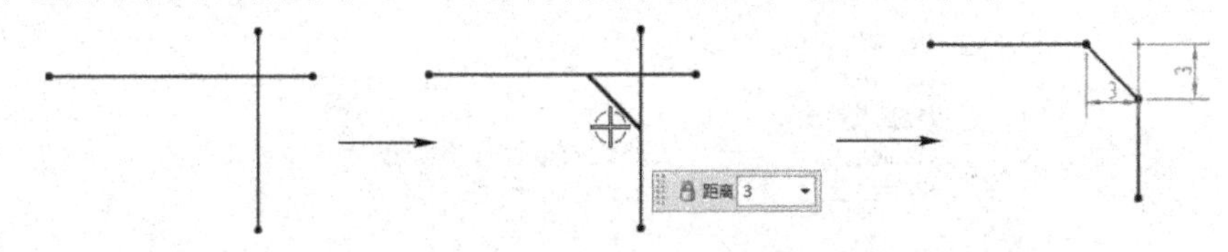

图 4-43 修剪两条曲线

📖 提示：

制作拐角时，NX保留被单击的曲线段。

4.2.3 草图操作

通过菜单“菜单”→“插入”→“草图曲线”的级联菜单，和“主页”选项卡“直接草图”组的草图曲线下拉菜单中的相关选项，可以对草图进行必要的操作。本节介绍常用的草图操作。

1. 镜像曲线

功能：通过镜像草图曲线绘制对称的几何图形。

操作命令：

菜单：“菜单”→“插入”→“草图曲线”→“镜像曲线”

功能区：“主页”选项卡→“直接草图”组→草图曲线下拉菜单→“镜像曲线”

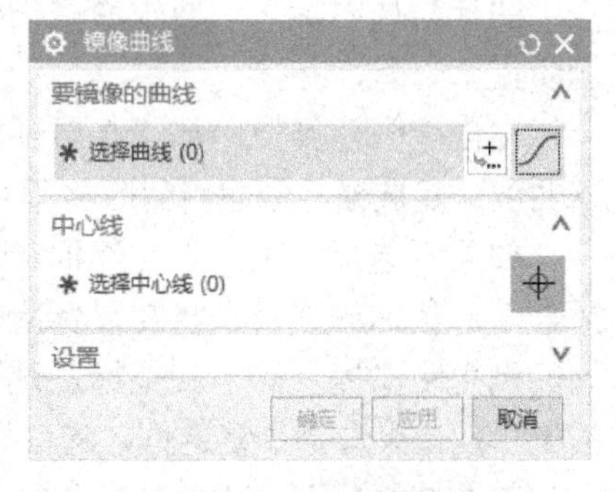

图 4-44 “镜像曲线”对话框

操作说明：执行上述命令后，打开如图 4-44 所示的“镜像曲线”对话框，“选择对象”选项组的“选择曲线”为选中状态，选择需要镜像的曲线，然后单击“中心线”选项组的“选择中心线”，选择一条已有直线作为镜像中心线，最后单击“确定”按钮，完成曲线的镜像。操作过程如图 4-45 所示。

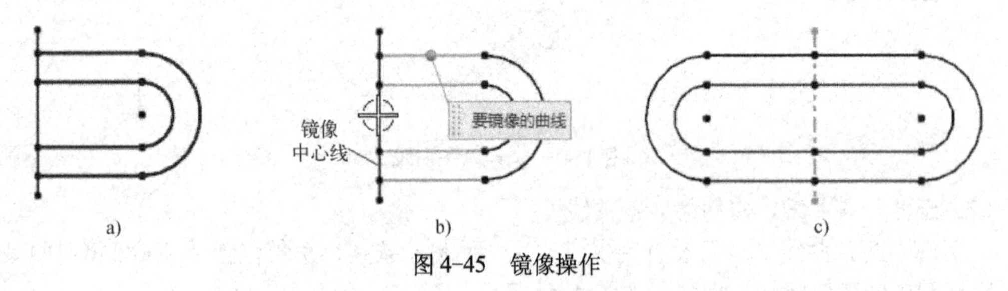

图 4-45 镜像操作

a) 选择竖直直线以外的曲线为镜像对象 b) 选择镜像中心线 c) 镜像操作结果

📖 提示：

1）在选择镜像曲线时，可在上边框条的“曲线规则”下拉列表框中选择不同的选项，如图 4-46 所示，以便正确、快速选择曲线，例如，如果选择“单条曲线”选项，则仅选中点击的单条曲线；如果选择“相切曲线”选项，则除了被点击的曲线外，与该曲线相切的其他曲线也被选中。

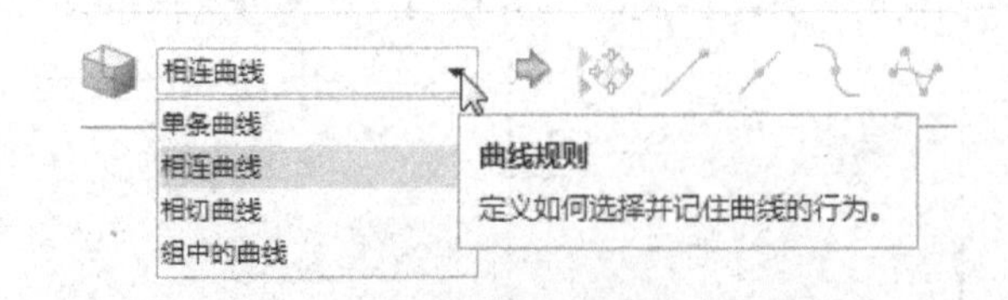

图 4-46 “曲线规则”下拉列表框

2）在“镜像曲线”对话框中单击“设置”图标可展开该选项组，如果选择“中心线转换为参考”复选框，完成镜像操作后，被选作中心线的直线会转换为参考线，如图 4-45c 所示，否则，仍然作为普通的草图曲线保留。

2. （偏置曲线）

功能：通过偏置已存的曲线快速创建形状相同的一系列等距线。

操作命令：

菜单：“菜单”→“插入”→“草图曲线”→“偏置曲线”

功能区：“主页”选项卡→“直接草图”组→草图曲线下拉菜单→“偏置曲线”

操作说明：执行该命令后，打开如图 4-47 所示的“偏置曲线”对话框，依次选择需要偏置的曲线，此时显示一个箭头表示偏置的方向，在“距离”文本框输入偏置距离，若输入正值，则偏置方向与箭头指示方向一致，否则相反，最后单击“确定”按钮偏置所选曲线，如图 4-48 所示。

图 4-47 “偏置曲线”对话框

如果需要在已有曲线的两侧进行相同距离的偏置，可选择“对称偏置”复选框，然后选择偏置曲线按指定距离进行偏置，如图 4-49 所示。

如果需要沿一个方向创建一系列距离相同的偏置曲线，可在“偏置曲线”对话框的“副本数”文本框中设置偏置数量，然后选择曲线进行偏置。

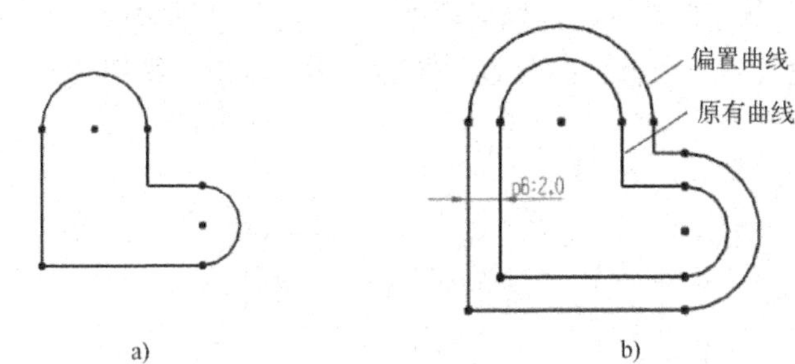

图 4-48 偏置曲线

a) 偏置前 b) 偏置后

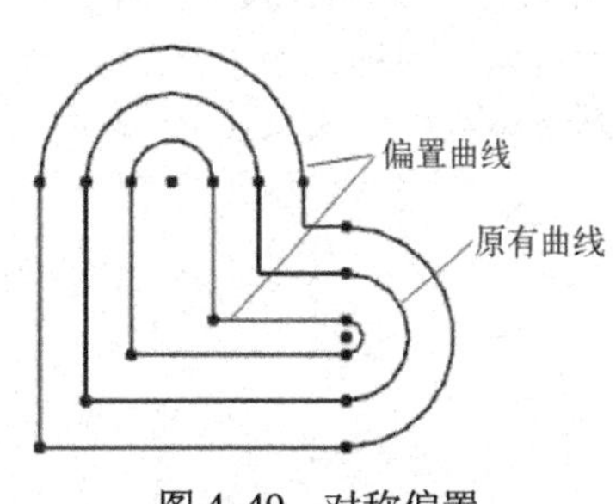

图 4-49 对称偏置

3. （阵列曲线）

功能：阵列位于草图平面上的曲线。

操作命令：

菜单：“菜单”→“插入”→“草图曲线”→“阵列曲线”

功能区：“主页”选项卡→“直接草图”组→草图曲线下拉菜单→“阵列曲线”

操作说明：执行上述命令后，打开如图 4-50 所示的“阵列曲线”对话框，此时“选择曲线”图标为选中状态，选择需要阵列的曲线后，可在“布局”下拉列表框中选择不同的阵列方式，常用的为“线性”和“圆形”两种，说明如下：

图 4-50 “阵列曲线”对话框

1）线性阵列

选择需要阵列的曲线并在“布局”下拉列表框中选择“线性”选项后，首先选中“方向1”选项组的“选择线性对象”图标，选择草图中的线性曲线以指定行（或列）的方向，选择对象后将显示一个方向矢量，必要时可单击“反向”图标反转矢量方向，并在“方向1”选项组中分别设置“间距”“数量”“节距”等参数；然后选中“方向2”选项组的“选择线性对象”图标，用上述同样的方法设置列（或行）的参数，最后单击“确定”按钮关闭对话框完成阵列，如图 4-51 所示

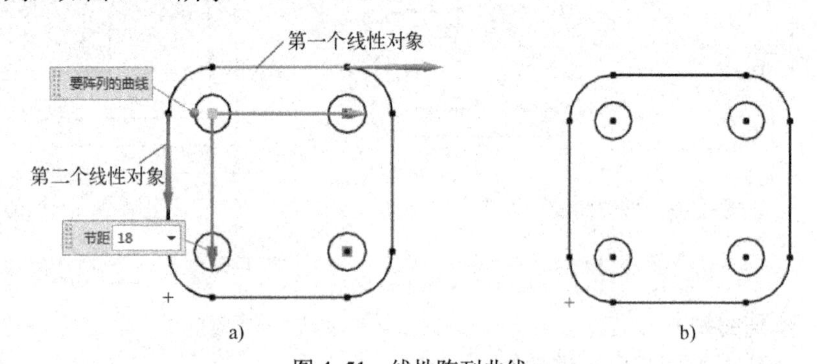

图 4-51 线性阵列曲线

a) 参数设置 b) 阵列结果

2）圆形阵列

选择需要阵列的曲线并在“布局”下拉列表框中选择“圆形”选项后，选中“旋转点”选项组的“指定点”图标，选择一个点作为圆形阵列的中心，然后在“角度方向”选项组中设置参数，单击“确定”按钮完成阵列，如图 4-52 所示。

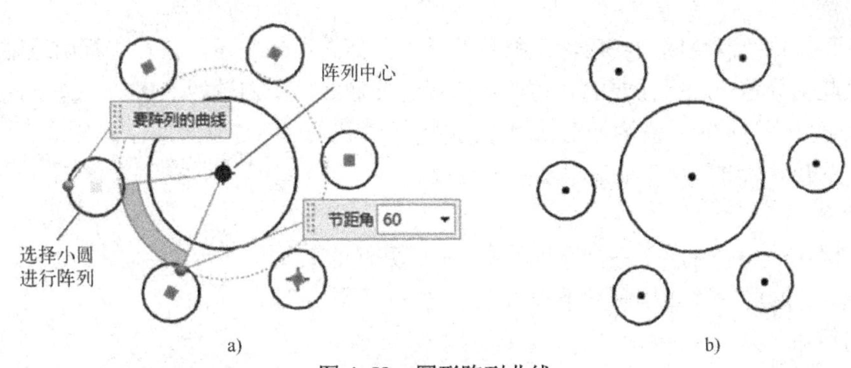

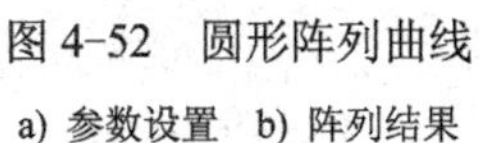
图 4-52 圆形阵列曲线

a) 参数设置 b) 阵列结果

4. （添加现有曲线）

功能：添加草图外已存的曲线到草图。

操作命令：

菜单：“菜单”→“插入”→“草图曲线”→“现有曲线”

功能区：“主页”选项卡→“直接草图”组→草图曲线下拉菜单→“添加现有曲线”

操作说明：在图形窗口选择生成扫描特征的草图曲线，利用右键快捷菜单执行“可回滚编辑”命令，进入草图环境。

利用上述方式执行“添加现有曲线”命令后，打开“添加曲线”对话框，选择需要添加的对象，单击“确定”按钮关闭对话框，则将所选对象添加到当前被激活的草图中。退出草图环境后，基于该草图曲线生成的扫描特征也随之修改，如图 4-53 所示。

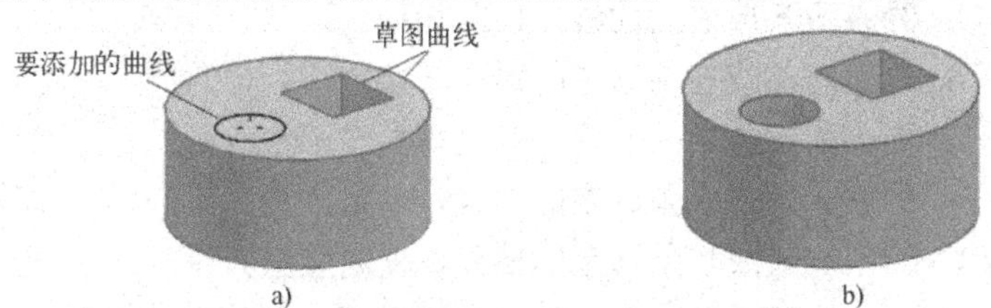

图 4-53 添加现有曲线

a) 添加曲线前 b) 将草图外曲线添加到草图后

📖 提示：

1）草图外曲线指在建模应用模块绘制的曲线。

2）该操作可用于绝大多数的曲线、点和一般二次曲线等，但不能采用该命令将“构造的”或“关联的”曲线添加到草图。

4.3 草图约束

4.3.1 几何约束

1. 创建几何约束

使用几何约束，可以指定草图对象必须遵守的条件，或是草图对象之间必须维持的相对几何位置关系。在绘制草图曲线后，选择需要添加几何约束的曲线，会在光标附近弹出一个工具条，可从此工具条中选择需要的几何约束，或选择曲线后单击鼠标右键，在弹出的快捷菜单中选择需要的几何约束，也可通过如下方式执行“几何约束”命令，打开对话框为草图曲线添加几何约束。

操作命令：

菜单：“菜单”→“插入”→“草图约束”→“几何约束”

功能区：“主页”选项卡→“直接草图”组→“更多”库→“几何约束”

操作说明：执行该命令后，在随后打开的对话框中单击“确定”按钮，打开如图 4-54 所示的“几何约束”对话框，“约束”选项组列出了常用的几何约束类型。

图 4-54 “几何约束”对话框

UG NX 中常用几何约束类型说明如下：

1）（固定）。不同几何体的固定特性如下所述：

- 点：固定位置。
- 直线：固定角度。
- 直线、弧或椭圆弧端点 ：固定端点的位置。
- 圆/圆弧中心、椭圆/椭圆弧中心：固定中心的位置。
- 弧或圆：固定半径以及中心的位置。

2）（重合）：约束两个或多个选定的顶点或点，使之重合。

3）（点在曲线上）：约束一个选定的顶点或点，使之位于一条曲线上。

4）（相切）：约束两条选定的曲线，使之相切。

5）（平行）：约束两条或多条选定的曲线，使之平行。

6）（垂直）：约束两条选定的曲线，使之垂直。

7）（水平）：约束一条或多条选定的曲线，使之水平。

8）（竖直）：约束一条或多条选定的曲线，使之竖直。

9）（水平对齐）：约束两个或多个选定的顶点或点，使之水平对齐。

10）（竖直对齐）：约束两个或多个选定的顶点或点，使之竖直对齐。

11）（中点）：约束一个选定的顶点或点，使之与一条线或圆弧的中点对齐。

12）（共线）：约束两条或多条直线，使之共线。

13）（同心）：约束两个或两个以上的圆/圆弧或椭圆/椭圆弧具有同一中心。

14）（等长）：约束两条或多条选定的直线，使之等长。

15）（等半径）：约束两个或多个选定的圆弧，使之半径相等。

16）（定角）：约束一条或多条选定的直线，使之具有恒定的角度。

17）（定长）：约束一条或多条选定的直线，使之具有定长。

提示：

可在“几何约束”对话框展开“设置”选项组，该选项组的列表框中列出了所有的几何约束，其中被选中的约束在对话框最上方的选项组中显示快捷方式，可以根据需要选择哪些约束显示快捷方式以便于操作。

2．自动判断约束

功能：设置绘制草图曲线或向草图添加对象时系统能够自动推断的约束类型，该功能有利于提高绘制草图曲线的效率。

操作命令：

菜单：“菜单”→“工具”→“草图约束”→“自动判断约束和尺寸”

功能区：“主页”选项卡→“直接草图”组→“更多”库→“自动判断约束和尺寸”

操作说明：执行该命令后打开如图 4-55 所示的对话框，在“要自动判断和施加的约束”列表框中选择需要自动判断的约束类型后单击“确定”按钮关闭对话框，在随后的草图操作过程中，当绘制曲线或向草图添加几何对象时，系统会根据草图对象自动判断该对象是否符合所设定的约束类型，并显示可用的约束类型供用户选择，从而提高绘图效率。

3．显示约束

功能：显示与所选草图几何体相关的几何约束，并可以删除指定的约束。

操作命令：

菜单：“菜单”→“工具”→“草图约束” →“显示草图约束”

功能区：“主页”选项卡→“直接草图”组→“更多”库→“显示草图约束”

操作说明：通过该命令可控制是否显示草图曲线的约束。

4．创建自动判断约束

功能：根据自动判断的约束类型创建约束。

操作命令：

菜单：“菜单”→“工具”→“草图约束”→“创建自动判断约束”

功能区：“主页”选项卡→“直接草图”组→“更多”库→“创建自动判断约束”

操作说明：执行上述命令后，使该图标为选中状态（显示为灰色），此后绘制草图曲线时，如果在绘制过程中显示自动判断的约束，此时单击鼠标左键，即可创建该约束。

图 4-55 “自动判断约束和尺寸”对话框

【示例 2】为如图 4-56 所示的草图曲线创建几何约束。

（1）打开网盘文件

打开网盘文件“练习文件\第 4 章\草图.prt”，在图形窗口选择草图曲线，单击鼠标右键，在弹出的快捷菜单中选择“编辑” 命令，进入草图环境。

（2）添加“同心”约束

选择图 4-56 中所示的曲线的左上角两个圆中的小圆和大圆，在光标附近弹出的工具条中单击 “同心”图标，则小圆进行移动，其圆心和大圆的圆心重合。利用同样的方法，使其余三个角上的小圆和大圆分别同心，得到的图形如图 4-57 所示。

📖 提示：

在选择圆/圆弧时，要注意观察光标的状态，当光标为如图 4-58a 所示的形状时，选择圆/圆弧，如果为如图 4-58b 所示的形状时，选择圆心。也可以参考光标附近出现的提示框观察所选的是哪个要素。

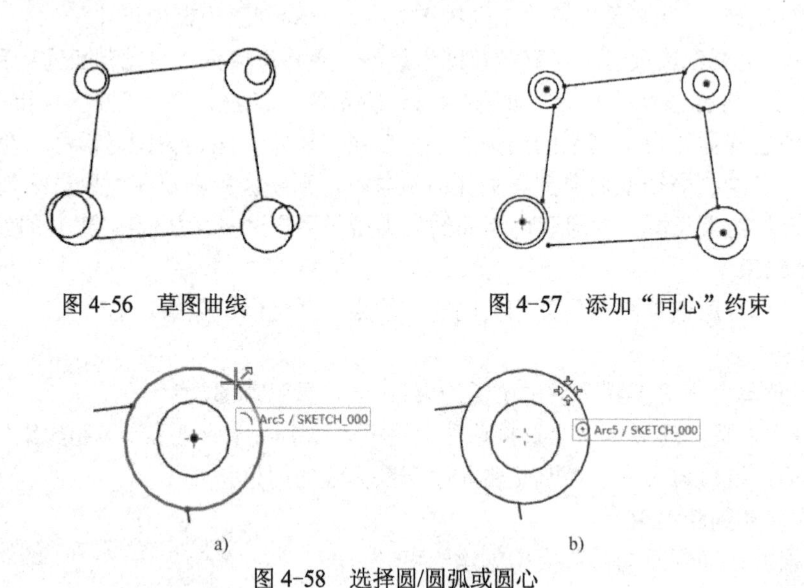

图 4-56　草图曲线　　　图 4-57　添加“同心”约束

图 4-58　选择圆/圆弧或圆心

a) 选择圆弧　b) 选择圆心

（3）添加“等半径”约束

首先选择曲线左上角的大圆，然后选择右上角的大圆，在弹出的工具条中单击“等半径”图标，设置左上角的大圆与右上角的大圆等半径。利用同样方法，设置其余两个大圆与左上角的大圆等半径，并利用同样方法设置其余三个角上的小圆与左上角的小圆等半径，得到的图形如图 4-59 所示。

（4）添加“水平”和“竖直”约束

选择左侧的直线，在弹出的工具条中单击“竖直”图标，为该直线创建竖直约束。利用同样方法，分别为其他三条直线添加竖直或水平约束，得到的图形如图 4-60 所示。

（5）创建“相切”约束

首先选择左侧的竖直直线，然后选择左上角的大圆，在弹出的工具条中单击“相切”图标，使该直线和圆相切。利用同样方法，使其余的直线分别与其相交的圆相切，得到的图形如图 4-61 所示。

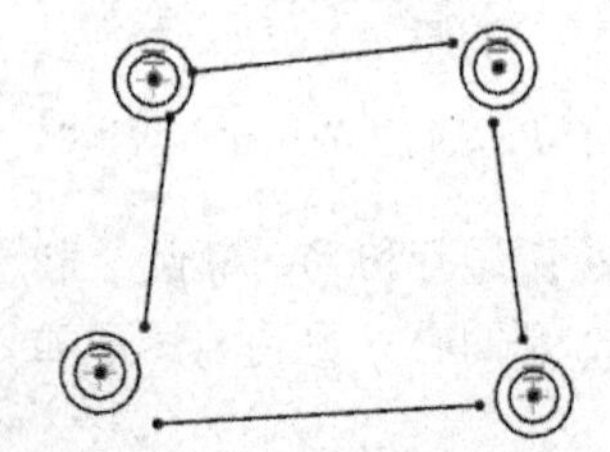

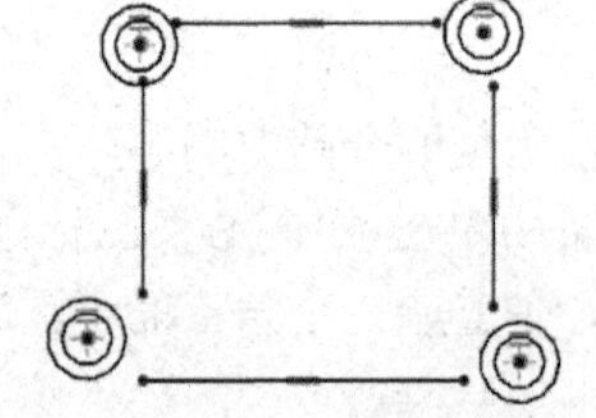

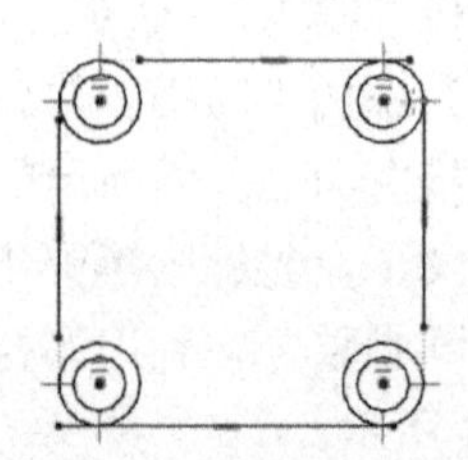

图 4-59　添加“等半径”约束　　图 4-60　添加“水平”和“竖直”约束　　图 4-61　添加“相切”约束

📖 提示：

1）在添加相切约束时，其结果与操作过程中选择圆/圆弧时鼠标的点击位置有关，如图 4-62 所示，所以，在添加相切约束时要注意根据预期结果选择适当的选取位置（鼠标点击点）。

2）当添加约束后，如果得到的结果与预期的结果相反，可单击“主页”选项卡→“直接草图”组→“更多”库→“备选解”图标，或选择菜单命令“菜单”→“工具”→“草图约束”→“备选解”，打开“备选解”对话框，选择需要修改约束的直线或圆/圆弧，可修改相切约束的结果。

3）操作顺序不同，添加上述约束后形成的图形可能有所不同。

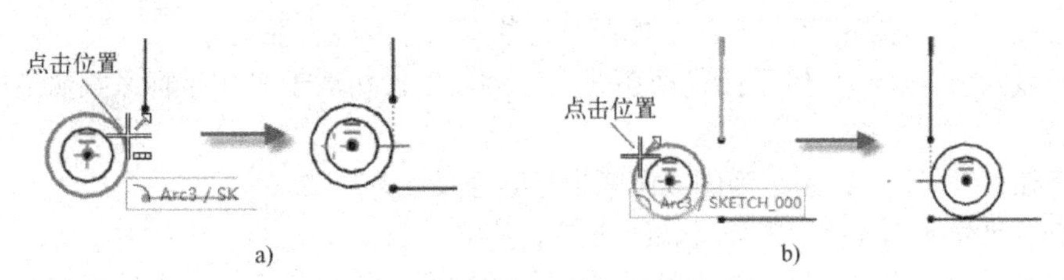

图 4-62 直线和圆相切约束的不同结果

a) 在右侧选择圆 b) 在左侧选择圆

（6）添加“点在曲线上”约束

选择上方水平直线的左端点，然后选择左上角的大圆，在弹出的快捷菜单中单击“点在曲线上”图标，使直线的左端点落到大圆上。利用上述方法，使四条直线的各个端点分别落到各个圆上，最终得到如图 4-63 所示的图形。

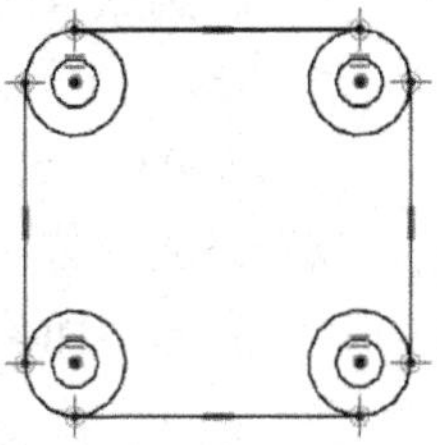

📖 提示：

“点在曲线上”约束确保将来无论图形怎么变化，直线的端点始终落在圆上。

图 4-63 完成的草图

（7）结束草图任务

单击鼠标右键，在弹出的快捷菜单中选择“完成草图”命令，结束草图绘制，返回建模应用模块。

（8）保存文件

选择目录将该文件另存为“草图－1.prt”，以供后面的示例使用。

4.3.2 尺寸约束

在草图环境绘制曲线时，默认情况下，系统会自动创建约束和标注尺寸，但系统自动创建尺寸比较乱，会对草图绘制形成一定的干扰，因此，很多情况下需要关闭系统的自动标注尺寸功能，在绘制完曲线后再通过相关命令标注尺寸。

📖 提示：

可通过“主页”选项卡→“直接草图”组→“更多”库的“连续自动标注尺寸”图标

控制是否自动为草图曲线标注尺寸。

1. 尺寸类型

草图尺寸用于确定草图曲线的大小和相对位置，常用的尺寸有以下几种类型：

1）水平尺寸（ ）：用于指定两约束点间与 X 轴平行的方向的尺寸。

2）竖直尺寸（ ）：用于指定两约束点间与 Y 轴平行的方向的尺寸。

3）点到点尺寸（ ）：用于指定平行于两个端点的尺寸。平行尺寸限制两点之间的最短距离。

4）垂直尺寸（ ）：用于指定所选草图对象端点和直线之间的垂直尺寸，即点到直线的垂直距离。

5）圆柱尺寸（ ）：用于在指定的两个对象间标注圆柱直径尺寸。

6）角度尺寸（ ）：用于指定两条线之间的角度，相对于工作坐标系按照逆时针方向测量角度。

7）半径尺寸（ ）：用于为圆或圆弧指定半径尺寸。

8）直径尺寸（ ）：用于为圆或圆弧指定直径尺寸。

9）周长尺寸（ ）：用于指定所选的草图轮廓曲线的总长度。可以选择周长约束的曲线是直线和圆（圆弧）。

2. 尺寸标注基本方法

可以通过菜单"菜单" →"插入" →"草图约束" →"尺寸"的级联菜单，或功能区"主页"选项卡的尺寸标注下拉菜单（如图 4-64 所示）选择相应命令进行尺寸标注。

利用各个命令进行尺寸标注的方法大致相同。以"快速尺寸"命令为例，执行该命令后，打开如图 4-65 所示的对话框，首先选择第一个对象，然后选择第二个对象，在"测量"选项组的"方法"下拉菜单中选择需要的尺寸类型，此时随着光标移动会出现所要标注的尺寸的预览，如图 4-66 所示，单击鼠标左键，即可放置尺寸完成标注。

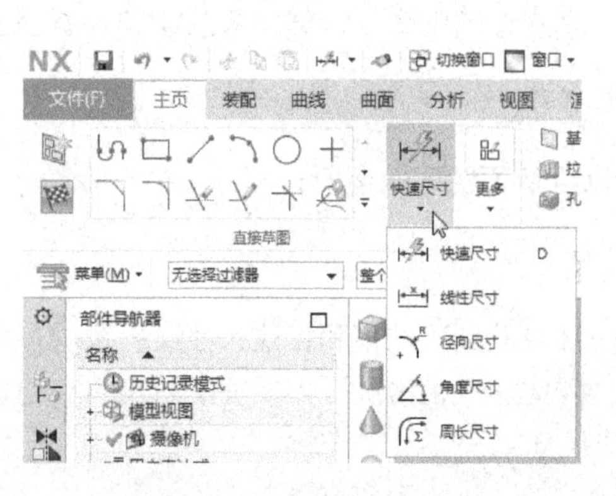

图 4-64 尺寸标注下拉菜单

图 4-65 "快速尺寸"对话框

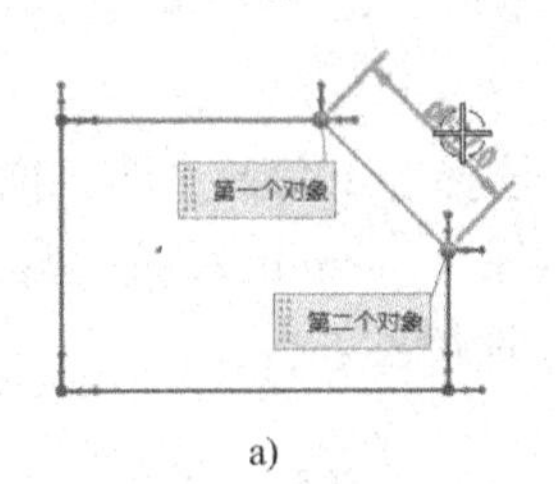

a)

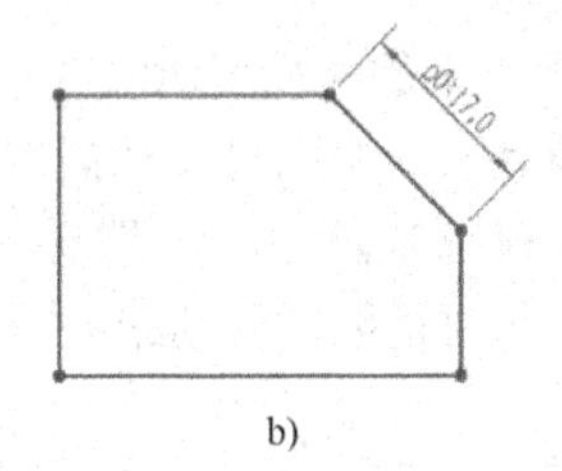

b)

图 4-66 利用“快速尺寸”命令标注“点到点”尺寸

a) 选择对象和尺寸类型 b) 尺寸标注结果

3. 自由度和约束状态

在为草图对象添加几何约束和尺寸约束时，草图中的曲线会在它们的顶点显示自由度箭头，如图 4-67 所示。箭头方向表示了该曲线可以移动的方向，在该方向添加约束后箭头消失。利用箭头和草图曲线的颜色可以判断草图的约束状态，草图的约束状态有以下几种：

1）欠约束状态：草图曲线仍有自由度箭头存在。

2）充分约束状态：草图曲线已没有自由度箭头存在。

3）过约束状态：草图曲线被添加了多余的约束，草图曲线变为黄色。

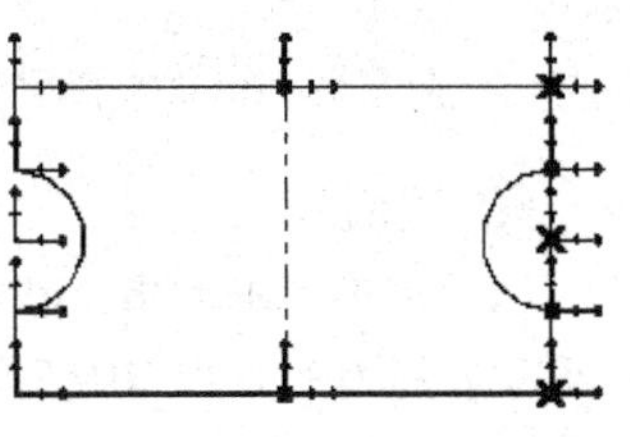

图 4-67 自由度和约束状态

📖 **提示：**

欠约束草图和充分约束草图允许进行拉伸、旋转等操作，而过约束状态草图不允许。

【示例 3】为图 4-63 所示的曲线添加尺寸约束。

（1）打开文件

打开上一示例保存的文件“草图－1.part”，在图形窗口选择草图曲线，单击鼠标右键，在弹出的快捷菜单中选择“编辑”命令，进入草图环境。

（2）为草图添加线性尺寸

在功能区“主页”选项卡的尺寸标注下拉菜单中单击“线性尺寸”图标，选择草图中的左右两条竖直线，在“测量”选项组的“方法”下拉列表框中选择“水平”选项，向上拖动鼠标，在草图上方合适的位置单击左键放置尺寸，然后在弹出的对话框的右侧的文本框中输入 200 后按键盘的<Enter>键，设置左右两条直线之间的距离为 200mm。

在“测量”选项组的“方法”下拉列表框中选择“竖直”选项，依次选择草图中上下两条水平直线，向右移动鼠标，在草图的右侧合适位置单击鼠标左键放置尺寸，然后在弹出的对话框的右侧的文本中框中输入 120 后按键盘的<Enter>键，设置上下两条直线之间的距离为 120mm。

最后单击“确定”按钮关闭对话框，尺寸标注结果如图 4-68 所示。

（3）添加直径和半径尺寸约束

在功能区“主页”选项卡的尺寸标注下拉菜单中单击“径向尺寸”图标，在打开的对话框的“方法”下拉列表框中选择“直径”选项，选择左上角的大圆，拖动鼠标将尺寸移至合适的位置，单击左键放置尺寸，然后在弹出的对话框的右侧的文本框中输入 30 后按键盘的<Enter>键，设置大圆的直径为 30mm。

在“方法”下拉列表框中选择“径向”选项，选择左下角的小圆，拖动鼠标将尺寸移至合适的位置，单击左键放置尺寸，设置该小圆的半径为 10mm 后按键盘的<Enter>键，最后单击“确定”按钮关闭对话框，得到的草图如图 4-69 所示。

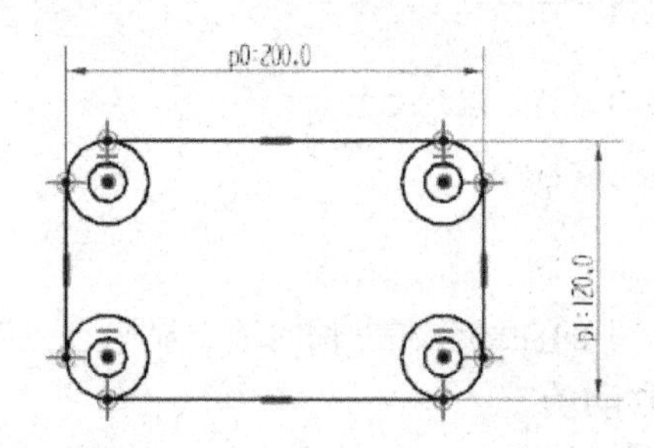

图 4-68 添加水平和竖直尺寸约束

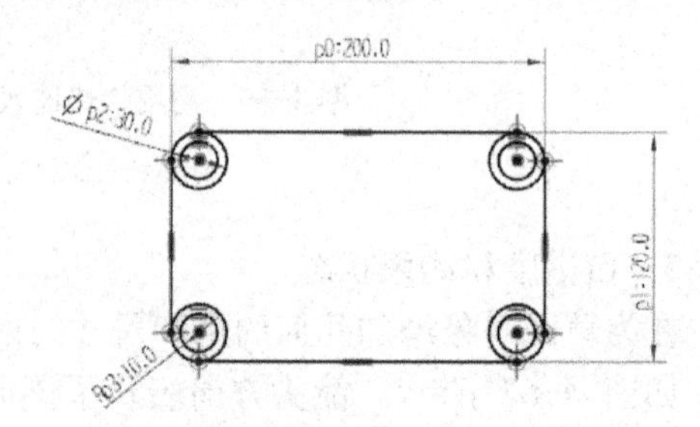

图 4-69 添加直径和半径尺寸约束

📖 **提示：**

从示例中可以看出，在添加了同心、等半径等几何约束后，仅需要设置少数几个尺寸就可为所有的相关曲线添加尺寸约束。

4.4 草图参数设置

为使草图绘制过程符合用户的需要和习惯，可在绘制草图前预先设置草图参数。在上边框条选择菜单命令“菜单”→“首选项”→“草图”，打开如图 4-70 所示的“草图首选项”对话框，利用该对话框可以为草图设置各个参数，以满足绘图需要。

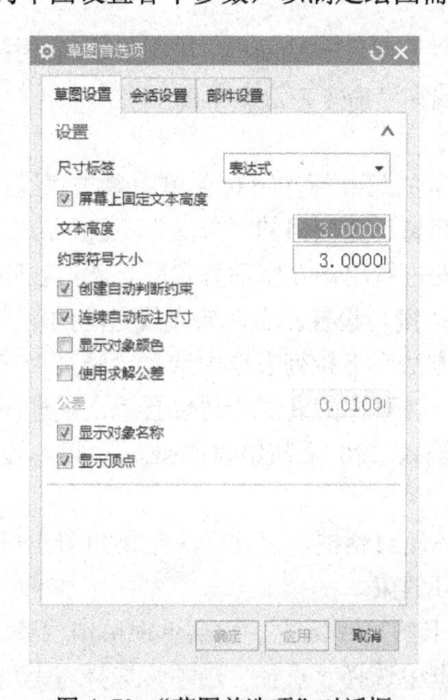

图 4-70 “草图首选项”对话框

4.4.1 草图样式设置

在“草图首选项”对话框中打开“草图设置”选项卡可以设置以下参数：

1．设置表达式显示方式

利用“尺寸标签”下拉列表框可控制如何显示草图尺寸中的表达式，可以选择的选项有“表达式”“名称”“值”。“表达式”为默认选项，同时显示尺寸名称和数值，如图 4-69 所示；“名称”选项只显示尺寸表达式的名称，如图 4-71 所示；“值”选项只显示尺寸数值，如图 4-72 所示。

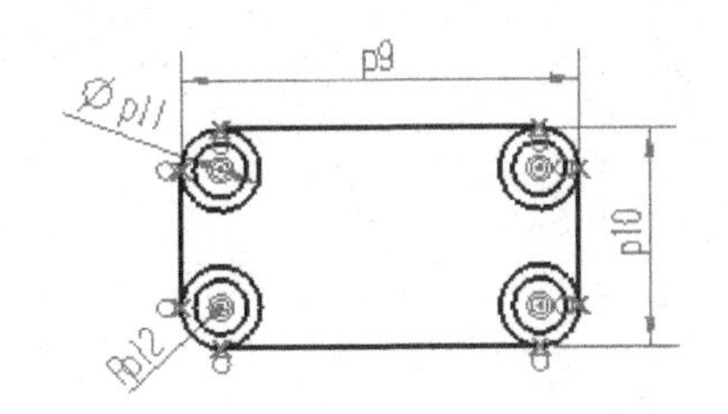

图 4-71 显示尺寸名称

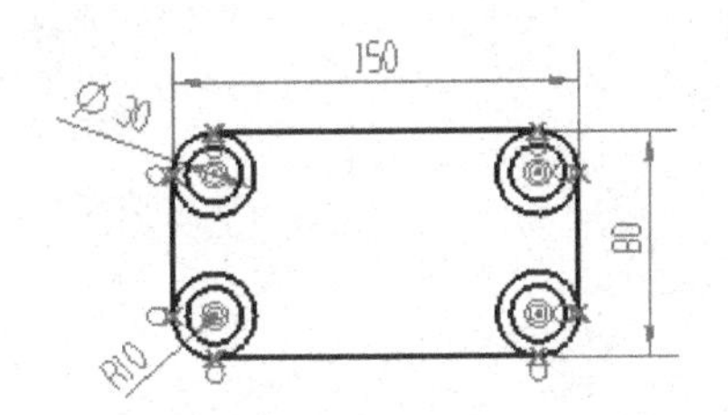

图 4-72 显示尺寸数值

2．设置尺寸文本大小

选择“屏幕上固定文本高度”复选框后，可在“文本高度”文本框中设置草图尺寸文本的高度。将来不论草图曲线如何进行缩放，尺寸文本显示大小都不变。

3．设置创建自动判断的约束

如果选择“创建自动判断约束”复选框，则对创建的所有新草图启用创建自动判断的约束选项。

4．连续自动标注尺寸

如果选择“连续自动标注尺寸”复选框，则对创建的所有新草图启用连续自动标注尺寸选项。

4.4.2 会话设置

在“草图首选项”对话框中打开“会话设置”选项卡，如图 4-73 所示。利用该选项卡可进行如下设置：

1）“对齐角”文本框：用于设置捕捉角的大小。如果一条正在绘制的直线与该草图的竖直或水平参考之间的夹角小于所设的对齐角，则这条直线将自动捕捉至竖直的或水平的位置。

2）“显示自由度箭头”复选框：选择该复选框将在草图中显示自由度箭头。

3）“动态草图显示”复选框：控制当几何体尺寸较小时是否显示约束标志。

4）“更改视图方向”复选框：选择该复选框后，在激活草图时视图方向改变。

5）“保持图层状态”复选框：控制工作图层是否在草图不被激活时保持不变或者返回其先前的值。当激活草图时，草图所在的图层自动变为工作图层。当选中该选项并且草图不被激活时，草图所在的层将返回其先前的状态（即它不再是工作层）。

6）“名称前缀”选项组：该选项组的选项用于为草图对象的名称设置前缀。

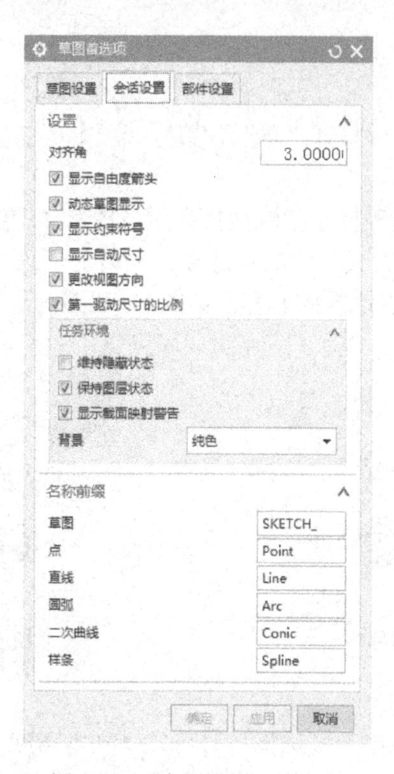

图 4-73 “会话设置”选项卡

4.5 摇臂草图绘制范例

本范例绘制如图 4-74 所示的摇臂草图，通过该范例全面介绍复杂草图曲线的绘制和编辑、几何约束和尺寸约束的创建方法。

1. 新建部件文件

启动 UG NX，选择目录建立新部件文件“摇臂草图.prt”，单位为毫米。

2. 创建草图平面

在“主页”选项卡的“直接草图”组中单击“草图”图标，在打开的“创建草图”对话框的“草图类型”下拉列表框中选择“在平面上”选项，在“平面方法”下拉列表框中选择“自动判断”选项，在“参考”下拉列表框中选择“水平”选项，然后选择 YOZ 平面，如图 4-75 所示，单击“确定”按钮创建草图，进入草图环境。

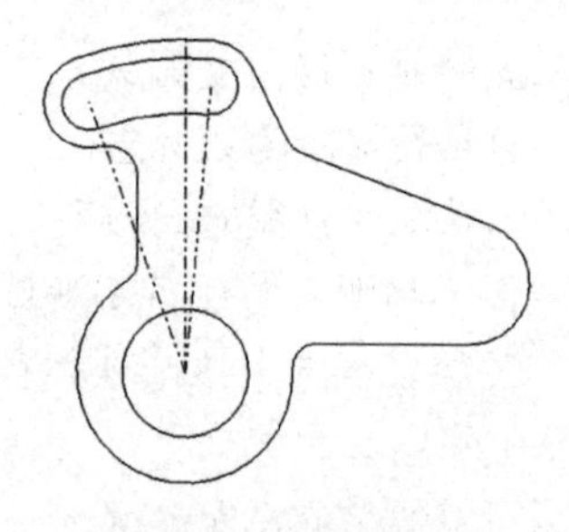

图 4-74 摇臂轮廓曲线

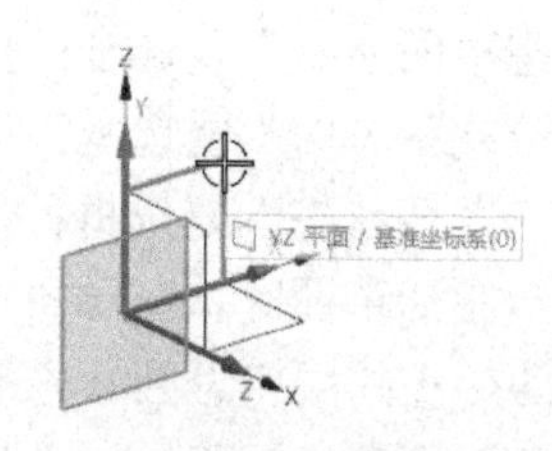

图 4-75 选择 YOZ 坐标面为草图平面

3．隐藏基准坐标系

为便于绘制曲线和进行观察，在图形窗口选择基准坐标系，单击鼠标右键，在弹出的快捷菜单中选择“隐藏”命令将其隐藏。

4．绘制摇臂外形粗轮廓

（1）单击“主页”选项卡→“直接草图”组→“更多”库→“连续自动标注尺寸”图标，取消绘图过程中自动标注尺寸。

（2）创建同心圆

单击“主页”选项卡→“直接草图”组→草图曲线下拉菜单→“圆”图标○，在光标附近的对话框的“XC”文本框中输入 0 后按键盘的<Enter>键，再在“YC”文本框中输入 0 后按键盘的<Enter>键，然后移动光标，圆的直径显示在光标附近的“直径”文本框中，当直径大约 40mm 时，单击鼠标左键创建圆。

将光标置于刚才绘制的圆上，当出现如图 4-76 所示的标志时，单击鼠标左键捕捉此圆的圆心，然后拖动鼠标，绘制一个直径约 70mm 的圆。完成后按键盘的<ESC>键结束圆的绘制。

选择上述两个圆，在弹出的工具条中单击“同心”图标◎，使这两个圆为同心圆，然后选择大圆或小圆的圆心，在弹出的工具条中单击“固定”图标，使圆心固定不动。

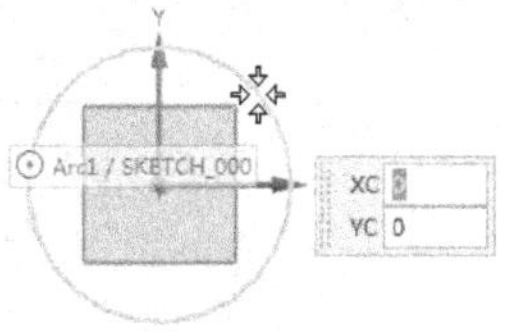

图 4-76 捕捉圆心

（3）绘制等半径的圆

利用同样方法，分别以坐标为（−40，90）和（10，95）附近的点为圆心绘制两个直径约为 30mm 的圆，按键盘的<Esc>键结束圆的绘制。

选择绘制的两个圆，在弹出的工具条中单击“等半径”图标，使两个圆的半径相等，得到的图形如图 4-77 所示。

（4）绘制一条竖直直线

单击“主页”选项卡→“直接草图”组→草图曲线下拉菜单→“直线”图标，捕捉左上角圆上的一点为起点和下方大圆上的一点为终点绘制一条直线，并为其添加约束（竖直），得到如图 4-78 所示的图形。

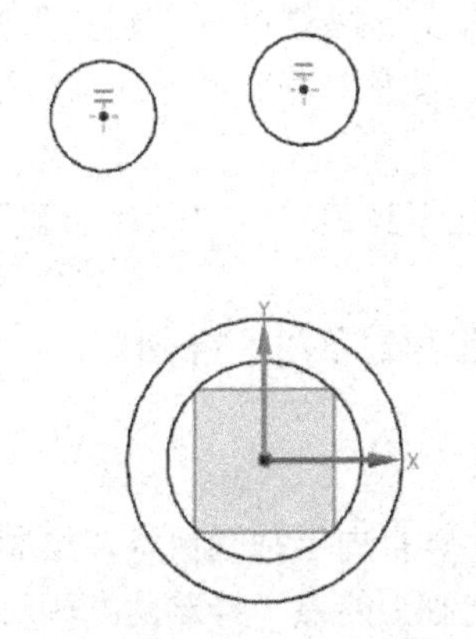

图 4-77 绘制圆并添加几何约束

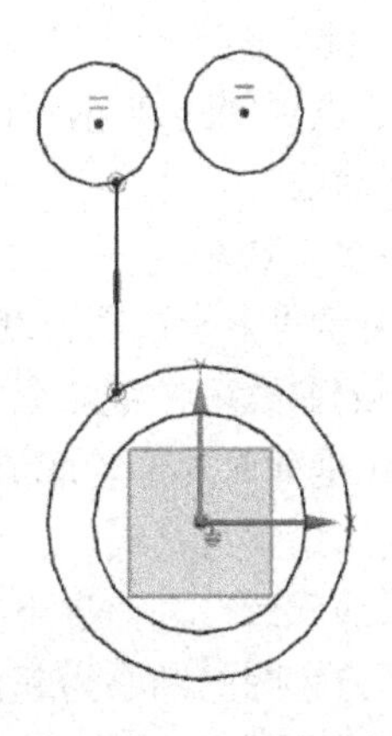

图 4-78 绘制竖直直线

📖 提示：

在绘制直线时，为避免系统自动为直线和圆添加相切约束，可单击“主页”选项卡→“直接草图”组→“更多”库→“自动判断约束和尺寸”图标，在打开的对话框中取消“相切”复选框的选择，单击“确定”按钮关闭对话框。

（5）绘制相切圆弧

单击“主页”选项卡→“直接草图”组→草图曲线下拉菜单→“圆弧”图标，在“圆弧”工具条中单击“中心和端点定弧”图标，以坐标原点附近的点为圆心，绘制一段圆弧与上方的两个圆相交，并添加几何约束，使其分别与上方的两个圆相切，并且使该圆弧与绘制的第一个圆同心，如图4-79所示。

上述绘制的曲线可参考网盘文件“练习文件\第4章\摇臂草图－1.part”。

（6）绘制轮廓曲线

单击“主页”选项卡→“直接草图”组→草图曲线下拉菜单→“轮廓”图标，绘制如图4-80所示的曲线，并添加如图所示的几何约束。

上述绘制的曲线可参考网盘文件“练习文件\第4章\摇臂草图－2.part”。

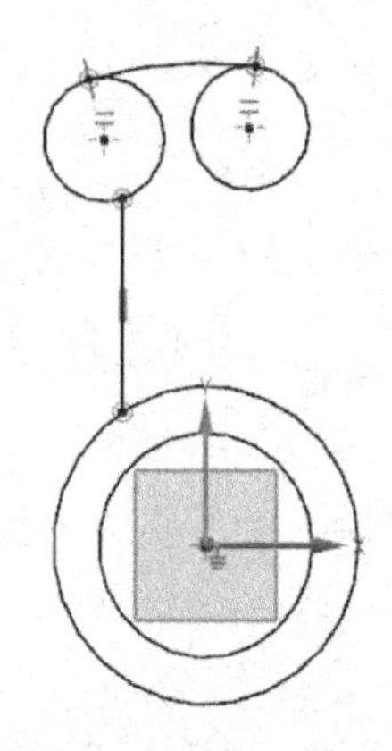

图4-79 绘制圆弧并添加几何约束

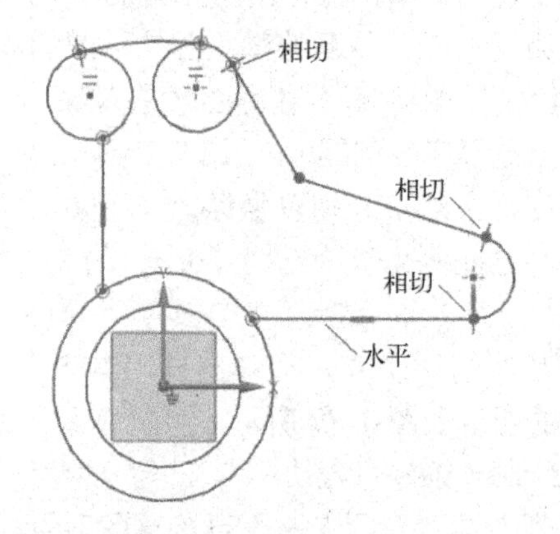

图4-80 绘制轮廓曲线并添加几何约束

（7）创建圆角

单击“主页”选项卡→“直接草图”组→草图曲线下拉菜单→“圆角”图标，在图4-81所示的位置创建圆角，半径可以随意确定，并为圆角与相邻的曲线添加相切约束。

（8）修剪曲线

单击“主页”选项卡→“直接草图”组→草图曲线下拉菜单→“快速修剪”图标，按照图4-82所示将多余的圆弧裁剪掉。

上述绘制的曲线可参考网盘文件“练习文件\第4章\摇臂草图－3.part”。

5．为上述摇臂的外形轮廓添加尺寸约束

（1）绘制三条参考直线

执行“直线”命令，捕捉下方大圆的圆心为起点，竖直向上拖动鼠标，绘制一条竖直直线，然后以下方大圆的圆心为起点，上方两个小圆的圆心为终点，绘制两条倾斜直线，得到的图形如图4-83所示。

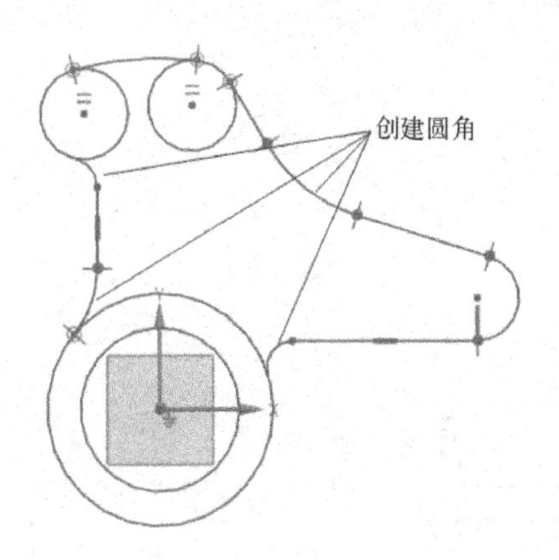

图 4-81 创建圆角

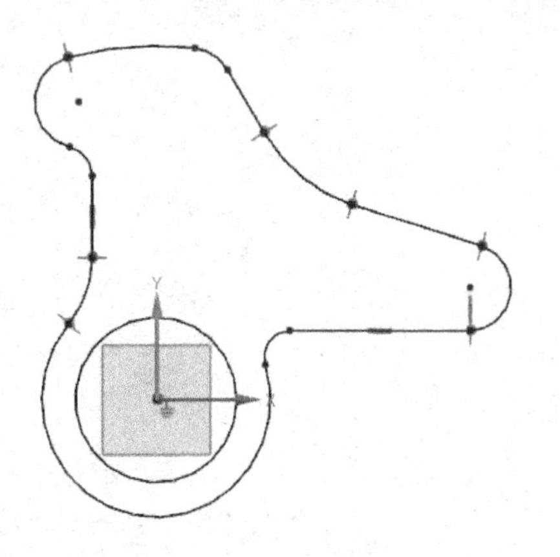

图 4-82 裁剪曲线

单击“主页”选项卡→“直接草图”组→“更多”库→“转换至/自参考对象”图标，在打开的对话框的“转换为”选项组选择“参考曲线或尺寸”单选按钮，选择上述绘制的三条直线，单击“确定”按钮使它们成为参考直线，如图 4-84 所示。

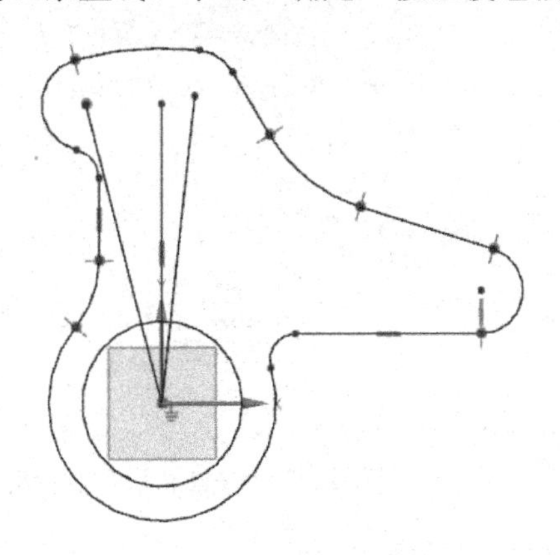

图 4-83 绘制三条直线

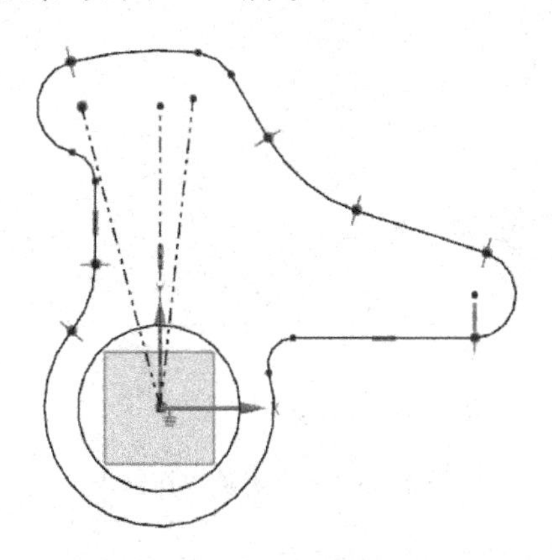

图 4-84 设置直线为参考直线

上述绘制的曲线可参考网盘文件“练习文件\第 4 章\摇臂草图－4.part”。

（2）添加尺寸约束

单击“主页”选项卡→“直接草图”组→尺寸标注下拉菜单→“快速尺寸”图标，在打开的对话框的“测量”选项组的“方法”下拉列表框中选择“径向”选项，选择草图中最下方的大圆弧，移动光标至合适位置，单击鼠标左键放置尺寸，在弹出的对话框中设置尺寸为 36mm。利用类似的方法，为草图标注如图 4-85 所示的尺寸。

提示：

1）由于创建尺寸的顺序不同，表达式名称会有所不同。

2）在选择对象时，有时由于同一点附近对象比较多，不容易正确选择目标对象。此时，可以将鼠标放置在选择目标附近，等待一会儿，则光标变为如图 4-86 所示的多个对象选择标志，此时单击左键将弹出如图 4-87 所示的“快速拾取”对话框，当光标放置在对话框中列出的某个对象的名称上时，该对象以高亮方式显示，单击即可选择该对象。

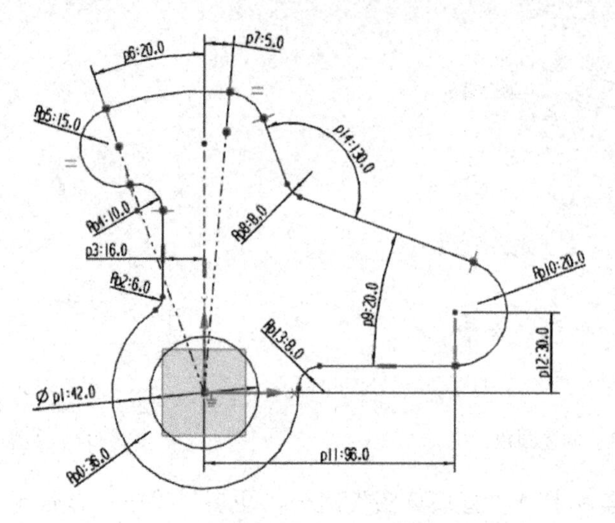

图 4-85 添加尺寸约束

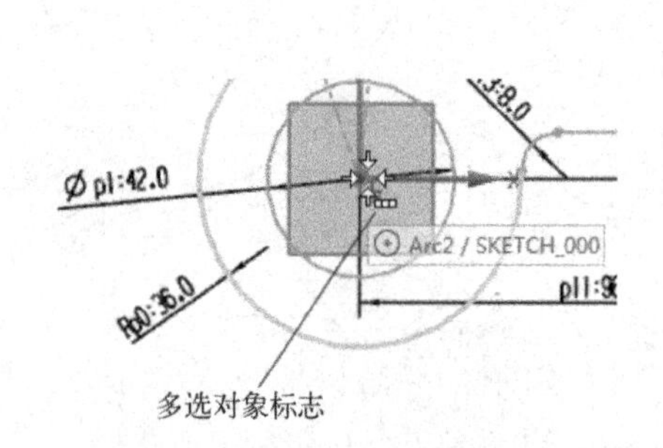

图 4-86 多个对象选择标志

图 4-87 “快速拾取”对话框

上述绘制的曲线可参考网盘文件“练习文件\第 4 章\摇臂草图－5.prt”。

6．绘制轮廓内部曲线

（1）绘制圆

首先在上方绘制两个圆，并添加几何约束，使两个圆分别与邻近的半径为 15mm 的圆弧同心，并且使这两个圆等半径，如图 4-88 所示。

（2）绘制相切圆弧

执行圆弧命令，以“中心点和端点定圆弧”方式，分别以靠近坐标原点的点为圆心绘制两段圆弧，使其分别与上述两个圆相交，并添加几何约束，使这两段圆弧分别与上述两个圆相切，并与以坐标原点为圆心的圆同心，如图 4-89 所示。

（3）裁剪多余圆弧

执行“快速修剪”命令，用鼠标选择两个圆在上述两段圆弧中间的圆弧，将其裁掉，所得图形如图 4-90 所示。

（4）添加尺寸约束

为上述绘制的曲线添加如图 4-91 所示的“Rp15＝9.0”和“Rp16＝85.0”两个尺寸约束，最终完成摇臂的轮廓曲线。

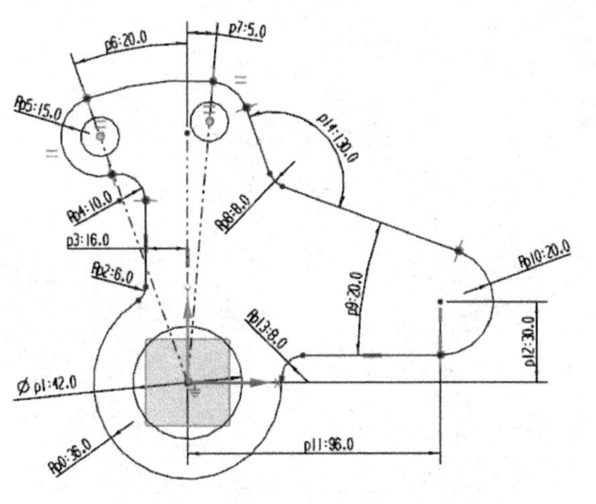

图 4-88　绘制圆

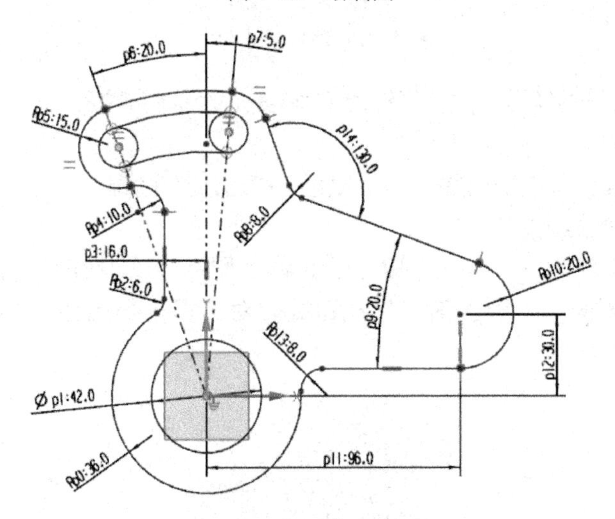

图 4-89　绘制相切圆弧

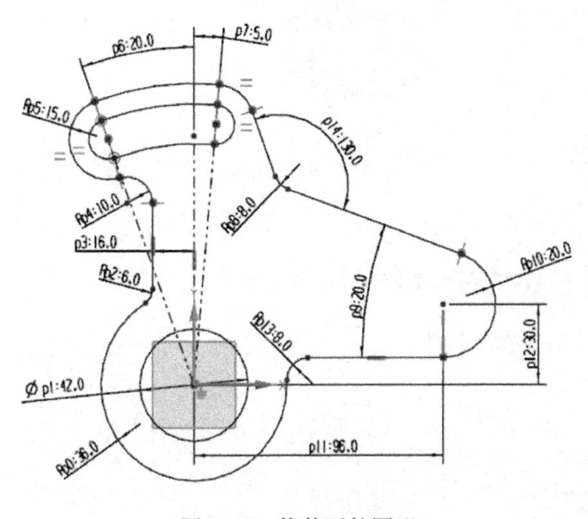

图 4-90　修剪后的图形

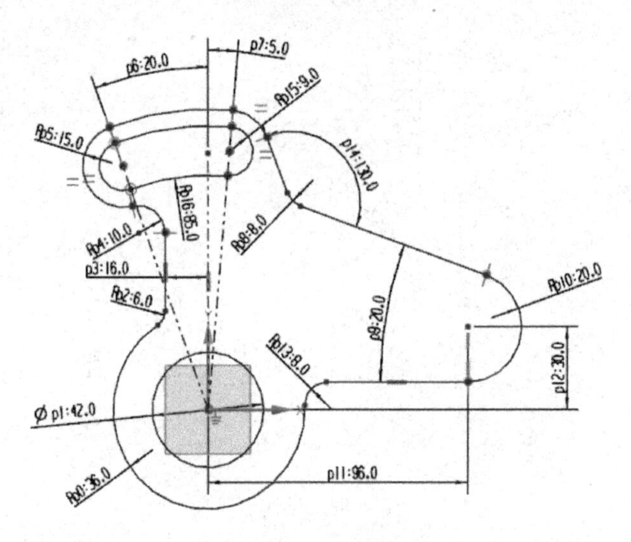

图 4-91　添加尺寸约束

上述绘制的曲线可参考网盘文件“练习文件\第 4 章\摇臂草图－6.prt”。

7．结束草图任务

在图形窗口单击鼠标右键，在弹出的快捷菜单中选择“完成草图”命令，退出草图环境。

8．利用草图拉伸生成立体

单击“主页”选项卡→“特征”组→“拉伸”图标，在图形窗口选择所绘制的草图，保持所有参数不变，单击“确定”按钮关闭对话框，得到如图 4-92 所示的摇臂实体模型。

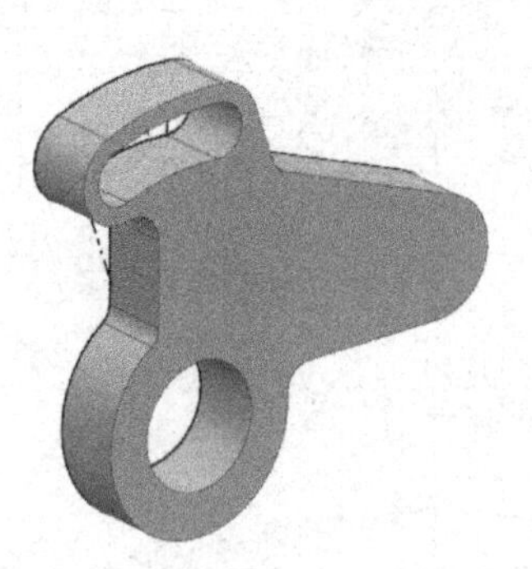

图 4-92　摇臂

提示：

关于“拉伸”命令的详细介绍请参见 5.1 节。

第5章 扫描特征

在建模时，可以通过拉伸、旋转或沿引导线扫掠作为截面的曲线、草图、实体边缘等对象来生成实体。利用扫描特征可以方便地建立具有统一截面，且截面形状比较复杂的实体，也可以利用生成的扫描特征作为开始建模的基本形体。

本章介绍拉伸体、回转体、沿轨迹线扫描和管道等扫描特征的创建方法。

5.1 拉伸体

功能：通过将截面曲线沿指定的方向扫掠一个线性距离来生成实体。

操作命令有：

菜单："菜单"→"插入"→"设计特征"→"拉伸"

功能区："主页"选项卡→"特征"组→"拉伸"

操作说明：在功能区中，"拉伸"和"旋转"两个图标只显示其中一个，可通过下拉菜单选择另外一个，如图 5-1 所示。

执行上述命令后，打开如图 5-2 所示的"拉伸"对话框。在默认情况下"截面线"选项组的"选择曲线"图标为选中状态，此时可选择已有的曲线作为截面曲线。也可以单击"选择曲线"图标右侧的"绘制截面"图标，打开"创建草图"对话框，绘制新的草图曲线为截面曲线。

可选择实体边缘、曲线（可以是草图曲线和非草图曲线）、封闭曲线线串和片体边缘等几何对象作为拉伸体的截面线串；如果在选择拉伸对象时选择实体表面，则将所选择的该实体表面作为草图平面，在此草图平面绘制完所需的草图曲线，退出草图环境后，将所绘制的曲线进行拉伸。可以通过以下方式创建拉伸体。

5.1.1 沿指定的方向和距离拉伸

创建拉伸体常用的方法是选择截面线串后，指定拉伸的方向、拉伸距离和偏置距离来创建拉伸体。选择截面线串后，系统默认以该曲线所在的平面的法向为拉伸方向。若要沿所显示的方向的相反方向拉伸，可单击如图 5-2 所示的"方向"选项组的"反向"图标改变拉伸方向，也可单击"指定矢量"右侧的"矢量对话框"图标，通过打开的"矢量"对话框指定矢量，或单击"指定矢量"最右侧的箭头选择矢量方向。确定矢量后，在对话框中分别设置拔模角度、偏置方式和偏置距离、布尔运算方式，最后单击"确定"按钮创建拉伸体。

【示例 1】创建如图 5-3 所示的拉伸体。

（1）打开网盘文件

打开网盘文件"练习文件\第 5 章\拉伸－1.prt"。

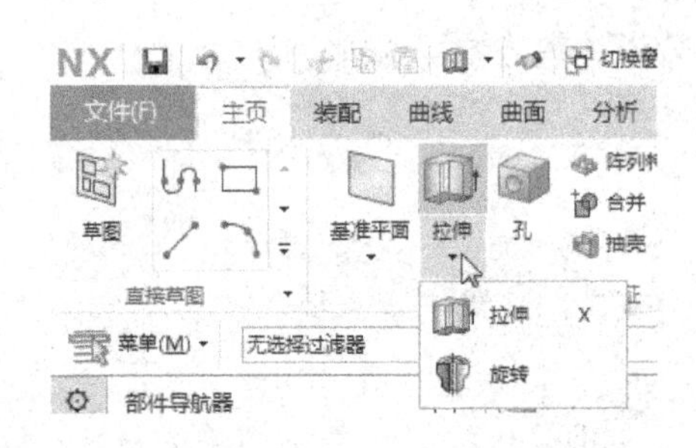

图 5-1 “拉伸”和“旋转”下拉菜单

图 5-2 “拉伸”对话框

（2）创建拉伸体

1）选择拉伸对象。单击“主页”选项卡→“特征”组→“拉伸”图标，确认打开的“拉伸”对话框中“截面线”选项组的“选择曲线”图标为选中状态，选择图形窗口中如图 5-4 所示的曲线。

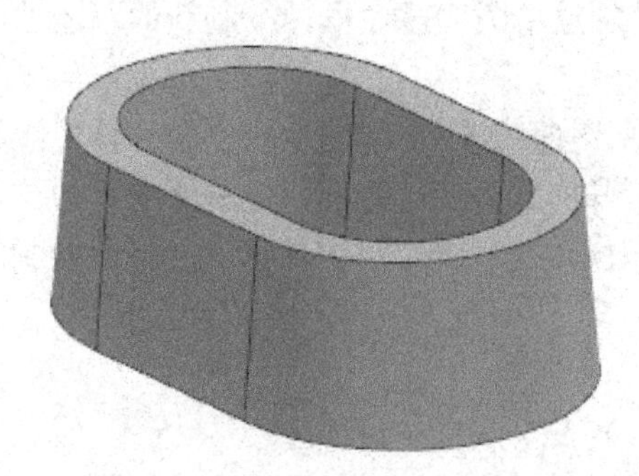

图 5-3 创建的拉伸体

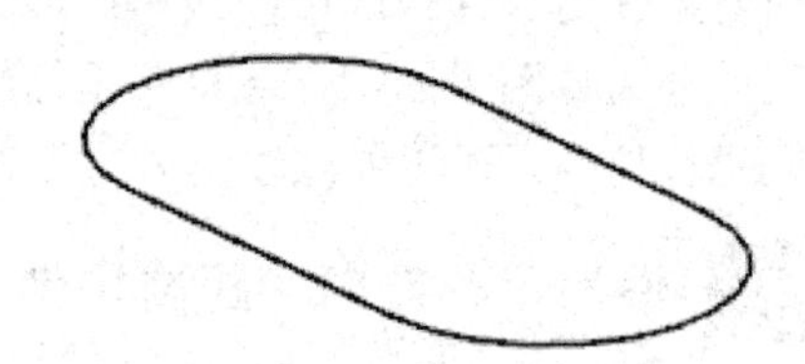

图 5-4 选择截面曲线

2）设置拉伸距离。在“限制”选项组的“开始”下拉列表框中选择“值”选项，在“开始”下拉列表框下方的“距离”文本框中输入 0；在“结束”下拉列表框中选择“值”选项，在“结束”下拉列表框下方的“距离”文本框中输入 40。

3）设置拔模角度。在“拉伸”对话框中单击“拔模”标签将其展开，在“拔模”下拉列表框中选择“从起始限制”选项，在“角度”文本框中设置拔模角度为 5。

4）设置偏置距离。用上述同样的方法展开“偏置”选项组，在“偏置”下拉列表框中选择“两侧”选项，在“开始”文本框中输入 0，“结束”文本框中输入 18。此时在图形窗口中通过箭头显示拉伸方向和偏置方向，如图 5-5 所示。

5）设置布尔运算方式

在“布尔”选项组的“布尔”下拉列表框中选择“无”，最后单击“确定”按钮创建拉伸体，如图 5-3 所示。

提示：

在选择截面曲线时，可在上边框条的“曲线规则”下拉列表框中指定选择曲线的方式，如图 5-6 所示。常用的选项有“自动判断曲线”“单条曲线”“相连曲线”等，上述三种选择方式下，选择曲线时的操作结果如图 5-7 所示。

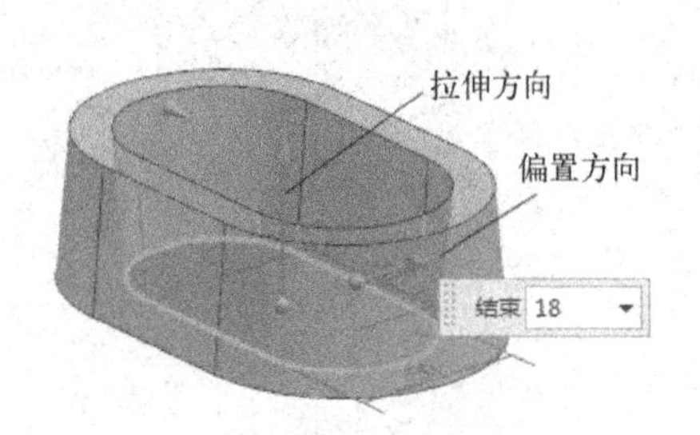

图 5-5 拉伸和偏置方向

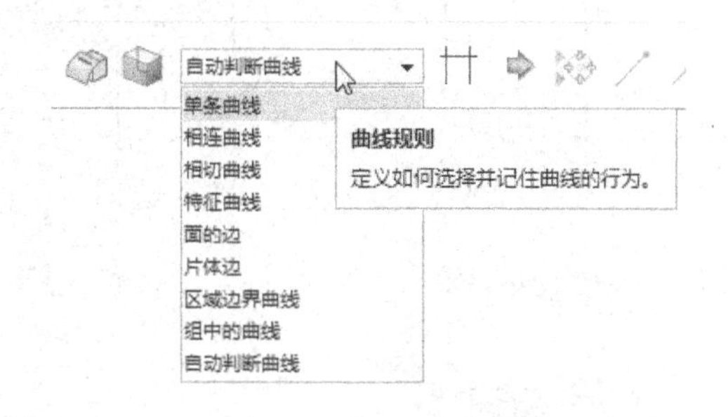

图 5-6 选择截面曲线的选项

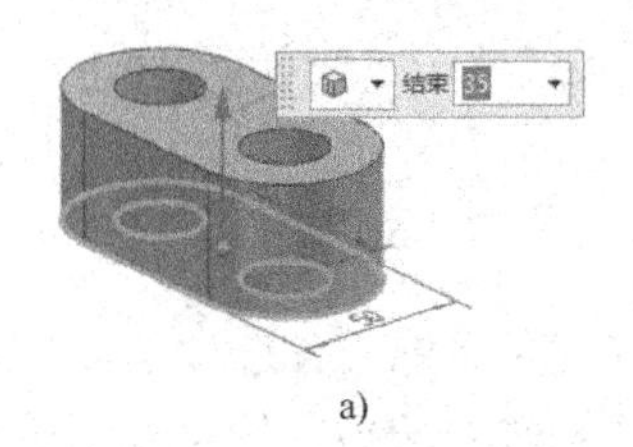

a)

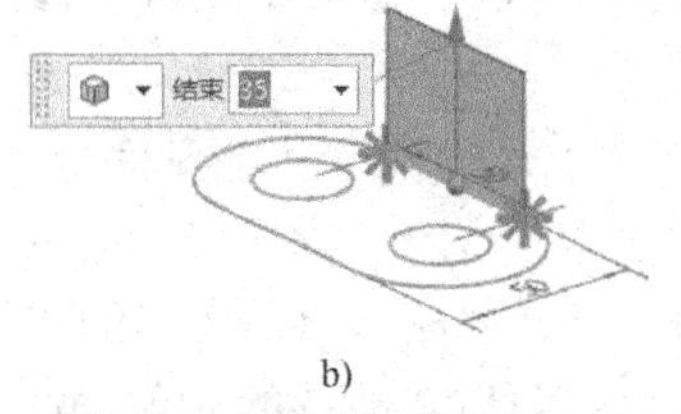

b)

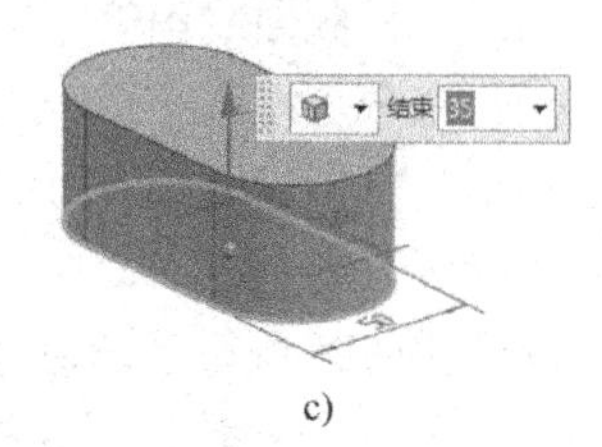

c)

图 5-7 截面曲线的选择方式

a) 自动判断曲线 b) 选择单条曲线 c) 选择相连曲线

5.1.2 通过修剪至面/平面创建拉伸体

在创建拉伸体时，可通过在当前目标实体上指定面或基准平面来指定对拉伸的限制。选中的截面和面控制了体的厚度。要使用这种方式，必须有一个目标实体，可在其上选择修剪面或基准面。

【示例 2】通过修剪至面/平面的方式创建拉伸体。

（1）打开网盘文件

打开网盘文件“练习文件\第 5 章\拉伸－2.prt”。

（2）创建拉伸体

1）选择拉伸对象。执行“拉伸”命令，确认“截面线”选项组的“选择曲线”为选中状态，选择正方体下方的曲线。

2）指定修剪平面。在“限制”选项组的“结束”下拉列表框中选择“直至选定”，然后选择长方体的顶面，在“布尔”下拉列表框中选择“减去”选项，单击“确定”按钮创建拉伸体，得到的实体如图 5-8 所示。

📖 提示：

1）也可指定基准平面作为修剪面，图 5-9 为指定基准面为修剪面所创建的实体。

2）可以在目标实体上指定的两个面或基准面之间创建拉伸体，操作过程与通过修剪至面/平面的方式创建拉伸体类似，但需要在目标实体上选择两个面或基准面作为修剪面，从而在指定的两个面之间创建拉伸体，如图 5-10 所示。

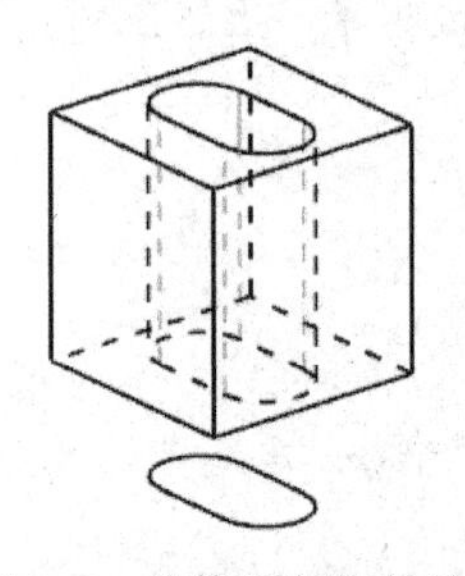

图 5-8 修剪至实体表面

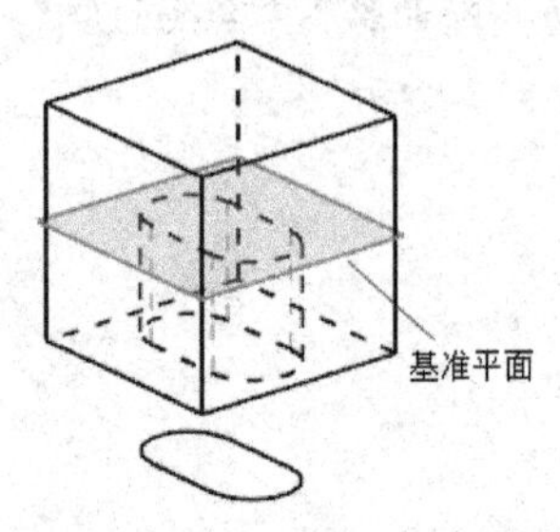

图 5-9 修剪至基准面

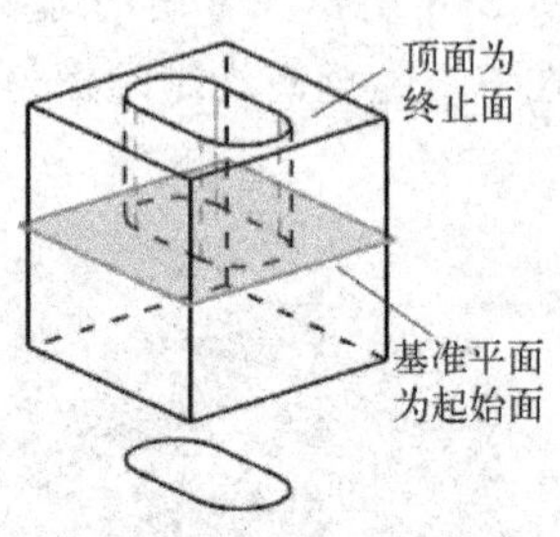

图 5-10 在两个面间修剪

5.2 旋转体

功能：将截面线串绕指定的轴线旋转一定的角度来生成实体。

操作命令有：

菜单：“菜单”→“插入”→“设计特征”→“旋转”

功能区：“主页”选项卡→“特征”组→“旋转”

操作说明：执行上述命令后，打开如图 5-11 所示的“旋转”对话框，各选项的操作与图 5-2 所示的“拉伸”对话框类似。可以将所选的对象绕选定的轴线旋转指定的角度创建旋转体，也可以将所选的对象在指定的面/平面之间旋转来创建旋转体。

图 5-11 “旋转”对话框

5.2.1 根据指定的轴线和角度创建旋转体

将截面线串根据指定的旋转轴线和角度生成旋转体是创建旋转体的常用方法，具体操作方法如示例 3 所述。

【示例 3】创建如图 5-13 所示的旋转体。

（1）打开网盘文件

打开网盘文件“练习文件\第 5 章\旋转－1.prt”。

（2）创建旋转体

1）选择旋转对象。单击“主页”选项卡→“特征”组→“旋转”图标，确认“截面线”选项组的“选择曲线”图标为选中状态，选择图形窗口中如图 5-12 所示的草图曲线，按鼠标中键（如果鼠标没有中键，按滚轮即可）确认并结束选择。

2）指定旋转轴线。单击“轴”选项组“指定矢量”最右侧的箭头，从打开的选项中选择（XC 轴），设置旋转轴线的方向沿 X 轴的正向；单击“指定点”右侧的“点对话框”图标，在打开的“点”对话框中设置旋转轴线的原点坐标为（0,0,0）,单击“确定”按钮关闭“点”对话框。

3）设置旋转角度。在“限制”选项组的“结束”文本框下的“角度”文本框设置为 360，即将草图曲线绕 X 轴旋转 360°，在“布尔”下拉列表框选择“无”，单击“确定”按钮创建旋转体，如图 5-13 所示。

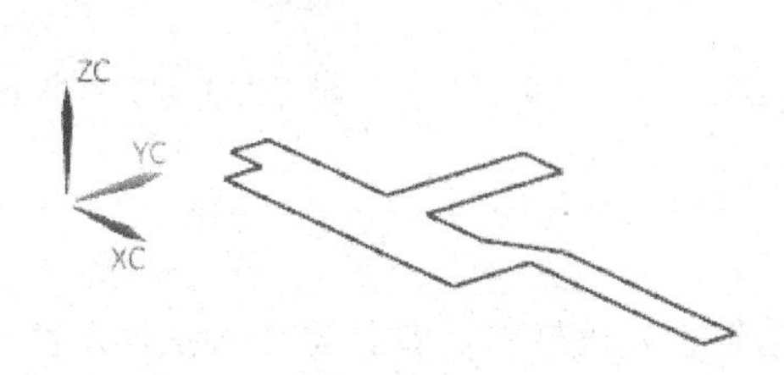

图 5-12　草图曲线

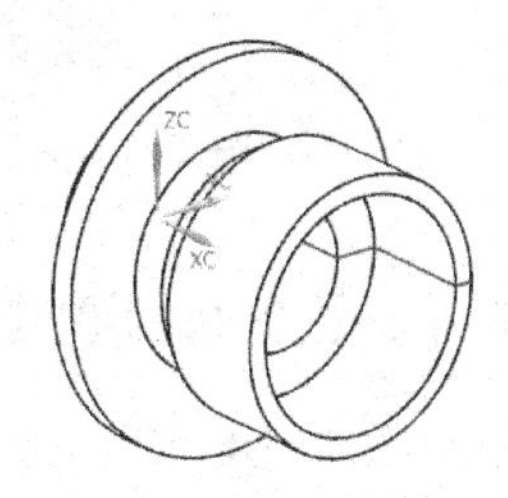

图 5-13　创建的旋转体

提示：

1）旋转角度按逆时针方向测量。

2）可以选择已存的基准轴、直线等几何对象作为旋转轴线。

5.2.2 通过修剪至面创建旋转体

可通过将截面线串旋转到指定的实体表面或基准面创建旋转体，具体操作方法如示例 4 所述。

【示例 4】将截面线串旋转至实体表面。

（1）打开网盘文件

打开网盘文件“练习文件\第 5 章\旋转－2.prt”。

（2）创建旋转体

1）选择草图曲线。执行“旋转”命令，确认“截面线”选项组的“选择曲线”高亮显示，选择图形窗口中如图 5-14 所示的圆，按鼠标中键结束选择。

2）指定旋转轴线。单击“轴”选项组“指定矢量”最右侧的箭头，从打开的选项中选择 （XC 轴），设置旋转轴线的方向沿 X 轴的正向；单击“指定点”右侧的“点对话框”图标 ，在打开的“点”对话框中设置旋转轴线的原点坐标为（0,0,0）,单击“确定”按钮关闭“点”对话框。

3）指定修剪面。在“限制”选项组的“开始”下拉列表框中选择“值”，在其下方的“角度”文本框中输入 0；在“结束”下拉列表框中选择“直至选定”，选择图 5-14 所示的修剪面。

4）设置偏置距离。展开“偏置”选项组，在“偏置”下拉列表框中选择“两侧”选项，在“开始”文本框中输入-0.5，在“结束”文本框中输入-1。

5）选择布尔操作方式。在“布尔”下拉列表框中选择“合并”操作，单击“确定”按钮创建旋转体，得到的模型如图 5-15 所示。

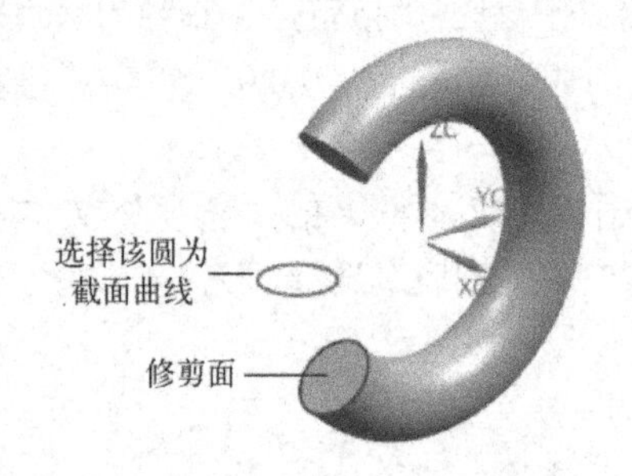

图 5-14　选择截面曲线和修剪面

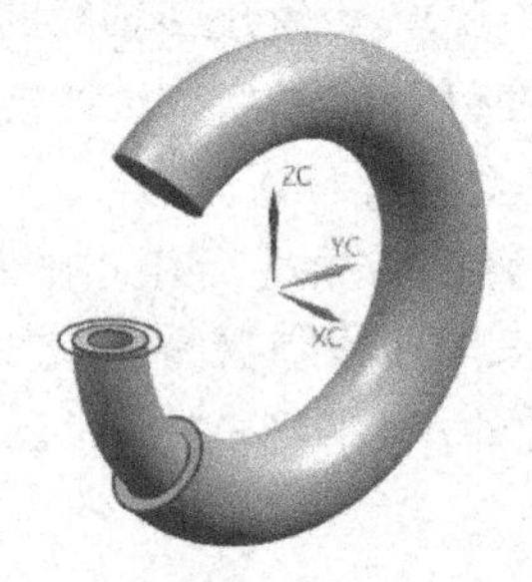

图 5-15　旋转截面曲线到修剪面

5.2.3 在两个面之间创建旋转体

可通过将截面线串在指定的两个面之间旋转创建旋转体，具体操作方法如示例 5 所述。

【示例 5】将截面线串旋转至实体表面。

（1）打开网盘文件

打开网盘文件“练习文件\第 5 章\旋转－2.prt”。

（2）创建旋转体

1）选择草图曲线。执行“旋转”命令，确认“截面线”选项组的“选择曲线”高亮显示，选择图形窗口中如图 5-16 所示的圆，按鼠标中键结束选择。

2）指定旋转轴线。单击“轴”选项组“指定矢量”最右侧的箭头，从打开的选项中选择 （XC 轴），设置旋转轴线的方向沿 X 轴的正向；单击“指定点”右侧的“点对话框”图标 ，在打开的“点”对话框中设置旋转轴线的原点坐标为（0,0,0）,单击“确定”按钮关闭“点”对话框。

3）指定修剪面。在“限制”选项组的“开始”下拉列表框中选择“直至选定”，选择如图 5-16 所示的端面为起始面；在“结束”下拉列表框中选择“直至选定”，选择图 5-16 所示的端面为结束面。

4）设置偏置距离。展开“偏置”选项组，在“偏置”下拉列表框中选择“两侧”选项，在“开始”文本框中输入-0.5，在“结束”文本框中输入-1。

5）选择布尔操作方式。在“布尔”下拉列表框中选择“合并”操作，单击“确定”按钮创建旋转体，得到的模型如图 5-17 所示。

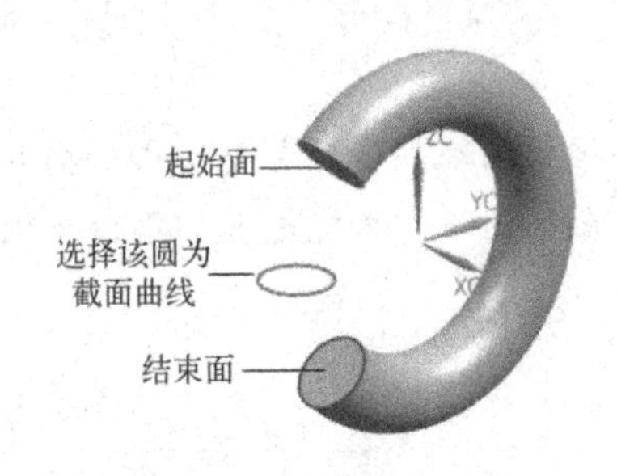

图 5-16　选择起始面和结束面

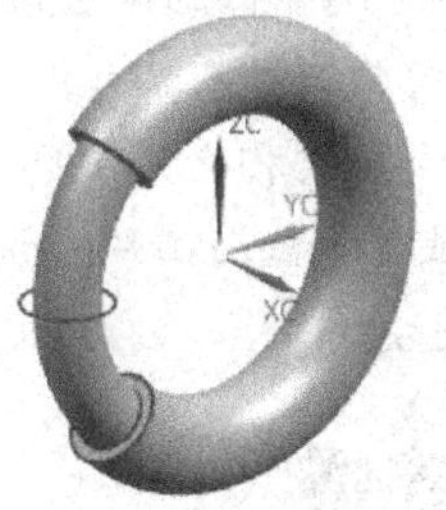

图 5-17　在两个面之间创建旋转体

5.3　沿引导线扫掠

功能：通过沿着由一条或一系列曲线、边或面构成的截面线串（路径）扫掠开放的或封闭的草图、曲线、边或面来生成单个体。

操作命令有：

菜单：“菜单”→“插入”→“扫掠”→“沿引导线扫掠”

功能区：“主页”选项卡→“特征”组→“更多”库→“沿引导线扫掠”

操作说明：

执行“沿引导线扫掠”命令后，打开如图 5-18 所示的“沿引导线扫掠”对话框，首先单击“截面线”选项组的“选择曲线”，选择截面曲线；然后单击“引导”选项组的“选择曲线”图标，选择引导线；接着设置“第一偏置”和“第二偏置”的值，并设置布尔操作方式，最后单击“确定”按钮可创建实体。图 5-19 为沿引导线扫掠的一个实例。

图 5-18　“沿引导线扫掠”对话框

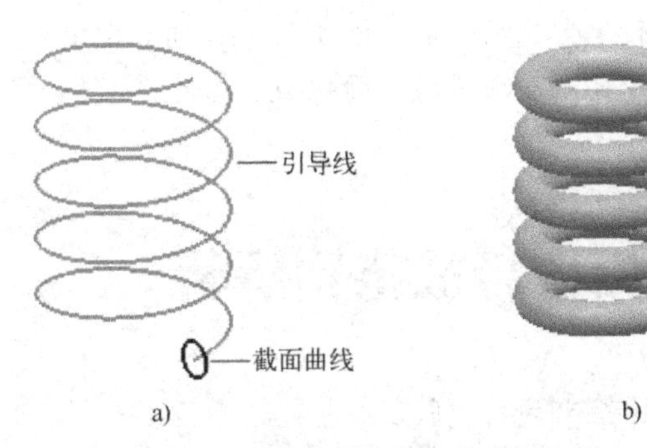

图 5-19　沿引导线扫掠生成实体

a）截面曲线和引导线　b）生成的实体

📖 提示：

1）截面曲线通常应该位于开放式引导路径的起点附近或封闭式引导路径的任意曲线的端点附近，否则会得到无法估计的结果。

2）任何曲线对象都可用作引导路径的一部分。

3）要避免自相交的情况。如果引导路径上两条相邻的线以锐角相交，或者引导路径中的圆弧半径对于截面曲线来说太小，则不会发生扫掠面操作。也就是说，路径必须是光顺的、切向连续的。

5.4 管道

功能：通过沿着一个或多个曲线对象扫描用户指定的圆形横截面来生成单个实体。圆形横截面由用户定义的外径和内径确定。可以使用此选项来生成线捆、电气配线、管、电缆或管道。

操作命令有：

菜单："菜单"→"插入"→"扫掠"→"管道"

工具条："主页"选项卡→"特征"组→"更多"库→"管道"

操作说明：执行上述命令后，打开如图 5-20 所示的"管"对话框，单击"路径"选项组的"选择曲线"，选择已有的曲线作为路径，然后设置横截面的外径、内径、布尔操作方式，最后单击"确定"按钮创建软管。图 5-21 为软管的一个实例。

图 5-20 "管道"对话框

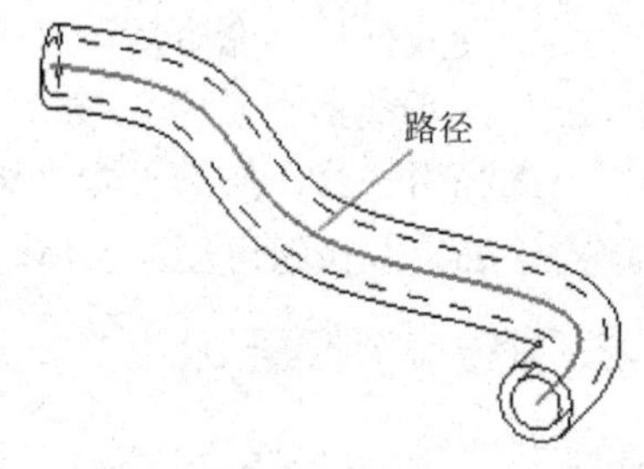

图 5-21 软管

📖 提示：

在"设置"选项组的"输出"下拉列表框中可设置软管的显示，若选择"多段"选项，生成的管道的曲面由多段曲面组成；若选择"单段"选项，生成的管道的表面显示为一段光滑的曲面。

5.5 扫描特征范例解析

5.5.1 弯管创建范例

本节介绍如图 5-22 所示的弯管的创建过程。本范例重点介绍通过实体边缘创建拉伸体和旋转体的方法。

1．打开网盘文件

启动 UG NX，打开网盘文件“练习文件\第 5 章\弯管.prt”。

图 5-22　弯管

2．由法兰轮廓曲线生成拉伸体

执行“拉伸”命令，确认打开的“拉伸”对话框中“截面线”选项组的“选择曲线”高亮显示，选择图 5-23 所示的法兰轮廓曲线；在“限制”选项组的“开始”下拉列表框中选择“值”，在其下方的“距离”文本框中输入 0，在“结束”下拉列表框中选择“值”，在其下方的“距离”文本框中输入 5；在“布尔”下拉列表框中选择“无”，单击“确定”按钮创建拉伸体。

设置视图方向为正三轴测图，得到的法兰如图 5-24 所示。

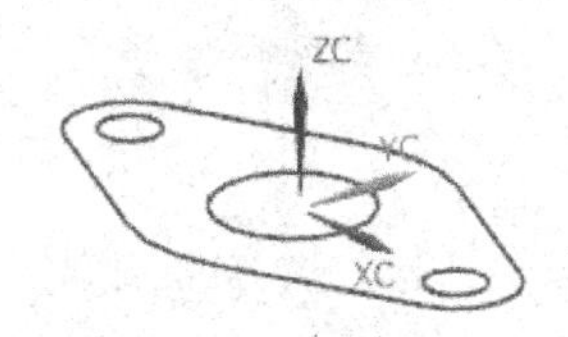

图 5-23　法兰轮廓曲线图

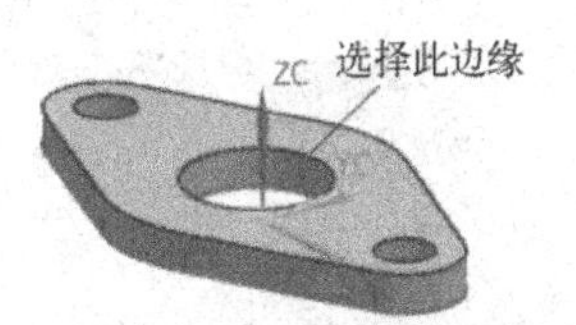

图 5-24　拉伸生成法兰

📖 提示：

如果在选择时不能一次选择所有曲线，可以在选择曲线后单击鼠标右键，在弹出的快捷菜单中选择“特征曲线”命令，即可选择所有草图曲线。

3．通过带偏置的拉伸生成第一段圆管

（1）选择拉伸对象

重新执行“拉伸”命令，选择如图 5-24 所示的孔的边缘，此时图形窗口显示的拉伸方向沿 Z 轴的负方向，单击“方向”选项组的“反向”图标反转拉伸方向。

（2）设置拉伸距离。

在“限制”选项组的“开始”下拉列表框中选择“值”，在其下方的“距离”文本框中输入 0，在“结束”下拉列表框中选择“值”，在其下方的“距离”文本框中输入 25。

（3）设置偏置距离

展开“偏置”选项组，在“偏置”下拉列表框中选择“两侧”，在“开始”文本框中输入 0，在“结束”文本框中输入 3。在“布尔”下拉列表框中选择“合并”，单击“确定”按钮，得到的实体如图 5-25 所示。

上述创建的模型可参考网盘文件“练习文件\第 5 章\弯管－1.prt”。

4．通过旋转圆管边缘生成弯管

（1）选择旋转截面线串

执行“旋转”命令，确认“截面线”选项组的“选择曲线”高亮显示，选择如图 5-25 所示的直管的边缘，单击鼠标中键确认并结束选择。

（2）指定旋转轴线

单击“轴”选项组“指定矢量”最右侧的箭头，在打开的选项中选择（XC 轴）。单击“指定点”右侧的“点对话框”图标，在打开的“点”对话框中设置旋转轴线的原点坐标为（0,-20,30），单击“确定”按钮关闭“点”对话框。

（3）设置旋转参数

在“限制”选项组的“开始”下拉列表框中选择“值”，在其下方的“角度”文本框中输入0；在“结束”下拉列表框中选择“值”，在其下方的“角度”文本框中输入90。

展开“偏置”选项组，在“偏置”下拉列表框中选择“两侧”选项，在“开始”文本框中输入0，在“结束”文本框中输入-3。

在“布尔”下拉列表框中选择“合并”运算，单击“确定”按钮，得到的实体如图5-26所示。

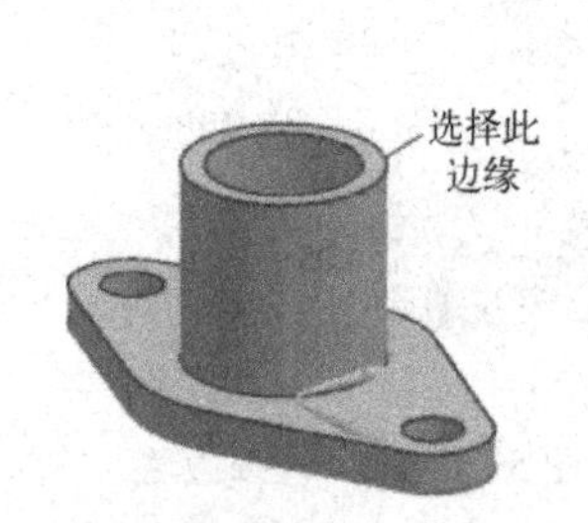

图5-25 拉伸生成第一段圆管

图5-26 旋转生成弯管

上述创建的模型可参考网盘文件“练习文件\第5章\弯管－2.prt”。

5．通过带偏置的拉伸生成第二段圆管

执行“拉伸”命令，选择如图5-26所示的弯管的边缘，采用第3步所述的方法，反转拉伸方向，设置拉伸开始距离为0，结束距离为20mm，偏置开始距离为0，结束距离为-3mm，选择“合并”布尔操作方式，创建拉伸体后得到的实体如图5-27所示。

6．通过带偏置的拉伸生成端部

重新执行“拉伸”命令，选择如图5-27所示的直管的边缘，采用上述同样的方法，设置拉伸开始距离为0，结束距离为5mm，偏置的起始距离为-3mm，结束距离为5mm，选择“合并”布尔操作方式，创建拉伸体后得到的实体如图5-28所示。

7．通过带偏置的拉伸在端部创建环形槽

重新执行“拉伸”命令，选择如图5-28所示的端部的边缘，设置拉伸开始距离为0，结束距离为-2mm，并设置偏置的开始距离为-2mm，结束距离为-4mm，选择“减去”布尔操作方式，创建拉伸体后得到如图5-22所示弯管。

图5-27 拉伸生成直管

图5-28 拉伸生成端部

上述创建的模型可参考网盘文件“练习文件\第 5 章\弯管－3.prt”。

8．保存文件

在功能区选择菜单命令“文件”→“关闭”→“保存并关闭”，保存并关闭部件文件。

5.5.2 箱体创建范例

本节介绍如图 5-29 所示的箱体的创建过程。本范例重点介绍在实体表面创建草图，然后由草图生成拉伸体的方法。

1．打开网盘文件

打开网盘文件“练习文件\第 5 章\箱体.prt”。

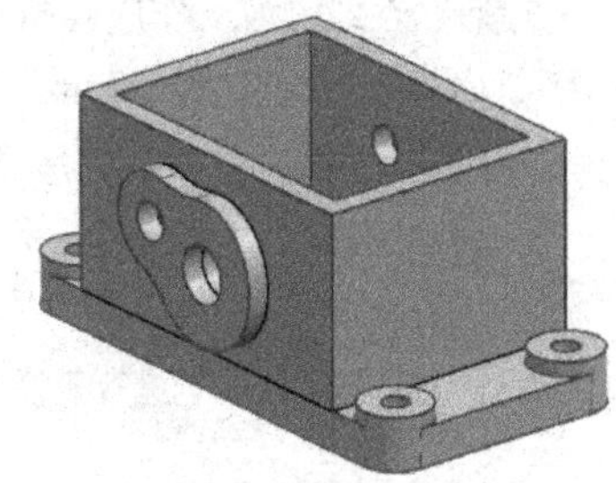

图 5-29　箱体

2．创建箱体底座

（1）创建拉伸体

执行“拉伸”命令，选择如图 5-30 所示的底座轮廓曲线，用前述同样的方法，设置拉伸的开始距离为 0，结束距离为 8mm，布尔运算方式为“无”，单击“应用”按钮创建拉伸体。

设置视图方向为正三轴测图，得到的箱体底座如图 5-31 所示。

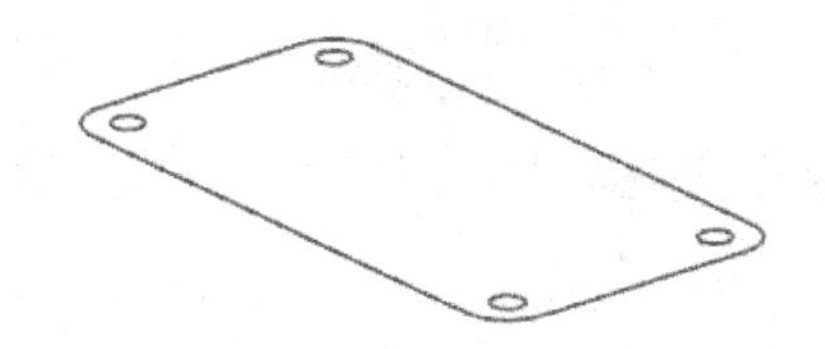

图 5-30　底座轮廓曲线

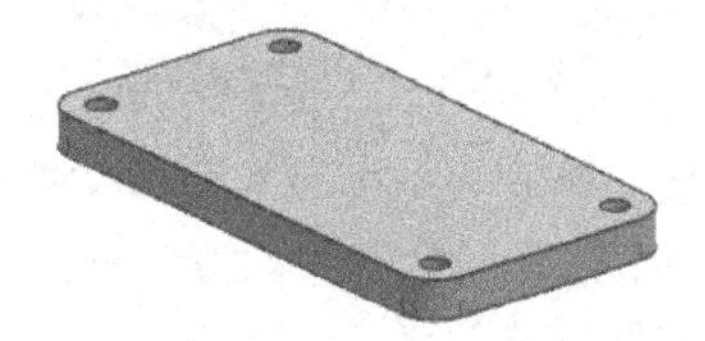

图 5-31　拉伸生成底座

（2）在底座上创建凸台

此时“拉伸”对话框仍然打开，选择上述创建的底座上 4 个孔的上边缘，单击“方向”选项组的“反向”图标反转拉伸方向，采用前述的方法，设置拉伸的开始距离为 0，结束距离为 3mm，采用“两侧”偏置方式，偏置的开始距离为 0，结束距离为 5mm，布尔运算方式为“合并”，单击“确定”按钮创建拉伸体，得到的箱体底座如图 5-32 所示。

上述创建的模型可参考网盘文件“练习文件\第 5 章\箱体－1.prt”。

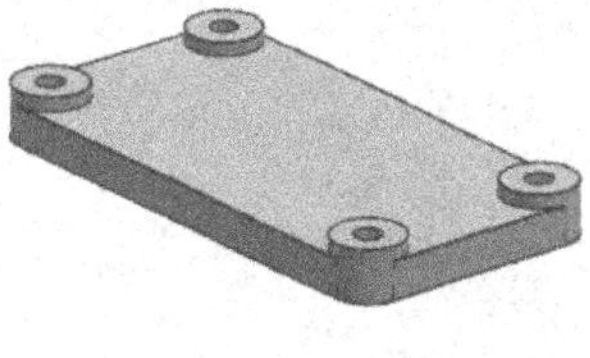

图 5-32　创建凸台

3．创建箱体

（1）创建草图

在“视图”选项卡的“工作图层”下拉列表框中输入 22 后按键盘的<Enter>键，建立新图层 22 层，并将其设置为工作层。

在“主页”选项卡中单击“草图”图标，在“创建草图”对话框的“草图类型”下拉列表框中选择“在平面上”选项，在“平面方法”下拉列表框中选择“自动判断”选项，选择箱体底座的上表面，单击“确定”按钮创建草图平面并进入草图环境。

单击“主页”选项卡→“直接草图”组→“更多”库→“连续自动标注尺寸”图标

，取消尺寸的自动标注。

（2）绘制箱体轮廓曲线

执行直线命令，在底座上端面绘制一个矩形，添加几何关系，使矩形的左右两条边分别与底座上端面的两条边分别共线，并添加如图 5-33 所示的尺寸约束。完成后单击鼠标右键，在弹出的菜单中选择“完成草图”命令结束草图绘制。

（3）拉伸箱体轮廓

重新设置 1 层为工作层，执行“拉伸”命令，选择上述绘制的箱体轮廓曲线，设置拉伸的开始距离为 0，结束距离为 40mm，采用两侧偏置方式，偏置的开始距离为 0，结束距离为-5mm，选择“合并”布尔运算方式，单击“确定”按钮创建拉伸体，得到的箱体如图 5-34 所示。

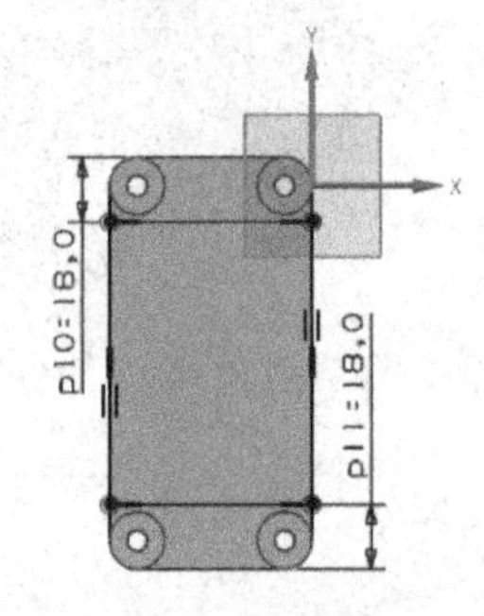

图 5-33 绘制草图曲线

图 5-34 创建箱体

上述创建的模型可参考网盘文件“练习文件\第 5 章\箱体－2.part”。

4．创建轴承孔

（1）创建草图平面

采用前述的方法创建新图层 23 层并作为工作层，选择箱体底座的前表面创建草图平面，取消自动标注尺寸。

（2）绘制草图曲线

在草图平面绘制如图 5-35 所示的轮廓曲线，其中等半径的两段圆弧分别与相邻的圆弧相切。为曲线添加如图 5-36 所示的尺寸。完成绘制后结束草图任务。

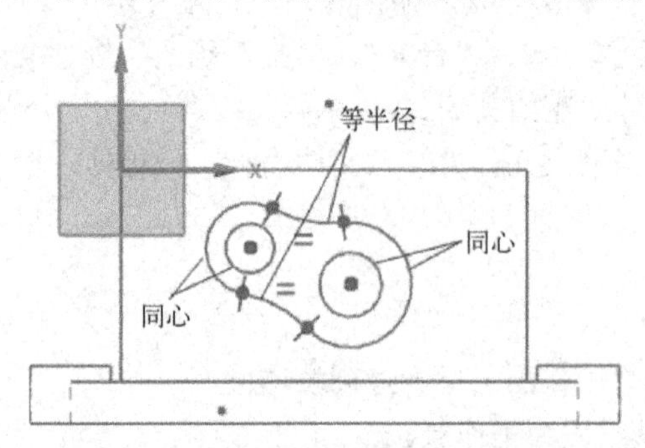

图 5-35 轴承轮廓曲线的几何约束

（3）拉伸轴承孔轮廓曲线

重新设置 1 图层为工作层，执行“拉伸”命令，选择上述绘制的草图曲线，设置拉伸开始距离为 0，结束距离为 5mm，不进行偏置，选择“求和”布尔运算方式，单击“应用”按钮创建拉伸体，得到的箱体如图 5-37 所示。

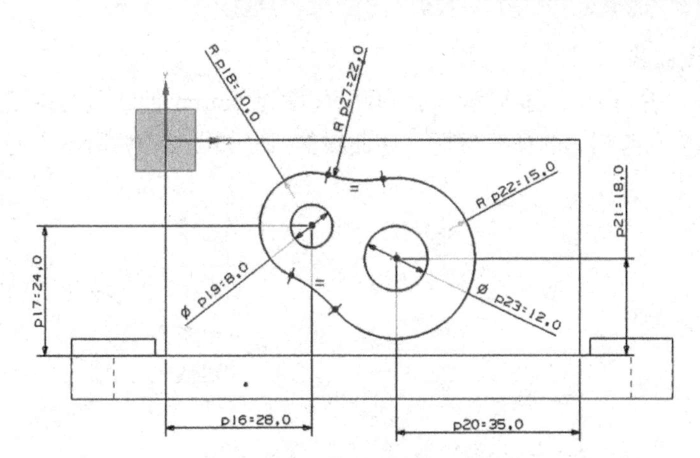

图 5-36 轴承轮廓曲线的尺寸约束

（4）在箱壁上创建轴承孔

此时“拉伸”对话框选择仍然打开，在上边框条的“曲线规则”下拉列表框中选中“单条曲线”选项，依次选择如图 5-37 所示的两个孔的边缘，在“限制”选项组的“开始”下拉列表框中选择“值”，在其下方的“距离”文本框中输入 0，在“结束”下拉列表框中选择“直至选定”，然后选择如图 5-37 所示的箱体后壁，不进行偏置，选择“减去”布尔运算方式，单击“确定”按钮创建拉伸体生成圆孔，得到如图 5-29 所示的箱体。

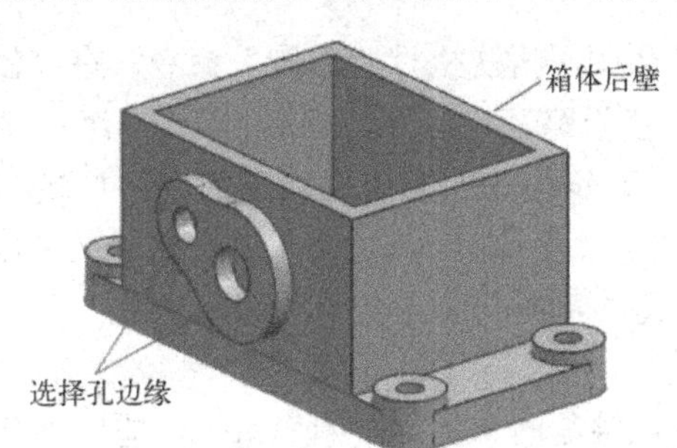

图 5-37 拉伸生成轴承孔

上述创建的模型可参考网盘文件“练习文件\第 5 章\箱体一3.prt”。

5. 保存文件

在功能区选择菜单“文件”→“关闭”→“保存并关闭”，保存并关闭部件文件。

5.5.3 手轮创建范例

本节介绍如图 5-38 所示的手轮的创建过程。本范例重点介绍扫掠特征和草图平面的创建方法。

1. 创建新部件文件

启动 UG NX，选择目录建立新部件文件“手轮.prt”，单位为毫米。

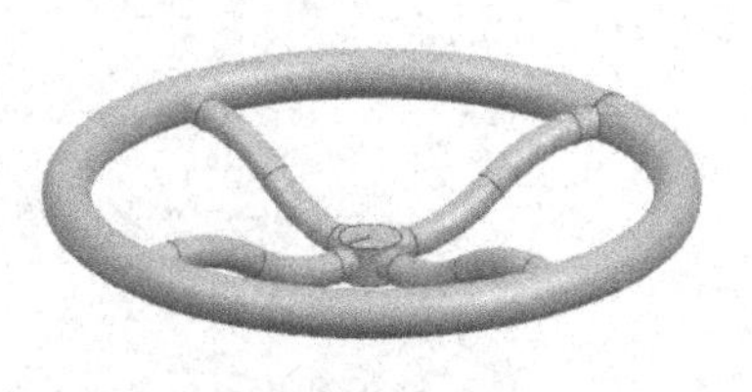

图 5-38 手轮

2. 绘制第一组草图曲线

（1）创建草图平面

执行“草图”命令，选择 YOZ 平面建立草图，并取消尺寸的自动标注。

（2）绘制草图曲线

绘制如图 5-39 所示的草图曲线，其中两段长度为 15mm 的线段为水平方向，两段半径为 60mm 的圆弧分别与相邻的曲线相切，各曲线的尺寸如图 5-39 所示。完成草图后退出草图 环境。

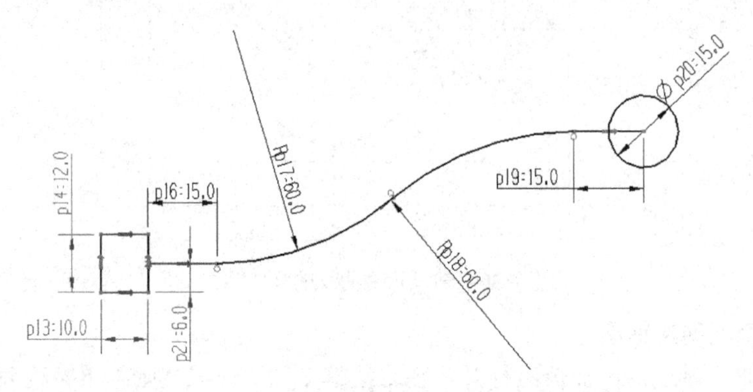

图 5-39　第一组草图曲线

上述创建的模型可参考网盘文件“练习文件\第 5 章\手轮－1.prt”。

3．绘制第二组草图曲线

（1）创建第二个草图平面

设置视图方向为正三轴测图，再次执行“草图”命令，在“创建草图”对话框的“草图类型”下拉列表框中选择“基于路径”，确认“路径”选项组的“选择路径”高亮显示，随后选择如图 5-40 所示的第 2 步绘制的草图曲线中的右侧直线，在“平面位置”选项组的“位置”下拉列表框中选择“弧长”，在“弧长百分比”文本框中输入 0，单击“确定”按钮创建草图平面。该方式所创建的草图平面垂直于所选直线。

（2）绘制圆

重新设置视图方向为正三轴测图。执行“圆”命令，捕捉第 2 步绘制的草图曲线中的圆的圆心作为圆心，绘制直径为 10mm 的圆，得到的草图曲线如图 5-41 所示。

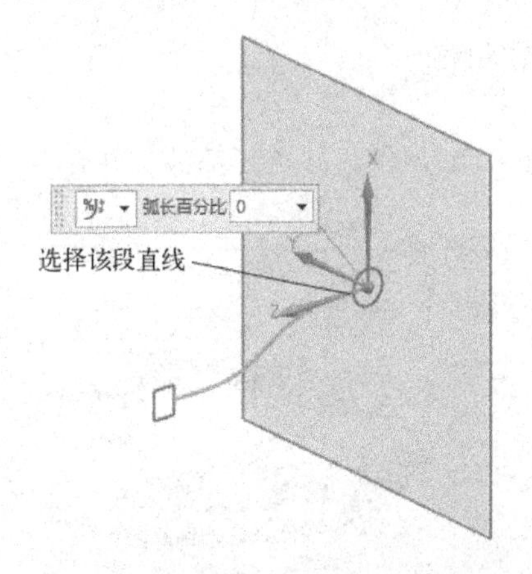

图 5-40　创建垂直于直线的草图平面

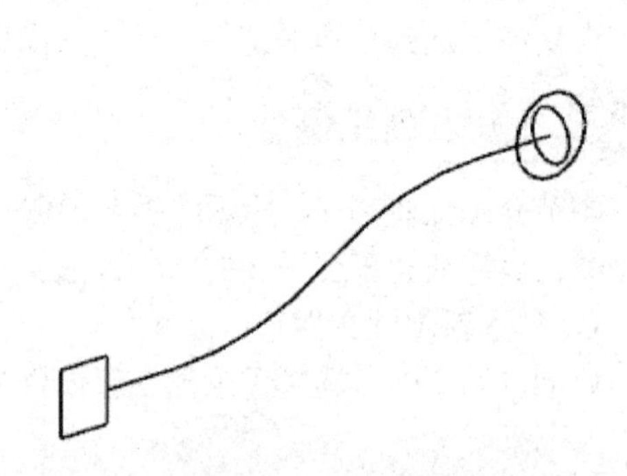

图 5-41　绘制圆

上述创建的模型可参考网盘文件“练习文件\第 5 章\手轮－2.prt”。

4．创建旋转体

执行“旋转”命令，在上边框条的“曲线规则”下拉列表框中选择“单条曲线”选项，选择第 2 步绘制的草图曲线中的右端的圆作为截面曲线，然后单击“轴”选项组的“指定矢量”，在其最右侧的下拉菜单中选择（自动判断的矢量），选择如图 5-42 所示的竖直直线作为回转轴线，在“限制”选项组中设置开始值为 0，结束值为 360，选择布尔操作方式为“无”，单击“确定”按钮创建旋转体，如图 5-43 所示。

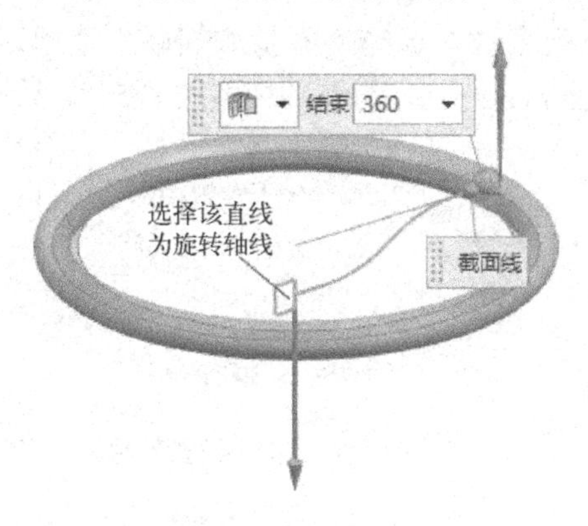

图 5-42　选择旋转轴线

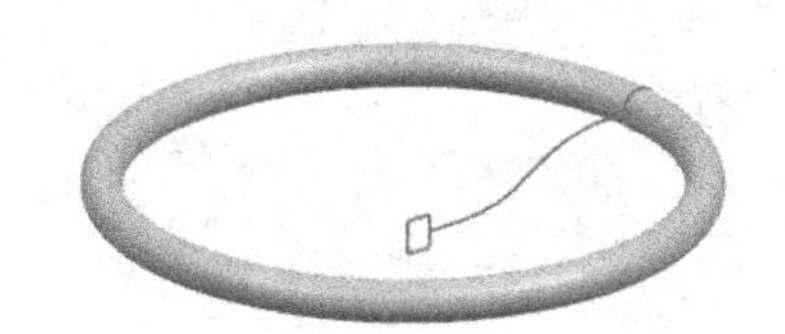

图 5-43　创建旋转体

5．创建扫掠体

单击鼠标右键，利用弹出的快捷菜单设置渲染样式为“静态线框”。

单击“主页”选项卡→“特征”组→“更多”库→“沿引导线扫掠”图标，选择上述第 3 步创建的圆作为截面曲线，单击“引导”选项组的“选择曲线”，在上边框条的“曲线规则”下拉列表框中选择“单条曲线”选项，然后选择上述第 2 步创建的草图曲线中圆和矩形之间的曲线，设置第一偏置和第二偏置为 0，选择“合并”布尔运算方式，单击“确定”按钮创建扫掠体作为轮辐，得到的模型如图 5-44 所示。

6．创建旋转体

执行“旋转”命令，在上边框条的“曲线规则”下拉列表框中选择“单条曲线”选项，选择第 2 步绘制的草图曲线中的矩形为截面曲线，选择如图 5-45 所示的矩形右侧的竖直直线作为回转轴线，设置旋转的开始角度为 0，结束角度为 360，采用“合并”布尔运算方式，单击“确定”按钮创建旋转体。

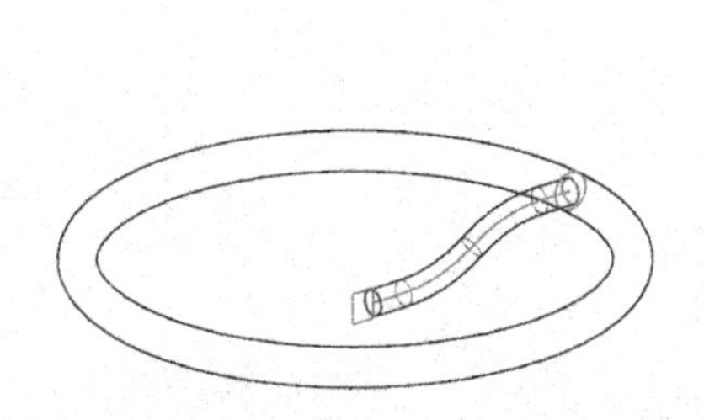

图 5-44　创建扫掠体

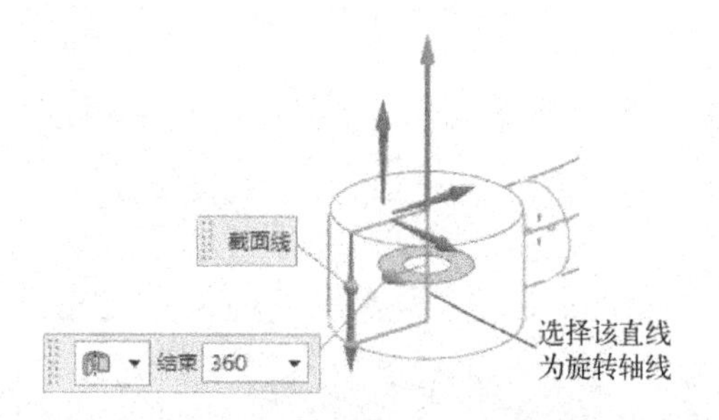

图 5-45　选择截面曲线和回转轴线

单击鼠标右键，利用弹出的快捷菜单设置渲染样式为“着色”，得到的模型如图 5-46 所示。

上述创建的模型可参考网盘文件“练习文件\第5章\手轮—3.prt”。

7．环形阵列轮辐

单击“主页”选项卡→“特征”组→“阵列特征”图标，按照如下步骤创建阵列：

1）用鼠标选择第5步创建的扫掠体，在“布局”下拉列表框中选择“圆形”选项。

2）单击“指定矢量”图标，确认其最右侧的选项为（自动判断的矢量），然后选择中间旋转而成的圆柱的圆柱面。

3）在“角度方向”选项组的“间距”下拉列表框中选择“数量和间隔”选项，设置“数量”为4，“节距角”为90，单击“确定”按钮创建阵列，得到的模型如图5-47所示。

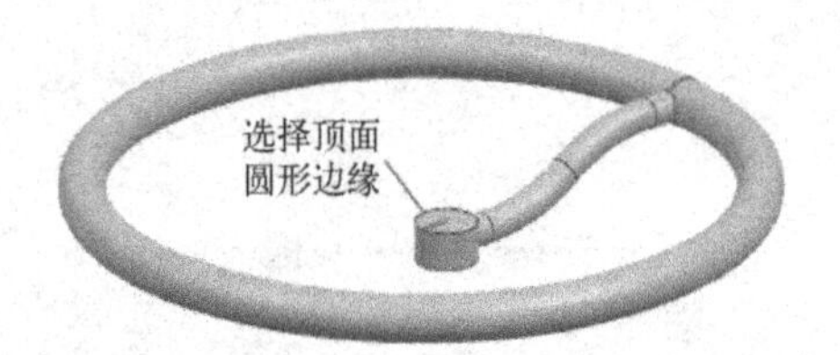

图5-46 创建旋转体

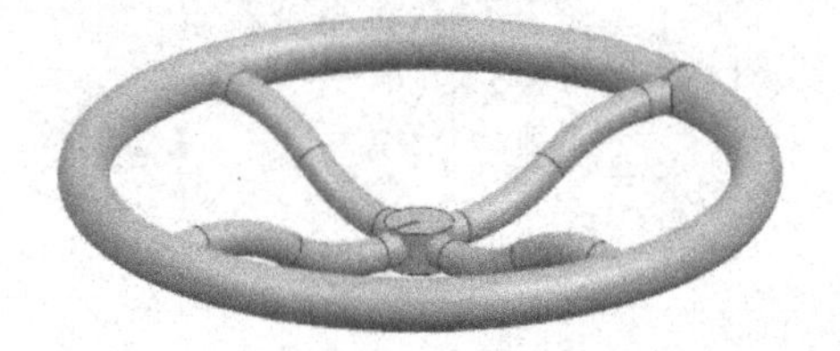

图5-47 圆形阵列轮辐

📖 **提示：**

关于圆形阵列的操作请参考6.3.2节。

上述创建的模型可参考网盘文件“练习文件\第5章\手轮—4.prt”。

8．保存文件

在功能区选择菜单“文件”→“关闭”→“保存并关闭”，保存并关闭部件文件。

第 6 章　特征操作与编辑

特征操作用于实体模型的局部修改，从而对模型进行细化。常用的特征操作包括边缘操作（如边倒圆和倒斜角）、面操作（如拔模、抽壳和偏置面）、特征引用、修剪操作（如修剪体和分割面）和特殊操作（如螺纹和比例体）。此外，UG NX 的建模是基于特征的建模过程，模型中所有特征的参数均被保存，以便必要时对模型进行修改和编辑。本章介绍常用的特征操作和特征编辑方法，以及利用部件导航器和表达式编辑特征的方法。

6.1　边缘操作

6.1.1　边倒圆

功能：根据指定的尺寸在所选的实体边缘创建等半径或变半径的边缘圆角。

操作命令：

菜单：“菜单”→“插入”→“细节特征”→“边倒圆”

功能区：“主页”选项卡→“特征”组→“边倒圆”

操作说明：执行上述命令后，打开如图 6-1 所示的“边倒圆”对话框，此时可在上边框条的“曲线规则”下拉列表框中指定实体边缘的选择方式，利用“边倒圆”对话框和上述下拉列表框可以在指定的实体边缘创建恒定半径或变半径的圆角。

图 6-1　“边倒圆”对话框

1．创建恒定半径圆角

在“边倒圆”对话框的“边”选项组“形状”下拉列表框中选择“圆形”选项，在“半径 1”文本框中设置圆角半径，根据倒圆的需要，选择一条或多条实体边缘，单击“确定”按钮可创建恒定半径的圆角，如图 6-2 所示。

如果需要在某条边的一部分创建圆角，按照上述步骤设置圆角半径和选择要倒圆的边后，展开“拐角突然停止”选项组，单击该选项组的“选择端点”，选择要创建圆角的边缘的一个终点，在“限制”下拉列表框中选择圆角的停止方式，在“位置”下拉列表框中选择指定点的方式，并在其下方的列表框中通过参数指定点的位置，最后单击“确定”按钮可在指定点之后创建圆角，如图 6-3 所示。

2．创建变半径圆角

如果需要在一条边上创建变半径圆角，可按照以下方法操作：

（1）选择要倒圆的边

在“边倒圆”对话框的“边”选项组中单击“选择边”，然后选择要创建圆角的实体边缘。

（2）设置第一段圆角半径及其位置

展开“变半径”选项组，单击“指定变半径点”，选择上述选择的要倒圆的边缘上的一点，在“V 半径 1”文本框中设置圆角半径，通过“位置”下拉列表框指定确定点的方式，并通过其下方的下拉列表框设置点的位置。

（3）设置第二段圆角半径及其位置

然后在上述要倒圆的边缘上选择新的一点，在“V 半径 2”文本框中设置圆角半径，并通过“位置”下拉列表框指定确定点的方式，并通过其下方的下拉列表框设置点的位置。

按照上述方法，可以在创建圆角的边上选择多个点创建变半径圆角。图 6-4 为在立方体一条边上创建的两段不同半径的圆角。

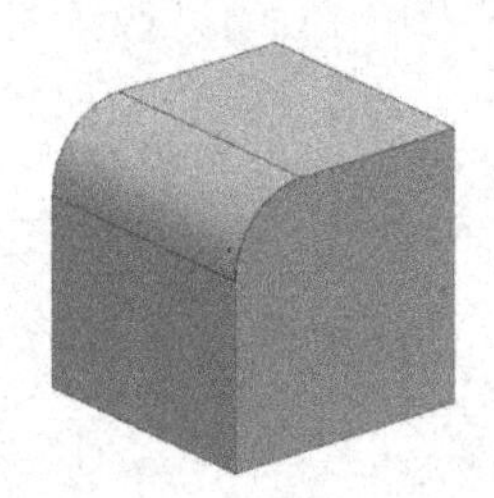

图 6-2　恒定半径圆角

图 6-3　在指定位置创建圆角

图 6-4　变半径圆角

3．圆角溢出设置

当圆角的相切边与该实体上的其他边相交时，就会发生圆角溢出。可展开“溢出”选项组，在“首选”选项组中对圆角溢出进行如下设置：

（1）跨光顺边滚动

该选项允许圆角在光顺边上溢出，如图 6-5 所示。当溢出区域是光顺的或溢出区域为另一个圆角面时该选项很有用。

（2）沿边滚动

允许圆角在与定义面之一相切之前发生，并展开到任何边（无论光顺还是尖锐）上。圆角在陡峭边缘的溢出如图 6-6 所示。

（3）修剪圆角

允许圆角保持与定义面相切，并将任何遇到的面移动到圆角面，如图 6-7 所示。

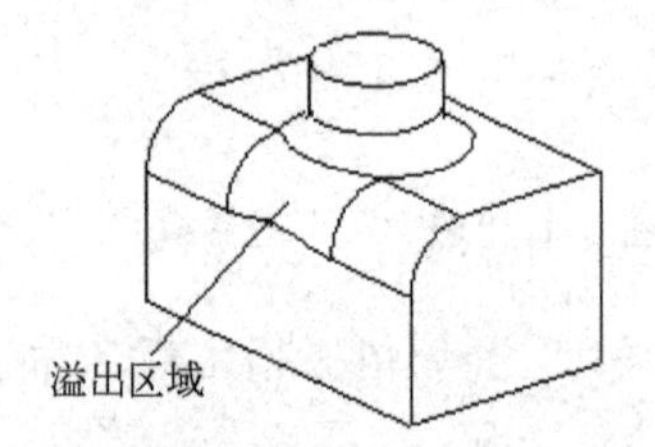

图 6-5　跨光顺边滚动

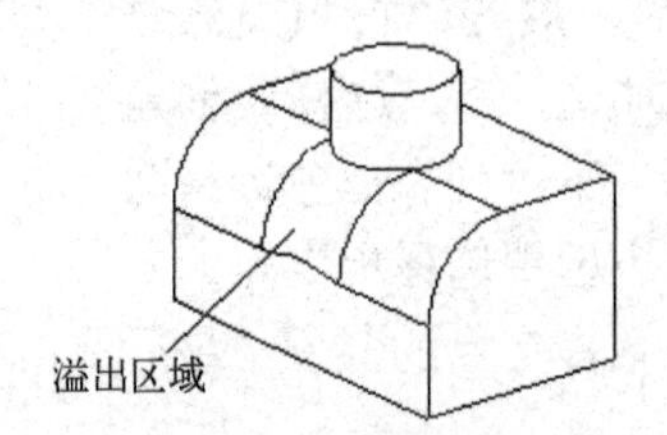

图 6-6　沿边滚动

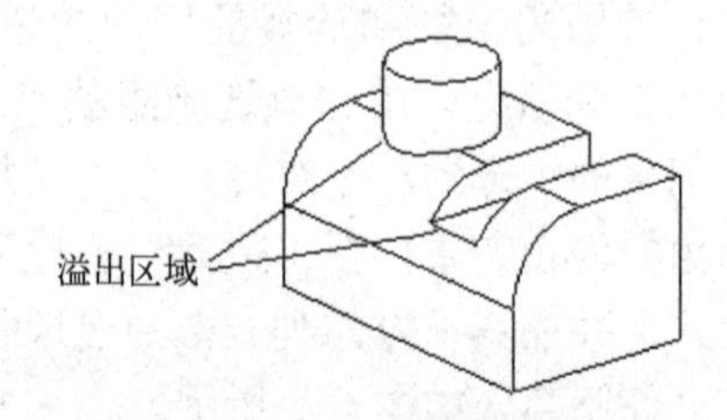

图 6-7　修剪圆角

上述三个选项在默认状态下是同时选中的，以保证能够在各种情况下顺利创建圆角。

6.1.2 倒斜角

功能：根据指定的倒角尺寸在实体的边上形成斜角。

操作命令：

菜单："菜单"→"插入"→"细节特征"→"倒斜角"

功能区："主页"选项卡→"特征"组→"倒斜角"

操作说明：执行上述命令后，打开如图 6-8 所示的"倒斜角"对话框，利用该对话框"偏置"选项组的"横截面"下拉列表框可选择以下三种方式创建斜角：

1．对称偏置

功能：创建倒角边相邻两个面上的偏置量相同的倒角。

操作说明：在"横截面"下拉列表框中选择"对称"选项，选择需要倒角的边，在"距离"文本框中输入倒角距离，单击"确定"按钮完成倒角。参数说明如图 6-9 所示。

图 6-8 "倒斜角"对话框

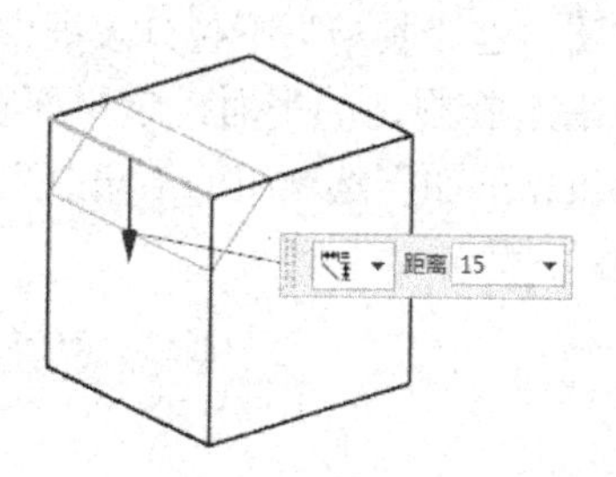

图 6-9 对称偏置倒角

2．非对称偏置

功能：创建倒角边相邻两个面上的偏置量不同的倒角。

操作说明：在"横截面"下拉列表框中选择"非对称"选项，选择需要倒角的边，分别在"距离 1"和"距离 2"文本框中输入偏置距离，单击"确定"按钮完成倒角。参数说明如图 6-10 所示，必要时可单击"反向"图标，交换两个偏置距离。

3．偏置和角度

功能：根据指定的偏置和角度创建倒角。

操作说明：在"横截面"下拉列表框中选择"偏置和角度"选项，在"距离"文本框中输入偏置距离，在"角度"文本框中输入倒角斜面与偏置所在面的夹角，单击"确定"按钮完成倒角。参数说明如图 6-11 所示，必要时可单击"反向"图标改变偏置的方向。

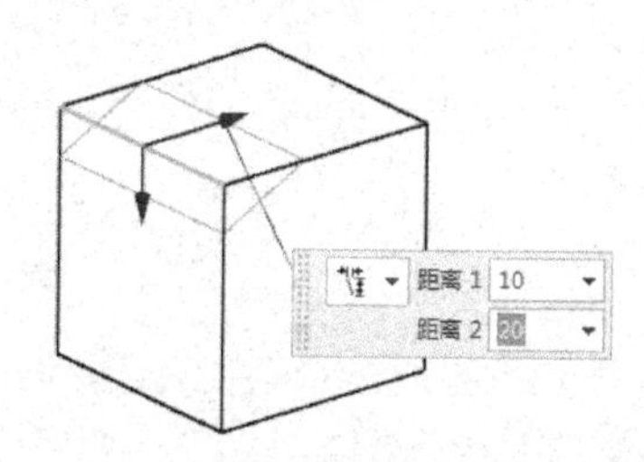

图 6-10 非对称偏置倒角

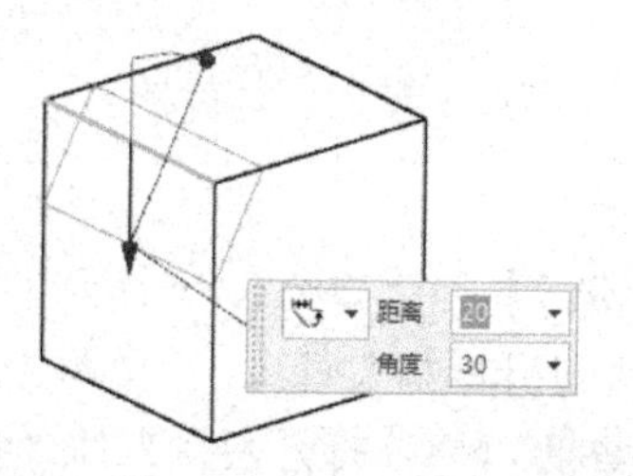

图 6-11 根据偏置和角度创建倒角

6.2 面操作

6.2.1 拔模

功能：根据指定矢量和参考点对指定的实体上的面或边进行拔模。该操作可以应用于同一个实体上的一个或多个面、边或个别体。

菜单：“菜单”→“插入”→“细节特征”→“拔模”

功能区：“主页”选项卡→“特征”组→“拔模”

操作说明：执行上述命令后，打开如图 6-12 所示的“拔模”对话框，从该对话框的“类型”下拉列表框中可选择如下四个选项进行拔模操作：

1．从平面

功能：将选中的实体表面拔模。

操作说明：在“类型”下拉列表框中选择“面”选项，利用“脱模方向”选项组指定脱模方向，然后选择固定的平面，该平面在拔模操作中不发生改变，随后选择需要拔模的表面，在“要拔模的面”选项组的“角度”文本框中设置拔模角度，最后单击“确定”按钮完成拔模操作。

图 6-12 “拔模”对话框

【示例 1】创建如图 6-16 所示的拔模。

（1）打开网盘文件

启动 UG NX，打开网盘文件“练习文件\第 6 章\拔模.prt”。

（2）对方孔的内壁进行拔模

单击“主页”选项卡→“特征”组→“拔模”图标，打开“拔模”对话框，然后进行以下操作：

1）指定脱模方向。从“类型”下拉列表框中选择“面”选项，确认“脱模方向”选项组“指定矢量”最右侧的选项为 （自动判断的矢量），选择如图 6-13 所示的边，则系统自动判断的矢量由该边确定，如图 6-13 所示。

2）选择固定平面。指定脱模方向矢量后，“拔模参考”选项组的“选择固定面”高亮显示，即要求选择固定平面，选择如图 6-14 所示的实体上表面为固定平面。

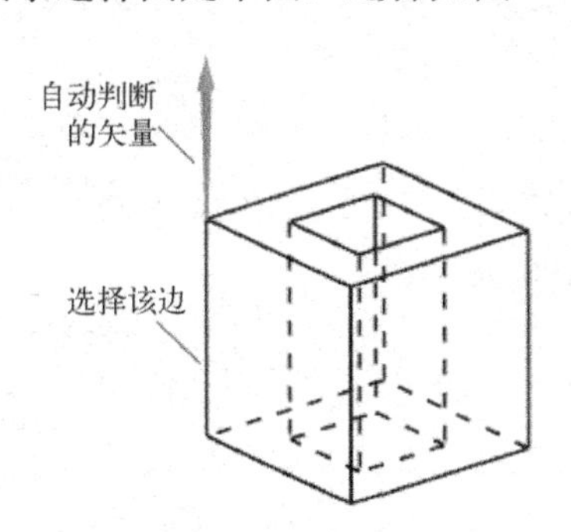

图 6-13　指定拔模方向

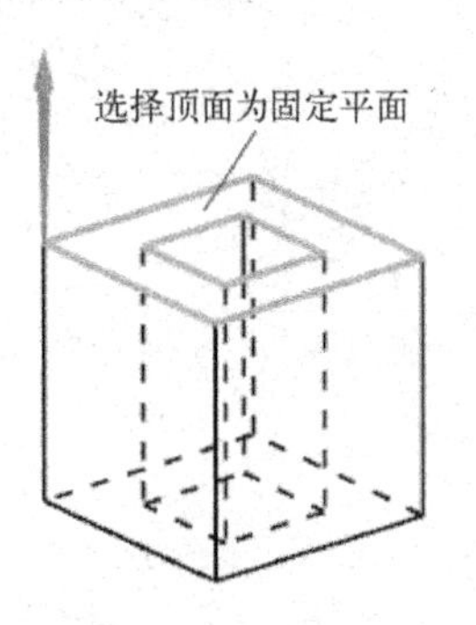

图 6-14　选择固定平面

3）选择拔模表面。选择固定面后，在“要拔模的面”选项组中单击“选择面”，选择如图 6-15 所示的方孔的四个侧壁，在“角度 1”文本框中输入 8，单击“确定”按钮完成操作，将方孔侧壁拔模后的实体如图 6-15 所示。

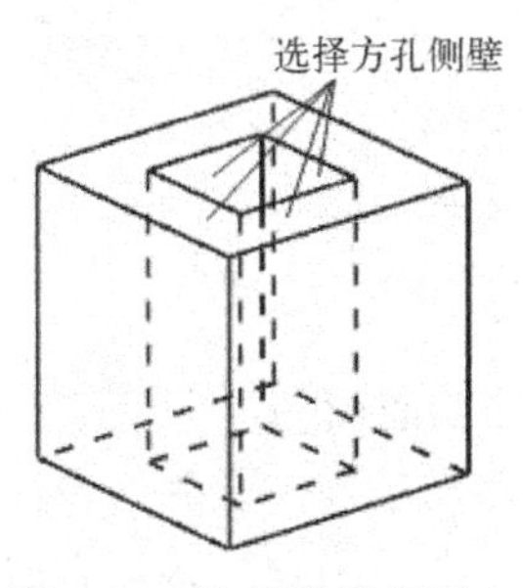

图 6-15　选择拔模表面

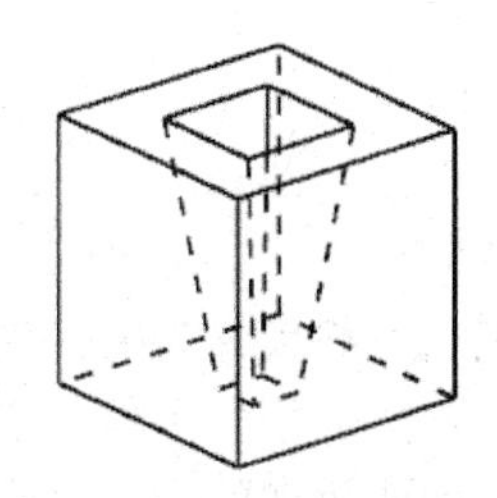

图 6-16　拔模结果

提示

可以为不同的表面设置不同的拔模角度，如图 6-17 所示。具体方法是在指定脱模方向、选择固定平面和选择某个拔模平面并设定拔模角度后，单击“要拔模的面”选项组的“添加新集”图标 ，然后再次选择其他表面并设置不同的角度，依此方法继续操作，最后单击“确认”按钮完成操作。

2. 从边

功能：从固定边缘沿指定的开模方向和角度进行拔模。

操作说明：从“类型”下拉列表框中选择“边”选项，首先指定脱模方向，然后选择固定边缘，并指定拔模角度，最后单击“确定”按钮完成拔模操作，如图 6-18 所示。

提示

所选择的固定边缘不能平行于指定的开模方向，否则无法进行拔模操作。

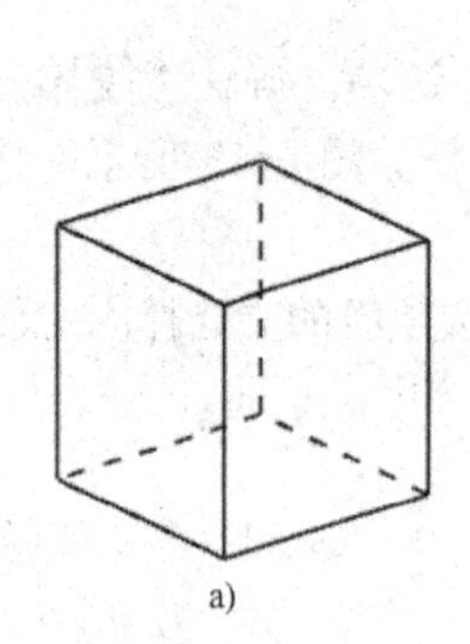

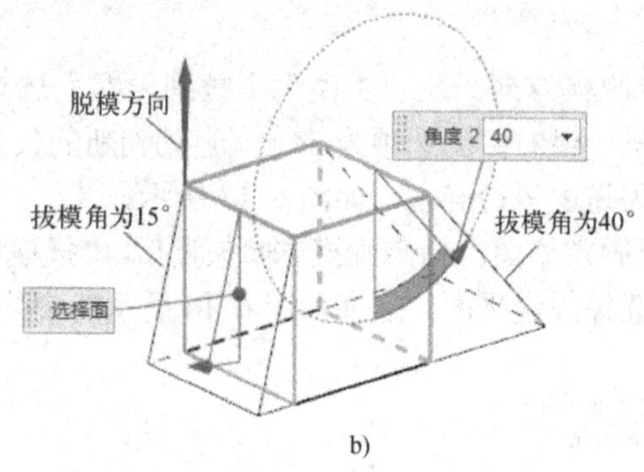

a) b)

图 6-17 设定不同拔模角度

a) 拔模前 b) 设置不同拔模角度

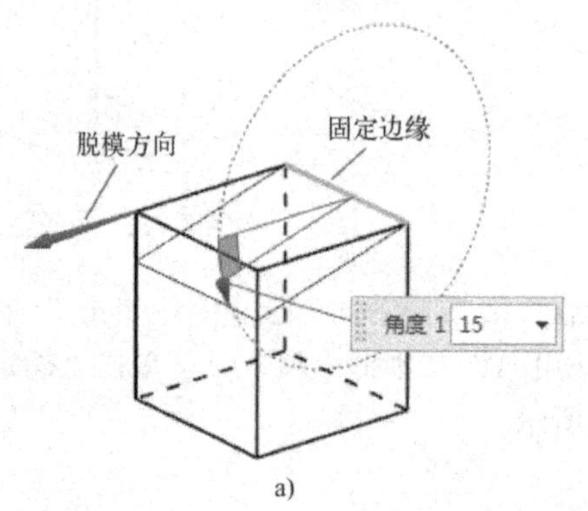

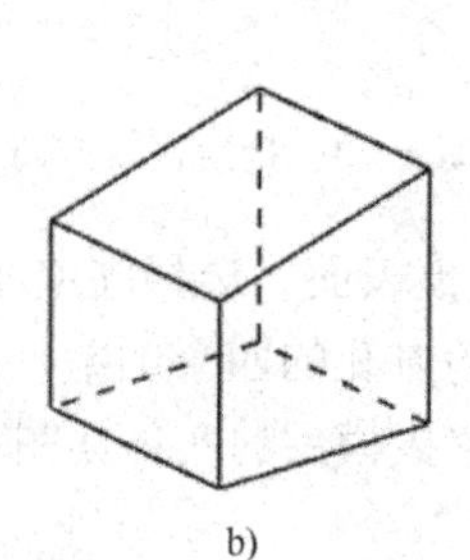

a) b)

图 6-18 从固定边缘拔模

a) 脱模方向和固定边缘 b) 拔模结果

3. 与面相切

功能：根据指定的拔模角度拔模，拔模表面与相邻的曲面相切。

操作说明：从“类型”下拉列表框中选择“与面相切”选项，首先指定脱模方向，然后选择曲面以及与曲面相切的面，并设置拔模角度，最后单击“确定”按钮完成拔模操作，如图 6-19 所示。

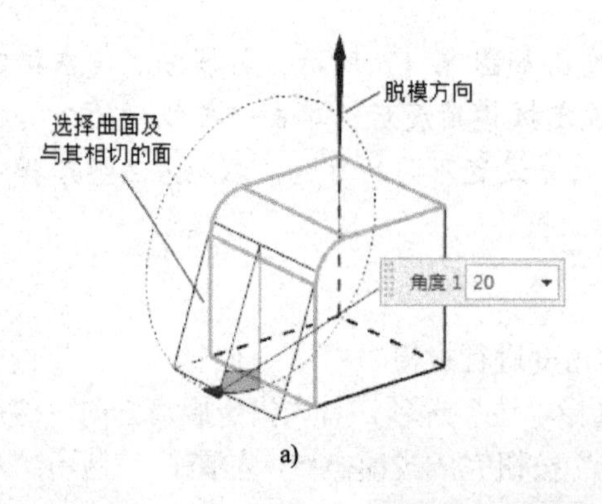

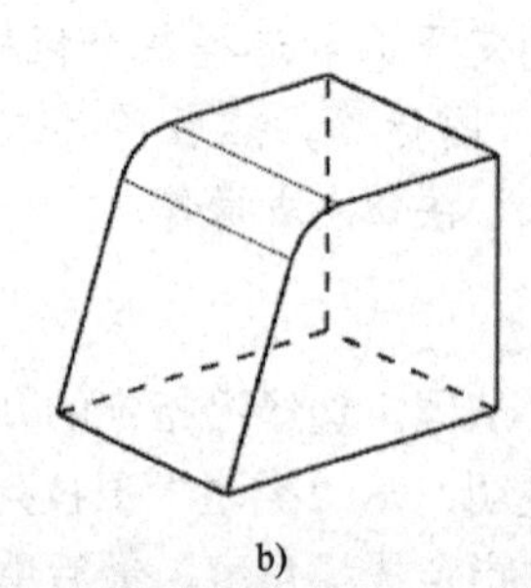

a) b)

图 6-19 对面进行相切拔模

a) 脱模方向和拔模面 b) 拔模结果

4．至分型边

功能：将选定的表面沿指定的脱模方向从分型边缘进行拔模。

操作说明：从“类型”下拉列表框中选择“分型边”选项，首先指定脱模方向，然后选择平面、基准面或与脱模方向垂直的平面所通过的点确定固定平面，随后选择实体上的边缘为分型面，并设置拔模角度，最后单击“确认”按钮完成拔模操作，如图 6-20 所示。

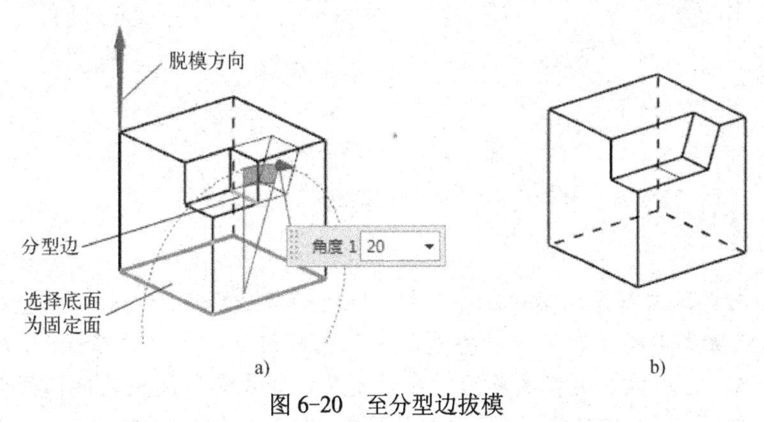

图 6-20 至分型边拔模

a) 选择脱模方向、固定平面和分型边 b) 拔模结果

提示：

由图 6-20 可以看出，指定分型边和脱模角度后，分型边所在的平面从过分型边并与脱模方向平行的平面与固定平面的交线开始拔模。

6.2.2 抽壳

功能：使用此命令可根据为壁厚指定的值抽空实体或在其四周创建壳体。

操作命令：

菜单：“菜单”→“插入”→“偏置/缩放”→“抽壳”

功能区：“主页”选项卡→“特征”组→“抽壳”

操作说明：执行上述命令后，打开如图 6-21 所示的“抽壳”对话框，从该对话框的“类型”下拉列表框中可以进行以下两种类型的抽壳操作：

1．移除面，然后抽壳

功能：根据指定的移除表面和壁厚进行抽壳。

操作说明：在“类型”下拉列表框中选择“移除面，然后抽壳”选项，单击“要穿透的面”选项组的“选择面”，选择要移除的表面，然后在“厚度”选项组的“厚度”文本框中设置壁厚，最后单击“确定”按钮完成抽壳操作。如图 6-22 所示。

图 6-21 “抽壳”对话框

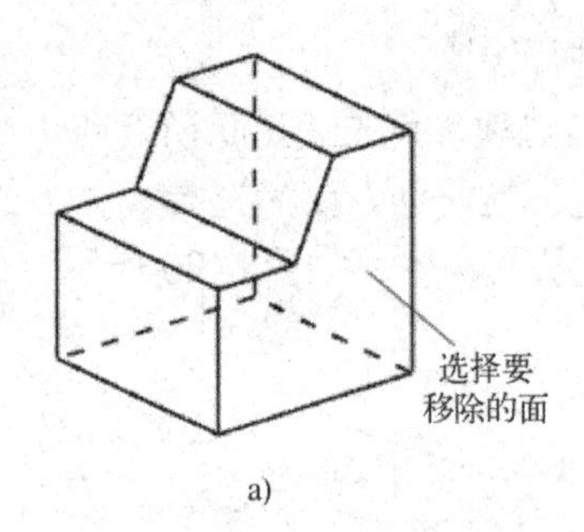

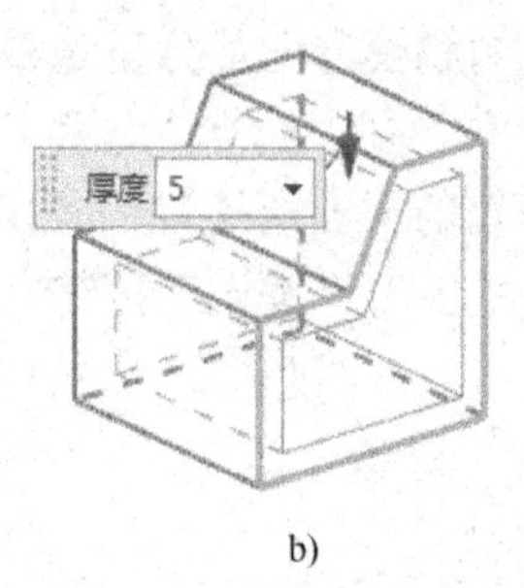

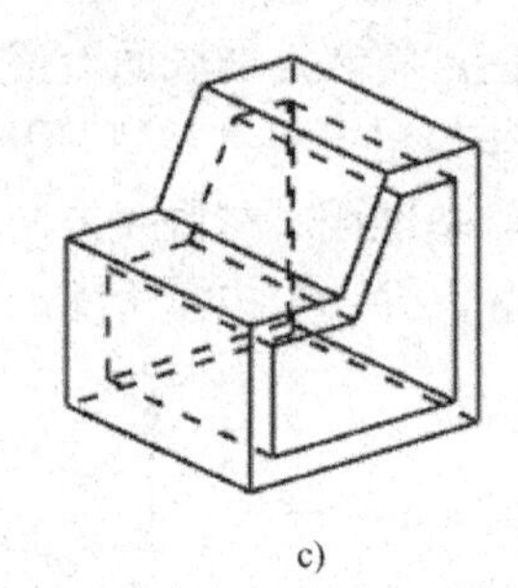

a)　　b)　　c)

图 6-22　移除表面抽壳

a) 选择移除表面　b) 设置壁厚　c) 抽壳结果

📖 **提示：**

1）可以进行非均匀壁厚的实体抽壳。按照上述步骤选择移除面并设置壁厚之后，如果某些壁厚与其他壁厚不同，可展开“备选厚度”选项组并单击“选择面”，然后选择该表面，在“厚度 1”文本框中设置该表面所在的壁厚；如果需要设置其他不同壁厚，可单击“添加新集”图标，然后选择其他表面并设置壁厚，最后单击“确定”按钮完成操作。图 6-23 为不同壁厚抽壳操作的一个实例。

2）默认情况下，进行抽壳操作时，表面根据指定的壁厚向实体内部偏置进行抽壳，如果在“厚度”选项组中单击“反向”图标，实体表面将向实体外部偏置进行抽壳。

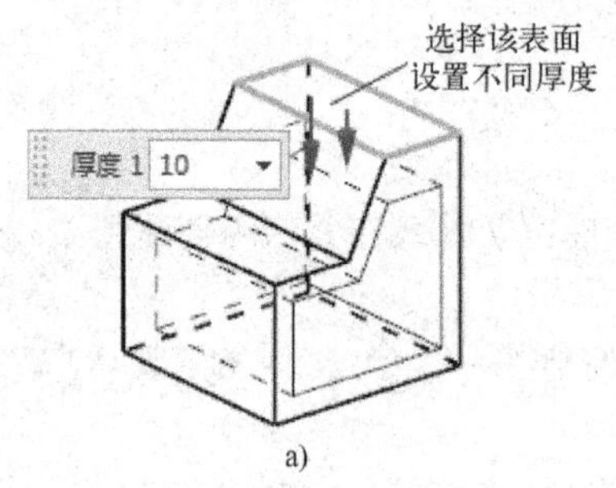

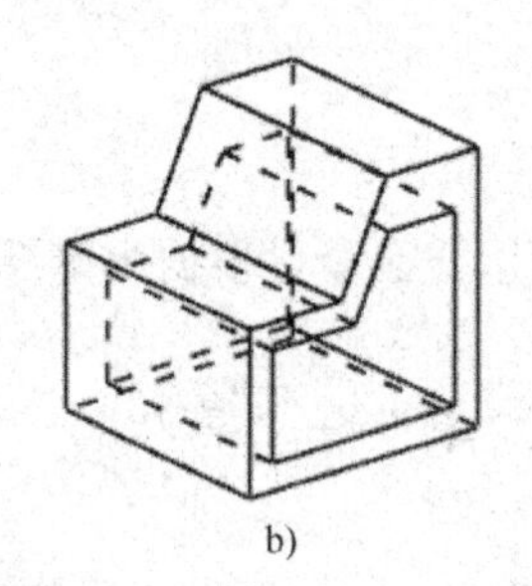

a)　　b)

图 6-23　不同壁厚抽壳

a) 指定壳体壁厚　b) 抽壳结果

2．对所有面抽壳

功能：指定抽壳体的所有面而不移除任何面，即根据指定的厚度值在单个实体内部进行挖空。

操作说明：在“类型”下拉列表框中选择“对所有面抽壳”选项，单击“要抽壳的体”选项组的“选择体”，选择需要抽壳的实体，然后在“厚度”选项组的“厚度”文本框中设置抽壳后实体的壁厚，最后单击“确定”按钮完成抽壳操作，如图 6-24 所示。

📖 **提示：**

也可按照上述介绍的“移除面，然后抽壳”选项的操作方法进行不同壁厚的抽壳。

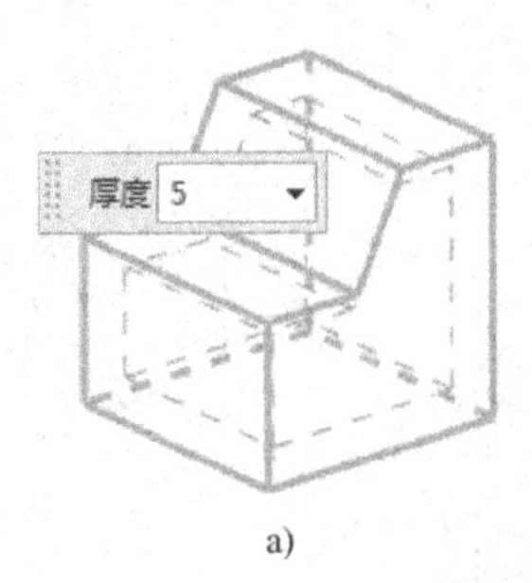

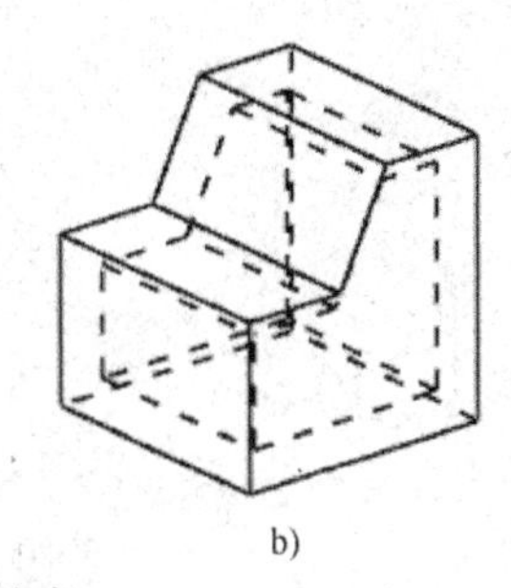

a) b)

图 6-24 对所有面抽壳

a) 设置不同壁厚 b) 抽壳结果

6.2.3 偏置面

功能：沿面的法向偏置实体表面。

操作命令：

菜单："菜单"→"插入"→"偏置/缩放"→"偏置面"

功能区："主页"选项卡→"特征"组→"更多"库→"偏置面"

操作说明：执行上述命令后打开如图 6-25 所示的"偏置面"对话框，并且此时上边框体中显示如图 6-26 所示的"面规则"下拉列表框，可利用该下拉列表框选择相应的选项后选择需要偏置的表面。

选择需要偏置的表面后，在"偏置"选项组的"偏置"文本框中设置偏置距离，最后单击"确定"按钮，可将选定的表面按法向偏置指定的距离。

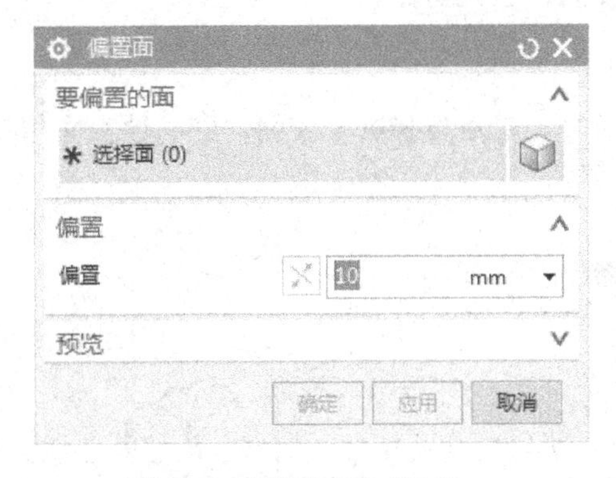

图 6-25 "偏置面"对话框

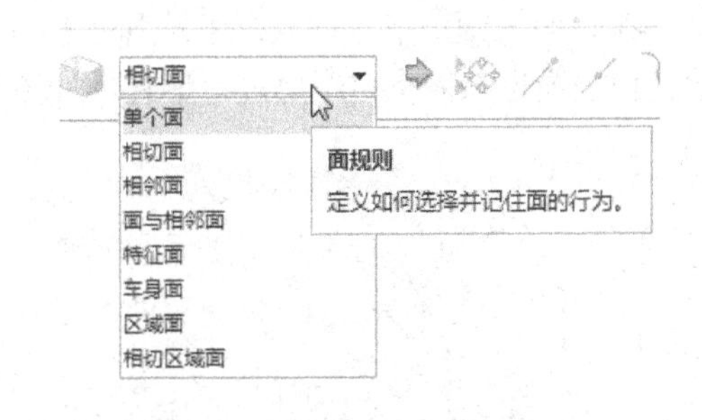

图 6-26 "面规则"下拉列表框

根据"面规则"下拉列表框中的选项，可实现以下各种形式的面的偏置操作：

1. 偏置单个表面

在"面规则"下拉列表框中选择"单个面"选项，然后选择需要偏置的面，并设置偏置距离，最后单击"确定"按钮，则将所选的表面沿该面的法向偏置指定的距离，如图 6-27 所示。

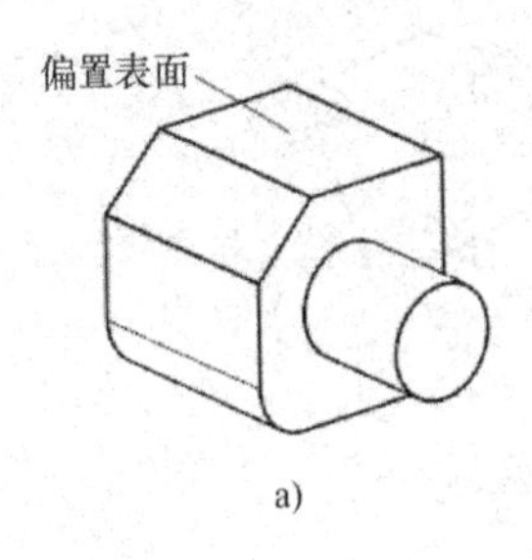

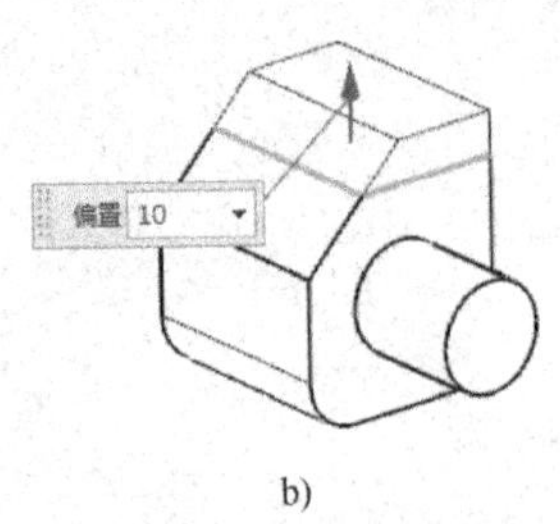

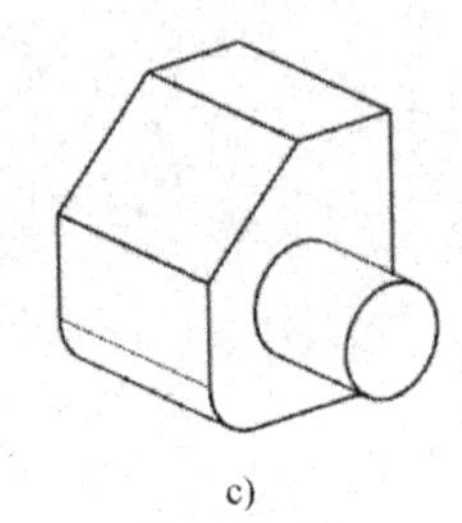

图 6-27 偏置单个面

a) 选择偏置表面 b) 偏置矢量及偏置距离 c) 偏置结果

2. 偏置相切表面

在“面规则”下拉列表框中选择“相切面”选项，然后选择某个曲面，则与该曲面相切的其他表面也按照指定的距离进行偏置，如图 6-28 所示。

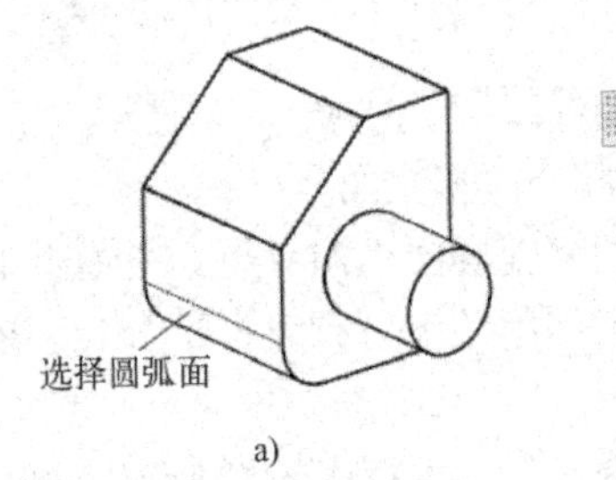

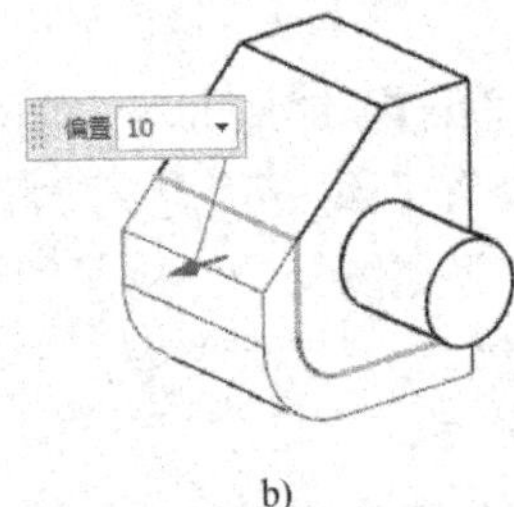

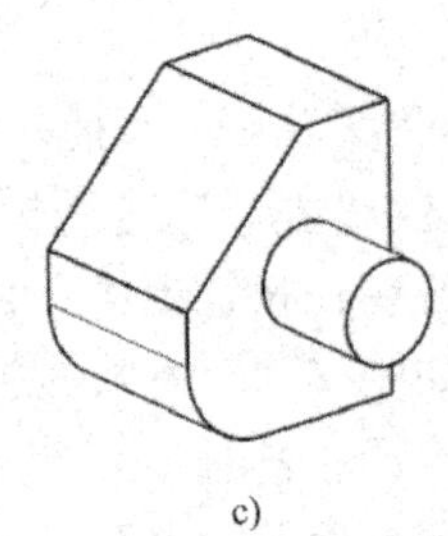

图 6-28 偏置相切面

a) 选择圆弧面 b) 偏置矢量和偏置距离 c) 偏置结果

3. 偏置相邻表面

在“面规则”下拉列表框中选择“相邻面”选项，然后选择某个表面，则与该表面相邻的其他表面也按照指定距离进行偏置，如图 6-29 所示。

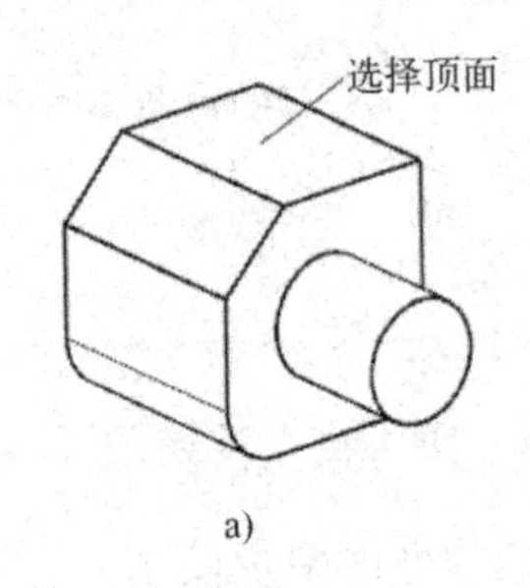

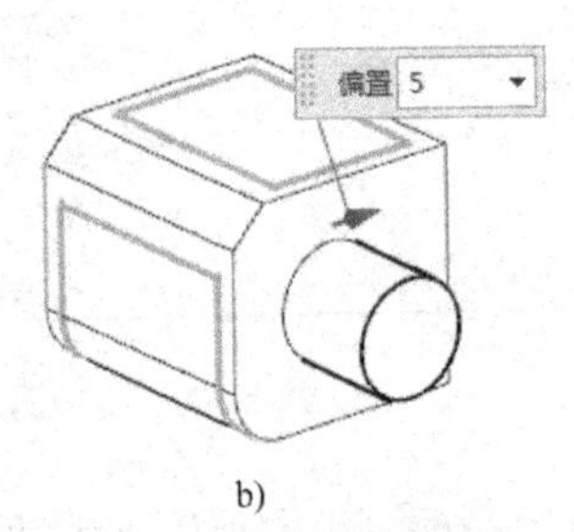

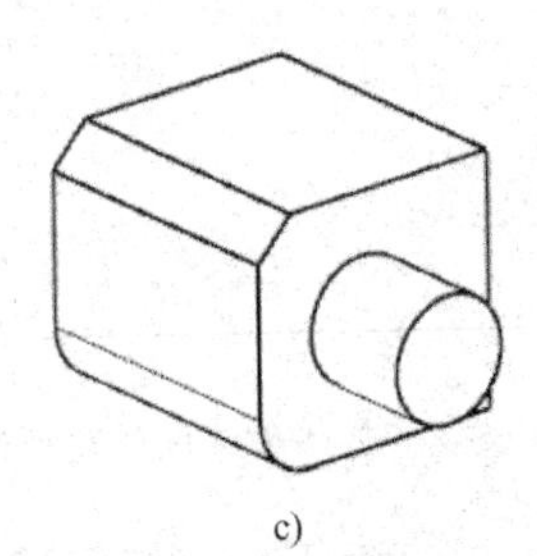

图 6-29 偏置相邻表面

a) 选择偏置面 b) 偏置矢量和偏置距离 c) 偏置结果

4. 偏置整个实体

在“面规则”下拉列表框中选择“特征面”选项，选择某个特征的某个表面，则该特征所有表面均按照指定的距离进行偏置，如图 6-30 所示。

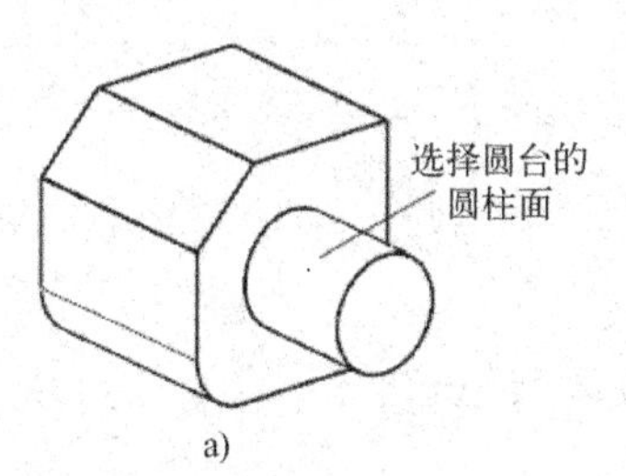

a)

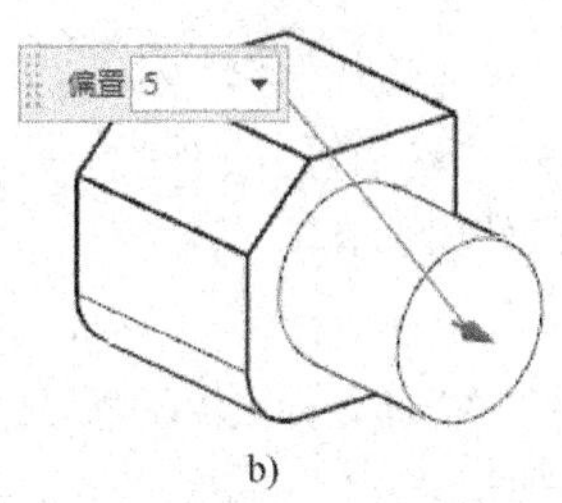

b)

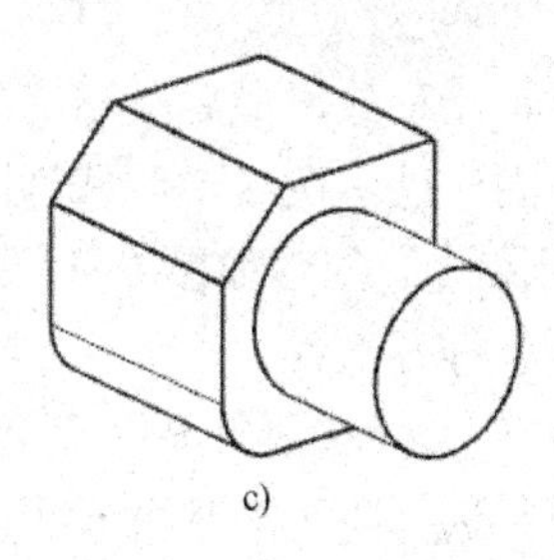
c)

图 6-30 偏置实体所有表面

a) 选择偏置面 b) 偏置矢量和偏置距离 c) 偏置结果

6.3 阵列特征

功能：从已有特征生成引用特征，可以将所选特征进行各种形式的阵列。

操作命令：

菜单：“菜单”→“插入”→“关联复制”→“阵列特征”

功能区：“主页”选项卡→“特征”组→“阵列特征”

操作说明：执行上述命令后，打开如图 6-31 所示的“阵列特征”对话框，利用该对话框可对某个特征进行阵列。

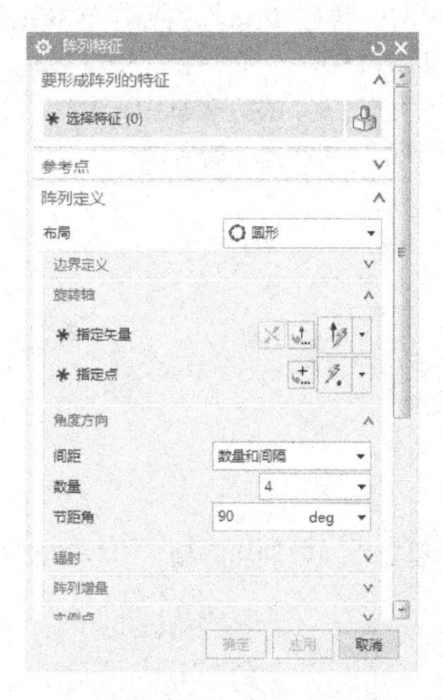

图 6-31 “阵列特征”对话框

6.3.1 线性阵列特征

功能：将指定的特征进行线性阵列复制。

操作说明：执行“阵列特征”命令，选择需要阵列的特征后，在“阵列定义”选项组的“布局”下拉列表框中选择“线性”选项，然后定义线性阵列的两个方向（即行和列的方向）和具体参数，最后单击“确定”按钮创建阵列。

下面通过示例 2 说明线性阵列的具体操作方法。

【示例 2】创建如图 6-34 所示线性阵列。

（1）打开文件

启动 UG NX，打开网盘文件“练习文件\第 6 章\线性阵列. prt”

（2）选择阵列对象并设置阵列形式

单击“主页”选项卡→“特征”组→“阵列特征”图标，此时“阵列特征”对话框中的“选择特征”图标为选中状态，选择如图 6-32 所示的圆孔，在“布局”下拉列表框中选择“线性”选项。

（3）设置第一个阵列方向及参数

- 在“方向 1”选项组中单击“指定矢量”图标，单击其最右侧的箭头选择（自动判断的矢量），然后选择如图 6-32 所示的直线边缘，系统将显示如图 6-32 所示的矢量（如果矢量方向与图示方向相反，可单击“反向”图标将矢量反向）。
- 在“方向 1”选项组的“间距”下拉列表框中选择“数量和间隔”选项（也可选择其他选项并进行相应的参数设置），在“数量”文本框中输入 2，在“节距”文本框中输入 80。

（4）设置第二个阵列方向及参数

- 在“方向 2”选项组中单击“指定矢量”图标，单击其最右侧的箭头选择，然后选择如图 6-33 所示的直线边缘，设置如图 6-33 所示的矢量。
- 在“方向 2”选项组的“间距”下拉列表框中选择“数量和间隔”选项，在“数量”文本框中输入 5，在“节距”文本框中输入 20。

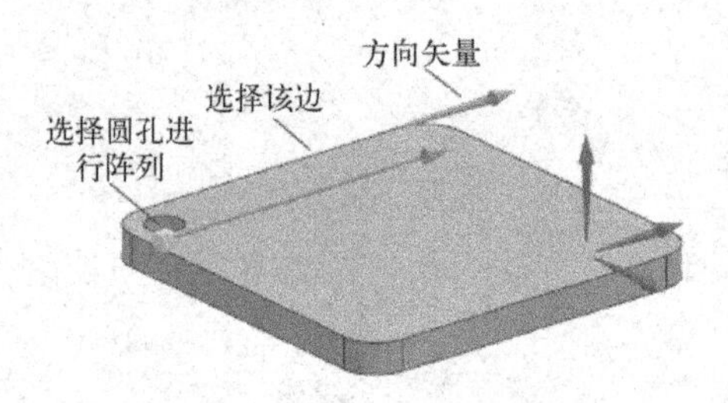

图 6-32 设置第一个阵列方向

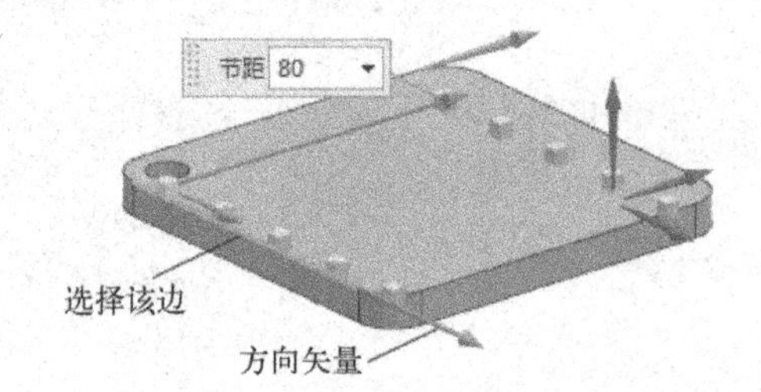

图 6-33 设置第二个阵列方向

完成上述设置后，单击“确定”按钮创建阵列，得到的模型如图 6-34 所示。

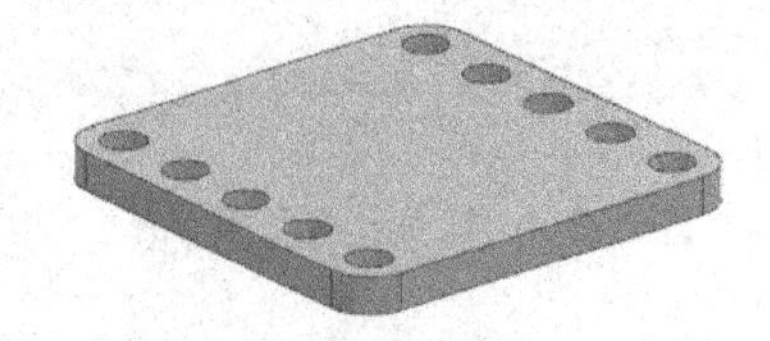

图 6-34 阵列结果

📖 提示：

在“阵列特征”对话框的“阵列方法”选项组的“方法”下拉列表框中可选择以下两个选项：

1）“简单”：最快的阵列方法，但很少检查实例，而且只允许一个特征作为阵列的输入，阵列生成的特征作为一个整体，选择生成的阵列中的一个特征，所有的阵列特征被选中。改变输入特征的参数后，阵列特征也随之改变。

2）“变化”：是一种更灵活的阵列方法，支持多个输入，并检查每个输入的位置。选择该选项后，可在“设置”选项组的“输出”下拉列表框中选择以下三个选项：

- “阵列特征”：输出作为一个整体的阵列特征。
- “复制特征”：输出的特征为输入特征的副本，生成的各个特征副本可独立操作，如修改参数，输入特征的参数变化不会传递给各个副本。
- “特征复制到特征组中”：输出特征组，特征组中包含输入特征及其副本，各个特征副本可独立操作，输入特征的参数变化不会传递给各个副本。

6.3.2 圆形阵列特征

功能：将所选特征进行圆形阵列复制。

操作说明：执行“阵列特征”命令，选择需要阵列的特征后，在“布局”下拉列表框中选择“圆形”选项，可通过设置圆形阵列的轴线和参数，将所选特征进行圆形阵列。

下面通过示例 3 说明圆形阵列的具体操作方法。

【示例 3】创建如图 6-36 所示圆形阵列。

（1）打开文件

启动 UG NX，打开网盘文件“练习文件\第 6 章\圆形阵列.prt”。

（2）选择阵列对象并设置阵列形式

执行“阵列特征”命令，确认“选择特征”图标为选中状态，选择如图 6-35 所示的圆孔，在“布局”下拉列表框中选择“圆形”选项。

（3）指定旋转阵列轴线

在“旋转轴”选项组中单击“指定矢量”图标，单击其最右侧的箭头选择（自动判断的矢量），然后选择如图 6-35 所示的圆柱面，系统自动判断圆柱的轴线作为旋转轴线，如图 6-35 所示。

（4）设置参数

在“角度方向”选项组的“间距”下拉列表框中选择“数量和间隔”选项，在“数量”文本框中输入 6，在“节距角”文本框中输入 60。

最后单击“确定”按钮创建圆形阵列，得到的模型如图 6-36 所示

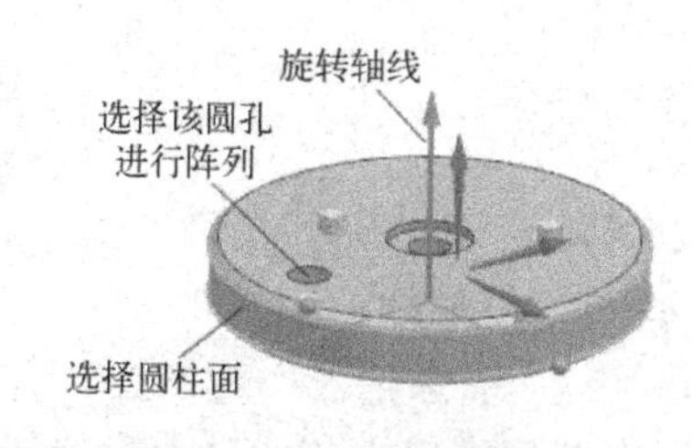

图 6-35　设置参数

图 6-36　圆形阵列

📖 提示：

在“间距”下拉列表框中可选择不同的选项，采用不同的方式设置参数，以满足阵列的需要。

6.4 镜像几何体或特征

6.4.1 镜像几何体

功能：利用基准面镜像整个实体。

操作命令：

菜单：“菜单”→“插入”→“关联复制”→“镜像几何体”

功能区：“主页”选项卡→“特征”组→“更多”库→“镜像几何体”

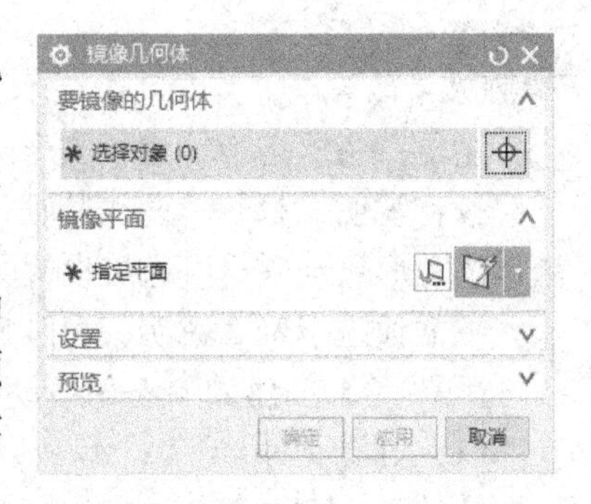

图 6-37 “镜像几何体”对话框

操作说明：执行上述命令后，打开如图 6-37 所示的“镜像几何体”对话框，首先单击“要镜像的几何体”选项组的“选择对象”图标，在图形窗口选择需要镜像的实体；然后单击“镜像平面”选项组的“指定平面”图标，单击其最右侧的箭头，根据需要选择相关选项，指定或建立平面（基准面）作为镜像平面，最后单击“确定”按钮创建镜像实体。图 6-38 为以基准平面作为镜像平面完成镜像操作后得到的模型。

图 6-38 镜像几何体

a) 镜像前 b) 镜像结果

6.4.2 镜像特征

功能：利用平面或基准平面镜像所选特征。

操作命令：

菜单：“菜单”→“插入”→“关联复制”→“镜像特征”

功能区：“主页”选项卡→“特征”组→“更多”库→“镜像特征”

操作说明：执行上述命令后，打开如图 6-39 所示的“镜像特征”对话框，首先单击“要镜像的特征”选项组的“选择特征”图标，用鼠标在图形窗口中的实体上直接选择需要镜像的特征，或从图形窗口左侧资源条中的部件导航器（如图 6-40 所示）中选择需要镜像的特征（如果要选择多个特征，可按住键盘的<Ctrl>键后依次选择特征）。

选择完所有的特征后，在“镜像平面”选项组的“平面”下拉列表框中选择相应的选项，然后根据选项选择现有平面或创建新平面作为对称平面，最后单击“确定”按钮镜像所选特征。

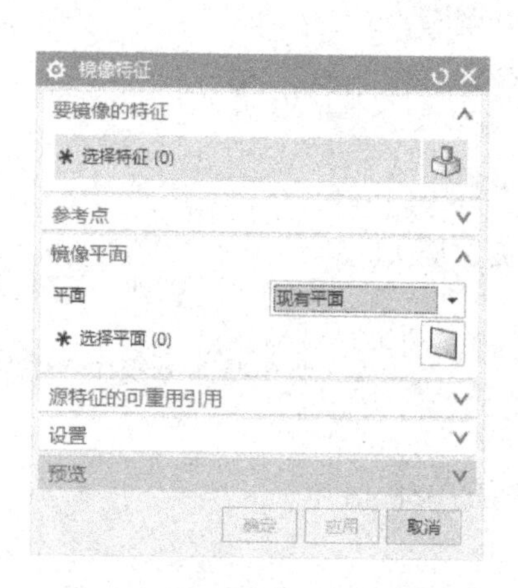

图 6-39 “镜像特征”对话框

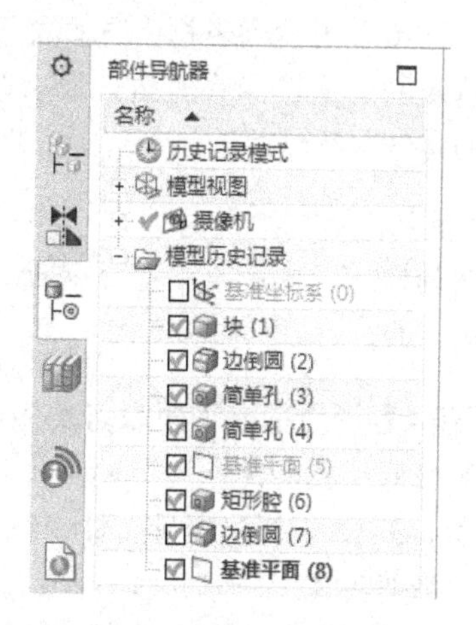

图 6-40 部件导航器

图 6-41 为镜像特征的一个实例，该实例以实体的左端基准面为镜像平面，对长方体、两个孔和腔体及其圆角进行了镜像。

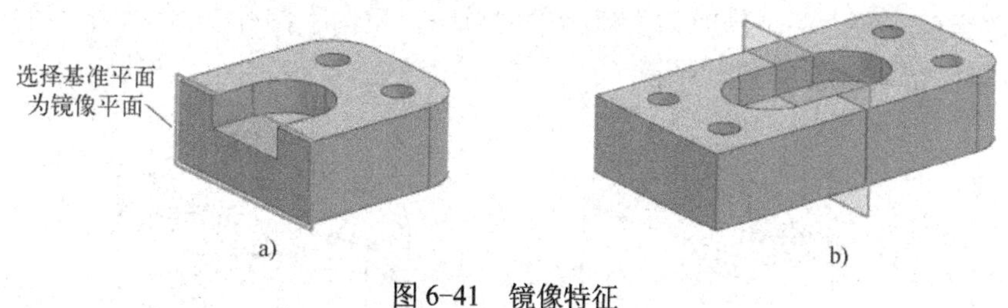

图 6-41 镜像特征

a) 镜像前 b) 镜像结果

📖 提示：

在选择了特征后，若需要去掉某些特征，可按住键盘的<Ctrl>键，然后在图形窗口或部件导航器中选择相应的特征，则所选特征从原来的选择中除去。

6.5 修剪操作

6.5.1 修剪体

功能：利用一个面、基准平面或其他几何体修剪一个或多个目标体。

操作命令：

菜单：“菜单”→“插入”→“修剪”→“修剪体”

功能区："主页"选项卡→"特征"组→"修剪体"

操作说明：执行上述命令后打开如图 6-42 所示的"修剪体"对话框，首先单击"目标"选项组的"选择体"图标，选择需要修剪的实体；然后在"工具"选项组的"工具选项"下拉列表框中选择需要的选项，选择现有面或创建新的面为选择修剪面，最后单击"确定"按钮可将选定的实体进行修剪。

📖 **提示：**

可用的修剪面有基准平面、平面、圆柱面、球面、圆锥面和圆环面。

图 6-42 "修剪体"对话框

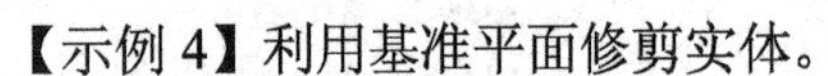

【示例 4】利用基准平面修剪实体。

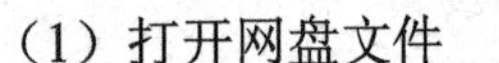

（1）打开网盘文件

启动 UG NX，打开网盘文件"练习文件\第 6 章\修剪体.prt"。

（2）修剪实体

1）选择实体。单击"主页"选项卡→"特征"组→"修剪体"图标，确认"目标"选项组的"选择体"图标高亮显示，选择图形窗口中的实体。

2）选择基准面。在"工具"选项组的"工具选项"下拉列表框中选择"面或平面"选项，单击"选择面或平面"，选择如图 6-43a 所示的基准平面。

3）指定修剪方向。在"修剪体"对话框中单击"反向"图标，单击"确定"按钮将实体进行修剪，结果如图 6-43b 所示。

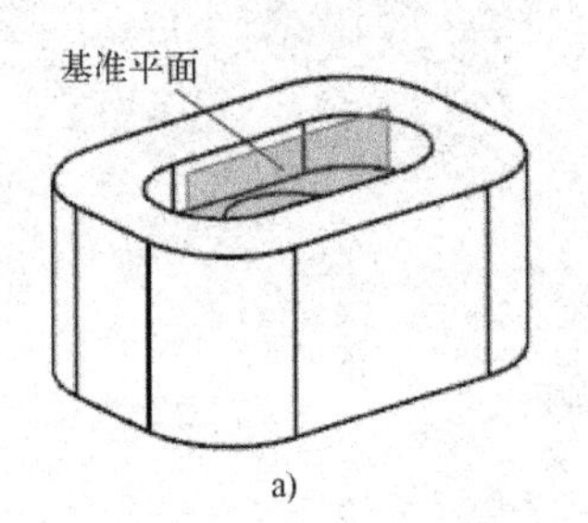

a)

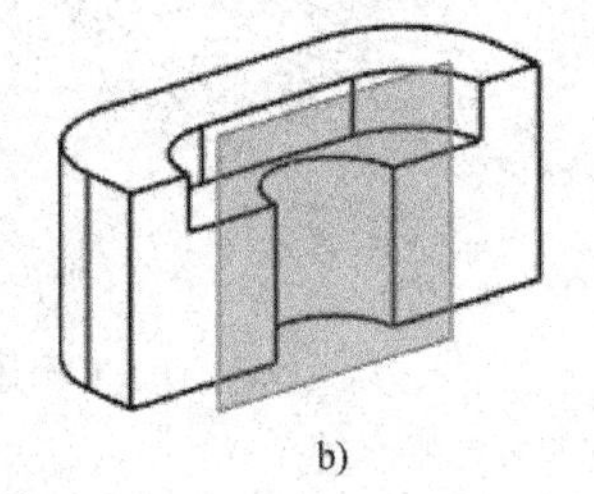

b)

图 6-43 修剪实体

a) 选择基准平面为修剪平面 b) 修剪结果

6.5.2 分割面

功能：利用一个面、基准平面或其他几何体分割一个或多个目标体。

操作命令：

菜单："菜单"→"插入"→"修剪"→"分割面"

功能区："主页"选项卡→"特征"组→"更多"库→"分割面"

操作说明：执行上述命令后打开如图 6-44 所示的"分割面"对话框，单击"要分割的面"选项组的"选择面"，从上边框条的"面规则"下拉列表框中选择某个选项，然后选择相应的对象，随后单击"分割对象"选项组的"选择对象"，选择某个面作为分割工具，最后单击“确定”按钮完成操作。

图 6-45 为分割实体表面的一个示例。该示例中，在“面规则”下拉列表框中选择“体的面”选项，以基准面分割实体表面，在“设置”选项组中取消“隐藏分割对象”复选框。

图 6-44 “分割面”对话框

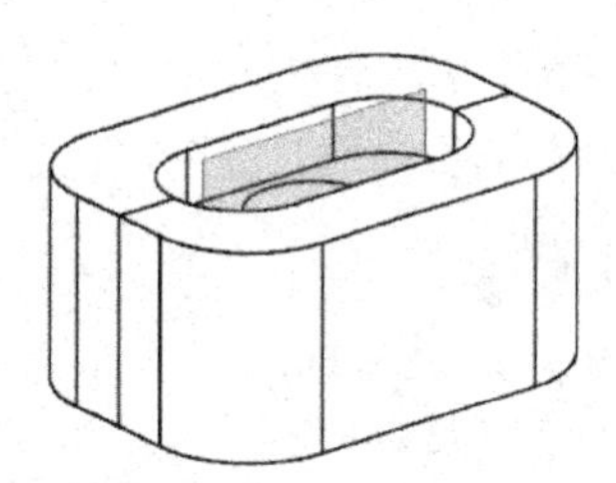

图 6-45 分割实体表面

提示：

默认情况下，“设置”选项组的“隐藏分割对象”复选框被选中，则完成分割操作后用于分割的面被隐藏。

6.6 特殊操作

6.6.1 螺纹

功能：在具有回转面的特征上生成符号螺纹或详细螺纹。这些特征包括圆孔、圆柱、圆台等。

操作命令：

菜单：“菜单”→“插入”→“设计特征”→“螺纹”

功能区：“主页”选项卡→“特征”组→“更多”库→“螺纹”

操作说明：执行上述命令后，打开如图 6-46 所示的“螺纹切削”对话框，有关选项说明如下：

（1）“符号”：该选项创建符号螺纹。螺纹以虚线圆圈的形式显示在螺纹所在面上，如图 6-47a 所示。符号螺纹使用外部螺纹表文件，以确定默认参数。该选项为默认选项。

（2）“详细”：该选项创建详细螺纹。螺纹看起来更逼真，如图 6-47b 所示，但由于其几何形状和显示比较复杂，生成和更新都需要较多的时间。详细螺纹使用内嵌的默认参数表，建立后可以复制或引用。

（3）“大径”：螺纹公称直径。对于符号螺纹，由查找表提供默认值。

图 6-46 “螺纹切削”对话框

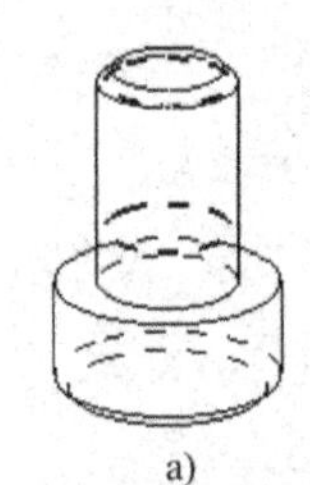

a)

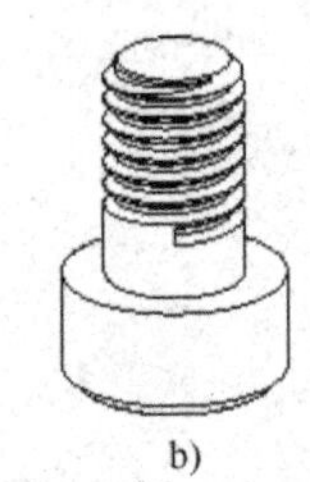

b)

图 6-47 螺纹

a) 符号螺纹 b) 详细螺纹

（4）“小径”：螺纹小径。对于符号螺纹，由查找表提供默认值。

（5）“螺距”：对于符号螺纹，由查找表提供默认值。

（6）“角度”：螺纹角。对于符号螺纹，由查找表提供默认值。

（7）“标注”：引用为符号螺纹提供缺省值的螺纹表条目。

（8）“螺纹钻尺寸”：轴尺寸/钻头尺寸。对外螺纹显示轴尺寸，内螺纹显示钻头尺寸。对于符号螺纹，由查找表提供默认值。

（9）“方法”：定义螺纹的加工方法。

（10）“成形”：决定用哪一个查找表获取参数缺省值，常用的选项为公制（如 GB193）。

（11）“螺纹头数”：指定要生成单头螺纹还是多头螺纹，当设置为 1 时创建单头螺纹。

（12）“锥孔”：选择该复选框则螺纹被拔锥。

（13）“完整螺纹”：选择该复选框则在选中表面的全部长度上生成螺纹。

（14）“长度”：用于设置螺纹长度。该长度从螺纹的起始面开始测量。

（15）“手工输入”：选择该复选框则手工输入“大径”“小径”“螺距”和“角度”等参数。

（16）“从表中选择”：单击该按钮可打开对话框，从列表中选择螺纹规格。

（17）“右旋”：设置螺纹旋向为右旋。

（18）“左旋”：设置螺纹选项为左旋。

（19）“选择起始”：单击该按钮可选择实体的某个对象以确定螺纹的起始位置。

在建立螺纹时，首先选择螺纹类型，然后指定螺纹所在面，设置螺纹参数，最后单击“确定”按钮创建螺纹。

6.6.2 比例体

功能：根据指定的比例缩放实体和片体。可以使用均匀、轴对称或通用的比例方式。

操作命令：

菜单："菜单"→"插入"→"偏置/缩放"→"缩放体"

功能区："主页"选项卡→"特征"组→"更多"库→"缩放体"

操作说明：执行上述命令后，打开如图 6-48 所示的"缩放体"对话框，在对话框的"类型"下拉列表框中的选项可进行以下三种形式缩放：

1. 均匀缩放

功能：在所有方向均匀地缩放实体，如图 6-49 所示。

操作说明：在"缩放体"对话框的"类型"下拉列表框中选择"均匀"选项，在"体"选项组选中"选择体"，选择需要缩放的实体；然后利用"缩放点"选项组指定缩放的参考点，并在"比例因子"选项组的"均匀"文本框中设置缩放比例，最后单击"确定"按钮，可将所选实体以参考点为基点按照指定的比例进行缩放。

图 6-48 "缩放体"对话框

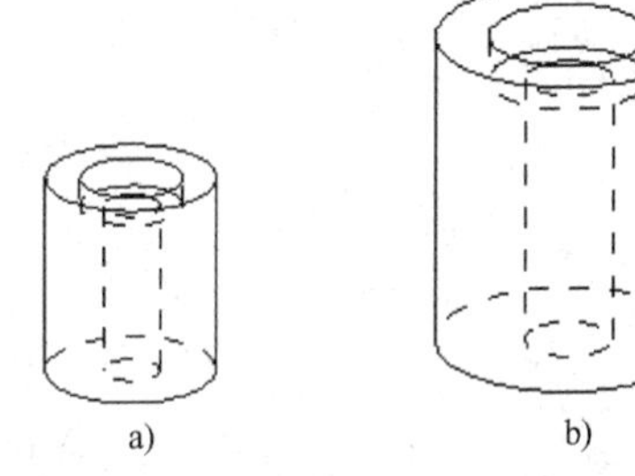

图 6-49 均匀缩放实体

a) 缩放前 b) 缩放结果

2. 轴对称缩放

功能：以设定的比例因子沿指定的轴对称缩放实体，如图 6-50 所示。

操作说明：在"缩放体"对话框的"类型"下拉列表框中选择"轴对称"选项，在"体"选项组中单击"选择体"，选择需要缩放的实体；利用"缩放轴"选项组指定缩放轴的矢量及通过点，并在"比例因子"选项组的"沿轴向"和"其他方向"文本框中分别设置缩放比例，最后单击"确定"按钮完成操作。

图 6-50 为轴对称缩放实体的一个实例，轴向缩放比例为 0.6，其他方向缩放比例为 1.5。其中 6-50a 为缩放前的实体，图 6-50b 为以圆柱轴线为缩放轴进行缩放的结果，图 6-50c 为以 XC 轴为缩放轴进行缩放的结果。

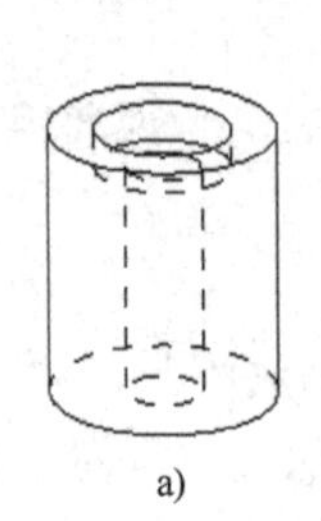
a)

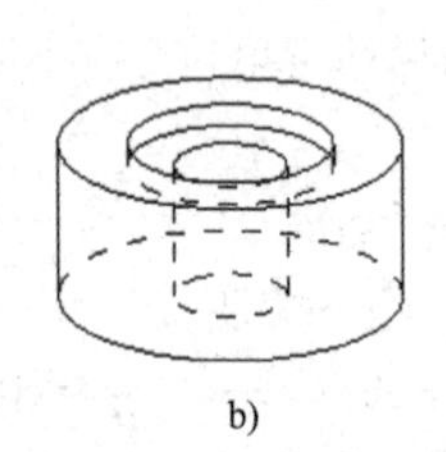
b)

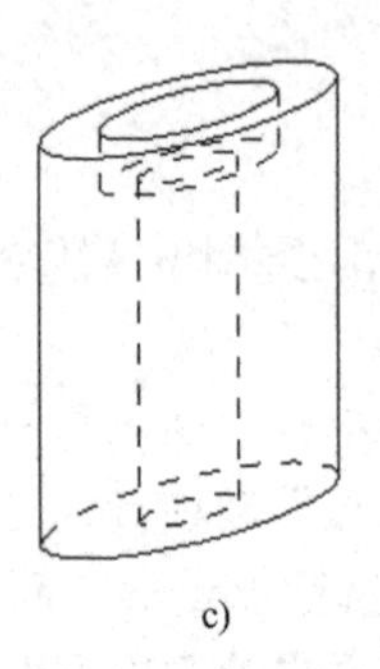
c)

图 6-50 轴对称缩放实体

a) 缩放前 b) 以圆柱轴线为参考轴 c) 以 XC 轴为参考轴

3．一般缩放

功能：在 X、Y、Z 三个方向上以不同的比例缩放实体，如图 6-51 所示。

操作说明：在“缩放体”对话框的“类型”下拉列表框中选择“常规”选项，在“体”选项组中单击“选择体”，选择需要缩放的实体，然后在“比例因子”选项组中分别设置“X 向”“Y 向”“Z 向”三个方向的缩放比例，最后单击“确定”按钮进行缩放。

🕮 **提示：**

选择实体后，在“缩放 CSYS”选项组中可根据需要设置新的 CSYS，以满足对实体进行缩放的需要。

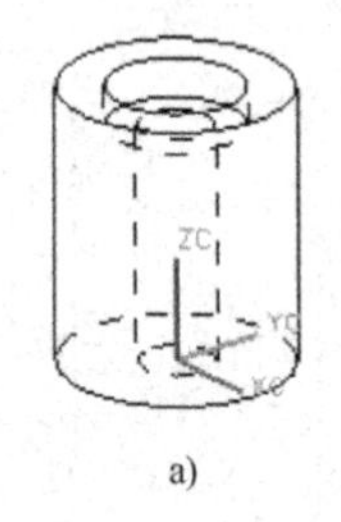

a)

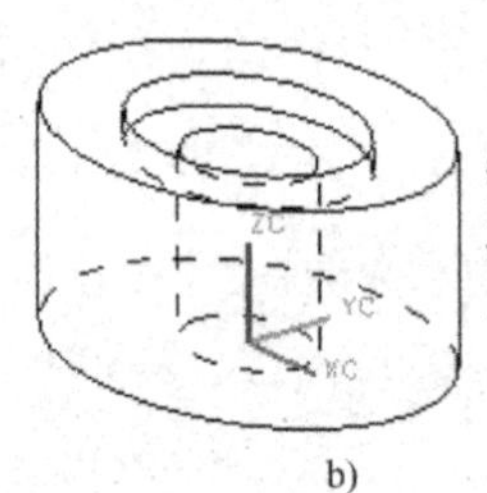

b)

图 6-51 一般缩放实体

a) 缩放前 b) 缩放结果

6.7 特征编辑

建模过程中经常需要对已经建立的模型进行修改，UG NX 的建模是基于特征的建模过程，模型中所有特征的参数均被保存，以便必要时对模型进行修改和编辑。

6.7.1 部件导航器

在图形窗口左侧的资源条中单击“部件导航器”标签可打开部件导航器，如图 6-52 所示。部件导航器在独立的窗口中以树形格式（特征树）可视化地显示模型中各个特征之间的关系，并且可以利用部件导航器对模型进行编辑。

1．部件导航器特征树中的显示标记

在特征树中以不同的显示标记显示特征之间的依赖关系等属性：

（1）⊞/⊟：以折叠/展开方式显示该特征与其他特征的依赖关系。

（2）☑：特征检查框，表示在图形窗口中显示该特征，单击该检查框则在图形窗口中隐藏该特征。

（3）特征图标：在每个特征之前都有一个特征图标，显示了该特征的类型。

2．部件导航器中特征的选择

在特征树中可以通过不同的方式选择特征，如下所述：

（1）选择单个特征：在特征树中单击某个特征则选择该特征，选中的特征在图形窗口中高亮显示。

（2）连续选择多个特征：在选择连续的多个特征时，首先选择第一个特征，然后按下键盘的<Shift>键，用鼠标选择最后一个特征，则在所选的第一个特征和最后一个特征之间的所有特征均被选中。

（3）选择不连续的多个特征：在选择不连续的多个特征时，首先按下键盘的<Ctrl>键，然后用鼠标依次选择需要的特征即可。

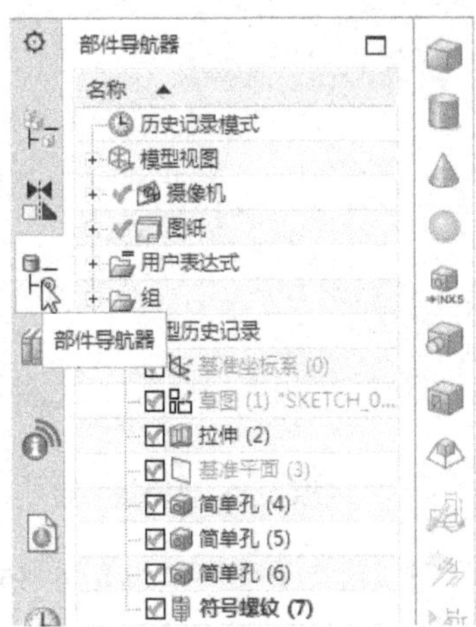

图 6-52　部件导航器

6.7.2 编辑特征参数

功能：通过修改特征的生成参数编辑特征。

命令执行方式：

可以通过以下三种方式执行特征参数编辑命令：

- 选择菜单命令“菜单”→“编辑”→“特征”→“编辑参数”，打开如图 6-53 所示的“编辑参数”对话框，在列表框中选择某个特征，单击“确定”按钮。
- 在部件导航器或图形窗口中选择某个特征，单击鼠标右键，在弹出的快捷菜单中选择“编辑参数”命令。
- 在部件导航器或图形窗口中双击某个特征。

通过上述方式执行命令后，根据所要编辑的特征，可能直接显示特征对话框，修改特征参数；也可能出现一个对话框，要求选择编辑的类型，常用的编辑选项如下：

1．特征对话框

在出现的对话框中单击该按钮后打开参数设置对话框，可以利用该对话框编辑特征的参数，对话框的参数与建立该特征时的参数对话框相同。

2．重新附着特征

选择某些特征后执行特征参数编辑命令，会在打开的对话框中显示“重新附着”按钮，单击该按钮则打开如图 6-54 所示的“重新附着”对话框，利用该对话框可以对所选的特征重新定位，具体操作方法请参考示例 5。

图 6–53 “编辑参数”对话框

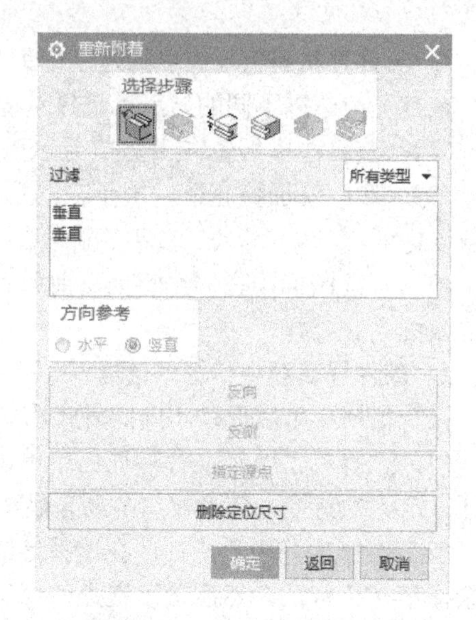

图 6–54 “重新附着”对话框

【示例 5】重新附着图 6–55a 中的垫块到如图 6–55b 所示的位置。

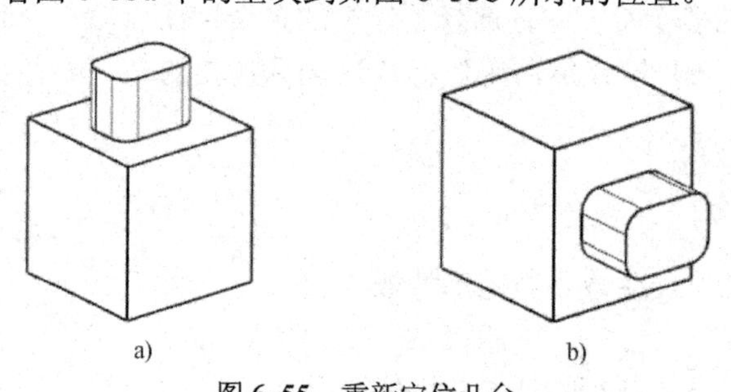

图 6–55 重新定位凸台

a) 重新定位前 b) 重新定位后

（1）打开网盘文件

启动 UG NX，打开网盘文件“练习文件\第 6 章\重新附着.prt”。

（2）重新附着垫块

1）选择垫块。在图形窗口中选择正方体上方的垫块，单击鼠标右键，在弹出的快捷菜单中选择“编辑参数”命令，在随后打开的对话框中单击“重新附着”按钮。

2）选择重新附着面和水平参考。在随后打开的对话框的“选择步骤”选项组中单击“指定目标放置面”图标，然后选择如图 6–56a 所示的立方体的右侧表面为重新附着的目标面。此时“指定参考方向”图标为选中状态，选择如图 6–56a 所示的正方体的边为水平参考。

3）重新定义定位尺寸。此时“重新定义定位尺寸”图标为选中状态，选择图 6–56a 所示的尺寸，选择如图 6–56a 所示的立方体的边为目标边，选择图 6–56a 所示垫块顶面的边缘为工具边；然后选择如图 6–56b 所示的尺寸，选择如图 6–56b 所示的立方体的边缘为目标边，选择图 6–56b 所示的垫块的顶面边缘为工具边，最后依次单击“确定”按钮关闭所有的对话框，则垫块进行重新定位，结果如图 6–55b 所示。

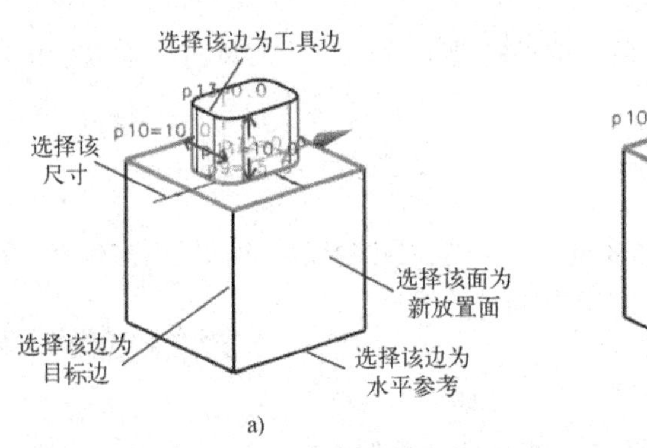

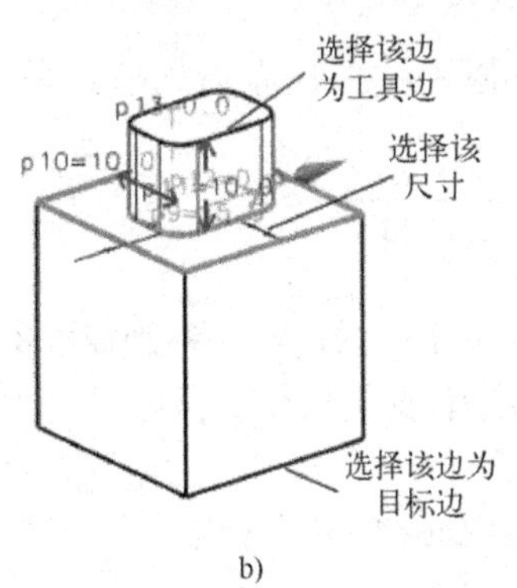

a) b)

图 6-56 重新定义定位尺寸

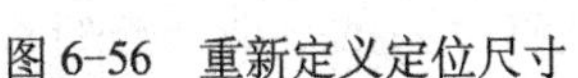

a) 编辑第一个定位尺寸 b) 编辑第二个定位尺寸

3. 更改特征类型

当选择孔或槽特征时，执行上述命令后在打开的对话框中显示“更改类型”按钮，利用该选项可以改变孔或槽的类型。

4. 编辑扫描特征

当选择的特征是扫描特征时，执行上述命令后打开创建该特征时的对话框，利用该对话框可以修改特征的创建参数。

5. 编辑基准特征

当选择基准面或基准轴后，执行上述命令打开与建立基准面或基准轴时基本相同的对话框对其进行编辑。

6. 编辑引用特征

当选择阵列特征并执行上述命令后，将打开“阵列特征”对话框编辑参数。

6.7.3 编辑位置

功能：通过编辑特征的定位尺寸来编辑特征的位置。可以进行编辑尺寸值、增加尺寸或删除尺寸等操作。

命令执行方式：

可以通过以下两种方式执行编辑位置命令：

- 选择菜单命令“菜单”→“编辑”→“特征”→“编辑位置”，在打开的对话框中选择需要编辑的特征，单击“确定”按钮。
- 在部件导航器或图形窗口中选择某个特征，单击鼠标右键，在弹出的快捷菜单中选择“编辑位置”命令。

操作说明：执行上述命令后，打开如图 6-57 所示的“编辑位置”对话框，各选项的说明如下：

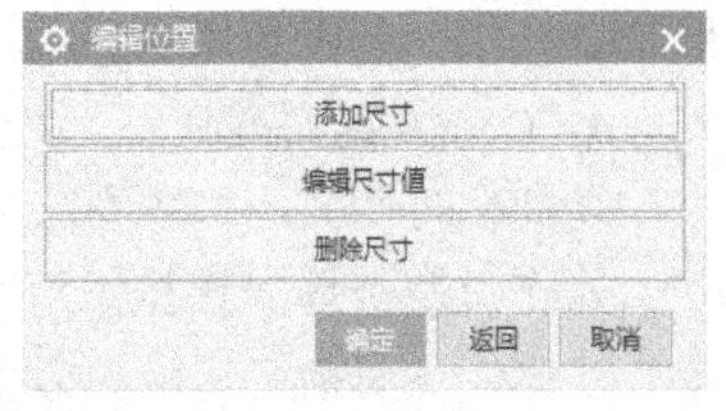

图 6-57 “编辑位置”对话框

（1）“添加尺寸”：单击该按钮后打开“定位”对话框，可以利用该对话框添加尺寸。

（2）“编辑尺寸值”：单击该按钮后，用鼠标选择需要编辑的尺寸，此时打开“编辑表达式”对话框，编辑该尺寸数值后单击“确定”按钮则修改此尺寸。

（3）“删除尺寸”：单击该按钮后，选择需要删除的尺寸，单击“确定”按钮可删除该尺寸。

6.7.4 移动特征

功能：将无关联的特征移到需要的位置。不能用此功能移动已经用定位尺寸约束位置的特征，若欲进行此类操作，需要采用“编辑位置”命令。

操作命令：

菜单：“菜单”→“编辑”→“特征”→“移动”

操作说明：执行上述命令后，在打开的对话框的列表框中选择需要编辑的特征后单击“确定”按钮，打开如图 6-58 所示的“移动特征”对话框，各选项说明如下：

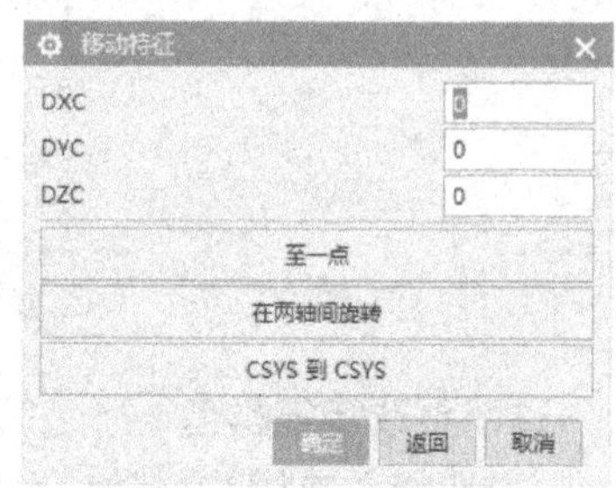

图 6-58 “移动特征”对话框

1. XC、YC 和 ZC 增量

通过在 DXC、DYC、DZC 文本框中输入特征在三个坐标轴方向的增量（即特征沿 X、Y、Z 轴移动的距离）来移动特征。

2. 至一点

功能：将特征移至指定的点。

操作说明：单击该按钮后，打开“点”对话框，分别指定参考点和目标点，单击“确定”按钮，则该特征随指定的参考点移至目标点，如图 6-59 所示。

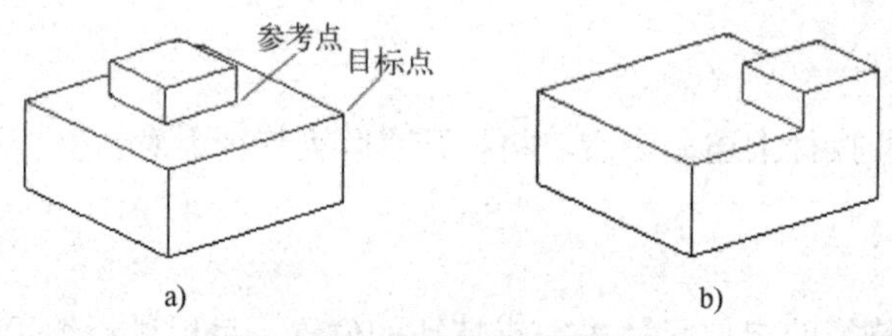

图 6-59 移动特征到指定点

a) 选择参考点和目标点 b) 编辑结果

3. 在两轴间旋转

功能：将特征在指定的参考轴和目标轴之间旋转。

操作说明：单击该按钮后打开“点”对话框，利用该对话框指定参考点，单击“确定”按钮，打开“矢量”对话框，利用该对话框指定参考轴后单击“确定”按钮，然后指定目标轴，最后单击“确定”按钮，可将所选特征以参考点为基点从参考轴旋转至目标轴。

4. CSYS 到 CSYS

功能：将特征从参考坐标系移至目标坐标系。

操作说明：单击该按钮后，打开“CSYS”对话框，指定特征的参考坐标系，单击“确定”按钮，然后指定目标坐标系，单击“确定”按钮，则所选特征移至目标坐标系，并且该特征相对于目标坐标系的位置与参考坐标系的相同，如图 6-60 所示。

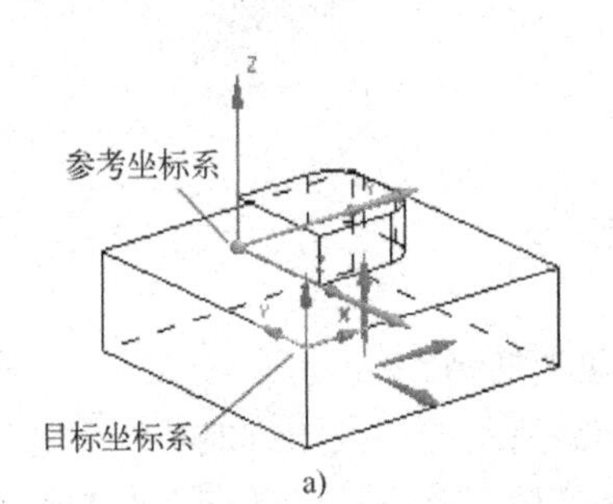

a)

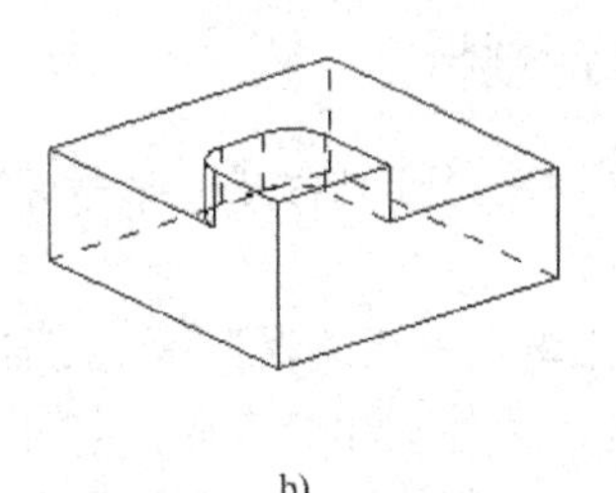

b)

图 6-60 移动特征到指定坐标系

a) 定义参考坐标系和目标坐标系 b) 编辑结果

6.7.5 抑制特征

功能：临时从目标体及显示中删除一个或多个特征。抑制的特征依然存在于数据库里，只是将其从模型中删除了，可以利用“取消抑制特征”命令重新显示被抑制的特征。抑制特征用于下列场合：

- 减小模型的大小，使之更容易操作，尤其当模型相当大时。抑制特征能够加速模型生成、对象选择、编辑和缩短显示时间。
- 为了进行分析工作，可从模型中删除像小孔和圆角之类的非关键特征。
- 在冲突几何体的位置创建特征。例如：如果需要用已经创建圆角的边来放置特征，则不需删除圆角。可抑制圆角，创建并放置新特征，然后取消抑制圆角。

操作命令：

菜单：“菜单”→“编辑”→“特征”→“抑制”

操作说明：执行上述命令后，打开如图 6-61 所示的“抑制特征”对话框，上部的列表框列出了当前工作部件的所有特征，选择需要抑制的特征后，该特征出现在下方的列表框中，单击“确定”按钮可抑制所选特征。

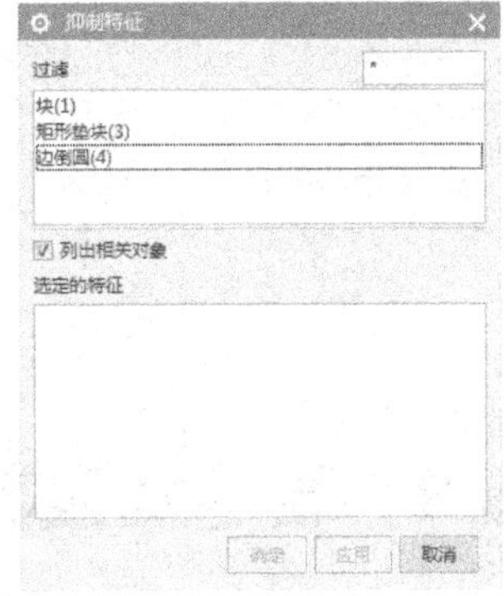

图 6-61 “抑制特征”对话框

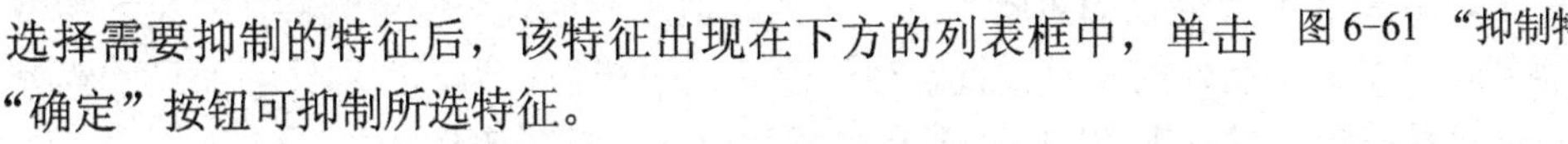

另外，可在部件导航器或图形窗口中选择需要抑制的特征，单击鼠标右键，在弹出的快捷菜单中选择“抑制”命令，将所选特征抑制。

图 6-62 为抑制特征的一个实例，其中图 6-62a 为抑制前的实体，图 6-62b 为将凸台抑制后的结果。

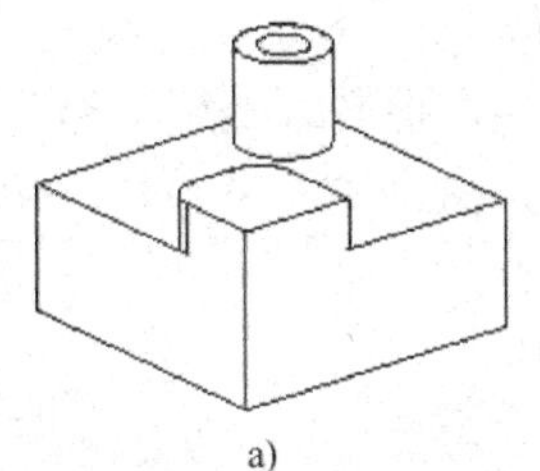

a)

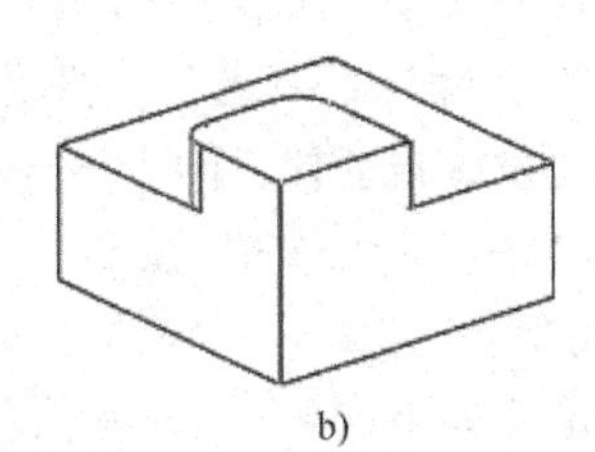

b)

图 6-62 抑制特征

a) 抑制凸台和圆孔前 b) 抑制凸台和圆孔后

6.7.6 取消抑制特征

功能：调用由“抑制特征”命令抑制的特征。

操作命令：

菜单：“菜单”→“编辑”→“特征”→“取消抑制”

操作说明：执行上述命令后，打开如图 6-63 所示的“取消抑制特征”对话框，上部的列表框列出已被抑制的特征，选择需要调用的特征后，该特征出现在下方的列表框中，单击“确定”按钮则在实体上重新显示所选特征。

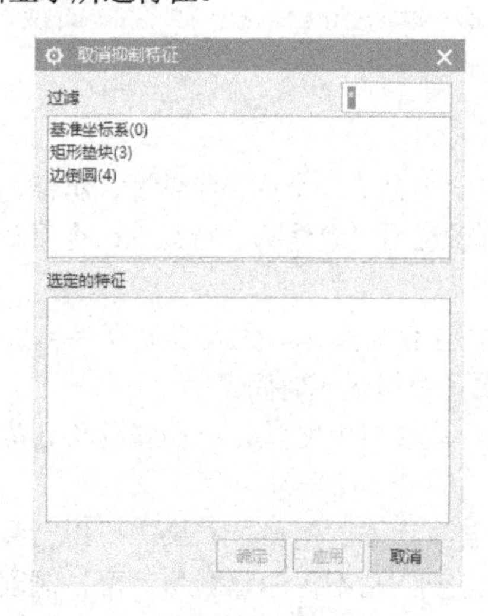

图 6-63 “取消抑制特征”对话框

6.8 表达式及其应用

表达式是 UG NX 参数化建模的重要工具，例如，通过表达式可以控制特征的尺寸和位置，也可以控制装配中各个组件的相对位置。在创建和定位特征、为草图曲线添加尺寸约束和建立装配条件时系统自动建立表达式，必要的时候可以手工建立表达式。

6.8.1 表达式的基本概念

表达式的一般形式为：A=B+C，其中 A 为表达式变量，也称表达式名，B+C 的和赋值给 A，在别的表达式中通过引用 A 可引用 B+C 的和。

表达式名可以是字母、数字或文字和数字的混合，但必须是用字母开头，在表达式名中也可以采用下画线，系统自动建立的表达式名为 p0，p1，p2，……。

UG NX 中可以采用以下三种表达式：

1．算术表达式

算术表达式的形式如下：

p0=5，p1==10，p2=p1+p2，p3=p2/3， p4=5*p2

在算术表达式中可以采用表 6-1 中列出的算术运算符。

表 6-1 算术运算符

+	加法	%	取模
-	减法和负号	^	指数
*	乘法	=	赋值
/	除法		

在表达式中，还可以采用 UG NX 提供的内置函数，如表 6-2 所示。

表 6-2 内置函数

	名 称	描 述
数学函数	abs	绝对值，**abs**(x) = |x|
	acos	反余弦，**acos**(x) = arccos(x)，结果是弧度
	asin	反正弦，**asin**(x) = arcsin(x)，结果是弧度
	atan	反正切，**atan**(x) = arctan(x)，结果是弧度
	atan2	反正切，**atan2**(x, y) = arctan(x / y)，结果是弧度
	ceil	向上取整，**ceil**(x) = x 是一个实数，函数返回大于或等于 x 的最接近的整数，如果 a = ceil(1.1)，a 等于 2
	cos	余弦，**cos**(x) = cos(x), x 必须是度数
	cosh	双曲余弦，**cosh**(x) = cosh(x)
	deg	度数转换，**deg**(x) 将弧度转换成度数
	exp	指数，**exp**(x) = e^x
	fact	阶乘，**fact**(x) = x!
	floor	向下取整，**floor**(x) = x 是一个实数，函数返回小于或等于 x 的最接近的整数，如果 a = floor(6.7)，a 等于 6
	hypot	直角三角形斜边，**hypot**(x, y) = $\sqrt{x^2+y^2}$
	log	自然对数，**log**(x) = ln (x)
	log10	常用对数，**log10**(x) = lg(x)
	rad	弧度转换，**rad**(x) 将度数转换成弧度
	sin	正弦，sin(x) = **sin**(x)，x 必须是度数
	sinh	双曲正弦，**sinh**(x) = sinh(x)
	sqrt	平方根，**sqrt** (x) = $\sqrt{x}$
	tan	正切，tan(x) = **tan**(x)，x 必须是度数
	tanh	双曲正切，**tanh**(x) = tanh(x)
	trnc	舍位，**trnc**(x) 删除数字 x 的所有小数部分（小数点右边的所有数字）
	pi()	无自变量，返回 π 的值
单位转换函数	cm	**cm**(x) 将 x 从厘米转换成部件文件缺省的单位
	ft	**ft**(x) 将 x 从英尺转换成部件文件缺省的单位
	grd	**grd**(x) 将 x 从梯度转换成度数
	in	**in**(x) 将 x 从英寸转换成部件文件默认的单位
	km	**km**(x) 将 x 从千米转换成部件文件默认的单位
	mc	**mc**(x) 将 x 从微米转换成部件文件默认的单位
	min	**min**(x) 将 x 从分转换成度
	ml	**ml(x)** 将 x 从英里转换成部件文件默认的单位
	mm	**mm**(x) 将 x 从毫米转换成部件文件的默认单位
	mtr	**mtr**(x) 将 x 从米转换成部件文件的默认单位
	sec	**sec**(x) 将 x 从秒转换成度
	yd	**yd**(x) 将 x 从码转换成部件文件的默认单位

2．条件表达式

条件表达式如下所示：

Height＝if（Width<10）（6）else（10）

该表达式的含义为：如果 Width 的值小于 10，则 Height 的值为 6；当 Width 的值大于或等于 10 时，Height 的值为 10。

在条件表达式中可以采用表 6-3 中列出的逻辑运算符。

表 6-3　逻辑运算符

符　号	含　义	符　号	含　义
>	大于	!=	不等于
<	小于	!	非
>=	大于或等于	&&	逻辑“与”
<=	小于或等于	||	逻辑“或”
==	等于		

3．几何表达式

几何表达式可以参考某些几何属性作为定义特征参数的约束。几何表达式有以下类型：

距离表达式：基于两个对象间、点与对象间或两个点间最小距离的表达式。

长度表达式：基于曲线或边的长度的表达式。

角度表达式：基于两条线间、一条弧与一条线间或两条弧间的角度的表达式。

6.8.2 表达式对话框

选择菜单命令“菜单”→“工具”→“表达式”，或在功能区的“工具”选项卡中单击“表达式”图标＝，打开如图 6-64 所示的表达式对话框，利用该对话框可以显示和编辑系统定义的表达式，也可以建立用户定义的表达式。

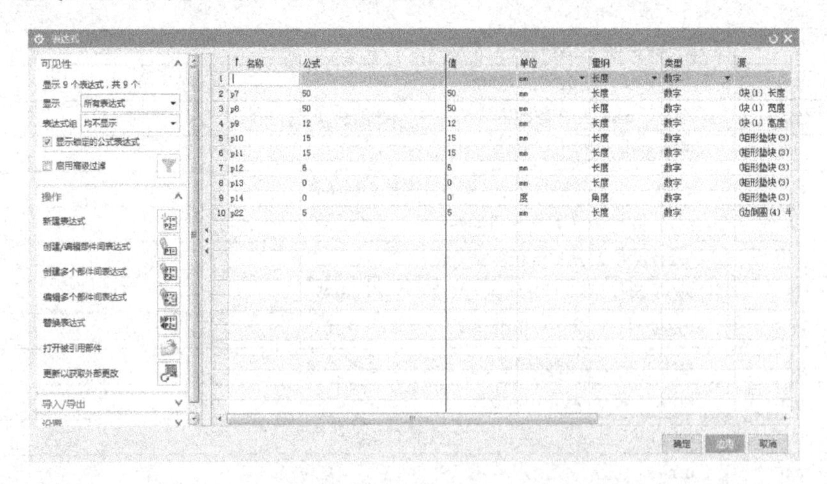

图 6-64 “表达式”对话框

从“表达式”对话框的“显示”下拉列表框中可以选择不同的选项以显示不同类型的表达式。双击每个表达式的“名称”和“公式”文本框，可根据需要编辑表达式的名称和参数值。用户可根据需要创建自定义表达式，并可删除自定义的表达式。下面通过具体示例介绍表达式的应用。

【示例 6】表达式建模与编辑应用。

UG NX 建模过程是基于特征的建模过程，利用草图特征、基准特征和成形特征等特征进行建模，在建立特征后该特征的所有参数均被保留，之后可通过修改参数编辑特征。如果需要某个特征的若干参数保持一定的关联关系（如圆柱的直径为其高度的 1/3），或者某个部件的若干特征之间的参数存在一定的关系，可通过表达式建立参数间的关联关系，从而提高建模的准确性以及特征编辑的方便性。本示例通过建立如图 6-65 所示的套筒介绍利用表达式建立和编辑特征的方法，具体步骤如下：

（1）建立新部件文件

启动 UG NX，选择目录建立新部件文件“套筒.prt”，单位为毫米。

（2）创建圆柱

执行“圆柱”命令，在打开的对话框的“类型”下拉列表框中选择“轴、直径和高度”选项，在“轴”选项组中设置轴线方向为 Z 轴，底面圆心为坐标原点，设置圆柱直径为 40mm，高度为 50mm，最后单击“确定”按钮创建圆柱。

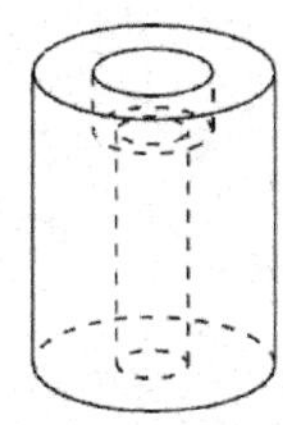

图 6-65　套筒

设置视图方向为正三轴测图，渲染样式为静态线框，并设置不可见轮廓线显示为虚线。

3. 编辑表达式

在功能区的“工具”选项卡中单击“表达式”图标打开“表达式”对话框，在对话框左侧的“可见性”选项组的“显示”下拉列表框中选择“所有表达式”选项，在右侧的表中双击表达式名称“p6”，然后将其修改为“dia”，利用同样的方法，将“p7”表达式重新命名为“hei”，单击“确定”按钮关闭对话框。

4. 创建沉头孔

执行“NX5 版本之前的孔”命令，在打开的对话框的“类型”选项组中单击“沉头镗孔”图标，选择上述创建的圆柱的顶面为放置面，选择圆柱的底面为通过面，在对话框中设置参数：“沉头孔径”为 dia/2，“沉头深度”为 hei/5，“孔径”为 hei/5+2，单击“确定”按钮，在随后打开的“定位”对话框中单击“点落在点上”图标，然后选择圆柱顶面边缘，在打开的“设置圆弧的位置”对话框中单击“圆弧中心”按钮创建沉头孔，得到如图 6-65 所示的套筒。

5. 编辑套筒

在“工具”选项卡中单击“表达式”图标打开“表达式”对话框，选择“dia”和“hei”表达式进行编辑后单击“应用”按钮，可以观察到，当圆柱的直径和高度改变时，沉头孔的参数也相应改变。

6.9　特征操作与编辑范例解析

6.9.1 端盖创建范例

本节通过介绍如图 6-66 所示的端盖制作方法重点介绍边倒圆、倒斜角、环形阵列特征的创建方法。

1．建立新部件文件

启动 UG NX，选择目录建立新部件文件“端盖.prt”，单位为毫米。

2．创建圆柱

执行“圆柱”命令，在打开的“圆柱”对话框的“类型”下拉列表框中选择“轴、直径和高度”选项，在“轴”选项组中设置圆柱轴向为 ZC 轴方向，圆柱底面圆心坐标为（0,0,0），设置圆柱直径为 100mm，高度为 15mm，布尔操作方式为“无”，最后单击“确定”按钮创建圆柱。

设置视图方向为正三轴测图，渲染样式为带有隐藏边的线框，如图 6-67 所示。

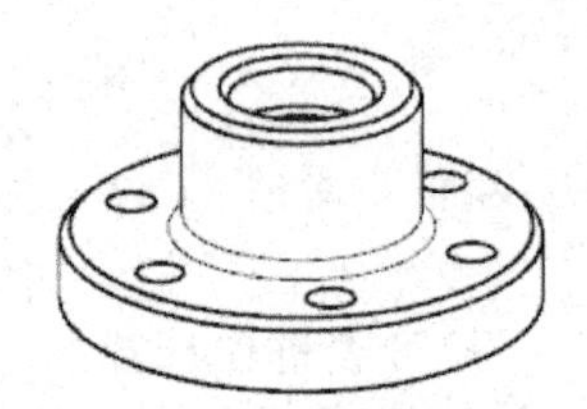

图 6-66　端盖

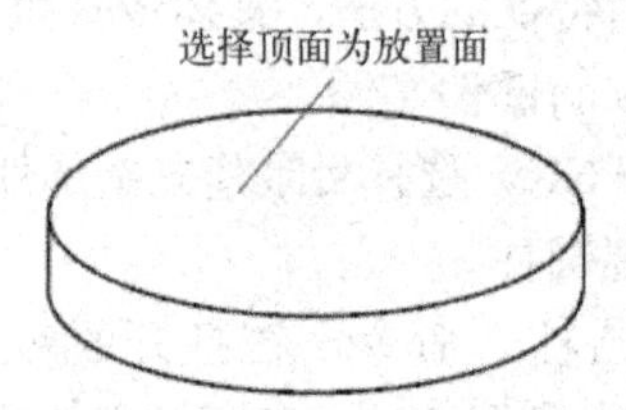

图 6-67　创建圆柱

3．在圆柱顶面创建凸台

单击“主页”选项卡→“特征”组→“更多”库→“凸台”图标，选择如图 6-67 所示的上述创建的圆柱的顶面为放置面，设置凸台的直径为 50mm，高度为 30mm，锥角为 0，单击“确定”按钮，在随后打开的“定位”对话框中单击“点落在点上”图标，选择圆柱顶面边缘，在打开的“设置圆弧的位置”对话框中单击“圆弧中心”按钮创建凸台，得到的实体如图 6-68 所示。

4．在凸台上创建沉头孔

（1）指定位置

单击“主页”选项卡→“特征”组→“孔”图标，在打开的“孔”对话框的“类型”下拉列表框中选择“常规孔”选项，此时“位置”选项组的“指定点”为选中状态，在上边框条中激活“圆弧中心”捕捉方式，捕捉如图 6-68 所示的凸台顶面圆心为圆孔中心。

（2）设置孔的类型及参数

在“形状和尺寸”选项组的“成形”下拉列表框中选择“沉头”选项，“沉头直径”为 30mm，“沉头深度”为 10mm，“直径”为 20mm，在“深度限制”下拉列表框中选择“直至选定对象”，选择如图 6-68 所示的圆柱底面为通过面，选择布尔运算方式为“减去”，单击“确定”按钮创建沉头孔，得到的实体如图 6-69 所示。

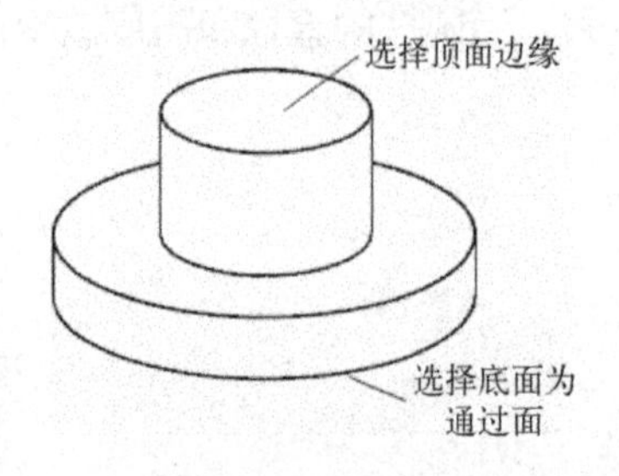

图 6-68　创建凸台

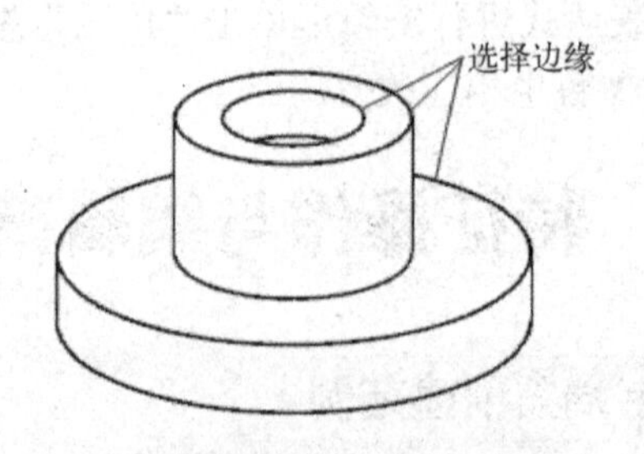

图 6-69　创建沉头孔

5. 创建倒角

单击“主页”选项卡→“特征”组→“倒斜角”图标，确认“边”选项组的“选择边”高亮显示，选择如图 6-69 所示的实体边缘，在“偏置”选项组的“横截面”下拉列表框中选择“对称”选项，在“距离”文本框中输入 2，最后单击“确定”按钮倒角，得到的实体如图 6-70 所示。

6. 创建圆角

单击“主页”选项卡→“特征”组→“边倒圆”图标，选择如图 6-70 所示的凸台底面与圆柱顶面的交线，在“边”选项组的“半径 1”文本框中设置圆角半径为 3mm，单击“确定”按钮创建圆角，得到的实体如图 6-71 所示。

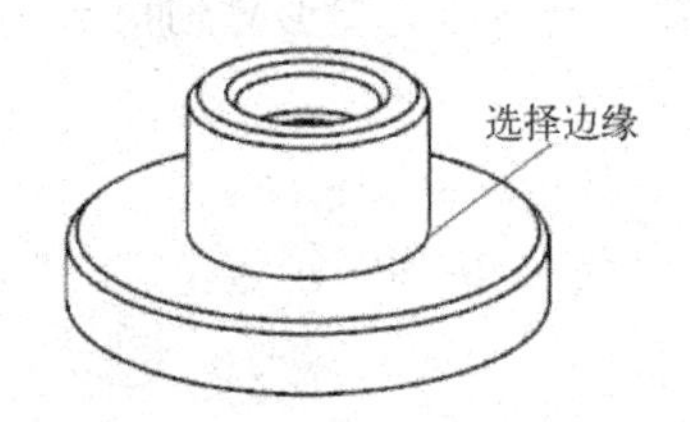

图 6-70　创建倒角

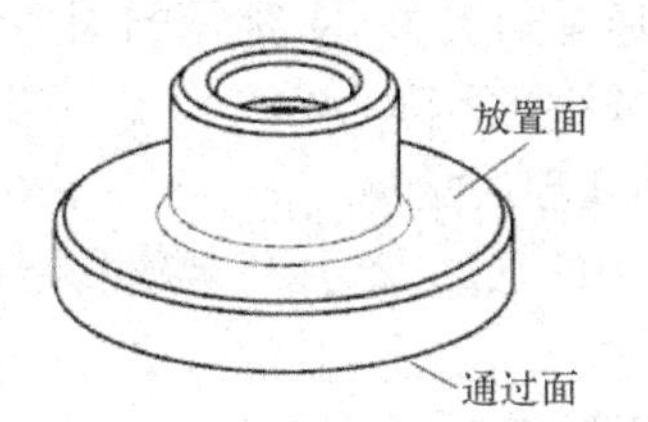

图 6-71　创建圆角

上述创建的模型可参考网盘文件“练习文件\第 6 章\端盖－1.part”。

7. 创建圆孔

（1）选择放置面和通过面

执行“NX5 版本之前的孔”命令，在打开的“孔”对话框的“类型”选项组中单击“简单”图标，分别选择如图 6-71 所示的圆柱顶面和底面为放置面和通过面，设置圆柱的直径为 10mm，单击“确定”按钮。

（2）定位圆孔

在随后打开的“定位”对话框中单击“水平”图标，选择圆柱顶面边缘，在打开的“设置圆弧位置”对话框中单击“圆弧中心”按钮，在随后打开的对话框中设置距离为 0，单击“应用”按钮。

在随后打开的“定位”对话框单击“竖直”图标，选择圆柱顶面边缘，在打开的“设置圆弧位置”对话框单击“圆弧中心”按钮，在随后打开的对话框设置距离为 38 毫米，单击“确定”按钮创建圆孔，得到的实体如图 6-72 所示。

8. 将圆孔圆形阵列

单击“主页”选项卡→“特征”组→“阵列特征”图标，选择上步创建的圆孔，在“布局”下拉列表框中选择“圆形”命令，在“间距”下拉列表框中选择“数量和间隔”选项，在“数量”文本框中输入 6，在“节距角”文本框中输入 60。

在“旋转轴”选项组中单击“指定矢量”，并单击其最右侧的箭头，选择（自动判断的矢量）选项，选择如图 6-72 所示的圆柱面，在“阵列方法”选项组的“方法”下拉列表框中选择“简单”选项，单击“确定”按钮创建阵列，得到的模型如图 6-73 所示。

上述创建的模型可参考网盘文件“练习文件\第 6 章\端盖－2.prt”。

9. 保存文件

在功能区选择菜单“文件”→“关闭”→“保存并关闭”，保存并关闭部件文件。

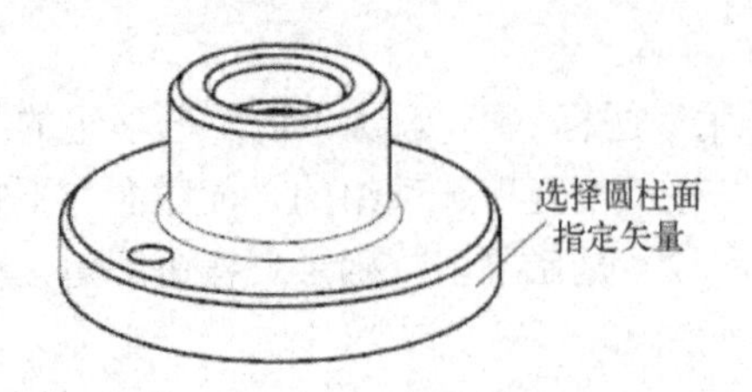

图 6-72 创建圆孔

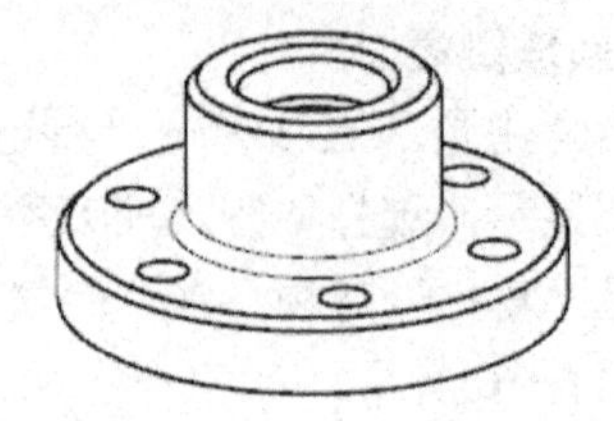

图 6-73 创建孔的圆形阵列

6.9.2 阀体创建范例

本节通过如图 6-74 所示的阀体介绍螺纹、边倒圆、倒斜角、矩形阵列特征、圆形阵列特征和镜像特征等特征操作。

1. 新建部件文件

启动 UG NX，选择目录建立新部件文件“阀体.prt”，单位为毫米。

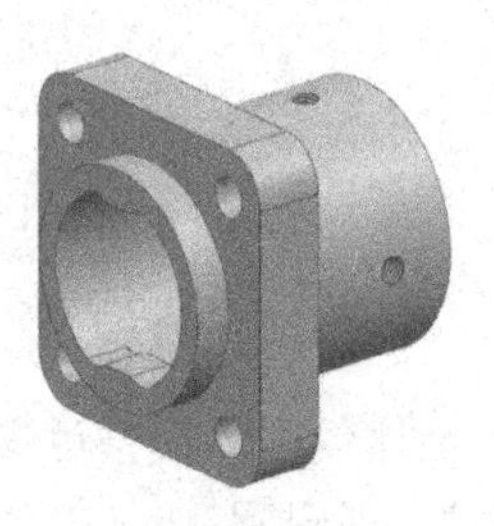

图 6-74 阀体

2. 创建圆柱

执行“圆柱”命令，在打开的“圆柱”对话框的“类型”下拉列表框中选择“轴、直径和高度”选项，在“轴”选项组中设置圆柱轴线方向为 YC 轴方向，圆柱底面圆心坐标为（0,0,0），设置圆柱直径为 50mm，高度为 8mm，选择布尔运算方式为“无”，最后单击“确定”按钮创建圆柱。

设置视图方向为正三轴测图，渲染样式为静态线框，并设置不可见轮廓线显示为虚线。

3. 创建基准平面

在功能区“视图”选项卡的“工作图层”下拉列表框 1 中输入 61 后按键盘的<Enter>键，建立新图层 61 层并设置为工作层。

单击“主页”选项卡→“特征”组→“基准平面”图标，在“基准平面”对话框的“类型”下拉列表框中选择“通过对象”选项，选择上述创建的圆柱的圆柱面，单击“应用”按钮创建第一个基准平面，如图 6-75 所示。

在“基准平面”对话框的“类型”下拉列表框中选择“曲线和点”选项，在“曲线和点类型”选项组的“子类型”下拉列表框中选择“三点”，在上边框条中按下图标，激活象限点捕捉功能，依次捕捉如图 6-76 所示的三个象限点，单击“确定”按钮创建第二个基准平面。

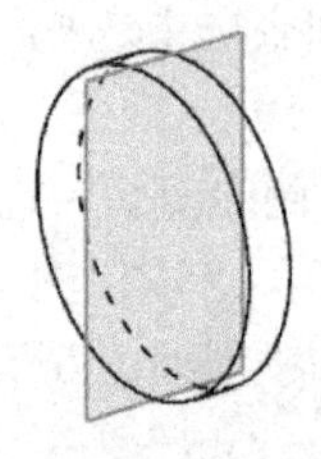

图 6-75 创建第一个基准平面

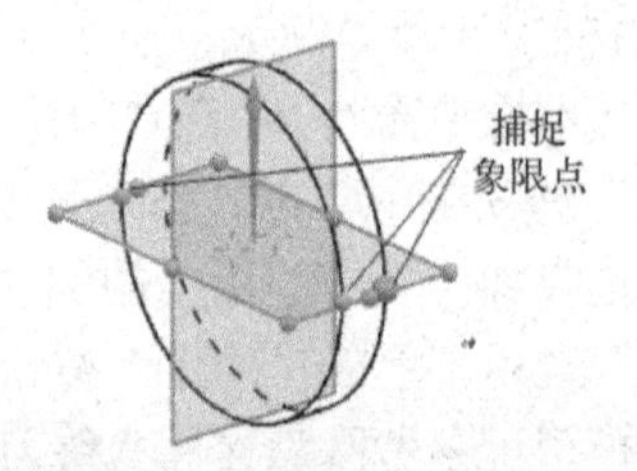

图 6-76 创建第二个基准平面

4. 创建矩形垫块

（1）选择放置面和水平参考

在功能区“视图”选项卡的“工作图层”下拉列表框 中输入 1 后按键盘的<Enter>键，重新设置 1 层为工作层。

单击“主页”选项卡→“特征”组→“更多”库→“垫块”图标，在随后打开的对话框中单击“矩形”按钮，选择上述创建的圆柱的右侧顶面为放置面，选择竖直方向的基准平面为水平参考，在随后打开的对话框中设置如图 6-77 所示的参数，单击“确定”按钮。

（2）定位垫块

在“定位”对话框中单击“线落在线上”图标，选择如图 6-78 所示的竖直方向的基准平面为目标体，选择图 6-78 所示的垫块宽度方向的对称中心线为工具体；再次在“定位”对话框中单击“线落在线上”图标，选择如图 6-79 所示的水平方向的基准平面为目标体，选择图 6-79 所示的凸垫长度方向的对称中心线为工具体，创建的矩形垫块如图 6-80 所示。

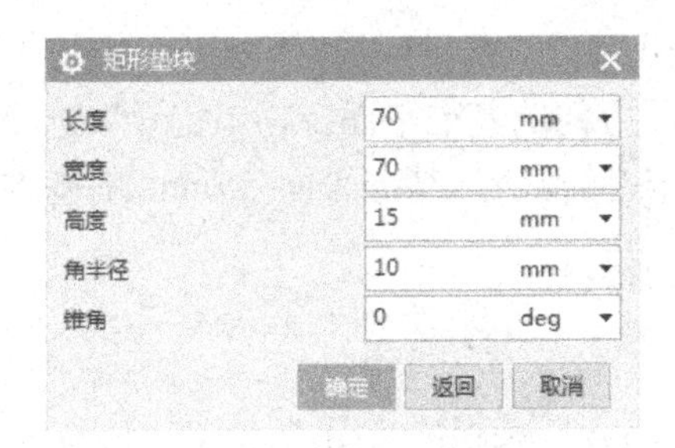

图 6-77 设置参数

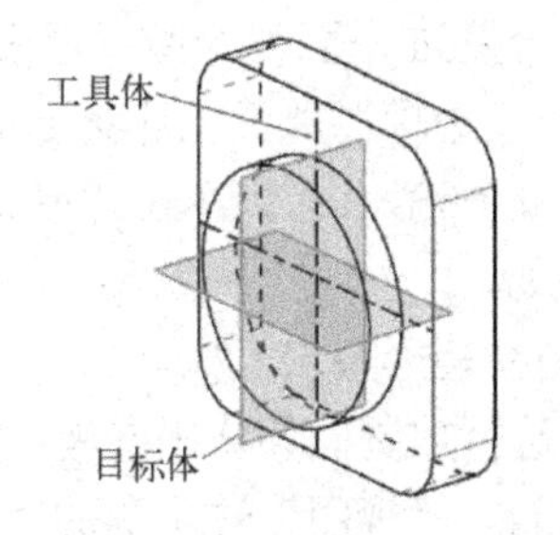

图 6-78 选择第一组目标体和工具体

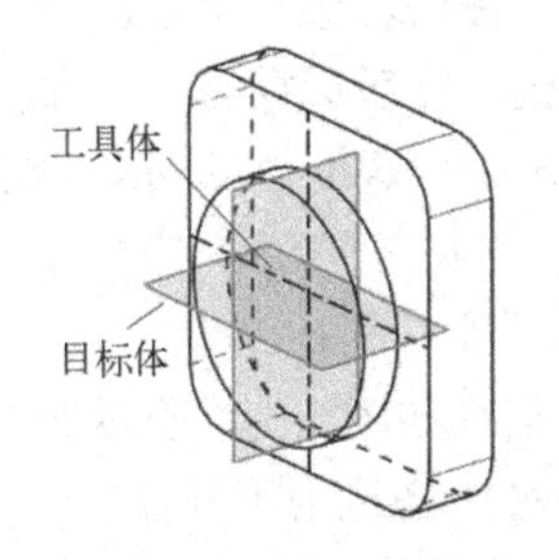

图 6-79 选择第二组目标体和工具体

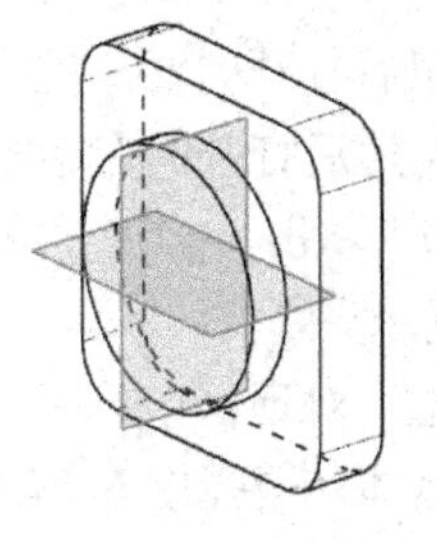

图 6-80 创建的矩形垫块

上述创建的模型可参考网盘文件“练习文件\第 6 章\阀体－1.part”。

5. 创建凸台

单击“主页”选项卡→“特征”组→“更多”库→“凸台”图标，选择上述创建的垫块的右侧顶面为放置面，设置凸台的直径为 55mm，高度为 40mm，锥角为 0，单击“确定”按钮，在打开的对话框中利用（点落在点上）定位方式，使凸台与第 2 步创建的圆柱同轴，得到的实体如图 6-81 所示。

6. 创建沉头孔

执行“NX5 版本之前的孔”命令，分别选择如图 6-81 所示的圆柱的顶面和凸台的顶面为放置面和通过面创建沉头孔，设置沉头孔的参数：沉头直径为 40mm，沉头深度为

55mm，孔径为 25mm，单击“确定”按钮，然后采用“点落在点上”定位方法定位沉头孔位于圆柱的中心，得到的实体模型如图 6-82 所示。

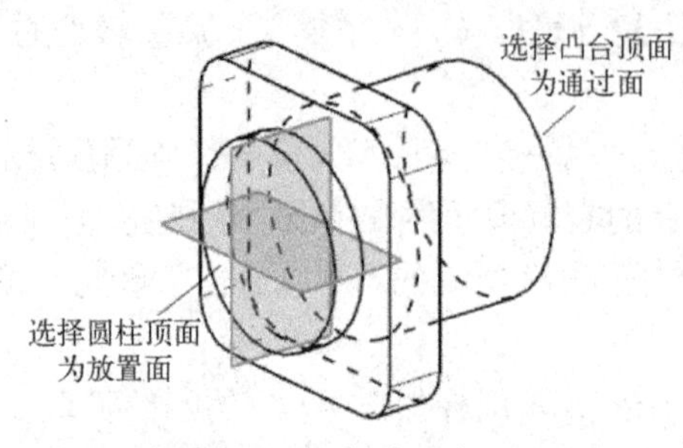

图 6-81 创建凸台

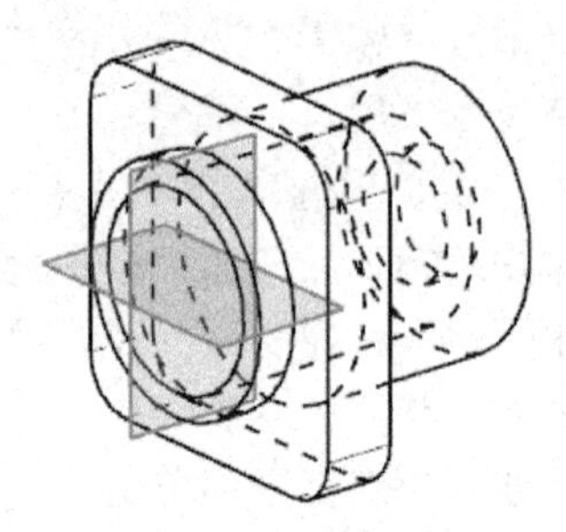

图 6-82 创建沉头孔

7. 创建基准平面

在功能区“视图”选项卡的“工作图层”下拉列表框 1 中输入 62 后按键盘的<Enter>键，建立新图层 62 层并设置为工作层。

执行“基准平面”命令，在打开的“基准平面”对话框的“类型”下拉列表框中选择“自动判断”选项，选择上述第 3 步创建的水平方向的基准平面，在“偏置”选项组的“距离”文本框中输入-17，单击“确定”按钮，创建距离所选基准平面 17mm 的基准平面，如图 6-83 所示。

8. 创建矩形垫块

（1）选择放置面和水平参考

在功能区“视图”选项卡的“工作图层”下拉列表框 62 中输入 1 后按键盘的<Enter>键，重新设置 1 层为工作层。

执行“垫块”命令，在打开的对话框中单击“矩形”按钮，选择上步创建的基准平面为放置面，在随后打开的对话框中单击“接受默认边”按钮，然后选择竖直方向的基准平面为水平参考，在随后打开的对话框中设置垫块的长度为 10mm，宽度为 8mm，高度为 5mm，其余参数为 0，单击“确定”按钮。

（2）定位垫块

在“定位”对话框中单击“线落在线上”图标，选择如图 6-84 所示的竖直方向的基准平面为目标体，选择图 6-84 所示的垫块宽度方向的对称中心线为工具体。

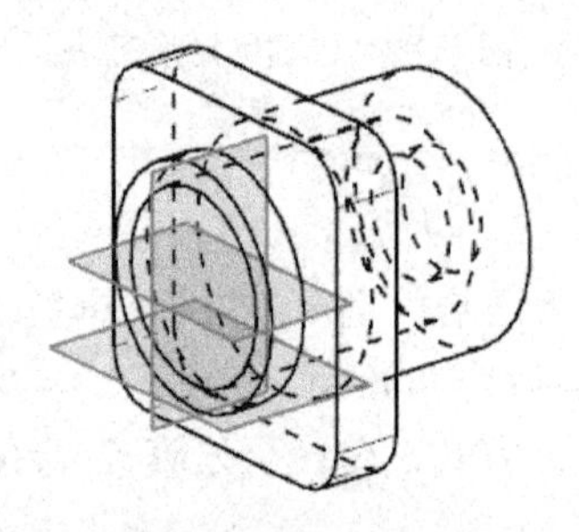

图 6-83 创建基准平面

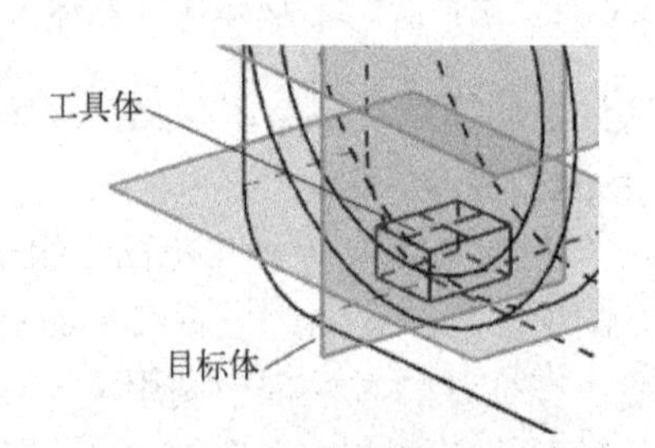

图 6-84 选择第一组目标体和工具体

在“定位”对话框中单击“水平”图标，选择如图 6-85 所示的圆柱底面边缘，在随后打开的对话框中单击“圆弧中心”按钮，然后选择图 6-85 所示的垫块的边缘，在随后打开的对话框中设置距离为 0，创建的垫块如图 6-86 所示。

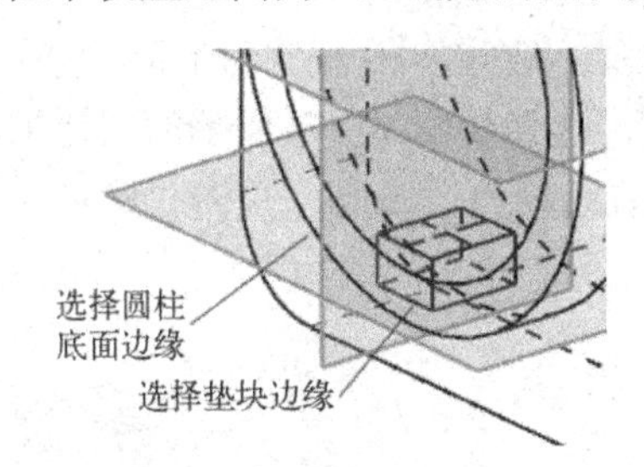

图 6-85 选择第二组目标体和工具体

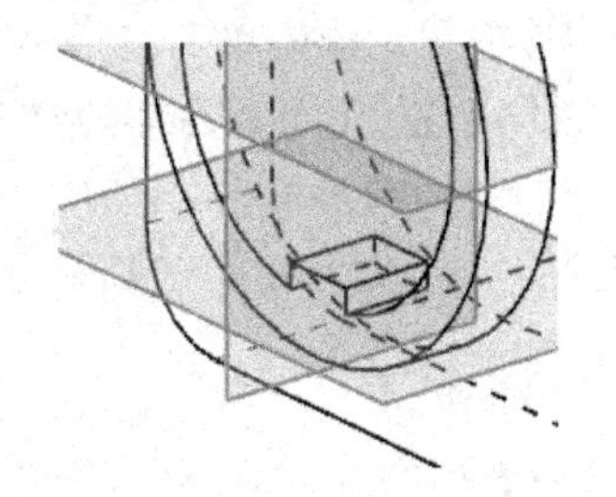

图 6-86 创建的垫块

9．创建圆角

单击“主页”选项卡→“特征”组→“边倒圆”图标，选择上述创建的垫块宽度方向与孔壁相交的直线，设置圆角半径为 5mm，单击“确定”按钮创建圆角，如图 6-87 所示。

10．镜像凸垫和圆角

选择菜单命令“菜单”→“插入”→“关联复制”→“镜像特征”，确认“要镜像的特征”选项组的“选择特征”为选中状态，按住键盘的<Ctrl>键，在图形窗口左侧的部件导航器中选择“矩形垫块（8）”和“边倒圆（9）”两个特征，按鼠标中键确认并结束选择，然后选择位于圆柱中心的水平方向的基准平面，单击确定。

上述创建的模型可参考网盘文件“练习文件\第 6 章\阀体－2.prt”。

11．创建基准平面

在“视图”选项卡的“工作图层”下拉列表框中输入 63 后按键盘的<Enter>键，建立新图层 63 层，并设置为工作层。

执行“基准平面”命令，在打开的“基准平面”对话框的“类型”下拉列表框中选择“自动判断”选项，选择如图 6-88 所示凸台的圆柱面，单击“确定”按钮创建如图 6-89 所示的基准平面。

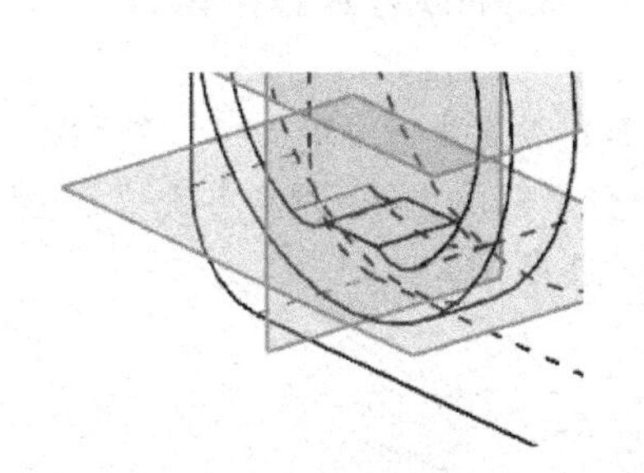

图 6-87 创建圆角

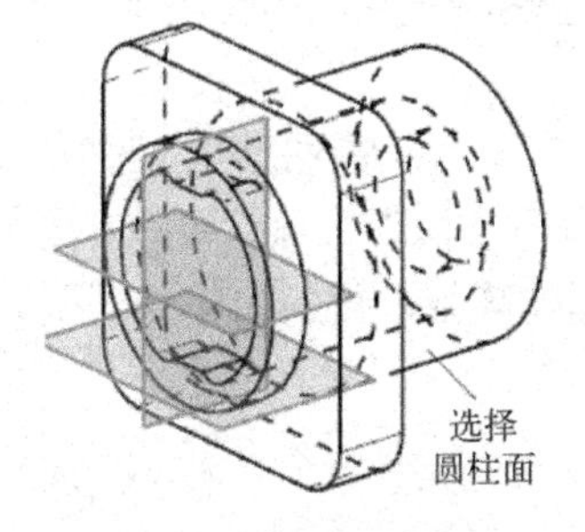

图 6-88 镜像垫块和圆角

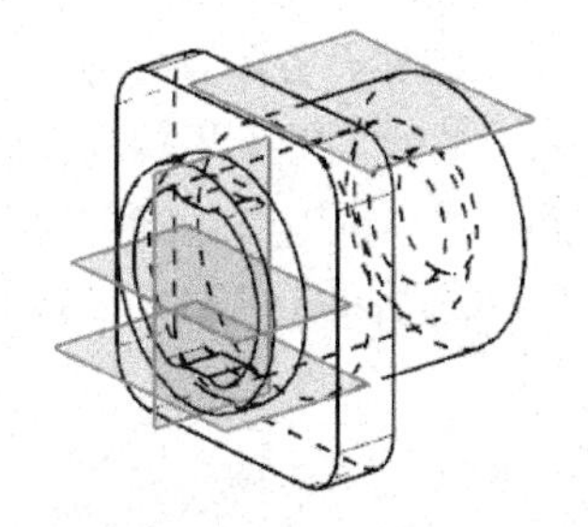

图 6-89 创建基准平面

12．创建圆孔

（1）选择放置面

重新设置 1 层为工作层，执行“NX5 版本之前的孔”命令，在打开的“孔”对话框的“类型”选项组中单击“简单”图标，选择上步创建的基准平面为放置面，设置孔的直径为 5mm，深度为 15mm，顶锥角为 118°，单击“确定”按钮。

（2）定位圆孔

在“定位”对话框中单击“点落在线上”图标 ，选择如图 6-90 所示的竖直方向的基准平面；在“定位”对话框中单击“平行”图标 ，选择如图 6-90 所示的圆台顶面边缘，在随后打开的对话框中单击“圆弧中心”按钮，设置距离为 15mm，单击“确定”按钮创建圆孔，得到的实体模型如图 6-91 所示。

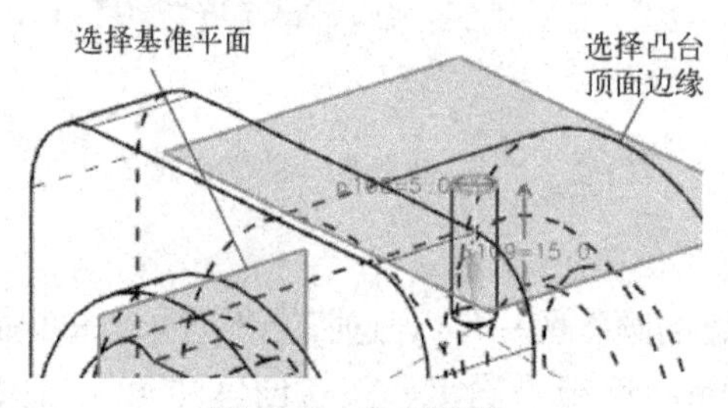

图 6-90 定位圆孔

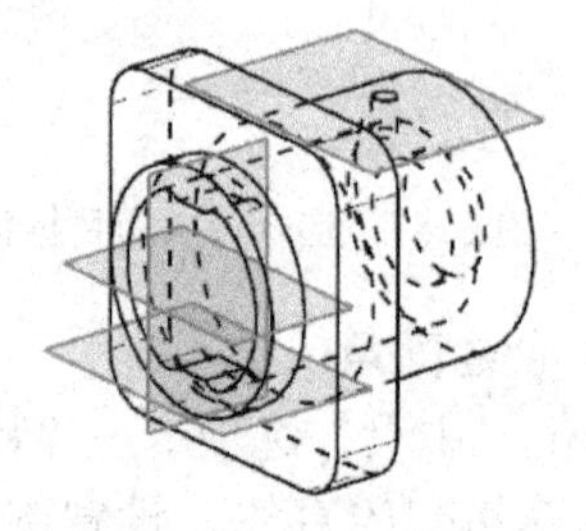

图 6-91 创建圆孔

13．创建螺纹

单击“主页”选项卡→“特征”组→“更多”库→“螺纹”图标 ，在打开的对话框的“螺纹类型”选项组中选择“详细”单选按钮，选择上述创建的圆孔，然后选择第 11 步创建的基准平面为螺纹的起始平面，在随后打开的对话框中单击“确定”按钮，然后在之后打开的对话框中接受默认的参数，单击“确定”按钮创建螺纹。

设置视图的渲染样式为带有隐藏边的线框，所创建的螺纹如图 6-92 所示。

14．圆形阵列圆孔和螺纹

（1）选择阵列对象

单击“主页”选项卡→“特征”组→“阵列特征”图标 ，按住键盘的<Ctrl>键，在部件导航器中选择“简单孔（14）”和“螺纹孔（15）”，按鼠标中键结束选择。

（2）指定阵列轴线

在“布局”下拉列表框中选择“圆形”选项，在“旋转轴”选项组单击“指定矢量”最右侧的箭头，选择选项 ，然后选择螺纹孔所在的圆柱面，则指定圆柱面的轴线为圆形阵列轴线。

（3）设置阵列参数

在“间距”下拉列表框中选择“数量和跨距”选项，在“数量”文本框中输入 4，在“跨角”文本框中输入 360，在“阵列方法”选项组的“方法”下拉列表框中选择“简单”选项。

最后单击“确定”按钮创建阵列，得到的实体模型如图 6-93 所示。

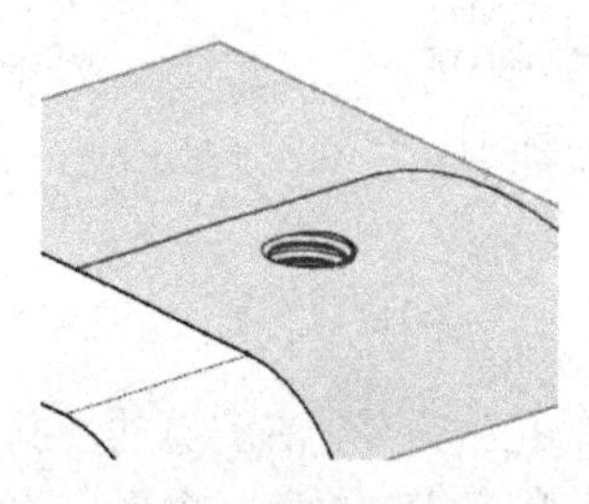

图 6-92 创建螺纹

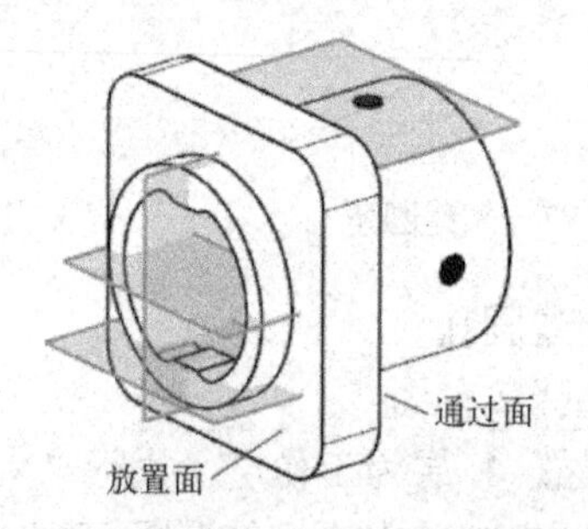

图 6-93 创建圆孔和螺纹的圆形阵列

上述创建的模型可参考网盘文件“练习文件\第 6 章\阀体−3.part”。

📖 提示：

1）在部件导航器中选择某个特征后，图形窗口中的模型中同时高亮显示该特征，借此可以观察阵列特征的选择是否正确。

2）在选择特征时，按住键盘的<Ctrl>键可以选择多个特征，如果需要从所选择的多个特征中除去某个特征，可按住键盘的< Ctrl >键后选择该特征。

15．创建圆孔

执行“NX5 版本之前的孔”命令，在打开的“孔”对话框的“类型”选项组中单击“简单”图标，选择如图 6-93 所示的垫块的底面和顶面分别为放置面和通过面，设置孔的直径为 8.5mm，单击“确定”按钮。

在随后打开的“定位”对话框中单击“点落在点上”图标，选择垫块右上角的圆角边缘圆弧，在随后打开的对话框中单击“圆弧中心”按钮，创建的圆孔如图 6-94 所示。

16．矩形阵列圆孔

再次执行“阵列特征”命令，选择上步创建的圆孔，在“布局”下拉列表框中选择“线性”选项，然后进行以下操作：

（1）设置“方向 1”的矢量及参数

单击“方向 1”选项组的“指定矢量”最右侧的箭头，选择选项，然后选择如图 6-95 所示的水平方向的边缘确定矢量（如果显示的矢量方向与图中相反，可单击图标将其反向），在“间距”下拉列表框中选择“数量和间隔”选项，设置“数量”为 2，间距为 50。

（2）设置“方向 2”的矢量及参数

单击“方向 2”选项组的“指定矢量”最右侧的箭头，选择选项，然后选择如图 6-95 所示的竖直方向的边缘确定矢量，同样在“间距”下拉列表框中选择“数量和间隔”选项，设置“数量”为 2，间距为 50。

最后单击“确定”按钮创建阵列，得到的实体模型如图 6-96 所示。

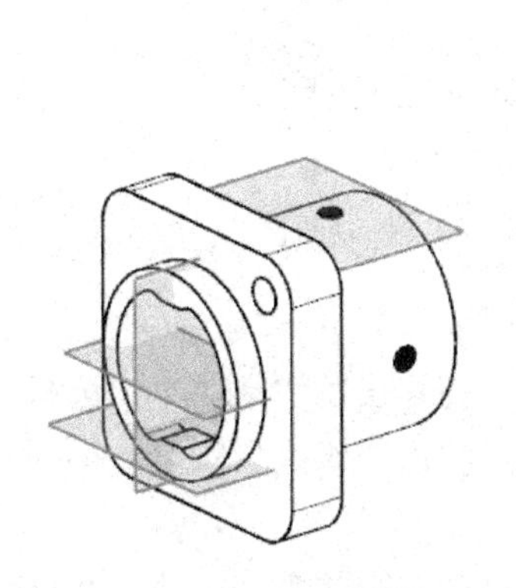

图 6-94　创建圆孔

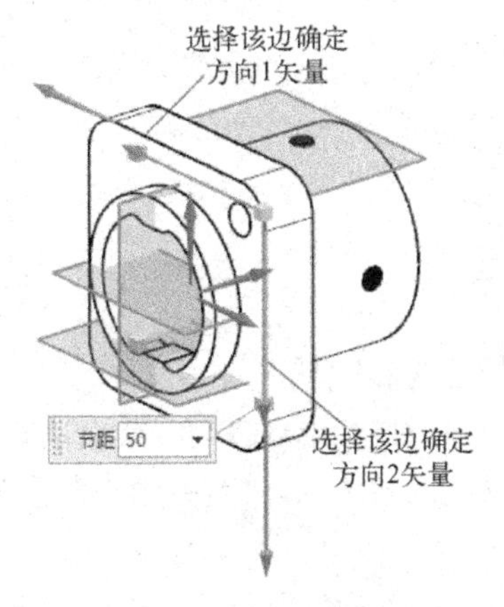

图 6-95　设置参数

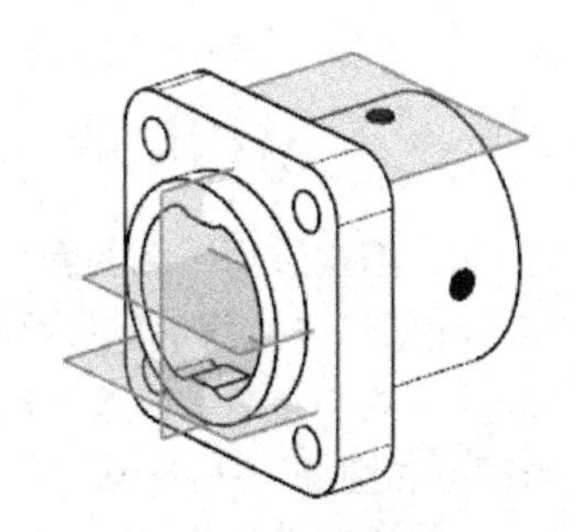

图 6-96　线性阵列圆孔

17．隐藏基准平面

单击功能区“视图”选项卡的“图层设置”图标，按住键盘的<Ctrl>键，在打开的对话框的“图层”列表框中依次选择 61、62、63 三个图层，单击鼠标右键，在弹出的快捷菜单中选择“不可见”选项，单击“确定”按钮关闭对话框，则位于这三个图层上的基准平面被隐藏，完成的阀体模型如图 6-97 所示。

上述创建的模型可参考网盘文件“练习文件\第 6 章\阀体－4.part”。

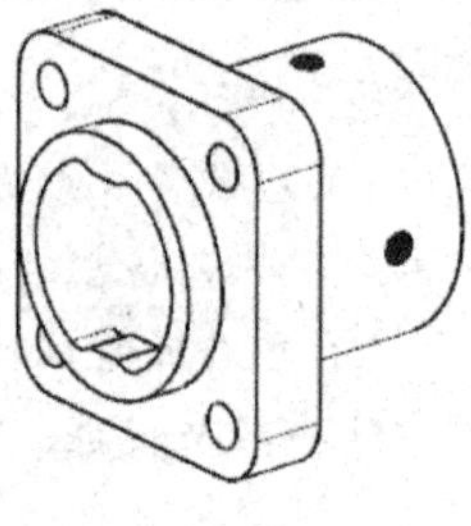

18．保存文件

在功能区选择菜单“文件”→“关闭”→“保存并关闭”，保存并关闭部件文件。

图 6-97　隐藏基准平面

6.9.3　端盖特征编辑范例

本节通过对 6.9.1 节创建的如图 6-98 所示的端盖的编辑介绍常用的特征编辑的方法。

1．打开网盘文件

打开网盘文件“练习文件\第 6 章\端盖.prt”。

2．编辑凸台参数

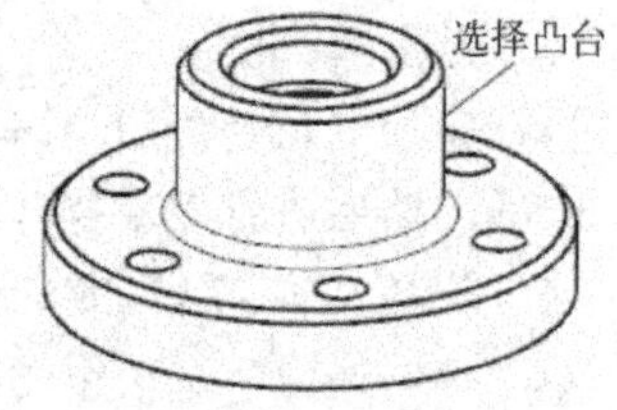

图 6-98　端盖

在图形窗口中用鼠标选择如图所示的凸台，单击鼠标右键，在弹出的快捷菜单中选择“编辑参数”命令，在打开的对话框中单击“特征对话框”按钮，在随后打开的对话框中修改凸台直径为 55mm，高度为 40mm，锥角为 8°，依次单击“确定”按钮确认修改并关闭对话框，修改后的端盖如图 6-99 所示。

3．抑制凸台

用鼠标选择修改后的凸台，单击鼠标右键，在弹出的快捷菜单中选择“抑制”命令将其抑制，得到的端盖如图 6-100 所示。

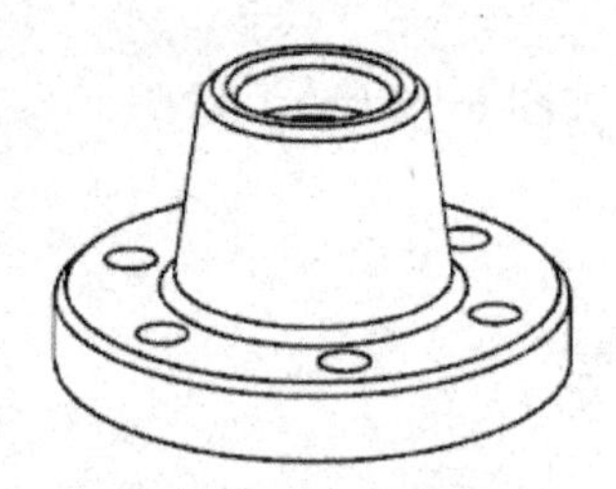

图 6-99　编辑凸台参数

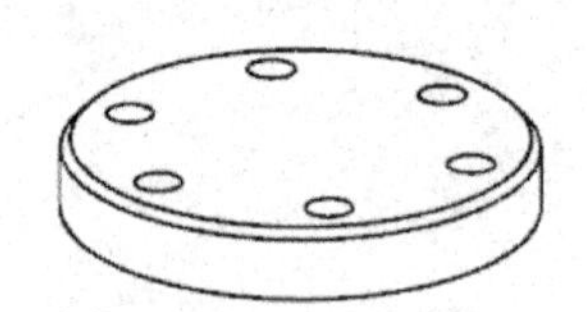

图 6-100　抑制凸台

4．编辑圆形阵列的圆孔的位置和数量

在部件导航器中选择“阵列特征[圆形]（7）”，单击鼠标右键，在弹出的快捷菜单中选择“编辑参数”命令，修改“数量”的值为 4，“节距角”的值为 90，单击“确定”按钮，得到的模型如图 6-101 所示。

5．编辑圆孔类型

在部件导航器中选择“简单孔（6）”，单击鼠标右键，在弹出的快捷菜单中选择“编辑参数”命令，在打开的“编辑参数”对话框中单击“更改类型”按钮，在打开的对话框中选择“沉头镗孔”单选按钮后单击“确定”按钮，在随后打开的对话框中设置沉头孔的沉头直径为 12mm，沉头深度为 3mm，孔径为 8.5mm，最后依次单击“确定”按钮关闭所有对话框，得到的实体如图 6-102 所示。

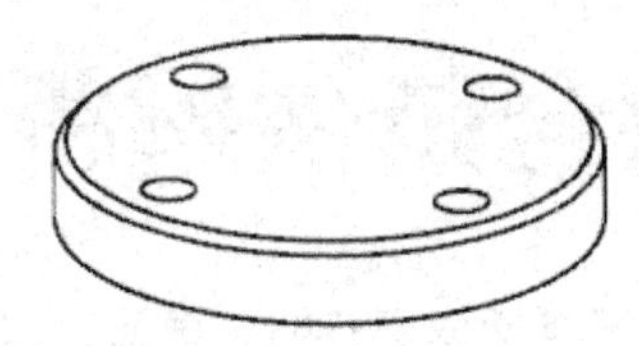

图 6-101　编辑孔的圆形阵列

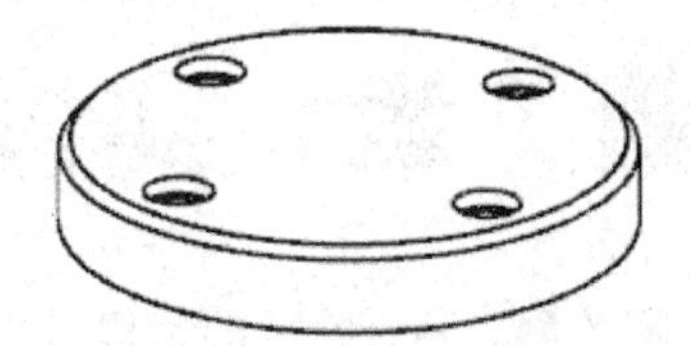

图 6-102　编辑孔的类型

6．释放对凸台等特征的抑制

选择菜单命令“菜单”→“编辑”→“特征”→“取消抑制”，按住键盘的<Ctrl>键，在打开的对话框的列表框中选择“支管（2）”、“沉头孔（3）”和“边倒圆（5）”，单击“确定”按钮，得到编辑后的端盖如图 6-103 所示。

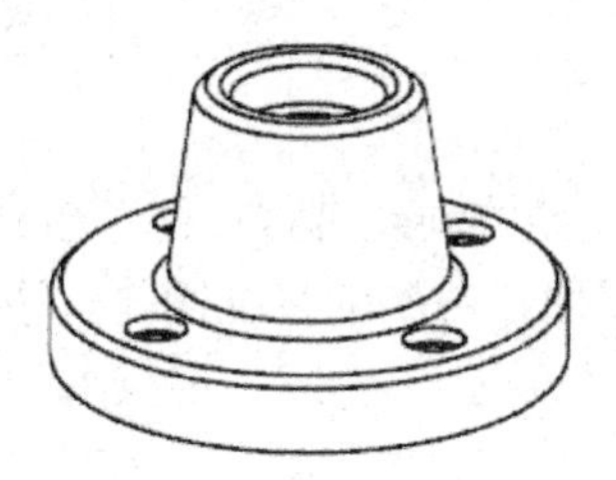

图 6-103　编辑后的端盖

第7章 实体建模综合范例解析

UG NX建模为基于特征的建模过程，UG NX的特征包括体素特征、草图、扫描特征、参考特征、成型特征等。对于任意模型，其建模过程不是唯一的，由于不同特征具有不同的特点，建模过程中应该根据模型的特点合理规划建模过程，提高工作效率。本章通过若干范例介绍建模方法的综合应用。

7.1 特征建模综合应用

7.1.1 支架创建范例

本范例介绍如图7-1所示的支架的创建过程。创建该支架的模型需要用到的特征有长方体、孔、凸台、扫描特征、基准平面，用到的特征操作有边倒圆。

支架的建模步骤如下：

1．新建部件文件

启动UG NX，选择目录建立新部件文件“支架.prt”，单位为毫米。

2．创建长方体

单击“主页”选项卡→“特征”组→“更多”库→“长方体”图标，在打开的对话框的“类型”下拉列表框中选择“原点和边长”选项，接受“原点”选项组的默认设置，设置长方体的长度为260mm，宽度为80mm，高度为28mm，布尔运算方式为“无”，单击“确定”按钮创建长方体。建立的长方体原点为WCS原点。

设置视图方向为正三轴测图，渲染样式为静态线框，并设置不可见轮廓线显示为虚线。

3．创建边缘圆角

单击“主页”选项卡→“特征”组→“边倒圆”图标，选择上述创建的长方体的Z轴方向的四条竖直棱边，在“边”选项组的“半径1”文本框中设置圆角半径为40mm，单击“确定”按钮创建圆角，得到的模型如图7-2所示。

图7-1 支架

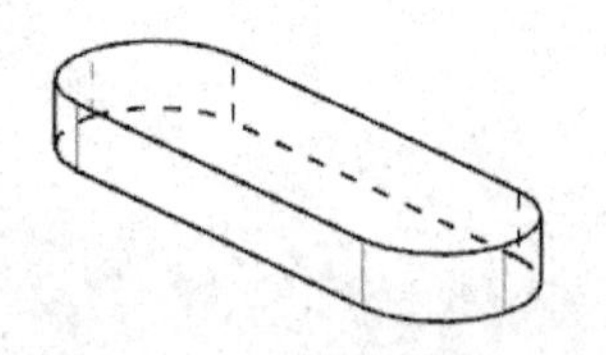

图7-2 在长方体上创建圆角

4. 创建圆孔

（1）设置孔的类型

单击“主页”选项卡→“特征”组→“孔”图标，在打开的对话框的“类型”下拉列表框中选择“常规孔”选项，在“孔方向”下拉列表框中选择“垂直于面”选项，在“形状和尺寸”选项组的“成形”下拉列表框中选择“简单孔”选项。

（2）定位圆孔

在“位置”选项组中选择“指定点”，在上边框条仅按下（圆弧中心）图标，激活圆心捕捉功能，然后捕捉依次如图 7-3a 所示的模型顶面两个圆角的圆心，即所创建的圆孔的轴线经过所选的这两个圆心。

（3）设置圆孔参数

在“尺寸”选项组中设置“直径”为 36mm，在“深度限制”下拉列表框中选择“直至选定”选项，单击“尺寸”选项组的“选择对象”，选择上述创建的长方体的底面为通过面，确认“布尔”下拉列表框中的选项为“减去”，单击“确定”按钮创建圆孔，得到的模型如图 7-3b 所示。

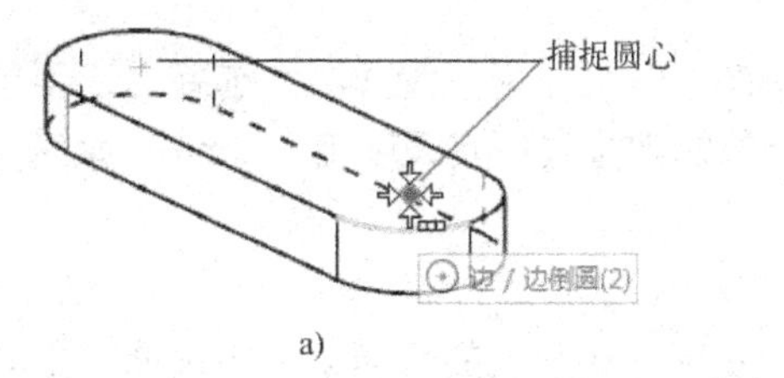

a)

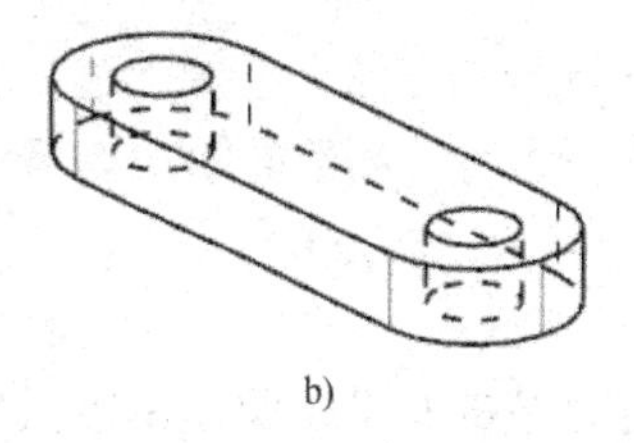

b)

图 7-3 底座

a) 捕捉圆心定位圆孔 b) 创建圆孔

上述创建的模型可参考网盘文件“练习文件\第 7 章\支架一1.prt”。

5. 创建基准面

在功能区“视图”选项卡的“工作图层”下拉列表框中输入 61 后按键盘的<Enter>键，建立新图层 61 层并设置为工作层。

单击“主页”选项卡→“特征”组→“基准平面”图标，在打开的对话框的“类型”下拉列表框中选择“曲线和点”选项，在“子类型”下拉列表框中选择“三点”选项，并在上边框条按下图标，激活中点捕捉方式，然后依次选择如图 7-4 所示的三条边的中点，单击“确定”按钮，在实体长度方向的对称平面处创建基准平面。

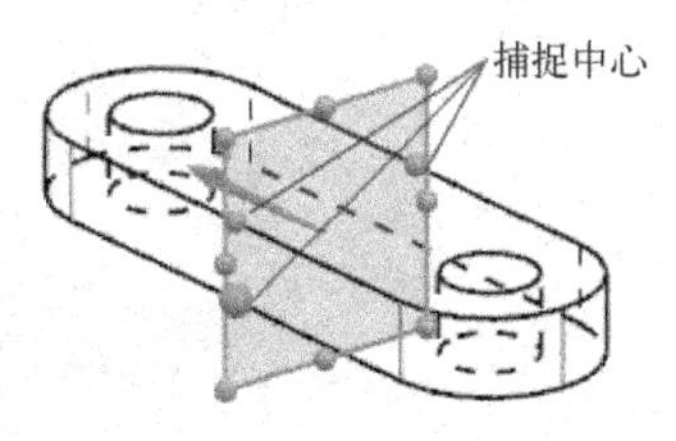

图 7-4 创建基准面

6. 创建矩形垫块

（1）在功能区“视图”选项卡的“工作图层”下拉列表框中输入 1 后按键盘的<Enter>键，重新设置图层 1 为工作层。

（2）选择放置面和水平参考。单击“主页”选项卡→“特征”组→“更多”库→“垫块”图标，在打开的对话框中单击“矩形”按钮，选择实体的上表面为放置面，选择上表面的一条直边为水平参考。

（3）设置参数。在随后打开的对话框中设置垫块的长度为 118mm，宽度为 28mm，高度为 50mm，其余参数为 0，单击“确定”按钮。

（4）定位垫块。在打开的“定位”对话框中单击“线落在线上”图标，首先选择基准平面为目标体，然后选择如图 7-5a 所示垫块长度方向的对称中心线为工具体，使垫块长度方向的对称平面位于基准面。在随后打开的“定位”对话框中仍然单击“线落在线上”图标，选择如图 7-5b 所示的目标体和工具体，得到如图 7-5c 所示的模型。

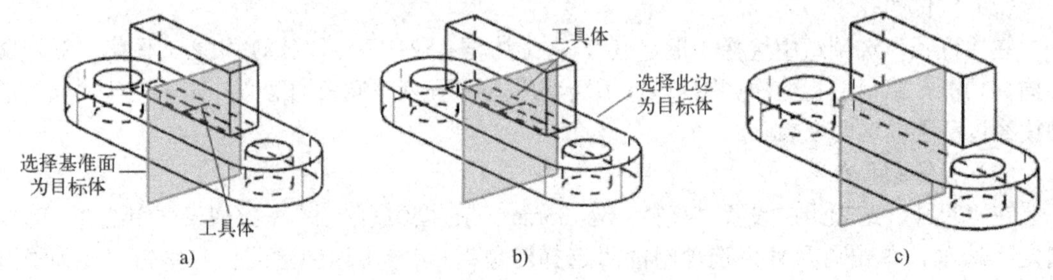

图 7-5 垫块定位

a) 长度方向定位 b) 宽度方向定位 c) 操作结果

利用上述同样的方法，选择上述垫块的右侧面作为放置面，并选择上述创建的垫块长度方向的边为水平参考，创建如图 7-6 所示的矩形垫块，其长度为 118mm，宽度为 20mm，高度为 104mm，其余参数为 0。

7. 隐藏基准面

选择上述创建的基准平面，单击鼠标右键，在弹出的快捷菜单中选择“隐藏”命令将基准面隐藏。

8. 创建圆角

单击“主页”选项卡→“特征”组→“边倒圆”图标，选择如图 7-6 所示的垫块的两条边缘，创建半径为 59mm 的圆角，如图 7-7 所示。

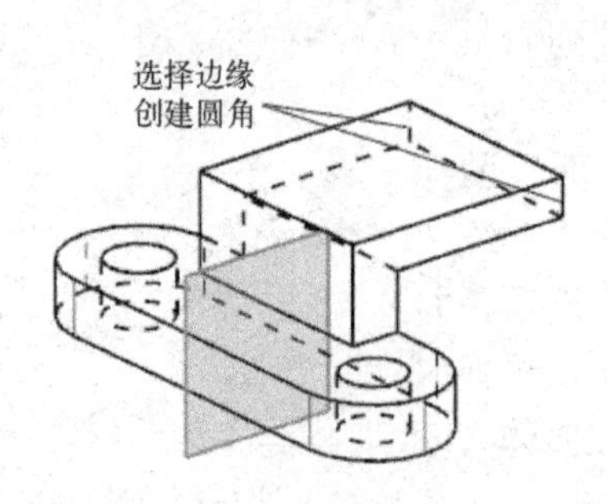

图 7-6 创建矩形垫块

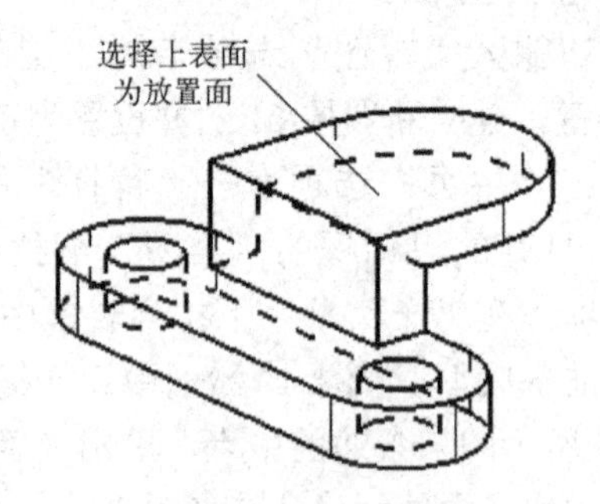

图 7-7 创建圆角

上述创建的模型可参考网盘文件“练习文件\第 7 章\支架一2.part”。

9. 创建凸台

单击“主页”选项卡→“特征”组→“更多”库→“凸台”图标，选择如图 7-7 所示的上表面为放置面，设置凸台直径为 118mm，高度为 40mm，锥角为 0，单击“确定”按钮，在随后打开的“定位”对话框中单击“点落在点上”图标，选择上述创建的圆角的上表面的圆弧，在随后打开的对话框中单击“圆弧中心”按钮，创建的凸台如图 7-8 所示。

10．创建圆孔

执行“NX5 版本之前的孔”命令，在打开的对话框中单击“简单”图标，选择上述凸台的顶面为放置面，选择垫块的底面为通过面，如图 7-8 所示，设置孔的直径为 70mm，单击“确定”按钮，在随后打开的“定位”对话框中利用“点落在点上”定位方式，使圆孔与上步创建的凸台的圆柱面同轴，得到的模型如图 7-9 所示。

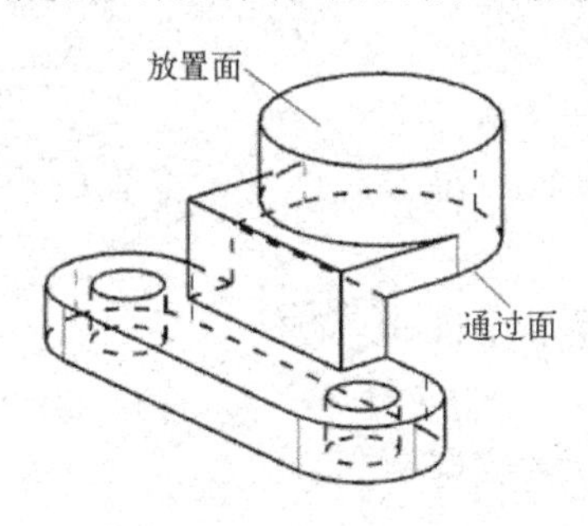

图 7-8　创建凸台

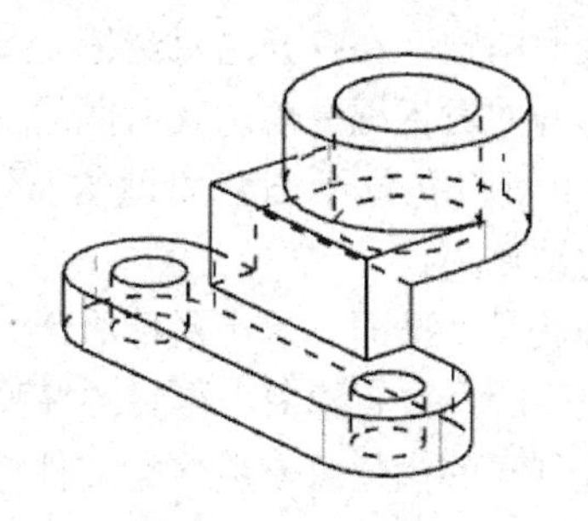

图 7-9　创建圆孔

11．创建基准面

利用前述方法，建立新工作层 62，单击“主页”选项卡→“特征”组→“基准平面”图标，在打开的“基准平面”对话框的“类型”下拉列表框中选择“通过对象”选项，选择第 9 步创建的凸台的圆柱面，单击“应用”按钮创建如图 7-10a 所示的基准面。

在仍然打开的“基准平面”对话框的“类型”下拉列表框中选择“自动判断”选项，选择凸台的圆柱面和上述创建的基准面，单击“平面方位”选项组的“备选解”图标，最后单击“确定”按钮创建如图 7-10b 所示的基准面。

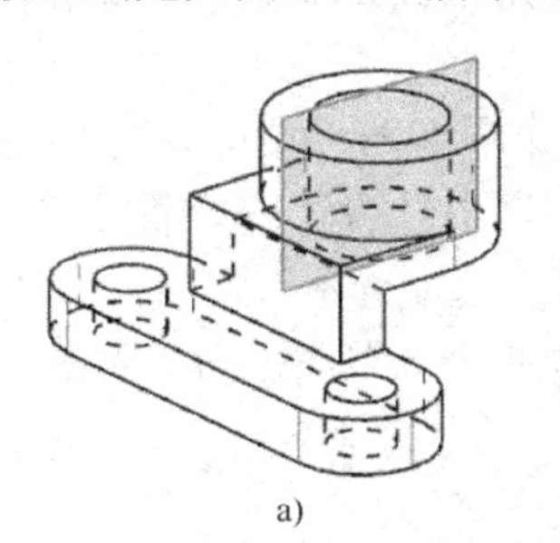

a)　　b)

图 7-10　创建基准面

a) 创建第一个基准平面　b) 创建第二个基准平面

12．在凸台侧面创建圆孔

设置图层 1 为工作层，采用如下步骤在凸台侧面创建圆孔：

（1）查看凸台参数

在图形窗口左侧的资源栏中打开部件导航器，选择“支管（8）”，单击鼠标右键，在弹出的快捷菜单中选择“显示尺寸”命令，则在图形窗口显示凸台的参数表达式，其中凸台高度的表达式为“P98＝40”。

（2）选择圆孔的放置面和通过面

执行“NX5 版本之前的孔”命令，在打开的对话框中单击“简单”图标，选择右侧与凸台圆柱面相切的基准面为放置面，选择凸台的圆柱面为通过面，设置圆孔半径为15mm，单击“确定”按钮。

（3）定位圆孔

在随后打开的“定位”对话框中单击“点落在线上”图标，选择过凸台线轴线的基准面，使圆孔的轴线位于该基准面；然后在“定位”对话框中单击“平行”图标，选择凸台上表面的圆，在打开的对话框中单击“圆弧中心”按钮，在随后打开的对话框的表达式右侧的文本框中输入表达式值为“P98/2”，使圆孔位于凸台高度方向的中间位置，单击“确定”按钮创建圆孔。

选择两个基准面，单击鼠标右键，在弹出的快捷菜单中选择“隐藏”命令将其隐藏，得到的模型如图 7-11 所示。

上述创建的模型可参考网盘文件“练习文件\第 7 章\支架－3.part”。

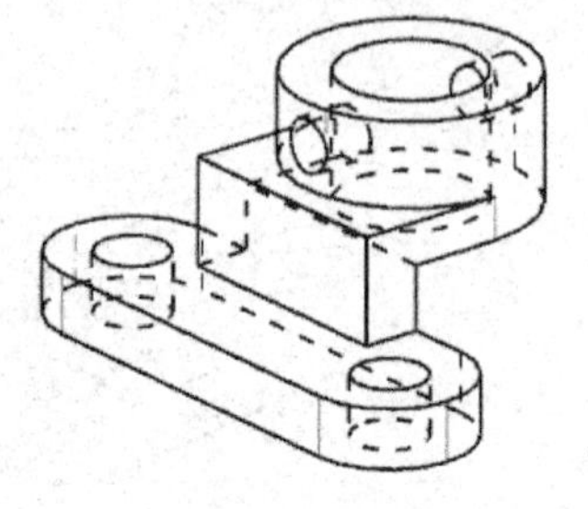

图 7-11　创建圆孔

📖 提示：

1）由于“P98”是凸台的高度表达式，因此，利用表达式“P98/2”确定圆孔在竖直方向的位置，可以保证不论凸台高度怎样改变，圆孔始终位于凸台的中间位置。

2）由于操作过程不同，凸台的高度表达式很可能不是“P98”，具体应通过部件导航器查看。

13. 创建草图

在部件导航器中选择“基准平面（4）”，单击鼠标右键，在弹出的快捷菜单中选择“显示”命令，显示基准平面。

然后建立 21 层作为工作层，单击“主页”选项卡→“直接草图”组→“草图”图标，在打开的对话框的“草图类型”下拉列表框中选择“在平面上”选项，在“草图 CSYS”选项组的“平面方法”下拉列表框中选择“自动判断”选项，在“参考”下拉列表框中选择“竖直”选项，选择刚才重新显示的基准平面为草图平面，单击“确定”按钮创建草图平面，如图 7-12 所示，并进入草图环境。

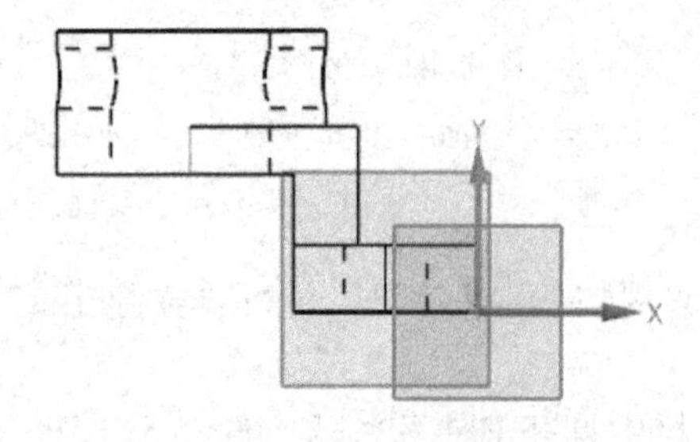

图 7-12　创建草图平面

14. 绘制草图曲线

单击“主页”选项卡→“直接草图”组→草图曲线下拉列表框→“直线”图标，绘制如图 7-13a 所示的三条直线段。单击鼠标右键，在弹出的快捷菜单中选择“完成草图”命令结束草图绘制，重新设置视图方向为正三轴测图，得到的草图如图 7-13b 所示。

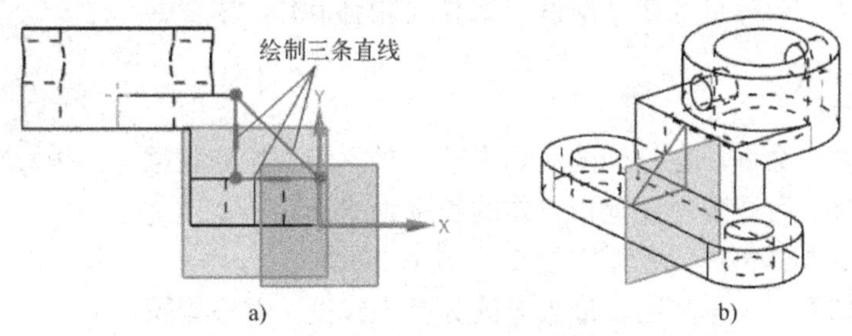

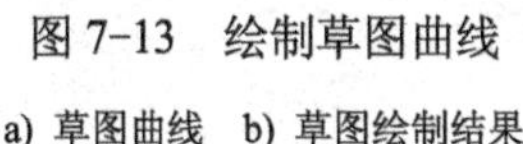
图 7-13　绘制草图曲线

a) 草图曲线　b) 草图绘制结果

🕮 **提示：**

如果在第 5 步创建基准平面选择点的顺序不同，所创建的基准平面的法向也不同，会导致完成第 13 步操作后草图的方向与图 7-13 不同。

15. 创建拉伸体

重新设置图层 1 为工作层，单击“主页”选项卡→“特征”组→“拉伸”图标，在上边框条的曲线规则下拉列表框中选择“特征曲线”选项，选择上述所绘制草图中的三条直线中的任意一条，在“限制”选项组的“开始”下拉列表框中选择“对称值”选项，在“距离”文本框中输入 15mm，在“布尔”下拉列表框中选择“合并”，单击“确定”按钮创建拉伸体，得到如图 7-14 所示的模型。

隐藏图层 21 和 61，得到的最终完成的支架的模型如图 7-15 所示。若以“着色”方式显示模型，则如图 7-1 所示。

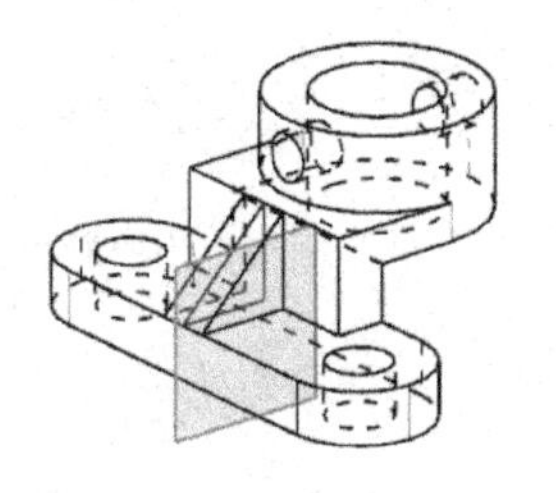
图 7-14　创建拉伸体

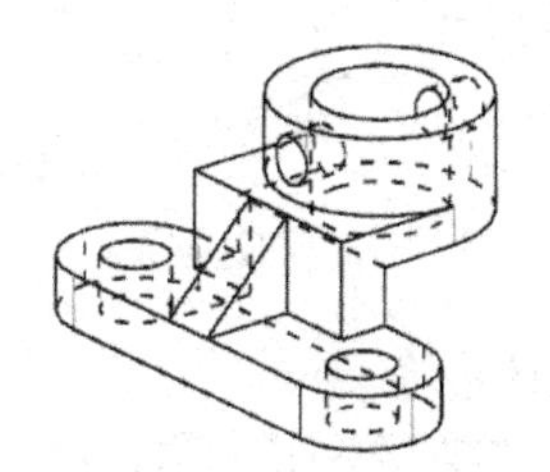
图 7-15　支架模型

上述创建的支架的模型可参考网盘文件“练习文件\第 7 章\支架－4.part”。

16. 保存文件

在功能区选择菜单命令“文件”→“关闭”→“保存并关闭”，保存并关闭文件。

7.1.2 涡轮减速器箱体创建范例

本范例介绍如图 7-16 所示的涡轮减速器箱体的创建过程。创建该减速器箱体的模型需要用到的特征有长方体、孔、螺纹、凸台、垫块、基准平面，用到的特征操作有边倒圆、镜像特征和阵列特征。

涡轮减速器箱体的建模步骤如下：

1．新建部件文件

启动 UG NX，选择目录建立新部件文件“箱体.prt”，单位为毫米。

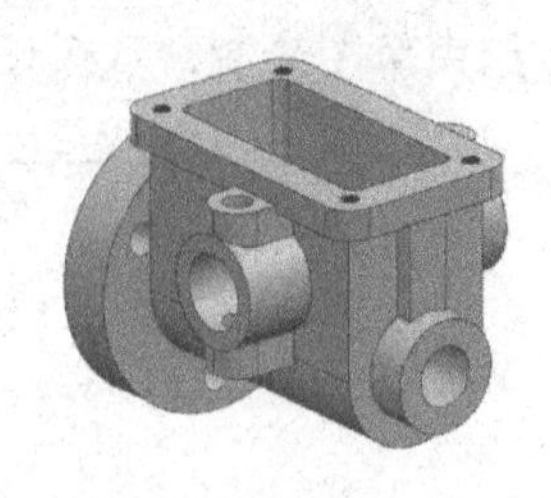

图 7-16 涡轮减速器箱体

2．创建长方体

执行“长方体”命令，在打开的对话框的“类型”下拉列表框中选中“原点和边长”选项，设置长方体的长度为 80mm，宽度为 44mm，高度为 70mm，单击“确定”按钮创建长方体。

设置视图方向为正三轴测图，渲染方式为静态线框，并设置不可见轮廓线显示为虚线。

3．创建圆角

执行“边倒圆”命令，选择上述创建的长方体底面的两条长边，创建半径为 22mm 的圆角，如图 7-17 所示。

4．将上述实体抽壳

单击“主页”选项卡→“特征”组→“抽壳”图标，在打开的“抽壳”对话框的“类型”下拉列表框中选择“移除面，然后抽壳”选项，选择上述模型的上表面为要移除的面，在“厚度”文本框中输入 5，即设置箱体壁厚为 5mm，单击“确定”按钮，得到如图 7-18 所示的模型。

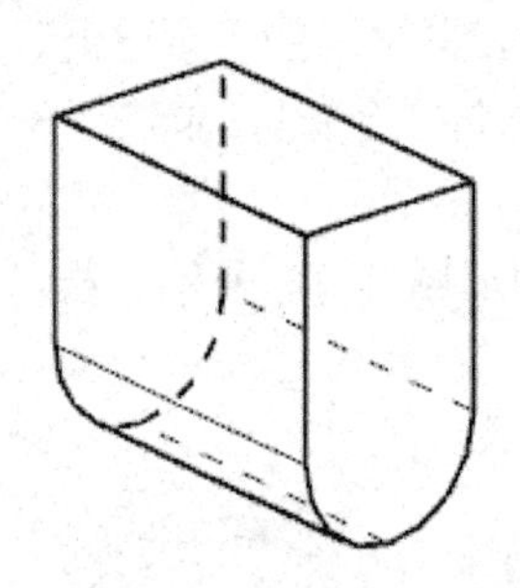

图 7-17 创建圆角

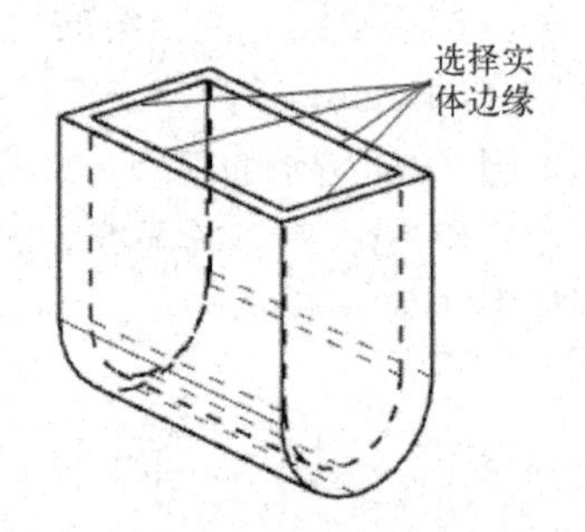

图 7-18 创建箱体内腔

5．拉伸实体边缘

（1）选择拉伸对象和拉伸方向

单击“主页”选项卡→“特征”组→“拉伸”图标，在上边框条的曲线规则下拉列表框中选择“单条曲线”选项，依次选择如图 7-18 所示的四条边。在图形窗口可以观察到预览拉伸方向为竖直向上，在“方向”选项组中单击“反向”图标反转拉伸方向。

（2）设置拉伸距离

在“限制”选项组的“开始”下拉列表框中选择“值”，在其下方的文本框中输入 0，在“结束”下拉列表框中选择“值”，在其下方的文本框中输入 8。

（3）设置偏置距离

展开“偏置”选项组，在“偏置”下拉列表框中选择“两侧”选项，设置开始距离为 0，结束距离为 11，并设置布尔运算方式为“合并”，单击“确定”按钮拉伸实体边缘，得到的实体如图 7-19 所示。

上述创建的模型可参考网盘文件“练习文件\第 7 章\箱体－1.prt”。

6. 创建圆角

执行“边倒圆”命令，选择上述拉伸生成的实体的四个直角边缘，创建半径为 8mm 的圆角。选择腔体四条边缘，创建半径为 3mm 的圆角，得到的模型如图 7-20 所示。

7. 创建圆孔

设置视图的渲染方式为带隐藏边的线框。执行“NX5 版本之前的孔”命令，在打开的“孔”对话框中单击“简单”图标，在第 5 步创建的拉伸体的上表面的左侧圆角附近单击左键，选择该表面为放置面，设置圆孔的直径为 4.2mm，深度为 6mm，顶锥角为 118°，单击“确定”按钮，在随后打开的“定位”对话框中单击“点落在点上”图标，选择该圆孔附近的圆角边缘，在随后打开的对话框中单击“圆弧中心”按钮，创建的圆孔如图 7-21 所示。

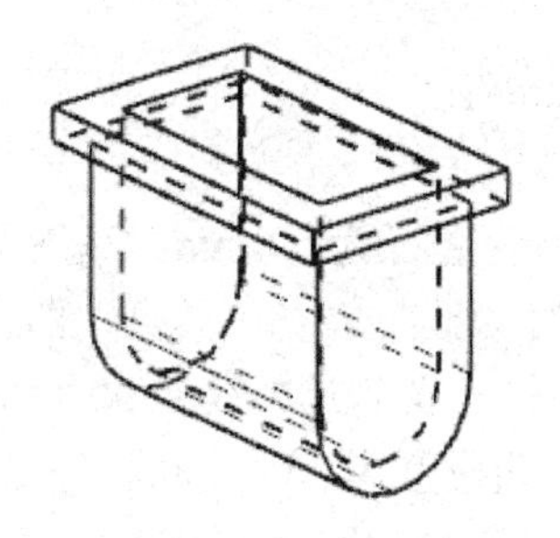

图 7-19 拉伸边缘

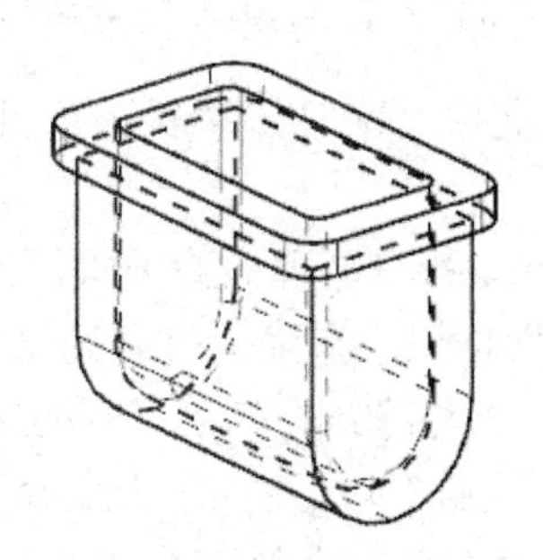

图 7-20 创建圆角

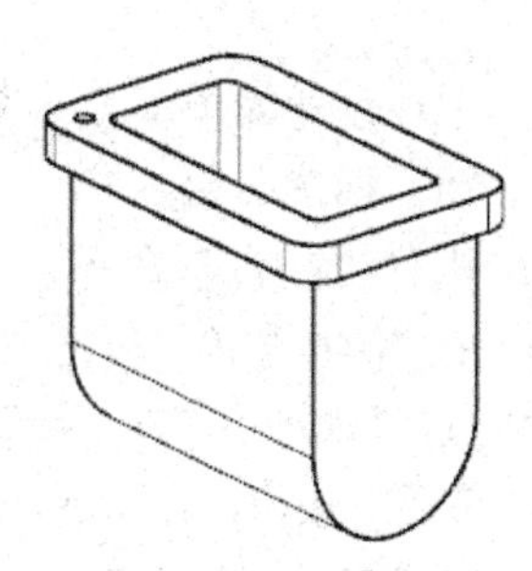

图 7-21 创建圆孔

8. 创建螺纹孔

单击“主页”选项卡→“特征”组→“更多”库→“螺纹”图标，在“螺纹类型”选项组中选择“详细的”单选按钮，选择上述创建的圆孔，单击“确定”按钮创建螺纹孔。

9. 矩形阵列螺纹孔

单击“主页”选项卡→“特征”组→“阵列特征”图标，确认“要形成阵列的特征”选项组的“选择特征”为选中状态，按住键盘的<Ctrl>键，在部件导航器中选择“简单孔（7）”和“螺纹（8）”两个特征，在“布局”下拉列表框中选择“线性”选项，按照如下方式设置参数：

（1）设置“方向 1”选项组参数

单击“方向 1”选项组的“指定矢量”最右侧的箭头，选择（自动判断的矢量）选项，选择如图 7-22a 所示的第一条边缘确定如图所示的矢量（如果显示的矢量方向相反可单击“反向”图标），在“间距”下拉列表框中选择“数量和间隔”选项，然后设置数量为 2，间距为 40。

（2）设置“方向 2”选项组参数

单击“方向 2”选项组的“指定矢量”最右侧的箭头，选择选项，选择如图 7-22a 所示的第二条边缘确定如图所示的矢量，在“间距”下拉列表框中选择“数量和间隔”选项，然后设置数量为 2，间距为 76。

最后单击“确定”按钮创建阵列，得到的模型如图 7-22b 所示。

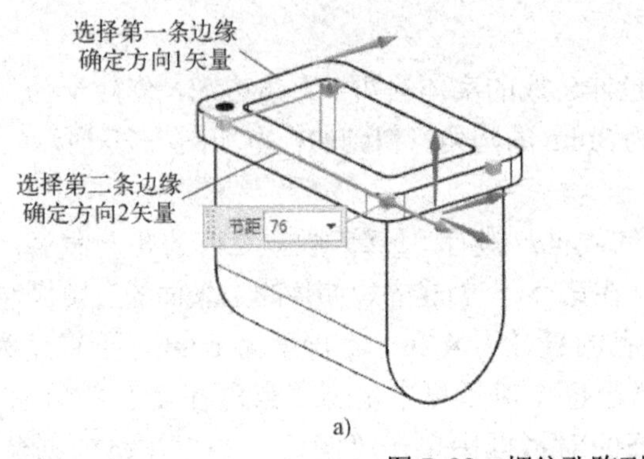

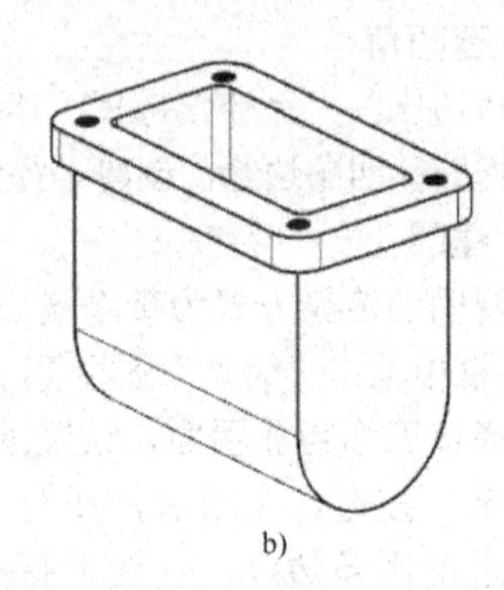

a) b)

图 7-22 螺纹孔阵列

a) 指定线性阵列方向矢量 b) 阵列结果

上述创建的模型可参考网盘文件“练习文件\第 7 章\箱体－2.prt”。

10. 创建凸台

执行“凸台”命令，选择箱体的左侧表面为放置面，设置凸台直径为 30mm，高度为 20mm，锥角为 0，单击“确定”按钮，在随后打开的“定位”对话框中单击“垂直”图标，选择如图 7-23a 所示的第一条边缘，在随后打开的对话框中输入表达式参数为 30 后单击“应用”按钮，在随后打开的“定位”对话框中仍然选择“垂直”定位方式，选择如图 7-23a 所示的第二条边缘，在对话框中输入表达式参数为 20，单击“确定”按钮创建凸台，得到如图 7-23b 所示的模型。

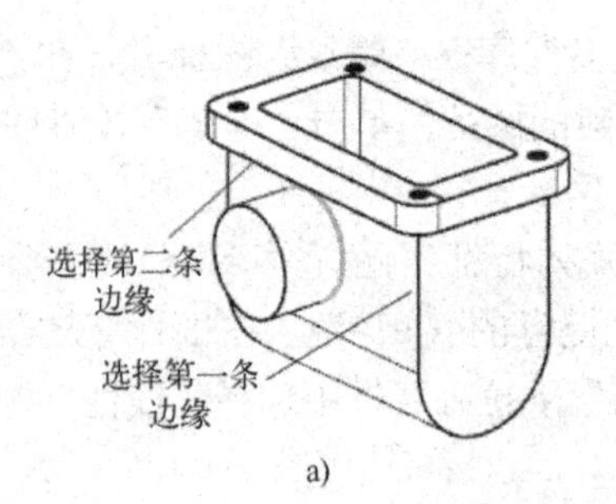

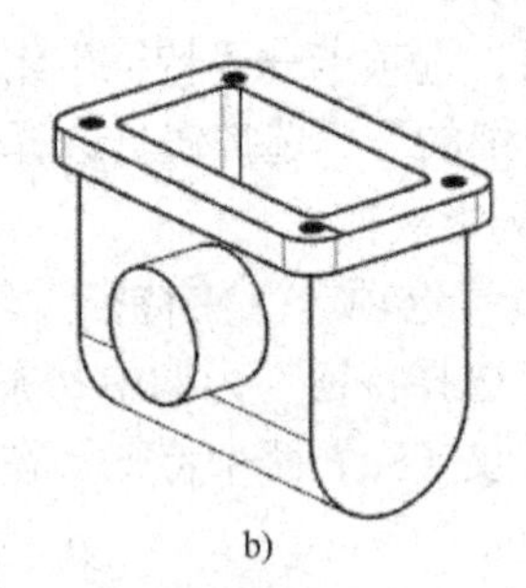

a) b)

图 7-23 创建凸台

a) 选择定位目标体 b) 操作结果

11. 创建基准面

新建图层 61 为工作层，执行“基准平面”命令，在打开的对话框的“类型”下拉列表框中选择“通过对象”选项，选择上述创建的凸台的圆柱面，单击“应用”按钮，创建如图 7-24a 所示的基准面。

在仍然打开的“基准平面”对话框的“类型”下拉列表框中选择“曲线和点”选项，在“子类型”下拉列表框中选择“三点”选项，并在上边框条激活象限点捕捉方式，然后选择如图 7-24b 所示的凸台端面圆弧的三个象限点，单击“确定”按钮创建基准平面。

12. 创建矩形垫块

设置图层 1 为工作层，根据如下步骤创建垫块：

（1）选择放置面和水平参考

单击“主页”选项卡→“特征”组→“更多”库→“垫块”图标，在打开的对话框中单击“矩形”按钮，选择上述创建的水平的基准面为放置面，在随后打开的对话框中单击“翻转默认侧”按钮，选择上述创建的竖直方向的基准面为水平参考，在随后打开的对话框中设置垫块的长度为20mm，宽度为16mm，高度为22mm，其余参数为0，单击“确定”按钮。

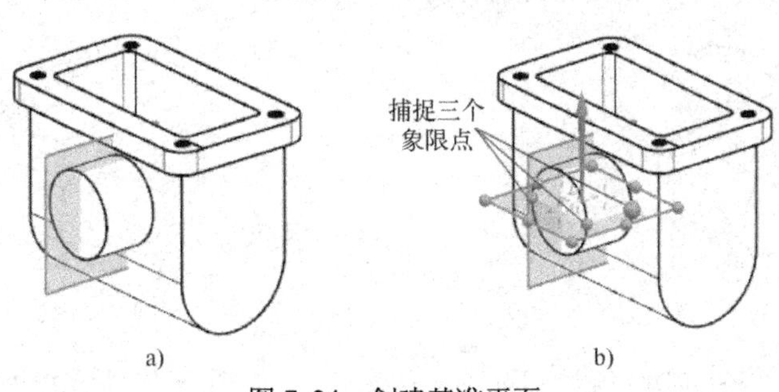

图 7-24 创建基准平面

a) 选择圆柱面创建基准平面 b) 选择象限点创建基准平面

（2）定位垫块

设置渲染样式为静态线框。在随后打开的“定位”对话框中单击“线落在线上”图标，选择如图 7-25a 所示的目标体和工具体，然后在“定位”对话框中单击“平行”图标，选择如图 7-25b 所示的凸台端面的圆弧，在随后打开的“设置圆弧的位置”对话框中单击“圆弧中心”按钮，选择如图 7-25b 所示的工具体，在随后打开的对话框中输入表达式参数为 0，单击“确定”按钮创建垫块。重新设置渲染样式为带有隐藏边的线框，得到的模型如图 7-25c 所示。

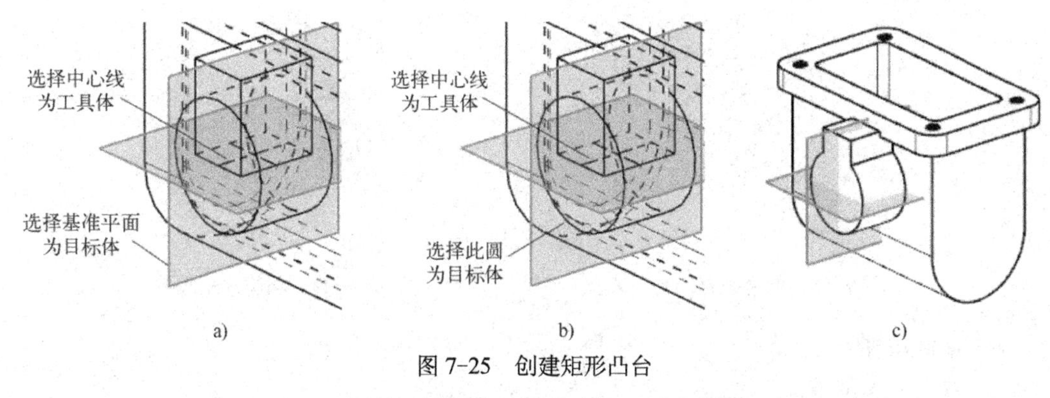

图 7-25 创建矩形凸台

a) 直线至直线定位 b) 平行定位 c) 操作结果

提示：

在上述以“平行”定位方式定位垫块的过程中，在选择垫块的对称中心线时应选择靠近所选的凸台左侧端面圆弧的一端。

13. 创建圆角

执行“边倒圆”命令，选择上述创建的矩形垫块左侧的两条竖直边，创建半径为 8mm 的圆角，如图 7-26 所示。

14．镜像垫块和圆角

单击“主页”选项卡→“特征”组→“更多”库→“镜像特征”图标，按住键盘的<Ctrl>键，在部件导航器中选择“矩形垫块（14）”和“边倒圆（15）”两个特征，单击“镜像平面”选项组的“选择平面”，选择上述创建的水平基准面作为镜像平面，最后单击“确定”按钮将垫块和圆角镜像，得到的模型如图 7-27 所示。

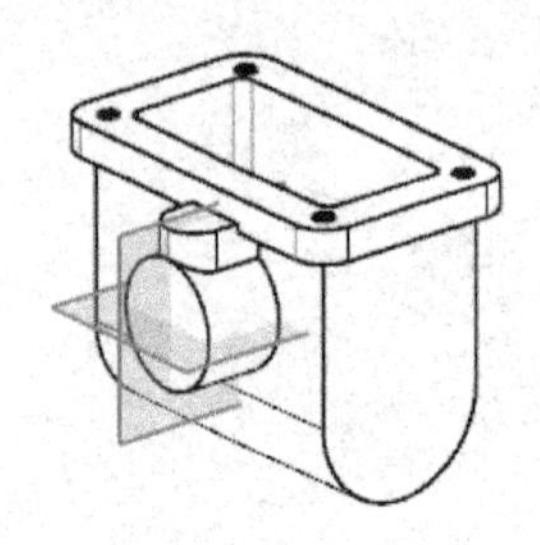

图 7-26　创建圆角

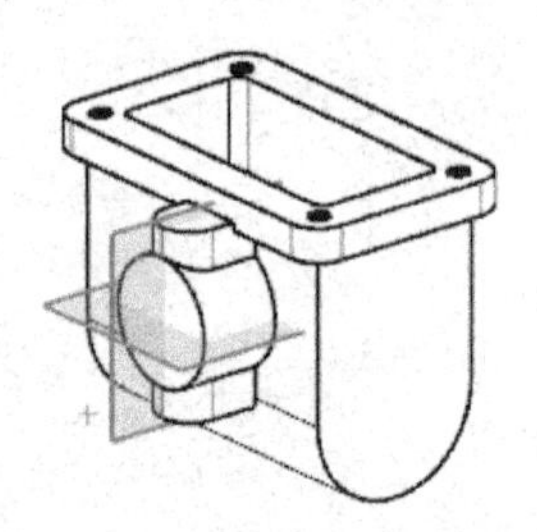

图 7-27　镜像垫块和圆角

15．创建圆孔

执行“NX5 版本之前的孔”命令，在打开的对话框中单击“简单”图标，选择上述创建的上方垫块的上表面为放置面，选择上述利用镜像特征创建的下方垫块的下表面为通过面，利用“点落在点上”定位方式，创建与垫块圆角同轴、直径为 8mm 的圆孔，得到的模型如图 7-28 所示。

再次执行“NX5 版本之前的孔”命令，在“孔”对话框中仍然选择“简单”类型，选择如图 7-28 所示的凸台的左侧端面为放置面，选择靠近凸台的左侧箱体内壁为通过面，创建与凸台同轴、直径为 20mm 的圆孔，得到的模型如图 7-29 所示。

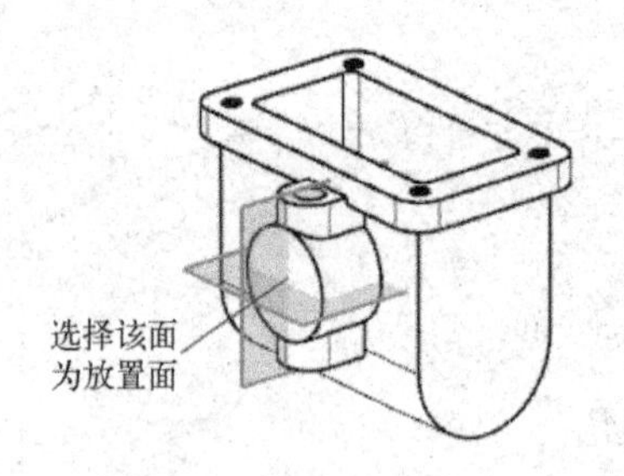

图 7-28　创建竖直圆孔

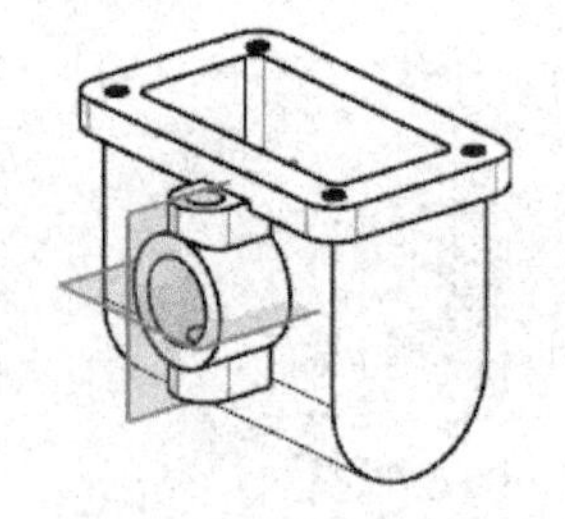

图 7-29　创建水平圆孔

16．镜像特征

（1）首先创建基准面

隐藏图层 61，新建图层 62 为工作层，执行“基准平面”命令，在打开的对话框的“类型”下拉列表框中选择“二等分”选项，选择箱体的左侧内表面和右侧内表面，单击“确定”按钮创建如图 7-30 所示的基准面，该基准面位于箱体的左右对称平面。

（2）镜像特征

设置图层 1 为工作层，单击“主页”选项卡→“特征”组→“更多”库→“镜像特征”图标，按住键盘的<Shift>键，用鼠标在部件导航器中选择“凸台（11）”和“简单孔（20）”两个特征，则两个特征之间的所有特征都被选中，然后单击“镜像平面”选项组的

“选择平面”，选择上述刚刚创建的基准平面，单击“确定”按钮完成操作。隐藏图层 62，得到的模型如图 7-31 所示。

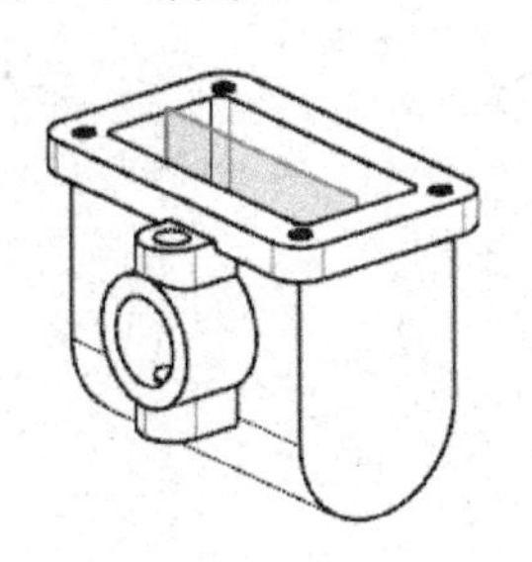

图 7-30 创建基准面

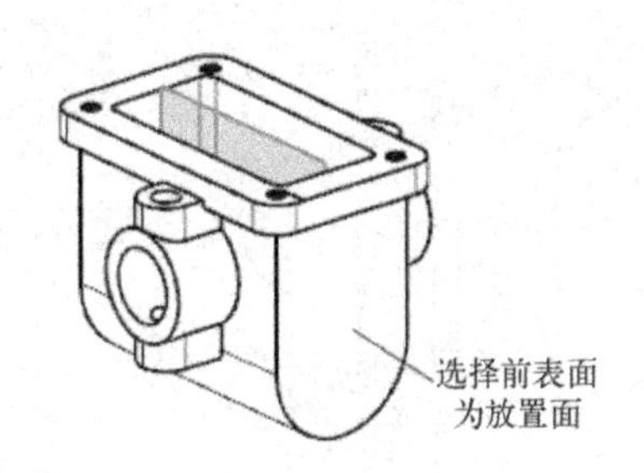

图 7-31 镜像特征

上述创建的模型可参考网盘文件“练习文件\第 7 章\箱体一3.prt”。

17. 创建凸台

执行“凸台”命令，选择如图 7-31 所示的箱体的前表面为放置面，采用“点落在点上”定位方式，创建与箱体下方圆角同轴、直径为 30mm、高度为 12mm 的凸台，如图 7-32 所示。

18. 创建圆孔

执行“NX5 版本之前的孔”命令，在打开的对话框中单击“简单”图标，选择上述创建的凸台的端面为放置面，选择靠近凸台的箱体内壁为通过面，采用“点落在点上”定位方式，创建与凸台同轴、直径为 16 的圆孔，如图 7-33 所示。

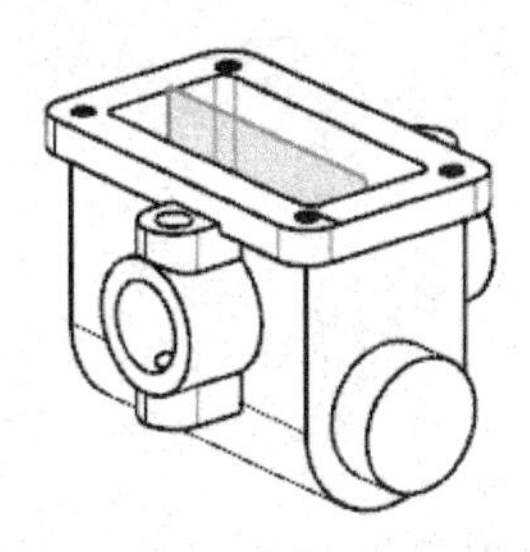

图 7-32 创建凸台

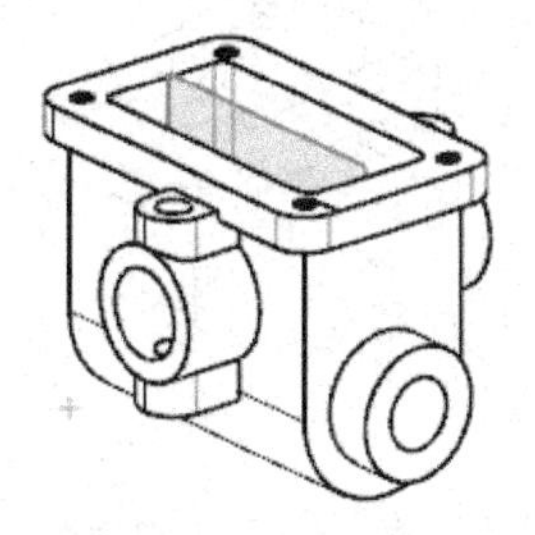

图 7-33 创建圆孔

19. 创建矩形垫块

（1）显示基准平面

单击“实用工具”工具条的“图层设置”图标，在打开的对话框的“图层/状态”列表框中选择图层 62，单击鼠标右键，在弹出的快捷菜单中选择“可选择”命令，单击“关闭”按钮关闭对话框，使位于该图层的基准面可见并可选。

（2）创建矩形垫块

执行“垫块”命令，在打开的对话框中单击“矩形”按钮，选择箱体的前表面为放置面，选择箱体前表面的竖直方向的边为水平参考，在随后打开的对话框中设置垫块的长度为 35mm，宽度为 12mm，高度为 5mm，其余参数为 0，单击“确定”按钮，在随后打开的“定位”对话框中单击“按一定距离平行”图标，选择基准面为目标体，选择如图 7-34a 所示的垫块边缘为工具体，在打开的对话框中设置距离为 6mm，单击“确定”按钮；然后在“定位”对话框中单击“水平”图标，选择如图 7-34b 所示的目标体和工具体，在随后打开的对话框中输入距离 0，单击“确定”按钮创建垫块，得到的模型如图 7-34c 所示。

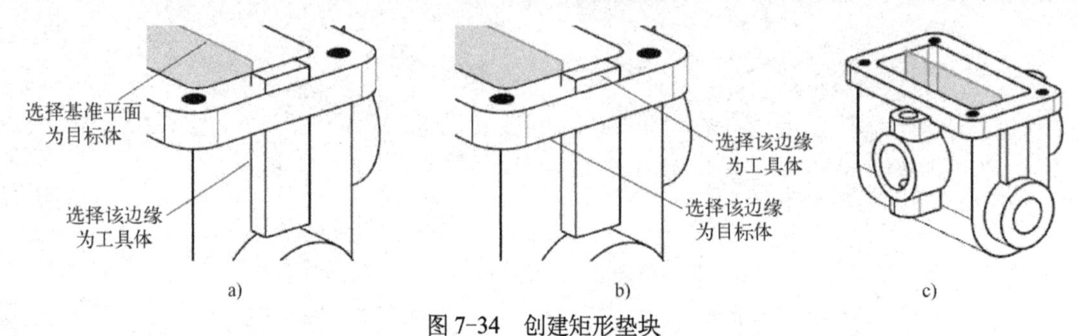

图 7-34 创建矩形垫块

a) 水平方向定位 b) 竖直方向定位 c) 操作结果

上述创建的模型可参考网盘文件“练习文件\第 7 章\箱体－4.prt”。

20．创建凸台

为方便创建凸台，按住鼠标中键（或滚轮）并移动鼠标，将视图方向进行旋转，如图 7-35 所示。

单击“主页”选项卡→“特征”组→“更多”库→“凸台”图标，选择当前视图方向中箱体的前表面为放置面，创建与箱体下方圆角同轴、直径为 75mm、高度为 16mm 的凸台，如图 7-36 所示。

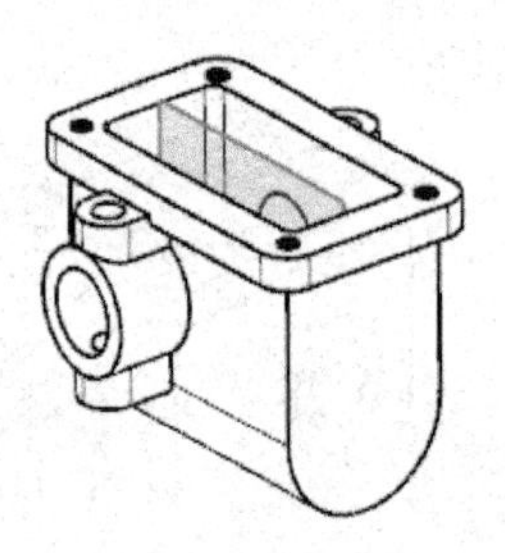

图 7-35 视图旋转

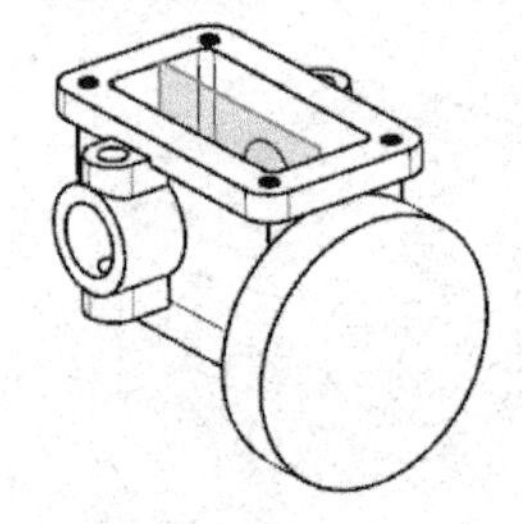

图 7-36 创建凸台

21．创建沉头孔

执行“NX5 版本之前的孔”命令，在打开的“孔”对话框中单击“沉头镗孔”图标，选择上述凸台的端面为放置面，选择箱体靠近凸台的内壁为通过面，输入沉头孔的参数：沉头直径=40mm，沉头深度=10mm，孔径=34mm，其余参数为 0，单击“确定”按钮，在随后打开的“定位”对话框中选择“点落在点上”定位方式，使沉头孔与凸台同轴，得到的实体如图 7-37 所示。

22．创建圆孔

再次执行“NX5 版本之前的孔”命令，在打开的“孔”对话框中单击“简单”图标，选择上述凸台的端面作为放置面，设置孔的直径为 9mm，深度为 16mm，顶锥角为 0，单击“确定”按钮，在打开的“定位”对话框中单击“点落在线上”图标，选择基准平面为目标体，然后在“定位”对话框中单击“平行”图标，选择上述创建的沉头孔的边缘圆弧，在打开的对话框中单击“圆弧中心”按钮，在随后打开的对话框中输入距离 28，单击“确定”按钮创建圆孔，得到的模型如图 7-38 所示。

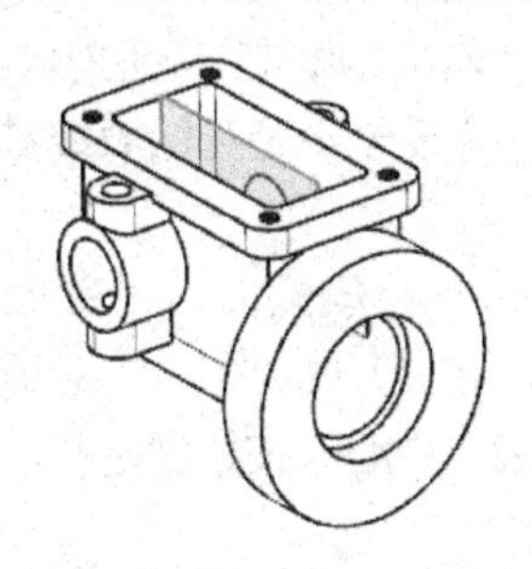

图 7-37 创建沉头孔

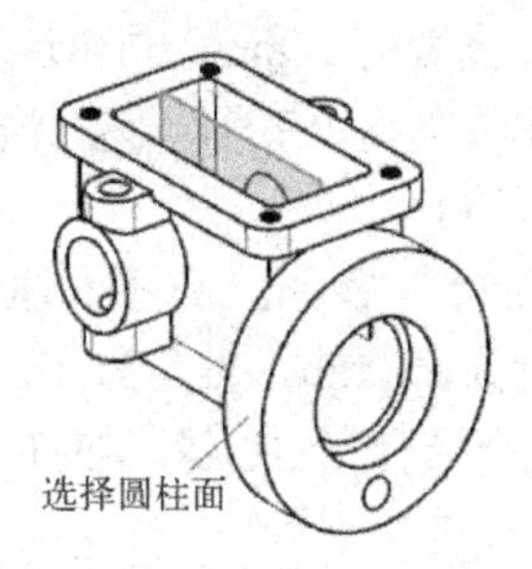

图 7-38 创建圆孔

23. 圆形阵列圆孔

单击“主页”选项卡→“特征”组→“阵列特征”图标，用鼠标在图形窗口选择上述创建的圆孔，在“布局”下拉列表框中选择“圆形”选项，在“旋转轴”选项组中单击“指定矢量”最右侧的箭头，选择选项，选择如图 7-38 所示的凸台的圆柱面，然后在“间距”下拉列表框中选择“数量和跨距”选项，然后设置“数量”为 3，“跨角”为 360，最后单击“确定”按钮创建阵列，得到的模型如图 7-39 所示。

隐藏图层 62，设置视图方向为正三轴测图，得到最终完成的涡轮减速器箱体的模型如图 7-40 所示。以着色方式显示的涡轮减速器箱体如图 7-16 所示。

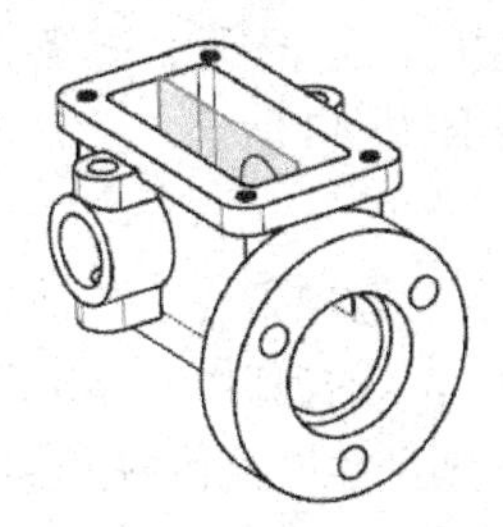

图 7-39 圆形阵列圆孔

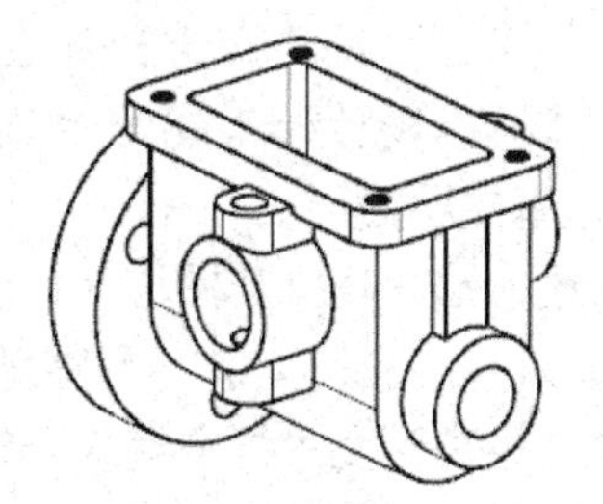

图 7-40 涡轮减速器箱体

上述创建的模型可参考网盘文件“练习文件\第 7 章\箱体－5.prt”。

24. 保存文件

在功能区选择菜单“文件”→“关闭”→“保存并关闭”，保存并关闭文件。

7.1.3 阀体创建范例

本范例介绍如图 7-41 所示的阀体的创建过程。创建该阀体的模型需要用到的特征有圆柱、凸台、孔、键槽、垫块、腔体和基准平面等，需要用到的特征操作有边倒圆、倒斜角、阵列特征等。

阀体的建模步骤如下：

1. 新建部件文件

启动 UG NX，选择目录建立新部件文件“阀体.prt”，单位为毫米。

2. 创建圆柱

执行“圆柱”命令，在打开的对话框的“类型”下拉列表框中选择“轴、直径和高度”选项，在“轴”选项组中设置圆柱的轴线为YC轴方向，底面圆心坐标为（0,0,0），设置圆柱的直径为172mm，高度为17mm，布尔运算方式为“无”，最后单击“确定”按钮创建圆柱。

设置视图方向为正三轴测图，渲染样式为静态线框，并设置不可见轮廓线显示为虚线。

3. 创建凸台

执行“凸台”命令，选择上述创建的圆柱左侧的底面为放置面，设置圆柱的直径为114mm，高度为68mm，锥角为0，单击“确定”按钮，在打开的“定位”对话框中选择定位方式，选择凸台底面边缘，在打开的对话框中单击“圆弧中心”按钮创建凸台，如图7-42所示。

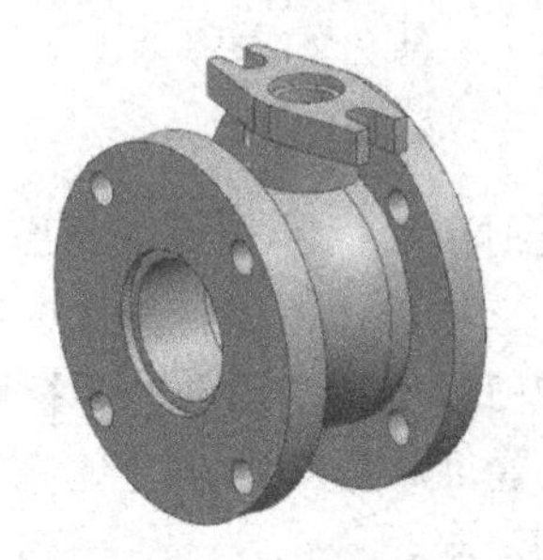

图7-41 阀体

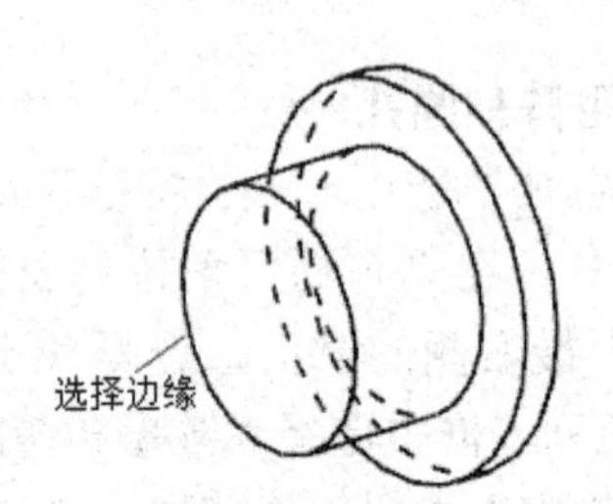

图7-42 创建凸台

4. 创建圆角

执行“边倒圆”命令，选择如图7-42所示的上步创建的凸台的顶面边缘，在“半径1”文本框中设置半径为57，单击“确定”按钮创建圆角，如图7-43所示。

5. 创建基准平面

利用前述方法，建立新图层61层为工作层。单击“主页”选项卡→“特征”组→“基准平面”图标，在“类型”下拉列表框中选择“自动判断”，选择如图7-43所示的圆柱的底面，在“距离”文本框中输入65，单击“确定”按钮，则创建距离圆柱底面65mm的基准平面，如图7-44所示。

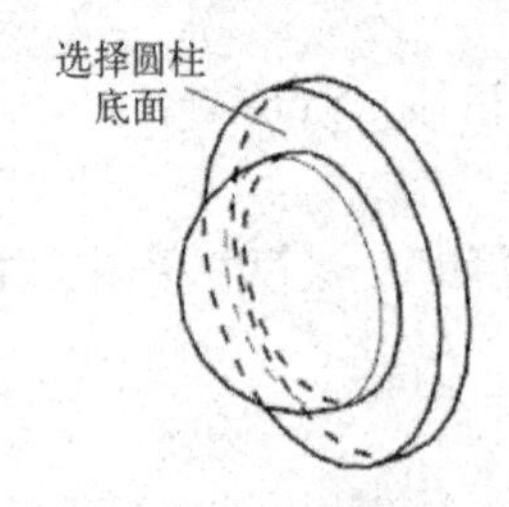

图7-43 创建圆角

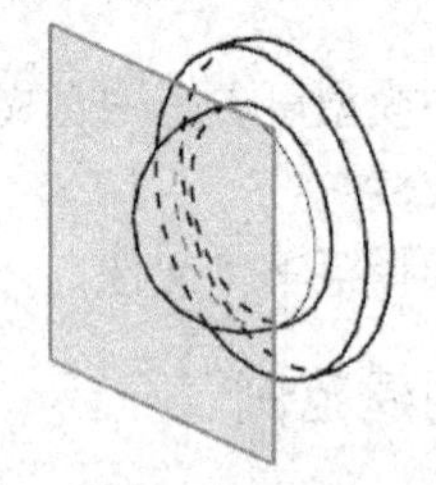

图7-44 创建基准平面

6. 创建凸台

重新设置1层为工作层。再次执行“凸台”命令，选择上述创建的基准平面为放置面，设置凸台的直径为160mm，高度为20mm，锥角为0，单击“确定”按钮，在打开的“定位”对话框中选择定位方式，选择第2步创建的圆柱底面边缘，在随后打开的对话框中单击“圆弧中心”按钮创建凸台，如图7-45所示。

7. 创建圆角

执行“边倒圆”命令，选择如图 7-45 所示的凸台与球面的交线，在“半径 1”文本框中设置圆角半径为 10mm，单击“确定”按钮，得到的模型如图 7-46 所示。

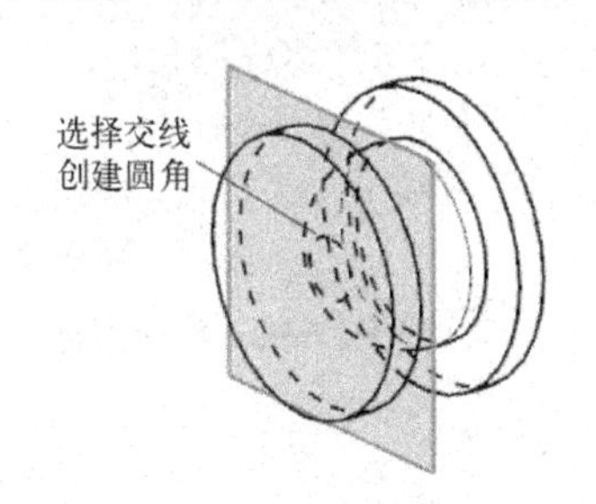

图 7-45 创建凸台

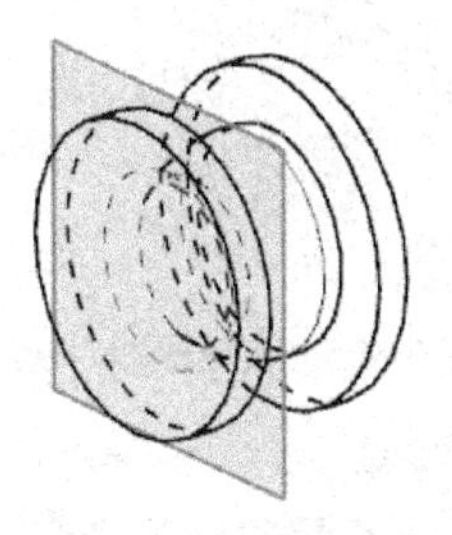

图 7-46 创建圆角

上述创建的模型可参考网盘文件“练习文件\第 7 章\阀体－1.prt”。

8. 创建基准平面

新建 62 层为工作层，执行“基准平面”命令，在打开对话框的“类型”下拉列表框中选择“通过对象”选项，选择第 2 步创建的圆柱的圆柱面，单击“应用”按钮创建如图 7-47 所示的基准平面。

在仍然打开的“基准平面”对话框的类型下拉列表框中选择“曲线和点”选项，在“子类型”下拉列表框中选择“三点”选项，并在上边框条中激活象限点捕捉方式，依次选择如图 7-48 所示的象限点，单击“确定”按钮创建基准平面。

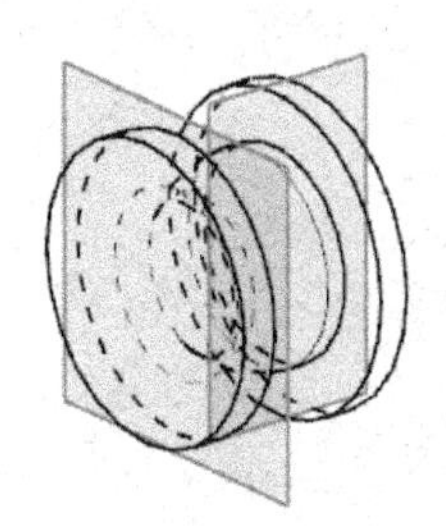

图 7-47 创建第一个基准平面

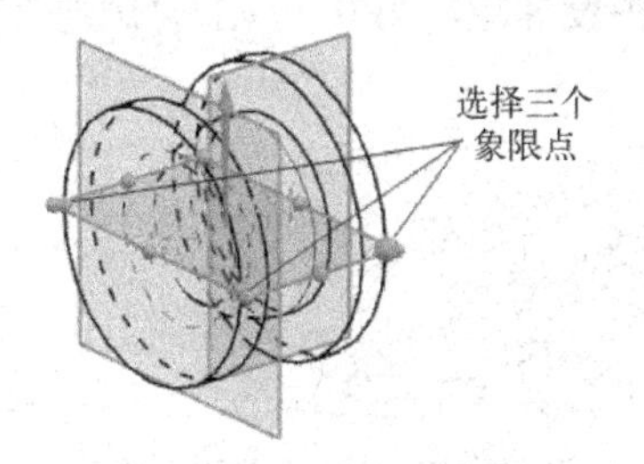

图 7-48 创建第二个基准平面

9. 创建凸台

（1）选择放置面

重新设置 1 层为工作层，再次执行“凸台”命令，选择上步创建的水平方向的基准平面为放置面，设置凸台的直径为 48mm，高度为 73mm，锥角为 0，单击“确定”按钮。

（2）定位凸台

在“定位”对话框中选择（点落在线上）定位方式，之后选择上步创建的过圆柱轴线的竖直方向的基准平面，如图 7-49 所示。然后在“定位”对话框中选择（平行）定位方式，选择如图 7-49 所示的圆柱底面边缘，在打开的对话框中单击“圆弧中心”按钮，在随后打开的对话框中设置距离为 11mm，单击“确定”按钮创建凸台，如图 7-50 所示。

上述创建的模型可参考网盘文件“练习文件\第 7 章\阀体－2.part”。

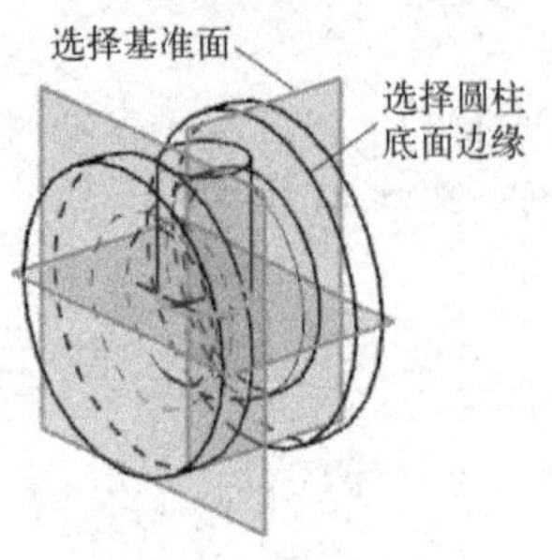

图 7-49 选择定位对象

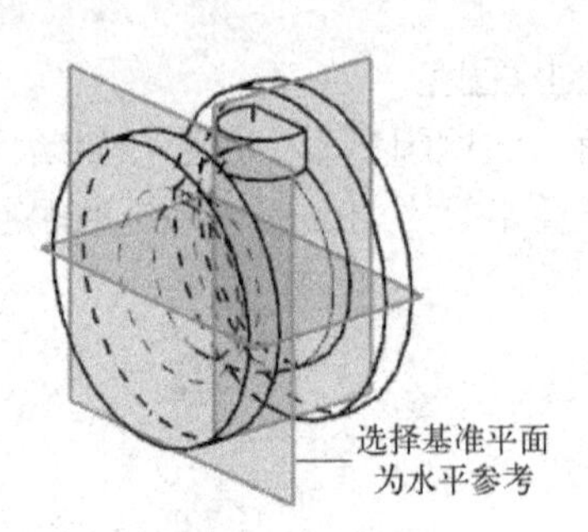

图 7-50 创建凸台

10. 创建垫块

（1）选择放置面和水平参考

单击“主页”选项卡→“特征”组→“更多”库→“垫块”图标，在打开的对话框中单击“矩形”按钮，选择上步创建的凸台顶面为放置面，选择如图 7-50 所示的基准平面为水平参考，设置垫块的长度为 100mm，宽度为 48mm，高度为 15mm，其余参数为 0，单击“确定”按钮。

（2）定位垫块

在“定位”对话框中选择“线落在线上”定位方式，选择如图 7-51 所示的基准平面为目标体，选择图 7-51 所示的垫块长度方向的对称中心线为工具体。然后在“定位”对话框中选择“竖直”定位方式，选择如图 7-52 所示的凸台顶面边缘，在打开的对话框中单击“圆弧中心”按钮，然后选择如图 7-52 所示的垫块宽度方向的对称中心线，在随后打开的对话框中设置距离为 0，单击“确定”按钮创建垫块，如图 7-53 所示。

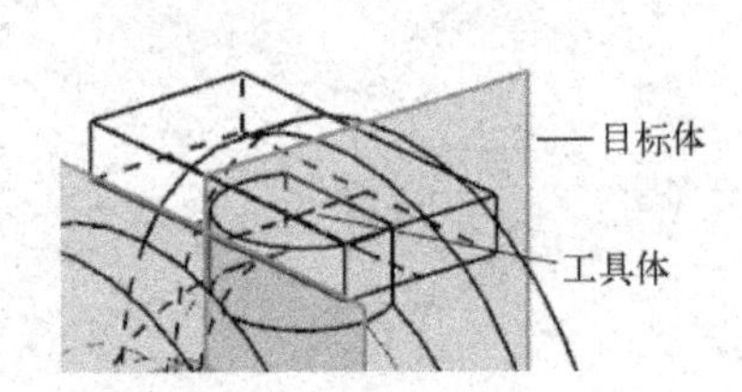

图 7-51 线到线定位方式

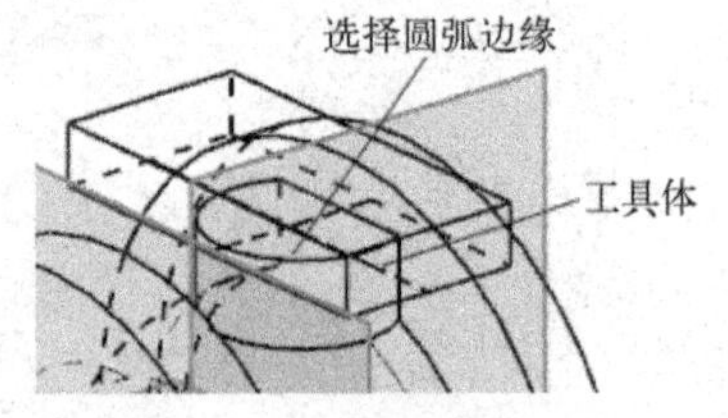

图 7-52 竖直定位方式

11. 创建斜角

单击“主页”选项卡→“特征”组→“倒斜角”图标，选择如图 7-53 所示的垫块的边缘，在“横截面”下拉列表框中选择“非对称”选项，设置“距离 1”为 45mm，“距离 2”为 10mm，单击“应用”按钮创建斜角，如图 7-54 所示。

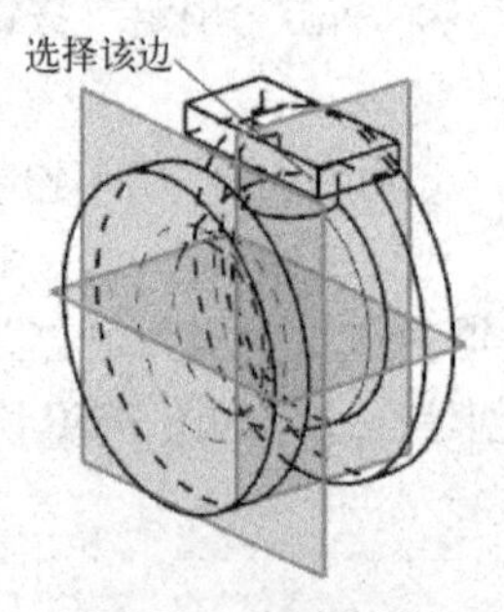

图 7-53 创建垫块

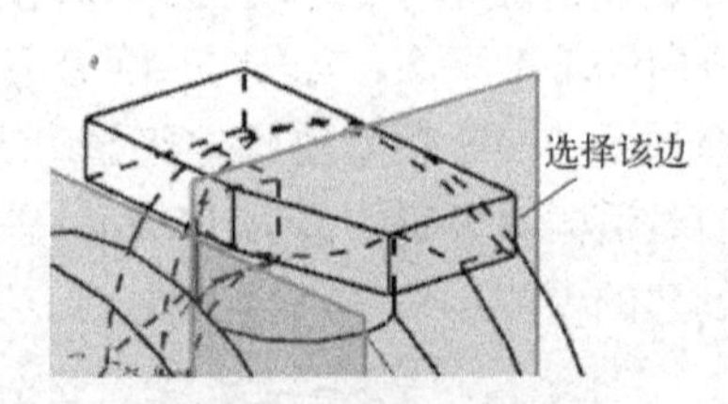

图 7-54 创建第一个斜角

利用上述同样方法，选择如图 7-54 所示的边，创建“距离 1”为 10mm，“距离 2”为 45mm 的斜角，如图 7-55 所示。

12．镜像斜角

执行“镜像特征”命令，按住键盘的<Ctrl>键，在部件导航器中选择“倒斜角（11）”和“倒斜角（12）”，单击“镜像平面”选项组的“选择平面”，选择如图 7-55 所示的基准平面，单击“确定”按钮进行镜像，得到的模型如图 7-56 所示。

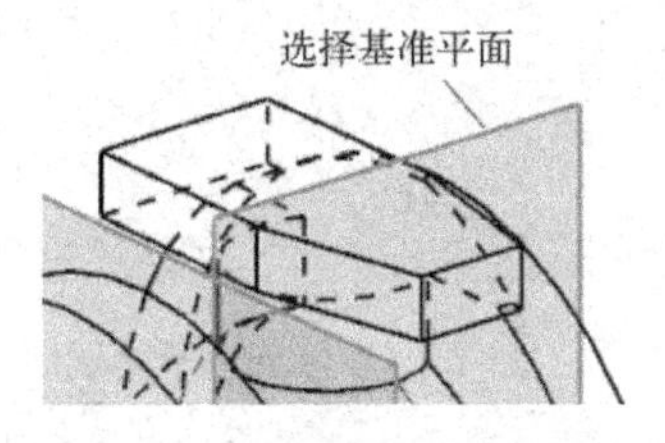

图 7-55　创建第二个斜角

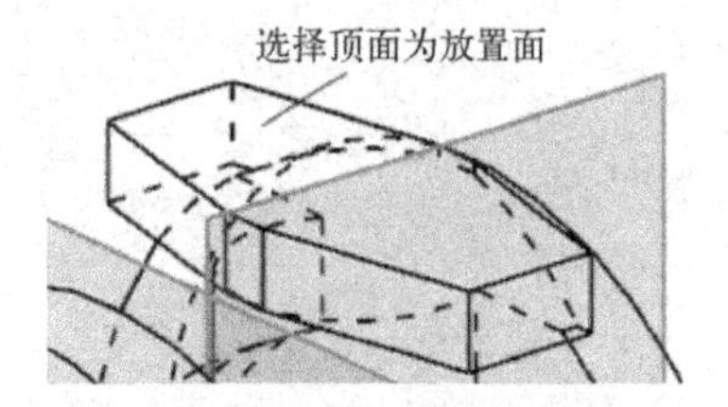

图 7-56　镜像斜角

上述创建的模型可参考网盘文件“练习文件\第 7 章\阀体一3.prt”。

13．创建沉头孔

执行“NX5 版本之前的孔”命令，在打开的“孔”对话框中单击“沉头镗孔”图标，选择如图 7-56 所示的垫块的顶面为放置面，设置如图 7-57 所示的参数，单击“确定”按钮，在“定位”对话框中选择“点落在点上”定位方式，选择如图 7-58 所示的圆弧，在随后打开的对话框中单击“圆弧中心”按钮。设置渲染样式为“带有隐藏边的线框”，创建的沉头孔如图 7-59 所示。

参数	值	单位
沉头直径	32	mm
沉头深度	5	mm
孔径	25	mm
孔深	50	mm
顶锥角	0	deg

图 7-57　设置参数

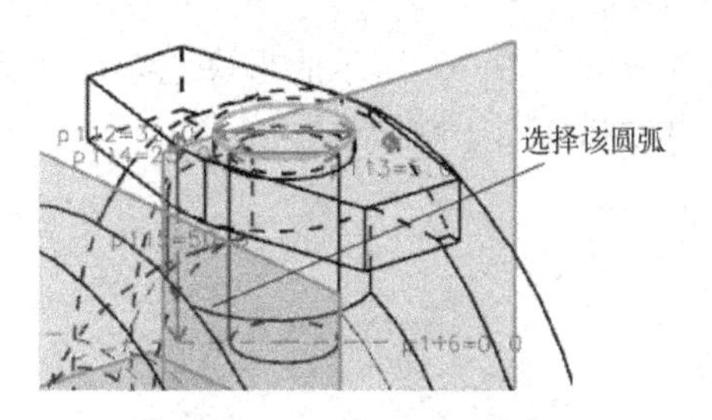

图 7-58　选择圆弧

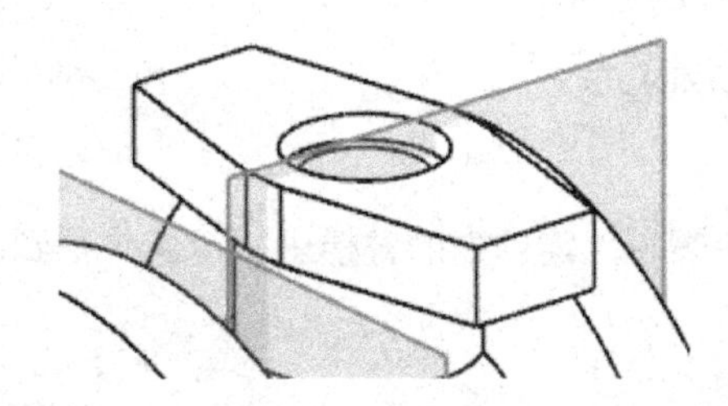

图 7-59　创建沉头孔

14．创建基准平面

建立新图层 63 层为工作层。执行“基准平面”命令，在打开的对话框的“类型”下拉列表框中选择“自动判断”选项，在上边框条激活“圆弧中心”捕捉方式，选择如图 7-60

所示的基准平面和沉头孔的顶部边缘的圆心，单击“确定”按钮创建基准平面，如图 7-61 所示。

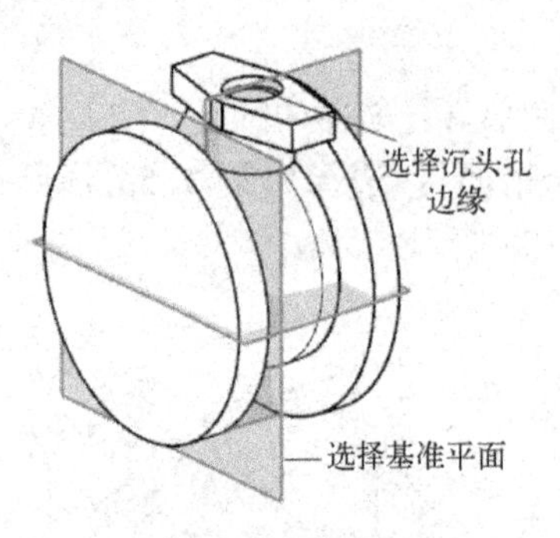

图 7-60 选择对象

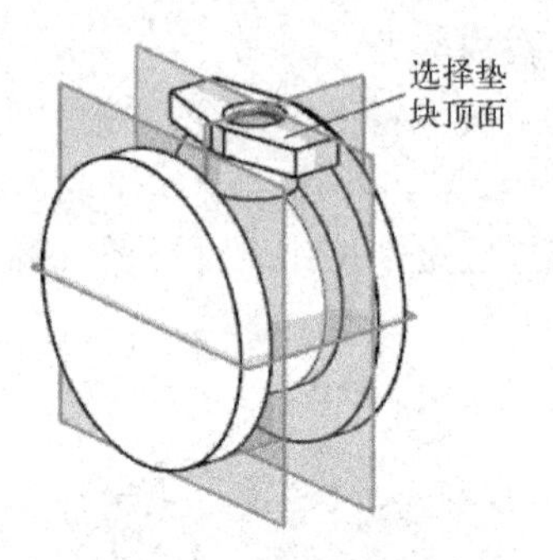

图 7-61 创建基准平面

15．创建键槽

（1）选择放置面和水平参考

设置图层 1 层为工作层。单击“主页”选项卡→“特征”组→“更多”库→“键槽”图标，在打开的对话框中选择“矩形”单选按钮，选择如图 7-61 所示的垫块的顶面为放置面，选择上步创建的基准平面为水平参考，设置键槽的长度为 40mm，宽度为 14mm，高度为 15mm，单击“确定”按钮。

（2）定位垫块

在“定位”对话框中选择“线落在线上”定位方式，选择如图 7-62 所示的基准平面为目标体，选择键槽宽度方向的对称中心线为工具体；然后再次选择“线落在线上”定位方式，选择如图 7-63 所示的垫块边缘为目标体，选择垫块长度方向的对称中心线为工具体，创建的键槽如图 7-64 所示。

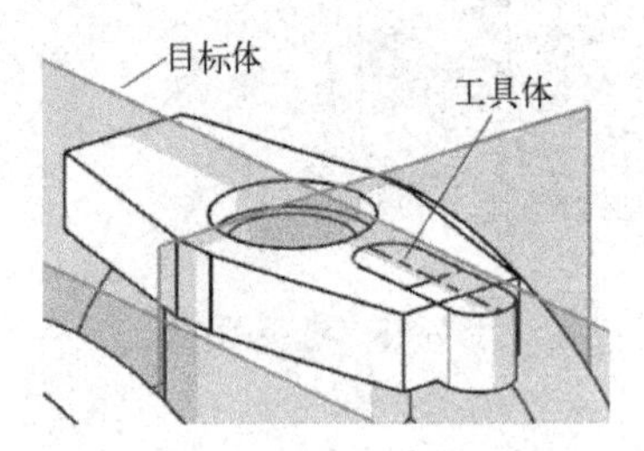

图 7-62 选择第一组定位对象

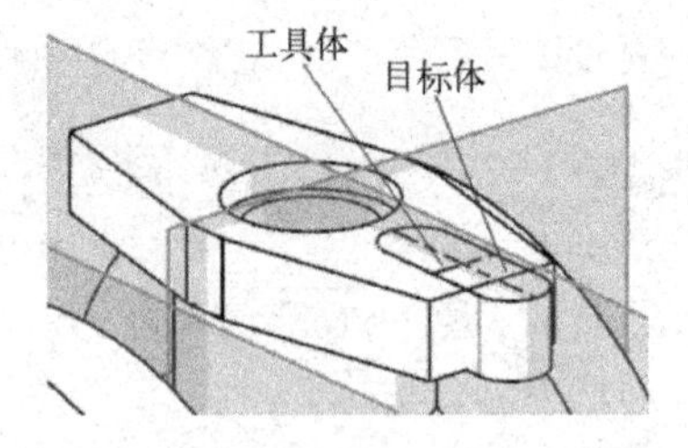

图 7-63 选择第二组定位对象

16．镜像键槽

采用与第 12 步相同的步骤将上述创建的键槽进行镜像，得到的模型如图 7-65 所示。

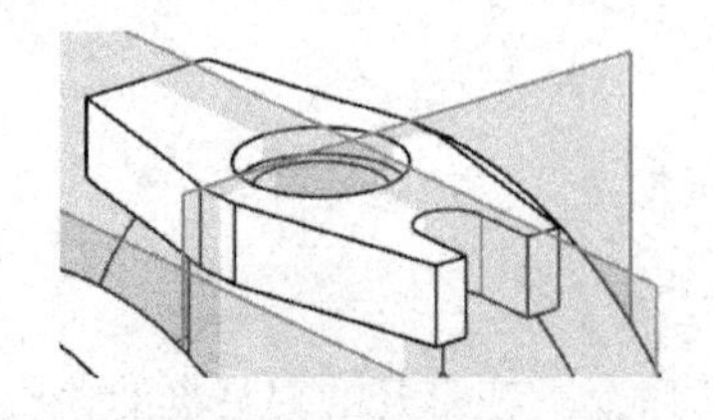

图 7-64 创建键槽

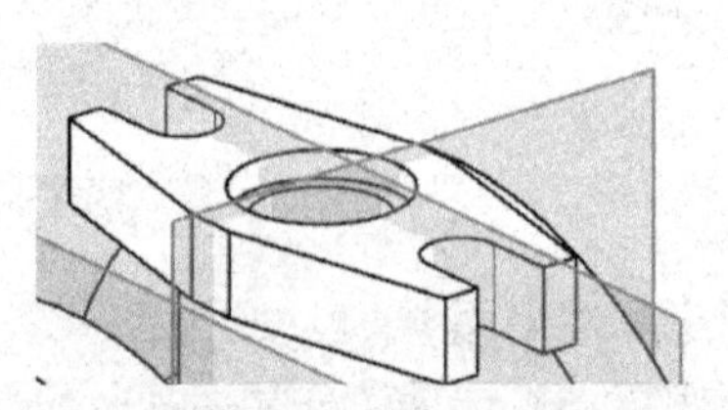

图 7-65 镜像键槽

上述创建的模型可参考网盘文件“练习文件\第 7 章\阀体—4.prt”。

17．创建沉头孔

执行“NX5 版本之前的孔”命令，在打开的“孔”对话框中单击“沉头镗孔”图标，选择如图 7-66 所示的凸台顶面为放置面，选择图中所示的圆柱顶面为通过面，设置沉头孔直径为 70mm，沉头孔深度为 5mm，孔径为 60mm，其余参数为 0，单击“确定”按钮，在打开的“定位”对话框中选择 定位方式，选择如图 7-66 所示的凸台顶面边缘，在随后打开的对话框中单击“圆弧中心”按钮，得到的模型如图 7-67 所示。

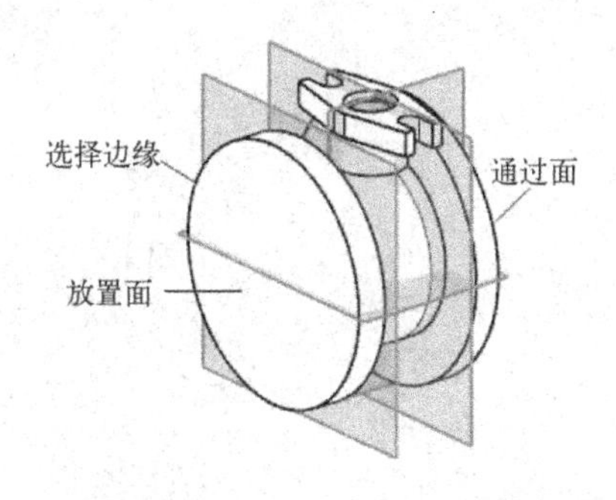

图 7-66　选择放置面和通过面

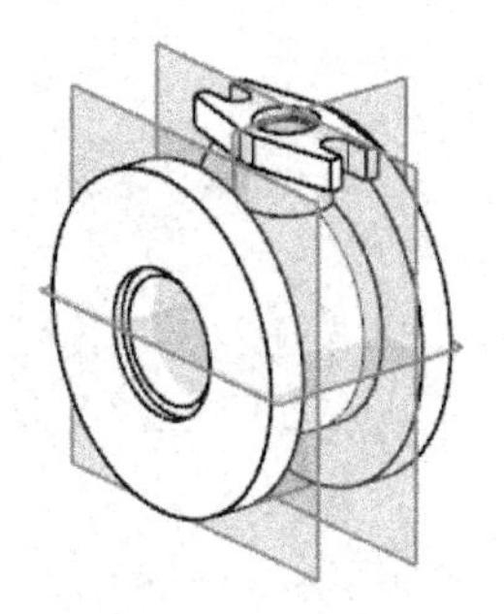

图 7-67　创建沉头孔

18．创建基准平面

建立新图层 64 层为工作层。执行“基准平面”命令，在打开的对话框的“类型”下拉列表框中选择“自动判断”选项，选择如图 7-68 所示的 2 个基准平面，单击“确定”按钮，创建如图 7-69 所示的平分所选的两个基准平面之间的夹角的基准平面。

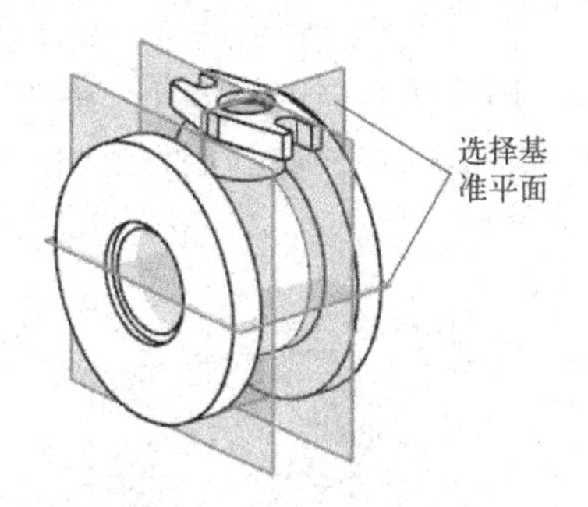

图 7-68　选择基准平面

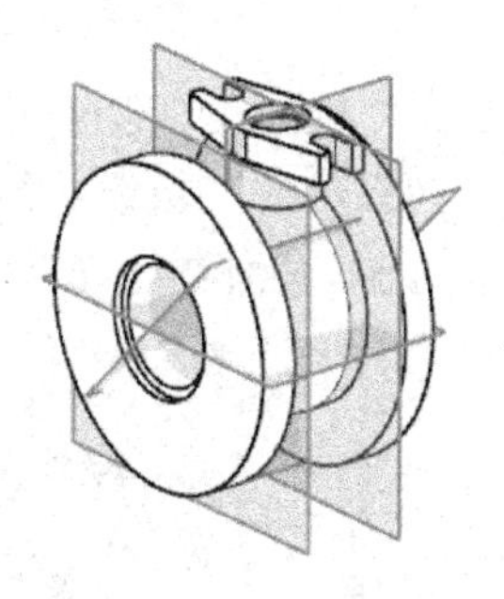

图 7-69　创建基准平面

19．创建圆孔

（1）选择放置面和通过面

重新设置图层 1 层为工作层。执行“NX5 版本之前的孔”命令，在打开的“孔”对话框中单击“简单”图标，选择图 7-66 所示的放置面和通过面，设置孔的直径为 15mm，单击“确定”按钮。

（2）定位圆孔

在“定位”对话框中选择（点落在线上）定位方式，选择上步创建的基准平面。然后在“定位”对话框中选择（平行）定位方式，选择图 7-66 所示的凸台顶面边缘，在打开的对话框中单击“圆弧中心”按钮，在随后打开的对话框中设置距离为 68mm，单击“确定”按钮创建圆孔，如图 7-70 所示。

20．阵列圆孔

单击“主页”选项卡→“特征”组→“阵列特征”图标，在图形窗口用鼠标选择上步创建的圆孔，在“布局”下拉列表框中选择“圆形”选项，单击“旋转轴”选项组“指定矢量”最右侧的箭头，选择选项，选择如图 7-70 所示的圆柱面，指定圆柱的轴线为旋转轴线，在“间距”下拉列表框中选择“数量和跨距”选项，在“数量”文本框中输入 4，在“跨角”文本框中输入 360，单击“确定”按钮创建圆形阵列，得到的模型如图 7-71 所示。

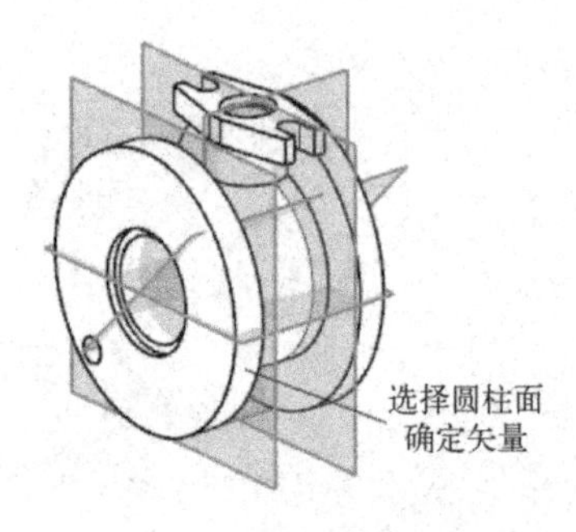

图 7-70　创建圆孔

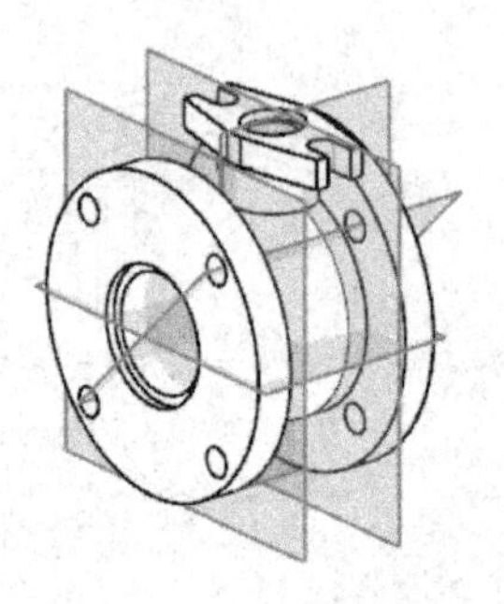

图 7-71　圆形阵列圆孔

21．创建腔体

将视图方向旋转至如图 7-72 所示。单击“主页”选项卡→“特征”组→“更多”库→“腔”图标，在打开的对话框单击“圆柱形”按钮，选择图 7-72 所示的圆柱顶面为放置面，设置腔体直径为 98mm，深度为 60mm，底面半径为 10mm，锥角为 0，单击“确定”按钮。

在“定位”对话框中选择定位方式，选择 7-72 所示的凸台顶面边缘，在打开的对话框中单击“圆弧中心”按钮，然后选择腔体的圆弧边缘，在打开的对话框中单击“圆弧中心”按钮，创建的腔体如图 7-73 所示。

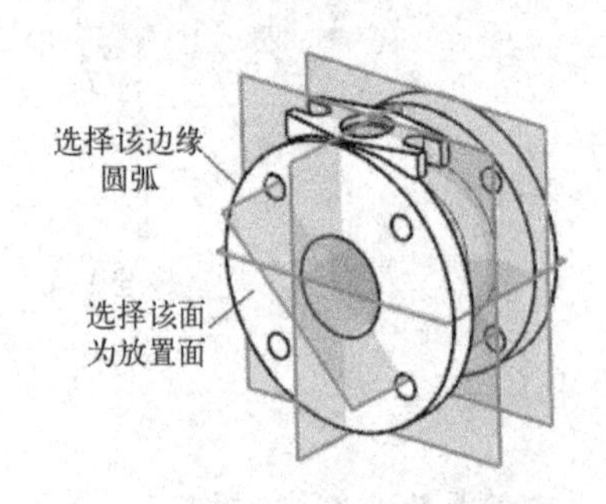

图 7-72　选择放置面

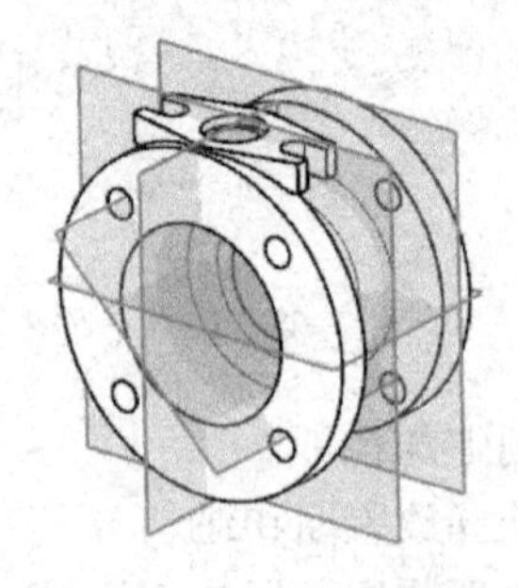

图 7-73　创建腔体

将基准平面隐藏，设置渲染样式为带边着色，最终完成阀体的创建。上述创建的模型可参考网盘文件“练习文件\第 7 章\阀体－5.prt”。

22．保存文件

在功能区选择菜单命令“文件”→“关闭”→“保存并关闭”，保存并关闭文件。

7.1.4 机盖创建范例

本范例介绍如图 7-74 所示的机盖的创建过程。创建该机盖的模型需要用到的特征有草图、拉伸体、圆柱、凸台、孔、垫块、基准平面等，需要用到的特征操作有边倒圆、倒斜角、偏置面、阵列特征、镜像特征等。

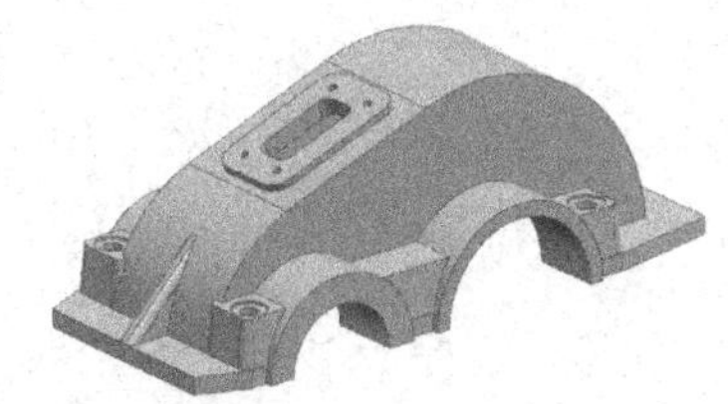

图 7-74　机盖

机盖的创建步骤如下：

1．打开部件文件

启动 UG NX，从“文件”下拉菜单中选择“打开”命令，从网盘打开部件文件“练习文件\第 7 章\草图_机盖.part”。

2．创建拉伸体

单击“主页”选项卡→“特征”组→“拉伸”图标，在上边框条的曲线规则下拉列表框中选择“特征曲线”选项，选择如图 7-75 所示的草图曲线，在“限制”选项组的“开始”下拉列表框中选择“对称值”选项，在“距离”文本框中输入 51，单击“确定”按钮创建拉伸体。

设置视图方向为正三轴测图，渲染样式为带有隐藏边的线框，得到的模型如图 7-76 所示。

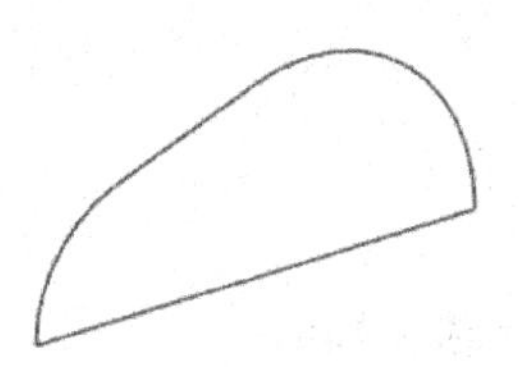

图 7-75　选择草图曲线

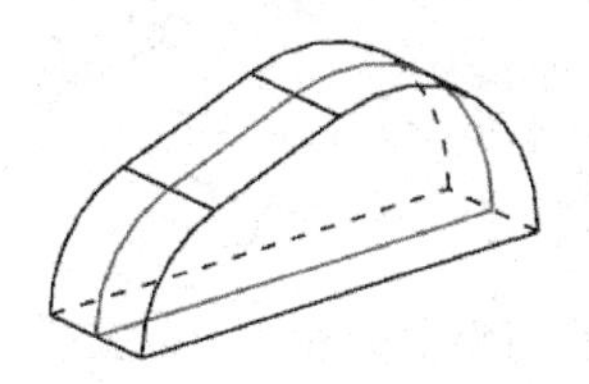

图 7-76　创建拉伸体

3．将实体抽壳

单击“主页”选项卡→“特征”组→“抽壳”图标，在打开的对话框的“类型”下拉列表框中选择“移除面，然后抽壳”选项，旋转视图方向，选择如图 7-77 所示的拉伸体的底面，在“厚度”文本框中输入 8，单击“确定”按钮进行抽壳。设置渲染样式为“带有隐藏边的线框”，得到的模型如图 7-78 所示。

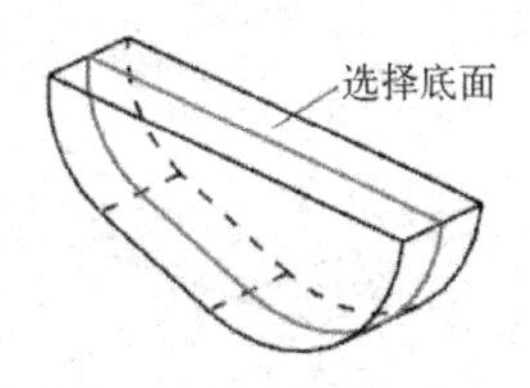

图 7-77　选择底面

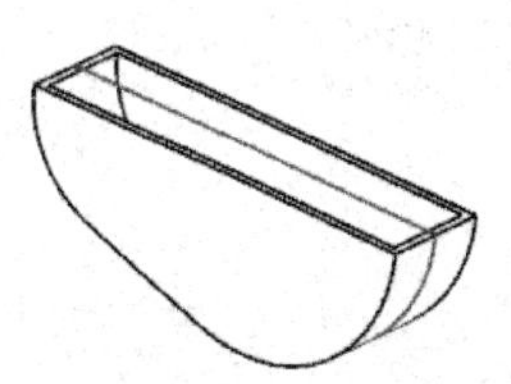

图 7-78　实体抽壳

4．创建拉伸体

执行“拉伸”命令，在上边框条的曲线规则下拉列表框中选择“单条曲线”选项，选择如图 7-79 所示的抽壳形成的腔体的四条边缘，然后设置如图 7-80 所示的参数，并设置布尔运算方式为“合并”，最后单击“确定”按钮创建拉伸体，如图 7-81 所示。

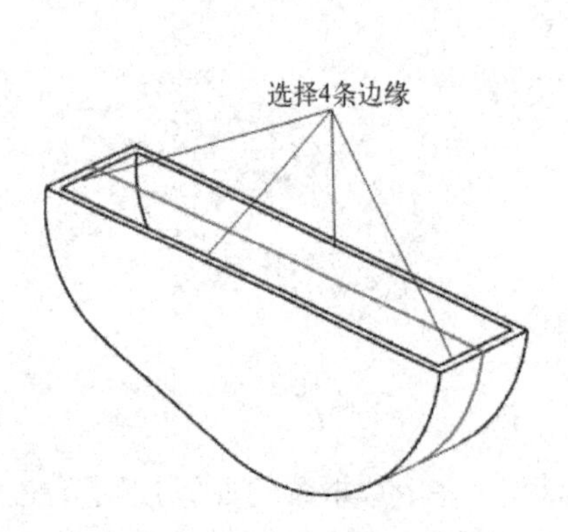

图 7-79 选择实体边缘

图 7-80 设置拉伸参数

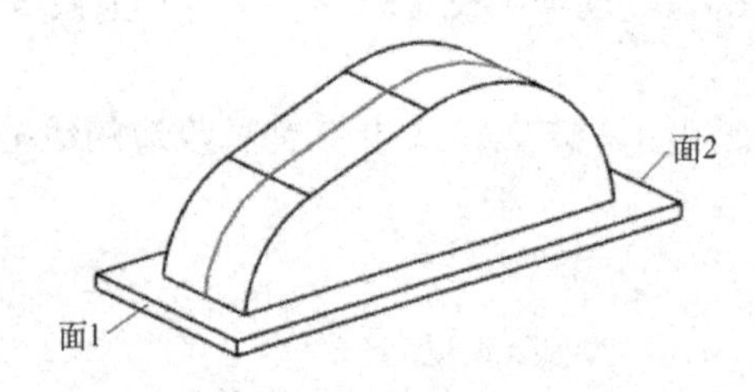

图 7-81 创建拉伸体

上述创建的模型可参考网盘文件“练习文件\第 7 章\机盖－1.prt”。

5．偏置实体表面

单击“主页”选项卡→“特征”组→“更多”库→“偏置面”图标，在上边框条的面规则下拉列表框中选择“单个面”选项（如图 7-82 所示），选择如图 7-81 所示的左右两个端面，在打开的对话框中设置偏置距离为-7，单击“确定”按钮将所选端面进行偏置，如图 7-83 所示。

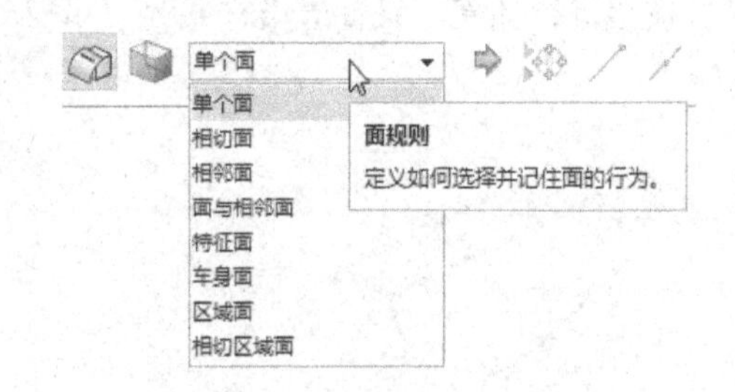

图 7-82 面规则下拉列表框

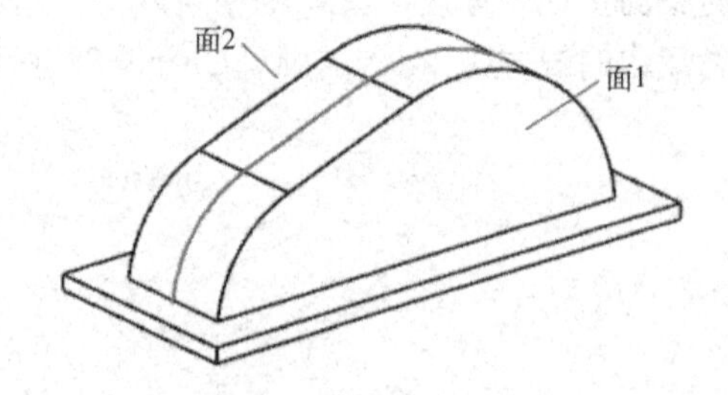

图 7-83 偏置实体表面

6．创建基准平面

创建新图层 61 层为工作层。执行“基准平面”命令，在打开的对话框的“类型”下拉列表框中选择“自动判断”选项，选择如图 7-83 所示的拉伸体的前后两个表面，单击“确定”按钮创建基准平面，如图 7-84 所示。

7. 创建斜角

重新设置图层 1 层为工作层，执行“倒斜角”命令，在打开的对话框的“横截面”下拉列表框选择“非对称”选项，选择如图 7-84 所示的第一条边，设置第一偏置距离为 15mm，第二偏置距离为 36mm，单击“应用”按钮，然后选择图 7-84 所示的第二条边，设置第一偏置距离为 80mm，第二偏置距离为 15mm，单击“确定”按钮创建斜角，如图 7-85 所示。

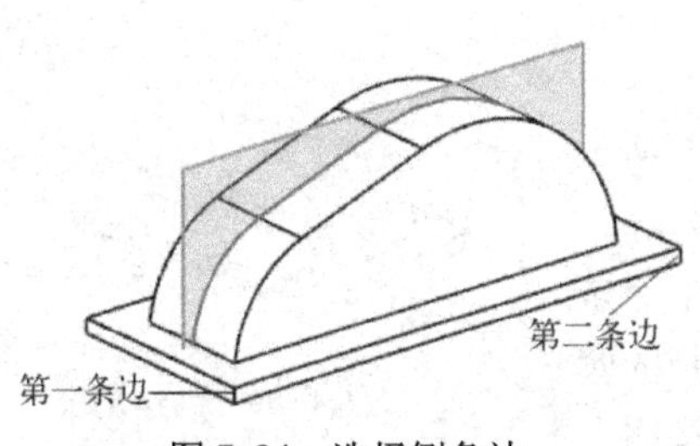

图 7-84 选择倒角边

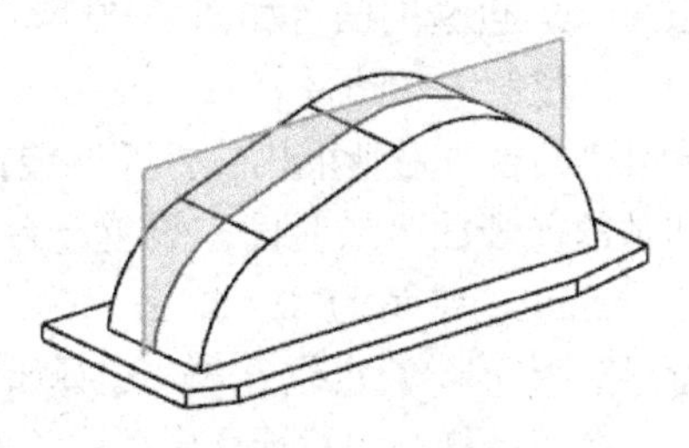

图 7-85 创建斜角

8. 镜像斜角

执行“镜像特征”命令，在图形窗口选择上述创建的两个斜角，然后单击“镜像平面”选项组的“选择平面”，选择第 6 步创建的基准平面为镜像平面，单击“确定”按钮，将上述创建的两个斜角进行镜像，得到的模型如图 7-86 所示。

上述创建的模型可参考网盘文件“练习文件\第 7 章\阀体—2.prt”。

9. 创建垫块

(1) 选择放置面和水平参考

执行“垫块”命令，在打开的对话框单击“矩形”按钮，选择如图 7-86 所示的拉伸体顶面为放置面，选择图 7-86 所示的实体边缘为水平参考，然后设置垫块的长度为 320mm，宽度为 45mm，高度为 33mm，拐角半径为 8mm，锥角为 5°，单击“确定”按钮。

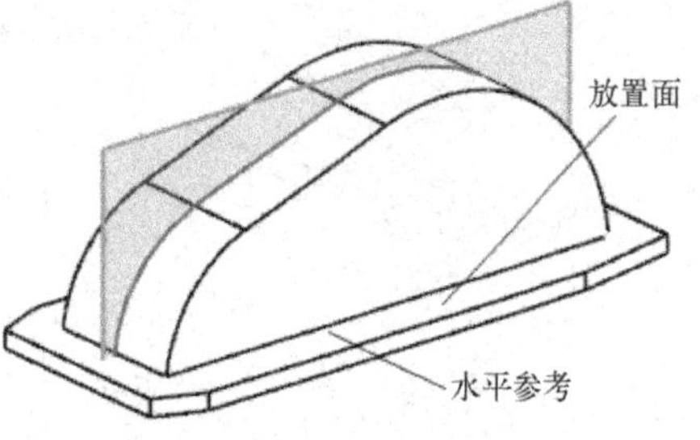

图 7-86 设置垫块参数

(2) 定位垫块

在“定位”对话框中选择工（线落在线上）定位方式，选择如图 7-87 所示的实体边缘为目标体，选择垫块边缘为工具体。重新在“定位”对话框中选择工定位方式，依次选择如图 7-88 所示的实体边缘和垫块边缘，创建的垫块如图 7-89 所示。

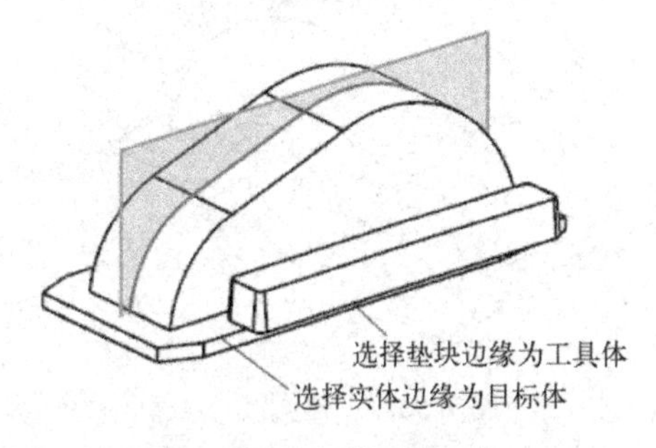

图 7-87 选择第一组对象

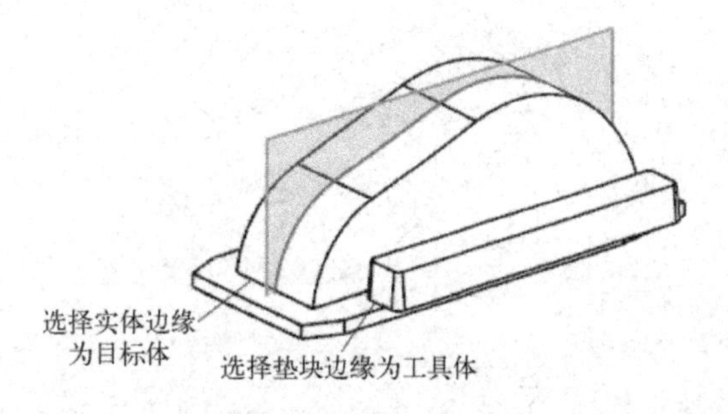

图 7-88 选择第二组对象

10．创建凸台

（1）创建第一个凸台

执行“凸台”命令，选择如图 7-89 所示的拉伸体的前表面为放置面，设置凸台的直径为 120mm，高度为 42mm，锥角为 0，单击“应用”按钮。在“定位”对话框中选择（点落在线上）定位方式，选择如图 7-89 所示的第一条边，然后在“定位”对话框中选择（垂直）定位方式，选择图 7-89 所示的第二条边，设置距离为 108mm，创建的凸台如图 7-90 所示。

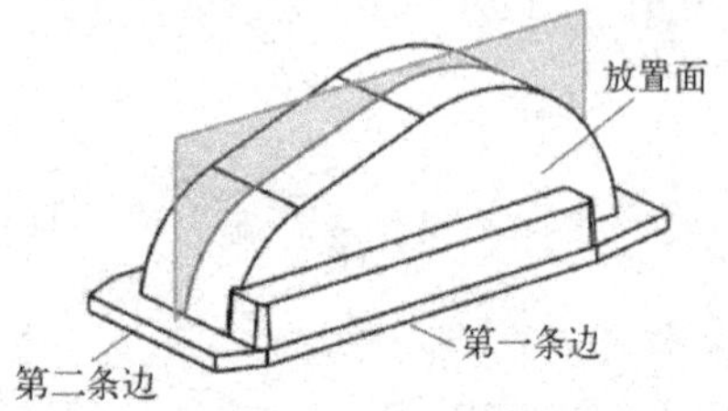

图 7-89　创建垫块

（2）创建第二个凸台

此时“凸台”对话框仍然打开，选择如图 7-90 所示的拉伸体的前表面为放置面，设置凸台直径为 140mm，高度为 42mm，锥角为 0，单击“确定”按钮。在“定位”对话框中选择定位方式，选择如图 7-90 所示的圆弧边缘，在随后打开的对话框中单击“圆弧中心”按钮，创建的凸台如图 7-91 所示。

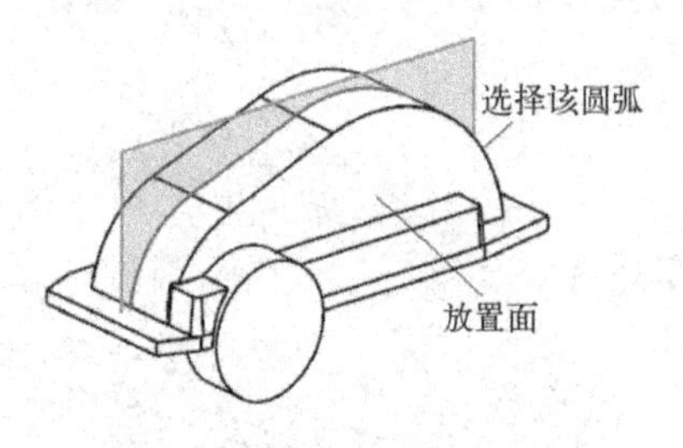

图 7-90　创建第一个凸台

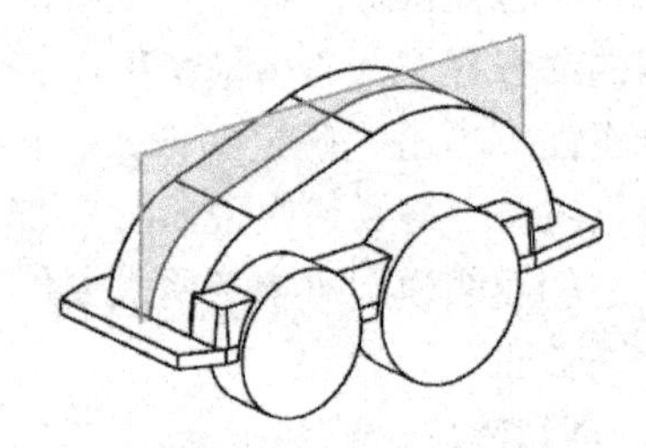
图 7-91　创建第二个凸台

11．创建圆孔

执行“NX5 版本之前的孔”命令，在打开的“孔”对话框中单击“简单”图标，分别选择上述创建的两个凸台的顶面为放置面，选择图 7-92 所示的实体抽壳形成的前表面为通过面，创建直径为 80mm 和 120mm 的孔，并分别采用定位方式使孔与凸台的轴线同轴，得到的模型如图 7-93 所示。

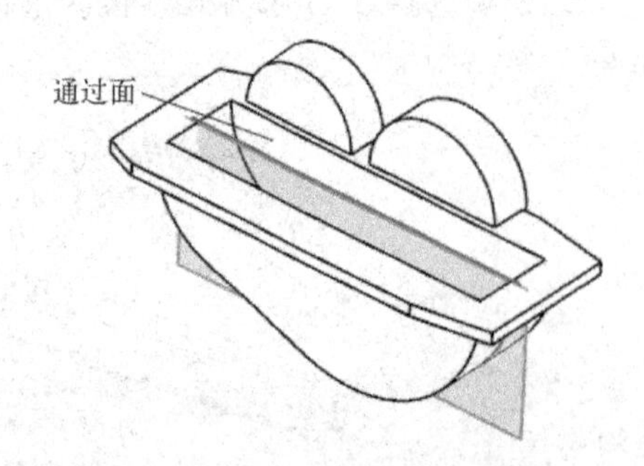

图 7-92　选择通过面

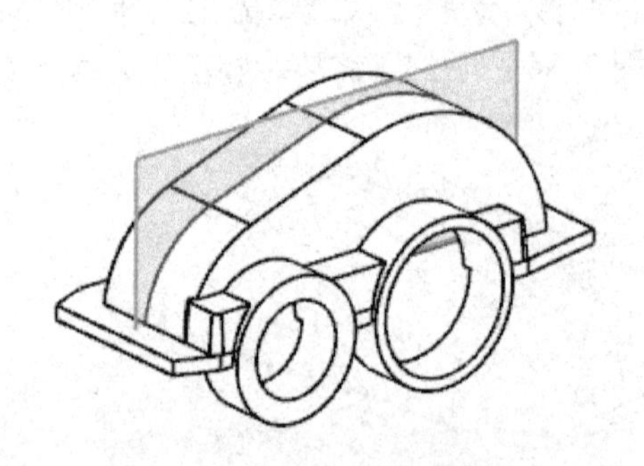
图 7-93　创建圆孔

12．修剪实体

单击“主页”选项卡→“特征”组→“修剪体”图标，选择整个实体，在“工具”选项组的“工具选项”下拉列表框中选择“新建平面”选项，单击“指定平面”，选择如图 7-94 所示的端面，在弹出的对话框中设置“距离”为 0，单击“确定”按钮修剪实体，如图 7-95 所示。

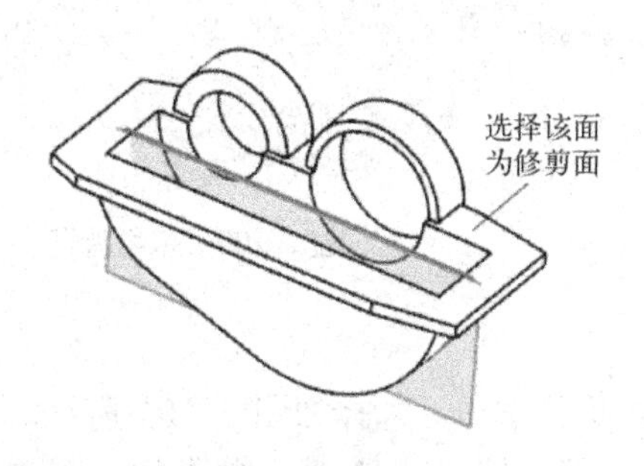

图 7-94 选择修剪表面

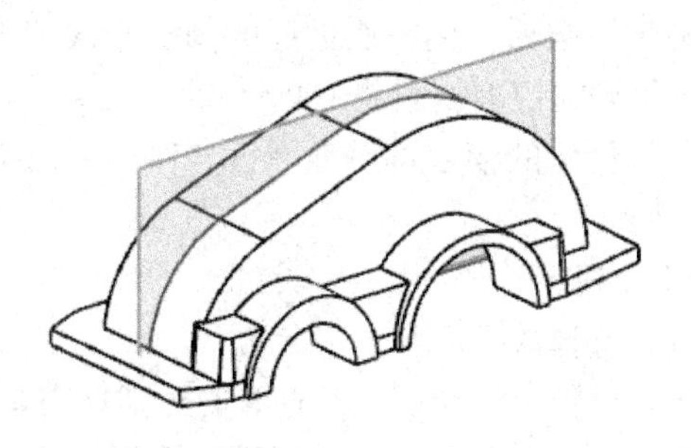

图 7-95 修剪实体

上述创建的模型可参考网盘文件“练习文件\练习 7\机盖－3.prt”。

13．创建沉头孔

执行“NX5 版本之前的孔”命令，在打开的“孔”对话框中单击“沉头镗孔”图标，选择如图 7-96 所示的垫块左端的上端面为放置面，选择实体底面为通过面，设置沉头直径为 25mm，沉头深度为 2mm，孔径为 13mm，采用“垂直”定位方式使孔与图 7-96 所示的两条边的距离均为 15mm，创建的沉头孔如图 7-97 所示。

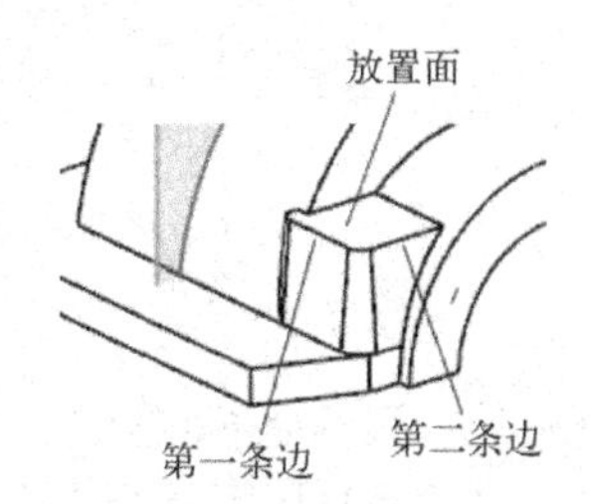

图 7-96 选择放置面和定位对象

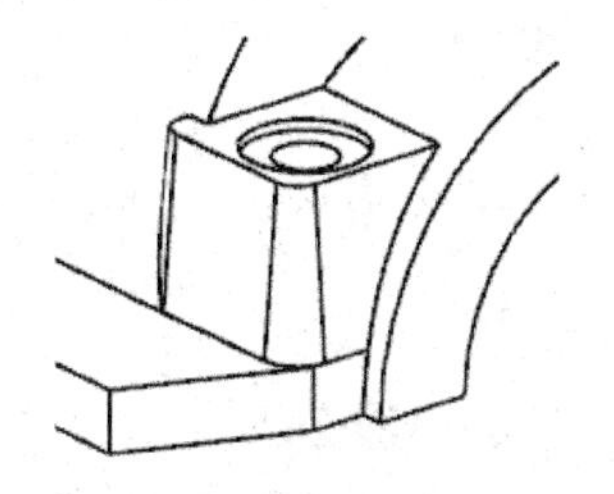

图 7-97 创建第一个沉头孔

采用上述同样的参数和方法，创建第二个沉头孔，采用“垂直”定位方法使孔与图 7-98 所示的两条边的距离均为 15mm，创建的沉头孔如图 7-99 所示。

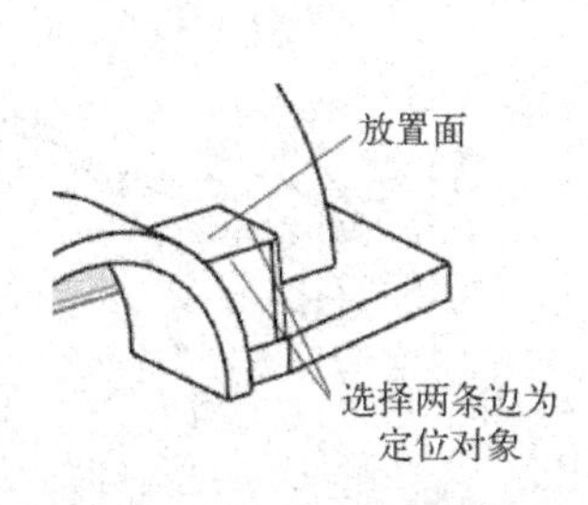

图 7-98 选择放置面和定位对象

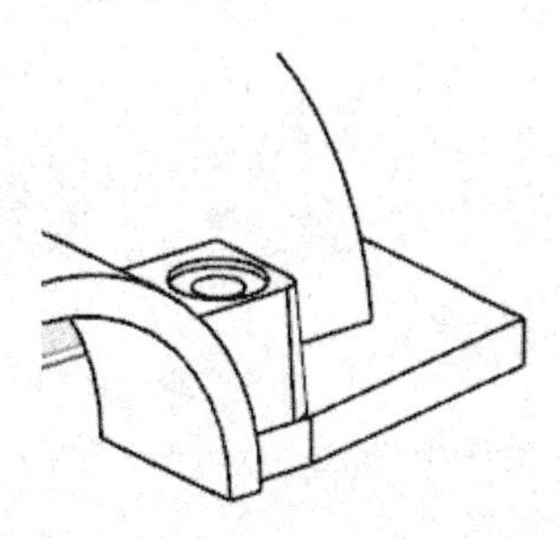

图 7-99 创建第二个沉头孔

14. 镜像特征

单击“主页”选项卡→“特征”组→“更多”库→“镜像特征”图标，在部件导航器中选择“矩形垫块（12）”，按住键盘的<Shift>键，再在部件导航器中选择“沉头孔（19）”，然后单击“镜像平面”选项组的“选择平面”，选择基准平面为对称平面，单击“确定”按钮，则将所创建的基准平面前方的所有特征镜像，得到的模型如图 7-100 所示。

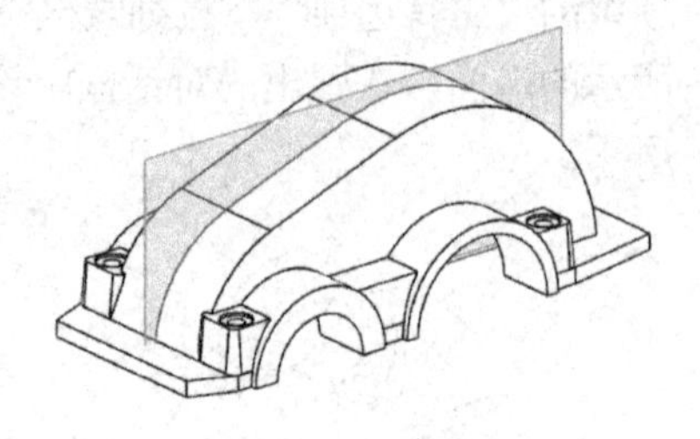

图 7-100 镜像特征

上述创建的模型可参考网盘文件“练习文件\第 7 章\机盖－4.prt”。

15. 创建垫块

（1）选择放置面和水平参考

执行“垫块”命令，在打开的对话框中单击“矩形”按钮，选择如图 7-101 所示的拉伸体顶面为放置面，选择基准平面为水平参考，然后设置如图 7-102 所示的参数，单击“确定”按钮。

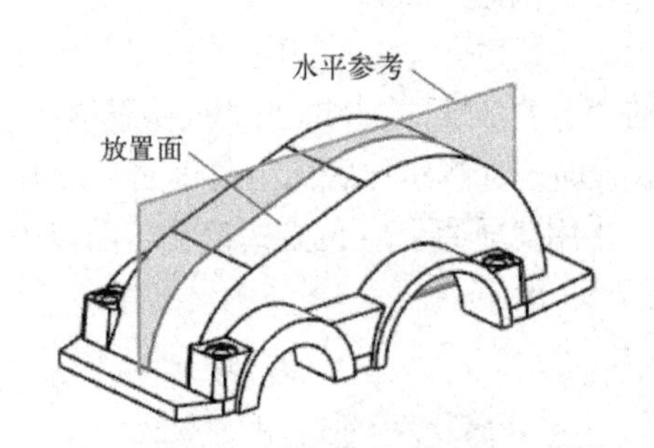

图 7-101 选择放置面和水平参考

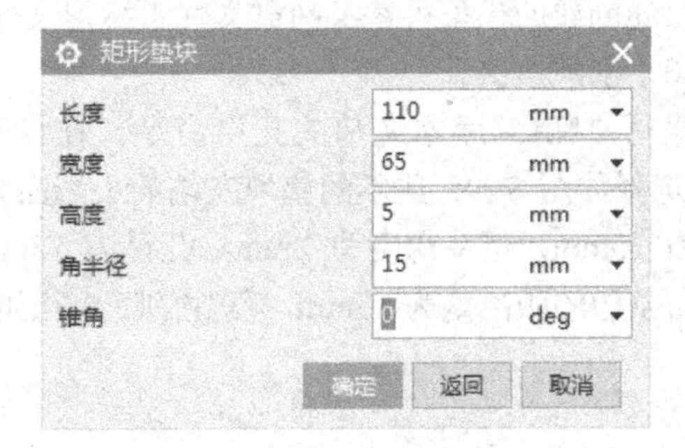

图 7-102 设置参数

（2）定位垫块

设置渲染方式为“静态线框”，在“定位”对话框中选择（线落在线上）定位方式，选择图 7-103 所示的基准平面为目标体，选择垫块宽度方向的对称中心线为工具体。然后选择（垂直）定位方式，依次选择如图 7-104 所示的目标体和工具体，在随后打开的对话框中设置距离为 7mm，重新设置渲染方式为“带隐藏边的线框”，创建的垫块如图 7-105 所示。

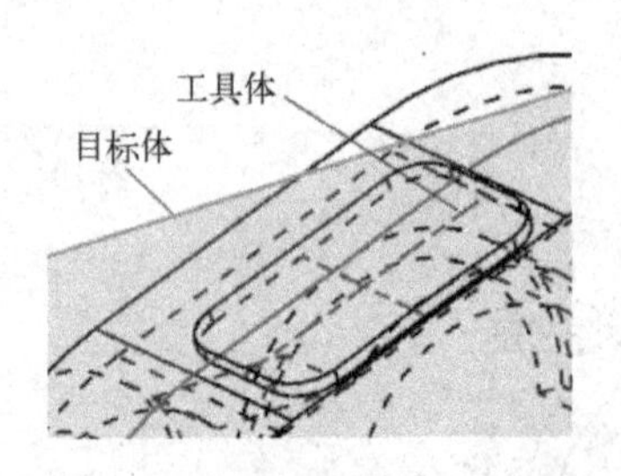

图 7-103 选择第一组定位对象

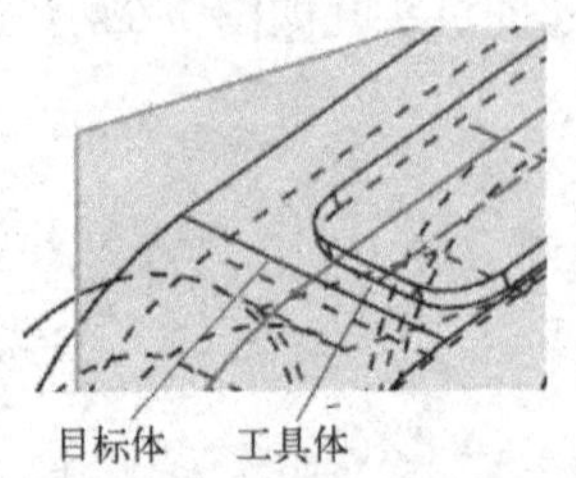

图 7-104 选择第二组定位对象

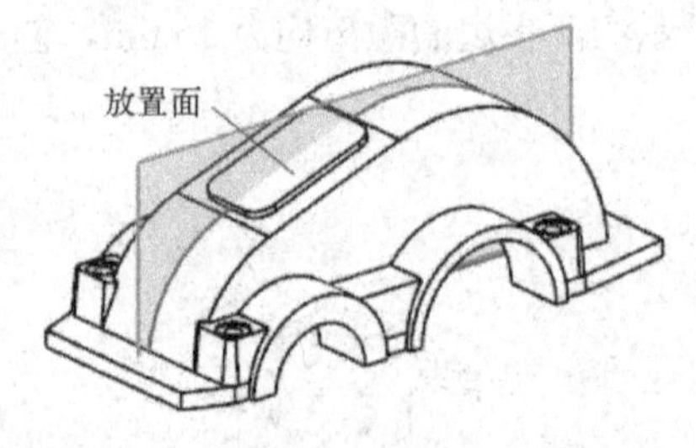

图 7-105 创建垫块

16. 创建腔体

（1）选择放置面和水平参考

单击“主页”选项卡→“特征”组→“更多”库→“腔”图标，在打开的对话框中单击“矩形”按钮，选择如图 7-105 所示的垫块顶面为放置面，选择基准平面为水平参考，设置腔体的长度为 64mm，宽度为 29mm，深度为 25mm，拐角半径为 8mm，其余参数为 0，单击“确定”按钮。

（2）定位腔体

在“定位”对话框中选择（线落在线上）定位方式，如图 7-106 所示，选择基准平面为目标体，选择腔体宽度方向的对称中心为工具体。然后在“定位”对话框中选择（垂直）定位方式，选择如图 7-107 所示的工具体和目标体，在随后打开的对话框中设置距离为 55mm，创建的腔体如图 7-108 所示。

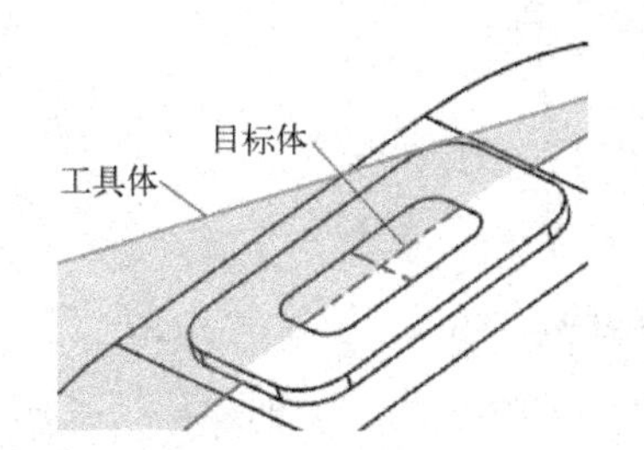

图 7-106 选择第一组定位对象

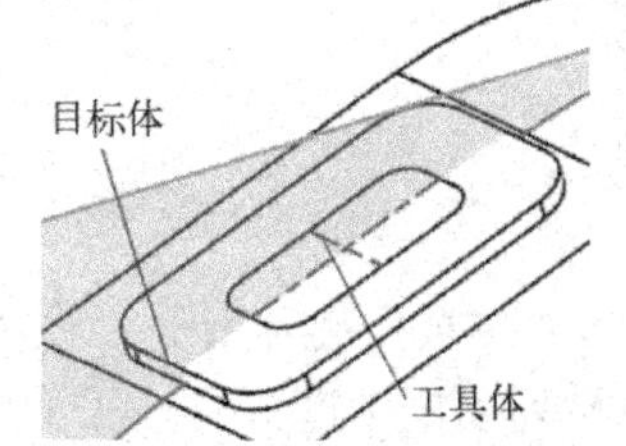

图 7-107 选择第二组定位对象

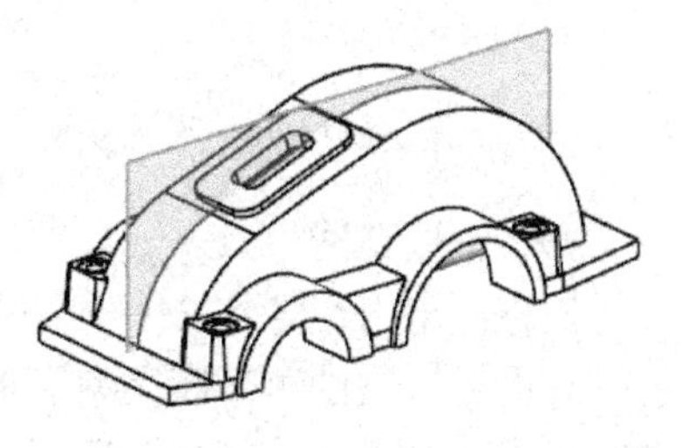

图 7-108 创建腔体

上述创建的模型可参考网盘文件“练习文件\第 7 章\机盖－5.prt”。

17. 创建圆孔

执行“NX5 版本之前的孔”命令，在打开的“孔”对话框中单击“简单”图标，选择第 14 步创建的垫块的顶面为放置面，设置孔的直径为 6mm，深度为 10mm，顶锥角为 118°，单击“确定”按钮，在“定位”对话框中选择定位方式，选择垫块右上角的圆角的边缘圆弧，在打开的对话框中单击“圆柱中心”按钮，创建的圆孔如图 7-109 所示。

18. 矩形阵列圆孔

单击“主页”选项卡→“特征”组→“阵列特征”图标，选择上步创建的圆孔，在“布局”下拉列表框中选择“线性”选项，然后分别选择如图 7-110 所示的垫块的两条边确定阵列方向矢量，并按照图 7-111 所示设置参数，最后单击“确定”按钮创建矩形阵列，得到的模型如图 7-112 所示。

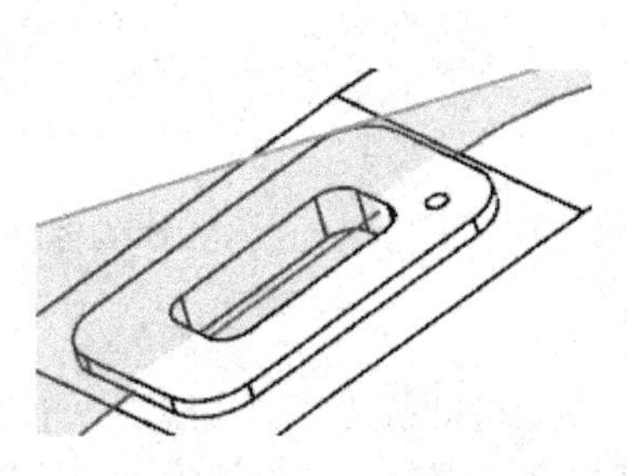

图 7-109 创建圆孔

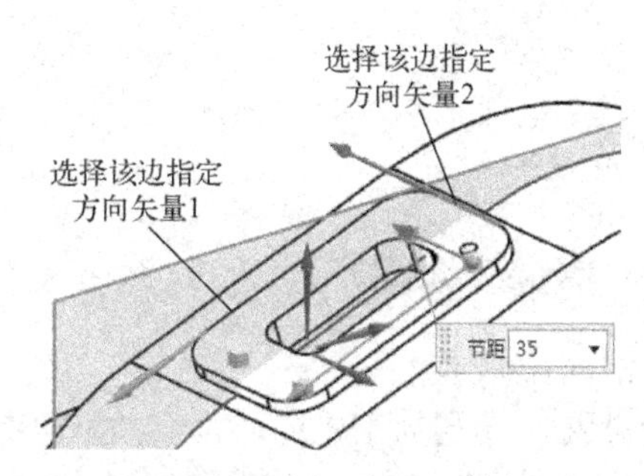

图 7-110 设置阵列方向

上述创建的模型可参考网盘文件“练习文件\第 7 章\机盖－6.part”。

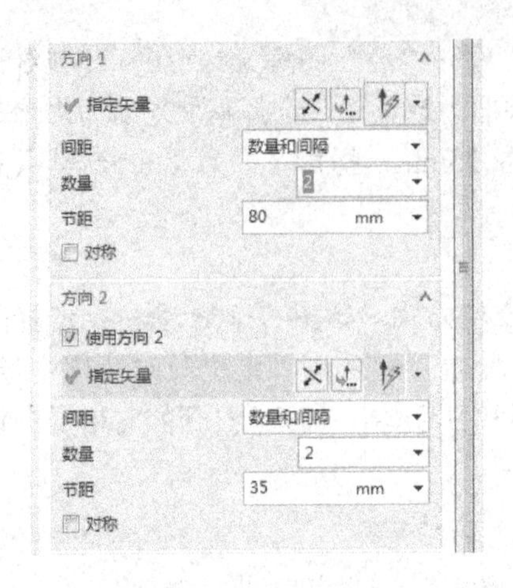

图 7-111 设置参数

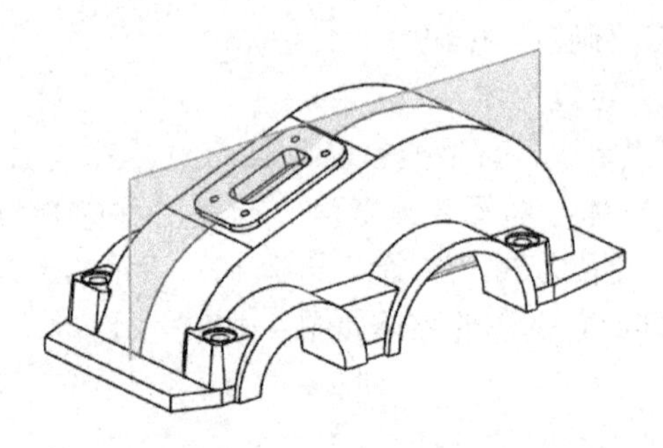

图 7-112 创建矩形阵列

19．创建草图

新建图层 22 层为工作层。单击“主页”选项卡→“直接草图”组→“草图”图标，在打开的对话框的“草图类型”下拉列表框中选择“在平面上”选项，在“平面方法”下拉列表框中选择“自动判断”选项，在“参考”下拉列表框中选择“竖直”选项，在“原点方法”下拉列表框中选择“使用工作部件原点”选项，选择基准平面为草图平面，单击“确定”按钮创建草图平面。

单击“主页”选项卡→“直接草图”组→“更多”库→“连续自动标注尺寸”图标，取消尺寸的自动标注，然后在草图平面绘制如图 7-113 所示的 1 和 2 两条直线，以及圆弧 3。注意在绘制圆弧的过程中激活（曲线上的点）捕捉方式，利用该捕捉方式使所绘制的圆弧与实体的圆弧轮廓重合，并使直线 2 与圆弧相切。

利用上述同样的方法，在箱体的左侧绘制如图 7-114 所示的曲线。最后单击鼠标右键，在弹出的快捷菜单中选择“完成草图”命令结束草图绘制，绘制的草图曲线如图 7-115 所示。

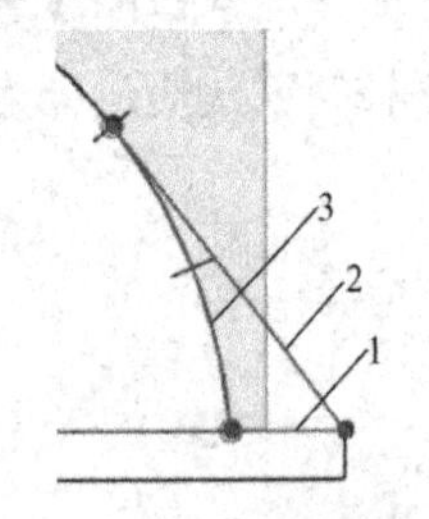

图 7-113 绘制第一组曲线

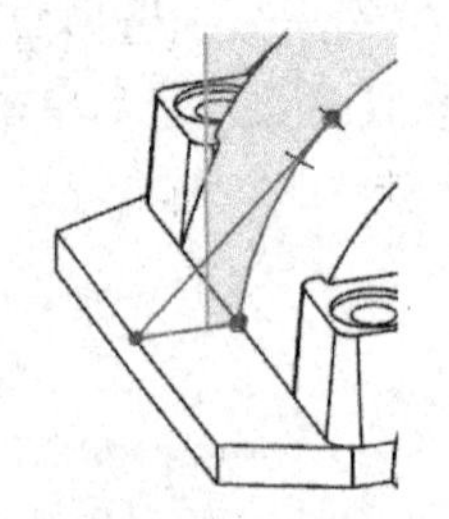

图 7-114 绘制第二组曲线

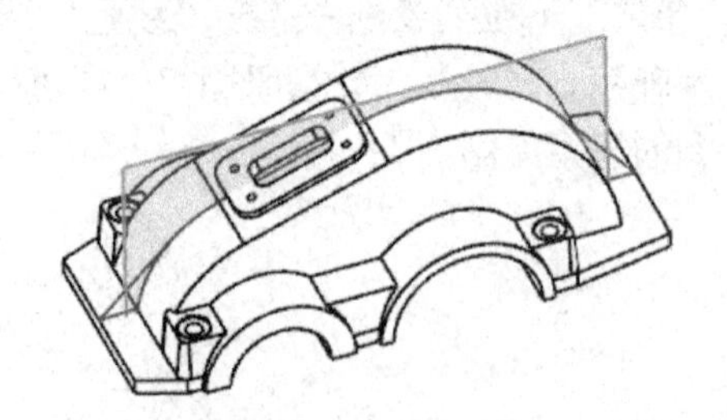

图 7-115 绘制的草图曲线

20．创建拉伸体

重新设置 1 图层为工作层。执行“拉伸”命令，在上边框条的“曲线规则”下拉列表框中选择“特征曲线”选项，选择上述绘制的草图曲线，在“限制”选项组的“开始”下拉列表框中选择“对称值”选项，在“距离”文本框中输入 7.5，选择布尔操作方式为“合并”，单击“确定”按钮创建拉伸体，如图 7-116 所示。

21．创建圆角

执行“边倒圆”命令，选择上述创建的拉伸体上与圆柱面相切的面的边，创建半径为5mm的圆角，如图7-117所示。

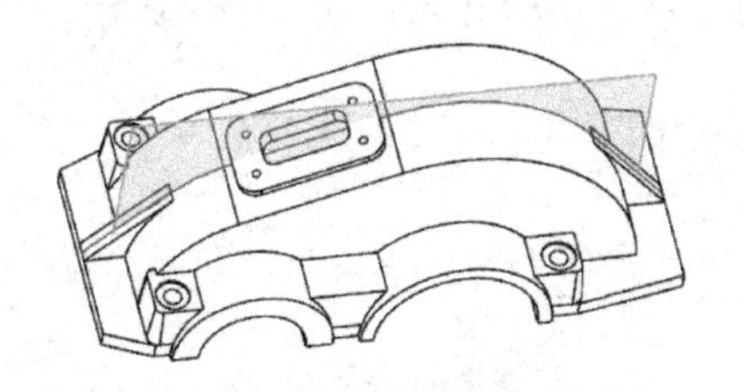

图7-116　创建拉伸体

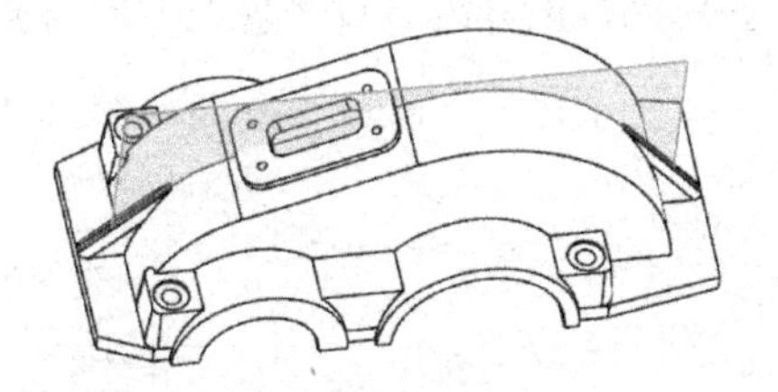

图7-117　创建圆角

将基准平面和草图隐藏，设置渲染样式为带边着色，最终得到图7-74所示的机盖模型。

上述创建的模型可参考网盘文件“练习文件\第7章\机盖一7.part”。

22．保存文件

在功能区选择菜单命令“文件”→“关闭”→“保存并关闭”，保存并关闭文件。

7.2　表达式建模综合应用

7.2.1　渐开线圆柱齿轮创建范例

本范例通过如图 7-118 所示的齿轮介绍通过表达式创建复杂曲面模型的方法，具体操作步骤如下：

图7-118　齿轮

1．建立新部件文件

启动UG NX，选择目录建立新部件文件“齿轮.prt”，单位为毫米。

2．创建表达式

渐开线齿轮的齿廓为渐开线，需要通过表达式进行创建。单击“工具”选项卡→“实用工具”组→“表达式”图标 ＝ ，打开“表达式”对话框，在其右侧的表格中，双击第一行的“名称”单元格，输入 m，然后双击其右侧的“公式”单元格，输入 1.5，在“量纲”下拉列表框中选择“常数”选项，然后按键盘的<Enter>键，则建立了公式m=1.5。利用上述方法，依次建立如图7-119所示的所有表达式。

	名称	公式	值	单位	量纲	类型	源
1				mm	长度	数字	
2	d	m*z	45		常数	数字	
3	da	m*(z+2)	48		常数	数字	
4	db	m*z*cos(20)	42.28616794		常数	数字	
5	df	m*(z-2.5)	41.25		常数	数字	
6	m	1.5	1.5		常数	数字	
7	t	0	0		常数	数字	(规律曲线定…
8	xt	db*cos(90*t)/2+db*t*pi()*sin(90*t)/4	21.14308397		常数	数字	(规律曲线定…
9	yt	db*sin(90*t)/2-db*t*pi()*cos(90*t)/4	0		常数	数字	(规律曲线定…
10	z	30	30		常数	数字	
11	zt	0	0		常数	数字	(规律曲线定…

图7-119　创建表达式

3．创建规律曲线

如图 7-120 所示单击“曲线”选项卡→“曲线”组→曲线下拉列表框→“规律曲线”图标，打开如图 7-121 所示的“规律曲线”对话框，并设置图 7-121 所示的参数，单击“确定”按钮创建渐开线。设置视图方向为俯视图，得到的渐开线如图 7-122 所示。

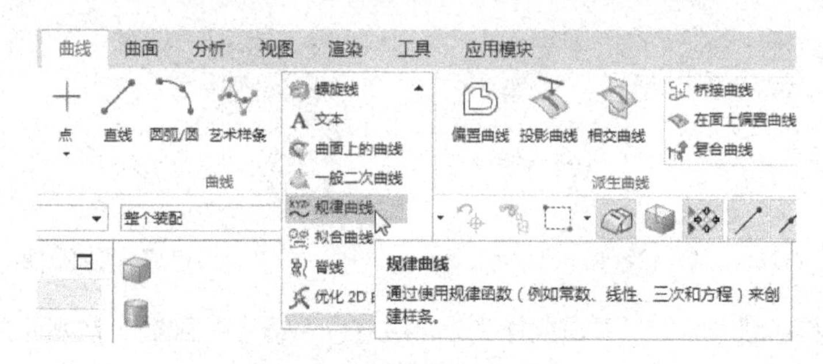

图 7-120　执行“规律曲线”命令

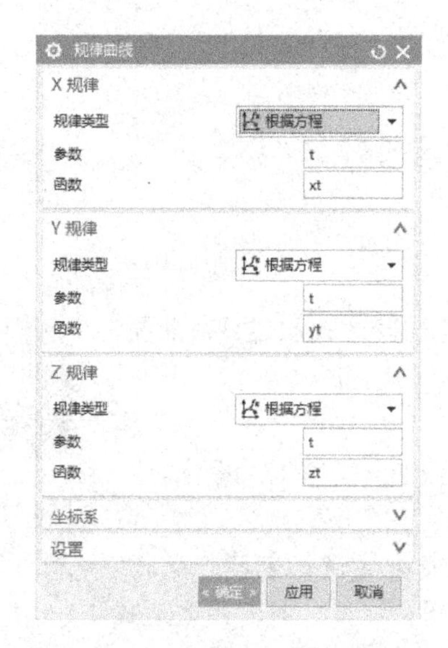

图 7-121　“规律曲线”对话框

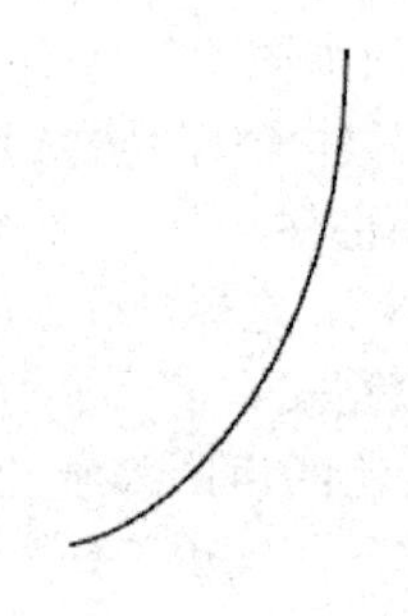

图 7-122　渐开线

上述创建的模型可参考网盘文件“练习文件\第 7 章\齿轮－1.prt”。

4．创建齿顶圆、齿根圆和分度圆

选择菜单命令“菜单”→“插入”→“曲线”→“圆弧/圆”，在打开的对话框的“类型”下拉列表框中选择“中心开始的圆弧/圆”选项，在光标附近的跟踪栏的“XC”文本框中输入 0，按键盘的<Tab>键转到“YC”文本框，同样设置为 0，用同样方法设置“ZC”为 0，按键盘的<Enter>键，在弹出的“半径”文本框中输入“da/2”后按键盘的<Enter>键，然后在“限制”选项组中选择“整圆”复选框，单击“应用”按钮创建齿顶圆。

利用上述同样的方法，以原点为坐标，分别以“df/2”和“d/2”为直径创建齿根圆和分度圆，得到的曲线如图 7-123 所示。最后按键盘的<Esc>键取消圆的绘制。

📖 **提示：**

在绘制第二个圆时，如果不能输入参数，可单击“半径”文本框最右侧的图标=，在弹出的菜单中选择“设为常量”，然后再输入参数。

5. 修剪渐开线

（1）裁剪渐开线

选择菜单命令“菜单”→“编辑”→“曲线”→“修剪”，首先选择渐开线在齿顶圆外侧的部分，然后选择齿顶圆，在“设置”选项组中取消“关联”选项组的选择，在“输入曲线”下拉列表框中选择“删除”选项，单击“确定”按钮，在随后打开的对话框中单击“是”按钮修剪渐开线，如图7-124所示。

（2）延伸渐开线

再次执行菜单命令“菜单”→“编辑”→“曲线”→“修剪”，首先选择渐开线，然后单击“边界对象2”选项组的“选择对象”，选择齿根圆，在“设置”选项组的“输入曲线”下拉列表框中选择“替换”选项，在“曲线延伸”下拉列表框中选择“线性”选项，单击“确定”按钮，得到的曲线如图7-125所示。

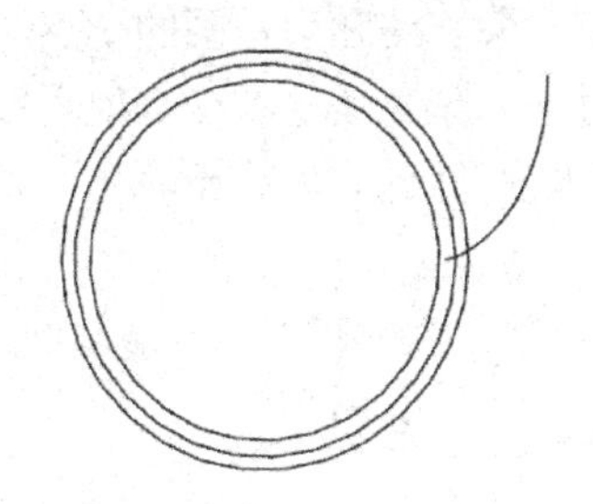

图7-123　创建齿根圆、齿顶圆和分度圆

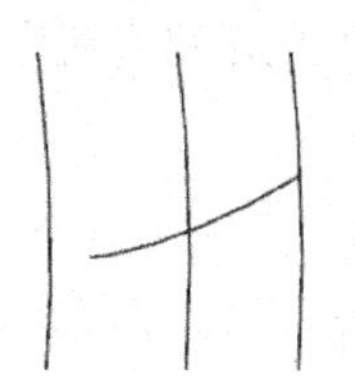

图7-124　裁剪渐开线

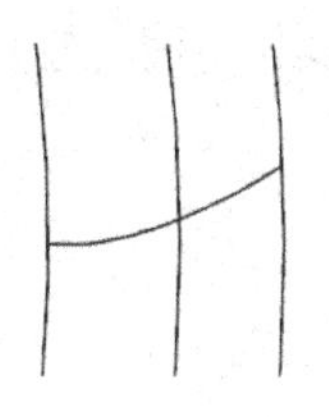

图7-125　延伸渐开线

6. 镜像渐开线

一个齿廓包括两条对称的渐开线，在此通过镜像创建第二条渐开线，创建过程中需要一些辅助线。

（1）创建第一条直线

选择菜单命令“菜单”→“插入”→“曲线”→“直线”，在打开的对话框中接受默认选项，在上边框条激活⊙（圆弧中心）和⼗（交点）两种捕捉方式，首先捕捉圆心为起点，然后捕捉分度圆和渐开线的交点作为直线的终点，单击“应用”按钮创建直线，如图7-126所示。

图7-126　创建第一条直线

（2）创建第二条直线

此时“直线”对话框仍然打开，仍然捕捉圆心为起点，在“终点或方向”选项组的“终

点选项”下拉列表框中选择“成一角度”选项，在“角度”文本框中输入 3，选择上述创建的直线；展开“限制”选项组，在“终止限制”下方的“距离”文本框中输入 22，最后单击“确定”按钮创建直线，如图 7-127 所示。

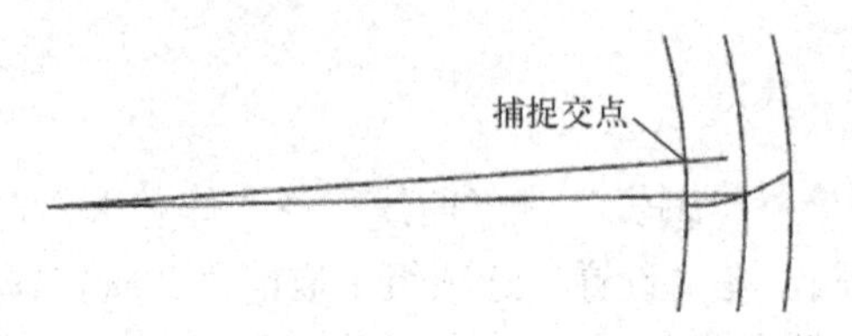

图 7-127　创建第二条直线

（3）镜像渐开线

选择菜单命令“菜单”→“插入”→“派生曲线”→“镜像”，选择渐开线，在“镜像平面”选项组的“平面”下拉列表框中选择“新平面”选项，单击“指定”平面右侧的“平面对话框”图标，然后在打开的“平面”对话框的“类型”下拉列表框中选择“曲线和点”选项，在“曲线和点子类型”选项组的“子类型”下拉列表框中选择“曲线和点”选项，在上边框条激活捕捉方式，选择如图 7-127 所示的所创建的第二条直线和齿根圆的交点，然后选择齿根圆，单击“确定”按钮关闭“平面”对话框，创建过第二条直线且在交点处垂直于齿根圆的镜像平面，最后单击“确定”按钮将直线进行镜像，结果如图 7-128 所示。

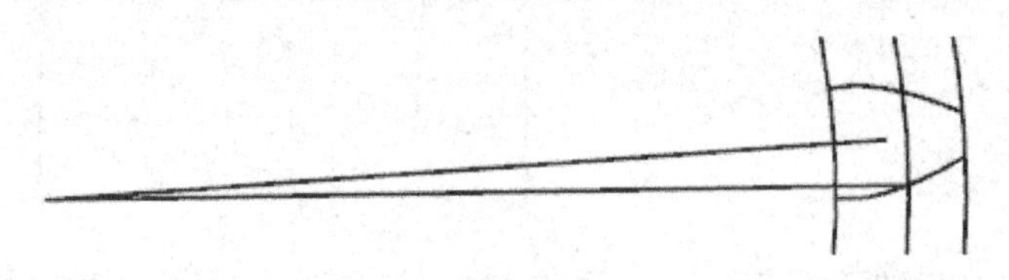

图 7-128　镜像渐开线

7．删除直线和分度圆

在图形窗口选择两条直线和分度圆，单击鼠标右键，在弹出的快捷菜单中选择“删除”命令，在打开的“通知”对话框中单击“确定”按钮将所选对象删除，仅剩余两条渐开线。

8．裁剪齿根圆和齿顶圆

选择菜单命令“菜单”→“编辑”→“曲线”→“修剪”，打开“修剪曲线”对话框，首先选择齿根圆，然后依次选择两条渐开线，并在“设置”选项组中取消“关联”复选框的选择，在“输入曲线”下拉列表框中选择“替换”，在“曲线延伸”下拉列表框中选择“自然”，单击“应用”按钮，在随后打开的对话框中单击“是”按钮修剪齿根圆，然后选择齿顶圆，在随后打开的对话框中单击“是”按钮将其修剪，得到的曲线如图 7-129 所示。最后单击“取消”按钮关闭“修剪曲线”对话框。

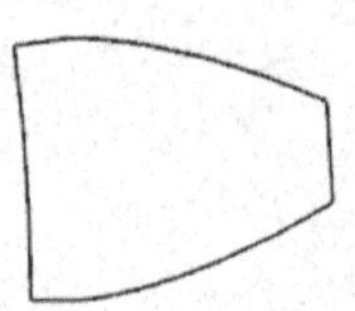

图 7-129　修剪后的曲线

上述创建的模型可参考网盘文件“练习文件\第 7 章\齿轮-2.prt”。

9．拉伸曲线

执行“拉伸”命令，在上边框条的曲线规则下拉列表框中选择“相连曲线”选项，选择上述创建的曲线中的任意一条，设置拉伸的起始距离为 0,结束距离为 15，布尔运算方式为“无”，最后单击“确定”按钮创建拉伸体，如图 7-130 所示。

10．创建圆柱

执行“圆柱”命令，在打开的对话框的“类型”下拉列表框中选择“轴、直径和高度”选项，在“轴”选项组中设置圆柱轴线方向为 ZC 轴，底面圆心坐标为（0，0，0），在“直径”文本框中输入“df”，在“高度”文本框中输入 15，在“布尔”下拉列表框中选择“合并”，单击“确定”按钮创建圆柱，得到的模型如图 7-131 所示。

图 7-130 创建拉伸体

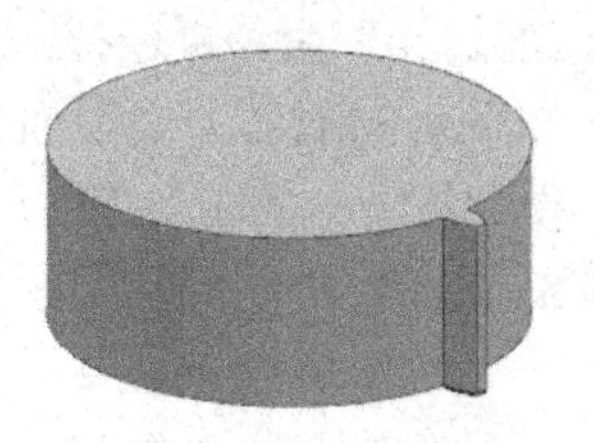

图 7-131 创建圆柱

11．阵列轮齿

执行“阵列特征”命令，选择上述拉伸生成的轮齿，在“布局”下拉列表框中选择“圆形”选项，单击“旋转轴”选项组的“指定矢量”最右侧的箭头，选择选项，然后选择上述创建的圆柱的圆柱面，在“间距”下拉列表框中选择“数量和跨距”选项，然后在“数量”文本框中输入 30，在“跨角”文本框中输入 360，单击“确定”按钮创建阵列，得到的模型如图 7-132 所示。

12．将轮齿与圆柱合并

选择菜单命令“菜单”→“插入”→“组合”→“合并”，然后选择圆柱为目标体，选择所有的轮齿为工具体，单击“确定”按钮，将圆柱与轮齿合并，得到的模型如图 7-133 所示。

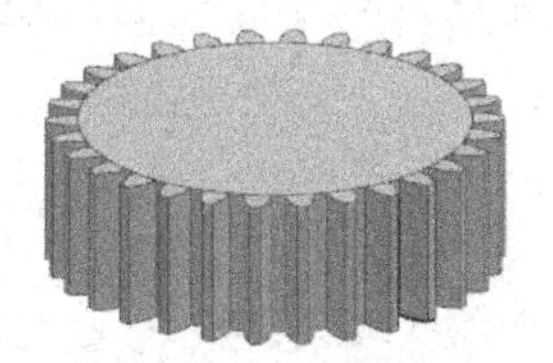

图 7-132 创建轮齿的圆形阵列

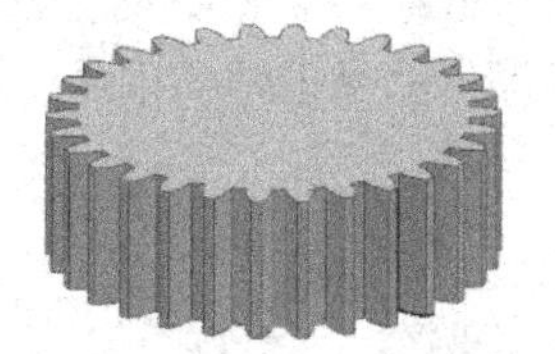

图 7-133 将圆柱与轮齿合并

上述创建的模型可参考网盘文件“练习文件\第 7 章\齿轮－3.prt”。

13．创建凸台

执行“凸台”命令，分别以齿轮的上下两个表面为放置面，创建两个半径为 25mm，高度为 4mm，并且与齿轮轴线重合的凸台，如图 7-134 所示。

14．创建倒角

执行“倒斜角”命令，选择上述创建的两个凸台的端面边缘，创建偏置距离为 1 的倒角，如图 7-135 所示。

图 7-134 创建凸台

图 7-135 创建倒角

15. 创建圆孔

执行“NX5 版本之前的孔”命令，选择上述创建的其中一个凸台的端面为放置面，另一个凸台的端面为透过面，创建与凸台同轴的直径为 12mm 的简单孔，得到的齿轮如图 7-136 所示。

上述创建的模型可参考网盘文件“练习文件\第 7 章\齿轮-4.prt”。

图 7-136 创建通孔

16. 保存文件

在功能区选择菜单命令“文件”→“关闭”→“保存并关闭”，保存并关闭文件。

7.2.2 条件表达式应用范例

本范例通过图 7-137 所示的传动轴介绍部件中条件表达式的应用。该传动轴中间部分开有键槽，要求该部分轴径小于 17mm 时键槽宽度为 5mm，长度为 12mm，深度为 2.5mm，如果该部分轴径大于 17mm 时，键槽宽度为 6mm，长度为 20mm，深度为 3mm。为了便于修改轴的结构以及保证修改后模型的准确性，可通过条件表达式实现轴颈径与键槽尺寸的关联。具体操作步骤如下：

1. 打开部件文件

选择“文件”下拉菜单的“打开”命令，打开网盘文件“练习文件\第 7 章\传动轴.part”。在创建键槽时，传动轴的键槽通过“线落在线上”定位方式，分别使键槽宽度和长度方向的对称中心线与 1 和 2 两个基准面重合，如图 7-138 所示，因此当键槽的宽度和长度改变的时候键槽仍然位于轴的中心。

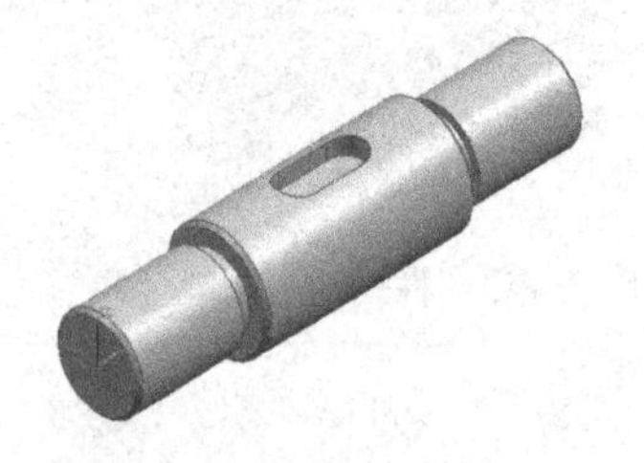

图 7-137 传动轴结构

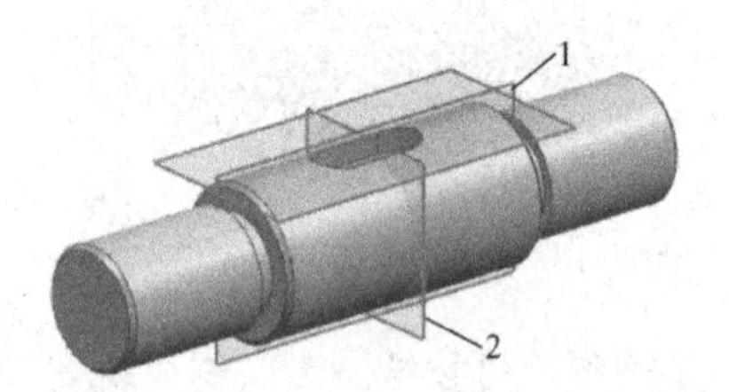

图 7-138 传动轴

2. 隐藏基准面

在图形窗口选择传动轴模型中的 3 个基准面，选择单击鼠标右键，在弹出的快捷菜单中选择“隐藏”命令，将基准面隐藏。

3. 查看表达式

在“工具”选项卡“实用工具”组中选择“表达式”图标 $=$，在打开的对话框的左侧

的“可见性”选项组的“显示”下拉列表框中选择“命名的表达式”选项，在右侧的表格中显示的表达式如图 7-139 所示。

	↑ 名称	公式	值	单位	量纲	类型	源	状态
1				mm ▾	长度 ▾	数字 ▾		
2	Axis_diameter	15	15	mm	长度	数字	(支管(2) 直径)	
3	Axis_height	30	30	mm	长度	数字	(支管(2) 高度)	
4	Slot_depth	2.5	2.5	mm	长度	数字	(矩形键槽(9) 深度)	
5	Slot_length	12	12	mm	长度	数字	(矩形键槽(9) 长度)	
6	Slot_width	5	5	mm	长度	数字	(矩形键槽(9) 宽度)	

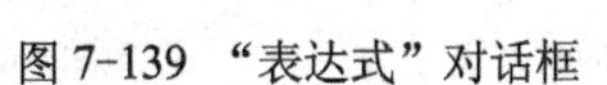

图 7-139 “表达式”对话框

其中，Axis_diameter 和 Axis_height 分别代表开键槽的部分的轴的直径和长度，Slot_width、Slot_length 和 Slot_depth 分别代表键槽的宽度、长度和深度。

4．添加条件表达式

在“表达式”对话框右侧的表格中，双击第 6 行“Slot_width”右侧的单元格，删除单元格中原来的“5”，然后输入“if(Axis_diameter<17)(5)else(6)”，然后按键盘的<Enter>键，则完成表达式的修改。

上述所输入的表达式为条件表达式，其代表的意义为：如果 Axis_diameter 的值小于 17，则 Slot_width=5，否则，Slot_width=6。

利用上述同样方法，对“Slot_length”和“Slot_depth”两个表达式进行如下修改：

Slot_length=if(Axis_diameter<17)(12)else(20)

Slot_depth=if(Axis_diameter<17)(2.5)else(3)

完成修改后的“表达式”对话框右侧的表格中的内容如图 7-140 所示。

	↑ 名称	公式	值	单位	量纲	类型	源
1				mm ▾	长度 ▾	数字 ▾	
2	Axis_diameter	15	15	mm	长度	数字	(支管(2) 直径)
3	Axis_height	30	30	mm	长度	数字	(支管(2) 高度)
4	Slot_depth	if(Axis_diameter<17)(2.5)else(3)	2.5	mm	长度	数字	(矩形键槽(9) 深度)
5	Slot_length	if(Axis_diameter<17)(12)else(20)	12	mm	长度	数字	(矩形键槽(9) 长度)
6	Slot_width	if(Axis_diameter<17)(5)else(6)	5	mm	长度	数字	(矩形键槽(9) 宽度)

图 7-140 添加条件表达式

5．编辑轴的参数

在“表达式”对话框右侧的表格中选择“Axis_diameter”表达式，然后将其“公式”单元格原来的值 15 改为 18 并按键盘的<Enter>键，单击“确定”按钮关闭对话框，更新后的传动轴的结构如图 7-141 所示。

6. 查看参数

在图形窗口用鼠标选择键槽，单击鼠标右键，在弹出的快捷菜单中选择“编辑参数”命令，在打开的“编辑参数”对话框中单击“特征对话框”按钮，打开如图 7-142 所示的对话框，该对话框显示了当前键槽的参数，可以看到当轴的直径修改为 18 后，键槽的所有尺寸均根据条件表达式发生了改变。

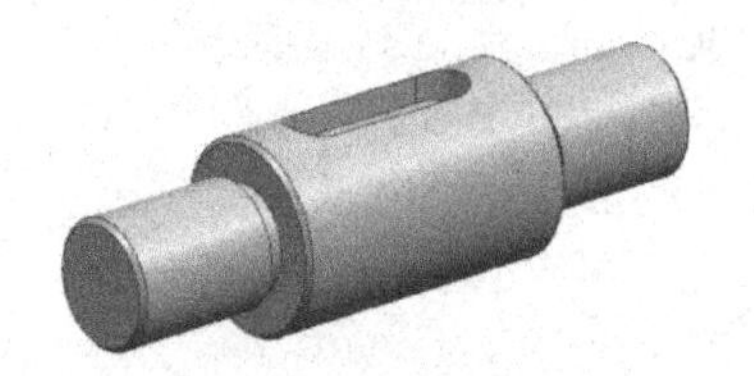

图 7-141 编辑后的传动轴

图 7-142 “编辑参数”对话框

提示：

因为键槽的所有参数均由条件表达式决定，因此在图 7-142 所示的对话框中不能对键槽的参数进行修改。

第8章　装　　配

装配应用模块用于将零部件的模型装配为最终的产品模型。UG NX 的装配不是将零部件的模型复制到装配中，而是在装配中对零部件进行引用，形成“虚拟”装配，一个零部件可以被不同的装配所引用。本章介绍 UG NX 装配的特点、创建装配模型的方法以及由装配生成装配爆炸图的方法。

8.1　装配模块概述

装配应用模块是一个集成的 UG NX 应用模块，用于零件的装配、在装配的上下文范围内对个别零件建模以及创建装配图的部件明细表等。启动 UG NX 并打开或新建一个部件文件后，在“应用模块”选项卡的“设计”组中单击“装配”图标，可控制是否启用装配应用模块。如图 8-1 所示，当该图标显示为灰色时，说明已启用装配应用模块，否则还没有启用，单击该图标可以在两种状态之间转换。

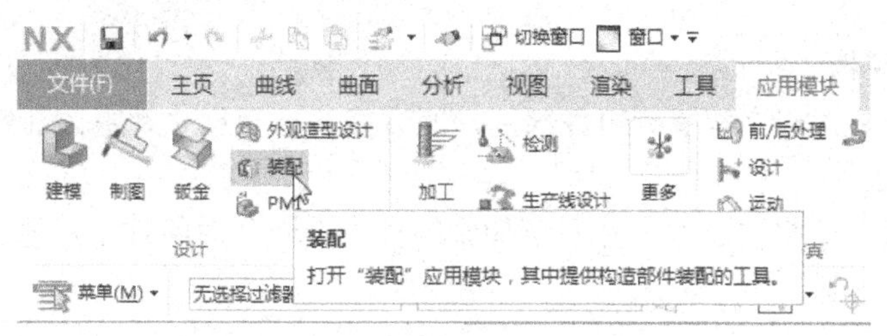

图 8-1　装配应用模块的启用或退出控制

启用建模应用模块后，会在功能区增加“装配”选项卡，并在“主页”选项卡功能区的最右侧显示“装配”组，如图 8-2 所示，在“装配”组中单击“添加”图标右侧的箭头，可打开组件下拉菜单选择更多的命令，如图 8-3 所示。

图 8-2　“装配”组

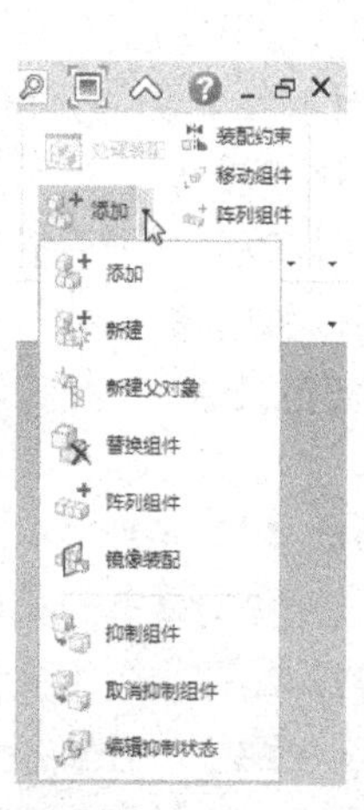

图 8-3　组件下拉菜单

📖 提示：

如果“应用模块”选项卡没有显示，可在功能区各个选项卡的标签所在行的空白处单击鼠标右键，在弹出的快捷菜单中选择“应用模块”选项。

8.1.1 UG NX 装配的概念及常用术语

装配过程中，装配部件引用从属部件的几何对象和特征，而不是在每一层次上建立它们的副本。这不仅减小了装配文件的大小，并且提供了高层次的相关性。例如，对部件中的某一对象进行修改，则引用该对象的所有部件将自动更新。

常用的装配术语如下：

1．装配

由零件和子装配构成的集合，在 UG NX 中，装配为一个包含组件的部件文件，称为装配部件。

2．组件

装配中所引用的部件。组件可以是单个零件，也可以是一个子装配。

3．组件部件

在装配中，一个部件可能在许多地方作为组件被引用，含有组件实际几何对象的文件称为组件部件。

4．自顶向下建模

在装配过程中直接建立和编辑组件部件，所有修改直接反映到组件部件文件。

5．自底向上建模

首先独立创建单个组件部件，然后添加到组件中，一旦对组件部件进行修改，所有引用该组件的装配自动更新。

6．显示部件

当前在图形窗口显示的部件。

7．工作部件

可以对几何体进行建立和编辑的部件。

8．上下文设计

对于装配部件，可以将任意一个组件部件作为工作部件，在工作部件中可以添加几何体、特征或组件，或者进行编辑。工作部件以外的几何体可以作为多种建模操作的参考。这种直接修改装配中所显示的组件部件的能力称为上下文设计。

9．引用集

来自某部件的有具体名称的几何体集合，用于简化高一级装配中的组件部件的图形显示。

10．配对条件

装配中对单个组件的位置约束的集合。

11．装配中的相关性

在装配中，任意组件中的组件部件的几何对象被修改，则引用该组件部件的所有装配都自动更新，包括平面工程图等。

8.1.2 UG NX 装配的主要特点

UG NX 装配的主要特征如下：

1）装配中组件几何体被引用而不是被复制。

2）可以利用自顶向下或自底向上的方法建立装配。

3）多个部件同时被打开和编辑。

4）组件几何体可以在装配的上下文范围内创建和编辑。

5）不论怎样和在哪儿进行编辑，整个装配的相关性不变。

6）不必编辑从属的几何体就可简化装配的图形表示。

7）装配自动更新以反映引用部件的最新版本。

8）配对条件通过指定组件之间的约束关系定位组件。

9）装配导航器提供装配结构的图形化显示，能够在其他功能中选择和操纵组件。

8.2 创建装配模型

启用装配应用模块后，可以通过“主页”选项卡“装配”组的各命令图标或“菜单”→“装配”菜单的级联菜单创建装配模型。

8.2.1 添加已存在组件

功能：将已经建立的组件添加到装配中。

操作命令有：

菜单：“菜单”→“装配”→“组件”→“添加组件”

功能区：“主页”选项卡→“装配”组→组件下拉菜单→“添加”，或“装配”选项卡→“组件”组→“添加”

操作说明：执行上述命令后，打开如图 8-4 所示的“添加组件”对话框，利用该对话框可采取以下步骤添加组件。

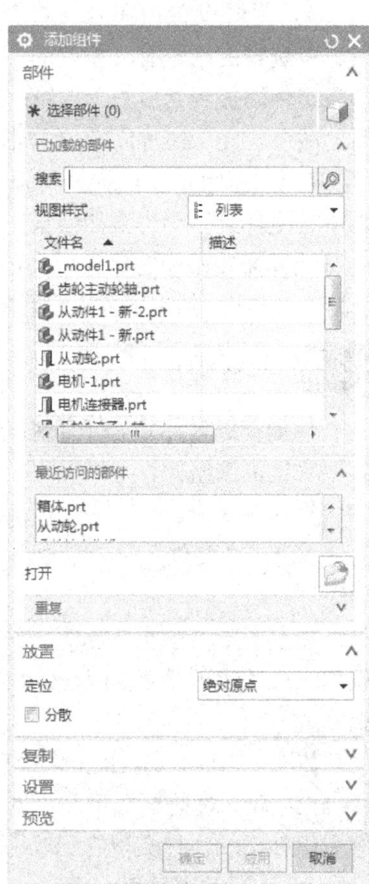

图 8-4 “添加组件”对话框

1. 选择组件

默认情况下，“部件”选项组的“选择部件”高亮显示，即要求选择需要添加到装配体中的部件。“已加载的部件”的列表框中列出了已经装配到当前装配体中的部件，“最近访问的部件”列表框中列出新近访问的部件，可从这两个列表框中选择已经加载或最近访问的部件进行装配。如果需要添加未被加载的部件，可单击“最近访问的部件”列表框下方的“打开”图标，利用随后打开的对话框选择需要的部件文件。

2. 设置部件定位方式

将部件添加到装配体中，需要对部件进行定位。在

“放置”选项组的“定位”下拉列表框中可选择4种定位方式：

1）绝对原点：将组件放置在绝对点上。

2）选择原点：使用点构造器放置组件。

3）根据约束：指定装配约束来固定组件位置，建立添加的组件和固定组件之间的约束关系。

4）移动：在将组件添加到部件后移动它，组件在其最初指定的原点上高亮显示。

3．设置相关参数

为满足装配需要，可对有关参数进行如下设置：

1）添加部件的多个实例：需要时，可以为选定部件添加多个实例，具体数量由“重复”选项组的“数量”文本框进行设置。为防止所添加的多个实例出现在同一位置上，可在“放置”选项组中选择“分散”复选框。

2）引用集设置：在“设置”选项组的“引用集”下拉列表框中可设置选定组件添加到装配中的引用集。引用集为命名的对象集合，并且可从另一个部件引用这些对象。管理出色的引用集策略具有缩短加载时间、减少内存使用、图形显示更整齐等优点。

NX提供了自动引用集（模型、整个部件和空），用户可根据具体的需要为组件定义若干引用集。在装配组件时选定不同的引用集，可以方便地创建装配体的不同版本。

3）图层设置：在“设置”选项组的“图层选项”下拉列表框中可指定添加组件的图层。可选择的选项有“原始的”“工作的”和“按指定的”。其中，“工作的”选项为工作层，即将组件添加到当前的工作层；“原始的”选项为原图层，即组件的图层仍为原来该组件创建时的图层；“按指定的”选项为指定层，即将组件添加到“图层”文本框指定的图层。

4）预览组件：在选择要添加的组件时，可在“预览”选项组中选择“预览”复选框，则所选组件显示于“组件预览”窗口中，以便观察所选组件是否正确。

选择需要添加的组件后，设置定位方式和其他必要的参数，单击“添加组件”对话框的“确定”按钮，然后根据所设置的定位方式定位添加的组件，完成该组件的装配。

8.2.2 配对组件

功能：通过指定一个组件与其他组件之间的装配约束条件来定位该组件。

操作命令有：

菜单：“菜单”→“装配”→“组件位置”→“装配约束”

功能区：“主页”选项卡→“装配”组→“装配约束”，或“装配”选项卡→“组件位置”组→“装配约束”

操作说明：执行上述命令后，打开如图8-5所示的“装配约束”对话框，可利用对话框的“约束类型”选项组为组件添加各种类型的配对约束。

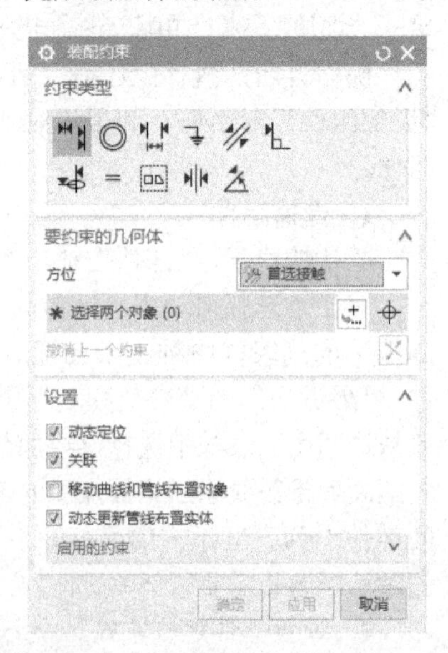

图8-5 “装配约束”对话框

1．装配约束类型

建立组件的配对条件时，组件上能够建立配对约束的几何对象称为配对对象。可用于建立配对约束的几何对象包括：

1）直线，包括实体边缘。

2）平面，包括基准面。

3）回转面，如圆柱面、球面、圆锥面和圆环面等。

4）曲线，包括点、圆/圆弧、样条曲线等。

5）基准轴。

6）坐标系。

7）组件。

“约束类型”选项组各装配约束类型的说明如下：

（1）（接触对齐）

接触对齐约束可约束两个组件，使其彼此接触或对齐，这是最常用的约束。选择该选项后，在“方位”下拉列表框中可选择以下四个选项进行组件的配对：

- 首选接触：当接触和对齐都可能时显示接触约束。（在大多数模型中，接触约束比对齐约束更常用。）
- 接触：约束对象，使其曲面法向在反方向上。
- 对齐：约束对象，使其曲面法向在相同的方向上。
- 自动判断中心/轴：指定在选择圆柱面或圆锥面时，UG NX 将使用面的中心或轴而不是面本身作为约束。

（2）（同心）

约束两个组件的圆形边界或椭圆边界，以使中心重合，并使边界的面共面。

（3）（距离）

定义一个对象与指定对象之间的最小距离。通过定义距离为正值或负值，控制该对象在指定对象的哪一侧。

（4）（固定）

固定约束将组件固定在其当前位置。要确保组件停留在适当位置且根据其约束其他组件时，此约束很有用。

（5）（平行）

定义两个对象的方向矢量平行。

（6）（垂直）

定义两个对象的方向矢量垂直。

（7）（对齐/锁定）

对齐不同对象中的两个轴，同时防止绕公共轴旋转。

（8）=（等尺寸配对）

约束具有等半径的两个对象，例如圆边或椭圆边，或者圆柱面或球面。

（9）（胶合）

将组件“焊接”在一起，使它们作为刚体移动。

（10）（中心）

定义一个对象位于另一个对象的中心，或者定义一个或两个对象位于一对对象的中间。

（11）（角度）

定义两个对象之间的夹角。角度约束可用于任意一对具有方向矢量的对象，其角度值为两个对象的方向矢量之间的夹角。

📖 **提示：**

可用于平行约束和垂直约束的对象组合有直线与直线、直线与平面、平面与平面、平面与圆柱面（轴线）、圆柱面（轴线）与圆柱面（轴线）。

2．配对组件的一般操作步骤

配对组件的一般操作步骤如下：

1）在“装配约束”对话框的“约束类型”选项组中选择配对约束类型。

2）根据所选的配对约束类型，在“要约束的几何体”选项组中进行必要的设置，然后选择进行配对约束的几何对象。

3）对于“角度”和“距离”配对约束类型，分别通过“角度表达式”和“距离表达式”文本框指定相应的约束参数值。

4）必要时通过“预览”选项组中的“在主窗口中预览组件”复选框控制是否在主窗口中预览被添加的组件。

5）单击“应用”按钮应用装配约束，然后继续选择装配约束类型指定其他的装配约束。

6）完成组件的所有装配约束后单击“确定”按钮关闭对话框，则组件按照装配约束条件进行定位。

8.2.3 引用集

引用集为命名的一个部件文件中的对象的集合，充分利用引用集有很多优点，如：

1）在装配中简化某些组件的图形显示。例如，将一个组件添加到装配中时若不需要显示草图、基准面和基准轴，可以在该组件中创建一个包含除草图、基准面和基准轴之外的几何对象的引用集，在添加组件时只添加该引用集。

2）当利用引用集部分装载组件时，由于减少了装载到 UG NX 进程中的数据，从而保存了内存，提高了性能。

3）通过修改装载到装配中的引用集的属性，可以修改部件清单。

1．创建引用集

操作命令有：

菜单：“菜单”→“格式”→“引用集”

操作说明：创建引用集时，执行上述命令后，打开如图 8-6 所示的“引用集”对话框，单击“添加新的引用集”图标，在“引用集名称”文本框中输入新建引用集的名称，选择需要添加到引用集的对象（可连续创建多个引用集），最后单击“关闭”按钮结束引用集的创建。

“引用集”对话框的其余选项说明如下：

1）（移除）：删除所选的引用集。

2）（设为当前的）：将当前引用集更改为高亮显示的引用集。

3）（属性）：编辑引用集的属性。

4）[i]（信息）：提供所选引用集的信息。

5）自动添加组件：该复选框用于指定是否将新建的组件自动添加到高亮显示的引用集。同样，新建引用集时，该复选框控制是否将现有组件自动添加到新引用集中。

2. 在装配中替换引用集

在一个部件创建多个包含不同对象的引用集后，在进行装配的过程中，添加该部件时可以选择某个引用集添加到装配中，并且可以用该部件的其他引用集替换当前已经装配的引用集，从而可以方便地产生同一装配模型的不同结构。

操作命令有：

菜单："菜单"→"装配"→"替换引用集"

操作说明：执行上述命令后，打开"类选择"对话框，选择需要替换引用集的部件，单击"确定"按钮关闭"类选择"对话框，打开如图 8-7 所示的"替换引用集"对话框，从列表框中选择替换引用集，单击"确定"按钮，则以该引用集替换该组件已添加到装配体中的原引用集。

图 8-6 "引用集"对话框

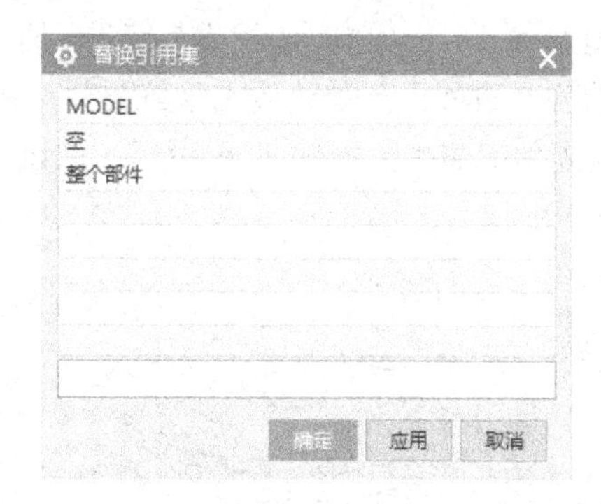

图 8-7 "替换引用集"对话框

8.3 组件阵列

利用组件阵列能够在装配中快速创建和编辑关联的组件阵列，可以根据特征引用集创建阵列，或者创建线性或圆形阵列。

组件阵列具有以下特点：

1）快速创建组件和组件配对条件布局。

2）在一步操作中添加相同的多个组件。

3）创建多个配对条件相同的组件。

操作命令有：

菜单：“菜单”→“装配”→“组件”→“阵列组件”

功能区：“主页”选项卡→“装配”组→组件下拉菜单→“阵列组件”，或“装配”选项卡→“组件”组→“阵列组件”

操作说明：执行上述命令后，打开“类选择”对话框，选择需要阵列的对象，单击“确定”按钮关闭“类选择”对话框，打开如图 8-8 所示的“阵列组件”对话框，利用该对话框可以创建三种类型的组件阵列。

图 8-8 “阵列组件”对话框

8.3.1 以阵列特征为参考阵列组件

功能：根据组件上的阵列特征创建组件阵列，通常用于将螺栓、垫片等组件添加到孔的特征引用集（阵列特征）中。

操作说明：“阵列组件”对话框打开后，默认情况下“要形成阵列的组件”选项组的“选择组件”为选中状态，选择需要阵列的组件后，在“阵列定义”选项组的“布局”下拉列表框选择“参考”选项，则所选的组件根据与其配对的特征的引用集（阵列特征）创建阵列，并自动与特征配对，最后单击“确定”按钮完成阵列。

图 8-9 和图 8-10 为根据参考阵列特征进行组件阵列的一个实例。图 8-9 所示的模型中，端盖上的沉头孔是通过圆形阵列生成的，在将螺钉装配到端盖的孔中时，可首先将一个螺钉装配到端盖上，如图 8-9 所示，通过上述方法可快速在端盖的其他孔中装配上螺钉，如图 8-10 所示。

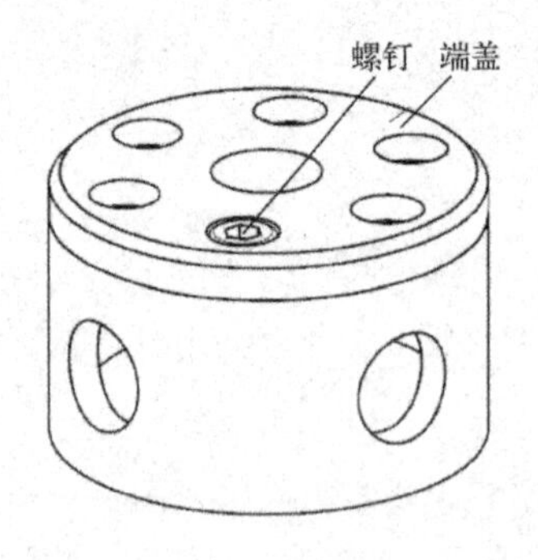

图 8-9 装配部件

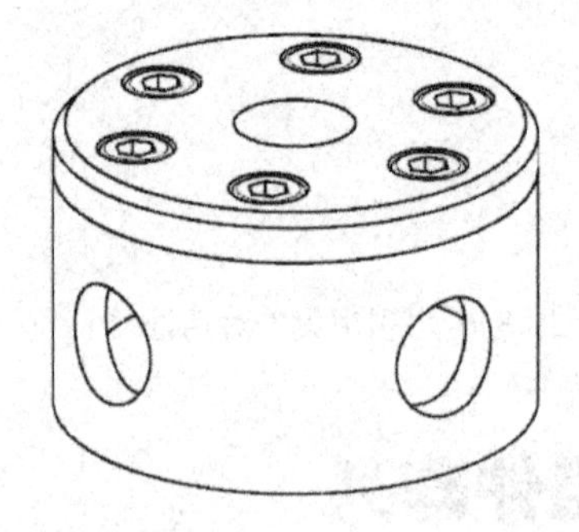

图 8-10 根据阵列特征参考创建组件阵列

8.3.2 线性阵列

功能：根据指定的方向和参数创建组件的线性阵列。

操作说明：打开“阵列组件”对话框，选择需要阵列的组件，在“布局”下拉列表框中选择“线性”选项，“阵列组件”对话框所显示的内容如图 8-11 所示，其“阵列定义”选项组的选项和操作方法与“阵列特征”对话框相同。

8.3.3 圆周阵列

功能：根据指定的阵列轴线和参数创建环形组件阵列。

操作说明：打开“阵列组件”对话框，选择需要阵列的组件，在“布局”下拉列表框中选择“圆形”选项，“阵列组件”对话框所显示的内容如图 8-12 所示，其“阵列定义”选项组的选项和操作方法与“阵列特征”对话框相同。

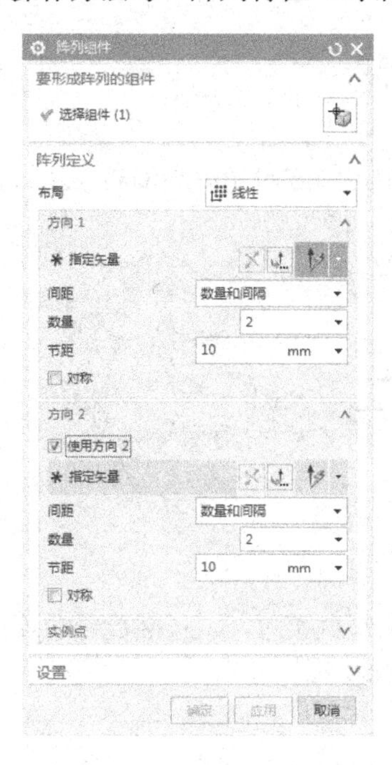

图 8-11　创建组件的线性阵列

图 8-12　创建组件的圆形阵列

8.4　装配导航器

装配导航器以树状的图形方式（装配树）显示部件的装配结构，每个组件显示为一个节点，提供了一种在装配中快速、简便地操作组件的方法。例如，选择部件进行各种操作、改变工作部件、改变显示部件、显示和隐藏组件等。

在资源条单击“装配导航器”图标打开装配导航器，如图 8-13 所示。把光标移至一个节点上，单击鼠标右键，利用弹出的快捷菜单可以方便地操作该组件。

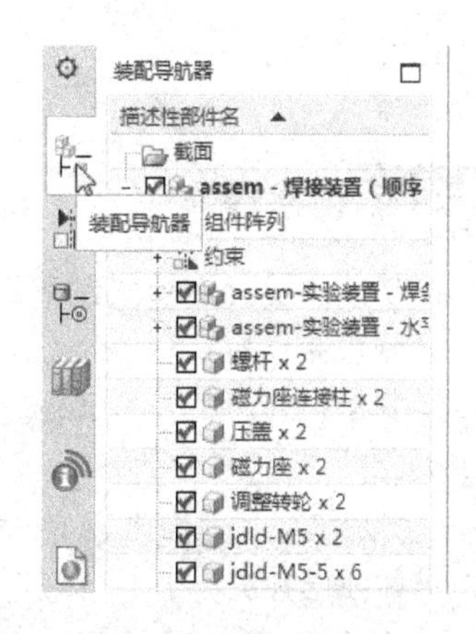

图 8-13　装配导航器

部件导航器中图标的含义说明如下：

1）：装配件或子装配。如果图标为黄色，说明该装配件在工作部件内；如果图标为灰色，并有实线黑框，说明该装配件在非工作部件内；如果图标为灰色，并有虚线框，说明该装配件被关闭。

2）：组件。如果图标为黄色，说明该组件在工作部件内；如果图标为灰色，并有实线黑框，说明该组件在非工作部件内；如果图标为灰色，并有虚线框，说明该组件被关闭。

3）⊞：装配或子装配压缩为一个节点。

4）⊟：装配或子装配展开每个组件节点。

5）☑：若图标中的对钩为红色，则该组件被显示；若图标中的对钩为灰色，则该组件被隐藏。

8.5 装配爆炸图

所谓装配爆炸图，就是将装配中配对的组件沿指定的方向和距离偏离原来的装配位置，用来表示装配中各组件的相互关系，如图 8-14 所示。

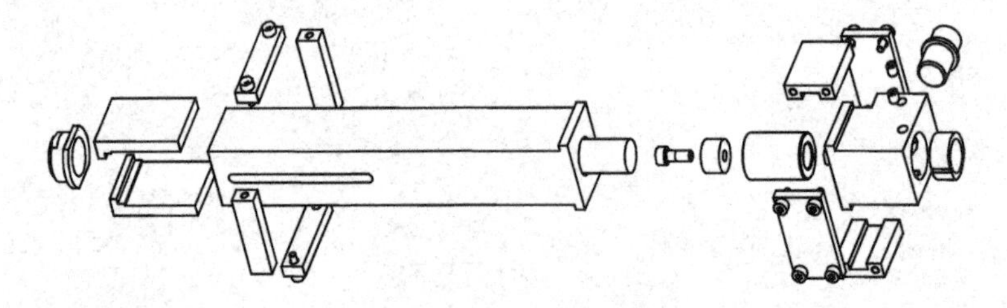

图 8-14 装配爆炸图

可通过菜单“菜单”→“装配”→“爆炸图”的级联菜单，或“装配”选项卡的“爆炸图”下拉菜单（如图 8-15 所示）进行爆炸图的创建和编辑等操作。

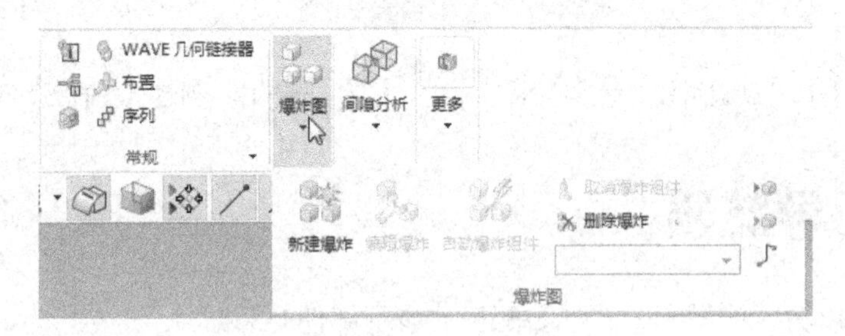

图 8-15 “爆炸图”下拉菜单

8.5.1 创建爆炸图

功能：在当前视图创建一个爆炸图。

操作命令有：

菜单：“菜单”→“装配”→“爆炸图”→“新建爆炸”

功能区：“装配”选项卡→“爆炸图”下拉菜单→“新建爆炸”

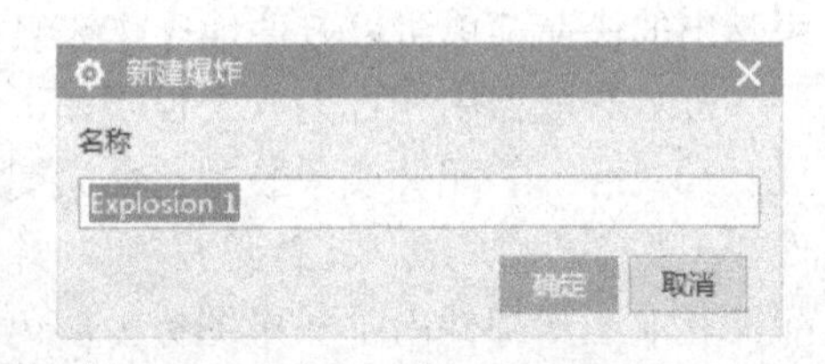

图 8-16 “新建爆炸”对话框

操作说明：执行上述命令后，打开如图 8-16 所示的“新建爆炸”对话框，在“名称”文本框中输入爆炸图的名称，单击“确定”按钮创建该爆炸图。

📖 提示：

创建爆炸图后，装配中的各个组件的位置没有发生变化，需要对爆炸图进行编辑。

8.5.2 编辑爆炸图

功能：编辑爆炸图中的组件的位置。

操作命令有：

菜单：“菜单”→“装配”→“爆炸图”→“编辑爆炸”

功能区：“装配”选项卡→“爆炸图”下拉菜单→“编辑爆炸”

操作说明：执行上述命令后，打开如图 8-17 所示的“编辑爆炸”对话框，默认情况下“选择对象”单选按钮被选中，选择需要移动的对象，然后选择“移动对象”单选按钮，此时在所选对象上显示带移动手柄和旋转手柄的坐标系，将光标置于其上可以选择并拖动坐标系的移动手柄（如图 8-18 所示）或旋转手柄（如图 8-19 所示）来移动对象，或者选择坐标系的移动手柄或旋转手柄后，在“距离”文本框或者“角度”文本框中输入移动距离或旋转角度，单击“确定”按钮则将所选对象沿指定的方向和距离移动。

图 8-17 “编辑爆炸”对话框

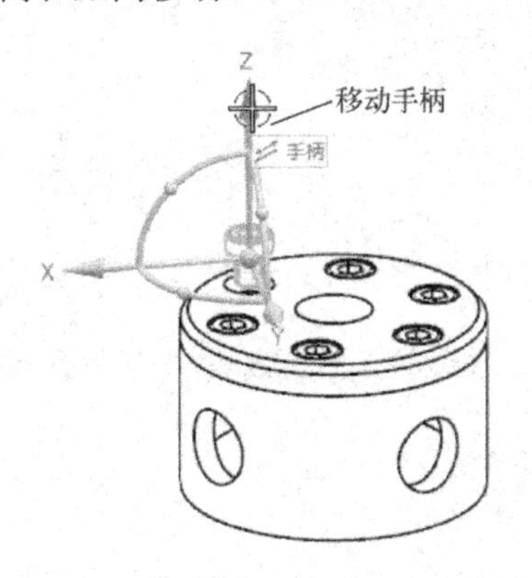

图 8-18 移动手柄

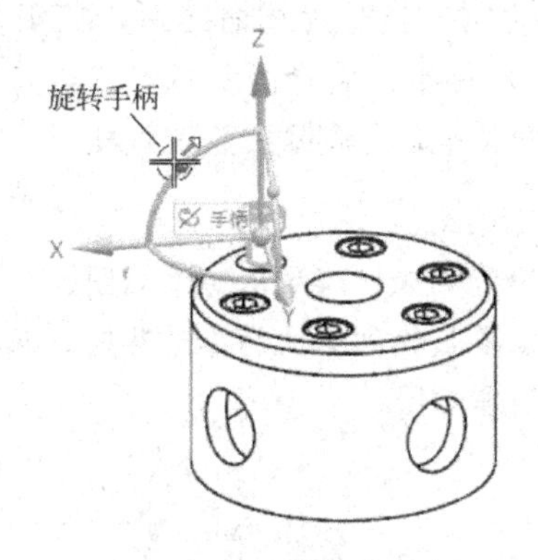

图 8-19 旋转手柄

对话框中其他选项说明如下：

（1）只移动手柄：仅移动动态显示的坐标系的移动手柄和旋转手柄而不影响其他对象。

（2）取消爆炸：将所选组件恢复到爆炸前的位置。

（3）原始位置：将所选组件移回装配中的原始位置。

8.5.3 自动爆炸组件

功能：根据指定的偏置量自动爆炸组件。

操作命令有：

菜单：“菜单”→“装配”→“爆炸图”→“自动爆炸组件”

功能区：“装配”→“爆炸图”下拉菜单→“自动爆炸组件”

操作说明：执行上述命令后，打开“类选择”对话框，选择需要移动的组件，单击“确定”按钮关闭“类选择”对话框，打开如图 8-20 所示的“自动爆炸组件”对话框，在“距离”文本框中输入偏置距离，单击“确定”按钮，则将所选的组件按指定的距离移动。

自动爆炸组件

距离 0.0000

确定 返回 取消

图 8-20 “自动爆炸组件”对话框

8.5.4 取消爆炸组件

功能：将组件恢复到爆炸前的位置。

操作命令有：

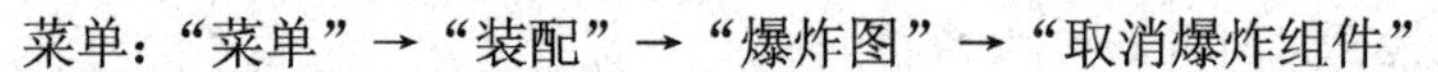

菜单：“菜单”→“装配”→“爆炸图”→“取消爆炸组件”

功能区：“装配”选项卡→“爆炸图”下拉菜单→“取消爆炸组件”

操作说明：执行上述命令后，打开“类选择”对话框，选择需要恢复位置的组件，单击“确定”按钮关闭“类选择”对话框，所选组件恢复到爆炸前的位置。

8.5.5 删除爆炸图

功能：删除爆炸图。

操作命令有：

菜单：“菜单”→“装配”→“爆炸图”→“删除爆炸”

功能区：“装配”→“爆炸图”下拉菜单→“删除爆炸”

操作说明：执行上述命令后，打开如图 8-21 所示的“爆炸图”对话框，选择需要删除的爆炸图，单击“确定”按钮关闭对话框，并删除所选爆炸图。

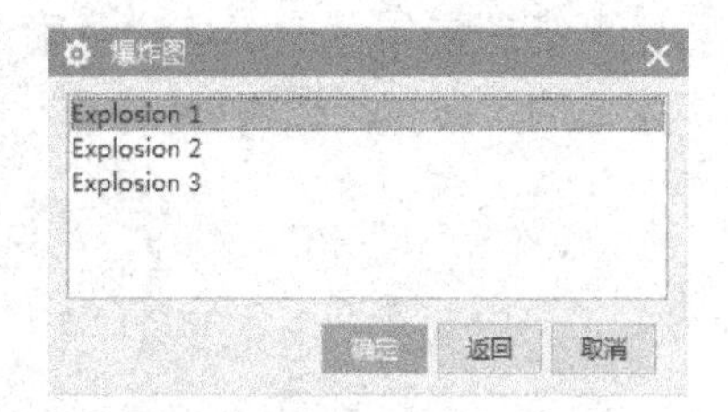

图 8-21 “爆炸图”对话框

📖 **提示：**

（1）不能删除当前显示的爆炸图。

（2）需要切换到其他的爆炸图时，可从图 8-22 所示的工作视图爆炸下拉列表框中选择需要显示的爆炸图。

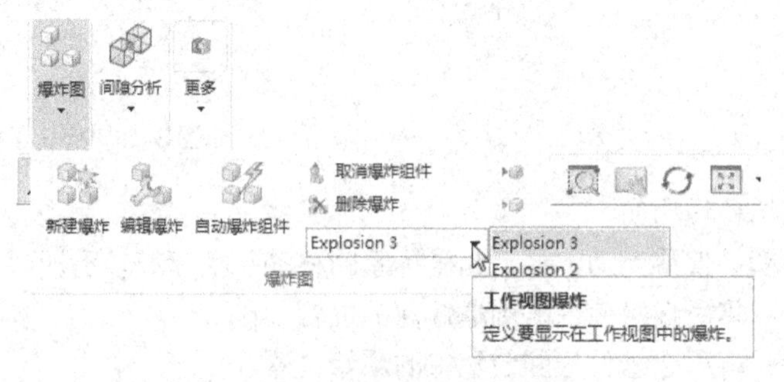

图 8-22 爆炸视图的转换

8.5.6 隐藏和显示爆炸图

选择菜单命令“菜单”→“装配”→“爆炸图”→“显示爆炸”，打开如图 8-21 所示的

“爆炸图”对话框，从对话框的列表框中选择某个爆炸图，单击“确定”按钮，可显示所选的爆炸图。

选择菜单命令“菜单”→“装配”→“爆炸图”→“隐藏爆炸”，则将爆炸图隐藏。

8.6 装配范例解析

8.6.1 球阀装配建模范例

本范例通过如图 8-23 所示的球阀介绍装配建模的方法。具体步骤如下：

1．复制网盘文件到硬盘

在 D：盘创建目录“D:\第 8 章”，将网盘上的“练习文件\第 8 章\部件”目录下的文件复制到所创建的目录中。

2．新建部件文件

启动 UG NX，选择新创建的目录“D:\第 8 章\”建立新部件文件“装配－球阀.prt”，单位为毫米，并确认装配应用模块启动。

3．添加右阀体

（1）选择部件文件

单击“装配”选项卡→“组件”组→“添加”图标，打开“添加组件”对话框，单击“最近访问的部件”列表框下方的“打开”图标，在打开的“部件名”对话框的“查找范围”下拉列表框中打开目录“D:\第 8 章\”，在列表框中选择部件文件“右阀体.prt”，单击“确定”按钮关闭“部件名”对话框，然后在“放置”选项组的“定位”下拉列表框中选择“移动”选项，单击“应用”按钮。

（2）重定位右阀体

在打开的“点”对话框中设置坐标为（0,0,0），单击“确定”按钮将其关闭，打开“移动组件”对话框，在“变换”选项组的“运动”下拉列表框中选择“角度”选项，单击“指定矢量”最右侧的箭头，从打开的选项中选择（ZC 轴），单击“指定轴点”右侧的“点对话框”图标，在随后打开的“点”对话框中设置旋转轴的基点坐标为（0,0,0），单击“确定”按钮关闭“点”对话框，并在“角度”文本框中设置旋转角度为 180°，单击“确定”按钮关闭对话框。

设置视图方向为正三轴测图，渲染样式为带有隐藏边的线框，装配后的右阀体如图 8-24 所示。

图 8-23　球阀

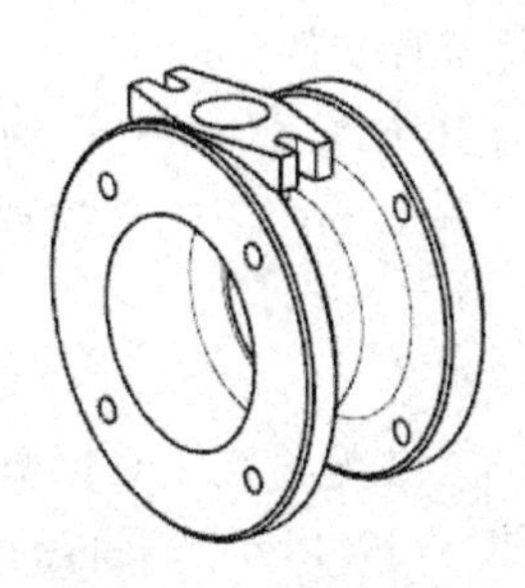

图 8-24　添加右阀体

4. 添加密封圈

（1）选择部件文件

在仍然打开的“添加组件”对话框中单击“打开”图标，利用“部件名”对话框打开部件文件“密封圈.prt”，在“放置”选项组的“定位”下拉列表框中选择“根据约束”选项，单击“应用”按钮。

（2）定位密封圈

在打开的“装配约束”对话框的“约束类型”选项组中单击“同心”图标，首先在图形窗口右下角的“组件预览”窗口中选择如图 8-25 所示的密封圈的底面边缘，然后在图形窗口选择如图 8-25 所示的台阶孔底面边缘，单击“确定”按钮关闭“装配约束”对话框。装配密封圈后的模型如图 8-26 所示。

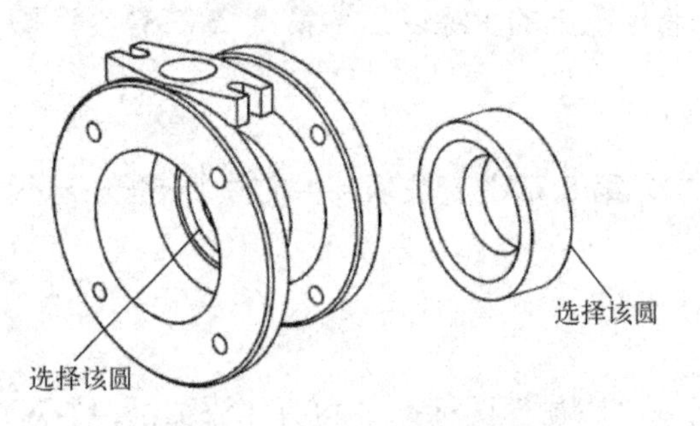

图 8-25 选择配对对象

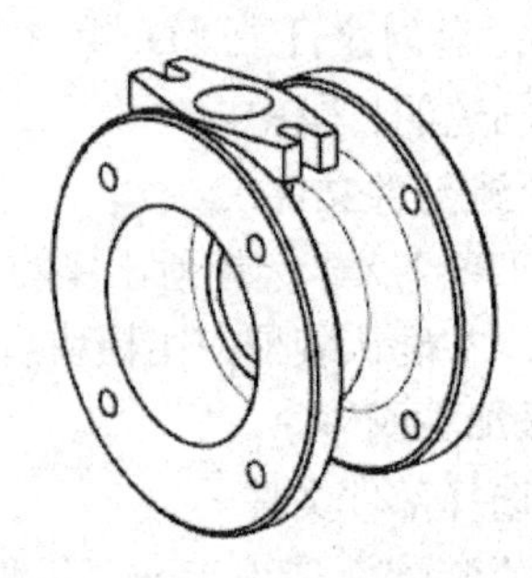

图 8-26 添加密封圈

📖 **提示：**

1）在添加装配约束的过程中，为便于装配约束对象的选择，可取消“装配约束”对话框中“预览”选项组的“在主窗口中预览组件”复选框的选择，在选择装配约束配对对象后，为检查装配是否正确，可选择该复选框进行观察。

2）在向装配体中添加组件后，默认情况下，在图形窗口显示所指定的约束。为便于装配体的观察，可在装配导航器中选择“约束”节点，单击鼠标右键，在弹出的快捷菜单中单击“在图形窗口中显示约束”和“在图形窗口中显示受抑制约束”，取消图形窗口中对这两类约束的图形显示。

3）装配完一个部件后，可按下鼠标中键或滚轮并拖动鼠标，将视图进行旋转，以便对装配模型进行仔细观察，并检查装配是否正确。

5. 添加阀芯

（1）选择部件文件

在仍然打开的“添加组件”对话框中单击“打开”图标，利用“部件名”对话框打开部件文件“阀芯.prt”，在“放置”选项组的“定位”下拉列表框中选择“根据约束”选项，单击“应用”按钮。

（2）定位阀芯

在打开的“装配约束”对话框的“约束类型”选项组中单击“等尺寸配对”图标 =，首先选择如图 8-27 所示的阀芯的球面，然后选择如图 8-27 所示密封圈的球面，单击“确定”按钮关闭“装配约束”对话框，装配阀芯后的模型如图 8-28 所示。

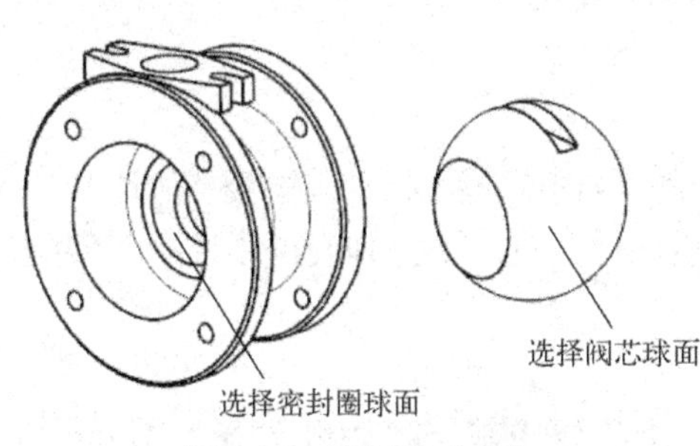

图 8-27 选择配对对象

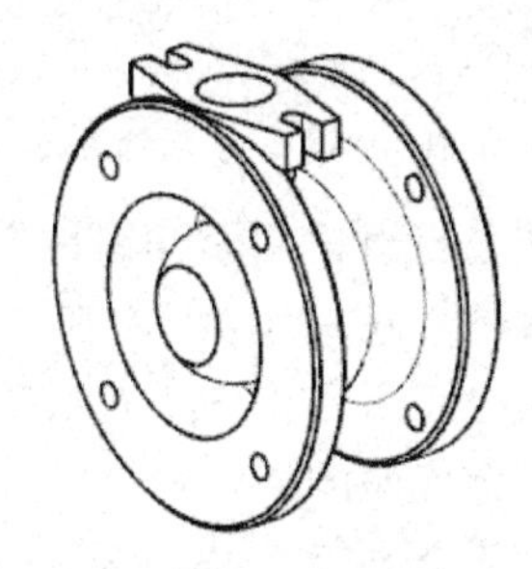

图 8-28 添加阀芯

上述装配模型可参考网盘文件“练习文件\第 8 章\装配_球阀－1.prt”。

6．添加密封圈

（1）隐藏右阀体

在装配导航器中单击“右阀体”左侧的图标☑，将右阀体隐藏。也可在装配导航器或图形窗口中选择右阀体，单击鼠标右键，在弹出的快捷菜单中选择“隐藏”命令将其隐藏。

（2）选择部件文件

打开“添加组件”对话框，在“最近访问的部件”列表框中选择部件文件“密封圈.prt”，在“放置”选项组的“定位”下拉列表框中选择“根据约束”选项，单击“应用”按钮。

（3）定位密封圈

在打开的“装配约束”对话框的“约束类型”选项组中单击“平行”图标，首先选择如图 8-29 所示的第二个密封圈的端面，然后选择如图 8-29 所示的第一个密封圈的端面，之后单击“撤销上一个约束”图标，单击“应用”按钮。

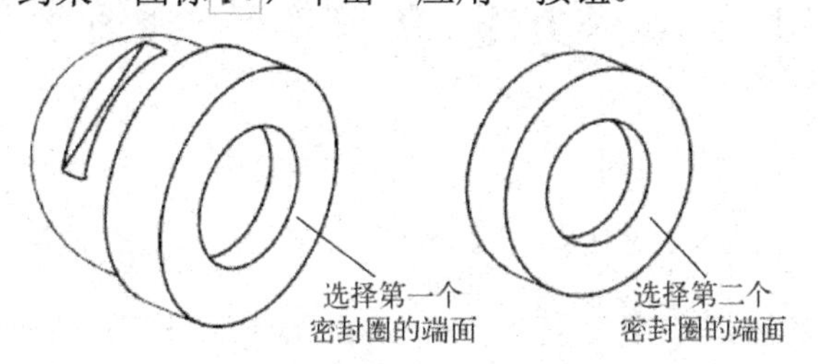

图 8-29 选择平行约束对象

在“约束类型”选项组中单击“等尺寸配对”图标 = ，首先选择如图 8-30 所示的第二个密封圈的球面，然后选择如图 8-30 所示的阀芯的球面，单击“确定”按钮完成装配。

（4）重新显示右阀体

在装配导航器中选择“右阀体”，单击鼠标右键，在弹出的快捷菜单中选择“显示”命令，将右阀体重新显示。装配密封圈后的模型如图 8-31 所示。

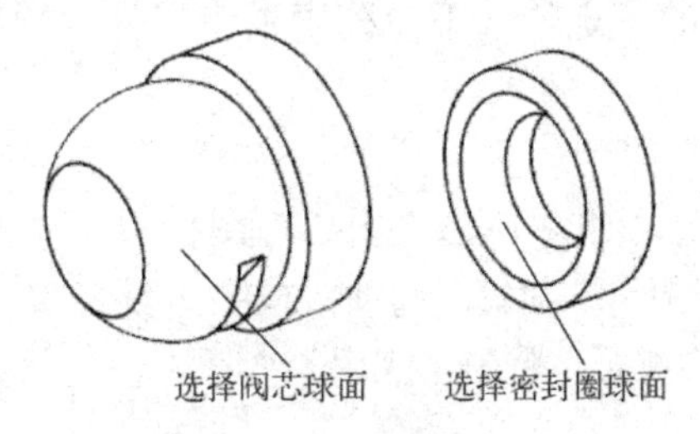

图 8-30 选择拟合约束对象

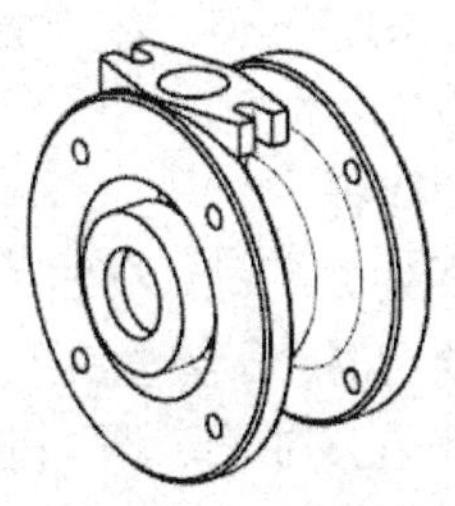

图 8-31 添加密封圈

7. 添加左阀体

（1）选择部件文件

在仍然打开的“添加组件”对话框中单击“打开”图标，利用“部件名”对话框打开部件文件“左阀体.prt”，在“放置”选项组的“定位”下拉列表框中选择“根据约束”选项，单击“应用”按钮。

（2）定位左阀体

在“装配约束”对话框的“约束类型”选项组中单击“接触对齐”图标，在“要约束的几何体”选项组的“方位”下拉列表框中选择“自动判断中心/轴”选项，首先选择如图 8-32 所示的左阀体的圆柱面 1，然后选择如图 8-32 所示的右阀体的圆柱面 2，单击“应用”按钮。

在“方位”下拉列表框中选择“首选接触”选项，首先选择如图 8-32 所示的左阀体的端面 3，然后选择如图 8-32 所示的右阀体的端面 4，单击“应用”按钮。

在“约束类型”选项组中单击“同心”图标，首先选择如图 8-32 所示的左阀体的圆孔边缘 5，然后选择如图 8-32 所示的右阀体的圆孔边缘 6，单击“确定”按钮完成装配，得到的模型如图 8-33 所示。

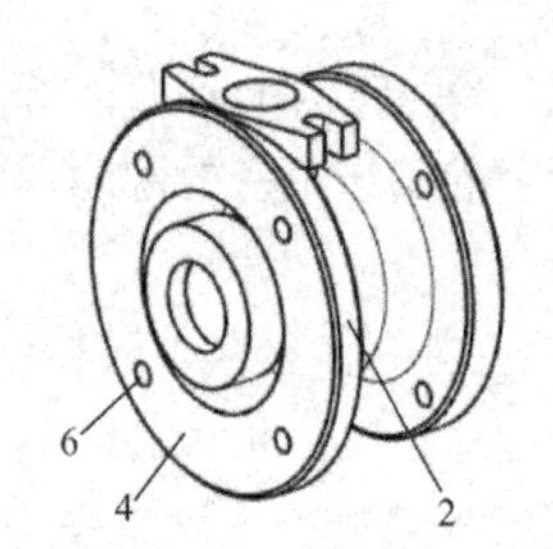

图 8-32 选择配对对象

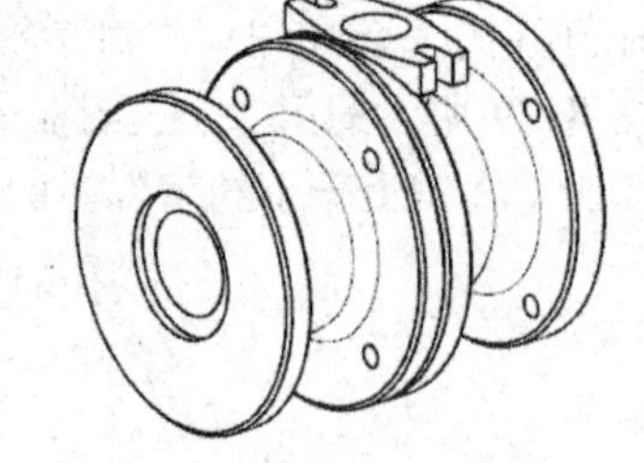

图 8-33 添加左阀体

上述装配模型可参考网盘文件“练习文件\第 8 章\装配_球阀－2.prt”。

8. 添加阀杆

（1）隐藏左阀体和右阀体

在装配导航器中依次单击“左阀体”和“右阀体”左侧的☑，将左阀体和右阀体隐藏，结果如图 8-34 所示。

（2）选择阀杆部件文件

在仍然打开的“添加组件”对话框中单击“打开”图标，利用“部件名”对话框打开部件文件“阀杆.prt”，在“放置”选项组的“定位”下拉列表框中选择“根据约束”选项，单击“应用”按钮。

（3）定位阀杆

在“装配约束”对话框的“约束类型”选项组中单击“中心”图标，在“要约束的几何体”选项组的“子类型”下拉列表框中选择“2 对 2”选项，按照如图 8-35 所示的序号顺序选择阀杆凸头的两侧平面和阀芯矩形槽的侧面，单击“应用”按钮。

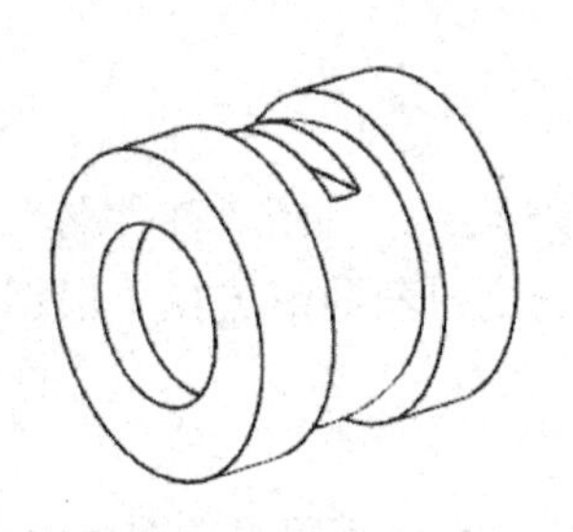

图 8-34 隐藏左、右阀体

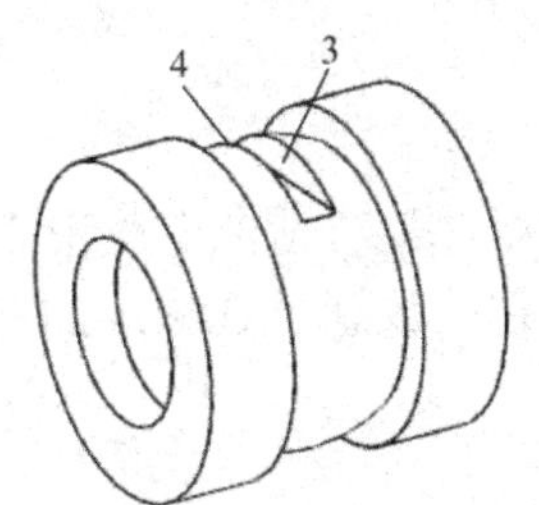

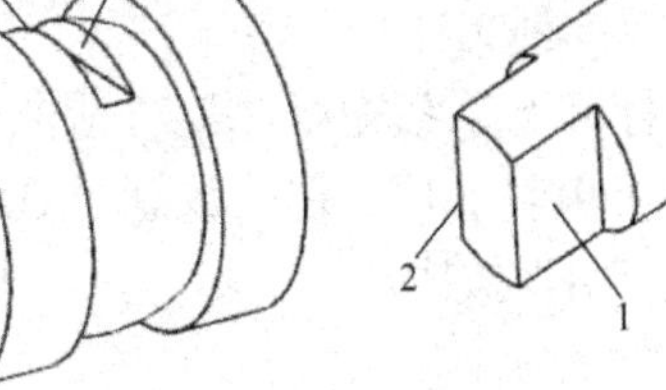

图 8-35 选择第一组定位对象

在“约束类型”选项组中单击“接触对齐”图标，在“要约束的几何体”选项组的“方位”下拉列表框中选择“首选接触”选项，首先选择如图 8-36 所示的阀杆凸头的端面，然后选择如图 8-36 所示的阀芯矩形槽的底面，单击“确定”按钮完成装配，得到的模型如图 8-37 所示。

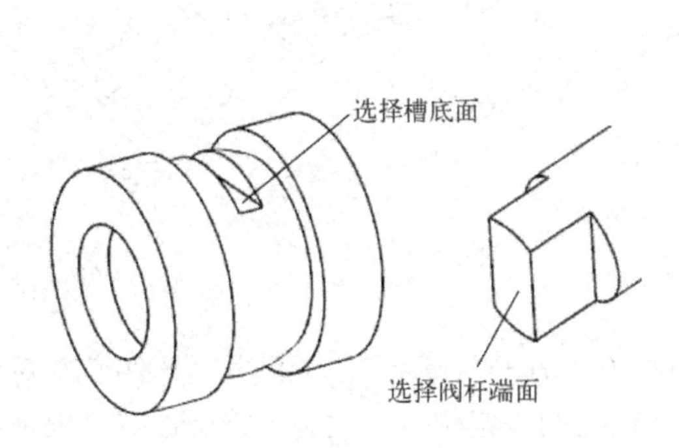

图 8-36 选择第二组定位对象

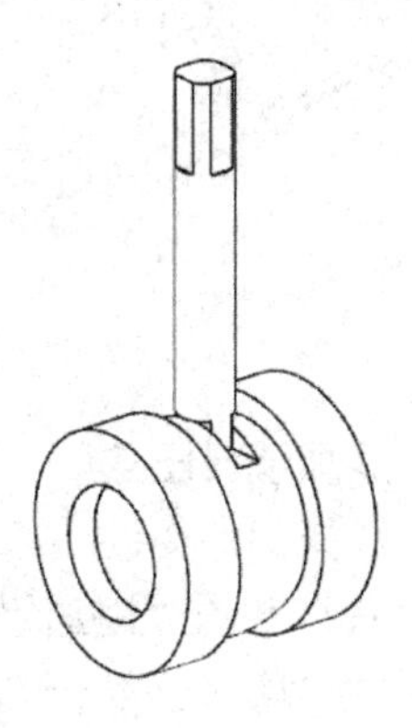

图 8-37 添加阀杆

（4）重新显示左、右阀体

在装配导航器中依次单击“左阀体”和“右阀体”前的☑，将左阀体和右阀体重新显示，如图 8-38 所示。

（5）添加阀杆和右阀体的装配约束

单击“装配”选项卡→“组件位置”组→“装配约束”图标，在打开的对话框的“约束类型”选项组中单击“接触对齐”图标，在“要约束的几何体”的“方位”下拉列表框中选择“自动判断中心/轴”选项，依次选择如图 8-39 所示的阀杆的圆柱面 1 和阀体的圆孔的圆柱面 2，单击“确定”按钮关闭“装配约束”对话框。

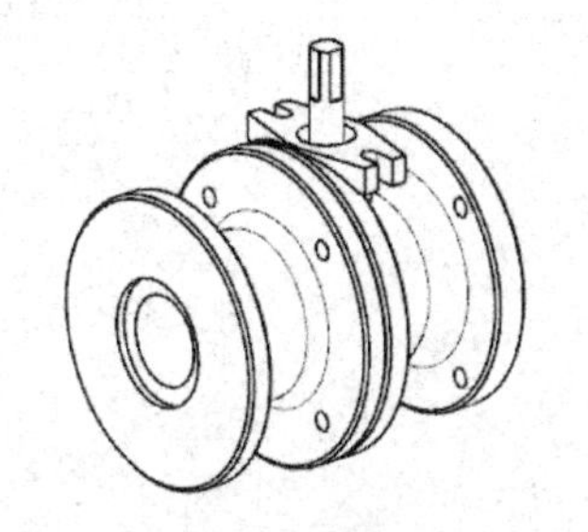

图 8-38 重新显示左、右阀体

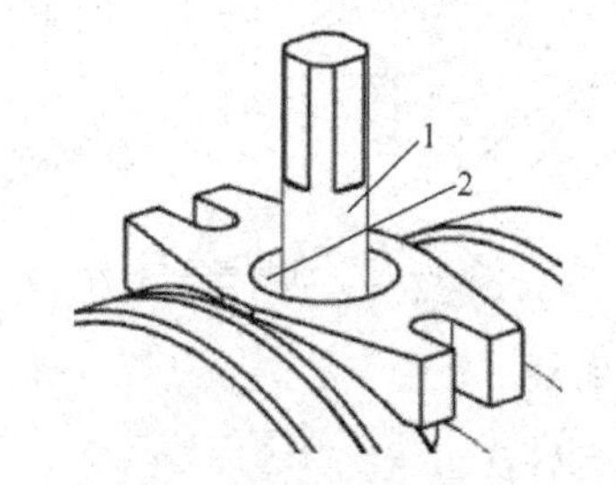

图 8-39 添加装配约束

9．添加填料

（1）选择部件文件

在仍然打开的“添加组件”对话框中单击“打开”图标，利用“部件名”对话框打开部件文件“填料.prt”，在“放置”选项组的“定位”下拉列表框中选择“根据约束”选项，单击“应用”按钮。

（2）定位填料

在“装配约束”对话框的“约束类型”选项组中单击“等尺寸配对”图标＝，首先选择如图 8-40 所示的填料的锥面，然后选择如图 8-40 所示的右阀体孔内的锥面，单击“确定”按钮关闭“装配约束”对话框，装配阀填料的模型如图 8-41 所示。

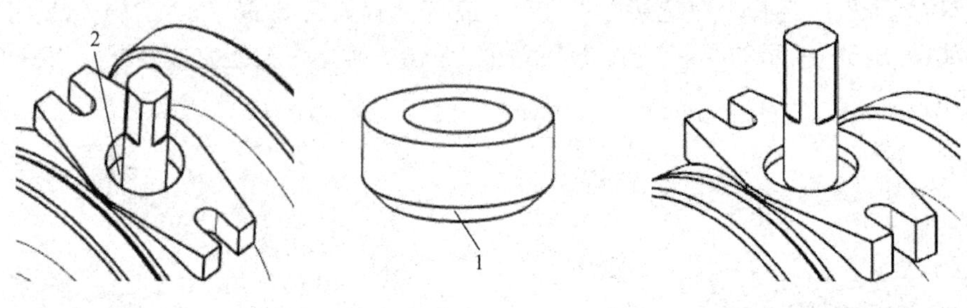

图 8-40　选择配对对象　　　　图 8-41　添加填料

10．添加填料压盖

（1）选择部件文件

在仍然打开的“添加组件”对话框中单击“打开”图标，利用“部件名”对话框打开部件文件“填料压盖.prt”，在“放置”选项组的“定位”下拉列表框中选择“根据约束”选项，单击“应用”按钮。

（2）定位填料压盖

在“装配约束”对话框的“约束类型”选项组中单击“同心”图标◎，首先选择如图 8-42 所示的填料压盖的边缘，之后选择如图 8-42 所示的右阀体圆孔的边缘圆弧，单击“应用”按钮；然后依次选择如图 8-42 所示填料压盖的圆孔边缘和右阀体 U 型槽的边缘圆弧，单击“确定”按钮完成填料压盖的装配，得到的模型如图 8-43 所示。

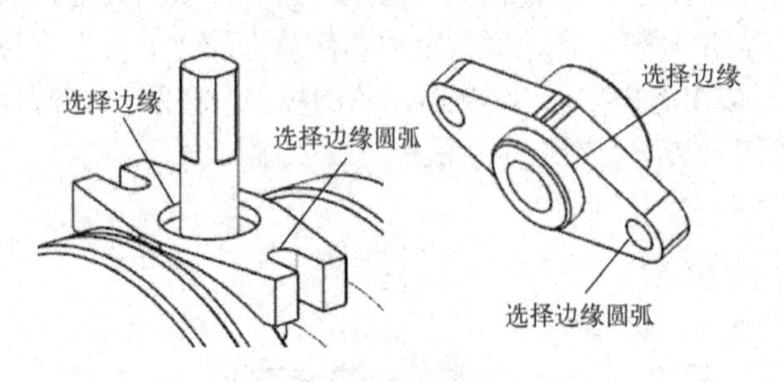

图 8-42　选择配对对象

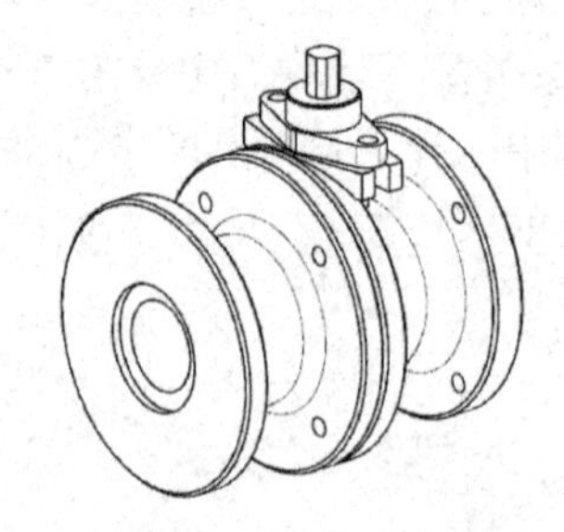

图 8-43　添加填料压盖

11．添加手柄

（1）选择部件文件

在“添加组件”对话框中单击“打开”图标，利用“部件名”对话框打开部件文件

“手柄.prt”，在“放置”选项组的“定位”下拉列表框中选择“根据约束”选项，单击“应用”按钮。

（2）定位手柄

在“装配约束”对话框的“约束类型”选项组中单击“接触对齐”图标，在“方位”下拉列表框中选择“首选接触”选项，依次选择如图 8-44 所示的手柄矩形孔的内壁 1 和阀杆的表面 2，单击“应用”按钮；保持设置不变，依次选择如图 8-44 所示的手柄矩形孔的内壁 3 和阀杆的表面 4，单击“应用”按钮；仍然保持设置不变，依次选择如图 8-44 所示的手柄的端部的上表面 5 和阀杆的上表面 6，单击“确定”按钮完成装配，得到的模型如图 8-45 所示。

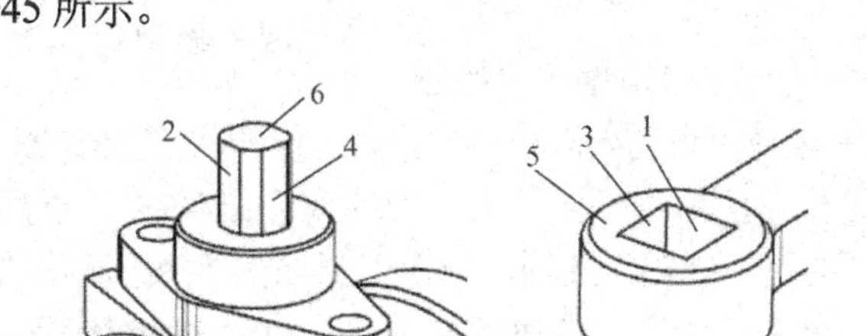

图 8-44　选择配对对象

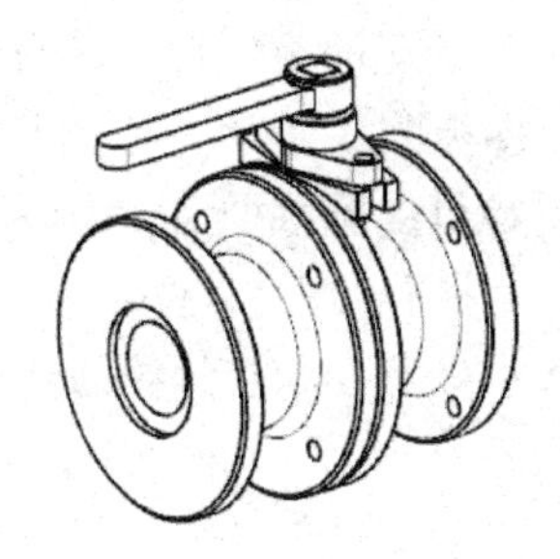

图 8-45　添加手柄

上述装配模型可参考网盘文件“练习文件\第 8 章\球阀－3.prt”。

12．添加螺钉

（1）选择部件文件

在“添加组件”对话框中单击“打开”图标，利用“部件名”对话框打开部件文件“螺钉_M10_30.prt”，在“放置”选项组的“定位”下拉列表框中选择“根据约束”选项，单击“应用”按钮。

（2）定位螺钉

在“装配约束”对话框的“约束类型”选项组单击“同心”图标，首先选择如图 8-46 所示的螺钉头部圆柱的边缘圆弧，然后选择如图 8-46 所示左阀体上的圆孔边缘圆弧，单击“确定”按钮添加螺钉，得到的模型如图 8-47 所示。

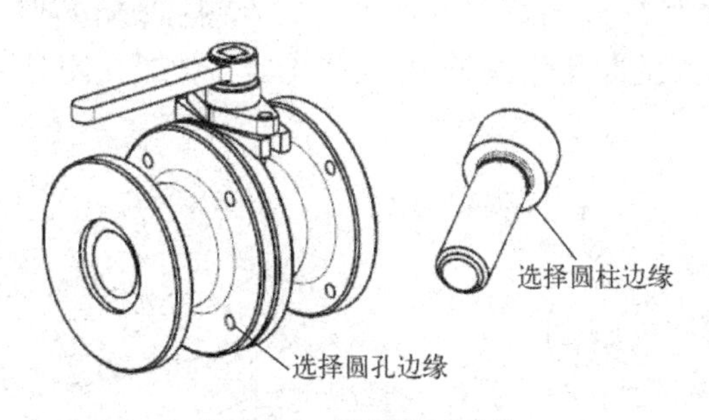

图 8-46　选择配对对象

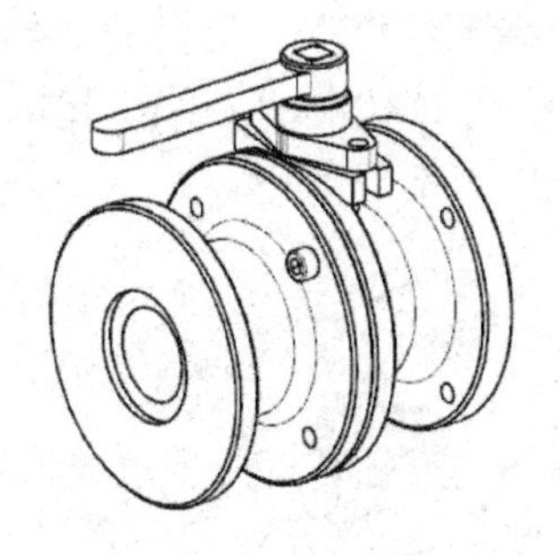

图 8-47　添加螺钉

13．阵列螺钉

单击“装配”选项卡→“组件”组→“阵列组件”图标，在打开的“阵列组件”对话框的“布局”下拉列表框中选择“参考”选项，然后选择上步添加的螺钉，单击“确定”按钮将螺钉进行阵列，得到的装配模型如图 8-48 所示。

14. 添加螺钉

（1）选择部件文件

在“添加组件”对话框中单击“打开”图标，利用“部件名”对话框打开部件文件“螺钉_M10_45.prt”，在“放置”选项组的“定位”下拉列表框中选择“根据约束”选项，单击“应用”按钮。

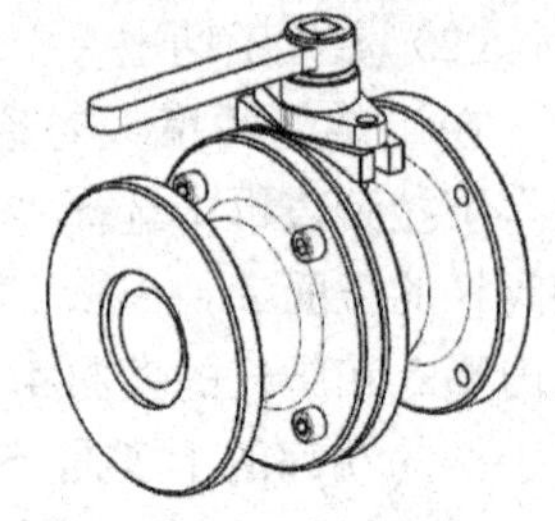

图 8-48 阵列螺钉

（2）定位螺钉

在“装配约束”对话框的“约束类型”选项组中单击“接触对齐”图标，在“方位”下拉列表框中选择“自动判断中心/轴”选项，依次选择如图 8-49 所示的螺钉的圆柱面 1 和填料压盖的圆孔 2，单击“撤销上一个约束”图标，然后单击“应用”按钮；在“方位”下拉列表框中选择“接触”选项，依次选择如图 8-49 所示的螺钉头部圆柱端面 3 和右阀体凸台的底面 4，单击“确定”按钮添加螺钉，如图 8-50 所示。

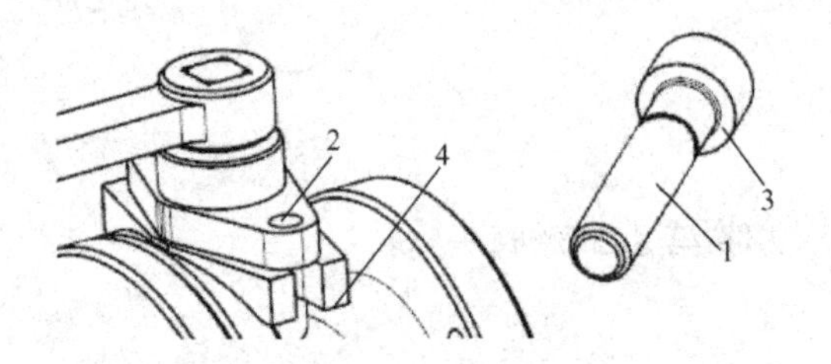

图 8-49 选择配对对象

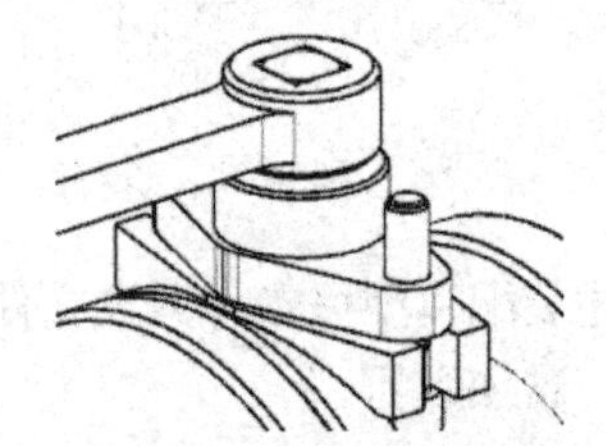

图 8-50 添加螺钉

15. 添加螺母

（1）选择部件文件

在“添加组件”对话框中单击“打开”图标，利用“部件名”对话框打开部件文件“螺母_M10.prt”，在“放置”选项组的“定位”下拉列表框中选择“根据约束”选项，单击“应用”按钮。

（2）定位螺母

在“装配约束”对话框的“约束类型”选项组中单击“同心”图标，依次选择如图 8-51 所示的螺母圆孔边缘 1 和填料压盖的圆孔边缘 2，单击“确定”按钮关闭对话框，装配的螺母如图 8-52 所示。

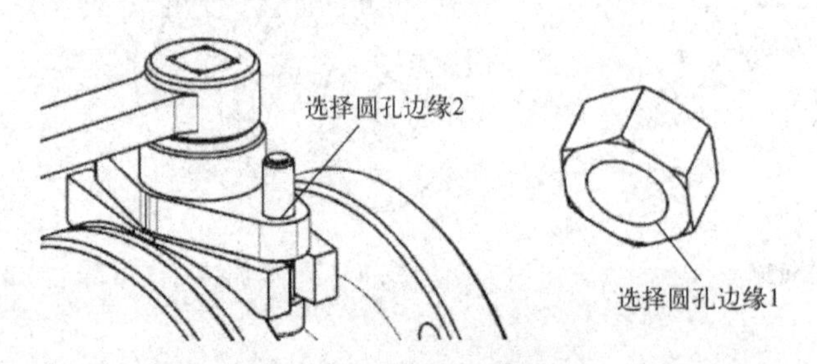

图 8-51 选择配对对象

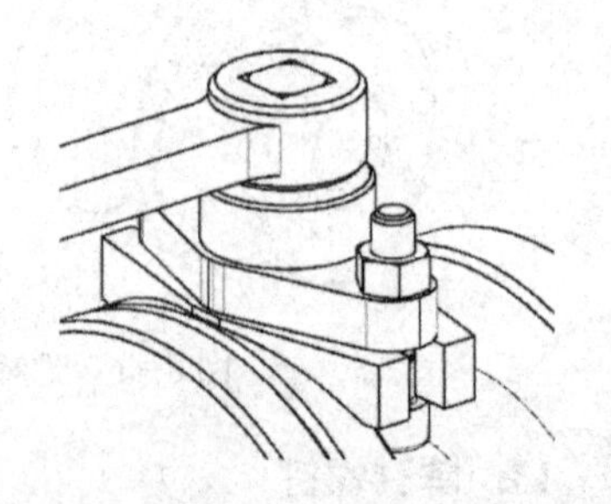

图 8-52 添加螺母

利用上述方法在填料压盖的另一个孔的位置添加螺钉和螺母，最终得到的球阀的装配模型如图 8-53 所示，可参考网盘文件“练习文件\第 8 章\装配_球阀－4.prt”。

16．保存文件

在功能区选择菜单“文件”→“关闭”→“保存并关闭”，保存并关闭部件文件。

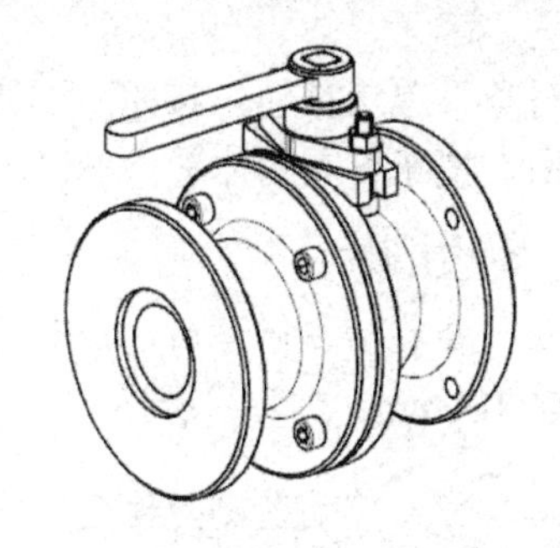

图 8-53 球阀装配模型

8.6.2 球阀装配爆炸图创建范例

本范例通过如图 8-54 所示的球阀爆炸图介绍装配爆炸图的创建和编辑的方法。具体步骤如下：

1．打开部件文件

从“文件”下拉菜单中选择“打开”命令，打开网盘文件“练习文件\第 8 章\爆炸_球阀.prt”，然后进入装配应用模块。

2．创建爆炸图

单击“装配”选项卡→爆炸图下拉菜单→“新建爆炸”图标，在随后打开的“新建爆炸”对话框中输入“球阀爆炸图”作为爆炸图名称，单击“确定”按钮创建爆炸图。

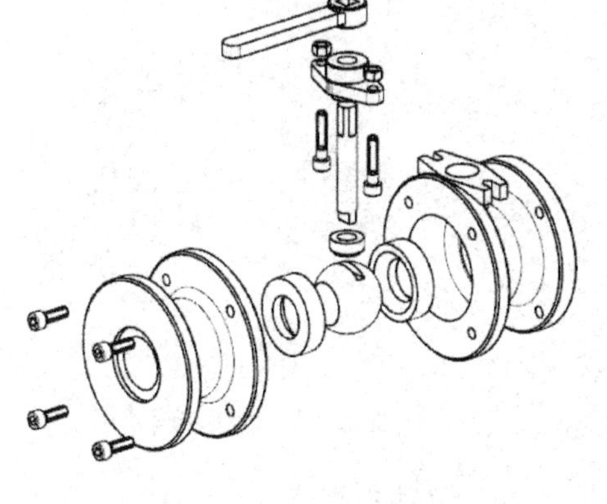

图 8-54 球阀装配爆炸图

3．编辑爆炸图

单击“装配”选项卡→爆炸图下拉菜单→“编辑爆炸”图标，对爆炸图进行如下编辑：

（1）移动左阀体上的螺钉

在“编辑爆炸图”对话框中选择“选择对象”单选按钮，依次选择左阀体上的 4 个螺钉，然后选择“移动对象”单选按钮，将光标置于显示的手柄的 Y 轴手柄上等待片刻（手柄和平移标志如图 8-55 所示），当显示平移标志后单击鼠标左键选择该平移手柄，从而使所选对象沿 Y 轴进行平移。在距离文本框中输入-150，单击“应用”按钮将 4 个螺钉平移，如图 8-56 所示。

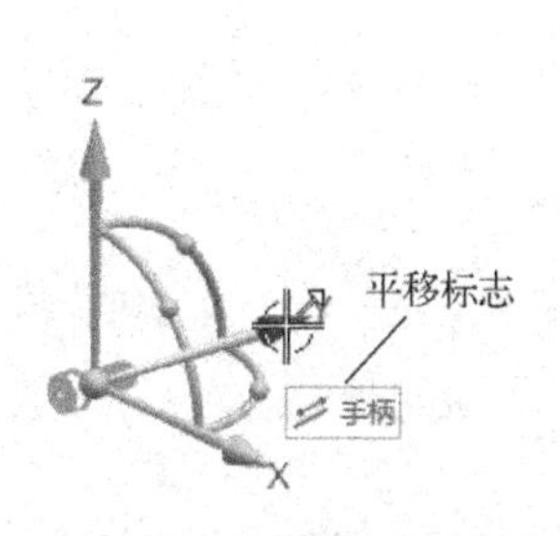

图 8-55 手柄和平移标志

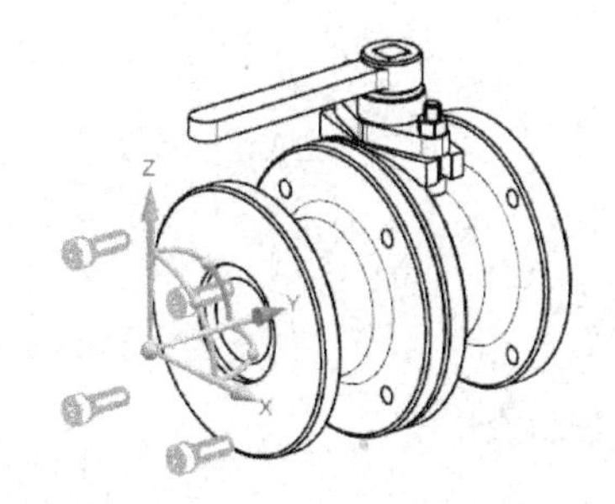

图 8-56 平移螺钉

（2）移动左阀体

在“编辑爆炸图”对话框中选择“选择对象”单选按钮，选择左阀体，然后选择“移动对象”单选按钮，按照上述方法选择 Y 轴平移手柄，在距离文本框中输入-100，单击“应用”按钮将左阀体进行平移，如图 8-57 所示。

📖 提示：

在移动左阀体时，由于没有取消螺钉的选择，因此螺钉和左阀体一同沿 Y 轴的负向移动 100mm。

（3）移动左侧密封圈

在“编辑爆炸图”对话框中选择“选择对象”单选按钮，选择左侧的密封圈，然后选择“移动对象”单选按钮，选择 Y 轴平移手柄，在距离文本框中输入-40，单击“应用”按钮将左侧的密封圈进行平移，如图 8-58 所示。

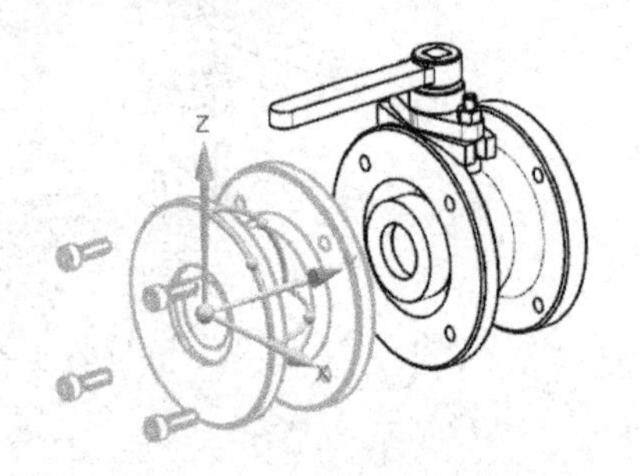

图 8-57 平移左阀体图

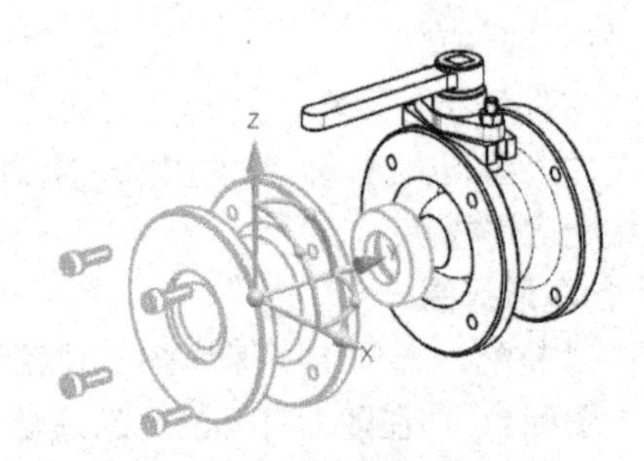

图 8-58 平移左侧的密封圈

（4）移动右阀体

在“编辑爆炸图”对话框中选择“选择对象”单选按钮，按住键盘的<Shift>键，选择上述移动的螺钉、左阀体、左侧的密封圈，取消这些对象的选择。然后松开<Shift>键，选择右阀体，随后选择“移动对象”单选按钮，选择 Y 轴平移手柄，在距离文本框中输入 100，单击“应用”按钮将右阀体沿 Y 轴正向移动 100mm，如图 8-59 所示。

（5）移动右侧密封圈

在“编辑爆炸图”对话框中选择“选择对象”单选按钮，选择右侧的密封圈，然后选择“移动对象”单选按钮，选择 Y 轴平移手柄，在距离文本框中输入 40，单击“应用”按钮将右侧的密封圈进行平移，如图 8-60 所示。

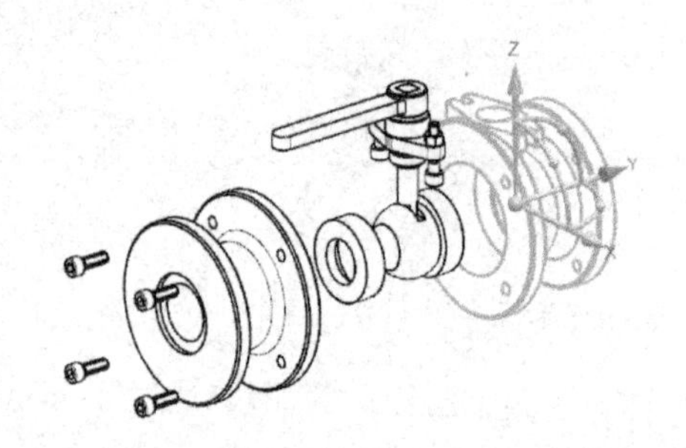

图 8-59 平移右阀体

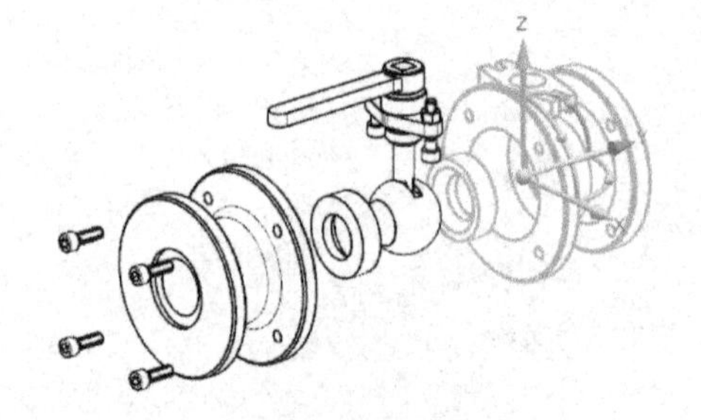

图 8-60 平移右侧密封圈

（6）移动手柄

在“编辑爆炸图”对话框中选择“选择对象”单选按钮，按住键盘的<Shift>键，选择上述移动的右阀体、右侧的密封圈，然后松开<Shift>键，选择手柄，随后选择“移动对象”单选按钮，选择 Z 轴平移手柄，在距离文本框中输入 25，单击“应用”按钮将手柄沿 Z 轴正向移动 25mm，如图 8-61 所示。

（7）移动螺母

在“编辑爆炸图”对话框中选择“选择对象”单选按钮，选择两个螺母，然后选择“移动对象”单选按钮，选择 Z 轴平移手柄，在距离文本框中输入 10，单击“应用”按钮将右阀体沿 Z 轴正向移动 10mm。

（8）移动填料压盖

在“编辑爆炸图”对话框选择“选择对象”单选按钮，选择填料压盖，然后选择“移动对象”单选按钮，选择 Z 轴平移手柄，在距离文本框中输入 65，单击“应用”按钮将右阀体沿 Z 轴正向移动 65mm。

（9）移动螺钉和阀杆

在“编辑爆炸图”对话框中选择“选择对象”单选按钮，选择两个螺钉和阀杆，然后选择“移动对象”单选按钮，选择 Z 轴平移手柄，在距离文本框中输入 40，单击“应用”按钮将右阀体沿 Z 轴正向移动 40mm。上述操作得到的爆炸图如图 8-62 所示。

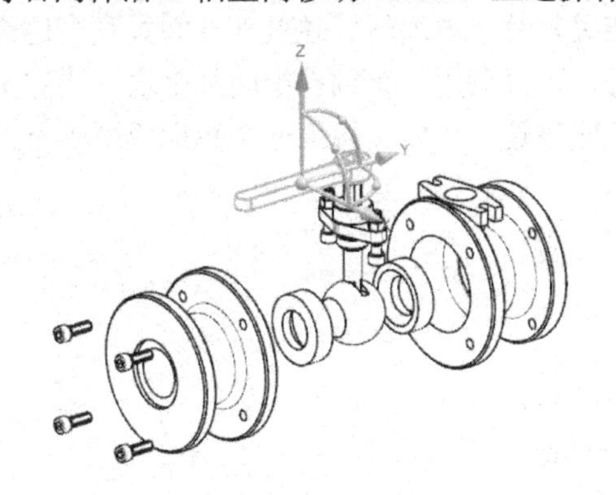

图 8-61 平移手柄

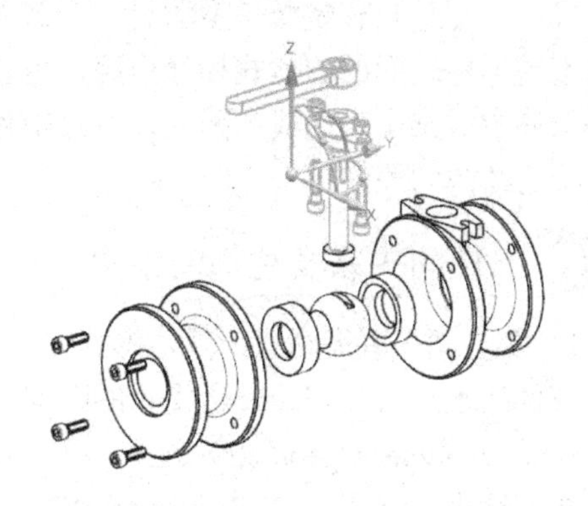

图 8-62 平移螺母、填料压盖、螺钉和阀杆

（10）移动填料

在“编辑爆炸图”对话框中选择“选择对象”单选按钮，按住键盘的<Shift>键，选择上述移动的螺母、填料压盖、螺钉和阀杆。然后松开<Shift>键，选择填料，随后选择“移动对象”单选按钮，选择 Z 轴平移手柄，在距离文本框中输入-30，单击“确定”按钮将填料沿 Z 轴负向移动 30mm，完成的球阀的装配爆炸图如图 8-54 所示。

第9章 高级参数化建模技术

参数化建模是 UG NX 建模的一个重要特征，使得在建模时及建模后可方便地随时修改模型。除了各种特征的参数在建模过程中自动保存外，使用部件表达式、部件间关联表达式等高级参数化建模技术，可加强部件各个特征以及部件之间的关联性，增加了建模的灵活性和可靠性，能够显著提高模型编辑效率和正确性。本章介绍常用的高级参数化建模技术。

9.1 部件间关联表达式

在一个装配模型中，通常各个部件之间有一定的配合和连接关系，如果编辑一个部件的某个尺寸，与其具有装配关系的另一个部件的相关尺寸也要编辑。通过部件间关联表达式可实现不同部件之间的表达式相互引用，也就是说，可以利用一个部件中的某个表达式定义另一个部件中的某个表达式。因此，通过部件间关联表达式可以实现同一个装配模型中不同部件的特定结构的关联性。

9.1.1 部件间关联表达式的创建

1. 部件间关联表达式的基本形式

部件间表达式与普通表达式有所区别，其基本形式如下：

Hole_diameter="geometry_axis"::cylinder_diameter

在上述表达式中，"Hole_diameter"是当前部件内的表达式名称，"geometry_axis"是所引用的部件的名称，"cylinder_diameter"是所引用的部件内的表达式名称。

2. 部件间关联表达式的创建

可以通过"表达式"对话框直接输入部件间表达式，但需要注意的是必须保证被引用的部件已经被打开，并需要准确记住被引用部件的部件文件名称以及该部件中被引用的表达式名称，比较麻烦，因此通常通过链接工具建立部件间表达式。

1）创建单个部件间表达式

打开"表达式"对话框后，在对话框右侧的表格中选择某个表达式，然后单击"操作"选项组的"创建/编辑部件间表达式"图标，打开如图 9-1 所示的"创建单个部件间表达式"对话框，该对话框中"已加载的部件"列表框中列出了已经打开的部件，可单击列表框下方的"打开"图标打开"部件名"对话框，利用该对话框打开需要加载的部件。选择被引用部件后，就可以在"源表达式"列表框中选择该部件中的表达式创建关联表达式。

2）创建多个部件间表达式

如果需要在两个部件之间创建多个部件间表达式，可在"表达式"对话框的"操作"选项组中单击"创建多个部件间表达式"图标，打开如图 9-2 所示的"创建多个部件间表达式”对话框。

按照前述方法，加载需要的部件后，可在“源表达式”列表框中选择某个表达式后，单击列表框右侧的“添加到目标”图标➕，为该表达式创建部件间表达式并添加到“目标表达式”列表框中。可不断重复上述操作，直至完成所有部件间表达式的创建，最后单击“确定”按钮退出对话框，可看到所创建的部件间表达式添加到“表达式”对话框中。

此时当前部件的表达式还没有和被引用部件的表达式之间形成关联，需要对当前部件的表达式进行必要的修改，具体操作将在9.1.3节的范例中进行介绍。

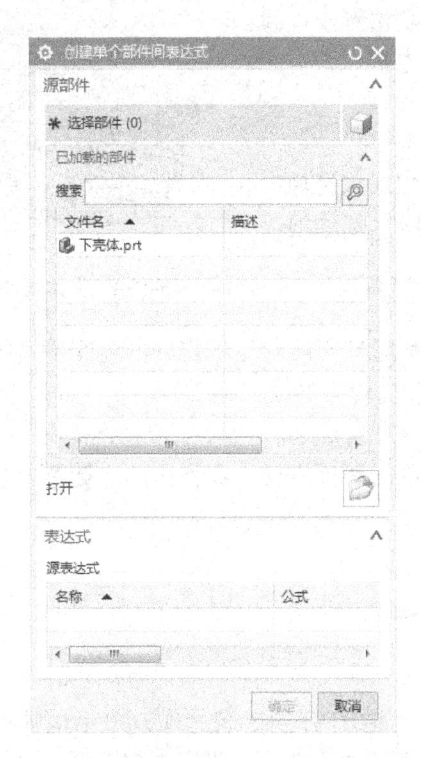

图9-1 “创建单个部件间表达式”对话框

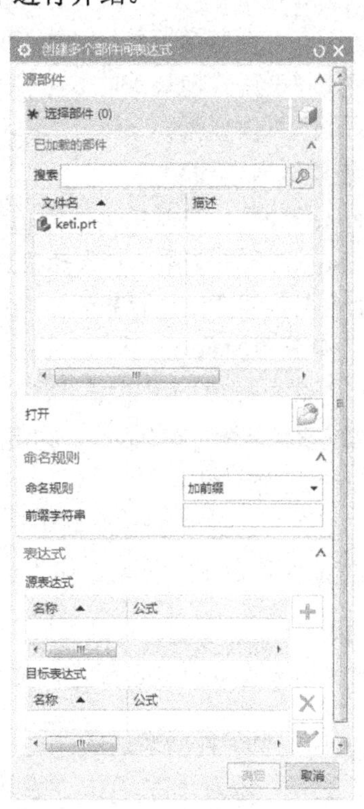

图9-2 “创建多个部件间表达式”对话框

9.1.2 部件间表达式的编辑

部件间表达式建立以后，可以利用“表达式”对话框像编辑普通表达式一样进行编辑，也可以通过编辑链接的方式进行编辑。

在“表达式”对话框的“操作”选项组中单击“编辑多个部件间表达式”图标，将打开如图9-3所示的“编辑多个部件间表达式”对话框，从列表框中选择需要编辑的链接后，可以进行以下的编辑操作：

1．更改引用部件

单击“更改引用的部件”按钮打开“选择部件”对话框，利用该对话框可以重新选择引用部件。

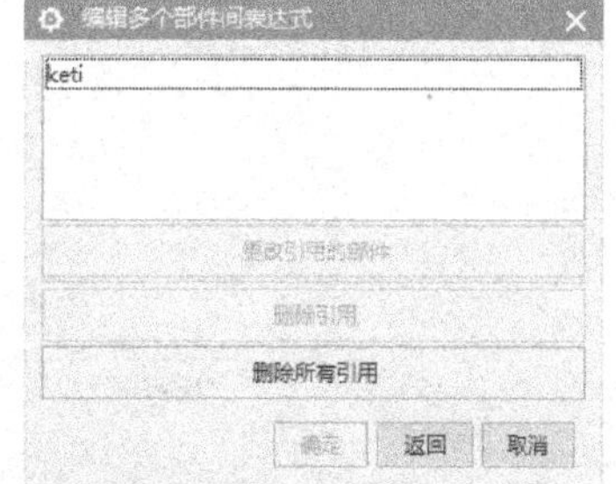

图9-3 “编辑多个部件间表达式”对话框

2．删除引用

单击“删除引用”按钮可删除所选的表达式的部件引用，单击“删除所有引用”按钮则删除该部件所有表达式中的引用。删除引用后，部件间表达式被修改为普通表达式，不再与其他部件关联。

9.1.3 壳体部件间表达式应用范例

本范例通过如图 9-4 所示的壳体组件介绍部件间表达式的定义方法。该组件包括下壳体和端盖两个部件，在该范例中，通过部件间关联表达式使端盖的 6 个安装孔与下壳体上对应的 6 个螺纹孔关联，具体步骤如下：

图 9-4 壳体组件

1．设置载入选项

启动 UG NX，在“主页”选项卡中单击“装配加载选项”图标，在打开的对话框中选择“加载部件间数据”复选框，单击“确定”按钮关闭对话框。

2．打开部件文件

在“主页”选项卡中单击“打开”图标，利用打开的对话框打开网盘文件“练习文件\第 9 章\壳体\装配_壳体.prt”，并启动装配应用模块。

3．选择工作部件

在左侧资源条的装配导航器中选择“端盖”，单击鼠标右键，在弹出的快捷菜单中选择“设为工作部件”命令，将端盖作为工作部件。

提示：

也可在图形窗口中双击端盖，使其成为工作部件。

4．创建单个部件间表达式

在“工具”选项卡中单击“表达式”图标＝，在打开的“表达式”对话框的“可见性”选项组的“显示”下拉列表框中选择“命名的表达式”选项，设置在列表框中仅显示用户重新命名的表达式，如图 9-5 所示。

	↑ 名称	公式	值	单位	量纲	类型	源	状态
1				mm	长度	数字		
2	hole_dia	9	9	mm	长度	数字	(简单孔(4) 直径)	
3	hole_distance	55	55	mm	长度	数字	(实例[0](4)/简单孔(4) Positi…	
4	hole_instance_number	6	6		常数	数字	(圆形阵列(5) 数量)	
5	hole_instance_angle	60	60	度	角度	数字	(圆形阵列(5) Positioning Dim…	
6	hole_instance_radius	55	55	mm	长度	数字	(圆形阵列(5) 半径)	

图 9-5 仅显示重新命名的表达式

选择名称为“hole_dia”的表达式的名称，在“操作”选项组中单击“创建/编辑部件间表达式”图标，在“已加载的部件”选项组的列表框中选择“下壳体.part”，然后在“源表达式”列表框中选择表达式“hole_dia”，单击“确定”按钮，系统弹出如图 9-6 所示的“信息”对话框。这是因为两个部件的表达式名称相同，系统自动将部件间表达式进行重命名进行区别。

图 9-6 “信息”对话框

单击“继续”按钮返回“表达式”对话框，可看到所创建的部件间表达式的名称为“hole_dia_0”，并显示为蓝色，如图 9-7 所示。同时，可看到表达式“hole_dia”的公式修改为“hole_dia_0”，也就是说，端盖的表达式“hole_dia”与下壳体的表达式“hole_dia”建立了关联。

	↑ 名称	公式	值	单位	量纲	类型	源	状态
1				mm	长度	数字		
2	hole_dia	hole_dia_0	6.7	mm	长度	数字	(简单孔(4) 直径)	
3	hole_dia_0	(部件间)	6.7	mm	长度	数字	“下壳体”::hole_dia	✔
4	hole_distance	55	55	mm	长度	数字	(实例[0](4)/简单孔(4) Posi…	
5	hole_instance_number	6	6		常数	数字	(圆形阵列(5) 数量)	
6	hole_instance_angle	60	60	度	角度	数字	(圆形阵列(5) Positioning D…	
7	hole_instance_radius	55	55	mm	长度	数字	(圆形阵列(5) 半径)	

图 9-7 创建部件间表达式“hole_dia_0”

双击表达式“hole_dia”的公式“hole_dia_0”所在的单元格，并在文本“hole_dia_0”后添加“+2.3”，单击“应用”按钮完成表达式定义。如图 9-8 所示。

📖 提示：

通过上述部件间关联表达式的建立，可以保证不论下壳体的孔的直径如何变换，端盖上与之关联的孔的直径始终要大 2.3mm。通过这种方法，可保持装配体中相互有装配关系或尺寸联系的各个部件的相关特征的快速编辑。

	↑ 名称	公式	值	单位	量纲	类型	源	状态
1				mm	长度	数字		
2	hole_dia	hole_dia_0+2.3	9	mm	长度	数字	(简单孔(4) 直径)	
3	hole_dia_0	(部件间)	6.7	mm	长度	数字	“下壳体”::hole_dia	✔
4	hole_distance	55	55	mm	长度	数字	(实例[0](4)/简单孔(4) Posi…	
5	hole_instance_number	6	6		常数	数字	(圆形阵列(5) 数量)	
6	hole_instance_angle	60	60	度	角度	数字	(圆形阵列(5) Positioning D…	
7	hole_instance_raius	55	55	mm	长度	数字	(圆形阵列(5) 半径)	

图 9-8 编辑部件间表达式

5. 创建并编辑多个部件间表达式

在“表达式”对话框中取消所有表达式的选择，在“操作”选项组中单击“创建多个部件间表达式”图标，在“已加载的部件”列表框中选择“下壳体.part”，然后按照如下步骤创建并编辑多个部件间表达式：

（1）定义命名规则

在“命名”规则“选项组”的“命名规则”下拉列表框中选择“加前缀”选项，在“前缀字符串”文本框中输入“new_”。

（2）创建部件间表达式

在“源表达式”列表框中选择表达式“hole_distance”，单击“添加到目标”图标，则在“目标表达式”列表框中显示新创建的部件间表达式。利用上述方法，选择“hole_instance_angle”“hole_instance_number”“hole_instance_radius”三个表达式创建部件间表达式，单击“确定”按钮返回“表达式”对话框，所创建的部件间表达式如图 9-9 所示。

	↑ 名称	公式	值	单位	量纲	类型	源	状态
1				mm	长度	数字		
2	hole_dia	hole_dia_0+2.3	9	mm	长度	数字	(简单孔(4) 直径)	
3	hole_dia_0	（部件间）	6.7	mm	长度	数字	"下壳体"::hole_dia	✔
4	hole_distance	55	55	mm	长度	数字	(实例[0](4)/简单孔(4) Posi···	
5	hole_instance_number	6	6		常数	数字	(圆形阵列(5) 数量)	
6	hole_instance_angle	60	60	度	角度	数字	(圆形阵列(5) Positioning D···	
7	hole_instance_radius	55	55	mm	长度	数字	(圆形阵列(5) 半径)	
8	new_hole_distance	（部件间）	55	mm	长度	数字	"下壳体"::hole_distance	✔
9	new_hole_instance_angle	（部件间）	60	度	角度	数字	"下壳体"::hole_instance_an···	✔
10	new_hole_instance_number	（部件间）	6		常数	数字	"下壳体"::hole_instance_nu···	✔
11	new_hole_instance_radius	（部件间）	55	mm	长度	数字	"下壳体"::hole_instance_ra···	✔

图 9-9 创建多个部件间表达式

（3）编辑部件间表达式

双击“hole_distance”表达式的公式“55”所在的单元格，将其修改为“new_hole_distance”。利用同样的方法，将“hole_instance_number”“hole_instance_angle”“hole_instance_radius”三个表达式进行如图 9-10 所示的修改，最后依次单击“应用”和“确定”按钮完成修改并关闭“表达式”对话框。

	↑ 名称	公式	值	单位	量纲	类型	源	状态
1				mm	长度	数字		
2	hole_dia	hole_dia_0+2.3	9	mm	长度	数字	(简单孔(4) 直径)	
3	hole_dia_0	（部件间）	6.7	mm	长度	数字	"下壳体"::hole_dia	✔
4	hole_distance	new_hole_distance	55	mm	长度	数字	(实例[0](4)/简单孔(4) Posi···	
5	hole_instance_number	new_hole_instance_number	6		常数	数字	(圆形阵列(5) 数量)	
6	hole_instance_angle	new_hole_instance_angle	60	度	角度	数字	(圆形阵列(5) Positioning D···	
7	hole_instance_radius	new_hole_instance_radius	55	mm	长度	数字	(圆形阵列(5) 半径)	
8	new_hole_distance	（部件间）	55	mm	长度	数字	"下壳体"::hole_distance	✔
9	new_hole_instance_angle	（部件间）	60	度	角度	数字	"下壳体"::hole_instance_an···	✔
10	new_hole_instance_number	（部件间）	6		常数	数字	"下壳体"::hole_instance_nu···	✔
11	new_hole_instance_radius	（部件间）	55	mm	长度	数字	"下壳体"::hole_instance_ra···	✔

图 9-10 编辑多个部件间表达式

6．利用部件间关联表达式编辑部件

在图形窗口双击下壳体，将其转为工作部件。打开“表达式”对话框，采用前述方法，仅显示命名的表达式。

图 9-11 编辑壳体装配模型

将表达式“hole_instance_number”的值修改为 4，“hole_instance_angle”的值修改为 90，单击“确定”按钮。在部件导航器中选择“装配_壳体”，单击鼠标右键，在弹出的快捷菜单中选择“设为工作部件”，编辑后的壳体装配模型如图 9-11 所示。

📖 提示：

1）在本范例中可以看到，在创建部件间关联表达式之前，应该将各个部件之间需要进行关联的表达式按照相同或类似的方式命名，以便在创建关联表达式时快速查找引用。

2）某个部件设置为工作部件后，其余部件变为浅灰色。当编辑完工作部件后，在装配导航器中双击“装配_壳体”，或选择“装配_壳体”后单击鼠标右键，在弹出的快捷菜单中选择“设为工作部件”，则整个装配模型转变为工作部件。

9.2 电子表格

9.2.1 电子表格的基本应用

电子表格是 UG NX 混合建模方法的高级表达式编辑器，为 UG NX 与 Excel 提供了一个集成接口，用于以表格驱动的方式实现关联设计。

启动 UG NX 后，选择菜单命令“菜单”→“工具”→“电子表格”，或在“工具”选项卡的“实用工具”组中单击“电子表格”图标，打开电子表格，此时电子表格中未包含模型参数。

建模电子表格可实现较多的功能，如提取和修改表达式、属性；利用目标搜索与分析方法求若干几何参数的最优解；利用部件族功能快速设计结构相同而尺寸不同的系列零件。

📖 提示：

在打开电子表格后，无法对 UG NX 进行操作，只有关闭 Excel 后方可返回 UG NX 进行操作。

9.2.2 挡圈电子表格编辑范例

本范例通过利用电子表格编辑如图 9-12 所示的挡圈介绍建模电子表格的应用，具体操作步骤如下：

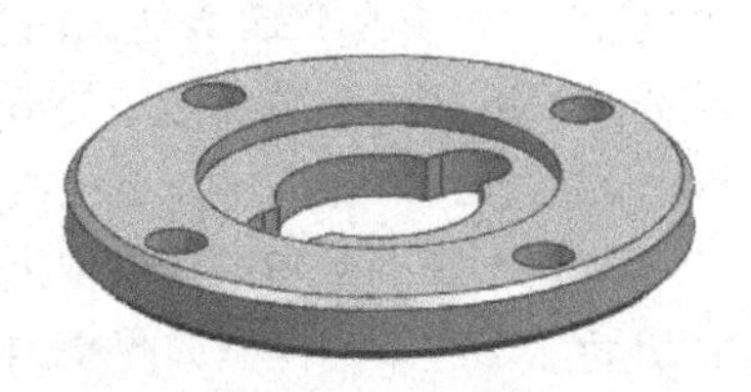

图 9-12 挡圈

1. 打开部件文件

启动 UG NX，打开网盘文件 “练习文件\第 9 章\挡圈.prt”。

2. 启动电子表格

单击“工具”选项卡→“实用工具”组→“电子表

格”图标打开 Excel，此时电子表格不包含任何内容。

3．抽取表达式

在 Excel 表格中选择 B2 单元格，如图 9-13 所示，然后在 Excel 的“加载项”选项卡中选择“抽取表达式”命令，则模型中的表达式被抽取到电子表格中，如图 9-14 所示。在 Excel 中将光标置于列的名称“B”和“C”之间的分界线，等光标变为后按住鼠标左键向右拖动，使 B 列的宽度能够容纳“Parameters”，如图 9-14 所示。双击 C2 单元格，输入字符串“Values”，如图 9-15 所示。

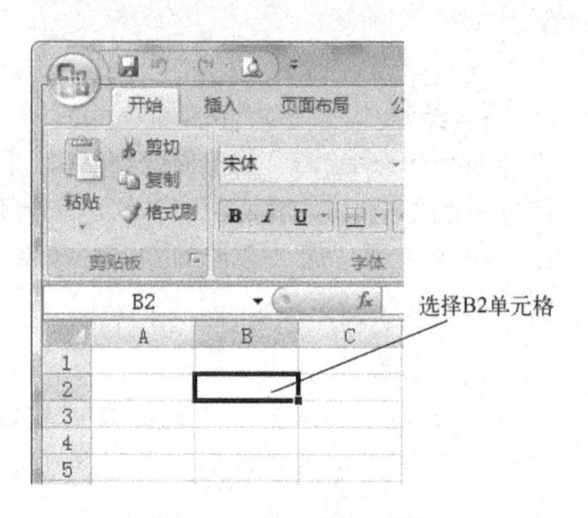

图 9-13　选择表达式位置

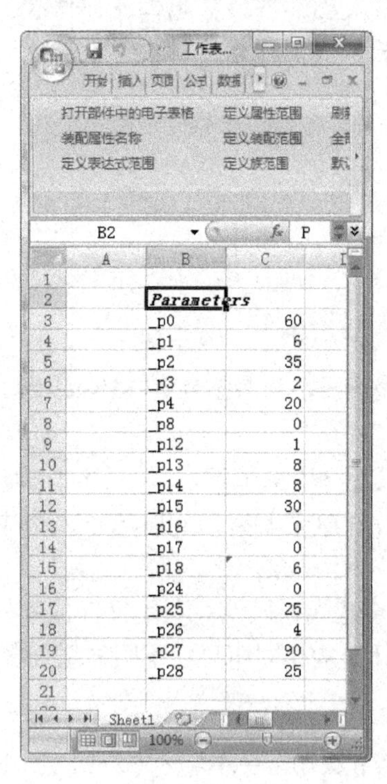

图 9-14　抽取表达式

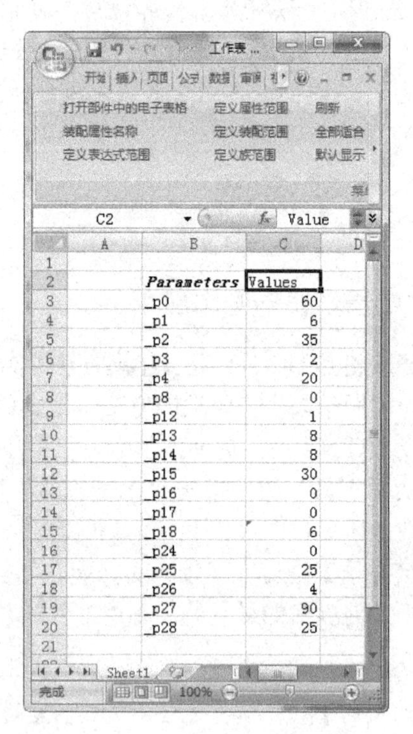

图 9-15　编辑电子表格

4．利用电子表格编辑端盖

在 Excel 表格中双击单元格 C17，修改单元格内的数值为 22，即修改 P25 表达式的参数值为 22，利用同样方法修改 P26 表达式的参数值为 6，修改 P27 表达式的值为 60。然后选择“加载项”下拉菜单中的“更新 NX 部件”命令，则 UG NX 中的模型根据电子表格中修改的参数进行更新，修改后的模型如图 9-16 所示。

图 9-16　更新部件

5．退出电子表格

在 Excel 中单击窗口右上角的“关闭”图标，在随后打开的对话框中单击“确定”按钮退出 Excel。

9.3 部件族

在 UG NX 中可以利用部件族功能建立一系列结构相同而部分参数不同的部件。部件族功能在一个部件的基础上，通过电子表格设置各个部件的参数，然后利用电子表格设置的参数快速生成一系列部件，而不必逐个建立各个部件，从而大大提高了建模效率。根据其特点，部件族功能特别适用于标准件和常用件等部件的建立。

创建部件族时需要首先创建一个模板部件，所谓模板部件只是一个普通部件，创建部件族时以该模板部件为基础，通过定义部件族中成员部件的不同参数而创建一系列的部件。

9.3.1 部件族的创建与编辑

选择菜单命令“菜单”→“工具”→“部件族”，或单击“工具”选项卡→“实用工具”组→“部件族”图标，打开如图 9-17 所示的对话框，该对话框的“可用的列”下拉列表框提供了以下几种用于创建部件族的选项：

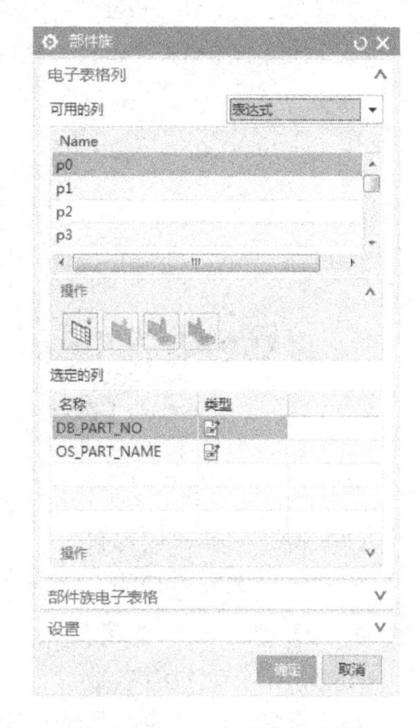

图 9-17 “部件族”对话框

1）表达式：指定表达式作为参数列，通过为部件族成员指定某些表达式的不同参数值而得到不同的形状和尺寸，需要注意的是只能利用常数表达式，变量表达式（引用了其他变量的表达式）不显示在可用参数列表中。

2）特征：指定部件的特征为参数列，在电子表格中通过设置“Yes”或“No”确定选定特征在部件族成员中是被显示还是被抑制。

3）镜像：指定镜像体作为参数列，在电子表格中通过设置“Yes”或“No”以指定利用镜像体或基体创建部件族。

4）密度：指定密度为参数列，用于为部件族中的命名实体指定密度值。

5）材料：指定部件材料为参数列，用于为部件族定义材料。

6）赋予质量：指定部件质量为参数列，用于为部件族定义质量。

7）属性：指定部件属性为参数列，用于为部件族定义部件属性。

8）分量：指定部件分量为参数列。

“部件族”对话框提供了以下几种与部件族的创建和编辑有关的操作：

1）创建：单击该按钮则打开电子表格编辑部件族参数创建部件族。

2）编辑：单击该按钮可编辑已存部件族的电子表格。

3）删除：删除已存部件族的电子表格，并删除部件族本身。

4）恢复：当由电子表格返回 UG NX 后，单击该按钮可重新打开电子表格。

5）取消：取消电子表格未保存的操作，并返回 UG NX。

9.3.2 螺栓部件族创建范例

本范例通过如图 9-18 所示的螺栓介绍部件族的创建方法，具体步骤如下：

1．打开部件文件

启动 UG NX，打开网盘文件“练习文件\第 9 章\螺栓.prt”。

2．创建部件族

单击“工具”选项卡→“实用工具”组→“部件族”图标，打开“部件族”对话框，通过以下操作创建部件族：

（1）指定表达式列

在“可用的列”下拉列表框中选择“表达式”选项，在列表框中双击“head_height”，将其添加到“选定的列”列表框。用同样的方法将如图 9-19 所示的表达式添加到“选定的列”列表框。其中“DB_PART_NO”和“OS_PART_NAME”为系统默认添加的列。其中各列的意义为：“head_height”为螺栓六方头的高度，“s_distance”为螺栓六方头的对面距，“height”为螺栓长度，“dia”为螺纹直径，“thread_lenth”为螺纹长度，“pitch”为螺距。

图 9-18 螺栓

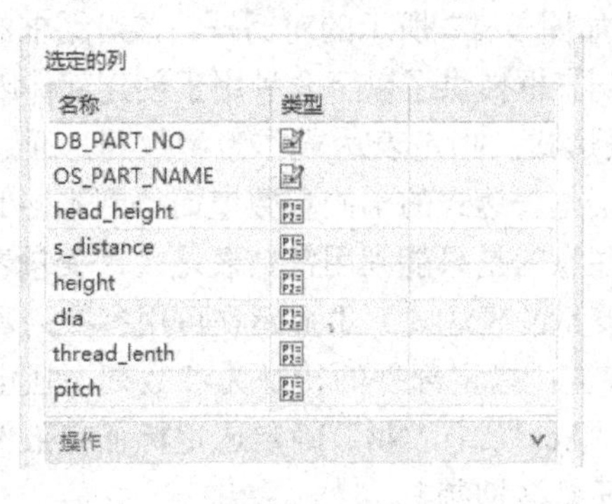

图 9-19 添加列

（2）设置部件族保存目录

展开“设置”选项组，在“族保存目录”文本框中指定已存的文件夹作为部件的保存目录，如“D:\UGNX\部件族”，也可单击“浏览”图标选择保存目录。

（3）为部件族设置参数

在“部件族电子表格”选项组中单击“创建电子表格”图标，打开如图 9-20 所示的电子表格，按照图 9-21 中所示的内容填写部件族成员的名称和参数。

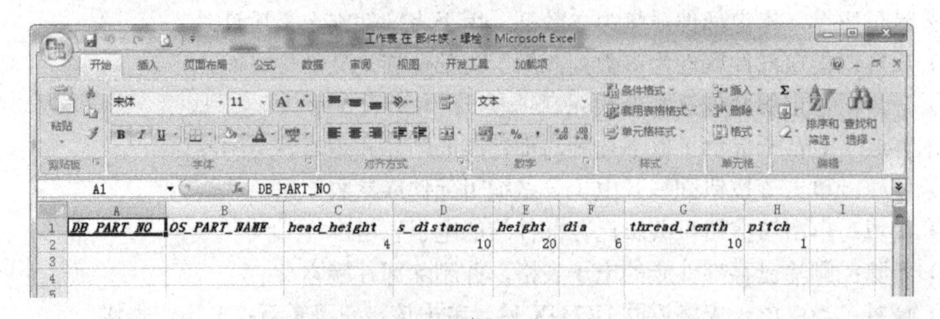

	A	B	C	D	E	F	G	H	I
1	DB_PART_NO	OS_PART_NAME	head_height	s_distance	height	dia	thread_lenth	pitch	
2			4	10	20	6	10	1	
3									
4									
5									

图 9-20 部件族电子表格

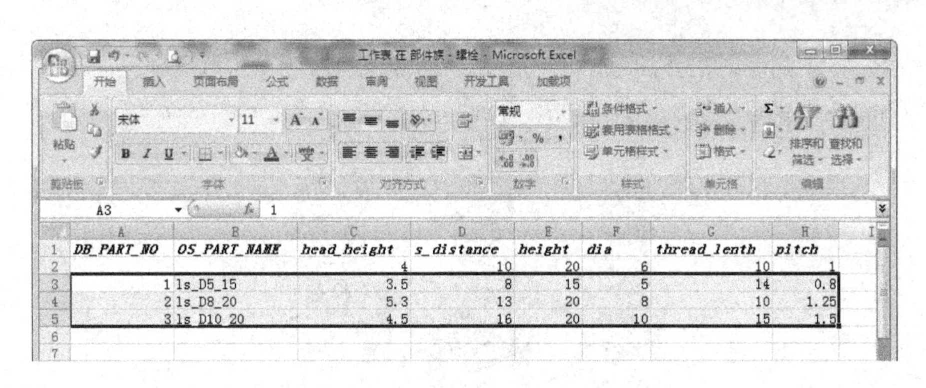

图 9-21　填写部件族成员名称和参数

（4）创建部件族

选择 3、4、5 三行表格的参数设置单元，即如图 9-21 所示的线框内的灰色部分，在“加载项”选项卡的“部件族”下拉菜单中选择“创建部件”命令，如图 9-22 所示，则 UG NX 根据设置的参数创建部件族，并在 UG NX 中弹出如图 9-23 所示的信息窗口，显示部件族的创建信息。

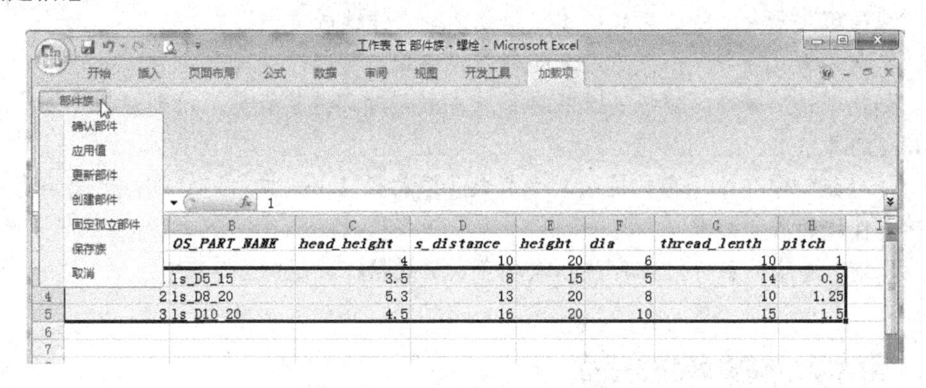

图 9-22　执行“创建部件”命令

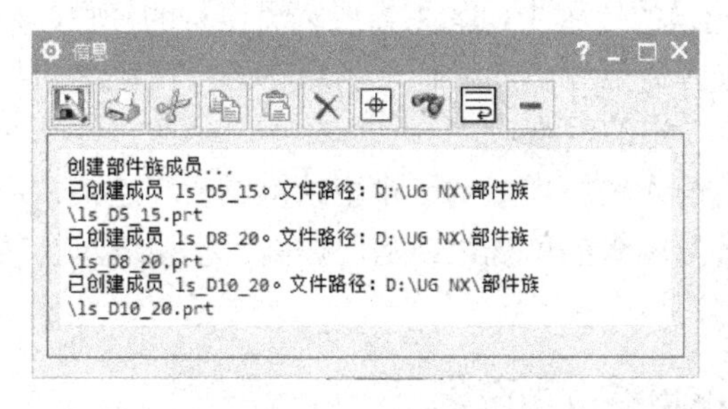

图 9-23　“信息”对话框

（5）结束部件族操作

在“部件族”对话框中单击“恢复电子表格”图标，在 Excel 窗口单击右上角的“关闭”图标退出 Excel，然后在“部件族”对话框单击“确定”按钮关闭对话框。

3．检查部件族

依次在指定的部件族的保存目录下打开三个螺栓，可看到根据设置的参数，所创建的三个螺栓如图 9-24 所示。需要注意的是，所建立的部件族被建立为只读部件，修改成员部件必须修改部件族的模板部件或部件族的电子表格。

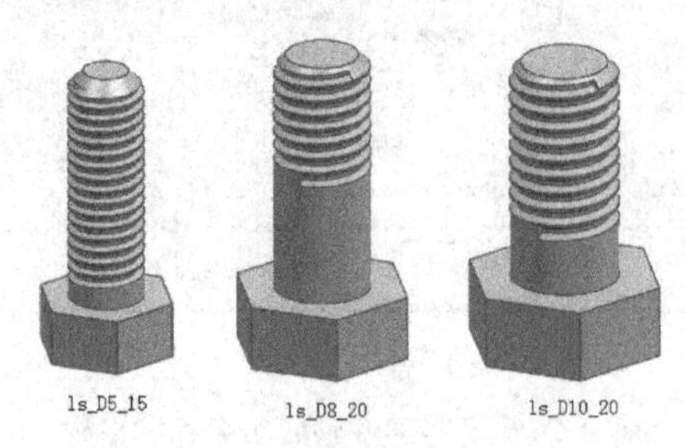

图 9-24 创建的螺栓的部件族

📖 **提示:**

Excel 的“加载项”选项卡的“部件族”下拉菜单中常用菜单项的功能说明如下:

1)“确认部件”命令: 根据定义的参数值检查部件族成员是否可以成功建立，执行该命令后返回 UG NX。

2)“应用值”命令: 将所定义的参数值施加到部件族成员中。

3)“更新部件”命令: 根据所定义的部件族参数更新部件族成员。

4)“创建部件”命令: 根据所选的部件族参数创建部件族成员，所创建的部件族成员被保存在指定的目录中。

5)“保存族”命令: 保存部件族的参数电子表格设置并返回 UG NX，需要注意该命令并不创建部件族的成员部件。

6)“取消”命令: 放弃对部件族参数电子表格的操作并返回 UG NX。

9.4 可视参数编辑器

在 UG NX 中进行建模的过程中，如果需要编辑已有的模型，可通过“表达式”对话框修改表达式的值，或者选择需要编辑的特征后利用右键快捷菜单的相关命令进行编辑，但某些情况下上述编辑方法有一定的困难。

可视参数编辑器利用静态的图像显示了模型结构以及表达式，用户可参考图片选择需要编辑的表达式，实现了参数编辑的可视化，从而提高了模型编辑的效率和准确性，充分体现了 UG NX 参数化建模的优势。

9.4.1 底座可视参数编辑器应用范例

本范例通过如图 9-25 所示的底座介绍将草图及尺寸添加到可视化编辑器的方法，具体操作步骤如下:

图 9-25 底座

1. 打开部件文件

启动 UG NX，打开网盘文件“练习文件\第 9 章\底座.prt”。

2．隐藏底座实体

用鼠标在图形窗口中选择底座，单击鼠标右键，在弹出的快捷菜单中选择“隐藏”命令将底座隐藏，只显示拉伸生成底座的草图曲线，如图 9-26 所示。

3．显示草图尺寸

选择上述草图曲线，单击鼠标右键，在弹出的快捷菜单中选择“显示尺寸”命令，设置视图方向为正等测视图，得到的草图如图 9-27 所示。

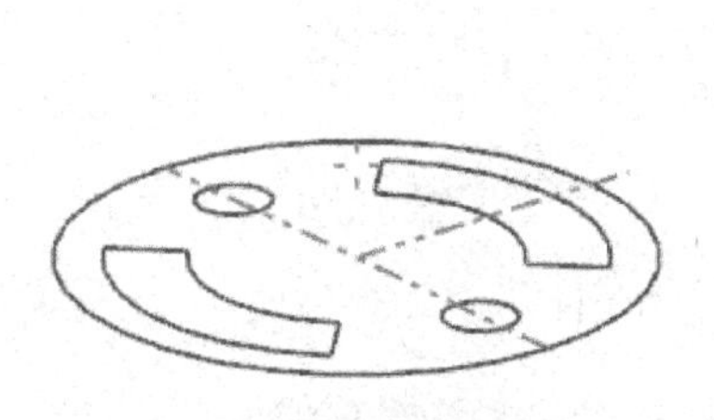

图 9-26　隐藏底座实体

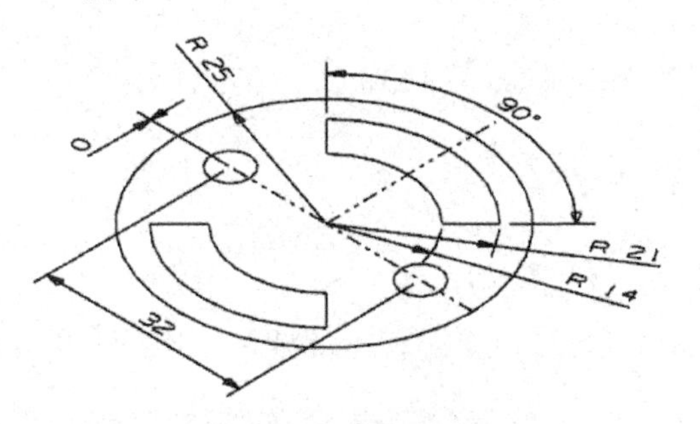

图 9-27　显示草图尺寸

4．将草图曲线添加到可视参数编辑器

在图形窗口中单击鼠标右键，在弹出的快捷菜单中选择“适合窗口”命令，使草图曲线在图形窗口中最大化显示。选择菜单命令“菜单”→“工具”→“可视参数编辑器”，打开“可视参数编辑器”对话框，单击“导入图像”按钮，则草图曲线被添加到对话框中，如图 9-28 所示。

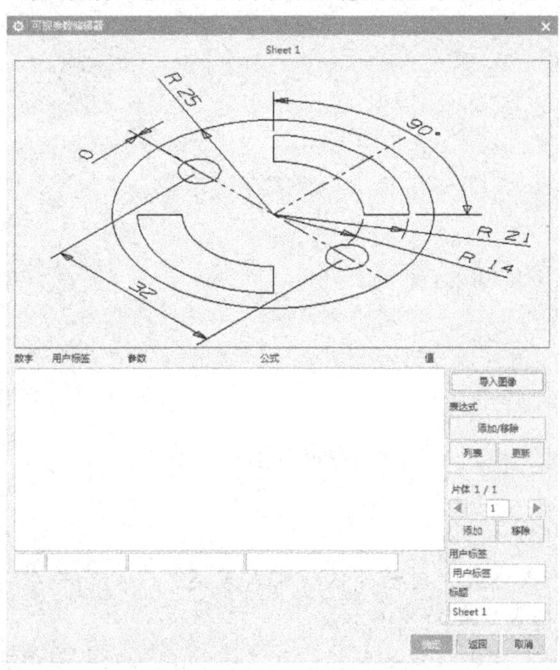

图 9-28　导入图像

5．添加表达式

单击“导入图像”下方的“添加/移除”按钮，打开如图 9-29 所示的“添加/移除表达式”对话框，在左侧的“部件表达式”列表框中选择表达式“p9=14”，按住键盘的<Shift>键并选择表达式“p16=8”，则所有表达式全部被选中，单击“添加”按钮将表达式添加到右侧的“图表表达式”列表框中，单击“确定”按钮关闭对话框，可以看到全部表达式被添加到“可视参数编辑器”对话框的列表框中，如图 9-30 所示。

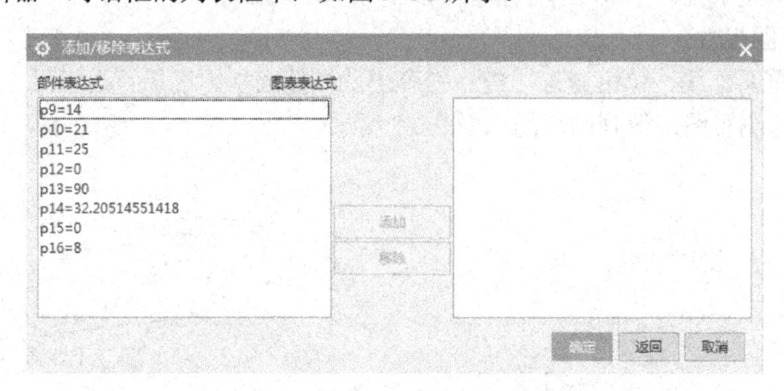

图 9-29 “添加/移除表达式”对话框

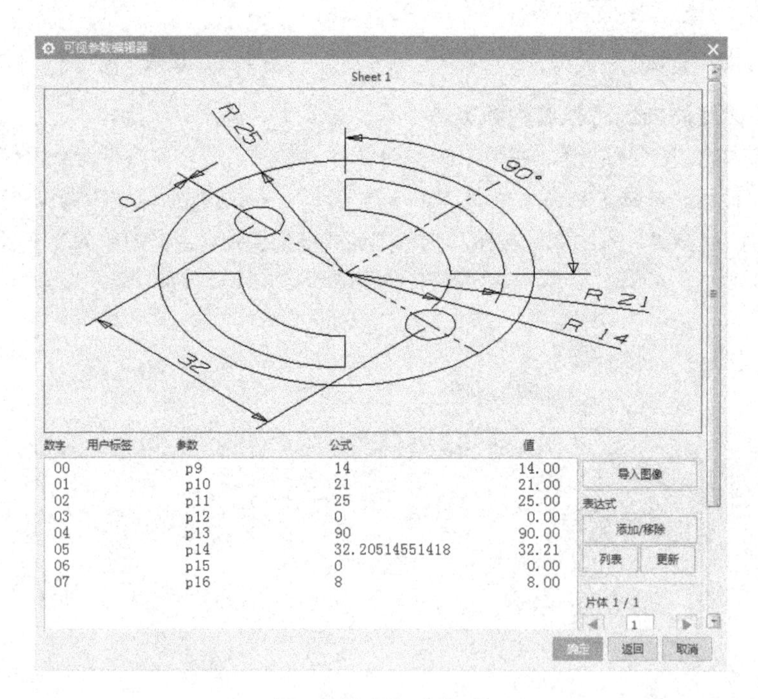

图 9-30 添加表达式

📖 提示：

（1）在“添加/移除表达式”对话框的“部件表达式”列表框中双击某个表达式，可直接将其添加到“图表表达式”的列表框中。

（2）在“添加/移除表达式”对话框的“图表表达式”列表框中选择某个表达式后单击“移除”按钮，或双击某个表达式，可将其从“图表表达式”列表框中删除。

（3）在“可视参数编辑器”对话框的“用户标签”和“标题”文本框中可根据需要设置表达式标签和图片标题。

（4）单击“用户标签”上方的“添加”按钮可添加新的表单，单击“用户标签”上方的

“移除”按钮可删除当前显示的表单。

6. 重新显示底座实体

在部件导航器选择“拉伸（4）”，单击鼠标右键，在弹出的快捷菜单中选择“显示”命令，显示底座实体模型。在部件导航器中选择“草图（3）”，单击鼠标右键，在弹出的快捷菜单中选择“隐藏”命令，将草图隐藏。

7. 利用可视参数编辑器编辑模型

执行“可视编辑器”命令，在打开的对话框的列表框中选择p9 表达式，然后在列表框下方的文本框中将表达式的值 14 改为18，单击“确定”按钮，在随后打开的对话框中单击“是”按钮，则底座根据修改的参数值进行更新，得到的模型如图 9-31 所示。

图 9-31 编辑后的底座

9.4.2 衬套可视参数编辑器应用范例

本范例通过如图 9-32 所示的衬套介绍将包含尺寸标注的图样添加到可视参数编辑器中的方法，具体操作步骤如下：

1. 设置环境参数

系统默认情况下，在制图应用环境中不能编辑表达式，如果需要在制图环境中对表达式进行编辑，则必须进行必要的环境设置。

选择菜单命令“文件”→“实用工具”→“用户默认设置”，在打开的对话框的左侧列表框中展开“制图”项，并在其下方选择“常规/设置”项，在右侧打开“杂项”选项卡，然后选择“允许表达式”复选框，最后单击“确定”按钮，在随后打开的对话框中单击“确定”按钮将其关闭，随后重新启动 UG NX。

2. 打开部件文件

打开网盘文件“练习文件\第 9 章\衬套.prt”，然后在“应用模块”选项卡的“设计”组中单击“制图”图标，进入制图应用模块，已经建立的衬套的视图及标注的尺寸如图 9-33 所示。

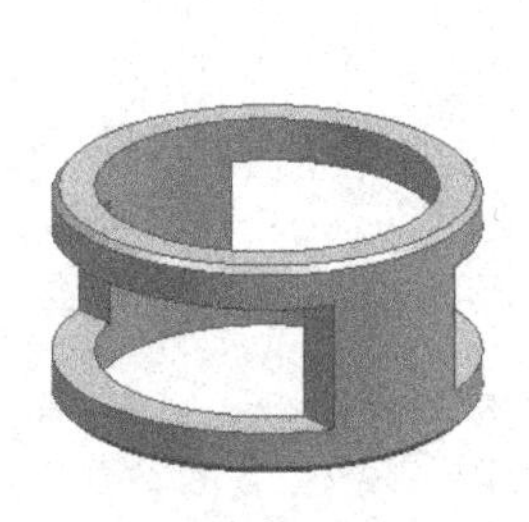

图 9-32 衬套

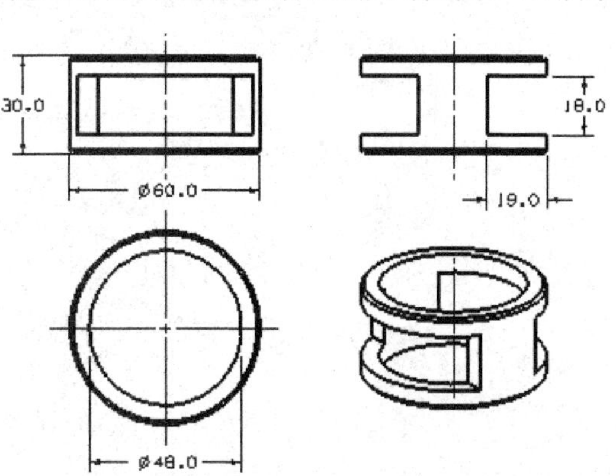

图 9-33 衬套的视图及尺寸标注

3. 编辑尺寸标注

图 9-33 所示的尺寸不包含表达式名，为提高在可视参数编辑器中编辑参数的直观性，可在尺寸前添加表达式名称，并使名称与“表达式”对话框中相应的参数表达式对应。

在主视图中选择高度尺寸 30，单击鼠标右键，在弹出的快捷菜单中选择“编辑”命令，在打开的“线性尺寸”对话框中单击“设置”图标，在打开的对话框的左侧列表框中选择“前缀/后缀”选项，在右侧选项组的“真实长度位置”下拉列表框中选择 之前 选项，然后在“文本”文本框输入字符串“Height=”，单击“关闭”按钮关闭对话框，则高度尺寸变为“Height=30”。

此时尺寸位置不合适。选择该尺寸，按住鼠标左键向左拖动该尺寸到合适的位置后松开左键，得到的尺寸如图 9-34 所示。利用上述同样的方法，将视图中的尺寸按照图 9-34 所示进行编辑。

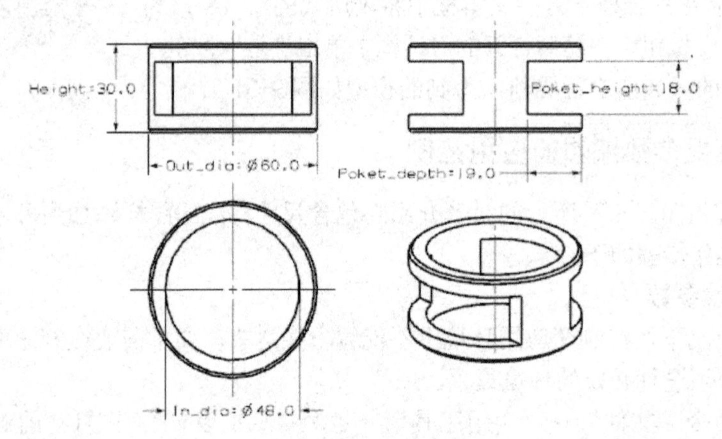

图 9-34 编辑尺寸

4. 将视图添加到可视参数编辑器中

选择菜单命令“菜单”→“工具”→“可视编辑器”，在打开的“可视参数编辑器”对话框中单击“导入图像”按钮，将视图添加到可视参数编辑器中，如图 9-35 所示。

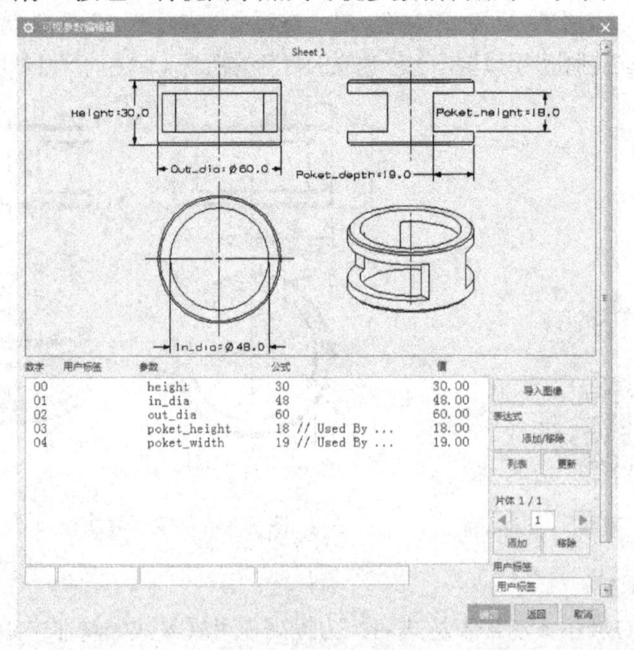

图 9-35 导入图像

5．添加表达式

在“可视参数编辑器”对话框中单击“添加/移除”按钮，利用 9.4.1 节第 5 步的方法，将图 9-35 中显示的 5 个表达式添加到可视参数编辑器中，单击“确定”按钮关闭对话框。

6．编辑衬套尺寸

切换到建模应用模块，执行“可视编辑器”命令，打开可视参数编辑器，将“Out_dia”的参数值改为 65，将“Height”的参数值改为 45，单击“确定”按钮，在随后打开的对话框中单击“是”按钮，进入建模应用模块，可观察到更新后的衬套如图 9-36 所示。

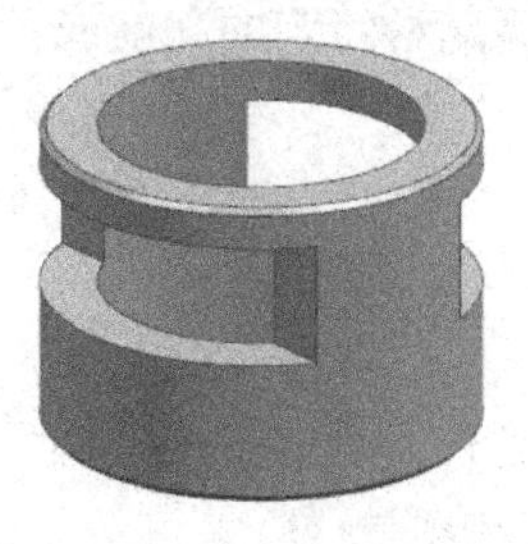

图 9-36　编辑后的衬套

第 10 章　高级装配建模技术

第 8 章介绍了装配建模的基本概念和操作，对于比较复杂的装配，往往需要用到一些高级装配技术完成装配建模，或者实现某种特定的功能或目的。本章介绍常用的高级装配建模技术。

10.1　组件操作

在装配模型时，可对装配中的组件进行必要的操作，如替换组件、编辑组件的位置等。利用这些功能，可有效地编辑当前的装配模型。

10.1.1　替换组件——安装座组件替换范例

替换组件操作就是在装配模型中删除一个已存在的组件，再添加另外一个组件，新添加的组件与被删除的组件的位置完全一致。利用替换组件操作可方便地修改一个已有装配模型的结构，快速创建一个具有局部不同结构的新的装配模型。本节通过如图 10-1 所示的安装座介绍组件替换的操作方法。

安装座法兰组件替换的操作步骤如下：

1．打开部件文件

启动 UG NX，打开网盘文件“练习文件\第 10 章\安装座\装配_安装座.prt”，并启用装配应用模块。

2．替换法兰组件

选择菜单命令“菜单”→“装配”→“组件”→“替换组件”，或单击“主页”选项卡→“装配”组→组件下拉菜单→“替换组件”图标，打开“替换组件”对话框，单击“未加载的部件”列表框下方的“打开”图标，在随后打开的“部件名”对话框中选择矩形法兰的部件文件“练习文件\第 10 章\安装座\法兰_矩形.prt”，单击“OK”按钮关闭“部件名”对话框，返回“替换组件”对话框，在图形窗口中选择如图 10-1 所示的法兰，最后单击“确定”按钮关闭“替换组件”对话框，完成组件替换，得到新的安装座的装配模型，如图 10-2 所示。

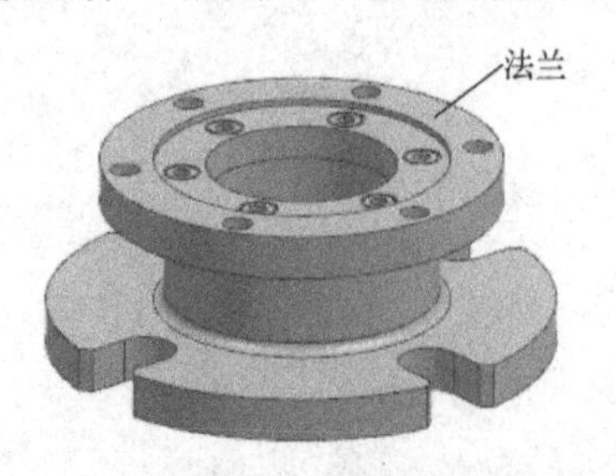

图 10-1　安装座

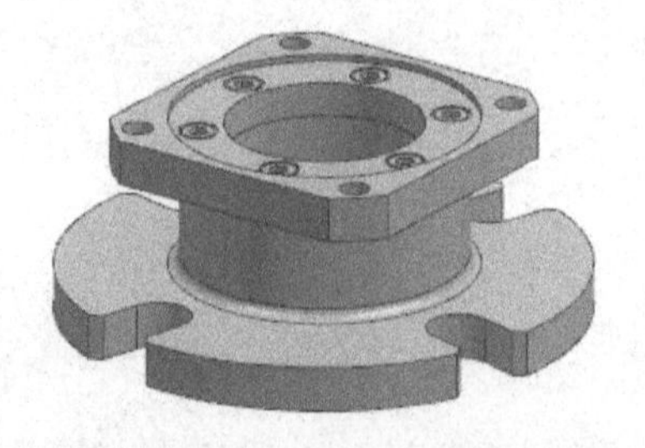

图 10-2　替换法兰组件

📖 提示：

1）在替换组件时，可首先选择需要替换的组件，然后单击鼠标右键，在弹出的快捷菜单中选择“替换组件”命令，选择组件进行替换。

2）替换组件操作用于快速完成与原有装配模型具有局部不同结构的新装配模型，替换组件应该是需要被替换的原组件被修改和编辑后的部件，而不是另外创建的全新部件，否则不能正确地在原组件的位置替换为新组件。

10.1.2 移动组件——平口钳组件重定位范例

在一个装配模型中，如果需要改变某个组件的位置，可通过以下方式执行“移动组件”命令，利用“移动组件”对话框对组件进行移动：

1）选择菜单命令“菜单”→“装配”→“组件位置”→“移动组件”。

2）单击“主页”选项卡→“装配”组→“移动组件”图标。

3）单击“装配”选项卡→“组件位置”组→“移动组件”图标。

4）选择需要移动的组件，单击鼠标右键，在弹出的快捷菜单中选择“移动”命令。

通过上述方式执行命令后，在如图 10-3 所示的“移动组件”对话框的“运动”下拉列表框中通常可以选择以下方式移动组件：

（1）动态：允许通过拖动、图形窗口中的输入框或“点”对话框来重定位组件。

（2）距离：将选定组件沿拖动柄坐标轴方向平移指定的距离。

（3）角度：将选定的组件绕指定的轴线旋转一定角度。

（4）点到点：将选定组件移动到指定点。

（5）根据三点旋转：根据指定的三点将组件进行旋转。

（6）CSYS 到 CSYS：将选定组件从当前位置和坐标系移动到指定的位置和坐标系。

（7）根据约束：允许通过创建移动组件的约束来移动组件。

（8）增量 XYZ：沿指定的矢量移动组件。

（9）投影距离：根据指定的投影距离移动组件。

图 10-3 “移动组件”对话框

📖 提示：

（1）只能在组件没有配对约束的方向进行重定位操作，其他方向不能重新定位该组件。

（2）在移动组件过程中该组件可能和其他组件发生碰撞，可在“设置”选项组的“碰撞动作”下拉列表框中进行碰撞设置：若选择“无”则不检查对象的碰撞；若选择“高亮显示碰撞”则发生碰撞时高亮显示碰撞对象；若选择“在碰撞前停止”则在发生碰撞前停止移动，此时单击“接受碰撞”按钮则继续移动，越过发生碰撞的位置。

本范例通过虎钳组件的重新定位介绍通过移动重定位组件的操作过程，具体步骤如下：

1. 打开网盘文件

启动 UG NX，打开网盘文件“练习文件\第 10 章\平口钳\装配_平口钳.prt”，并启用装配应用模块。

2. 旋转螺母

用鼠标在图形窗口选择平口钳左端的螺母，单击鼠标右键，在弹出的快捷菜单中选择“移动”命令，打开“移动组件”对话框，通过以下操作将螺母旋转：

（1）选择组件移动方式

在“变换”选项组的“运动”下拉列表框中选择“角度”选项。

（2）指定旋转轴矢量

在“变换”选项组中单击“指定矢量”最右侧的箭头，从打开的选项中选择 YC；然后单击“指定轴点”最右侧的箭头，从打开的选项中选择，在上边框条仅激活（圆弧中心）捕捉方式，捕捉如图 10-4 所示的垫片端面圆心，即设置旋转轴沿 YC 轴方向且通过垫片圆心。

（3）设置旋转角度

在“角度”文本框中输入 30 后按键盘的<Enter>键，单击“确定”按钮关闭对话框并旋转螺母，如图 10-5 所示。

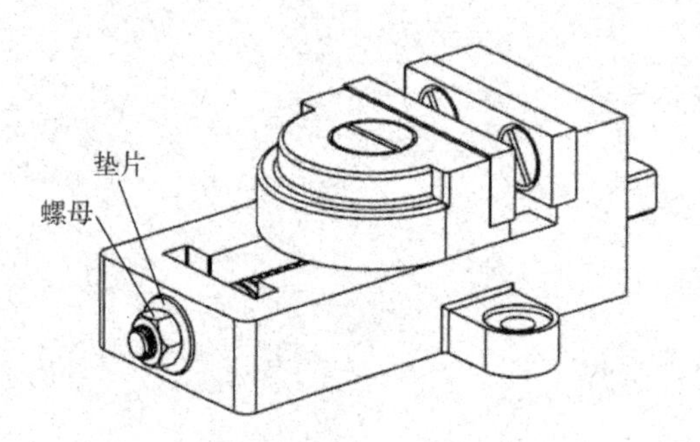

图 10-4 选择螺母和旋转轴线原点

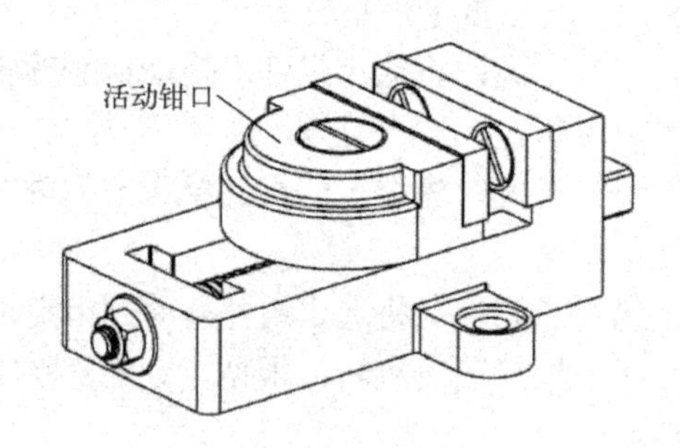

图 10-5 旋转螺母

3. 移动活动钳口

（1）取消活动钳口的配对约束

在装配导航器中展开“约束”节点，单击约束“距离（活动钳口，护口板）”前的对勾将其取消，如图 10-6 所示，将该装配约束取消。

（2）移动活动钳口

用鼠标在图形窗口选择如图 10-5 所示的活动钳口，单击鼠标右键，在弹出的快捷菜单中选择“移动”命令，在打开的“移动组件”对话框“变换”选项组的“运动”下拉列表框中选择“增量 XYZ”选项，在“YC”文本框中输入-25 后按键盘的<Enter>键，单击“确定”按钮关闭对话框，将活动钳口沿 YC 轴的负方向移动 25mm，得到的模型如图 10-7 所示。

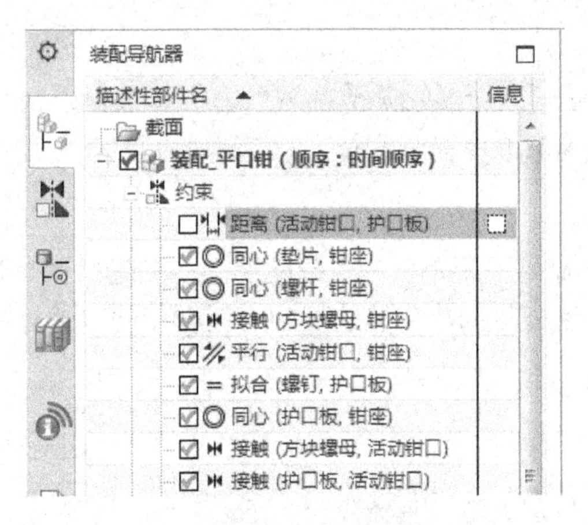

图 10-6　取消活动钳口的距离约束

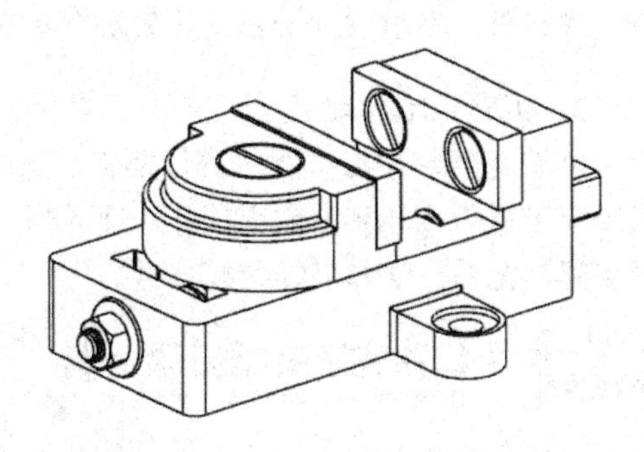

图 10-7　移动活动钳口

提示：

由于活动钳口是与它装配的护口板、螺钉、盘头螺钉、方块螺母的父组件配套的，因此活动钳口重新定位后其子组件也随之平移。

10.2　克隆装配

克隆装配为修改装配模型中所引用的组件提供了柔性的自顶向下的方法，基于某个装配创建克隆装配后，可在克隆装配中替换或修改某些组件，也可全局性地修改组件的参数。克隆装配能够维持组件之间的配对条件等各种关系。

10.2.1　克隆装配的创建与编辑

1．创建克隆装配

选择菜单命令“菜单”→“装配”→“克隆”→“创建克隆装配”，打开如图 10-8 所示的“克隆装配”对话框，该对话框包含四个选项卡，每个选项卡的功能说明如下：

（1）“主要”选项卡：用于为克隆装配选择“种子”装配，可选择多个装配进行克隆，并可完成在克隆装配中替换组件的操作。

（2）“加载选项”选项卡：用于指定系统搜索装入文件的方法。若系统根据设定的搜索方法无法找到需要的文件，将会给出相应的提示。

（3）“命名”选项卡：用于为克隆组件指定命名方式。

（4）“日志文件”选项卡：用于管理日志文件的生成和装载。

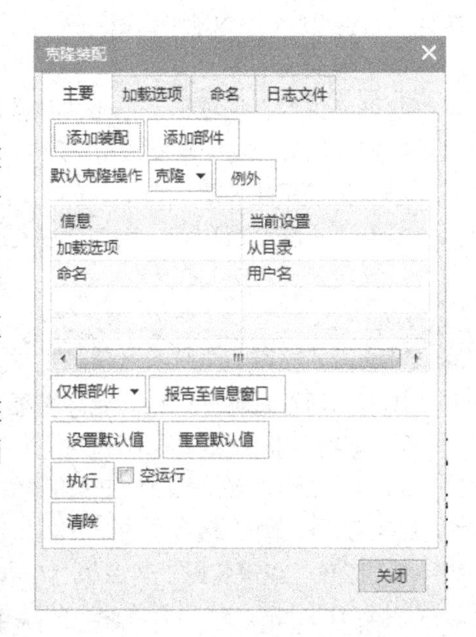

图 10-8　“克隆装配”对话框

📖 提示：

选择菜单命令“菜单”→“文件”→“选项”→“装配加载选项”打开“装配加载选项”对话框，利用该对话框设置的加载选项在克隆装配中同样有效。

2．编辑克隆装配

创建克隆装配后可随时进行编辑。选择菜单命令“菜单”→“装配”→“克隆”→“编辑现有装配”，打开“编辑装配”对话框，该对话框与创建克隆装配的对话框相同，并且编辑克隆装配的方法与克隆装配一致。

10.2.2 平口钳克隆装配创建范例

本范例通过克隆平口钳装配介绍克隆装配的创建方法。具体步骤如下：

1．打开“克隆装配”对话框

首先在硬盘上建立一个放置装配克隆的目录，例如“D:\UG NX\平口钳克隆”。启动 UG NX，然后选择菜单命令“菜单”→“装配”→“克隆”→“创建克隆装配”，打开“克隆装配”对话框。

2．选择输入装配

在“克隆装配”对话框的“主要”选项卡中单击“添加装配”按钮，从打开的对话框中选择网盘文件“练习文件\第 10 章\平口钳\装配_平口钳.prt”。

3．创建装配克隆

（1）指定命名规则

打开“命名”选项卡，单击“定义命名规则”按钮，在打开的“命名规则”对话框中选择“加前缀”单选按钮，在“添加/替换/重命名字符串”文本框中输入“克隆_”，单击“确定”按钮关闭“命名规则”对话框，然后在“命名”选项卡的“默认输出目录”列表框中选择新建的目录“D:\UG NX\平口钳克隆”。

（2）检查命名冲突

打开“主要”选项卡，单击“设置默认值”按钮，如果没有命名冲突，将会在提示栏中显示“默认设置应用成功完成”，否则会提示命名冲突，需要更改命名规则。

（3）生成克隆装配

打开“主要”选项卡，单击“执行”按钮，系统弹出“信息”显示装配克隆日志文件的内容，并在目录“D:\UG NX\平口钳克隆”中添加克隆生成的装配和组件。

10.2.3 平口钳克隆装配编辑范例

本范例通过编辑平口钳的克隆装配介绍克隆装配的编辑方法，具体步骤如下：

1．复制网盘文件

将网盘文件“练习文件\第 10 章\平口钳\活动钳口_替换.prt”复制到上节创建的目录“D:\UG NX\平口钳克隆”。

2．打开“编辑装配”对话框

启动 UG NX，选择菜单命令“菜单”→“装配”→“克隆”→“编辑现有装配”，打开“编辑装配”对话框，可发现该对话框与“克隆装配”对话框相同。

3. 打开已有的克隆装配

在“编辑装配”对话框的“主要”选项卡中单击“添加装配”按钮，从打开的对话框中打开上节创建的克隆装配“D:\UG NX\平口钳克隆\克隆_装配_平口钳.prt”。

4. 在装配克隆中替换活动钳口

在“主要”选项卡中单击“例外”按钮，在打开的“操作异常”对话框（见图 10-9）的“新建操作”下拉列表框中选择“替换”选项，在列表框选择“克隆_活动钳口（默认）”后单击“应用”按钮，在打开的对话框中选择文件“D:\UG NX\平口钳克隆\活动钳口_替换.prt”后单击“OK”按钮，然后单击“取消”按钮关闭“操作异常”对话框，单击“主要”选项卡的“执行”按钮完成操作，系统打开“信息”对话框显示克隆装配的编辑信息，最后单击“关闭”按钮关闭“编辑装配”对话框。

关闭所有文件后，重新打开克隆装配文件“D:\UG NX\平口钳克隆\克隆_装配_平口钳.prt”，替换操作后的平口钳如图 10-10 所示，原来的活动钳口被新活动钳口替换。

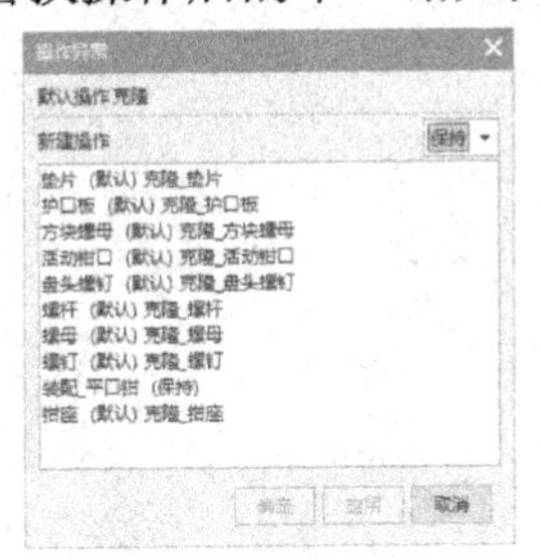

图 10-9 “操作异常”对话框

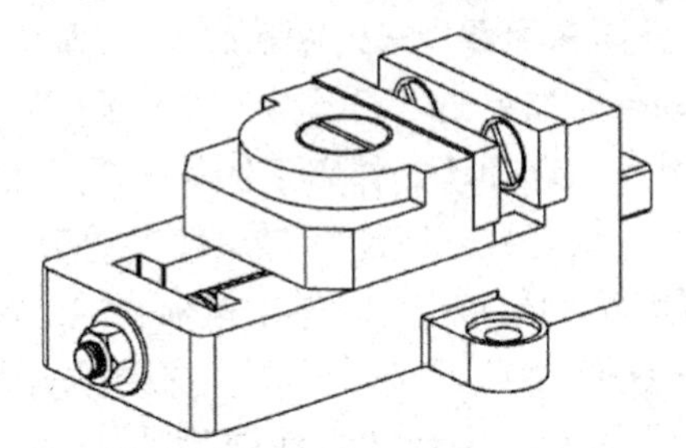

图 10-10 编辑平口钳克隆装配

10.3 装配顺序

UG NX 提供的装配顺序功能使用户能够控制一个装配模型的装配和拆卸次序，并可以创建动画模拟组件的拆卸和安装过程。选择菜单命令“菜单”→“装配”→“序列”，或单击“装配”选项卡→“常规”组→“序列”图标，可进入装配序列任务环境。

10.3.1 球阀装配顺序创建范例

安装顺序可用于表达各个组件的装配过程。本节通过如图 10-11 所示的球阀介绍安装顺序的创建过程，具体操作步骤如下：

1. 打开部件文件

启动 UG NX，打开网盘文件“练习文件\第 10 章\球阀\装配_球阀.prt”，启动装配应用模块。

2. 创建新序列

单击“装配”选项卡→“常规”组→“序列”图标，进入装配顺序任务环境。在“主页”选项卡的“装配序列”组中单击“新建”图标，此时该图标右侧的文本框显示新序列名称“序列_1”，在资源条中单击“序列导航器”图标可打开序列导航器，如图 10-12 所示。序列导航器显示了所有的装配序列以及每个装配序列的拆装次序、动画等信息。利用序列导航器可完成创建装配顺序的大部分工作。

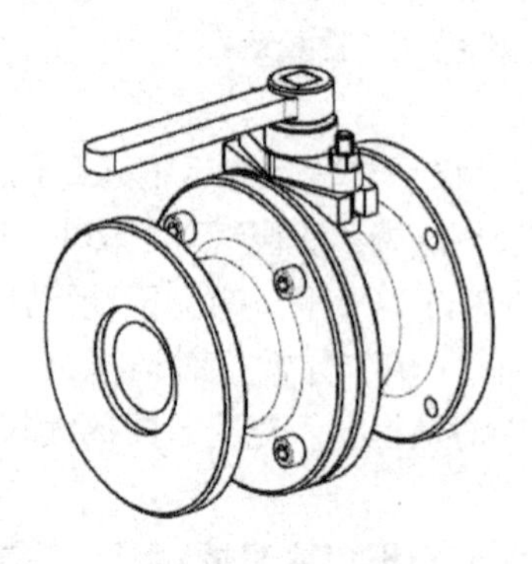

图 10-11 球阀

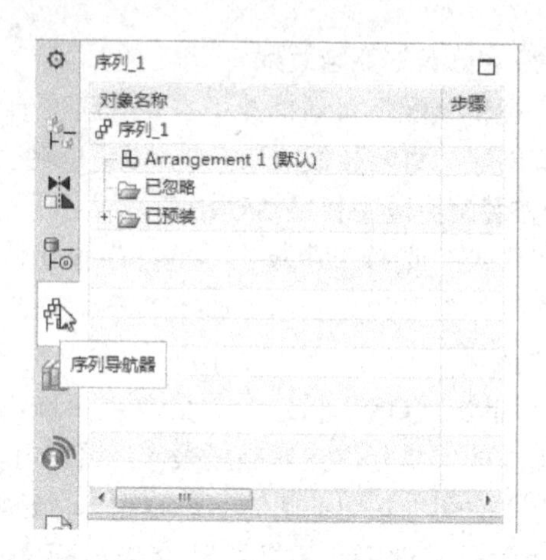

图 10-12 序列导航器

3. 设置所有组件为未处理状态

在序列导航器单击“已预装”文件夹左侧的⊞符号展开该节点，选择该文件夹下的第一项，然后按住键盘的<Shift>键，并同时选择该文件夹的最后一项，则该节点内所有组件被选中，单击鼠标右键，在弹出的快捷菜单中选择“移除”命令，则在序列导航器中增加“未处理的”节点，所选的组件被移动到该节点，如图 10-13 所示，并且图形窗口中所有组件消失。

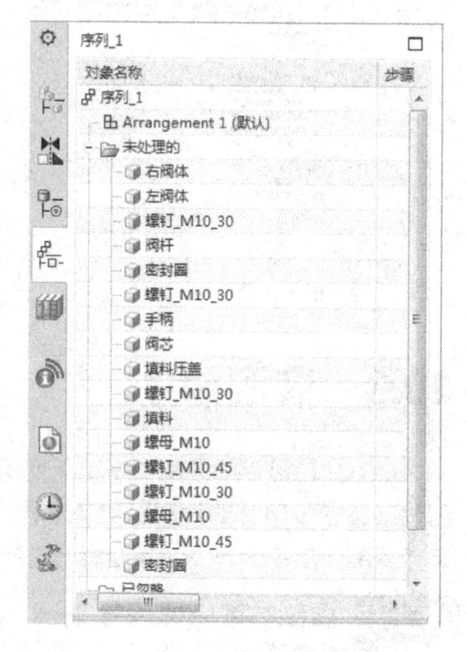

图 10-13 设置所有组件为未处理状态

4. 创建装配顺序

在序列导航器的“未处理的”文件夹中选择组件“阀芯”，单击鼠标右键，在弹出的快捷菜单中选择“装配”命令，或选择该组件后单击“主页”选项卡→“序列步骤”组→“装配”图标，在序列导航器中可看到该组件被添加到“已预装”节点中，并显示了该装配步的信息，其中符号表示该步已经完成回放（此时阀芯显示在图形窗口中），符号表示该步为一个安装步，该组件右侧的 10 为该步的时间，默认为 10 个单位。

5. 添加成组安装步

在序列导航器的“未处理的”文件夹中同时选择两个“密封圈”组件，单击鼠标右键，在弹出的快捷菜单中选择“一起装配”命令，或单击“主页”选项卡→“序列步骤”组→“一起装配”图标，则所选的两个密封圈作为一个组同时装配在球阀的装配模型中。在序列导航器的“已预装”文件夹中增加“序列组 1”安装步。此时图形窗口的模型如图 10-14 所示。

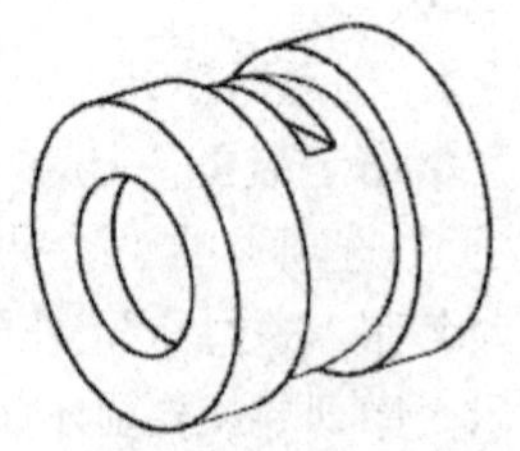

图 10-14 安装密封圈

6. 安装其他组件

首先采用第 4 步所述的方法，依次安装“左阀体”“右阀体”

“阀杆”“填料”“填料压盖”“手柄”。

然后利用第 5 步所述的方法，依次将 4 个“螺钉_M10_30”、2 个“螺钉_M10_45”和 2 个“螺母_M10”作为序列组进行安装，完成球阀的安装序列，打开序列导航器可观察到如图 10-15 所示的内容。

7．装配顺序回放

建立装配顺序后可通过“主页”选项卡“回放”组的相关命令进行回放，“回放”组各图标的说明如下：

（1）⏮（倒回到开始）：返回第一步。

（2）⏴（前一帧）：返回上一步。

（3）◀（向后播放）：反向播放装配顺序。

（4）▶（向前播放）：向前播放装配顺序。单击该按钮可观察上述创建的球阀的安装顺序。

（5）⏵（下一帧）：向前播放一步。

（6）⏭（快进到结尾）：直接转到装配顺序的最后一步。

（7）“回放速度”下拉列表框：用于设置回放速度，取值范围为 1～10，10 为最快。

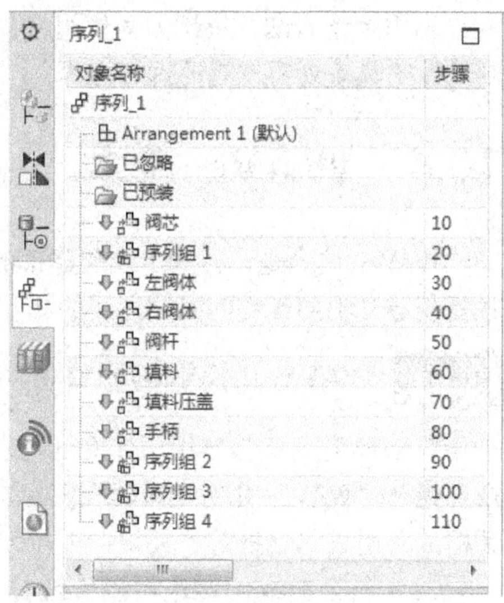

图 10-15　完成安装序列后的序列导航器

8．退出装配顺序任务环境

在“主页”选项卡的“装配序列”组中单击“完成”图标，退出装配顺序任务环境。

10.3.2 球阀拆卸顺序创建范例

拆卸顺序用于模拟设备的拆卸过程。建立拆卸顺序与建立安装顺序的过程和方法类似，本范例通过球阀拆卸顺序的建立介绍创建拆卸顺序的过程，具体步骤如下：

1．打开部件文件

启动 UG NX，打开网盘文件“练习文件\第 10 章\球阀\装配_球阀.prt”，启用装配应用模块。

2．创建新序列

单击“装配”选项卡→“常规”组→“序列”图标，进入装配顺序任务环境，然后在“主页”选项卡的“装配序列”组中单击“新建”图标创建新序列。

3．添加成组拆卸步

在序列导航器中打开“已预装”节点，按住键盘的<Ctrl>键，依次选择 4 个“螺钉_M10_30”，单击鼠标右键，在弹出的快捷菜单中选择“一起拆卸”命令，或选择 4 个螺钉后单击“主页”选项卡→“序列步骤”组→“一起拆卸”图标，则所选的 4 个螺钉作为一个组同时从球阀的装配模型中拆除。此时在序列导航器的“已预装”文件夹中增加了“序列组 1”拆卸步。

利用上述同样的方法，分别为 2 个“螺母_M10”和 2 个“螺钉_M10_45”创建成组拆卸步。

4. 为其他组件创建拆卸步

在序列导航器的“已预装”节点选择“手柄”，单击鼠标右键，在弹出的快捷菜单中选择“拆卸”命令，或单击“主页”选项卡→“序列步骤”组→“拆卸”图标，为手柄创建拆卸步。

利用上述方法，依次为其他组件创建拆卸步，完成球阀拆卸顺序的创建。可利用“序列回放”工具条观察球阀的拆卸过程。

10.4 WAVE 技术

WAVE 技术是一种基于装配建模的相关性参数化建模技术，通过部件之间几何对象的关联复制建立不同部件的参数之间的相互关系，其功能与部件间关联表达式类似。

10.4.1 WAVE 几何链接器

WAVE 几何链接器用于建立部件之间几何对象的关联复制。单击“装配”选项卡→“常规”组→“WAVE 几何链接器”图标，打开如图 10-16 所示的“WAVE 几何链接器”对话框，利用该对话框的“类型”下拉列表框可以实现以下几种几何对象的关联复制：

（1）复合曲线：该选项允许选择一条或多条曲线（包括曲线链）链接到工作部件。可选择曲线、曲线特征、草图和边作为链接对象。

（2）点：该选项允许选择一个或多个点作为链接特征的源几何体。

（3）基准：该选项允许选择基准（平面、轴或坐标系）作为链接基准的源几何体。

（4）草图：该选项允许选择草图曲线作为链接对象。

（5）面：该选项允许链接当前装配模型中的一个部件、一个或多个表面到工作部件。

（6）面区域：该选项允许选择一个或多个面作为链接区域的种子面。

图 10-16 “WAVE 几何链接器”对话框

（7）体：该选项允许链接当前装配模型中一个部件的实体或片体到工作部件。

（8）镜像体：该选项允许链接当前装配模型中一个部件的实体或片体相对于指定平面的镜像体到工作部件。

（9）管线布置对象：该选项允许链接当前装配模型中一个部件的管路对象到工作部件。

提示：

在链接几何对象时，应注意“WAVE 几何链接器”对话框的“设置”选项组的以下设置：

1）若选择“固定于当前时间戳记”复选框，则链接的对象均放置在已存对象之后，因此，建立链接复制后原几何体增加的特征不影响链接几何对象。

2）若选择“隐藏原先的”复选框，则建立链接复制后原几何对象被隐藏。

10.4.2 WAVE 关联性管理器

WAVE 关联性管理器用于控制部件之间链接几何对象、部件间表达式以及装配配对条件等关联对象的更新，可用于更新由于设置更新延迟而导致的未更新的部件和过时部件，并可修改过时的已冻结部件的冻结状态。

当通过 WAVE 几何链接器创建了部件间的链接几何对象后，若选择菜单“菜单”→“工具”→“更新”的级联菜单，则该菜单的图标显示阴影，表示启用该功能，再次选择此命令可取消该功能。例如，如果在级联菜单中选择“延迟模型更新”命令，即启用该更新延迟，在此情况下，如果修改部件之间链接的源对象，则另一部件中利用该链接创建的几何对象不发生更新。

选择菜单命令“菜单”→“装配”→“WAVE”→“关联管理器”，打开如图 10-17 所示的“关联管理器”对话框，如果已经设置了延迟表达式和几何体更新，对话框中“延迟几何体、表达式和 PMI 更新”复选框被选中，并在第一个列表框中显示了过时的部件，即未更新的部件。

单击“更新会话”按钮更新所有已经装入内存的部件，单击“更新装配”按钮更新装配中显示的所有部件。如果装配中存在过时的冻结部件，将显示在“过时的冻结部件”列表框中，选择某部件后单击“编辑冻结状态”按钮可进行编辑。

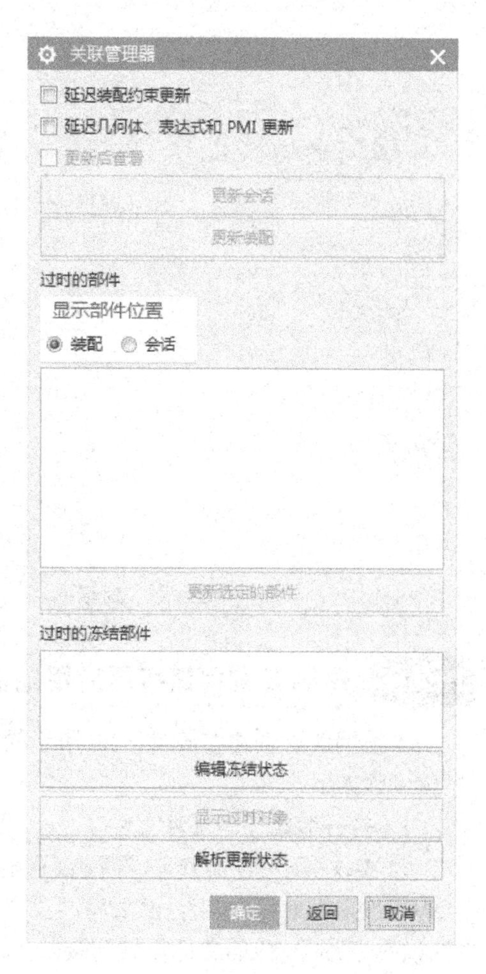

图 10-17 “关联管理器”对话框

10.4.3 部件间链接浏览器

选择菜单命令“菜单”→“装配”→“WAVE”→“部件间链接浏览器”，或单击“装配”选项卡→“常规”组→“部件间链接浏览器”图标，打开如图 10-18 所示的“部件间链接浏览器”对话框。

如果在“部件间链接浏览器”对话框顶部的“要检查的链接”选项组中选择“特征”单选按钮，“部件”列表框中列出当前装配中的所有部件，选择某个部件后，该部件的链接显示在“选定部件中的部件间链接”列表框中，可以查看链接信息，并可编辑或打断链接。

如果在“部件间链接浏览器”对话框的“要检查的链接”选项组中选择“部件”单选按钮，部件的链接关系显示在“部件间的链接”列表框中，通过列表框可了解该部件的父部件和子部件（子部件的名称向右缩进显示），对话框如图 10-19 所示，从而确定各个部件之间的依赖关系。

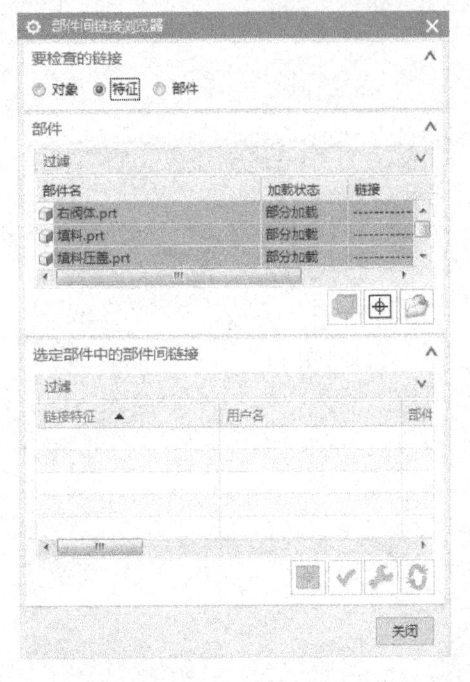

图 10-18 “部件间链接浏览器”对话框

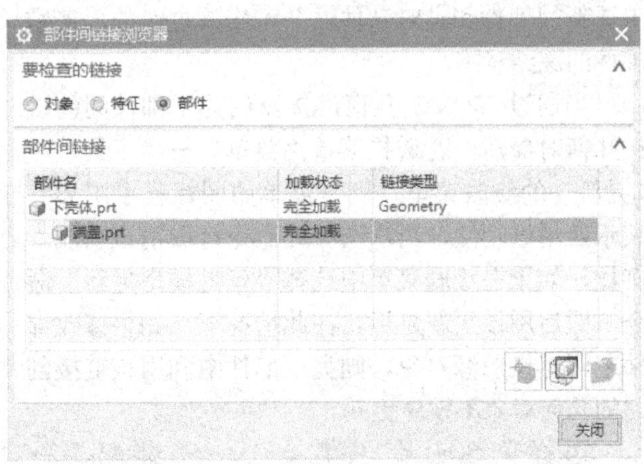

图 10-19 检查部件间的链接

10.4.4 WAVE 几何链接器应用范例

本范例通过创建如图 10-20 所示的下壳体的端盖介绍 WAVE 几何链接器的应用方法。具体步骤如下：

1．打开装配模型部件文件

为实现范例的操作，需要在硬盘上建立新目录，如“D:\UG NX\wave_壳体”，然后将网盘文件夹“练习文件\第 10 章\wave_壳体\”内的文件复制到该目录。

启动 UG NX，打开上述新建目录的装配部件文件“D:\UG NX\wave_壳体\wave_装配_壳体.prt”，然后启用装配应用模块。

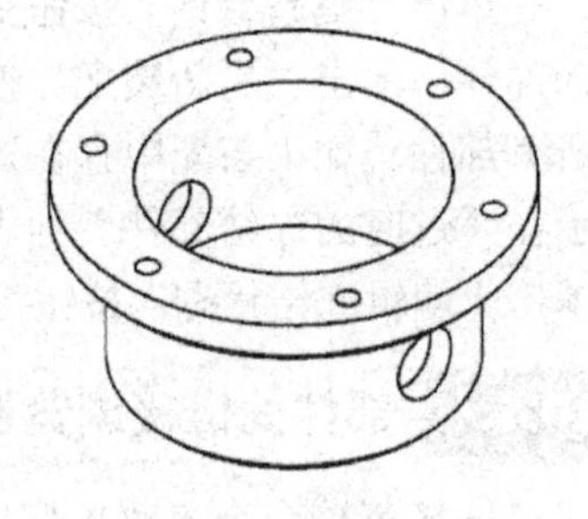

图 10-20 下壳体

2．在装配模型中创建端盖

（1）创建新部件

选择菜单命令“菜单”→“装配”→“组件”→“新建组件”，或单击“装配”选项卡→“组件”组→“新建”图标，在打开的对话框中选择所创建的目录“D:\UG NX\wave_壳体”，输入端盖的部件文件名“端盖.prt”后单击“确定”按钮，在打开的“新建组件”对话框中接受默认参数，单击“确定”按钮创建新部件。

打开装配导航器，可看到部件“端盖”已经添加到装配导航器中，如图 10-21 所示，但此时该部件文件中没有任何几何对象。

（2）建立关联链接

在装配导航器中选择“端盖”后单击右键，在弹出的快捷菜单中选择“设为工作部件”

命令。此时下壳体变为浅灰色，表示该部件成为显示部件。

单击“装配”选项卡→“常规”组→“WAVE 几何链接器”图标，在打开的对话框的“类型”下拉列表框中选择“面”选项，然后选择如图 10-22 所示的下壳体端面，展开“设置”选项组，选择“固定于当前时间戳记”复选框，然后单击“确定”按钮建立链接。

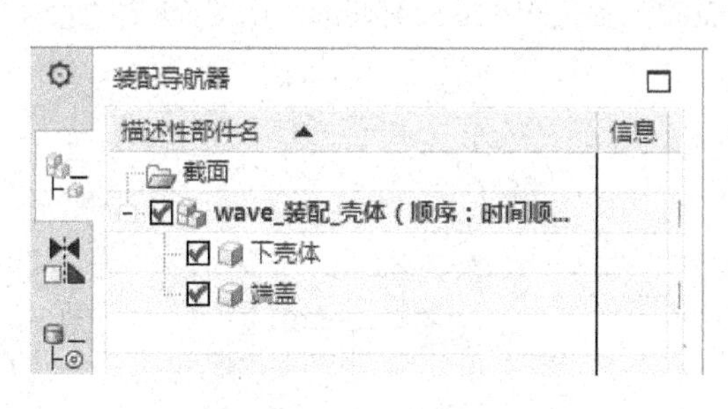

图 10-21 装配导航器

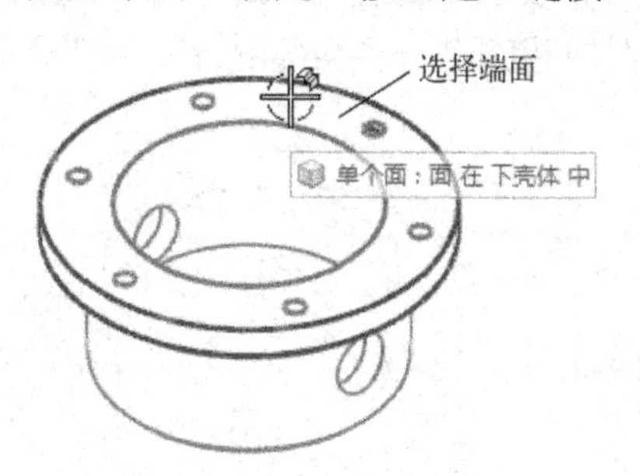

图 10-22 选择法兰端面

（3）拉伸链接对象

单击“主页”选项卡→“特征”组→“拉伸”图标，在上边框条的曲线规则下拉列表框中选择“面的边”选项，如图 10-23 所示，然后选择上步建立的下壳体端面的链接，在“拉伸”对话框中设置拉伸的开始距离为 0，结束距离为 4mm，在“布尔”下拉列表框选择“无”，单击“确定”按钮创建拉伸体，如图 10-24 所示。

（4）拉伸孔的边缘

仍然执行“拉伸”命令，在上边框条的曲线规则下拉列表框中选择“单条曲线”选项，依次选择如图 10-24 所示的 6 个孔的上边缘，设置如下参数：

图 10-23 曲线规则选项

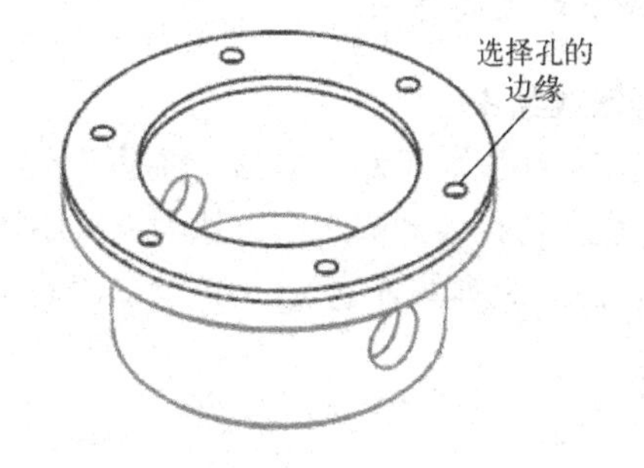

图 10-24 创建拉伸体

- 在“限制”选项组设置开始距离为 0，结束距离为 4。
- 展开“偏置”选项组，在“偏置”下拉列表框中选择“两侧”选项，设置偏置的开始距离为 0，结束距离为 2mm。
- 在“布尔”下拉列表框中选择“减去”选项，然后选择上步创建的拉伸体。

最后单击“确定”按钮创建拉伸体，得到的端盖的结构如图 10-25 所示。

3．修改下壳体端面上的孔的尺寸

在装配导航器中双击“下壳体”使其转为工作部件，在“工具”选项卡的“实用工具”组单击“表达式”图标，在打开的“表达式”对话框的“显示”下拉列表框中选择“所有表达式”选项，然后在列表框中选择表达式“hole_instance_angle”，将其表达式的值改为 90，随后将表达式“hole_instance_number”的值改为 4，单击“确定”按钮，完成参数的编辑。

在装配导航器中双击“端盖”使其显示，选择菜单命令“菜单”→“工具”→“更新”→“部件间更新”→“全部更新”，可见下壳体和端盖的安装孔的尺寸同时修改，如图 10-26 所示。

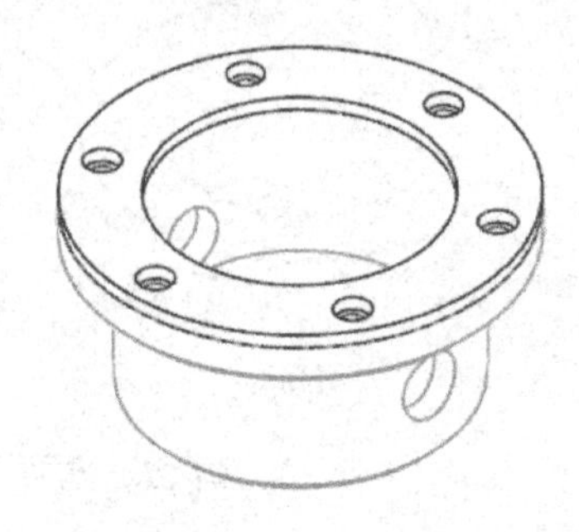

图 10-25 拉伸其余孔的边缘

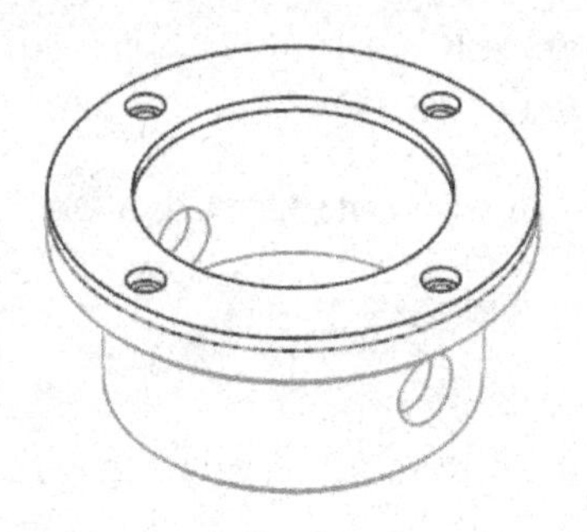

图 10-26 编辑下壳体

4．在下壳体法兰上创建螺纹

重新设置下壳体为工作部件，单击“主页”选项卡→“特征”组→“更多”库→“螺纹”图标，在打开的对话框中选择“详细”单选按钮，选择下壳体法兰上的四个小孔中的任意一个，单击“应用”按钮创建螺纹，利用同样方法在其余三个小孔上创建螺纹。

提示：

由于在建立链接的时候选择了“固定于当前时间戳记”复选框，因此在下壳体的孔上创建螺纹不影响端盖的结构。

5．编辑端盖中心孔

将端盖转为工作部件，单击“主页”选项卡→“特征”组→“更多”库→“偏置面”图标，在上边框条的面规则下拉列表框中选择“单个面”选项，然后选择创建的端盖的中心孔的圆柱面，设置偏置值为 20，单击“确定”按钮关闭对话框，修改后的端盖如图 10-27 所示。

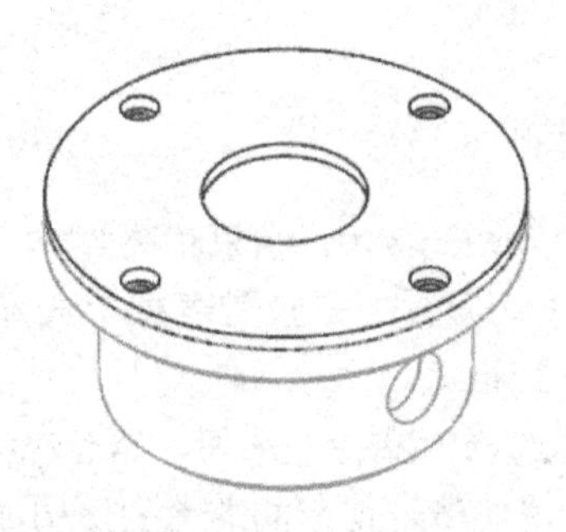

图 10-27 编辑端盖中心孔

第 11 章　视图、剖视图的创建及参数设置

工程制图是计算机辅助设计的重要内容，在 UG NX 中，在建模应用模块完成建模后，进入制图应用模块可以进行创建视图和剖视图、标注尺寸、标注表面粗糙度、添加部件明细表、绘制标题栏和明细表等工作。本章介绍 UG NX 工程制图的特点、制图模块的基本应用以及视图、剖视图的创建及参数设置等。

11.1　UG NX 工程制图概述

11.1.1　UG NX 工程制图的特点

UG NX 制图应用模块能够利用建模应用模块中创建的实体模型生成平面工程图。制图应用模块中生成的工程图与实体模型完全相关，实体模型的任何修改都能够自动反映到工程图中，因此可以对实体模型进行任意修改。除了与实体模型的相关性外，制图应用模块还具有以下特点：

1）具有直观的、易于使用的图形化的界面，使创建工程图更方便快捷。

2）支持装配树结构和并行工程。

3）能够建立完全相关的自动进行消隐线处理的正交视图。

4）正交视图自动对齐。

5）大部分制图对象的创建和编辑使用同一对话框。

6）绘图过程中屏幕的反馈减少了重复的工作。

对于任意实体模型，可以采用不同的投影方法、不同的图幅尺寸和不同的视图比例创建视图、局部放大图、剖视图等各种视图，可以对视图进行各种标注，添加文字说明、标题栏、明细表等内容，并可以用打印机或绘图仪输出工程图。

11.1.2　UG NX 工程制图的一般过程

由实体模型绘制工程图，一般可按照如下步骤进行：

1）启动 UG NX，打开实体模型的部件文件。

2）在“应用模块”选项卡的“设计”组单击“制图”图标进入制图应用模块。

3）必要时编辑当前图纸的图幅、比例、单位和投影角等以满足制图需要。

4）添加基本视图、局部放大图、剖视图等视图。

5）调整视图布局。

6）必要时调整有关制图参数设置。

7）进行必要的视图相关编辑。

8）进行图纸标注，包括添加尺寸、表面粗糙度、文字注释、标题栏等内容。

9）保存并关闭部件文件。

11.2 图纸管理

进入制图应用模块后，可以利用菜单“菜单”→“插入”的级联菜单和“主页”选项卡进行图纸管理，包括新建图纸、打开已存图纸和编辑图纸。

11.2.1 新建图纸页

功能：建立新的图纸。

操作命令有：

菜单：“菜单”→“插入”→“图纸页”

功能区：“主页”选项卡→“新建图纸页”

操作说明：执行上述命令后，打开如图 11-1 所示的“图纸页”对话框，在“大小”选项组选择图纸幅面类型和制图比例，在“图纸页名称”文本框中输入图纸名称，在“设置”选项组选择“毫米”单选按钮，按下“第一角投影”图标，最后单击“确定”按钮建立新图纸。

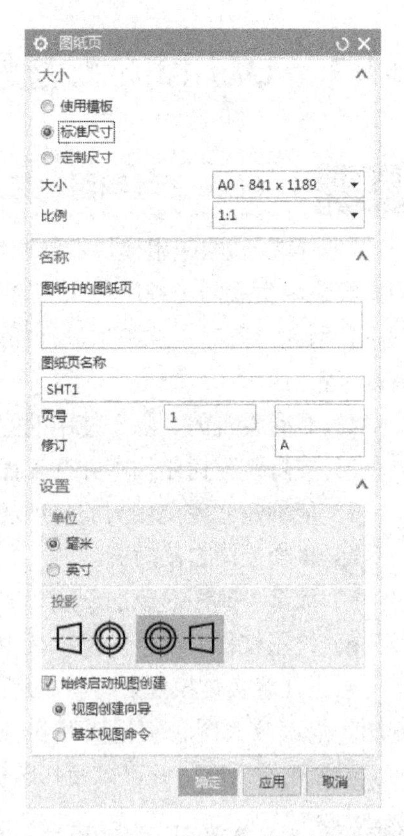

图 11-1 “图纸页”对话框

11.2.2 打开图纸页

部件中建立的图纸页也显示在部件导航器中，如图 11-2 所示，如果一个部件中存在多个图纸页，在需要打开某个图纸页时，可在部件导航器中选择该图纸页，单击鼠标右键，在弹出的快捷菜单中选择“打开”命令。

11.2.3 编辑图纸页

功能；编辑已存的图纸。

操作命令有：

菜单：“菜单”→“编辑”→“图纸页”

功能区：“主页”选项卡→“编辑图纸页”

操作说明：在功能区中，“新建图纸页”和“编辑图纸页”两个命令图标只显示其中的一个，可通过单击图标下的箭头以展开选项进行选择。执行上述命令后，打开如图 11-3 所示的“图纸页”对话框，从“图纸中的图纸页”列表框中选择需要编辑的图纸，则可对图纸幅面、绘图比例等参数进行修改。修改完毕后单击“确定”按钮关闭对话框并保存对图纸的修改。

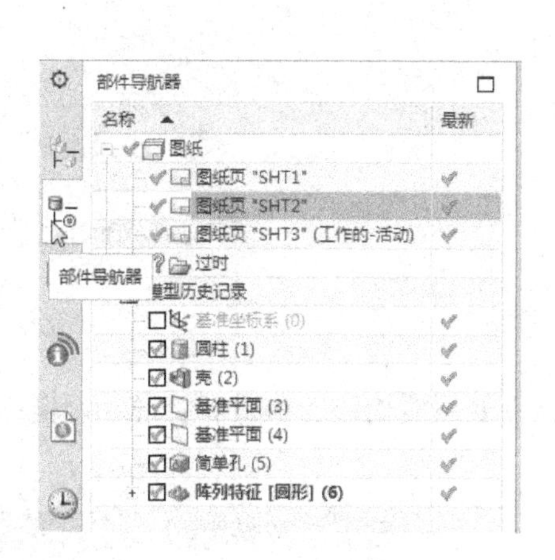

图 11-2 利用部件导航器打开图纸页

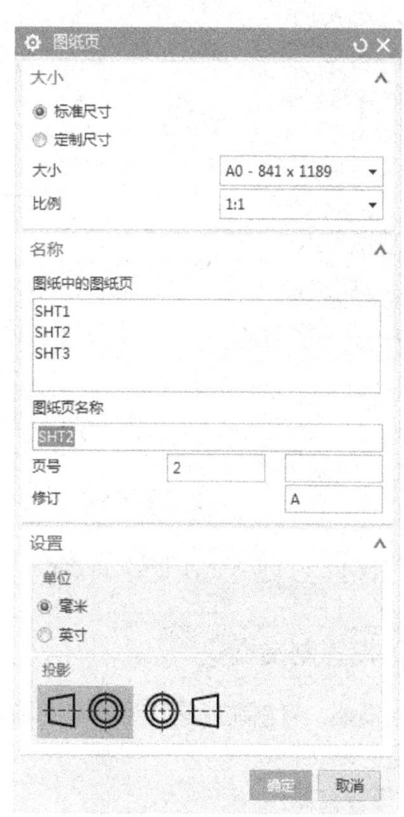

图 11-3 编辑图纸页

11.3 制图参数设置

制图过程中，可以对图纸的背景、参数以及制图栅格等参数进行设置，以满足工作需要和国家标准的要求。

11.3.1 设置图纸背景

视图背景默认为灰色，可根据自己的习惯进行设置。在功能区选择菜单命令“文件”→“首选项”→“可视化”，或在上边框条选择菜单命令“菜单”→“首选项”→“可视化”，打开如图 11-4 所示的“可视化首选项”对话框。

在“可视化首选项”对话框中打开“颜色/字体”选项卡，在“图纸部件设置”选项组单击“背景”颜色图标，打开如图 11-5 所示的“颜色”对话框，选择某个颜色后依次单击“确定”按钮关闭对话框，即可设置所选颜色为视图背景颜色。

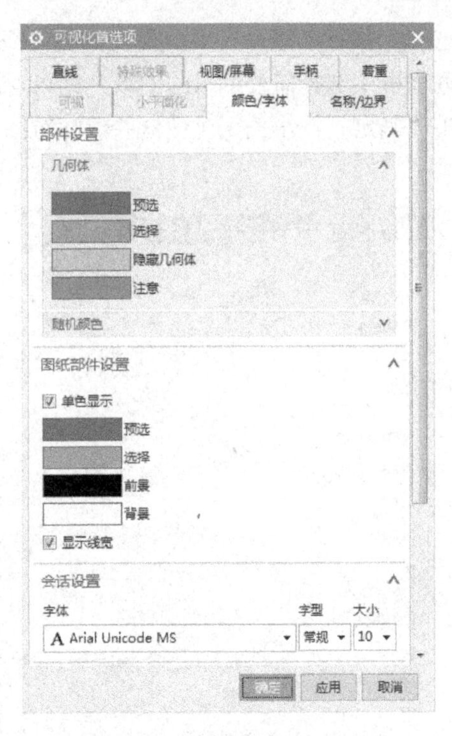

图 11-4 “可视化首选项”对话框

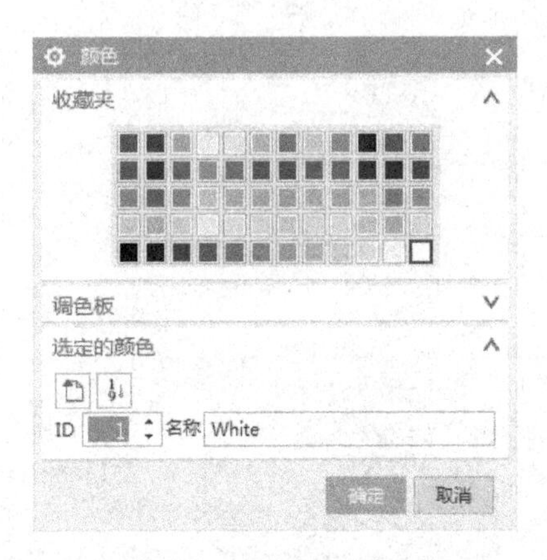

图 11-5 “颜色”对话框

11.3.2 设置制图栅格

如果需要，可以在制图背景中显示栅格，根据需要设置栅格的格式和合理利用栅格对制图有一定的帮助。

1．栅格类型

从功能区选择菜单命令“文件”→“首选项”→“栅格”，或从上边框条选择菜单命令“菜单”→“首选项”→“栅格”，打开如图 11-6 所示的“节点”对话框，在“类型”下拉列表框中可选择以下几种形式的栅格：

（1）矩形均匀：通过与 XC 和 YC 轴平行的等间距线的交点创建矩形栅格的栅格点。

（2）矩形非均匀：通过与 XC 和 YC 轴平行的等间距线的交点创建矩形栅格的栅格点。XC 和 YC 轴具有独立的间距参数。

（3）极坐标：在从原点出发的半径与同心圆的交点处创建极坐标栅格的栅格点。

2．栅格参数

在选择栅格类型后，可根据需要设置栅格的如下参数：

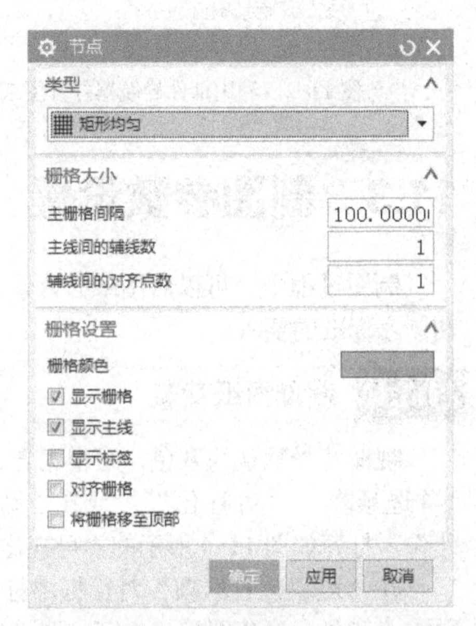

图 11-6 “节点”对话框

（1）主栅格间隔：指定显示为实线的主栅格线之间的距离。在将类型设置为矩形非均匀时，可以设置 XC 和 YC 栅格单位，而在将类型设置为极坐标时，可以设置径向和角度栅格单位。

（2）主线间的辅线数：指定主栅格线之间分割的数目。辅栅格线显示为虚线。

（3）辅线间的对齐点数：指定主栅格线之间的捕捉点数目。捕捉可帮助在指定位置上创建点（例如对于草图或线）。如果在“栅格设置”选项组选择“对齐栅格”复选框，在创建点时，则该点将自动移动到最近捕捉点的交点。

3．栅格设置

在“栅格设置”选项组，单击“栅格颜色”右侧的颜色图标，可打开“颜色”对话框为栅格指定所需的颜色；选择“显示栅格”复选框将在图纸页中显示栅格；如果选择“显示主线”复选框，将在栅格中显示主线，否则将仅显示辅线；选择“对齐栅格”复选框可启用栅格捕捉功能。

11.3.3 设置制图参数

UG NX 默认的制图选项有些方面不符合中国国家制图标准，需要进行相关设置。从功能区菜单命令“文件”→“首选项”→“制图”，或从上边框条选择菜单命令“菜单”→“首选项”→“制图”，打开如图 11-7 所示的“制图首选项”对话框，利用该对话框可以设置各种图线以及螺纹的显示形式等。

图 11-7 “制图首选项”对话框

1．图线的显示设置

图线的显示设置，包括可见线、隐藏线、光顺边、虚拟交线等各种图线的颜色、线型、线宽等属性的设置。各种图线的设置方式基本相同，下面以隐藏线为例介绍具体设置方法：

（1）设置隐藏线的颜色

在“制图首选项”对话框左侧的树形导览窗格中选择“视图”→“公共”→“隐藏线”选项，在对话框右侧的“格式”选项组中选择“处理隐藏线”复选框，单击该复选框下方的颜色按钮打开“颜色”对话框，利用该对话框可设置隐藏线的颜色。

（2）设置隐藏线的线型

在“格式”选项组单击颜色按钮右侧的下拉列表框，其选项如图 11-8 所示，可为隐藏线设置不同的线型，若选择“不可见”选项，则隐藏线在视图中不可见。

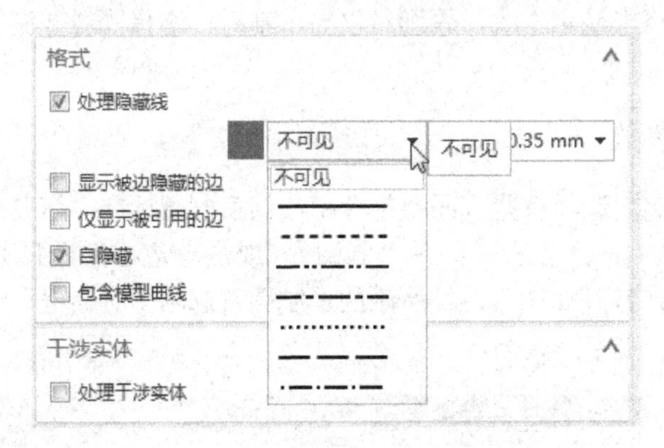

图 11-8　隐藏线的线型选项

（3）设置隐藏线的宽度

单击颜色按钮右侧的第二个下拉列表框，可从中选择隐藏线的宽度。

（4）其他有关设置

- “显示被边隐藏的边”复选框：如果选择该复选框，则被其他边挡住的不可见边按照隐藏线的设置处理，否则按照可见轮廓线的显示属性显示。
- “仅显示被引用的边”复选框：如果选择该复选框，则在视图中只有被注解和尺寸等对象参考到的隐藏边按照隐藏线的设置显示，其余隐藏线不可见。
- “自隐藏”复选框：如果选择该复选框，则按照隐藏边的设置处理所有被挡住的轮廓，否则被自身挡住的轮廓不执行隐藏边处理。通常应该选择该复选框。

🕮 **提示：**

视图的参数设置仅对后续创建的视图起作用，已经创建但在执行制图首选项命令前没有选中的视图的显示不发生变化。

2．螺纹的显示设置

为使螺纹在视图中的显示符合国家标准规定，可在“制图首选项”对话框树形导览窗格中选择“视图”→“公共”→“螺纹”选项，在右侧的“显示”选项组的“类型”下拉列表框中选择“简化的-3/4 圆弧”选项，如图 11-9 所示。

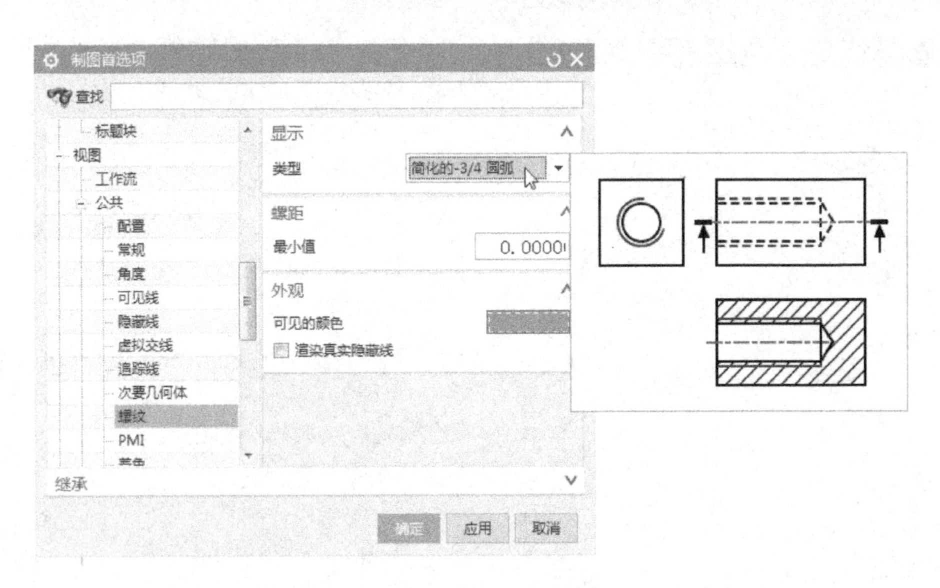

图 11-9 螺纹的显示设置

11.4 视图的创建

视图用于表达零件的外部结构，包括基本视图和辅助视图。常用的基本视图有主视图（前视图）、俯视图、左视图、仰视图、右视图和后视图，辅助视图有斜视图、断开视图、局部放大视图等，另外，在 UG NX 中还可以添加正等测图和正三轴测图。

11.4.1 基本视图的创建

1．向图纸中添加视图

选择菜单命令“菜单”→“插入”→“视图”→“基本”，或单击“主页”选项卡→“视图”组→“基本视图”图标，打开如图 11-10 所示的“基本视图”对话框，在“模型视图”选项组的“要使用的模型视图”下拉列表框中选择需要添加的视图，在“比例”下拉列表框中设置视图的比例，此时移动光标可看到要添加的视图随之移动，当移动到适当位置时单击鼠标左键可放置视图。

2．创建投影视图

利用图 11-10 所示的对话框添加基本视图时，当放置所添加的视图后，打开如图 11-11 所示的“投影视图”对话框。默认情况下，以刚添加的基本视图为主视图，移动光标时将显示铰链线和投影方向矢量，以及由该投影方向所确定的投影视图，当视图方向和位置合适时单击鼠标左键放置即可创建投影视图。

也可以选择菜单命令“菜单”→“插入”→“视图”→“投影”，或单击“主页”选项卡→“视图”组→“投影视图”图标打开“投影视图”对话框，首先单击“父视图”选项组的“选择视图”图标，选择已有的视图为父视图，然后移动鼠标指定投影视图的方向和位置，最后单击鼠标左键创建投影视图。

图 11-10 “基本视图”对话框

图 11-11 “投影视图”对话框

11.4.2 斜视图的创建

当零件具有倾斜的结构时，为表达倾斜部分的真实结构形状，通常需要绘制斜视图。斜视图可以通过投影视图创建。

【示例】为如图 11-12 所示的箱体创建斜视图。

（1）打开网盘文件

启动 UG NX，打开网盘文件“练习文件\第 11 章\箱体.prt”，然后进入制图应用模块。可以看到图纸中已经添加了一个主视图。

（2）创建斜视图

单击“主页”选项卡→“视图”组→“投影视图”图标，按照如下步骤创建斜视图：

1）定义投影方向。在“投影视图”对话框的“铰链线”选项组的“矢量选项”下拉列表框中选择“已定义”选项，选择如图 11-13 所示的主视图的直线定义铰链线，如果需要，单击“反转投影方向”图标，确定的投影方向如图 11-13 所示。

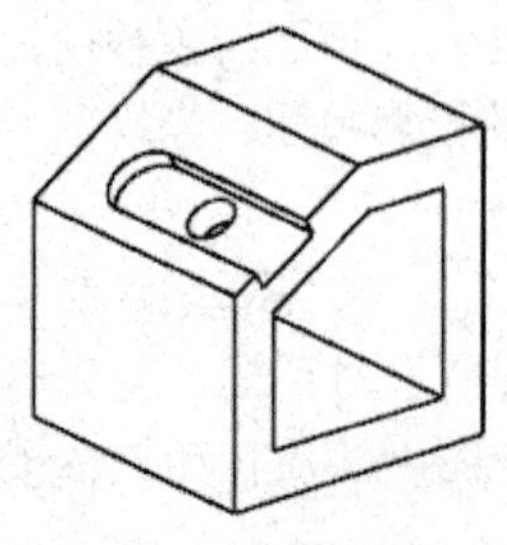
图 11-12 箱体

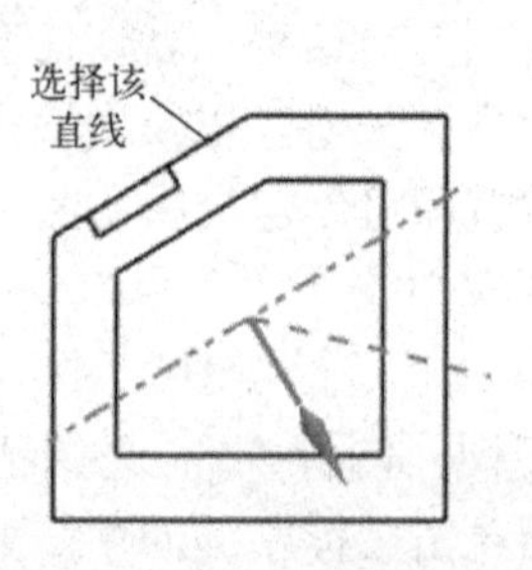

图 11-13 选择铰链线

2）指定视图位置。在“视图原点”选项组的“方法”下拉列表框中选择“垂直于直线”选项，仍然选择如图 11-13 所示的直线，在父视图的斜下方放置视图，即得到斜视图，如图 11-14 所示。单击“关闭”按钮关闭对话框。

（3）设置箭头及视图名称的显示

1）选择斜视图。在所创建的斜视图周围移动光标，当光标放置于视图边界附近时，将会高亮显示视图边界，如图 11-15 所示，此时单击鼠标左键即可选择该视图。

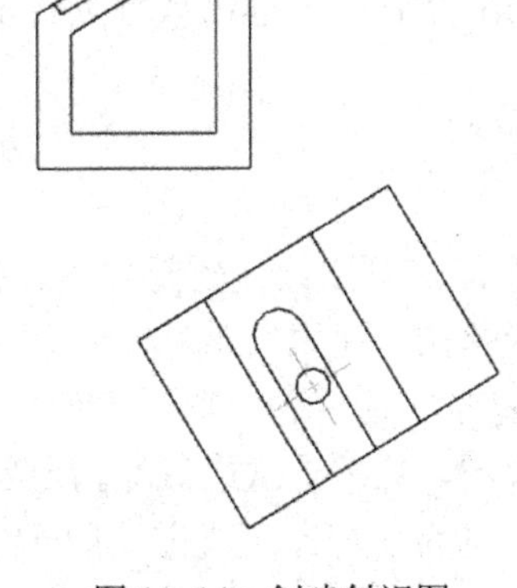

图 11-14　创建斜视图

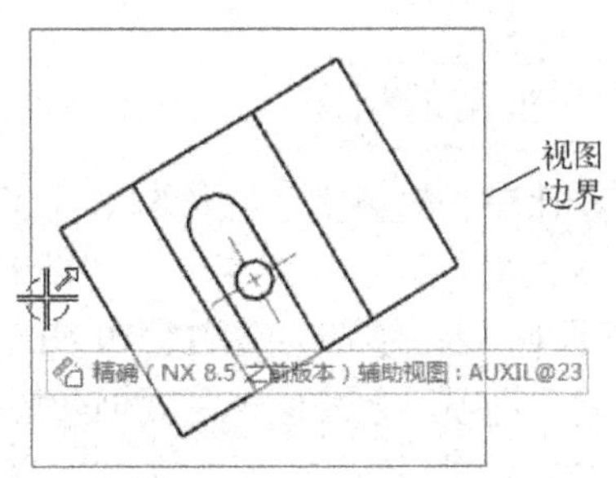

图 11-15　选择斜视图

2）设置在主视图上显示箭头。选择斜视图后单击鼠标右键，在弹出的快捷菜单中选择“设置”命令打开“设置”对话框，在左侧的树形导览窗格中选择“投影”→“设置”选项，在右侧的“在父视图上显示箭头”下拉列表框中选择“始终”选项；然后在树形导览窗格中选择“投影”→“标签”选项，在右侧的“标签”选项组选择“显示视图标签”复选框，之后在“位置”下拉列表框中选择“上面”选项，在“视图标签类型”下拉列表框中选择“字母”选项，删除“前缀”文本框的内容，在“字母格式”下拉列表框中选择“A”，如图 11-16 所示，最后单击“确定”按钮关闭对话框。用鼠标选择并适当移动字母和箭头的位置，得到的斜视图如图 11-17 所示。

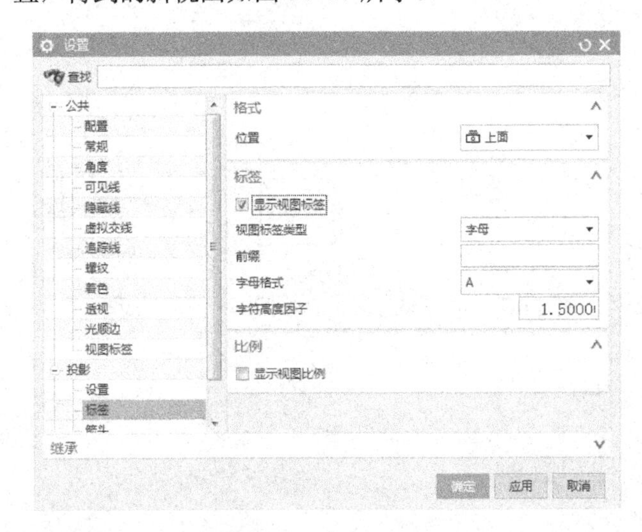

图 11-16　选择斜视图

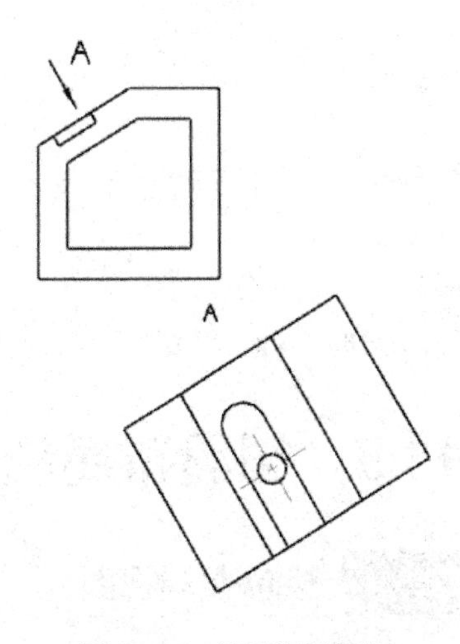

图 11-17　设置视图标签

11.4.3 局部放大图的创建

对于零件中尺寸比较小的局部结构，可以采用局部放大图来表达。在 UG NX 中，可建立圆形边界局部放大图和矩形边界局部放大图。

选择菜单命令“菜单”→“插入”→“视图”→“局部放大图”，或单击“主页”选项卡→“视图”组→“局部放大图”图标，打开如图 11-18 所示的“局部放大图”对话框，在“类型”下拉列表框中选择边界形式，利用“边界”选项组指定放大部分的边界，在“比例”选项组的“比例”下拉列表框中选择比例，然后在合适位置单击鼠标左键放置局部放大图。

11.4.4 断开视图的创建

对于一些比较长的模型，在绘制时为了节约图纸空间，可以绘制断开视图。选择菜单命令“菜单”→“插入”→“视图”→“断开视图”，或单击“主页”选项卡→“视图”组→“断开视图”图标，打开如图 11-19 所示的“断开视图”对话框，在“类型”下拉列表框中选择“常规”选项，之后选择需要创建断开视图的视图，然后依次用鼠标指定断裂线 1 和断裂线 2 的锚点，最后单击“确定”按钮关闭对话框，即可生成断开视图。图 11-20 为一个断开视图的示例。

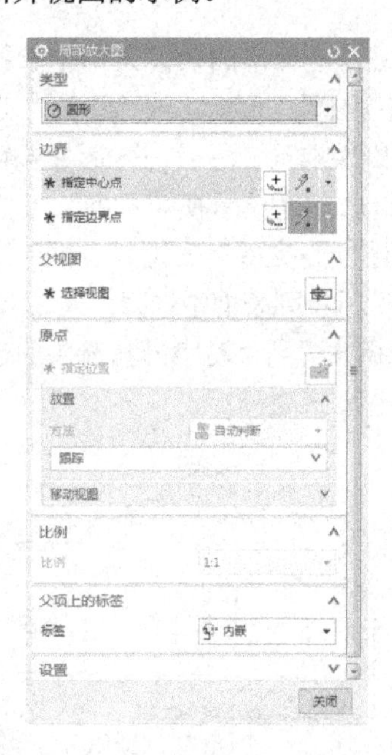

图 11-18 “局部放大图”对话框

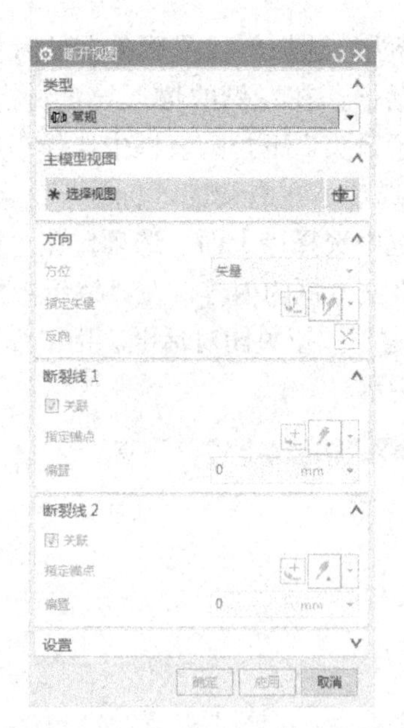

图 11-19 “断开视图”对话框

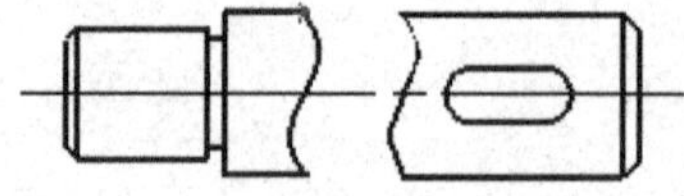

图 11-20 断开视图

11.5 视图布局调整

11.5.1 移动/复制视图

功能：在当前的图纸上移动或复制视图，或者将视图复制到其他图纸。

操作命令有：

菜单：“菜单”→“编辑”→“视图”→“移动/复制”

功能区：“主页”选项卡→“视图”组→“移动/复制视图”

操作说明：执行上述命令后，打开如图 11-21 所示的“移动/复制视图”对话框，从列表框或直接在图纸上选择某个视图后，就可选择不同的移动方式移动或复制视图。

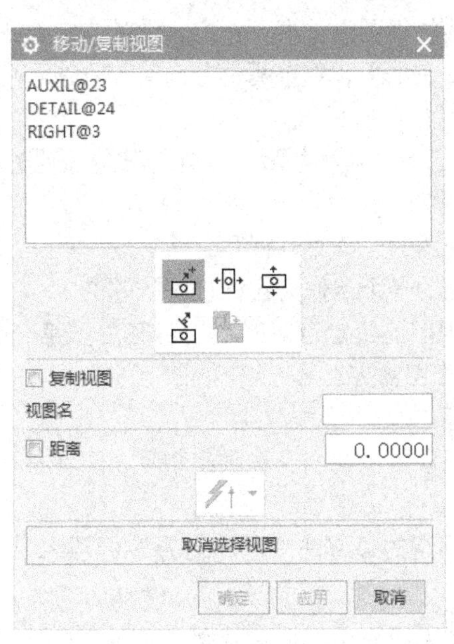

图 11-21 “移动/复制视图”对话框

若选中“复制视图”复选框，则复制视图，否则为移动视图。可选择的移动方式如下：

1）（至一点）：移动或复制选定的视图到指定点。

2）（水平）：水平移动或复制选定的视图。

3）（竖直）：竖直移动或复制选定的视图。

4）（垂直于直线）：沿垂直于指定的直线的方向移动或复制视图。

5）（至另一图纸）：将选定的视图移动或复制到另一图纸。

11.5.2 对齐视图

功能：调整图纸中视图的相对位置。

操作命令有：

菜单：“菜单”→“编辑”→“视图”→“对齐”

功能区：“主页”选项卡→“视图”组→“视图对齐”

操作说明：执行上述命令后，打开如图 11-22 所示的“视图对齐”对话框，利用该对话框可以选择不同的对齐方式和选项对齐视图。

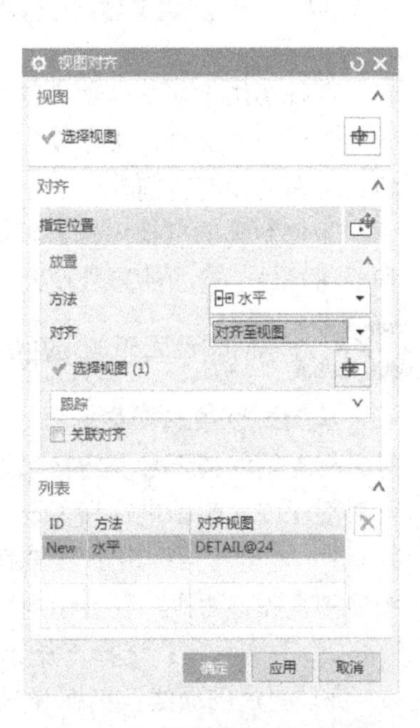

图 11-22 “视图对齐”对话框

1．对齐视图的方式

在“视图对齐”对话框的“方法”下拉列表框中可选择各种视图对齐的方式：

1）自动判断：根据所选的视图自动推断对齐方式。

2）水平：将所选的视图在水平方向对齐。

3）竖直：将所选的视图在竖直方向对齐。

4）垂直于直线：将所选的视图沿垂直于指定直线的方向对齐。

5）叠加：将所选的视图在水平和垂直两个方向对齐，使两个视图叠加在一起。

2．对齐视图的选项

在“方法”下拉列表框选择“自动判断”以外的其他选项时，可在“对齐”下拉列表框中可以选择以下三种对齐选项：

1）对齐至视图：根据视图的中心对齐视图。

2）模型点：指定模型上的一个点作为对齐视图的基准。

3）点到点：根据各个视图的指定点对齐视图。其中以第一个视图的指定点为基准，其他视图根据指定点向第一个视图对齐。

3．对齐视图的操作步骤

1）在“视图对齐”对话框的“视图”选项组中单击“选择视图”，然后选择需要移动的视图。

2）在“指定位置”选项组的“方法”和“对齐”选项组中分别选择对齐视图的方式和选项。

3）在“指定位置”选项组中单击“选择视图”，然后选择一个制图，则之前选择的视图按照设定的对齐方式和选项与之对齐。

11.6 剖视图的参数设置

剖视图用于表达零部件的内部结构，根据剖切的范围，剖视图分为全剖视图、半剖视图和局部剖视图三种，根据零部件的结构特点，需要采用不同的剖切方法，包括单一剖切面剖切、阶梯剖和旋转剖等。

为使创建的剖视图符合国家标准，在制图之前首先要进行参数设置，包括剖视图的显示和剖切符号等方面的参数设置。

11.6.1 剖视图显示参数的设置

从上边框条选择菜单命令“菜单”→“首选项”→“制图”，在打开的“制图首选项”对话框左侧的树形导览窗格选择“视图”→“截面线”→“设置”选项，在右侧的选项组中可对剖视图的显示进行相关设置：

1）显示背景：用于设置是否显示背景。选中该复选框显示剖切面之后的元素，即该视图为剖视图，否则，仅显示剖切断面的图形，即该视图为断面图，如图 11-23 所示。

2）剖切片体：选择该复选框则在剖视图中剖切薄壁零件。

3）创建剖面线：剖面线显示设置，选中该复选框则在剖视图中显示剖面线，否则不显示剖面线。

4）处理隐藏的剖面线：选择该复选框则在轴测剖视图中不可见部分的断面不绘制剖面线。

5）显示装配剖面线：当选择“创建剖面线”复选框后，若选择该复选框，则在装配剖视图中各相邻零部件的剖面线方向相反。

6）将剖面线角度限制在+/-45 度：设置剖面线的角度与水平方向夹角为 45°。

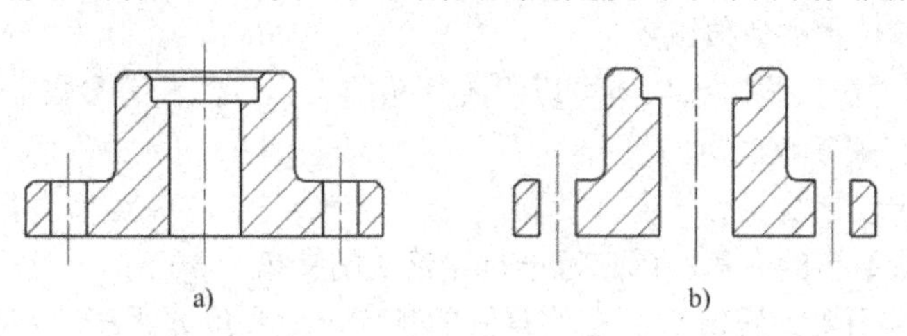

图 11-23　背景显示设置

a) 显示背景　b) 不显示背景

11.6.2 剖切线的显示设置

剖切线的显示参数设置包括箭头的大小和位置、剖切符号的类型以及剖切标记等。在“制图首选项”对话框左侧的树形导览窗格中选择“视图”→“截面线”选项，右侧的选项组如图 11-24 所示，可进行剖切线的显示参数设置。

图 11-24　截面线设置

1. 剖切线显示设置

1）在“显示”选项组的“显示剖切线”下拉列表框中选择“有剖视图”选项，在“类型”下拉列表框中选择选项 。

2）在“格式”选项组中单击颜色按钮打开“颜色”对话框，利用该对话框可以设置剖切线和箭头的显示颜色。

2. 箭头大小和位置的参数设置

在“箭头”和“箭头线”选项组可以设置箭头的大小、位置等参数，各参数的设置可参考图 11-24。其中有关参数说明如下：

1）长度：用于设置箭头的长度。

2）角度：设置箭头的夹角，国家标准规定箭头的夹角为 30°。

3）箭头长度：用于设置箭头所在的直线的长度，该长度要大于“箭头”选项组中“长度”文本框中所设置的值。

4）边界到箭头的距离：设置箭头到视图轮廓边界的距离，设置的数值越大，箭头距离视图的轮廓边界越远。

5）延展：用于设置表示剖切位置的两条粗实线的长度。

3. 设置字母显示

在“标签”选项组中选择“显示字母”复选框，则在剖切线附近显示字母，否则，将不会在剖切线附近显示字母。

11.6.3 视图名称显示设置

在默认情况下，创建的剖视图的标签格式为“SECTION A－A”，根据国标规定，应该取消字母前“SECTION”的显示。在“制图首选项”对话框左侧的树形导览窗格中选择“视图”→“截面线”→“标签”选项，在右侧的选项组中可进行标签（即视图名称）的显示设置。

1. 设置视图名称的位置

在“格式”选项组的“位置”下拉列表框中选择“在上面”选项，则在所创建的剖视图上方显示剖视图的名称。

2. 设置视图名称的显示样式

在“标签”选项组中选择“显示视图标签”复选框，在“视图标签类型”下拉列表框中选择“字母”选项，在“前缀”文本框中删除所有字母，在“字母格式”下拉列表框中选择“A-A”选项，必要时，可选择“包含旋转符号”和“包含旋转角度”复选框，单击“确定”按钮关闭“制图首选项”对话框完成设置。

提示：

根据国家标准的有关规定，本章创建的剖视图的剖切线的参数、剖视图名称的显示等均按照本节的介绍进行设置。

11.7 剖视图的创建

剖视图是零件的重要表达方法，应根据零件的结构特点选择剖视图的类型，力求以最少的视图将零件的内外结构表达清楚。

创建剖视图的一般步骤为：选择父视图→指定剖切位置→指定投影方向（必要时通过“反向”图标反转投影方向）→放置剖视图。本节通过具体的范例介绍各种剖视图的创建方法。

11.7.1 端盖全剖视图的创建

本节以图 11-25 所示的端盖为例介绍全剖视图的创建方法。操作步骤如下：

1. 打开网盘文件

打开网盘文件“练习文件\第 11 章\端盖.prt”，然后进入制图应用模块。

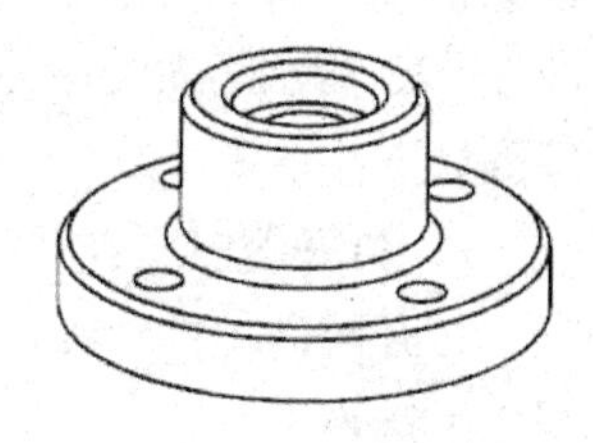

图 11-25 端盖

2. 创建全剖视图

选择菜单命令“菜单”→“插入”→“视图”→“剖视图”，或单击“主页”选项卡→“视图”组→“剖视图”图标，打开“剖视图”对话框，在“截面线”选项组的“定义”下拉列表框中选择“动态”选项，在“方法”下拉列表框中选择“简单剖/阶梯剖”选项，在已有的俯视图中捕捉如图 11-26 所示的圆心确定剖切位置，即剖切平面经过中心孔的中心线，然后竖直向上移动光标至合适的位置，单击鼠标左键放置剖视图，完成的剖视图如图 11-27 所示。

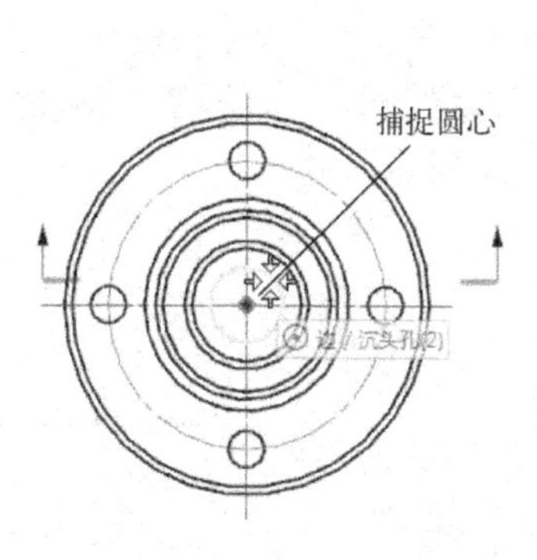

图 11-26 指定剖切位置

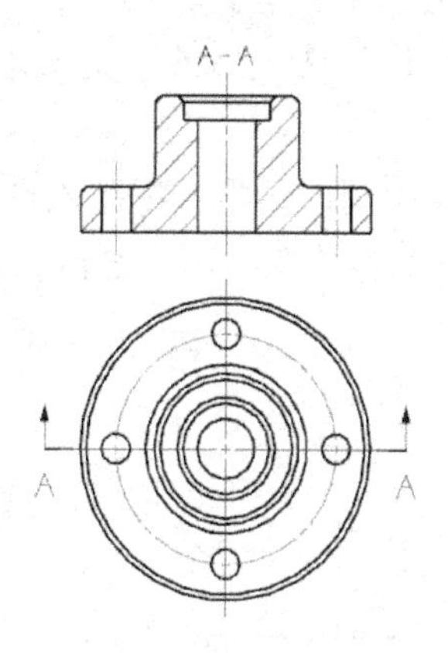

图 11-27 创建剖视图

提示：

1）表示视图名称的字母是从所建立的第一个剖视图开始，按照英文字母的顺序进行标注的，如果在建立了一个剖视图后又将其删除，下一次创建的剖视图名称字母将会从下一个字母开始。

2）如果需要修改表示剖视图名称的字母，可选择名称后单击鼠标右键，在弹出的快捷菜单中选择“设置”命令，在打开的“设置”对话框的左侧的树形导览窗格中选择“公共”→“视图标签”选项，在右侧的“字母”文本框中输入需要的字母，单击“确定”按钮关闭“设置”对话框，即可完成修改。

3）如果需要调整剖视图名称的位置，在图形窗口选择剖视图名称后按下鼠标左键，拖动鼠标将其进行移动，移动到合适位置后松开鼠标左键即可。

11.7.2 安装座阶梯剖视图的创建

当零件内部结构比较复杂，分布于几个平面上时，无法用一个剖切平面同时剖切所有内部结构，可以采用阶梯剖的剖切方法创建视图。采用阶梯剖创建剖视图的方法与上述全剖视图类似，不同的地方是，阶梯剖视图需要定义多个互相平行的剖切平面和折弯位置。本节以图 11-28 所示的安装座为例介绍阶梯剖视图的创建方法，操作步骤如下：

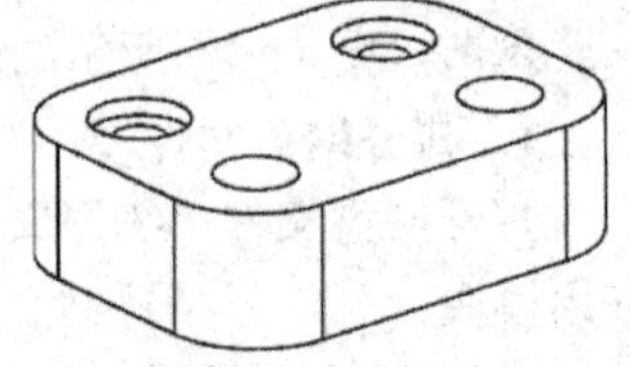

图 11-28　安装座

1．打开网盘文件

打开网盘文件“练习文件\第 11 章\基座.prt”，然后进入制图应用模块。

2．选择父视图及投射方向

按照前述方法执行“剖视图”命令打开“剖视图”对话框，按照如下步骤创建剖视图：

（1）定义参数。在“截面线”选项组的“定义”下拉列表框中选择“动态”选项，在“方法”下拉列表框中选择“简单剖/阶梯剖”选项。

（2）指定剖切面位置。捕捉如图 11-29 所示的圆心指定第一个剖切面的位置，然后单击“截面线段”选项组的“指定位置（3）”，捕捉如图 11-30 所示的圆心指定第二个剖切面的位置。

（3）放置视图。单击“视图原点”选项组的“指定位置”，竖直向上移动光标，在合适位置单击鼠标左键放置视图，得到的剖视图如图 11-31 所示。

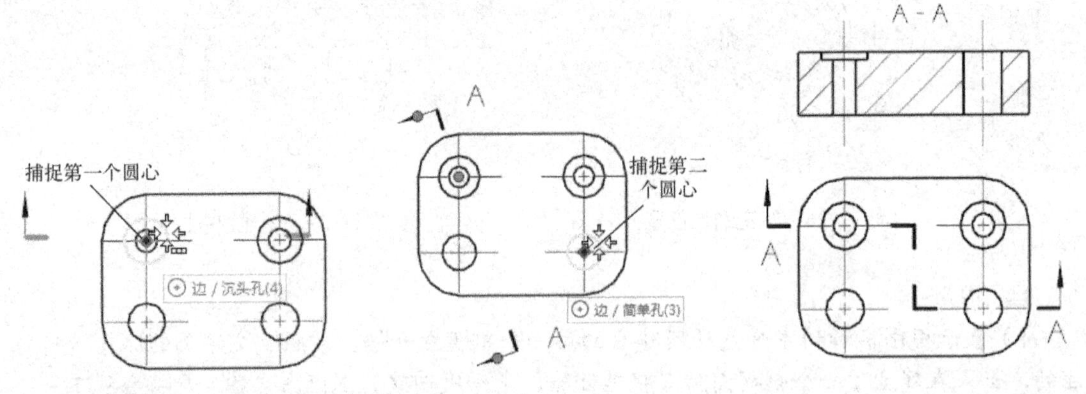

图 11-29　指定第一个剖切面位置　　图 11-30　指定第二个剖切面的位置　　图 11-31　安装座的阶梯剖视图

11.7.3 主轴箱半剖视图的创建

当零件需要同时表达内部和外部结构，并且结构对称或基本对称时，可以采用半剖视图进行表达。本节以图 11-32 所示的主轴箱为例介绍半剖视图的创建方法。

1．打开网盘文件

打开网盘文件“练习文件\第 11 章\主轴箱.prt”，然后进入制图应用模块。

2．创建半剖视图

按照前述方法执行“剖视图”命令打开“剖视图”对话框，按照如下步骤创建剖视图：

（1）设置参数。在“截面线”选项组的“定义”下拉列表框中选择“动态”选项，在“方法”下拉列表框中选择“半剖”选项。

（2）指定剖切位置。在上边框条激活 ⁄（中点）捕捉方式，首先捕捉如图 11-33 所示的左侧直线的中点，然后捕捉如图 11-34 所示的边的中点。

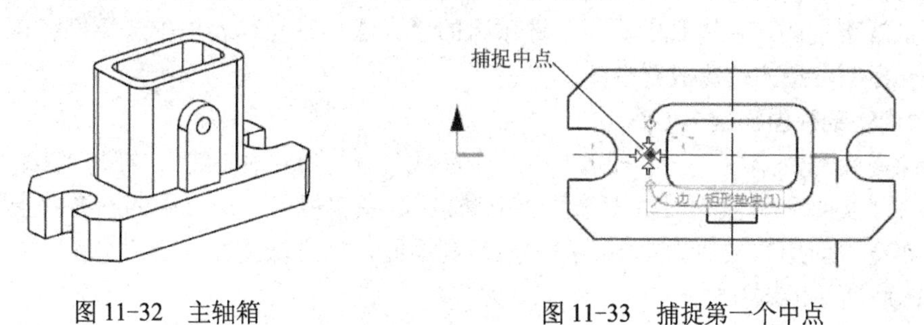

图 11-32　主轴箱　　　　图 11-33　捕捉第一个中点

（3）放置视图。向上移动光标至合适位置放置视图，得到如图 11-35 所示的半剖视图。

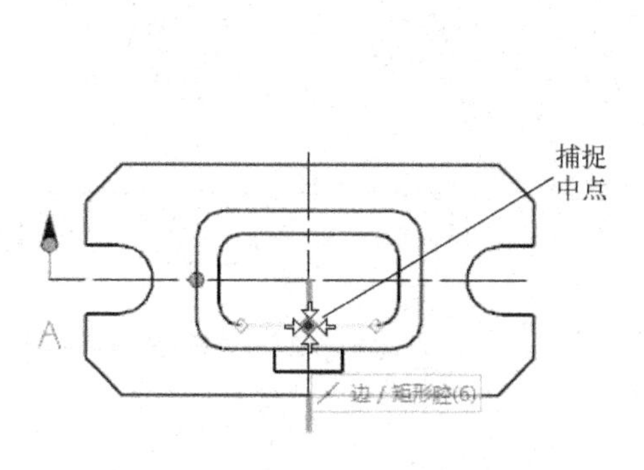

图 11-34　捕捉第二个中点

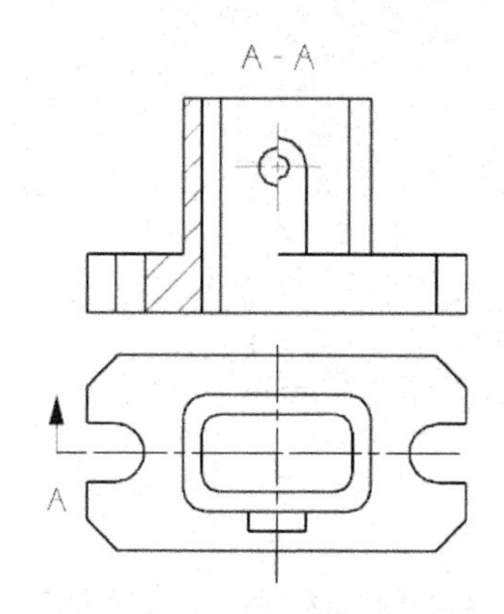

图 11-35　主轴箱的半剖视图

11.7.4 摇臂旋转剖视图的创建

当零件的内部结构不在同一平面，且两部分结构具有共同的回转轴线时，可以利用旋转剖视图表达其内部结构。旋转剖视图的创建过程与半剖视图类似，不同的是，需要定义两个剖切平面之间的旋转点。本节以图 11-36 所示的摇臂为例介绍旋转剖视图的创建方法，操作步骤如下：

图 11-36　摇臂

1．打开网盘文件

打开网盘文件“练习文件\第 11 章\摇臂.prt”，然后进入制图应用模块。

2．创建旋转剖视图

按照前述方法执行“剖视图”命令打开“剖视图”对话框，按照如下步骤创建剖视图：

（1）定义参数。在“截面线”选项组的“定义”下拉列表框中选择“动态”选项，在“方法”下拉列表框中选择“旋转”选项。

（2）指定剖切面位置。在上边框条激活⊙（圆弧中心）捕捉方式，首先捕捉如图 11-37 所示的第一个圆心为两个剖切面之间的旋转点，然后分别选择左侧和右侧的第二和第三个圆心指定剖切位置，使剖切平面通过圆心。

（3）放置剖视图。在“视图原点”选项组的“方法”下拉列表框中选择“竖直”选项，向下移动光标至合适的位置放置视图。

3．为旋转剖视图创建中心线

选择菜单命令“菜单”→“插入”→“中心线”→“2D 中心线”，打开“2D 中心线”对话框，在“类型”下拉列表框中选择“根据点”，在俯视图上选择中间圆孔的上下两条边的中点，单击“应用”按钮创建中心线，然后利用同样的方法创建其余两个孔的中心线，得到如图 11-38 所示的剖视图。

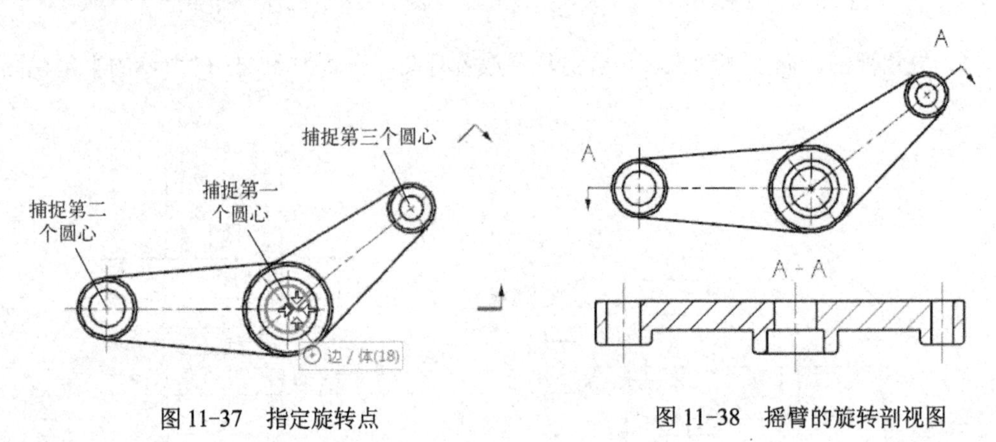

图 11-37　指定旋转点　　　　图 11-38　摇臂的旋转剖视图

11.7.5 连接轴局部剖视图的创建

当仅需要表达零件的局部的内部结构时，可以采用局部剖视图。本节以图 11-39 所示的连接轴为例介绍局部剖视图的创建方法，操作步骤如下：

1．打开网盘文件

打开网盘文件“练习文件\第 11 章\连接轴.prt”，然后进入制图应用模块。图纸中的主视图和左视图如图 11-40 所示。

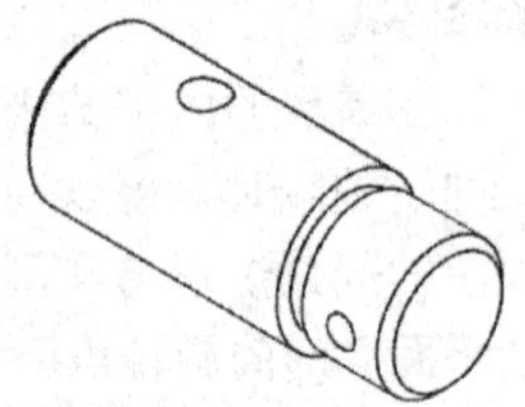

图 11-39　连接轴

2．绘制边界曲线

（1）设置主视图为活动视图。选择主视图，单击右键，在弹出的快捷菜单中选择“活动草图视图”命令，进入视图相关编辑状态。

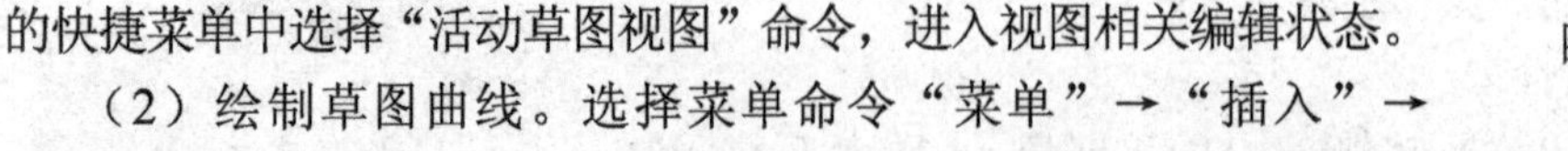
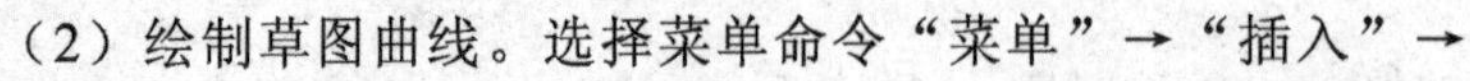

（2）绘制草图曲线。选择菜单命令“菜单”→“插入”→“草图曲线”→“艺术样条”，或单击“主页”选项卡→“草图”组→草图曲线下拉菜单→“艺术样条”图标，在打开的对话框的“类型”下拉列表框中选择“通过点”选项，在

“参数化”选项组中选择“封闭”复选框，然后在主视图上通过单击鼠标左键指定样条曲线上的点绘制类似如图 11-41 所示的样条曲线。绘制完曲线后，在图形窗口空白处单击鼠标右键，从弹出的快捷菜单中选择“完成草图”命令结束草图绘制。所绘制的曲线确定了局部剖视图的剖切范围。

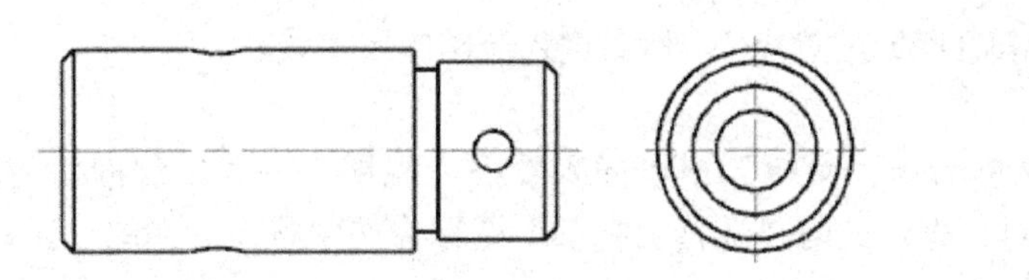

图 11-40 连接轴的主视图和左视图

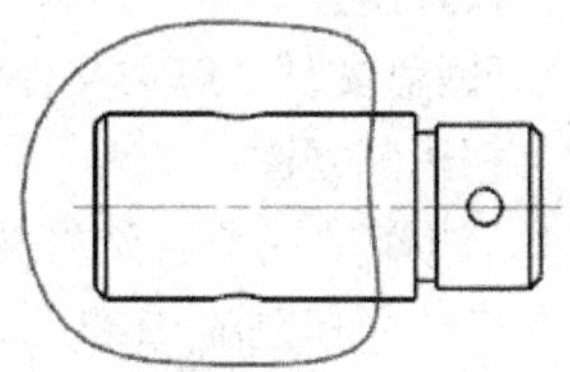

图 11-41 绘制曲线

3．创建局部剖视图

选择菜单命令“菜单”→“插入”→“视图”→“局部剖”，或单击“主页”选项卡→“视图”组→“局部剖视图”图标，打开如图 11-42 所示的“局部剖”对话框，选择“创建”单选按钮，选择主视图为父视图，然后捕捉如图 11-43 所示左视图的圆心为基点，此时显示一个箭头代表投影方向，随后单击“选择曲线”图标，选择上述绘制的曲线，单击“应用”按钮创建局部剖视图，如图 11-44 所示。

图 11-42 “局部剖”对话框

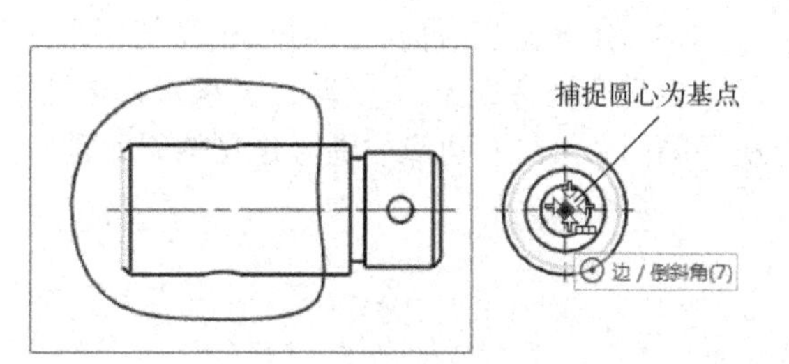

图 11-43 选择基点

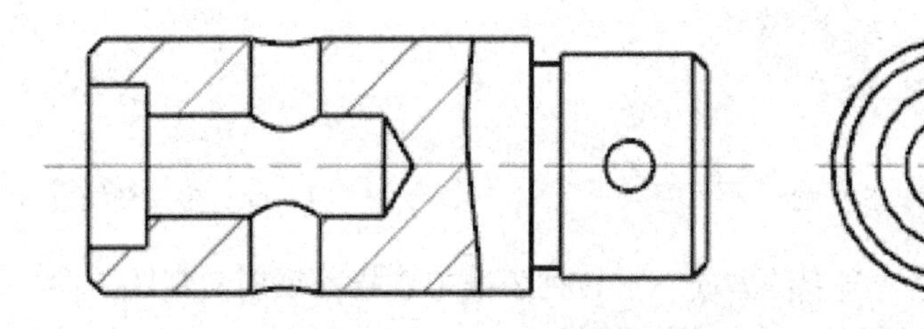

图 11-44 连接轴的局部剖视图

11.7.6 压盖轴测全剖视图的创建

轴测全剖视图能够以较强的立体感显示实体的内部结构，本节以图 11-45 所示的压盖为例介绍轴测全剖视图的创建方法。

1．打开网盘文件

打开网盘文件“练习文件\第 11 章\压盖.prt”，然后进入制图应用模块。

2．创建剖视图

（1）选择父视图。选择菜单命令“菜单”→“插入”→“视图”→“轴测剖”，打开“轴测图中的简单剖/阶梯剖”对话框，此时“选择父视图”图标为选中状态，在图形窗口选择已有的视图为父视图。

（2）定义投影方向。此时“定义箭头方向”图标为选中状态，在“矢量反向”按钮左侧的“剖视图方向”下拉列表框中选择 ZC 选项，设置剖视图的投影方向为竖直向下，如图 11-46 所示，单击“应用”按钮。

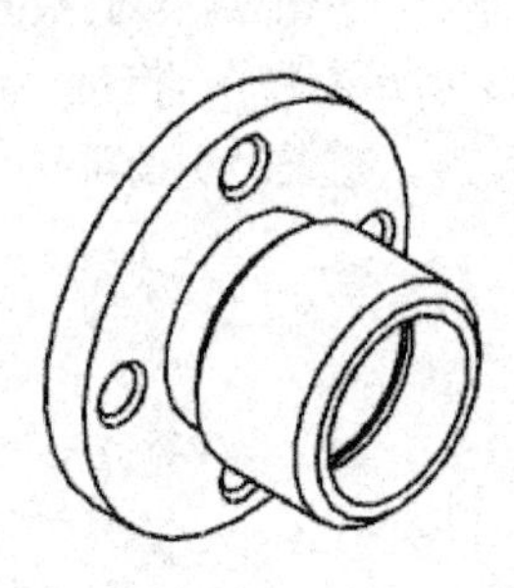

图 11-45 压盖

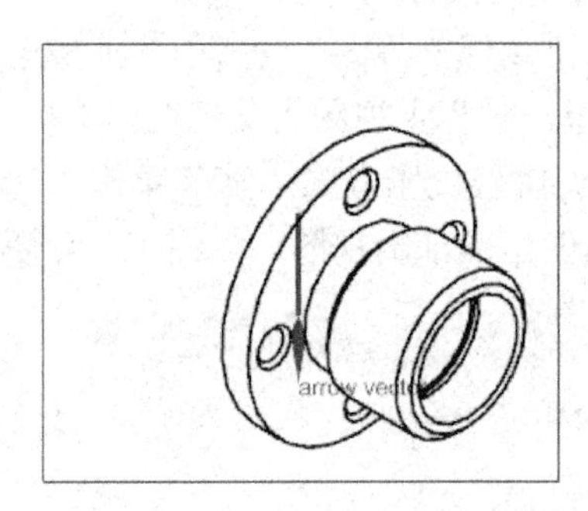

图 11-46 定义投影方向

（3）定义剖切方向。此时“定义剖切方向”图标为选中状态，在“矢量反向”按钮左侧的下拉列表框中选择（两点）选项，激活上边框条的捕捉方式，依次选择如图 11-47 所示的两个台阶孔边缘的圆心定义剖切面方向，如图 11-48 所示。

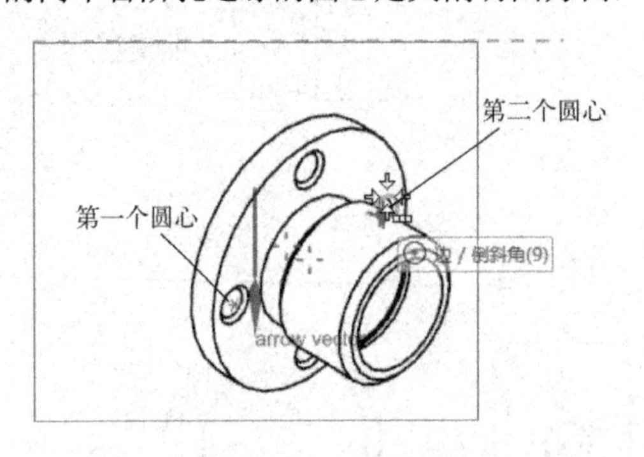

图 11-47 选择圆心

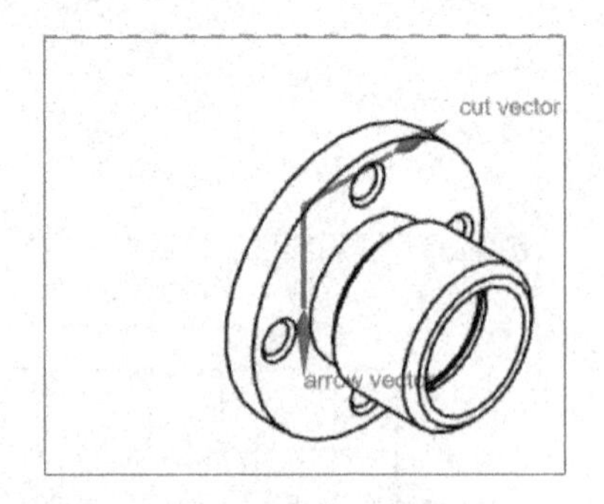

图 11-48 定义剖切方向

（4）创建剖视图。在“剖视图方向”下拉列表框中选择“采用父视图方向”选项，单击“应用”按钮打开“截面线创建”对话框，捕捉如图 11-49 所示的中心台阶孔的边缘圆弧的圆心，以确定剖切平面通过中心台阶孔的中心线，单击“确定”按钮，向下移动光标至合适的位置后放置视图，得到的剖视图如图 11-50 所示。

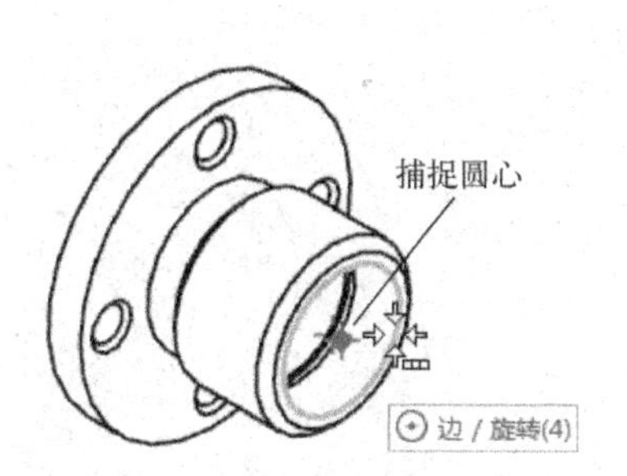

图 11-49　指定剖切位置

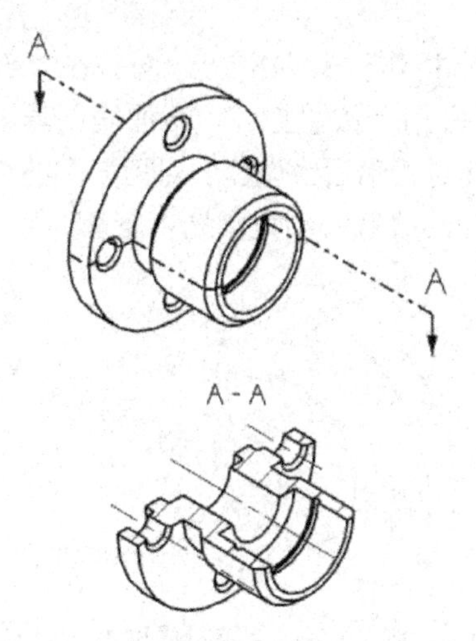

图 11-50　轴测全剖视图

11.7.7 压盖轴测半剖视图的创建

本节以图 11-45 所示的压盖为例介绍轴测半剖视图的创建方法，与创建轴测全剖视图类似，操作步骤如下：

1．打开网盘文件

打开网盘文件“练习文件\第 11 章\压盖.prt”，然后进入制图应用模块。

2．创建剖视图

（1）选择父视图。选择菜单命令“菜单”→“插入”→“视图”→“半轴测剖”，打开“轴测图中的半剖”对话框，选择已有的视图为父视图。

（2）定义投影方向。此时“定义箭头方向”图标为选中状态，在“矢量反向”按钮左侧的下拉列表框中选择-ZC选项，设置剖视图的投影方向为竖直向下，如图 11-51 所示，单击“应用”按钮。

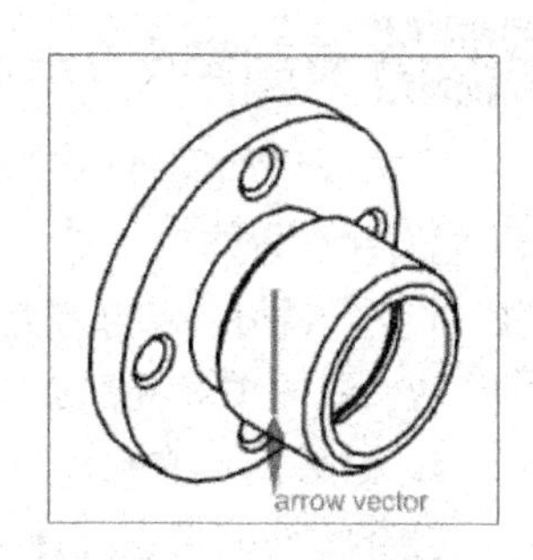

图 11-51　定义投影方向

（3）定义剖切方向。此时“定义剖切方向”图标为选中状态，选择如图 11-52 所示的中心台阶孔的圆柱面定义剖切方向，如图 11-53 所示。

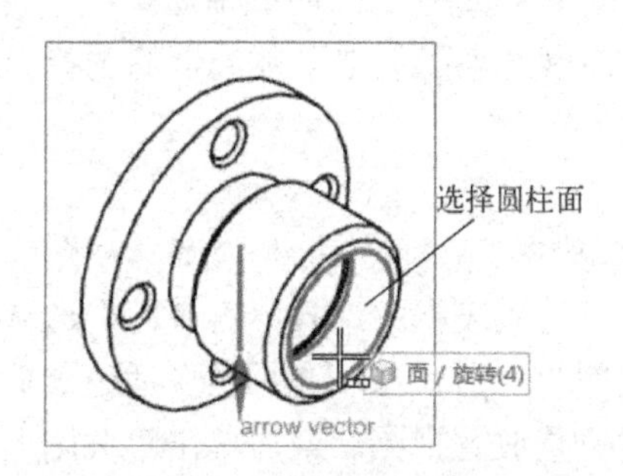

图 11-52　选择圆柱面

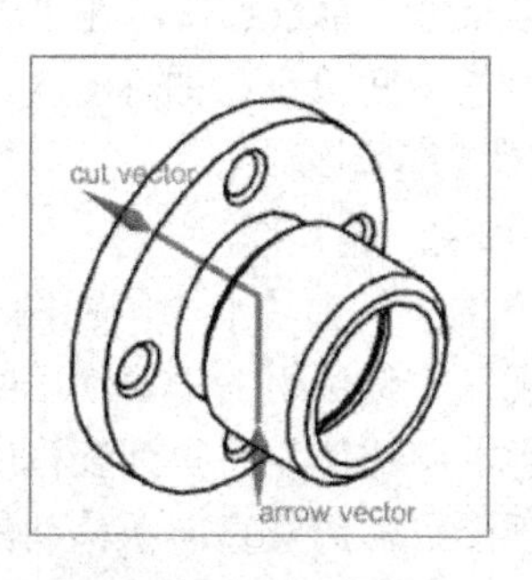

图 11-53　定义剖切方向

（4）指定折弯位置和剖切方向。在“剖视图方向”下拉列表框中选择“采用父视图方向”，单击“应用”按钮打开“截面线创建”对话框，捕捉如图 11-54 所示的边缘圆心指定折弯位置。此时“剖面线创建”对话框中的“切割位置”单选按钮为选中状态，捕捉图 11-55 所示的台阶孔边缘圆心指定剖切位置。

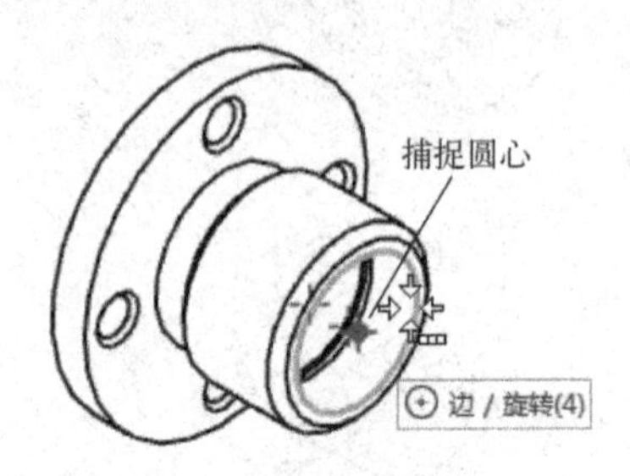

图 11-54 指定折弯位置

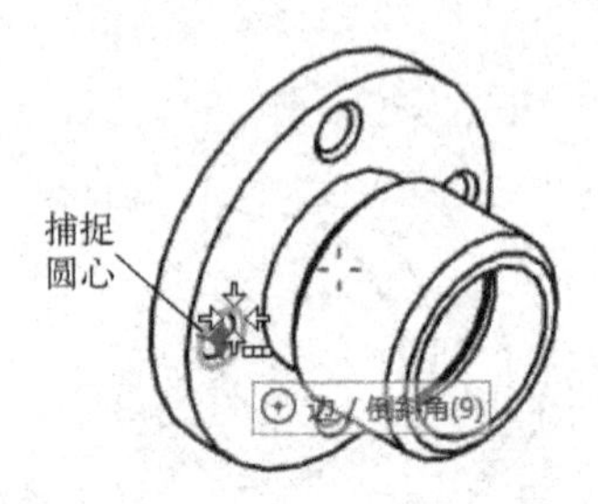

图 11-55 指定剖切位置

（5）创建剖视图。在“剖切线创建”对话框中单击“确定”按钮，向下移动光标至合适位置后放置视图，创建的剖视图如图 11-56 所示。

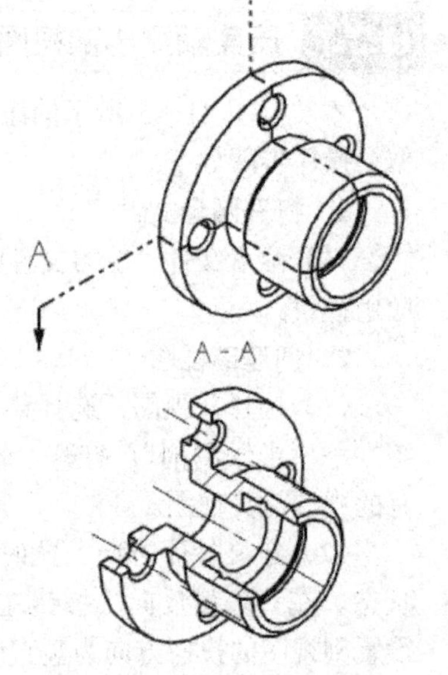

图 11-56 创建轴测半剖视图

11.8 表达方法综合应用范例解析

11.8.1 转轴表达方法范例

本节介绍如图 11-57 所示的转轴的表达方法。该轴包括不同直径的圆柱、一个球头末端沟槽、一个圆孔和一个键槽，根据该轴的结构特点，需要通过主视图、一个局部视图、两个断面图和局部放大图来进行表达。

1．打开网盘文件

打开转轴的网盘文件“练习文件\第 11 章\转轴.prt”，然后进入制图应用模块。

2．创建图纸页

单击“主页”选项卡的“新建图纸页”图标，在打开的对话框的“大小”选项组中选择“标准尺寸”单选按钮，在“大小”下拉列表框中选择 A3 图纸幅面；在“设置”选项组中单击“第一角投影”图标；取消“始终启动视图创建”复选框的选择，最后单击“确定”按钮创建图纸页。

3．添加主、俯视图

单击“主页”选项卡→“视图”组→“基本视图”图标打开“基本视图”对话框，在“模型视图”选项组的“要使用的模型视图”下拉列表框中选择“右视图”选项，在“比例”选项组的“比例”下拉列表框中设置视图比例为 1:1，移动光标至合适位置后单击鼠标左键放置视图，然后竖直向下移动鼠标，在合适位置放置视图。最后单击“关闭”按钮关闭对话框，得到的主视图和俯视图如图 11-58 所示。

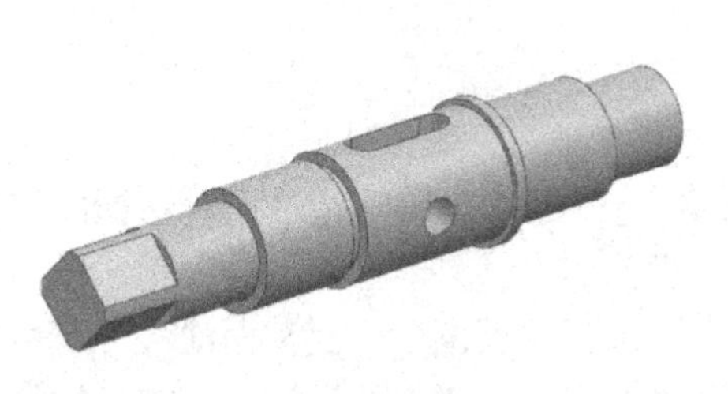
图 11-57 转轴

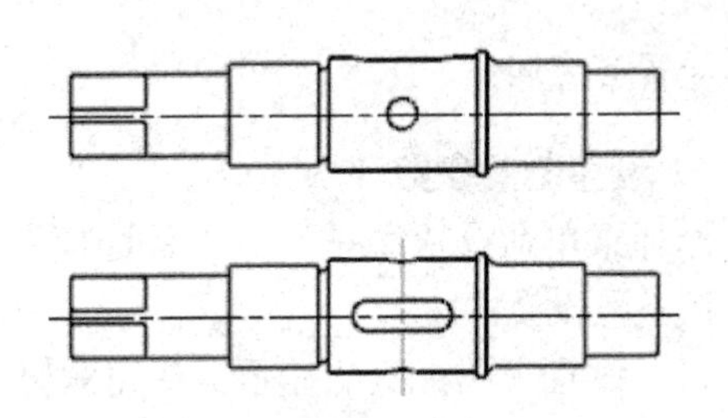
图 11-58 转轴的主、俯视图

4．将俯视图修改为键槽的局部视图

（1）修改视图边界。选择菜单命令“菜单”→“编辑”→“视图”→“边界”，或单击“主页”选项卡→“视图”组→“视图边界”图标（如图 11-59 所示），在打开的对话框的列表框中选择“ORTHO@5”，或在图形窗口中选择俯视图，在列表框下方的下拉列表框中选择“手工生成矩形”选项，在俯视图的键槽的左上角按下鼠标左键，然后拖动鼠标形成一个矩形，将键槽的轮廓形状包含在矩形框中，如图 11-60 所示，然后松开鼠标左键，则在俯视图中仅显示键槽轮廓。最后单击“取消”按钮关闭对话框。

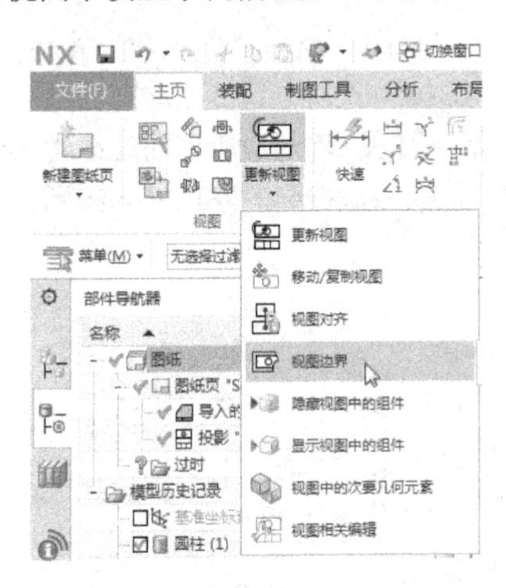

图 11-59 “视图边界”图标

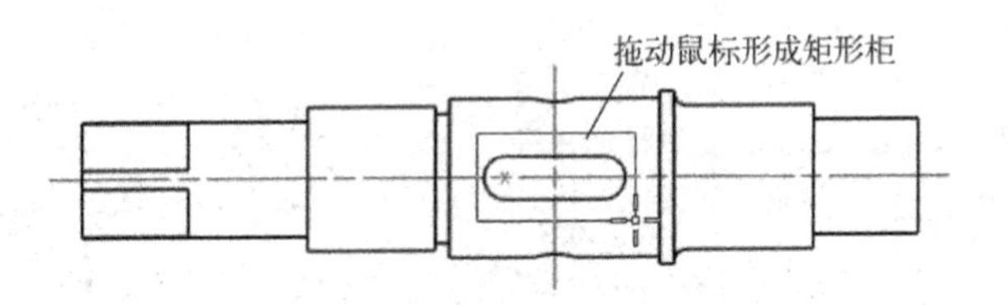

图 11-60 为键槽手工绘制矩形边界

（2）移动键槽轮廓。在俯视图中选择两条中心线，按键盘的<Delete>键将其删除，然后在图形窗口选择键槽轮廓，按住鼠标左键并竖直向上移动光标，将键槽轮廓移动至主视图上方的合适位置后松开鼠标左键，即完成键槽局部视图的绘制，如图 11-61 所示。

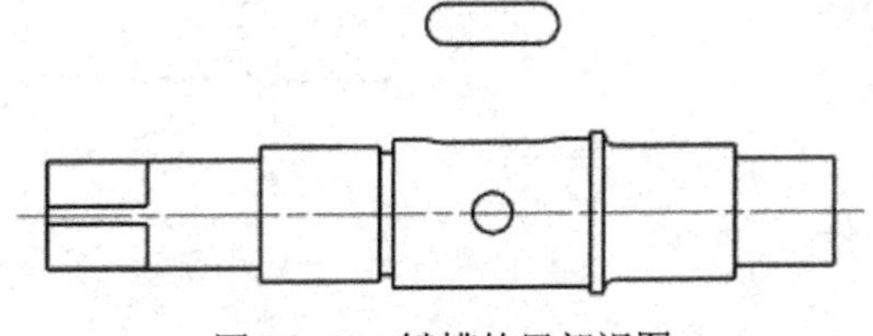
图 11-61 键槽的局部视图

提示：

局部视图和主视图之间要留有适当的距离，目的是为此处结构绘制断面图时的剖切线、字母等留有空间。

5．设置制图参数

选择菜单命令“菜单”→“首选项”→“制图”，打开“制图首选项”对话框，进行以下制图参数设置：

（1）设置视图标签的显示。在左侧树形导览窗口选择“视图”→“截面线”→“标签”选项，在右侧的“格式”选项组的“位置”下拉列表框中选择“上面”选项；在“标签”选项组选择“显示视图标签”复选框，在“前缀”文本框中删除所有文字；在“字符高度因子”文本框中输入1。

（2）设置断面图的显示。在左侧树形导览窗口选择“视图”→“截面线”→“设置”选项，在“格式”选项组中取消“显示背景”复选框的选择。

（3）设置剖切线的显示。在左侧树形导览窗口选择“视图”→“截面线”选项，在右侧的“箭头线”选项组的“箭头长度”文本框中输入8，在“边界到箭头的距离”文本框中输入8，在“延展”文本框中输入3。最后单击“确定”按钮关闭对话框。

6．创建断面图

（1）创建左侧结构的断面图。单击“主页”选项卡→“视图”组→“剖视图”图标 打开“剖视图”对话框，在“截面线”选项组的“定义”下拉列表框中选择“动态”选项，在“方法”下拉列表框中选择“简单剖/阶梯剖”选项，捕捉如图11-62所示的边缘上的一点，然后水平向左移动光标，在合适位置单击鼠标左键放置视图，得到的左侧结构的断面图如图11-63所示。

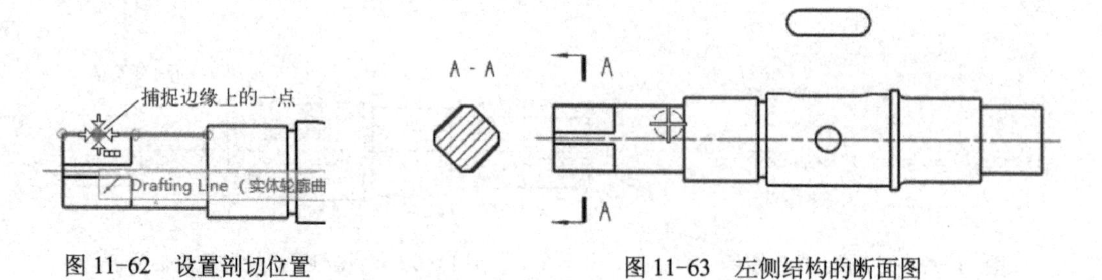

图11-62 设置剖切位置　　图11-63 左侧结构的断面图

（2）创建键槽和孔的断面图。捕捉如图11-64所示的圆心，然后水平向右移动光标，在合适位置单击鼠标左键放置视图，得到的孔和键槽的断面图如图11-65所示。

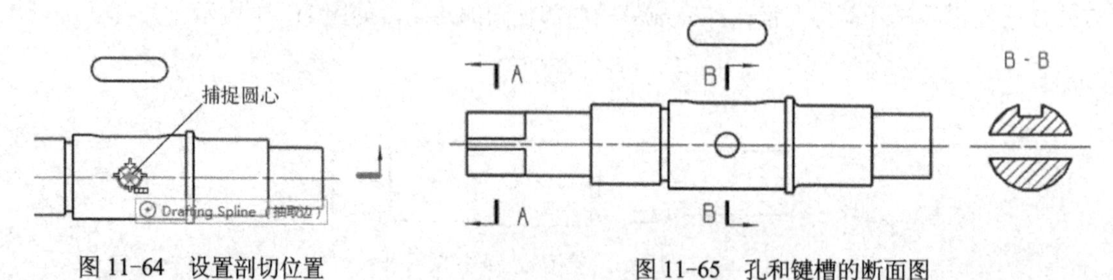

图11-64 设置剖切位置　　图11-65 孔和键槽的断面图

（3）修改键槽和孔的断面图。用鼠标在图形窗口选择键槽和孔的断面图，单击鼠标右键，在弹出的快捷菜单中选择“活动草图视图”命令，选择菜单命令“菜单”→“插入”→

“草图曲线”→“圆弧”，或单击“主页”选项卡→“草图”组→草图曲线下拉菜单→“圆弧”图标，在弹出的“圆弧”工具条中单击“中心和端点定圆弧”图标，在上边框条中仅激活捕捉方式，选择如图 11-66 所示的圆弧即可捕捉圆心，然后激活（端点）捕捉方式，依次选择如图 11-67 所示的两个圆弧端点，绘制如图 11-68 所示的圆弧。利用同样方面，在孔的另一侧绘制如图 11-69 所示的圆弧。

最后在“主页”选项卡的“草图”组中单击“完成草图”图标结束草图绘制，完成键槽和孔的断面图。

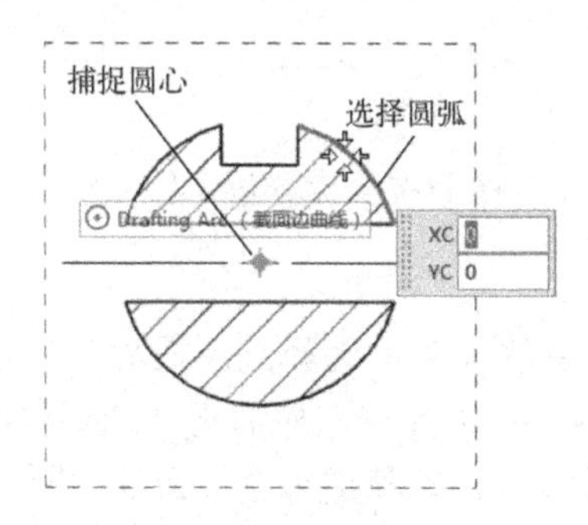

图 11-66　捕捉圆心

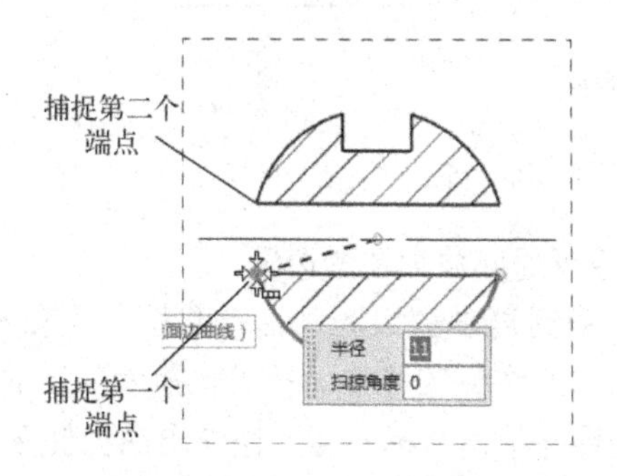

图 11-67　捕捉圆弧端点

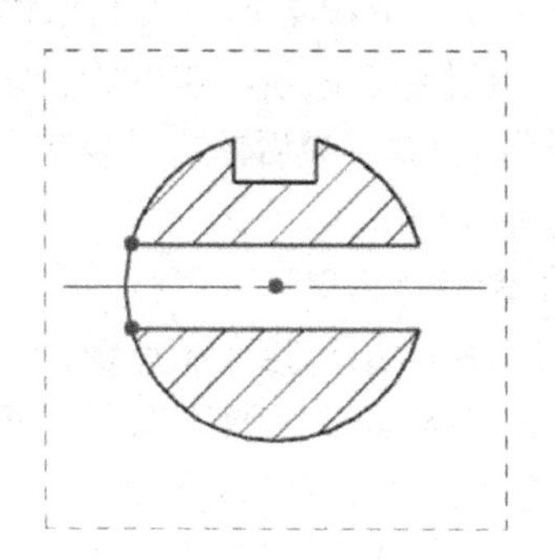

图 11-68　绘制第一段圆弧

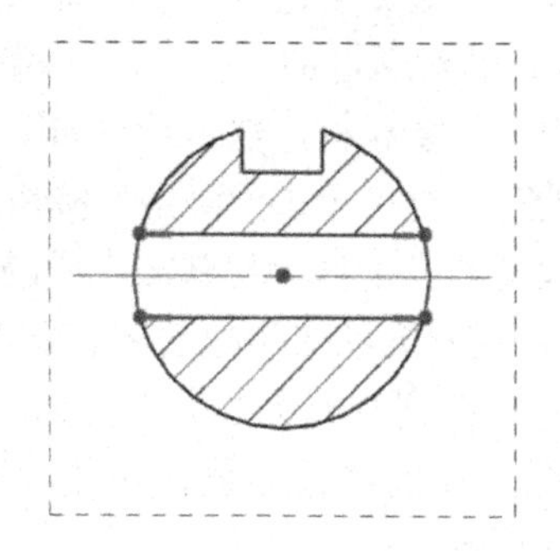

图 11-69　绘制第二段圆弧

7．绘制沟槽的局部放大图

（1）创建局部放大图。单击“主页”选项卡→“视图”组→“局部放大图”图标，在打开的对话框的“类型”下拉列表框中选择“圆形”选项，捕捉如图 11-70 所示的中点，然后移动光标至合适位置后单击鼠标左键指定如图 11-70 所示的边界，在“比例”下拉列表框中设置放大比例为 2∶1，在“设置”选项组中单击“设置”图标，在打开的对话框的左侧的树形导览窗口选择“公共”→“视图标签”选项，在右侧的“显示”选项组中取消“显示视图标签”复选框的选择，单击“确定”按钮关闭对话框，在“父项上的标签”选项组的“标签”下拉列表框中选择“无”选项，然后在主视图下方合适位置放置视图。

（2）修改局部放大图的名称。此时局部放大图的比例在图的下方，用鼠标选择比例文本后按下鼠标左键，向上拖动鼠标将比例文本放在图的上方后松开鼠标左键，然后双击比例文本打开“设置”对话框，在其左侧的树形导览窗口选择“详细”→“标签”选项，在右侧的“比例”选项组的“前缀”文本框内删除所有字母，单击“确定”按钮关闭“设置”对话框，得到的局部放大图如图 11-71 所示。

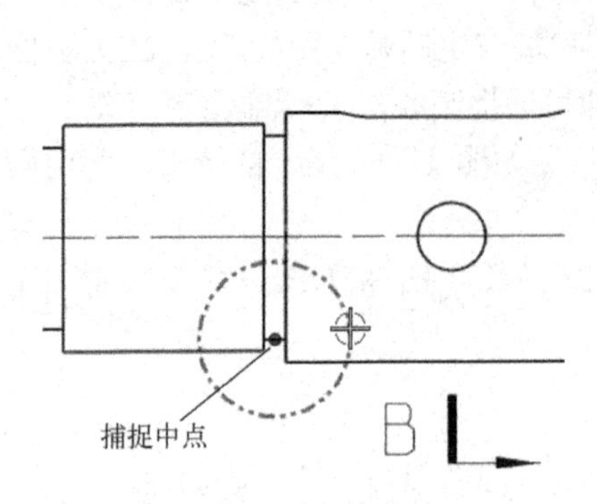

图 11-70　指定放大部分的中心

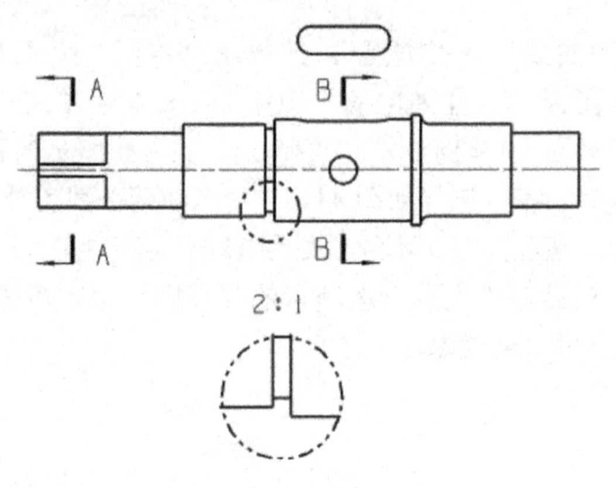

图 11-71　局部放大图

8．修改局部放大图的边界

（1）激活局部放大图为活动草图。用鼠标在局部放大图上选择圆形边界，单击鼠标右键，在弹出的快捷菜单中选择“转换为独立的局部放大图”命令，然后再次选择局部放大图的圆形边界并单击鼠标右键，在弹出的快捷菜单中选择“活动草图视图”命令。

（2）绘制样条曲线。选择菜单命令“菜单”→“插入”→“草图曲线”→“艺术样条”，或单击“主页”选项卡→“草图”组→“草图曲线”下拉菜单→“艺术样条”图标，在打开的对话框的“类型”下拉列表框中选择“通过点”选项，在“参数化”选项组中选择“封闭”复选框，然后绘制如图 11-72 所示的样条曲线。最后单击“确定”按钮，在随后打开的对话框中单击“确定”按钮，完成曲线的绘制。

（3）设置样条曲线为局部放大图的边界。选择菜单命令“菜单”→“编辑”→“视图”→“边界”，在打开的对话框的列表框中选择“DETAIL@8”，或直接在图形窗口中选择局部放大图，之后在列表框下方的下拉列表框中选择“断裂线/局部放大图”选项，然后在图形窗口中选择上述的样条曲线，单击“确定”按钮关闭“视图边界”对话框，得到的图形如图 11-73 所示。

（4）绘制用于修剪样条曲线的直线。选择菜单命令“菜单”→“插入”→“草图曲线”→“直线”，或单击“主页”选项卡→“草图”组→“草图曲线”下拉菜单→“直线”图标，然后捕捉样条曲线与局部放大图中下方直线的两个交点绘制直线，如图 11-74 所示。

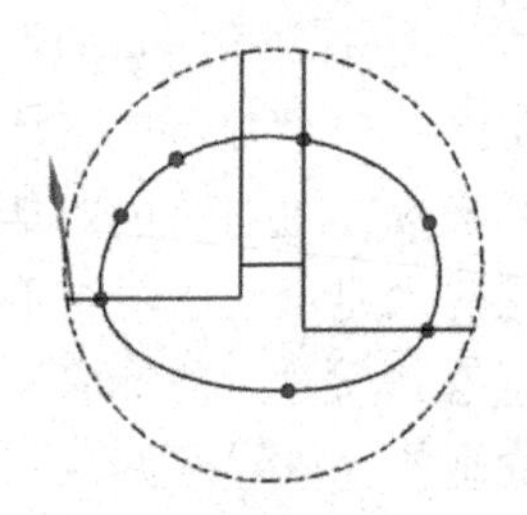

图 11-72　绘制样条曲线

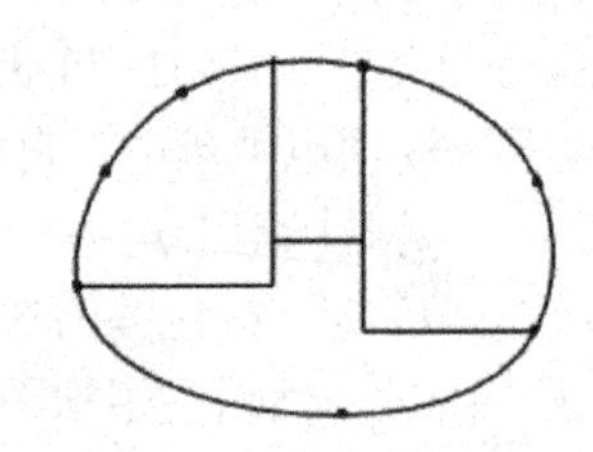

图 11-73　设置样条曲线为边界

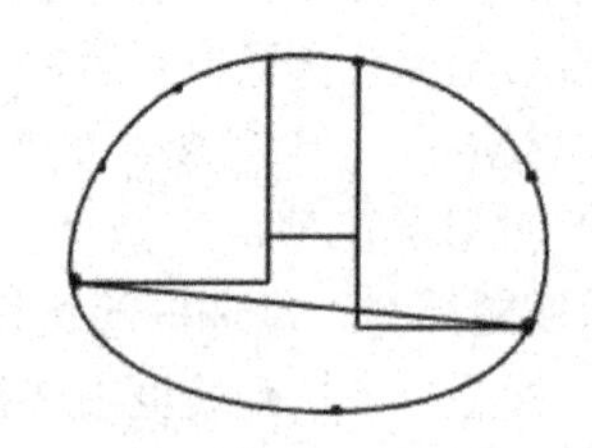

图 11-74　绘制直线

（5）修剪样条曲线。选择菜单命令“菜单”→“编辑”→“草图曲线”→“快速修剪”，选择样条曲线中位于上述绘制的直线的下方的部分，依次在弹出的对话框中单击“确定”按钮，将该部分删除，然后关闭“快速修剪”对话框。最后用鼠标选择上述绘制的直线，按键盘的<Delete>键将其删除。

完成上述操作后，单击“主页”选项卡→“草图”→“完成草图”图标，并适当移动局部放大图比例文本的位置，完成局部放大图的所有修改。最终得到的转轴的表达方法如图 11-75 所示。

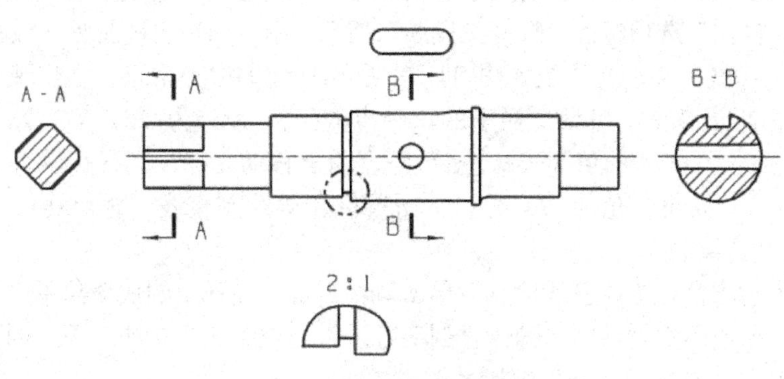

图 11-75　转轴的表达方法

11.8.2 拨叉表达方法范例

本节介绍如图 11-76 所示的拨叉的表达方法。拨叉由方箱部分、十字形弯板和叉头三部分组成，需要通过主视图、方箱部分的全剖视图、局部视图以及弯板部分的断面图和叉头部分的斜视图等进行表达。

1．打开网盘文件

打开拨叉的网盘文件“练习文件\第 11 章\拨叉.prt”，然后进入制图应用模块，利用前述方法创建图纸幅面为 A3 的图纸页。

2．添加主、俯视图

单击“主页”选项卡→“视图”组→“基本视图”图标，打开“基本视图”对话框，在“模型视图”选项组的“要使用的模型视图”下拉列表框中选择“前视图”选项，在“比例”选项组的“比例”下拉列表框中设置视图比例为 1:1，移动光标至合适位置后单击鼠标左键放置视图，然后竖直向下移动鼠标，在合适位置放置视图。最后单击“关闭”按钮关闭对话框，得到的主视图和俯视图如图 11-77 所示。

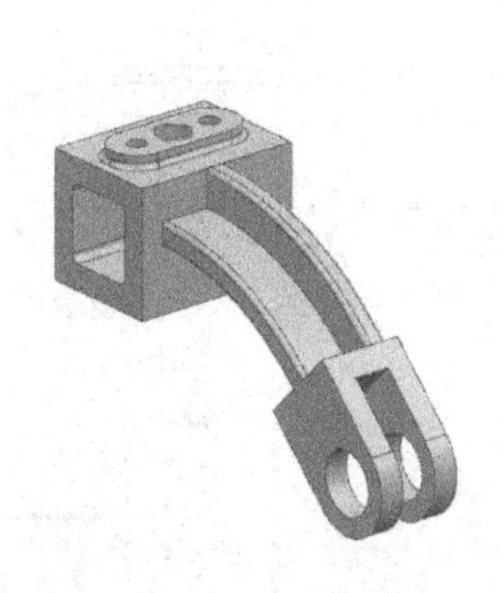

图 11-76　拨叉

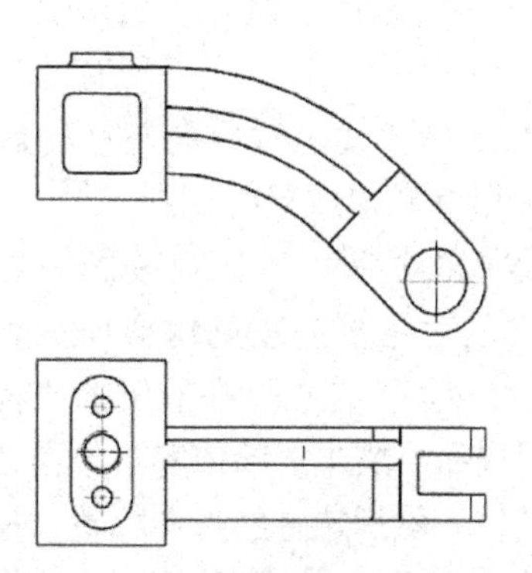

图 11-77　添加主视图和俯视图

3. 绘制方箱部分的剖切线

选择菜单命令“菜单”→“插入”→“视图”→“剖切线”，或单击“主页”选项卡→“视图”组→“剖切线”图标，按照如下步骤绘制剖切线：

（1）选择父视图。在打开的“截面线”对话框的“类型”下拉列表框中选择“独立”的选项，此时“父视图”选项组的“选择父视图”高亮显示，选择主视图为父视图。

（2）绘制剖切线。移动光标至如图 11-78 所示的边的中点附近，当出现中点捕捉标志时，可看到光标附近弹出的对话框显示的该中点的坐标 XC 为 25，YC 为 0，按键盘的<Enter>键，然后设置 YC 的值为-12，随后竖直向上移动光标，当光标附近的对话框显示“长度”值为 79、“角度”值为 90 时，单击鼠标左键绘制直线，之后连续两次按键盘的<Esc>键取消直线的绘制。

（3）设置投射方向。完成直线绘制后单击鼠标右键，在弹出的快捷菜单中选择“完成草图”命令，在“截面线”对话框中确认“剖切方法”选项组的“方法”下拉列表框中为“简单剖/阶梯剖”选线，单击“反向”图标。

（4）设置标签字母。在“截面线”对话框的“设置”选项组中单击“设置”图标，在打开的对话框的“格式”选项组的“字母”文本框中输入 A，单击“确定”按钮关闭对话框。

完成上述操作后，单击“确定”按钮关闭“截面线”对话框，绘制的剖切线如图 11-79 所示。

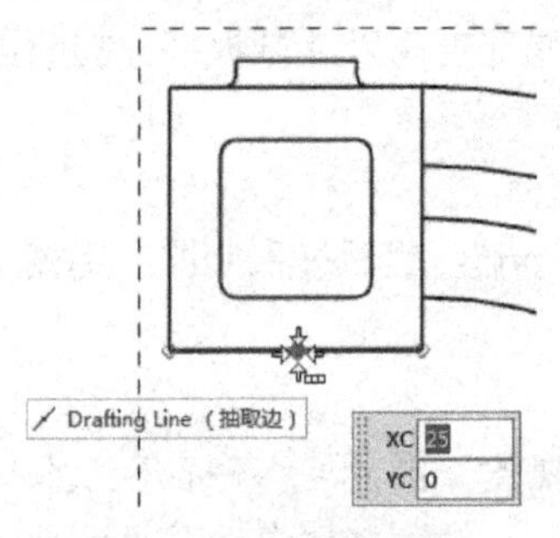

图 11-78　中点坐标

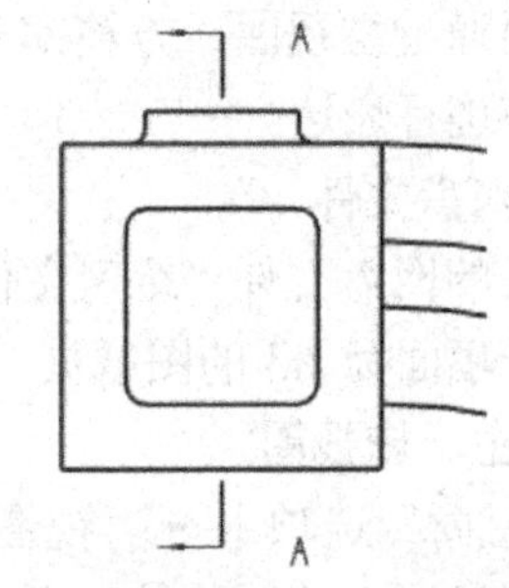

图 11-79　绘制剖切线

4. 创建方箱部分的剖视图

（1）生成剖视图。选择菜单命令“菜单”→“插入”→“视图”→“剖视图”，或单击“主页”选项卡→“视图”组→“剖视图”图标，在打开的对话框的“截面线”选项组的“定义”下拉列表框中选择“选择现有的”选项，选择上述绘制的剖切线，然后向左移动鼠标至合适位置后单击鼠标左键放置剖视图。

（2）修改视图标签。双击剖视图下方的视图标签，在打开的对话框的左侧树形导览窗口选择“截面线”→“标签”选项，在右侧的“标签”选项组中删除“前缀”文本框的内容，单击“确定”按钮关闭对话框。然后选择剖视图标签，按住鼠标左键并向上移动光标，将标签放置于剖视图上方后松开鼠标左键，得到的剖视图如图 11-80 所示。

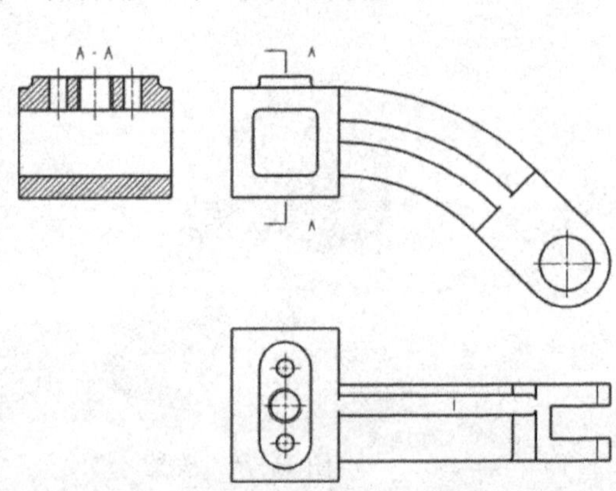

图 11-80　绘制方箱部分的剖视图

5．绘制弯板部分的剖切线

按照第 3 步方法执行“剖切线”命令，在“截面线”对话框的“类型”下拉列表框中选择“独立的”选项，然后选择主视图为父视图，如图 11-81 所示在弯管下方选择一点为起点，然后将光标移至弯管上方，当弯管上方的圆弧高亮显示，并在附近显示垂直符号（如图 11-81 所示）时，单击鼠标左键绘制直线，连续两次按键盘的<Esc>键取消直线的绘制，之后单击鼠标右键，在弹出的快捷菜单中选择“完成草图”命令结束草图绘制。最后单击“确定”按钮关闭“截面线”对话框，绘制的剖切线如图 11-82 所示。

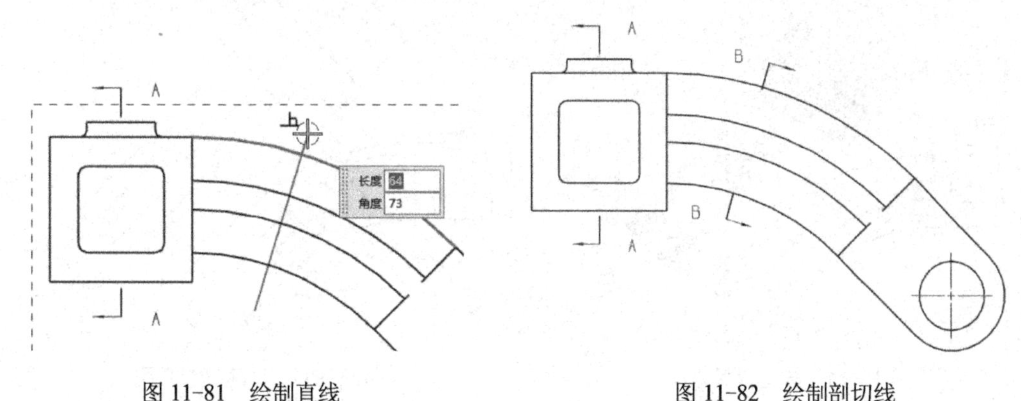

图 11-81　绘制直线　　　　图 11-82　绘制剖切线

6．创建弯板部分的断面图

（1）选择剖切线。单击“主页”选项卡→“视图”组→“剖视图”图标，在“剖视图”对话框“截面线”选项组的“定义”下拉列表框中选择“选择现有的”选项，选择上步绘制的剖切线。

（2）设置断面图的显示。在“剖视图”对话框的“设置”选项组中单击“设置”图标，在打开的“设置”对话框左侧的树形导览窗口选择“截面线”→“设置”选项，在右侧的“格式”选项组中取消“显示背景”复选框的选择，单击“确定”按钮关闭“设置”对话框，然后向右移动光标，在主视图右侧的合适位置单击鼠标左键放置视图。

（3）编辑视图标签。双击上述创建的断面图的标签，在打开的对话框左侧的树形导览窗口选择“截面线”→“标签”选项，在右侧的“标签”选项组的“前缀”文本框中删除所有文本，单击“确定”按钮关闭对话框，然后将编辑后的标签移至断面图上方，得到的断面图如图 11-83 所示。

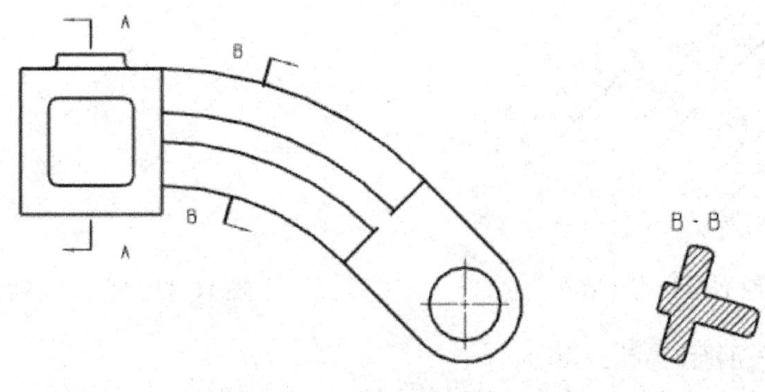

图 11-83　绘制弯板部分的断面图

7．创建叉头部分的投影视图

选择菜单命令“菜单”→“插入”→“视图”→“投影”，或单击“主页”选显卡→“视图”组→“投影视图”图标，此时默认选择主视图为父视图，移动光标至主视图的斜上方，当显示的表示投影方向的箭头垂直于叉头部分的直线（如图 11-84 所示）时，单击鼠标左键放置视图，得到的投影视图如图 11-85 所示。

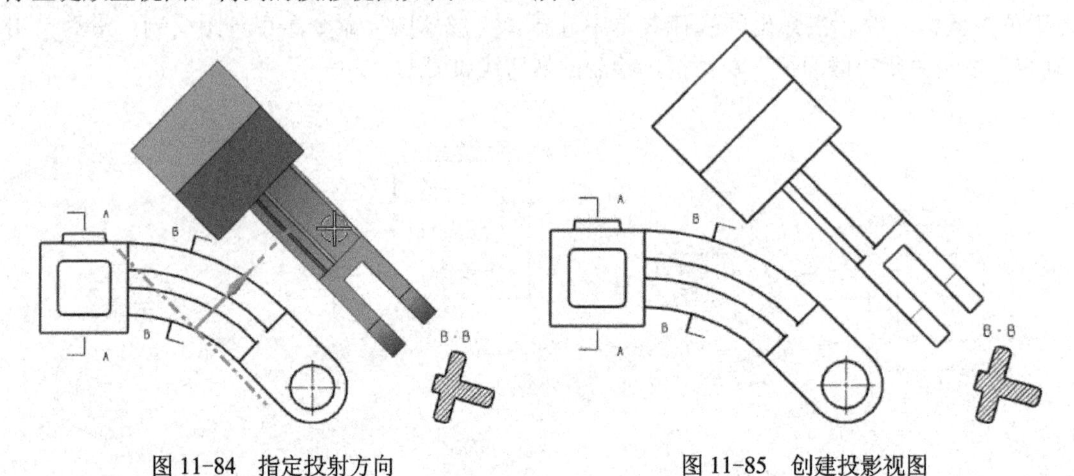

图 11-84　指定投射方向　　图 11-85　创建投影视图

8．将叉头部分的投影视图修改为局部剖视图

（1）绘制样条曲线。选择上步创建的投影视图，单击鼠标右键，在弹出的快捷菜单中选择“活动草图视图”命令。选择菜单命令“菜单”→“插入”→“草图曲线”→“艺术样条”，在打开的对话框的“类型”下拉列表框中选择“通过点”选项，在“参数化”选项组中选择“封闭”复选框，绘制如图 11-86 所示的样条曲线，单击“确定”按钮关闭“样条曲线”对话框。单击鼠标右键，在弹出的快捷菜单中选择“完成草图”命令结束草图绘制。

（2）创建局部剖视图。选择菜单命令“菜单”→“插入”→“视图”→“局部剖”，或单击“主页”选项卡→“视图”组→“局部剖视图”图标，选择上述第 7 步创建的投影视图，然后在主视图上捕捉主视图中叉头部分的圆孔的圆心，在“局部剖”对话框中单击“选择曲线”图标，之后选择上述绘制的样条曲线，单击“应用”按钮，得到的局部剖视图如图 11-87 所示。

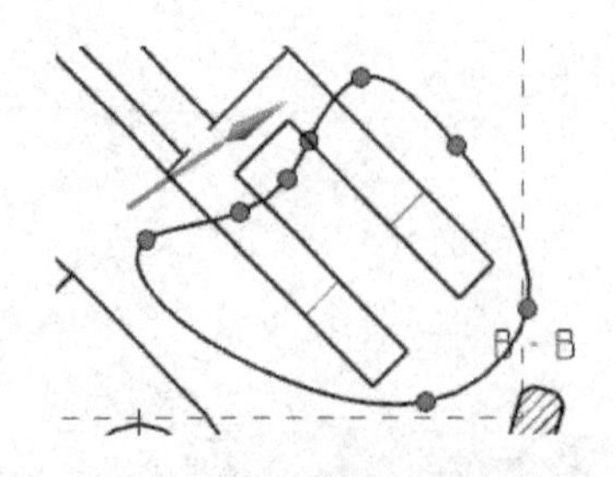

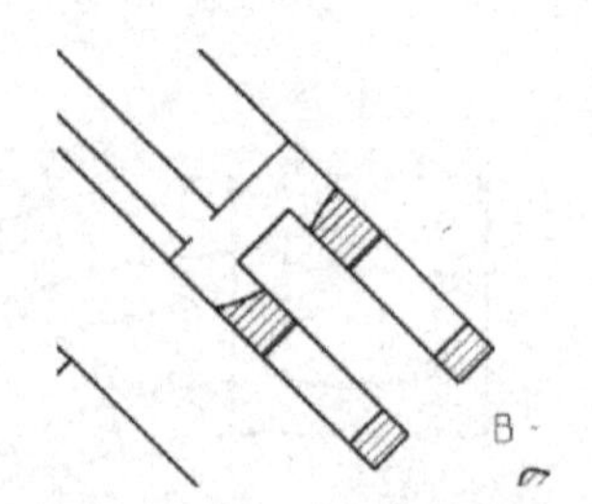

图 11-86　绘制样条曲线　　图 11-87　创建局部剖视图

9．将投影视图修改为断开视图

选择菜单命令“菜单”→“插入”→“视图”→“断开视图”，或单击“主页”选项卡

→“视图”组→“断开视图”图标，在“断开视图”对话框的“类型”下拉列表框中选择“单侧”，然后选择上述投影视图，此时“断裂线”选项组的“指定锚点”为选中状态，选择如图 11-88 所示的点为锚点，然后单击“方向”选项组的“指定矢量”，依次捕捉如图 11-89 所示的两个点，确定图 11-89 所示的断裂线。然后展开“设置”选项组，将“延伸 1”和“延伸 2”文本框的值设为“0”，最后单击“确定”按钮关闭“断开视图”对话框。

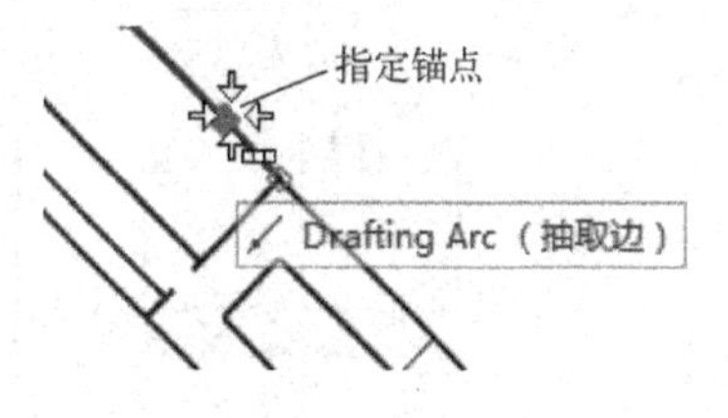

图 11-88 指定锚点

10. 设置断开视图的投射方向和视图名称

设置投射方向的显示。选择上述修改后的投影视图，单击鼠标右键，在弹出的快捷菜单中选择“设置”命令，在打开的对话框的左侧的树形导览窗口选择“投影”→“设置”选项，在右侧的“父视图上显示箭头”下拉列表框中选择“始终”选项；再在树形导览窗口选择“投影”→“标签”选项，在右侧“格式”选项组的“位置”下拉列表框中选择“上面”选项，在“标签”选项组的“视图标签类型”下拉列表框中选择“字母”选项，并删除“前缀”文本框的所有内容，单击“确定”按钮关闭对话框。然后选择图形窗口中显示的箭头并按住鼠标左键将其移至主视图中叉头的下方位置，将字母“C”移至修改后的断开视图上方。

最终修改完成的叉头部分的斜视图如图 11-90 所示。

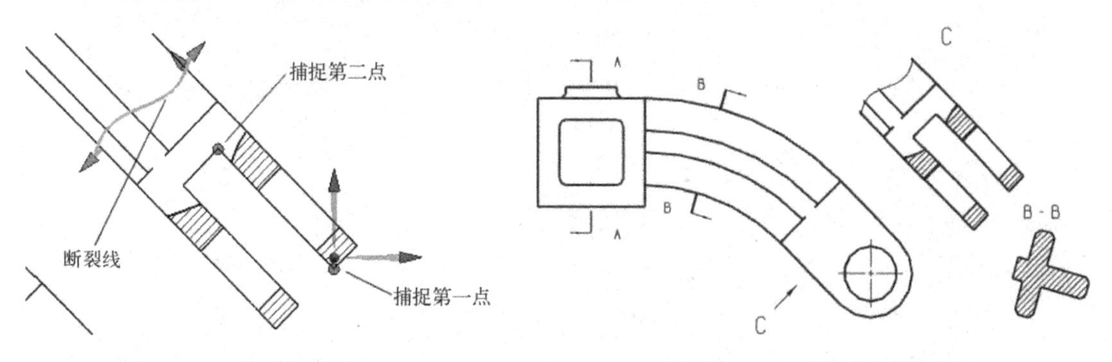

图 11-89 指定矢量　　　图 11-90 叉头部分的斜视图

11. 将俯视图修改为局部视图

按照第 9 步的方法执行“断开视图”命令，在“类型”下拉列表框中选择“单侧”命令，选择俯视图，然后选择如图 11-91 所示的点为锚点，单击“确定”按钮创建断开视图。

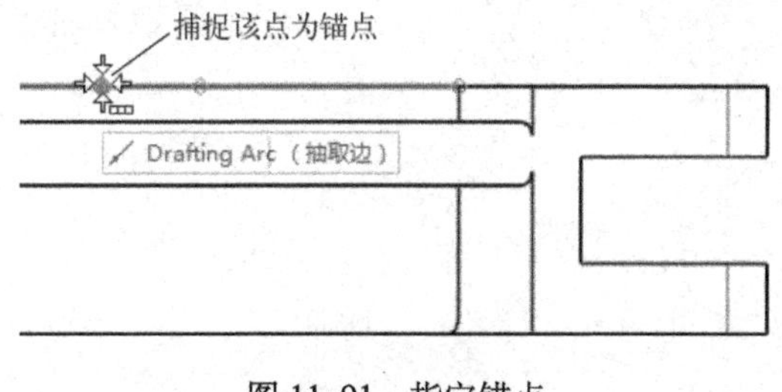

图 11-91 指定锚点

经上述操作后，最终完成的拨叉的表达方法如图 11-92 所示。

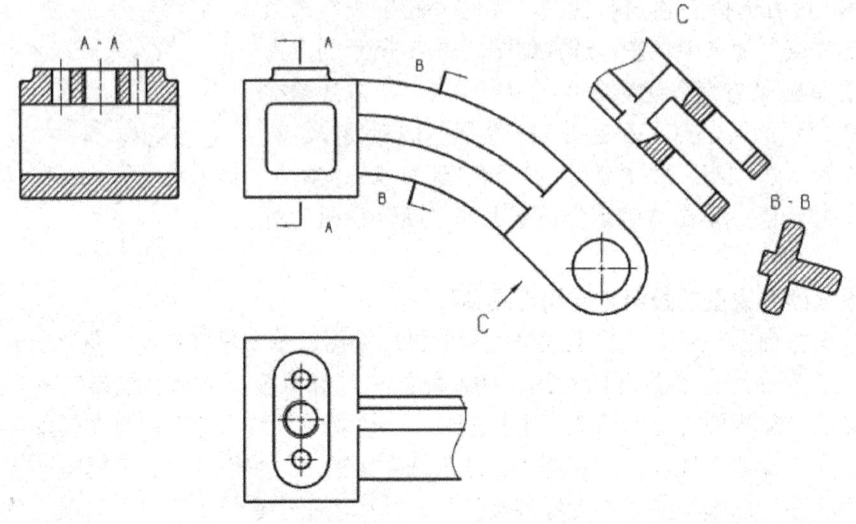

图 11-92 拨叉的表达方法

第 12 章　图纸标注与装配图

图纸标注是工程制图的重要内容，包括创建中心线、尺寸标注、文本注释标注、形位公差标注、标志符号标注、表面粗糙度标注、添加图框/标题栏和明细表等图纸标注的内容以及注释参数的设置。本章介绍图纸标注的内容和方法，在此基础上介绍装配图的创建。

12.1　图纸标注的内容

12.1.1 创建中心线

向图纸添加视图后，所创建的视图经常有部分结构没有自动绘制中心线，或者某些结构的中心线不正确，在此情况下，可通过“菜单”→“插入”→“中心线”菜单项的级联菜单，或如图 12-1 所示的“主页”选项卡“注释”组的中心线下拉菜单创建需要的中心线。

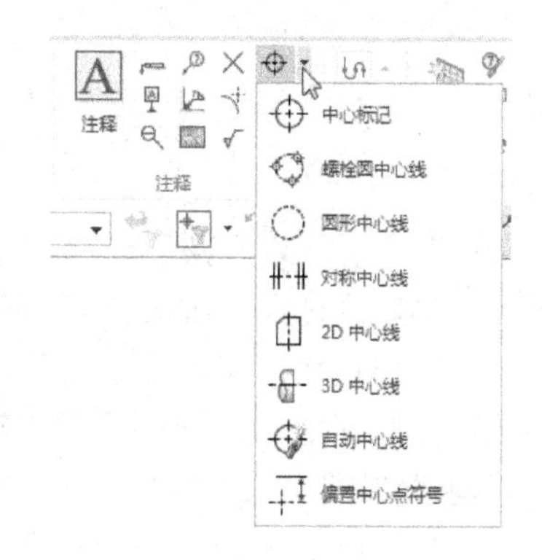

图 12-1 “中心线”下拉菜单

中心线下拉菜单常用命令的说明如下：

1. ⌖（中心标记）

功能：标注线性中心线。

操作说明：单击该按钮后，打开“中心标记”对话框，选择需要标注中心线的对象，单击“确定”按钮，则为所选对象标注中心线，如图 12-2 所示。

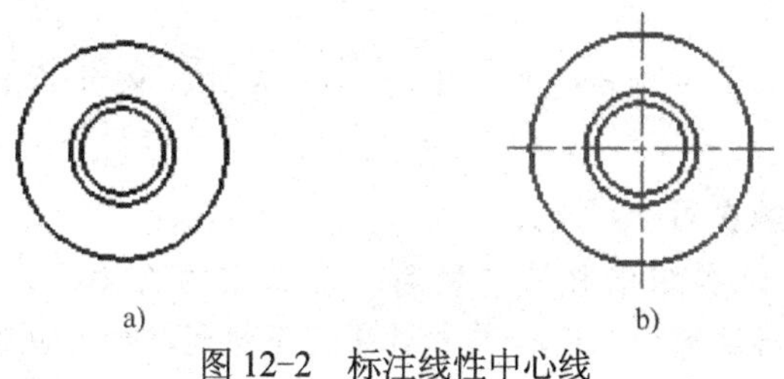

a)　　　　b)

图 12-2　标注线性中心线

a) 标注前　b) 标注后

📖 **提示：**

1）可以通过“中心标记”对话框的“设置”选项组的 A、B、C 等值修改中心线的参数，并可在“角度”选项组设置中心线的倾斜角度。

2）如果在“中心标记”对话框中选择“创建多个中心标记”复选框，当连续选择多个对象后，将分别为每个对象标注中心线，如果不选择该复选框，选择多个对象后将标注连续性中心线，如图 12-3 所示。

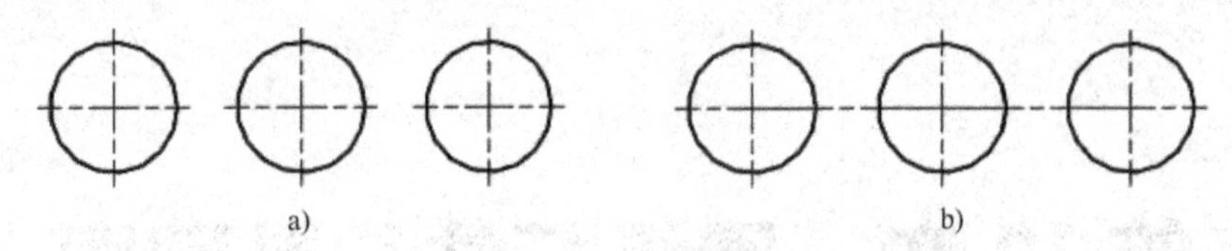

图 12-3 标注多个对象的中心线

a) 选择“创建多个中心标记”复选框 b) 不选择“创建多个中心标记”复选框

3）可通过继承创建中心线。使用该方法的步骤为：在“中心标记”对话框中单击“继承”选项组的“选择中心标记”，首先选择要继承的中心线或中心标记，然后选择需要创建中心线或中心标记的对象，则所选的后一对象的中心线继承前一对象中心线的格式，如图 12-4 所示。

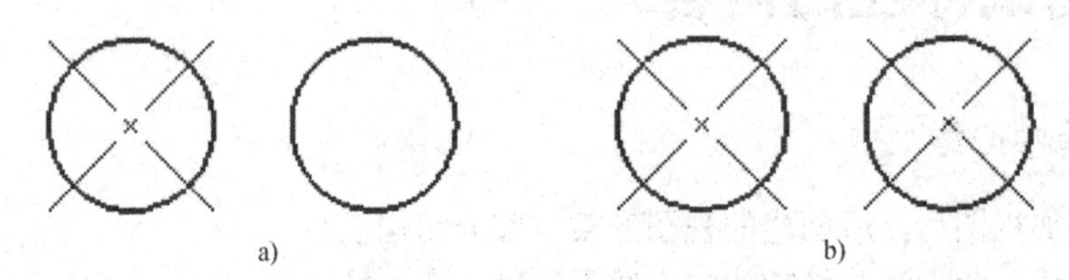

图 12-4 使用继承创建中心线

a) 创建前 b) 创建后

2. （螺栓圆中心线）

功能：标注按圆周分布的孔的整圆螺栓圆中心线，如图 12-5 所示。

操作说明：单击该按钮后，在打开的“螺栓圆中心线”对话框的“类型”下拉列表框中选择“通过 3 个或多个点”选项，选择圆周分布的各个圆的圆心，最后单击“确定”按钮，可创建整圆螺栓圆中心线。

提示：

1）只要选择 3 个圆就可以绘制圆形中心线，但只有被选中的圆才绘制指向分布圆周中心的中心线。

2）若在“类型”下拉列表框中选择“中心-点”选项，则可首先选择中心点，然后依次选择按圆周分布的圆。

3）各个圆的圆心必须在同一圆周上。

4）如果在“放置”选项组中取消“整圆”复选框的选择，将创建不完整螺栓圆中心线，如图 12-6 所示。但标注部分圆螺栓圆中心线应当按逆时针方向选择对象。

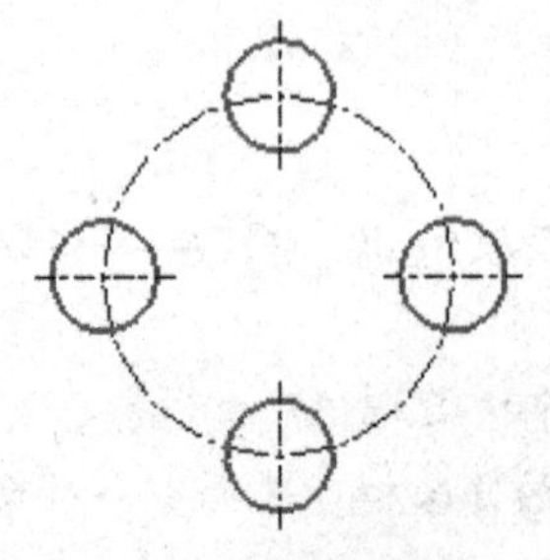

图 12-5 完整螺栓圆中心线

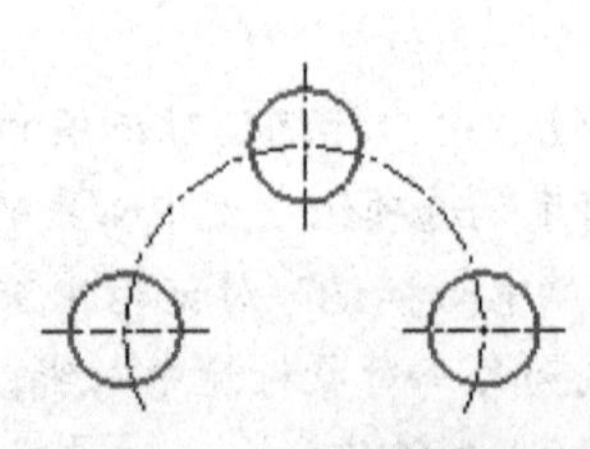

图 12-6 不完整螺栓圆中心线

3. ◌（圆形中心线）

功能：创建按圆周分布的圆的整圆中心线或不完整圆中心线，如图 12-7 和图 12-8 所示。

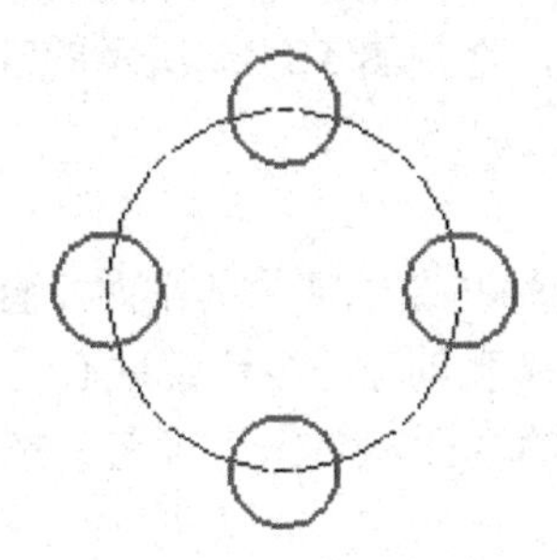

图 12-7　整圆中心线

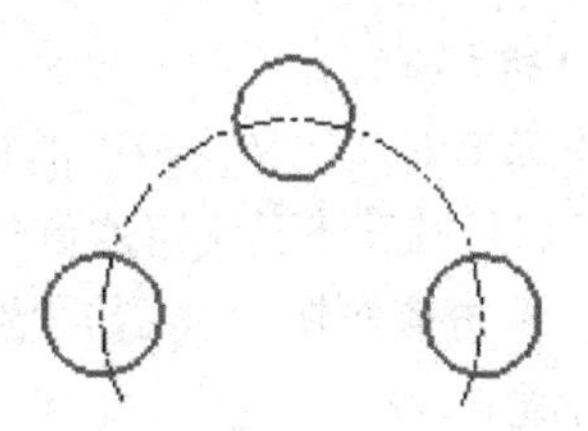

图 12-8　部分圆中心线

操作说明：该选项的操作过程与螺栓圆中心线的创建过程相似，但不为所选择的圆绘制指向分布圆周中心的中心线。

4. （对称中心线）

功能：标注对称符号，如图 12-9 所示。

操作说明：单击该按钮后，从打开的“对称中心线”对话框的“类型”下拉列表框中选择“起点和终点”选项，首先选择第一点，然后选择第二点，单击“确定”按钮，则在所选两点附近创建对称符号。也可在“类型”下拉列表框中选择“起始面”选项，然后选择圆柱面创建对称符号。

5. （2D 中心线）

功能：使用曲线或控制点来限制中心线的长度，从而创建 2D 中心线。

操作说明：单击该按钮后，打开“2D 中心线”对话框，从“类型”下拉列表框中选择“根据点”选项，可根据指定的两点创建线性中心线，如图 12-10 所示；如果从“类型”下拉列表框中选择“从曲线”选项，可根据选择的两条曲线创建中心线，如图 12-11 所示。

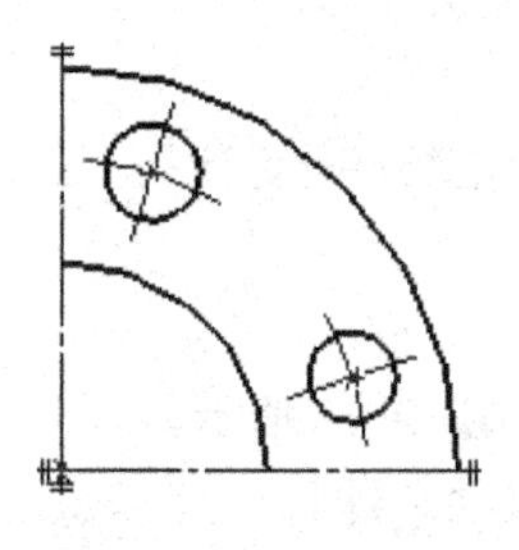

图 12-9　对称符号

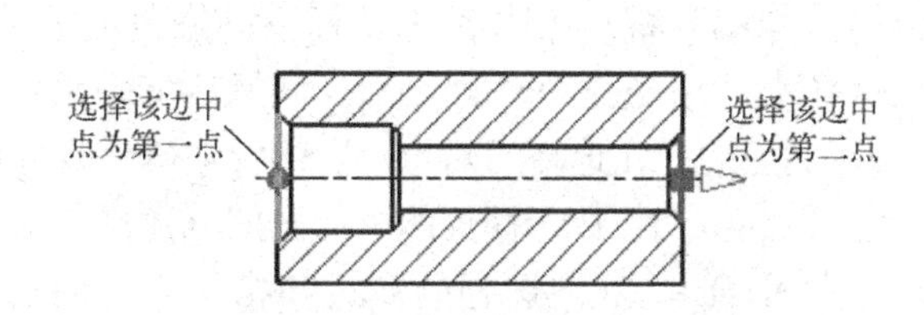

图 12-10　根据两点创建中心线

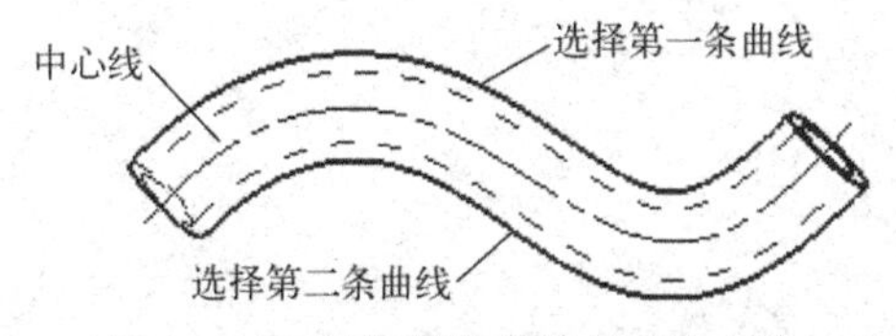

图 12-11　根据两条曲线创建中心线

6. （3D 中心线）

功能：可以在扫掠面或分析面（例如圆柱面、锥面、直纹面、拉伸面、回转面、环面和扫掠类型面等等）上创建3D中心线。

操作说明：单击该按钮后,选择某个表面，在“3D 中心线”对话框中单击“确定”按钮，可创建该表面的中心线。例如，在单击该按钮后，选择图 12-11 所示的管的表面后单击“确定”，可创建与图 12-11 所示相同的中心线。

7. （自动中心线）

功能：此选项可自动在任何现有的视图（孔或销轴与图纸视图的平面垂直或平行）中创建中心线。如果螺栓圆孔不是圆形实例集，则将为每个孔创建一条线性中心线。

操作说明：单击该按钮后,选择需要标注中心线的视图，单击“确定”按钮，可为该视图自动创建中心线。

12.1.2 尺寸标注

尺寸标注是绘制工程图的重要内容，通过“菜单”→“插入”→“尺寸”菜单项的级联菜单，或如图 12-12 所示的“主页”选项卡“尺寸”组中的各个命令可创建各种尺寸标注。

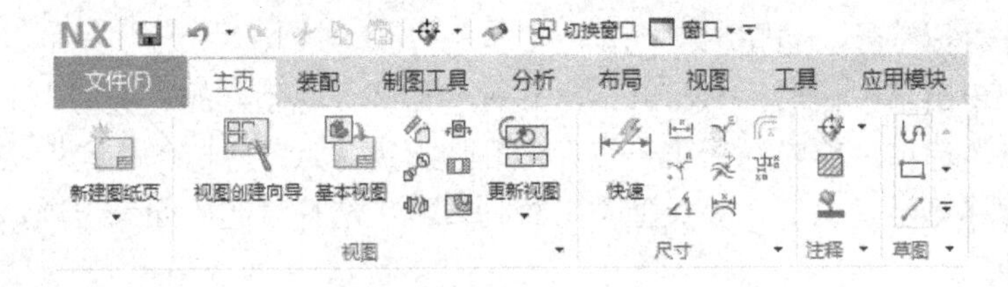

图 12-12 “尺寸”组

1. 快速尺寸标注

选择菜单命令“菜单”→“插入”→“尺寸”→“快速”，或单击“主页”选项卡→“尺寸”组→“快速”图标，打开“快速尺寸”对话框，在“测量”选项组的“方法”下拉列表框中选择要标注的尺寸的类型，然后选择对象进行标注。

“方法”下拉列表框可选择的尺寸类型包括：

1）（自动判断）：根据所选的标注对象和光标位置自动推断尺寸标注类型。

2）（水平）：在选择的两个点之间标注水平尺寸

3）（竖直）：在选择的两个点之间标注垂直尺寸。

4）（点到点）：在选择的两个点之间标注平行尺寸，如图 12-13 所示。

5）（垂直）：标注选择的直线和指定点之间的垂直尺寸，即标注点和直线间的距离，如图 12-14 所示。

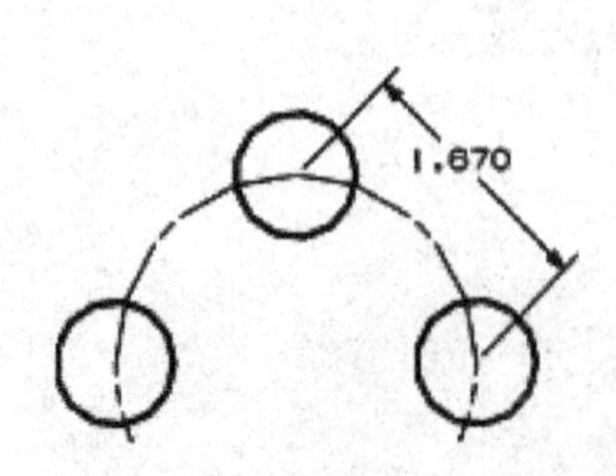

图 12-13 平行尺寸

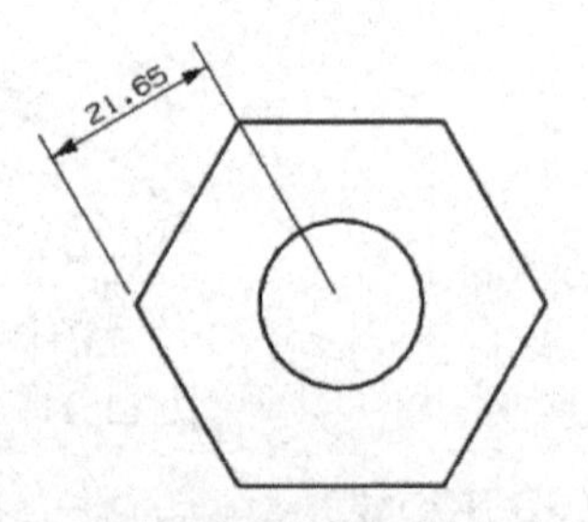

图 12-14 垂直尺寸

6）∠1（角度）：在不平行的两条直线之间标注角度尺寸，该角度尺寸沿逆时针方向测量。

7）（圆柱式）：为圆柱的轮廓视图标注直径尺寸，直径符号会自动附加至尺寸。

8）（径向）：用箭头指向圆弧的引出线标注圆或圆弧的半径。

9）（直径）：对圆或圆弧的直径进行尺寸标注。创建的尺寸具有两个箭头，这两个箭头指向圆或圆弧相对的两侧。

2．线性尺寸标注

选择菜单命令“菜单”→“插入”→“尺寸”→“线性”，或单击“主页”选项卡→“尺寸”组→“线性”图标，打开“线性尺寸”对话框，可在“方法”下拉列表框中选择自动判断、水平、竖直、点到点、垂直、圆柱式等尺寸类型进行标注。

当在“方法”下拉列表框中选择“自动判断”、“水平”、“竖直”或“点到点”等类型时，可在“尺寸集”选项组的“方法”下拉列表框中选择“链”或“基线”选项进行尺寸标注：

1）当选择“链”选项时，标注连续的线性尺寸，如图 12-15 所示。标注时，依次选择需要标注尺寸的多个对象，最后在合适的位置放置尺寸。

2）当选择“基线”选项时，标注基线尺寸，如图 12-16 所示，其操作过程与标注链式尺寸相似，区别在于基线标注以选择的第一个对象作为基准。

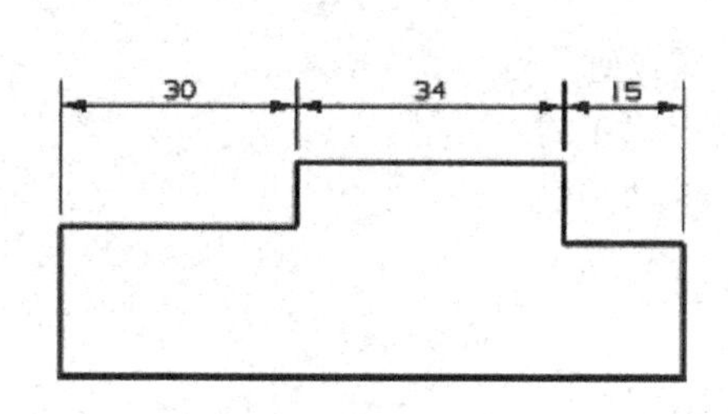

图 12-15　链式尺寸

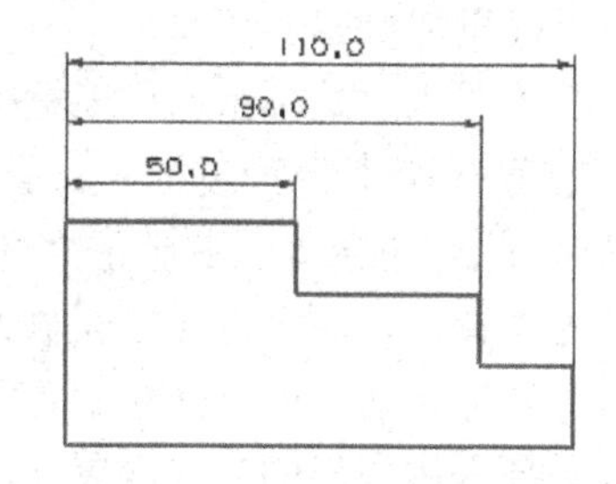

图 12-16　基线标注

3．径向尺寸标注

选择菜单命令“菜单”→“插入”→“尺寸”→“径向”，或单击“主页”选项卡→“尺寸”组→“径向”图标，打开“半径尺寸”对话框，可在“方法”下拉列表框中选择自动判断、径向、直径等尺寸类型进行标注。

当在“方法”下拉列表框中选择“径向”选项后，可选择“创建带折线的半径”复选框，为较大的圆弧创建带折线的半径尺寸。标注前，首先选择菜单命令“菜单”→“插入”→“草图曲线”→“点”，在圆弧的下方合适位置绘制一点作为尺寸线的起点，然后按照上述方法执行“径向”命令，首先选择圆弧，随后选择上述绘制的点，之后指定折弯位置，最后拖动尺寸放置于合适的位置，如图 12-17 所示。

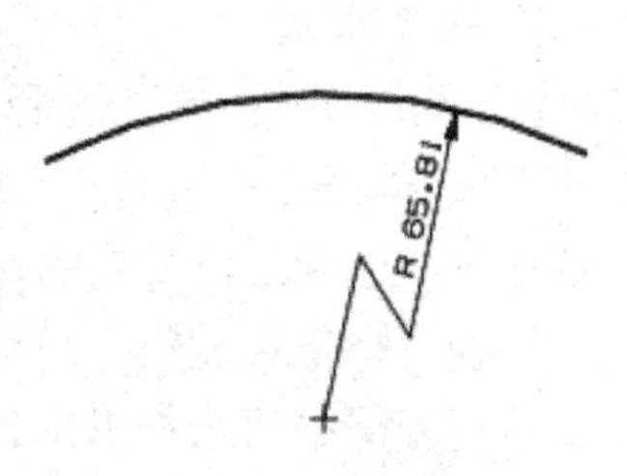

图 12-17　带折线的半径

4．角度尺寸标注

选择菜单命令“菜单”→“插入”→“尺寸”→“角度”，或单击“主页”选项卡→“尺寸”组→“角度”图标，打开“角度尺寸”对话框，依次选择形成夹角的两个对象，即可标注角度尺寸。

5. 倒角尺寸标注

选择菜单命令“菜单”→“插入”→“尺寸”→“倒斜角”，或单击“主页”选项卡→“尺寸”组→“倒斜角”图标，打开“倒斜角尺寸”对话框，可为45° 斜角标注尺寸。

6. 厚度尺寸标注

选择菜单命令“菜单”→“插入”→“尺寸”→“厚度”，或单击“主页”选项卡→“尺寸”组→“厚度”图标，打开“厚度尺寸”对话框，依次选择两个对象（如直线、同心圆弧），即可标注两个对象之间的厚度尺寸。

7. 弧长尺寸标注

选择菜单命令“菜单”→“插入”→“尺寸”→“弧长”，或单击“主页”选项卡→“尺寸”组→“弧长”图标，打开“弧长尺寸”对话框，选择某个圆弧，可为其标注弧长尺寸。

12.1.3 文本注释标注

选择菜单命令“菜单”→“插入”→“注释”→“注释”，或单击“主页”选项卡→“注释”组→“注释”图标，打开如图12-18所示的“注释”对话框，利用该对话框可以根据需要添加文本。

在“文本输入”选项组的列表框中展开“格式设置”选项组，在第一个下拉列表框中选择“Chinesef_fs”（即仿宋字体），此时在文本框中显示“<F2>”和“<F>”，二者为字体的设置。在两个符号之间输入文本，此时移动光标时文本随光标移动，单击鼠标左键可放置文本。

如果需要采用引出的方式放置文本，可在“指引线”选项组的“类型”下拉列表框中选择指引线的形式；必要时可通过“设置”选项组设置文字样式和对齐方式。

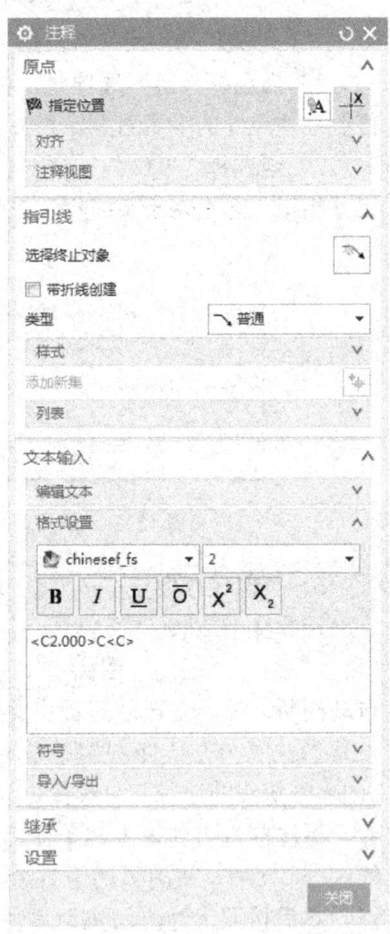

图12-18 “注释”对话框

12.1.4 形位公差标注

形位公差是图样重要的技术要求，选择菜单命令“菜单”→“插入”→“注释”→“特征控制框”，或单击“主页”选项卡→“注释”组→“特征控制框”图标，利用打开的如图12-19所示的“特征控制框”对话框可以进行形位公差的标注。

在“特征控制框”对话框的“框”选项组的“特性”下拉列表框中可选择形位公差符号，在“框样式”下拉列表框中可选择“单框”或“复合框”两种格式。

形位公差参数在“公差”选项组进行设置。该选项组左侧第一个下拉列表框用于选择直径等符号，中间的文本用于设置公差数值，右侧的下拉列表框用于设置公差材料要求；“第一基准”选项组用于设置主基准，根据需要可在“第二基准参考”和“第三基准参考”选项组设置其余的基准。

12.1.5 表面粗糙度标注

表面粗糙度决定了零件的表面质量，也是零件图重要的技术要求。选择菜单命令“菜单”→“插入”→“注释”→“表面粗糙度符号”，或单击“主页”选项卡→“注释”组→“表面粗糙度符号”图标√‾，打开如图 12-20 所示的“表面粗糙度”对话框，利用该对话框可标注零件的表面粗糙度要求。

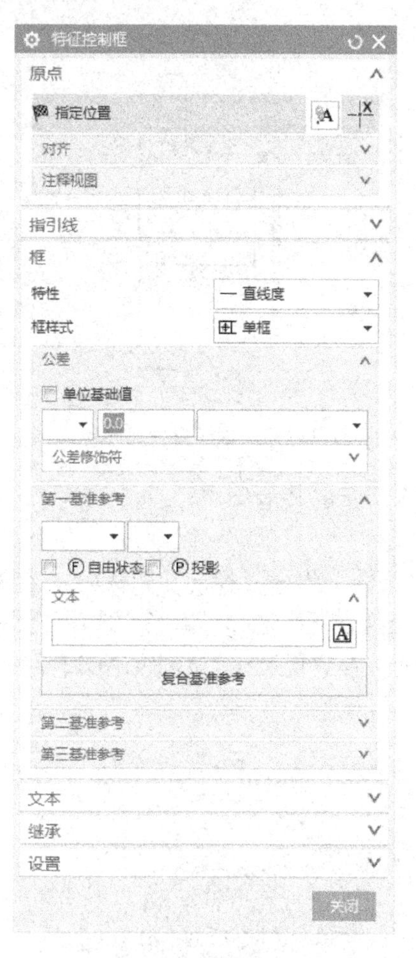

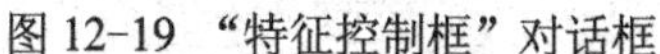
图 12-19 “特征控制框”对话框

图 12-20 “表面粗糙度”对话框

标注表面粗糙度的一般步骤如下：

1）在“属性”选项组的“除料”下拉列表框中选择表面粗糙度符号。

2）在图例下方的下拉列表框中设置参数。

3）通过“设置”选项组设置样式及角度。

4）选择对象，标注表面粗糙度符号。

12.1.6 端盖标注范例

本节以端盖为例介绍图纸的标注过程，操作步骤如下：

1．打开网盘文件

打开网盘文件“练习文件\第12章\端盖_制图.prt”，然后进入制图应用模块。

2．标注圆柱形直径尺寸

单击“主页”选项卡→“尺寸”组→“线性”图标，打开“线性尺寸”对话框，在“测量”选项组的“方法”下拉列表框中选择“圆柱式”选项，首先在主视图中选择如图12-21所示的圆柱面的第一条边，然后选择第二条边，随后向左移动光标至合适的位置，单击鼠标左键放置尺寸，如图12-22所示。

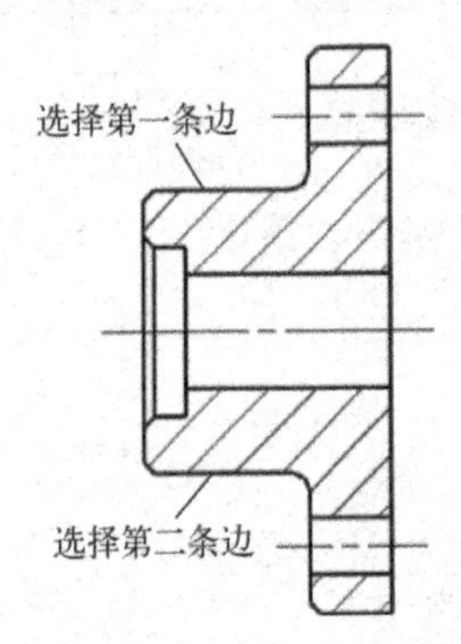

图12-21 选择标注对象

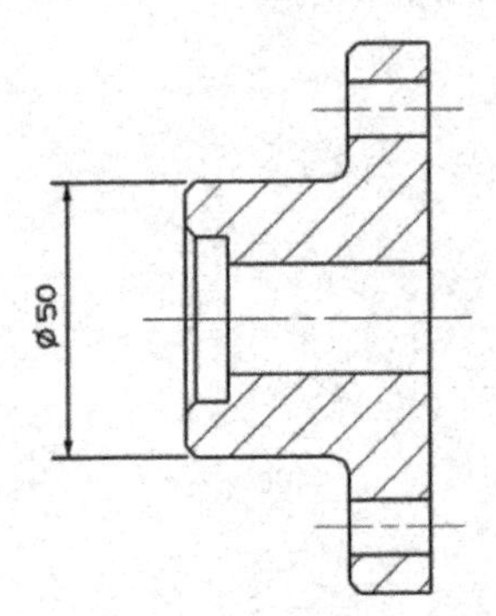

图12-22 标注直径尺寸

利用上述同样方法，在主视图上标注如图12-23所示的其他尺寸。

3．标注圆的直径尺寸

（1）选择标注对象。单击“主页”选项卡→“尺寸”组→“径向”图标，打开“半径尺寸”对话框，在“测量”选项组的“方法”下拉列表框中选择“直径”选项，然后在左视图上选择过四个圆孔的圆形中心线，最后在合适的位置放置尺寸，标注如图12-24所示的直径尺寸。

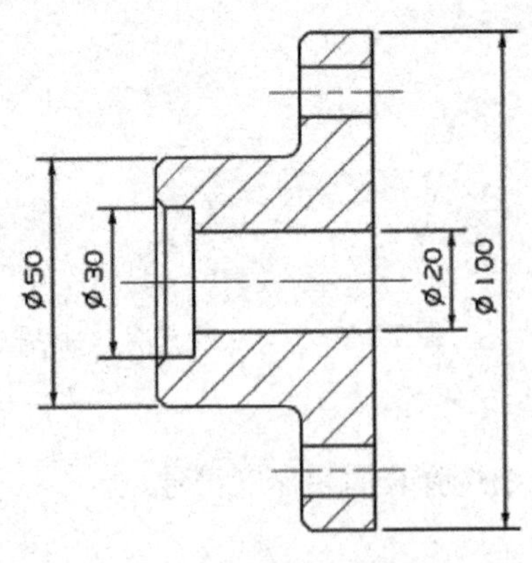

图12-23 标注圆柱形直径尺寸

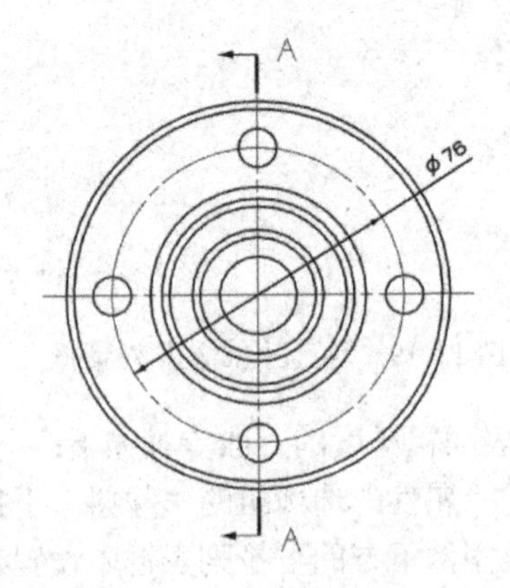

图12-24 标注圆的直径尺寸

（2）编辑标注文本。此时“半径尺寸”对话框仍然处于打开状态，选择左视图中右侧的小圆，在“半径尺寸”对话框的“设置”选项组中单击“设置”图标，在打开的“设置”对话框的左侧的树形导览窗格中选择“前缀/后缀”选项，在右侧的“直径符号”下拉列表框中选择“用户定义”选项，在“要使用的符号”下面文本框的“<O>”前添加文本“4

×”，单击该文本框右侧的“编辑文本”图标A，在打开的“文本”对话框的“格式设置”选项组的文本框中选择文本“4×”，然后在其上方左侧的下拉列表框中设置字体为“chinesef”，并在其右侧的下拉列表框中选择“1.25”，如图 12-25 所示，然后依次单击“确定”按钮关闭“文本”对话框和“设置”对话框。最后放置尺寸，并关闭“半径尺寸”对话框，得到如图 12-26 所示的小圆的直径尺寸。

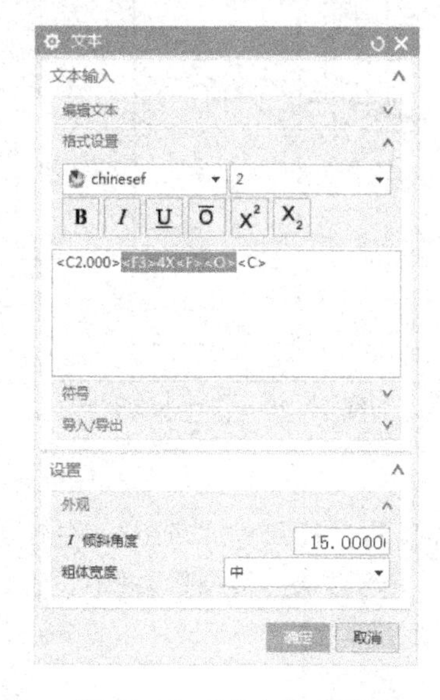

图 12-25 “文本”对话框

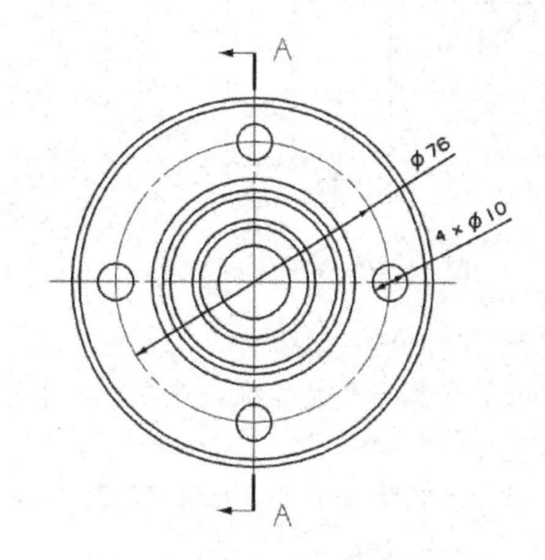

图 12-26 带有附加文本的直径尺寸

提示：

1）在标注尺寸后，用鼠标选择某个尺寸，然后按住鼠标左键并移动，可以将所选的尺寸进行移动，该操作便于调整各个尺寸之间的相对位置，以保证其他尺寸有足够的放置空间。

2）执行某个标注尺寸的命令后，可根据需要在图形窗口弹出的工具条中单击“文本设置”图标，修改尺寸标注的某些参数，但所做的修改仅对当前尺寸有效，退出该命令后对后续操作不起作用。

4. 标注水平线性尺寸

选择菜单命令“菜单”→“插入”→“尺寸”→“线性”，或单击“主页”选项卡→“尺寸”组→“线性”图标，打开“线性尺寸”对话框，在“测量”选项组的“方法”下拉列表框中选择“水平”选项，在主视图标注如图 12-27 所示的尺寸。

5. 标注倒角尺寸

选择菜单命令“菜单”→“插入”→“尺寸”→“倒斜角”，或单击“主页”选项卡→“尺寸”组→“倒斜角”图标，打开“倒斜角尺寸”对话框，单击“设置”选项组的“设置”图标，在打开的“设置”对话框左侧的树形导览窗格中选择“直线/箭头”→“箭头线”选项，在右侧的“短画线”选项组的“长度”文本框中输入 1，单击“关闭”按钮关闭“设置”对话框，然后在主视图上选择倒角的斜边标注倒角尺寸，如图 12-28 所示。

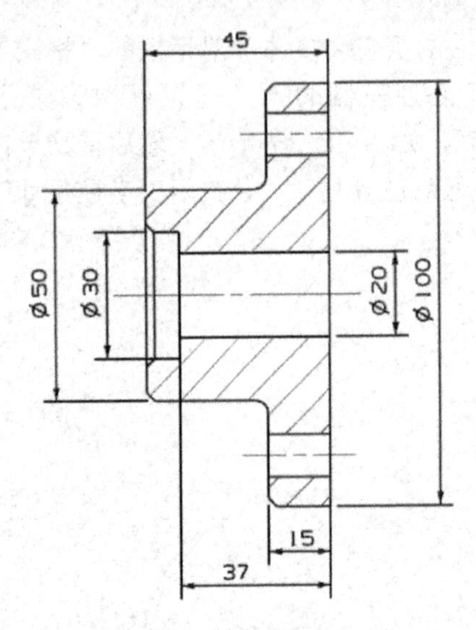

图 12-27 标注水平尺寸

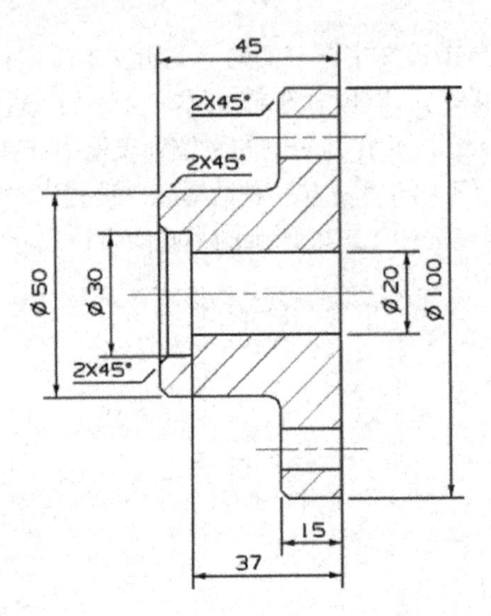

图 12-28 标注倒角尺寸

6. 标注尺寸公差

（1）设置公差形式及参数。在主视图中双击中心孔的直径尺寸“Ø20”，在弹出的对话框中选择尺寸公差的形式为“双向公差”，如图 12-29 所示。然后在对话框中设置公差的上偏差为 0.15，下偏差为-0.18，如图 12-30 所示。

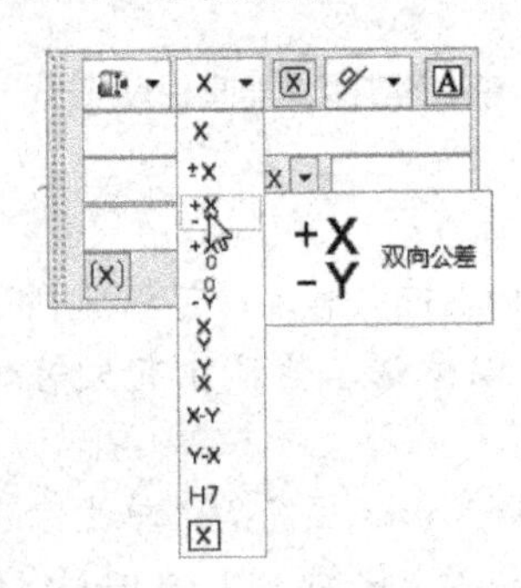

图 12-29 选择公差形式

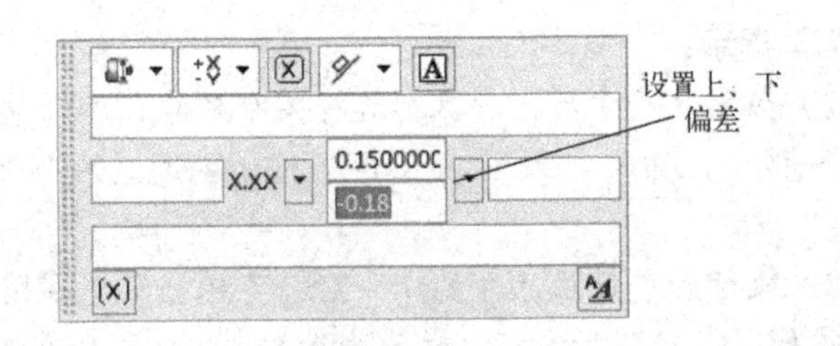

图 12-30 设置尺寸公差

（2）设置公差尺寸的显示参数。在如图 12-30 所示的对话框的右下角单击“文本设置”图标，在打开的对话框左侧的树形导览窗格中选择“文本”→“公差文本”选项，在右侧的“高度”文本框中输入 1.8，在“文本间隙因子”文本框中输入 0.2，单击“确定”按钮关闭对话框，最后按键盘的<Esc>键结束尺寸公差的编辑。将尺寸文本的位置进行适当的移动，得到的尺寸公差如图 12-31 所示。

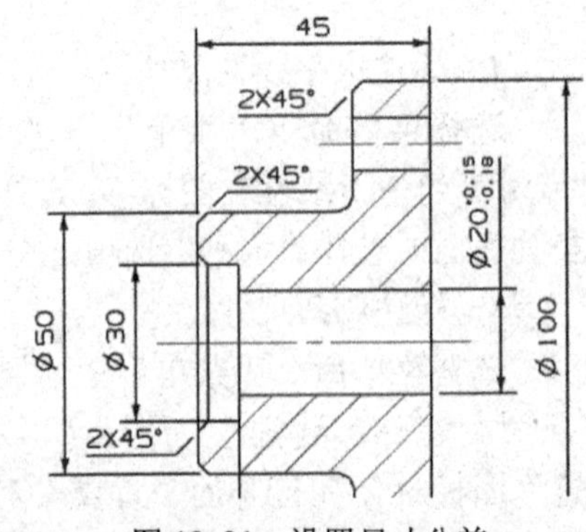

图 12-31 设置尺寸公差

7. 标注形位公差

（1）添加基准符号。选择菜单命令“菜单”→“插入”→“注释”→“基准特征符号”，或单击“主页”选项卡→“注释”组→“基准特征符号”图标，在打开的对话框的“指引线”选项组中单击“选择终止对象”图标，在“类型”下拉列表框中选择“基准”选项，在如图 12-32 所示的尺寸线箭头和尺寸界线相交点附近单击鼠标左键，然后向下移动光标并单击鼠标左键放置基准符号，如图 12-33 所示。

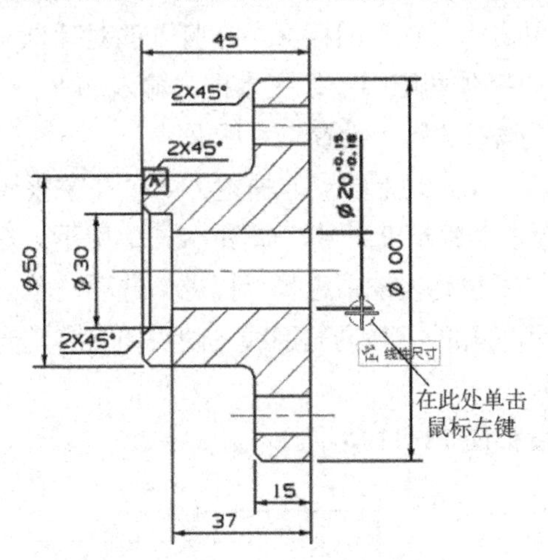

图 12-32 指定基准符号位置

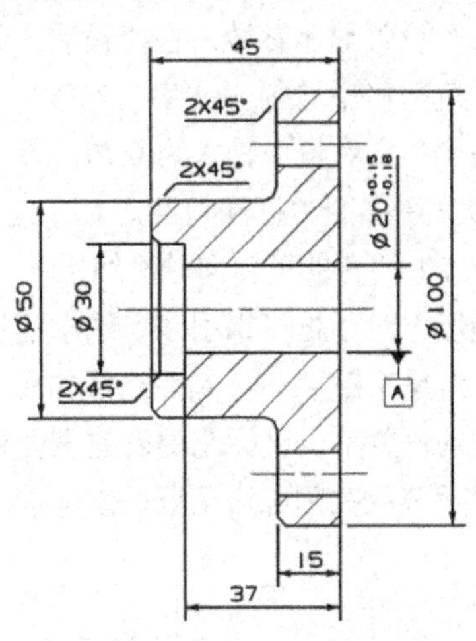

图 12-33 创建基准符号

（2）添加形位公差。选择菜单命令“菜单”→“插入”→“注释”→“特征控制框”，或单击“主页”选项卡→“注释”组→“特征控制框”图标，在打开的对话框的“特性”下拉列表框中选择“垂直度”选项，在“框样式”下拉列表框中选择“单框”选项，在公差文本框中输入 0.035，在“第一基准参考”下拉列表框中选择“A”，在“指引线”选项组的“类型”下拉列表框中选择“普通”选项，单击“选择终止对象”图标，在如图 12-34 所示的位置单击鼠标左键，随后水平向右移动光标，在合适的位置单击鼠标左键放置形位公差，如图 12-35 所示。

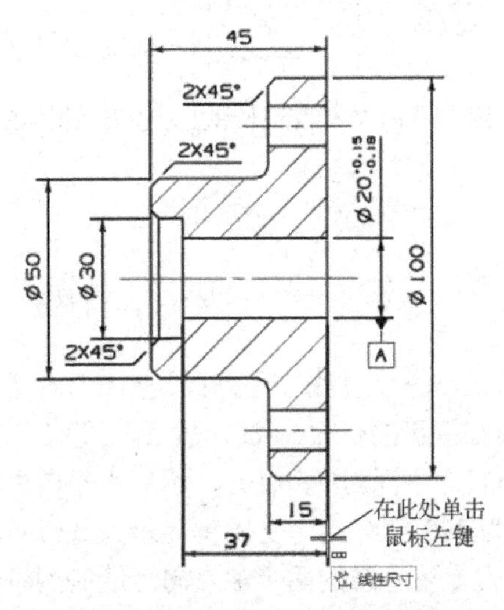

图 12-34 指定形位公差的箭头位置

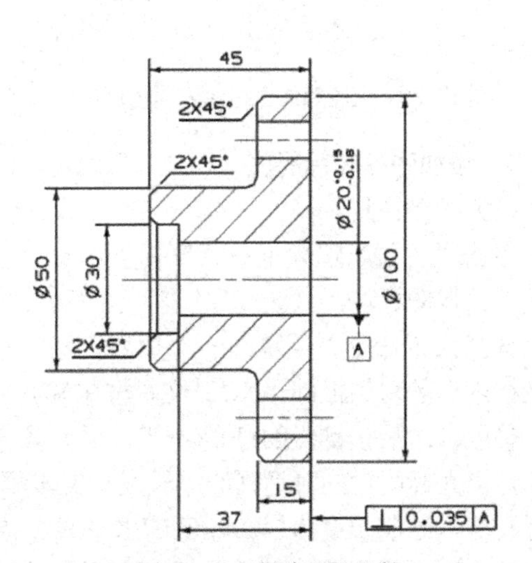

图 12-35 创建形位公差

8．标注表面粗糙度

（1）设置标注参数。选择菜单命令“菜单”→“插入”→“注释”→“表面粗糙度符号”，或单击“主页”选项卡→“注释”组→“表面粗糙度符号”图标，在打开的“表面粗糙度”对话框“属性”选项组的“除料”下拉列表框中选择“修饰符，需要除料”选项，在“切除（f1）”下拉列表框中输入文本“Ra 1.6”。

（2）设置显示参数。在“设置”选项组中单击“设置”图标，在打开的对话框左侧的树形导览窗格中选择“文字”选项，在右侧的“字体间隙因子”文本框中输入 0.5，在“文本宽高比”文本框中输入为 0.75，单击“关闭”按钮关闭“设置”对话框。

（3）在视图中标注符号。在上边框条激活（曲线上的点）捕捉方式，在主视图选择直径为 20 的孔的下转向轮廓线上的一个点放置表面粗糙度符号，如图 12-36 所示。在“表面粗糙度”对话框“指引线”选项组的“类型”下拉列表框中选择“标志”选项，单击“选择终止对象”图标，然后选择如图 12-37 所示的孔的下转向轮廓线，随后向右移动光标，在合适的位置单击鼠标左键创建表面粗糙度符号。

最后依次关闭各对话框，创建的表面粗糙度如图 12-37 所示。

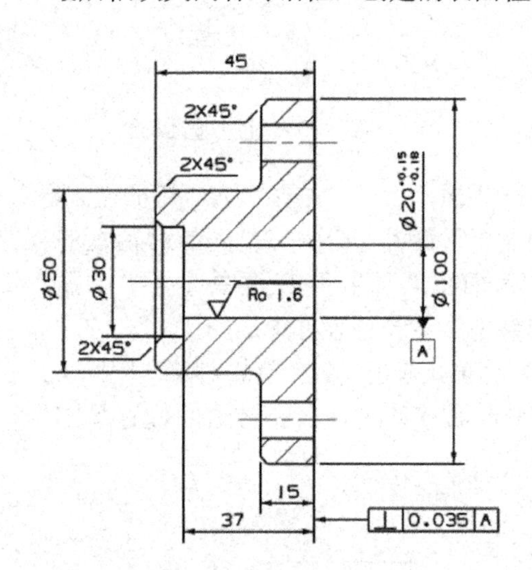

图 12-36 在轮廓线上标注表面粗糙度

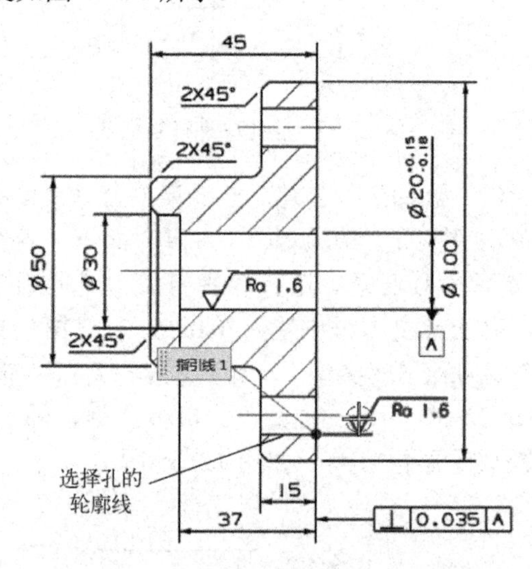

图 12-37 在轮廓延长线上标注表面粗糙度

9．添加图框和标题栏

（1）绘制图框

单击“主页”选项卡→“草图”组→“更多”库→“显示草图自动尺寸”图标，取消尺寸的自动标注。

选择菜单命令“菜单”→“插入”→“草图曲线”→“直线”，打开“直线”对话框，在光标附近的对话框的“XC”文本框中输入 10 后按键盘的<Enter>键，然后在“YC”文本框中输入 10 后按键盘的<Enter>键，即设置直线的起点坐标为（10,10），然后水平向右移动光标，当光标附近的对话框的“长度”文本框显示为 400、“角度”文本框显示为 0 时，单击鼠标左键，绘制长度为 400mm 的水平线。依次捕捉上述直线的两个端点向上绘制两条长度为 277mm 的垂直线，最后捕捉上述两条垂直线的端点绘制直线完成图框的绘制（在绘制第一条 277mm 长的竖直线时可能需要输入长度值，绘制完后会显示其长度尺寸，可选择该尺寸后按<Delete>键将其删除）。

（2）绘制标题栏

利用上述同样的方法，在光标附近的文本框设置起点的坐标为（280,10）作为直线的起点，向上绘制长度为32mm的铅垂线，然后以该铅垂线的上端点为起点，水平向右绘制长度为130mm的水平线，得到的图形如图12-38所示。

图12-38 绘制标题栏外框

选择菜单命令“菜单”→“插入”→“草图曲线”→“派生直线”，选择上述绘制的左侧的铅垂线，水平向右移动鼠标，当光标附近的“偏置”文本框显示为12时单击鼠标左键，生成与左侧直线距离为12mm的派生直线。利用相同的方法，按照如图12-39所示的尺寸生成派生直线。

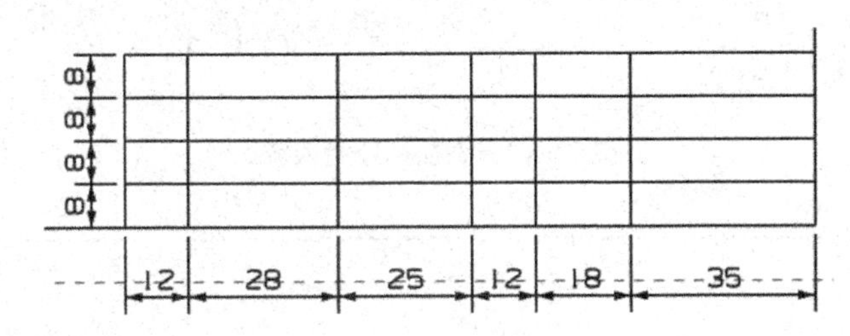

图12-39 生成派生直线

选择菜单命令“菜单”→“编辑”→“草图曲线”→“快速修剪”，按照图12-40将多余部分的直线修剪。

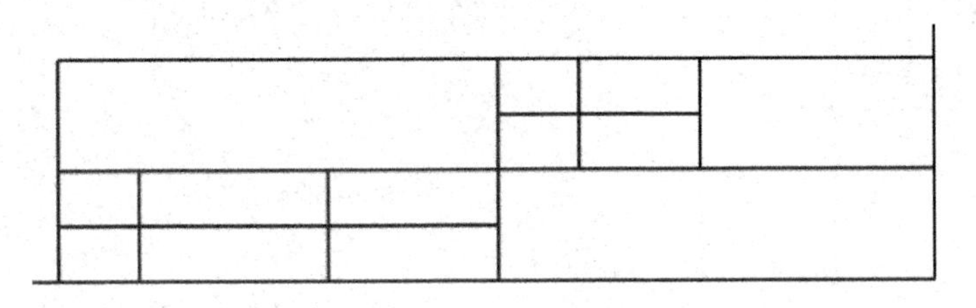

图12-40 标题栏

（3）编辑图线的显示

选择菜单命令“菜单”→“编辑”→“对象显示”，选择图框和标题栏外框的直线，单击“确定”按钮关闭“类选择”对话框，在打开的“编辑对象显示”对话框的“常规”选项组的“宽度”下拉列表框中选择“0.7mm”选项，单击“确定”按钮关闭对话框，设置上述图线的宽度为0.7mm。

完成上述操作后，单击鼠标右键，在弹出的快捷菜单中选择“完成草图”命令，退出草图的绘制和编辑，得到的标题栏如图12-41所示。

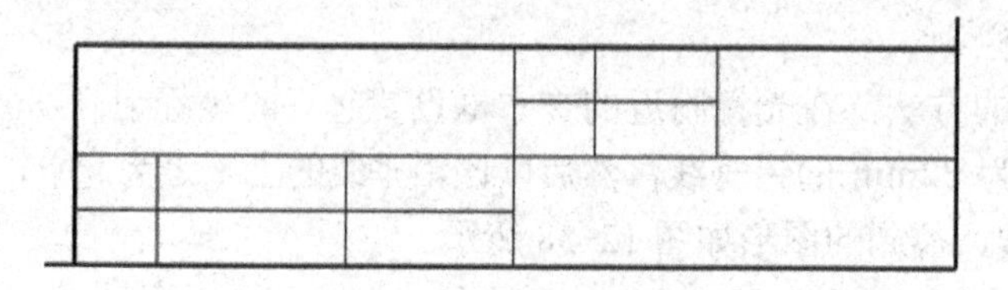

图 12-41 设置标题栏的显示

（4）添加标题栏内容

单击“主页”选项卡→“注释”组→“注释”图标A，在打开的“注释”对话框的列表框中输入“端盖”，然后用鼠标将其选择，在其上方左侧的字体下拉列表框中选择“chinesef_fs”选项，并在其右侧的下拉列表框中选择“2”，随后移动光标使文字位于标题栏左上角的空格内，单击鼠标左键放置文本。然后采用上述方法，利用“注释”对话框按照图 12-42 的内容填写标题栏，最后完成的端盖的图纸如图 12-43 所示。

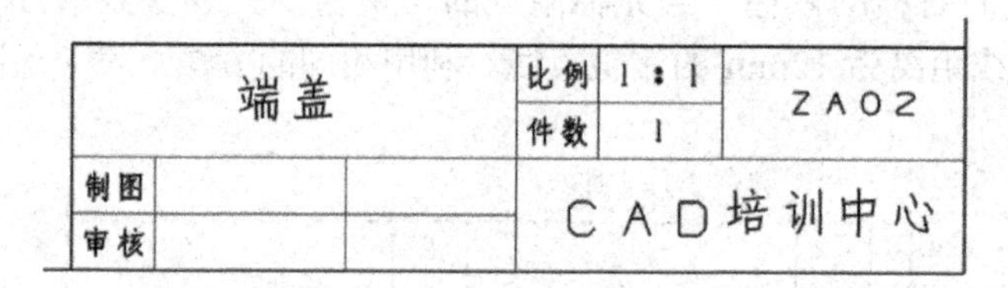

图 12-42 添加标题栏内容

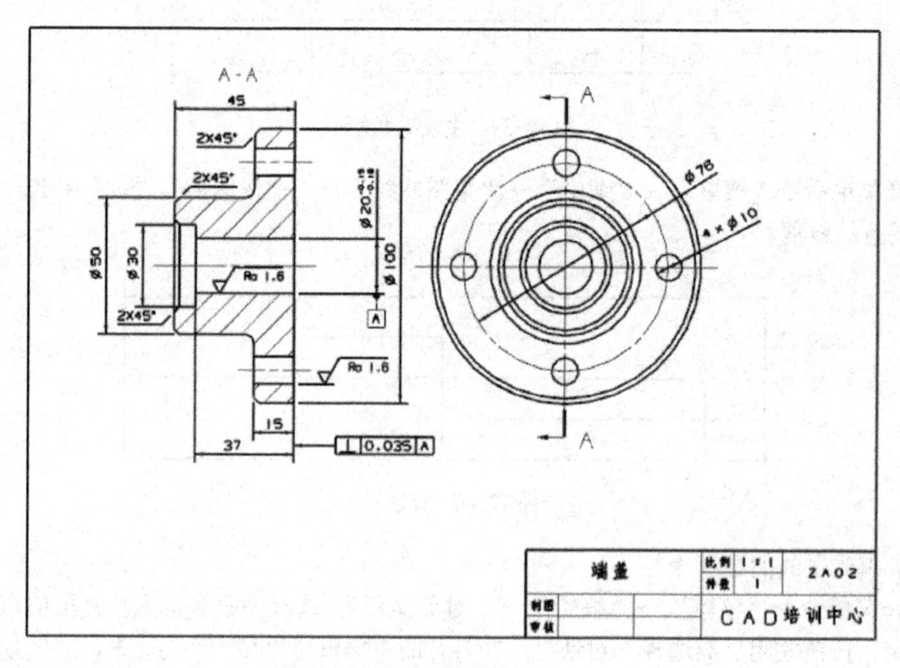

图 12-43 端盖的图纸

📖 提示：

上述标题栏的绘制方法用于在必要时绘制需要的标题栏，如果单击“主页”选项卡→“制图工具 - GC 工具箱”组→“替换模板”图标，在打开的对话框的“选择替换模板”

列表框中选择“A3-”选项，单击“确定”按钮，可加载系统提供的模板。

12.2 装配图创建范例

装配图用于表达机器或部件的工作原理、零部件之间的装配关系和相对位置等，是机械设计的重要内容。本节将通过如图 12-44 所示的球阀介绍装配图的绘制方法。为了便于操作，请先将网盘上的文件夹“练习文件\第 12 章\球阀\”复制到 E:盘。

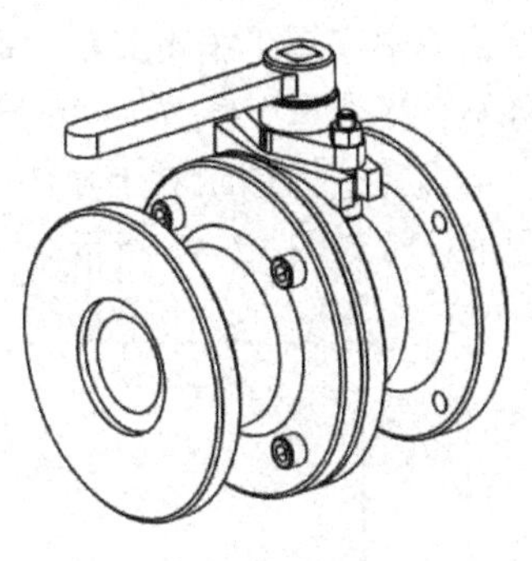

图 12-44 球阀

12.2.1 创建视图

装配图中的视图用于表达各个零件之间的装配关系和主要零部件的形状，零件图的表达方法均可用于装配图，但在装配图中需要设置剖面线的显示方式和组件是否剖切。球阀装配图的创建步骤如下：

1. 打开部件文件

选择“文件”下拉菜单的“打开”命令打开“打开部件文件”对话框，打开复制到硬盘的文件“e:\球阀\球阀_装配.prt”。

2. 创建图纸页并设置制图参数

在“应用模块”选项卡中单击“制图”图标进入制图应用模块，然后在“主页”选项卡中单击“新建图纸页”图标，在打开的“图纸页”对话框中选择“标准尺寸”单选按钮，在“大小”下拉列表框中选择 A3 图幅，在“比例”下拉列表框中选择比例 1∶2，在“设置”选项组选择“毫米”单选按钮，在“投影”选项组单击“第一角投影”图标，取消“始终启动视图创建”复选框的选择，单击“确定”按钮创建图纸页并关闭对话框，然后按照如下方式设置制图参数：

（1）取消视图边界的显示。选择菜单命令“菜单”→“首选项”→“制图”，在打开的“制图首选项”对话框左侧的树形导览窗格中选择“视图”→“工作流”选项，在右侧的“边界”选项组取消“显示”复选框的选择。

（2）设置箭头和文本格式。在“制图首选项”对话框的树形导览窗格中选择“公共”→“直线/箭头”→“箭头”选项，在右侧的“第 1 侧指引线和箭头”选项组的“类型”下拉列表框中选择“填充箭头”选项。然后在树形导览窗格中选择“公共”→“文字”选项，在右侧的“文本参数”选项组的字体设置下拉列表框设置字体为“chinesef_fs”（即仿宋体），在“高度”文本框中设置字体高度为 6。最后单击“确定”按钮关闭对话框。

（3）取消栅格显示。选择菜单命令“菜单”→“首选项”→“栅格”命令，在打开的对话框中取消“显示栅格”复选框的选择，单击“确定”按钮关闭对话框。

3. 替换并修改制图模板

（1）替换模板。单击“主页”选项卡→“制图工具_GC 工具箱”→“替换模板”图标，在打开的“工程模板替换”对话框的“选择替换模板”列表框中选择“A3-”选项，单击“确定”按钮关闭对话框并替换模板。

（2）设置图层格式。选择菜单命令“菜单”→“格式”→“图层设置”，在列表框中依次选择 170 和 173 图层后单击“图层控制”选项组的“设为可选”图标，单击“确定”按钮关闭对话框，则模板中的图框和标题栏设为可选状态。

（3）修改标题栏文本框。在标题栏选择最右下角的单元格，单击鼠标右键，在弹出的快捷菜单中选择“编辑文本”命令，将打开的对话框中文本框内的“西门子产品管理软件（上海）有限公司”修改为“CAD 培训中心”，单击“确定”按钮关闭对话框。

最后选择图纸右上角的“其余”和粗糙度符号，按键盘的<Delete>键将其删除，得到的图纸模板如图 12-45 所示。

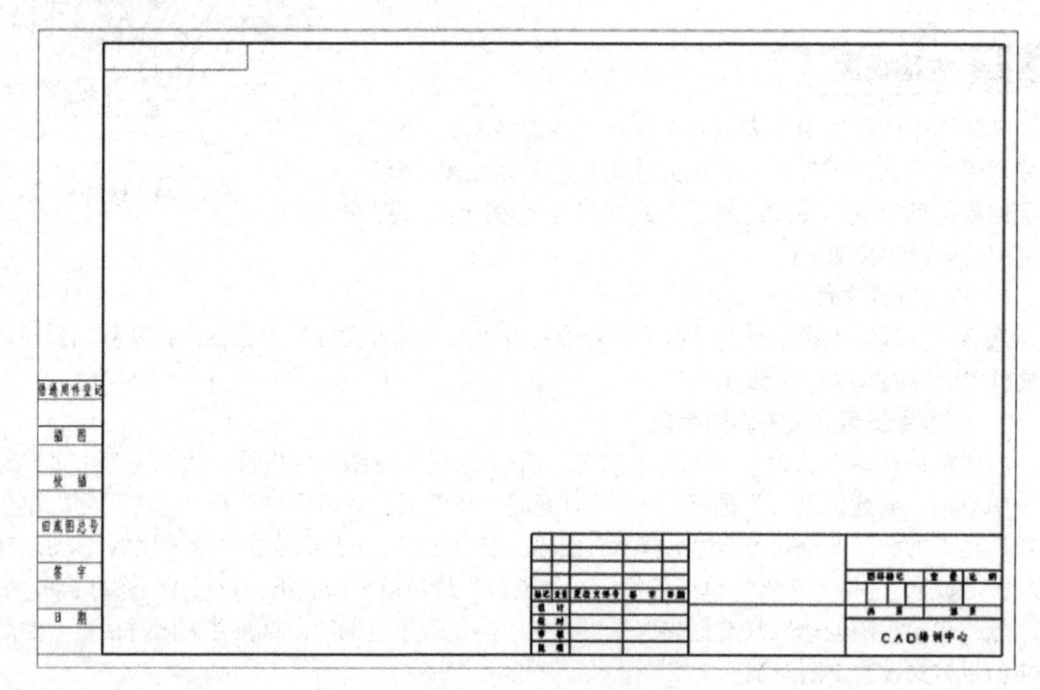

图 12-45　替换和修改图纸模板

4．添加视图

单击“主页”选项卡→“视图”组→“基本视图”图标，在“基本视图”对话框的“模型视图”选项组的“要使用的模型视图”下拉列表框中选择“左视图”，在“设置”选项组单击“设置”图标，在打开的对话框的树形导览窗格中选择“公共”→“光顺边”选项，在右侧的“格式”选项组取消“显示光顺边”复选框的选择，单击“确定”按钮关闭“设置”对话框。

在合适的位置放置视图作为主视图，垂直向下移动光标到合适的位置后单击鼠标左键创建俯视图，然后向右移动鼠标创建左视图，最后单击“关闭”按钮结束添加视图，得到的球阀的视图如图 12-46 所示。

5．创建全剖的主视图

（1）删除现有主视图。为表达各个部件之间的装配关系，主视图应采用全剖的表达方法。用鼠标选择主视图，按键盘的<Delete>键将其删除。

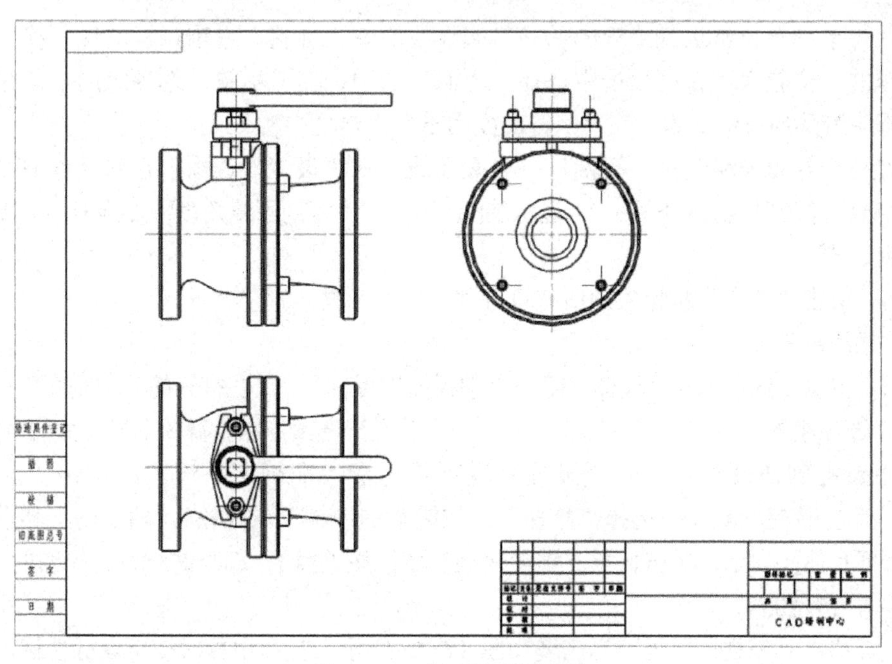

图 12-46　创建的球阀视图

（2）设置剖视图参数。选择菜单命令“菜单”→“首选项”→“制图”，打开“制图首选项”对话框，进行如下参数设置：

● 在树形导览窗格选择“视图”→“截面线”选项，按照图 12-47 设置剖切线的显示参数。

图 12-47　剖切线的显示参数设置

- 在树形导览窗格选择“视图”→“截面线”→“标签”选项，在右侧“格式”选项组的“位置”下拉列表框中选择“上面”选项，在“标签”选项组的“前缀”文本框中删除原有的文本，在“字符高度因子”文本框中输入1。
- 在树形导览窗格选择“视图”→“截面线”→“设置”选项，在对话框右侧中选择“显示背景”“创建剖面线”“显示装配剖面线”“将剖面线角度限制在+/−45 度”4 个复选框。

最后，单击“确定”按钮应用所有设置并关闭对话框。

（3）添加剖视图

单击“主页”选项卡→“视图”组→“剖视图”图标，在打开的“剖视图”对话框的“截面线”选项组的“定义”下拉列表框中选择“动态”选项，在俯视图上捕捉如图 12−48 所示的圆心确定剖切位置，展开“设置”选项组，在“非剖切”选项组单击“选择对象(O)”，然后在装配导航器中选择“阀杆”后按键盘的中键（或滚轮），随后向上移动光标使剖切线水平且箭头向上，单击鼠标左键创建剖视图，按键盘的<Esc>键结束剖视图的创建。

（4）对齐视图

将光标移动到左视图附近，当出现如图 12−49 所示的视图边界时按下鼠标左键，此时可移动视图，将视图上下移动，当出现如图 12−50 所示的对齐标志时松开鼠标左键，则将左视图和主视图对齐。调整后的视图如图 12−51 所示。保存该文件供后续操作使用。

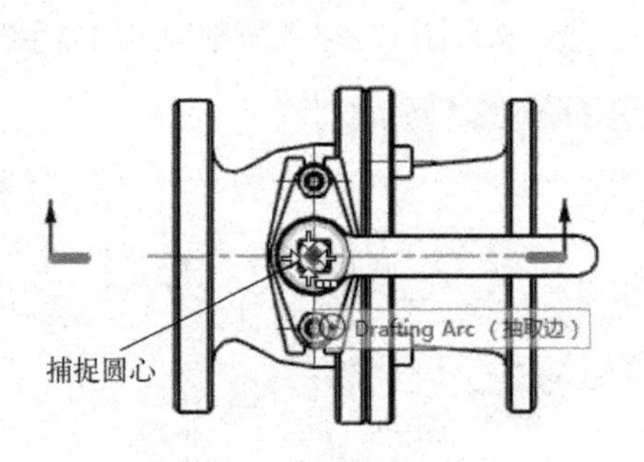

图 12−48　指定剖切位置

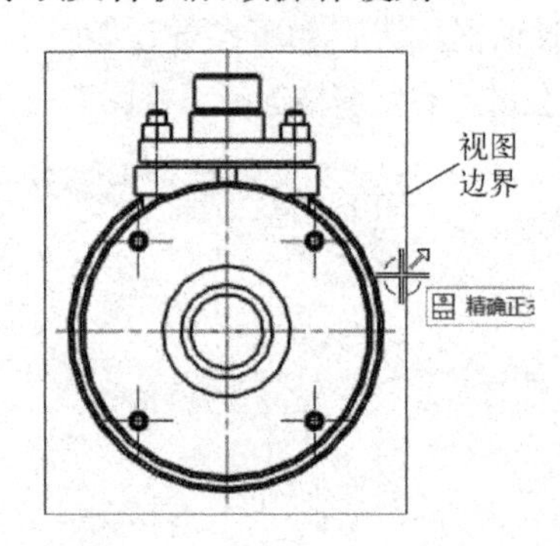

图 12−49　选择左视图

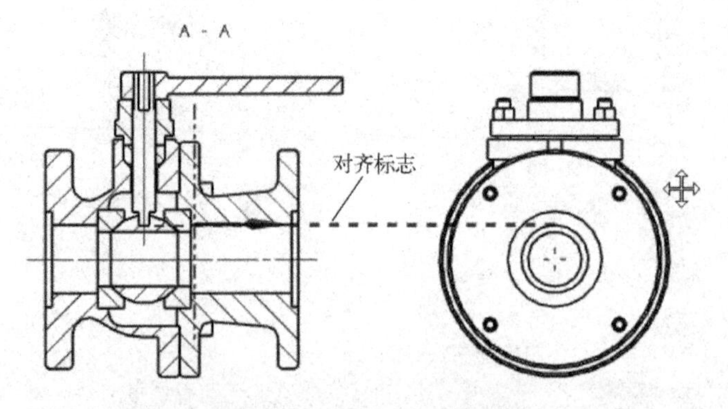

图 12−50　将主、左视图对齐

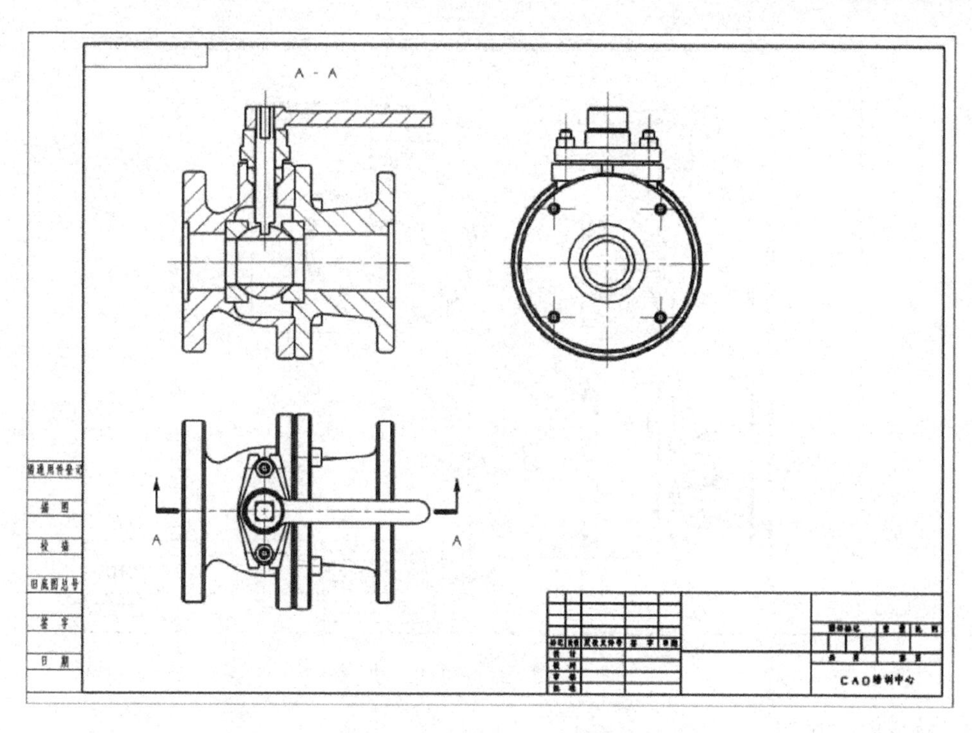

图 12-51 创建全剖的主视图

上述装配图可参考网盘文件“练习文件\第 12 章\球阀\球阀_装配_制图－1.prt”。

12.2.2 标注装配图尺寸

装配图中需要标注的尺寸包括总体尺寸、性能规格尺寸、安装尺寸、装配尺寸和其他重要尺寸。除具有公差要求的轴和孔的配合尺寸外，装配图尺寸的标注方法与零件图相同。

本节重点通过球阀介绍配合尺寸的标注方法，所进行的操作在上节完成的操作的基础上进行，如果已经关闭该文件则重新打开，并进入制图应用模块。具体操作步骤如下：

1. 参数设置

选择菜单命令“菜单”→“首选项”→“制图”，进行如下参数设置：

（1）设置直径和半径尺寸的显示参数。在打开的对话框的树形导览窗格选择“公共”→“前缀/后缀”选项，在右侧的“半径尺寸”选项组的“文本间隙”文本框中输入 0。

（2）设置直径尺寸的参数。在树形导览窗格选择“尺寸”→“文本”→“尺寸文本”选项，在右侧的文本格式下拉列表框中选择“chinesef_fs”选项，在“高度”文本框中输入 5。

（3）设置附加文本的参数。在树形导览窗格选择“尺寸”→“文本”→“附加文本”选项，在右侧的文本格式下拉列表框中选择“chinesef_fs”选项，在“高度”文本框中输入 5，在“文本间隙因子”文本框中输入 0.2，单击“确定”按钮应用设置并关闭“制图首选项”对话框。

2. 标注总体尺寸

根据球阀的结构特点，为球阀标注长度、宽度和高度三个总体尺寸，如图 12-52 所示。

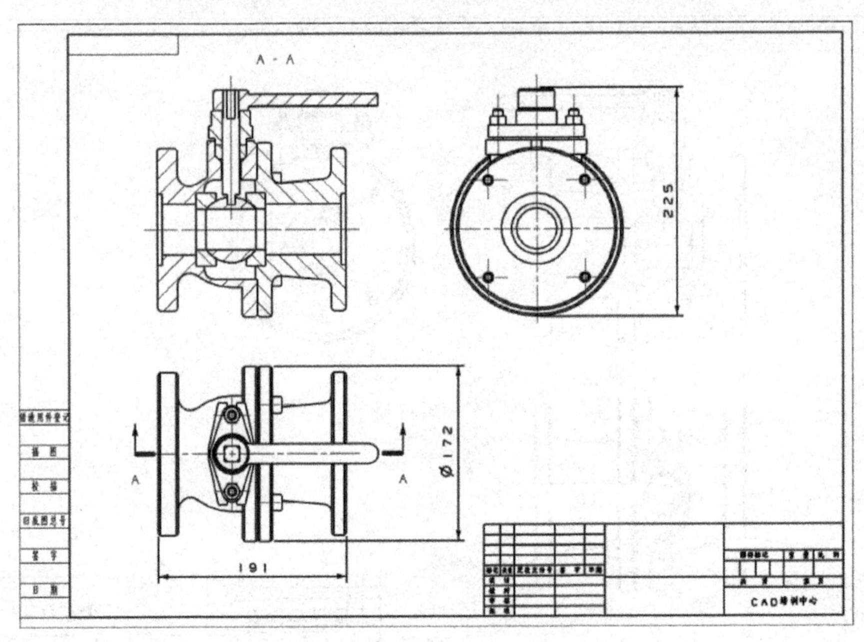

图 12-52 标注总体尺寸

3. 标注配合尺寸

单击“主页”选项卡→“尺寸”组→“线性尺寸”图标，在打开的对话框的“测量”选项组的“方法”下拉列表框中选择“圆柱式”选项，在主视图上选择右阀体与左阀体配合的凸台的两条边的右端点，水平向右移动光标，在光标附近弹出的对话框中单击“编辑附加文本”图标，在打开的“附加文本”对话框的“文本位置”下拉列表框中选择“之后”选项，在“符号”选项组的“类别”下拉列表框中选择“1/2 分数”选项，在“上部文本”文本框中输入 H8，在“下部文本”文本框中输入 f7，在“分数类型”下拉列表框中选择“2/3 高度”选项，单击“插入分数”图标，按鼠标中键（或滚轮）进行确认，然后在合适位置单击鼠标左键放置尺寸，标注的配合尺寸如 图 12-53 所示。最后保存该部件文件供后续操作使用。

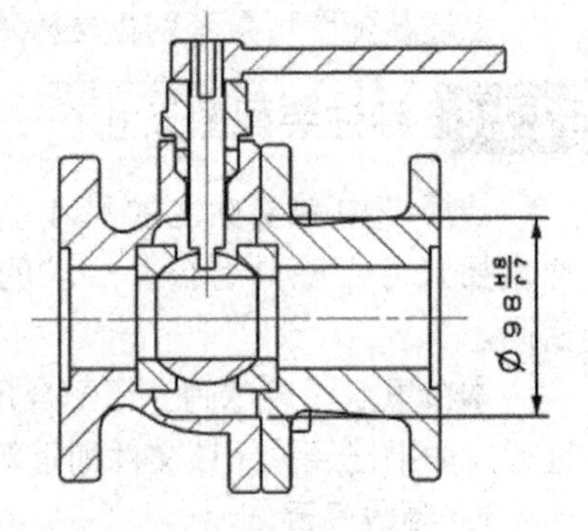

图 12-53 标注配合尺寸

上述尺寸可参考网盘文件“练习文件\第 12 章\球阀\球阀_装配_制图－2.prt”。

12.2.3 绘制装配图零部件明细表

装配图用零部件明细表说明该机器或部件中包含的零件，每个零件的名称、材料以及数量等信息。在 UG NX 中可通过各种方式创建零部件明细表，并可根据需要对明细表进行编辑。本节通过球阀介绍零部件明细表的创建方法。

本节在上节完成的操作的基础上进行，如果已经关闭该文件则重新打开，并进入制图应用模块。具体操作步骤如下：

1. 插入明细表

选择菜单命令“菜单”→“插入”→“表”→“零件明细表”，此时移动光标可看到一个代表明细表的矩形随光标移动，在图纸的空白处单击鼠标左键则放置明细表，此时明细表中仅显示表头。

要显示明细表内容，可选择菜单命令“菜单”→“格式”→“零件明细表级别”，选择上述添加的表格，单击“确定”按钮关闭“编辑级别”对话框单，然后在随后打开的“编辑级别”工具条中单击“主模型”图标，然后单击工具条的“确定”图标，得到的明细表如图 12-54 所示。

2．编辑明细表内容

（1）设置字体。将鼠标置于明细表上时，会在明细表的左上角显示一个选择标志，单击该标志则选择整个明细表，明细表变为红色显示。选择整个明细表后单击鼠标右键，在弹出的快捷菜单中选择“单元格设置”命令，在打开的“设置”对话框的左侧树形导览窗格中选择“文字”选项，在右侧的“高度”文本框中输入 4，单击“关闭”按钮关闭对话框。

（2）编辑文本。选择明细表左下角的“PC NO”单元格，单击鼠标右键，在弹出的快捷菜单中选择“编辑文本”命令，打开“文本”对话框，将对话框中的文本框的内容删除，并输入汉字“序号”，单击“确定”按钮关闭对话框，则单元格内的内容被修改。

利用同样的方法对明细表的内容进行如图 12-55 所示的编辑。

11	螺母_M10	2
10	螺钉_M10_45	2
9	螺钉_M10_30	4
8	手柄	1
7	填料压盖	1
6	填料	1
5	阀杆	1
4	左阀体	1
3	阀芯	1
2	密封圈	2
1	右阀体	1
PC NO	PART NAME	QTY

图 12-54 零件明细表

11	螺母_M10	2
10	螺钉_M10_45	2
9	螺钉_M10_30	4
8	手柄	1
7	填料压盖	1
6	填料	1
5	阀杆	1
4	左阀体	1
3	阀芯	1
2	密封圈	2
1	右阀体	1
序号	名　称	数量

图 12-55 编辑明细表内容

提示：

1）在编辑单元格文本时，可直接双击该单元格，然后在打开的文本框内输入需要的文本，最后按键盘的<Enter>键，则该单元格的内容被修改。

2）如果需要调整单元格内文字的对齐方式，可选择某个单元格后单击鼠标右键，在弹出的快捷菜单中选择“设置”命令，然后在打开的“设置”对话框的树形导览窗格中选择“公共”→“单元格”选项，利用“文本对齐”下拉列表框选择文本的对齐方式。

3．在明细表右侧插入列

（1）插入列。选择明细表右上角的单元格，然后单击鼠标右键，在弹出的快捷菜单中选择“选择”→“列”命令，再次单击鼠标右键，在弹出的快捷菜单中选择“插入”→“在右侧插入列”命令，在明细表的最右侧增加一列。

（2）编辑单元格的文本。双击新插入列的最下方的单元格，在弹出的文本框中输入“备注”后按键盘的<Enter>键，并利用前述方法设置文本在单元格中居中。

（3）设置新插入列的文本大小。选择刚插入的最右侧的列，单击鼠标右键，在弹出的快捷菜单中选择“设置”命令，在打开的“设置”对话框的左侧树形导览窗格中选择“文字”选项，在右侧的“高度”文本框中输入 4，单击“关闭”按钮关闭对话框，得到的明细表如图 12-56 所示。

4. 设置单元格式样

选择整个单元格，单击鼠标右键，在弹出的快捷菜单中选择“单元格设置”命令，在打开的“设置”对话框的树形导览窗格中选择“公共”→“单元格”选项，在右侧“边界”选项组的“侧”下拉列表框中选择“中间”选项，在其下方的下拉列表框中选择“0.25mm”，然后在“侧”下拉列表框中选择“中心”选项，同样也在其下方的下拉列表框中选择“0.25mm”，

最后单击“关闭”按钮关闭对话框，得到的明细表如图 12-57 所示。

11	螺母_M10	2	
10	螺钉_M10_45	2	
9	螺钉_M10_30	4	
8	手柄	1	
7	填料压盖	1	
6	填料	1	
5	阀杆	1	
4	左阀体	1	
3	阀芯	1	
2	密封圈	2	
1	右阀体	1	
序号	名 称	数量	备注

图 12-56 在明细表右侧插入列

11	螺母_M10	2	
10	螺钉_M10_45	2	
9	螺钉_M10_30	4	
8	手柄	1	
7	填料压盖	1	
6	填料	1	
5	阀杆	1	
4	左阀体	1	
3	阀芯	1	
2	密封圈	2	
1	右阀体	1	
序号	名 称	数量	备注

图 12-57 编辑明细表格式

5. 调整明细表

选择整个明细表，然后按住鼠标左键并移动鼠标，拖动明细表使明细表的左下角和标题栏的左上角对齐。

然后将光标置于明细表内部的两列之间的分割线，等出现如图 12-58 所示的拖动标志后，按住鼠标左键并移动鼠标可调整列的宽度。利用上述方法调整明细表的列宽，最终结果如图 12-59 所示。

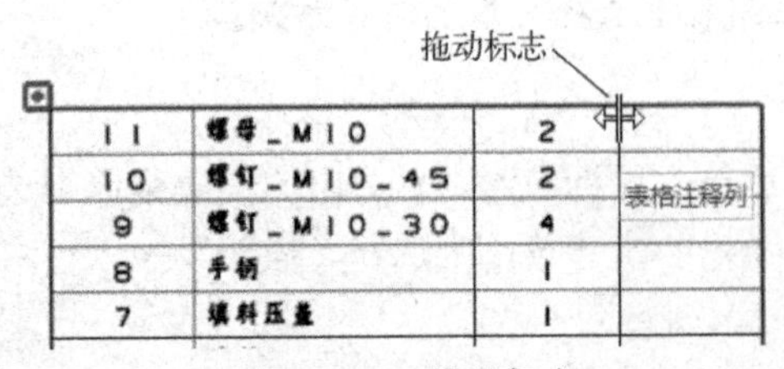

11	螺母_M10	2	
10	螺钉_M10_45	2	
9	螺钉_M10_30	4	
8	手柄	1	
7	填料压盖	1	

图 12-58 拖动标志

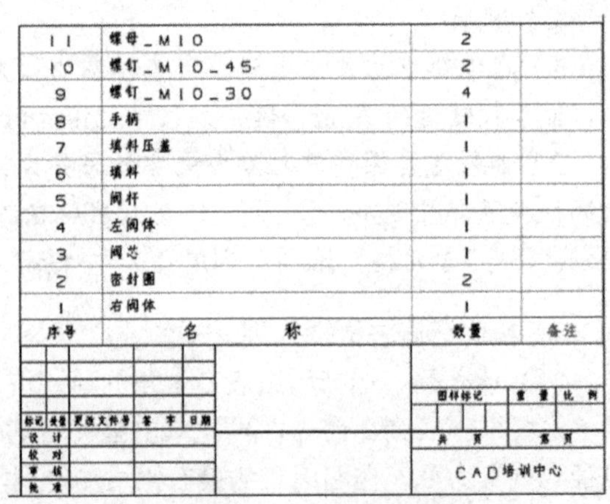

11	螺母_M10	2	
10	螺钉_M10_45	2	
9	螺钉_M10_30	4	
8	手柄	1	
7	填料压盖	1	
6	填料	1	
5	阀杆	1	
4	左阀体	1	
3	阀芯	1	
2	密封圈	2	
1	右阀体	1	
序号	名 称	数量	备注

图 12-59 调整明细表

上述明细表可参考网盘文件“练习文件\第 12 章\球阀\球阀_装配_制图－3.prt”。

12.2.4 标注零部件序号

零部件序号与明细表结合标明装配图中各个零部件的位置。UG NX 中标注零部件序号通过标注标识符号实现。

本节在上节完成的操作的基础上进行，如果已经关闭该文件则重新打开，并进入制图应用模块。具体操作步骤如下：

1．添加 ID 符号

（1）创建第一个标识符号。单击“主页”选项卡→“注释”组→“符号标注”图标，在打开的对话框的“类型”下拉列表框中选择“圆”选项，在“指引线”选项组单击“选择终止对象”图标，在“类型”下拉列表框中选择“普通”选项，在“样式”选项组的“箭头”下拉列表框中选择“填充圆点”选项，在“短画线长度”文本框中输入 5，在“文本”选项组的“文本”文本框中输入“1”，在主视图中右阀体的左下方部位单击鼠标左键，然后移动光标到合适的位置后单击鼠标左键创建标识符号，如图 12-60 所示。

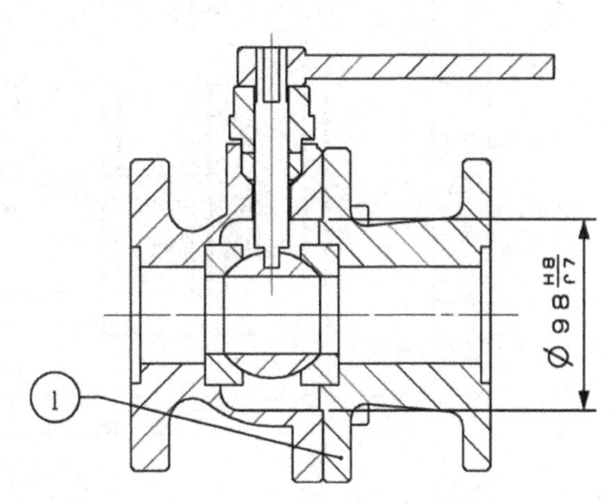

图 12-60 创建第一个标识符号

（2）创建其余标识符号。然后单击“选择终止对象”图标，在“文本”选项组的“文本”文本框中输入“2”，在左侧密封圈的合适位置单击鼠标左键，然后移动光标，使新建的标识符号的圆与上述创建的第一个圆重合，随后向上移动光标，可看到显示一虚线表示两个圆在竖直方向对齐，在合适位置单击鼠标左键放置标识符号。利用上述方法创建如图 12-61 所示其余标识符号。

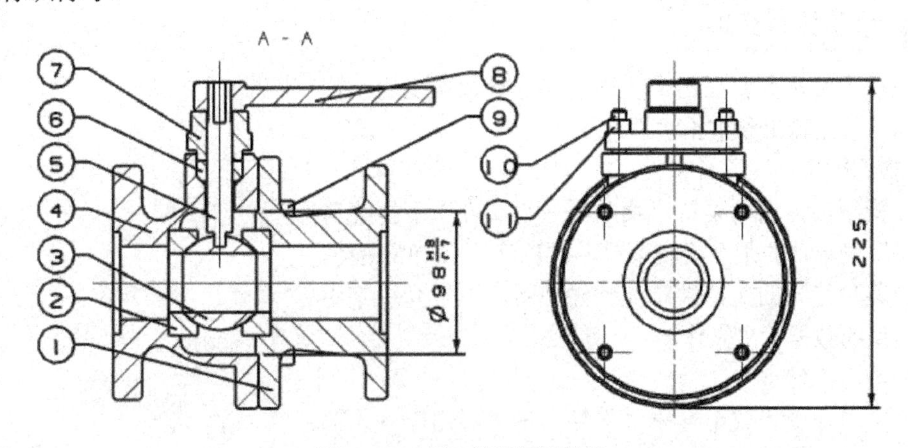

图 12-61 创建其他标识符号

最终完成的球阀的装配图如图 12-62 所示，可参考网盘文件“练习文件\第 12 章\球阀\球阀_装配_制图－4.prt”。

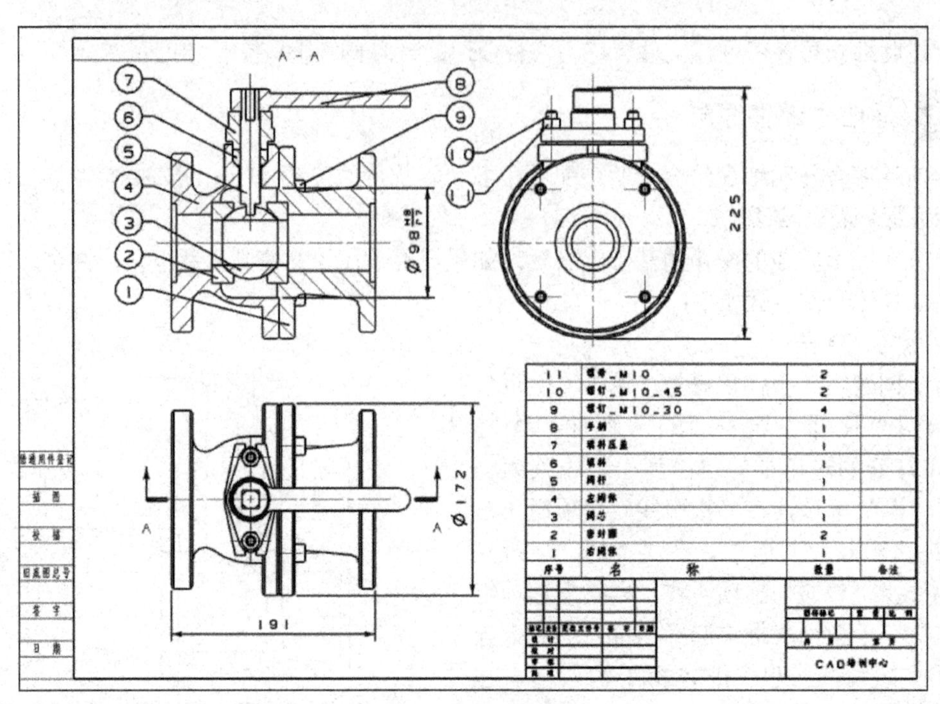

图 12-62 球阀装配图

12.3 图形数据交换与打印输出

在工程应用中，不同的软件之间经常需要进行数据交换，UG NX 提供了输入、输出不同文件类型的功能，从而实现了与其他软件之间的数据交换。本节介绍 NX 的图形数据交换和打印输出。

12.3.1 图形数据交换

在工程中经常需要在各个软件之间进行数据交换，数据交换包括数据输出和数据输入。

1. 数据输出

建立模型后，利用菜单“菜单”→“文件”下拉菜单中“导出”菜单项的某个级联菜单，可以将 UG NX 的模型输出为某种格式的文件供其他软件使用。以下介绍常用的几种类型的数据输出操作。

（1）输出部件

选择菜单命令“菜单”→“文件”→“导出”→“部件”，打开如图 12-63 所示的“导出部件”对话框，利用该对话框可从当前的工作部件输出对象到新的部件文件或已存的部件文件。如果在对话框的“部件规格”选项组选

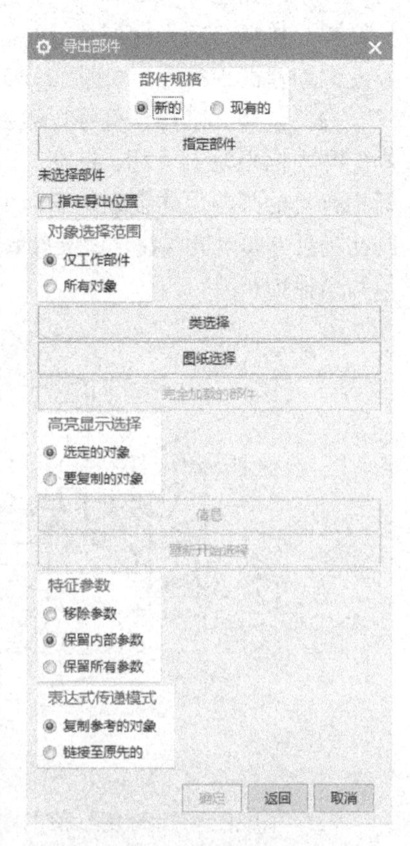

图 12-63 “导出部件”对话框

择“新的”单选按钮，可将所选的部件输出到一个新的部件文件，若选择“现有的”单选按钮，则将部件输出到已有的部件文件中。

输出部件的操作步骤为：首先在“部件规格”选项组选择输出方式，然后单击“指定部件”按钮，指定输出部件的目标文件，之后单击“类选择”按钮或“图纸选择”按钮后选择输出对象，设置必要的输出参数，最后单击“确定”按钮输出部件。

（2）输出 Parasolid 格式文件

选择菜单命令“菜单”→“文件”→“导出”→“Parasolid”，可将部件输出为 Parasolid 格式的文本文件。执行该命令后选择需要导出的对象，在弹出的对话框中单击“确定”按钮，然后利用打开的对话框指定输出文件的路径和文件名，最后单击“确定”按钮完成输出操作。

（3）输出 CGM 格式文件

选择菜单命令“菜单”→“文件”→“导出”→“CGM”，可将视图或图纸输出为 CGM 格式的文件。CGM 文件能够很容易地应用到不同的操作系统，并可以被众多的程序读取。UG NX 仅支持二进制的 CGM 文件格式。

执行该命令后，在打开的“导出 CGM”对话框的“源”选项组选择输出的类型，然后根据需要设置参数，单击“确定”按钮，在打开的对话框中指定输出文件的路径和文件名，最后单击“确定”按钮完成输出操作。

（4）输出 IGES 格式的文件

选择菜单命令“菜单”→“文件”→“导出”→“IGES”，可将部件输出为 IGES 格式。执行该命令后在打开的“导出至 IGES 选项”对话框的“导出自”选项组选择输出的源对象，若选择“现有部件”单选按钮，可通过“部件文件”文本框右侧的“浏览”图标选择部件文件，然后通过“导出至”选项组的“IGES”文本框设置导出的文件名，最后单击“确定”按钮完成输出操作。

提示：

STEP、AutoCAD DXF/DWG 和 2D Exchange 等格式文件的输出操作过程与 IGES 输出操作过程类似。

（5）输出图像

选择菜单命令“菜单”→“文件”→“导出”→“BMP”，可将当前视图输出为 BMP 格式的图像。执行该命令后在打开的对话框中输出文件的路径和文件名后，单击“确定”按钮输出指定文件。

UG NX 还可以将当前视图输出为 PNG、GIF、JPEG 和 TIFF 格式的图像，其操作过程与 BMP 图像输出过程相同。

2．数据输入

在需要时，可以通过“菜单”→“文件”下拉菜单的“导入”菜单的级联菜单输入由其他软件创建的不同格式的文件，下面介绍几种常用格式文件的输入操作。

（1）导入部件

选择菜单命令“菜单”→“文件”→“导入”→“部件”，可将已有的 UG NX 的部件导入到当前的部件文件，执行该命令后打开“导入部件”对话框，设置参数后单击“确定”按钮，通过打开的对话框选择需要输入的部件文件后单击“确定”按钮，利用“点”对话框指定部件的位置后，单击“确定”按钮导入部件。

（2）导入 Parasolid 模型

选择菜单命令“菜单”→“文件”→“导入”→“Parasolid”，可将 Parasolid 格式的模型导入到当前的部件文件。执行该命令后，利用打开的对话框选择需要输入的文件后单击“确定”按钮，将部件输入到当前部件文件中。

提示：

1）CGM 文件的输入与 Parasolid 文件的输入的操作过程相同。

2）IGES、STEP、AutoCAD DXF/DWG 等文件的输入操作的对话框与其输出对话框的内容类似。

12.3.2 打印输出

从“文件”下拉菜单选择“打印”命令，打开“打印”对话框，如图 12-64 所示，在“源”选项组选择需要打印的内容，在“打印机”选项组的下拉列表框中选择已安装的打印机，然后在“设置”选项组设置打印份数、各种线型的线宽缩放因子等参数后，单击“确定”按钮即可开始打印。

图 12-64 “打印”对话框

第 13 章 运 动 仿 真

NX 运动仿真模块是一个模拟仿真分析的设计工具，利用该模块可进行机构的运动学（Kinematic）和动力学（Dynamic）仿真。通过运动仿真，可对所设计的产品的性能进行评估，并根据分析结果对设计进行优化和完善。

13.1 运动仿真简介

13.1.1 运动仿真模块基本功能

运动仿真是 UG/CAE（Computer Aided Engineering）模块中的主要部分，它能对任何二维或三维机构进行复杂的运动学分析、动力学分析和设计仿真。通过建模应用模块的功能建立三维实体模型，利用运动仿真模块的功能给三维实体模型的各个部件赋予一定的运动学特性，再在各个部件之间设立运动副、传动副以及约束，即可建立一个运动仿真模型。

通过运动仿真，可进行机构的干涉分析，分析零件的位移、速度、加速度、作用力、反作用力和力矩等，这些仿真的结果可以作为修改零件结构设计或调整零件材料的指导依据。

运动仿真模块自动复制主模型的装配文件，并可根据需要建立一系列不同的运动仿真。每个仿真可独立修改，而不影响装配主模型，一旦完成优化设计方案，可直接更新装配主模型，以反映优化设计的结果。

13.1.2 创建运动仿真的基本步骤

启动 NX 后，打开需要进行运动仿真的部件文件，单击“主页”选项卡→“仿真”组→“运动”图标，可进入运动仿真应用模块。进行运动仿真的一般步骤为：

（1）建立运动仿真场景。

（2）设置运动仿真基本参数和环境选项。

（3）创建连杆。连杆是用户选择的几何模型，一起作为整体运动的若干几何体可作为一个连杆，并可为连杆指定材料、惯量、初始位移和转速等参数。

（4）创建运动副。运动副为相邻两个连杆的运动约束，即运动副规定了两个连杆的相对运动，因此，机构可以认为是连接在一起运动的连杆。只有为机构指定正确的运动副，才可能得到正确的运动仿真结果。

（5）创建载荷和其他运动对象（包括力、力矩、弹簧、阻尼、弹性衬套和接触单元等），并可根据需要创建运动约束（如点在线上、点在面上等约束）。

（6）指定运动驱动。运动驱动指定控制运动的运动副参数。UG NX 的运动驱动包括无驱动、运动函数驱动、恒定驱动、简谐运动驱动和关节运动驱动五种形式。

（7）创建解算方案。每个分析场景可以创建一个或多个解算方案，每个解算方案可根据需要设置不同的参数。

（8）对创建的解算方案进行仿真计算，得到仿真结果。

（9）进行仿真结果的分析。可通过动画观察机构的运动过程，并可利用图表和曲线输出运动仿真得到的位移、速度、加速度、力和力矩等。

13.1.3 运动仿真模型管理

1．创建运动场景

在进行运动仿真之前必须建立一个运动模型，而运动模型的数据都储存在运动场景中，因此运动场景的建立是整个运动仿真过程的开始。

进入运动仿真模块后，在资源条左上角单击标签 打开运动导航器，如图 13-1 所示。此时在运动导航器中显示当前装配模型的名称，选择该名称后单击鼠标右键，在弹出的快捷菜单中选择“新建仿真”命令，打开如图 13-2 所示的“环境”对话框，根据仿真目的设置环境参数后单击“确定”按钮，可创建默认名称为“motion_1”运动场景。重复上述操作可创建多个运动场景。

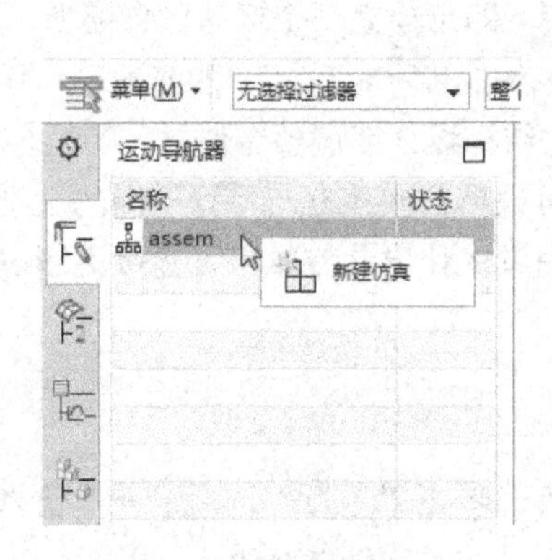

图 13-1 运动导航器

图 13-2 “环境”对话框

2．运动场景的管理

虽然可以利用一个装配模型创建多个运动场景，但仅可有一个运动场景为工作状态。在需要时，可在运动导航器中选择某个场景，单击鼠标右键，在弹出的快捷菜单中选择“设为工作状态”命令，可将该场景激活；另外，利用右键快捷菜单，可对运动场景进行重命名、克隆和删除等操作，如图 13-3 所示。

图 13-3 运动场景的管理

3．运动场景的环境设置

如果需要改变某个运动场景的环境设置，可首先将其设为工作状态，然后选择该运动场景，单击鼠标右键，在弹出的快捷菜单中选择“环境”命令，打开“环境”对话框更改设置。

13.2 连杆

UG NX 的运动仿真中，机构可以看作是连接在一起运动的连杆，准确创建连杆就是进行运动仿真的首要工作和基础。

13.2.1 连杆的基本特性

连杆是机构中代表刚体的构件，连杆可以利用装配部件来定义，也可以由一系列的实体、曲线、点等几何对象构成。

可以为连杆定义质量属性、惯量、初始平移速度和转动速度等参数。如果要分析连杆的反作用力，或者进行动力学分析，就需要为连杆定义质量属性。系统可以自动指定连杆的质量属性，必要时用户可根据实际需要进行定义。

随时可以浏览已创建连杆的信息。在运动导航器中选择某个连杆，单击鼠标右键，在弹出的快捷菜单中选择“信息”命令，在打开的对话框中列出了该连杆的质量、惯量等基本信息，如图 13-4 所示。

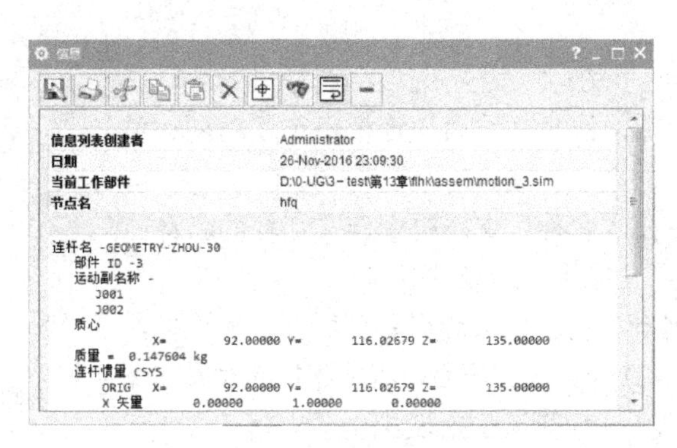

图 13-4 “信息”对话框

📖 提示：

（1）连接在一起并且具有相同运动的几何对象应定义为一个连杆，并且一个对象只能包含在一个连杆中。

（2）当在运动导航器中删除某个对象时，依赖于此对象的其他有关对象也随之被删除。

13.2.2 连杆的创建

在运动导航器中选择当前处于工作状态的运动场景，单击鼠标右键，在弹出的快捷菜单中选择“新建连杆”命令，或单击“主页”选项卡→“设置”组→“连杆”图标，打开如图 13-5 所示的“连杆”对话框，然后可选择对象创建连杆。利用该对话框创建连杆的基本步骤如下：

图 13-5 “连杆”对话框

1. 选择构成连杆的对象

在打开“连杆”对话框后，“连杆对象”选项组的“选择对象”高亮显示，此时可选择对象来定义连杆。构成连杆的可以是单个对象，也可以选择包括实体、曲线、点等特征在内的多个对象。

提示：

对于包含对象较多的复杂的构件，应在创建装配模型时，将该构件的所有对象装配为一个部件，然后将该装配部件作为整个机构的一个子装配，而在创建连杆时，在装配导航器中选择该子装配，即可同时选择该部件中的所有对象，这样比逐个选择各个对象方便。

2. 定义质量属性

在选择连杆对象后，可利用“质量属性选项”下拉列表框定义连杆的质量属性。在大多数情况下，可以选择“自动”选项，系统根据组成连杆的实体自动计算连杆的质量属性，一般可满足计算需要；必要时可选择“用户定义”选项，根据实际情况指定连杆的质量、质心和惯量等属性。

3. 设置基本参数

如果连杆固定不动，可在“设置”选项组选择“无运动副固定连杆”复选框，否则，将来必须为该连杆指定运动副、传动副或约束。

完成上述设置后，在“名称”文本框中定义连杆的名称，单击“确定”或“应用”按钮即可创建连杆。

在运动导航器中展开“连杆”节点可看到所创建的连杆，如图 13-6 所示，在其中选择某个连杆后，组成连杆的对象在图形窗口中高亮显示，以此可检查所创建的连杆是否正确。

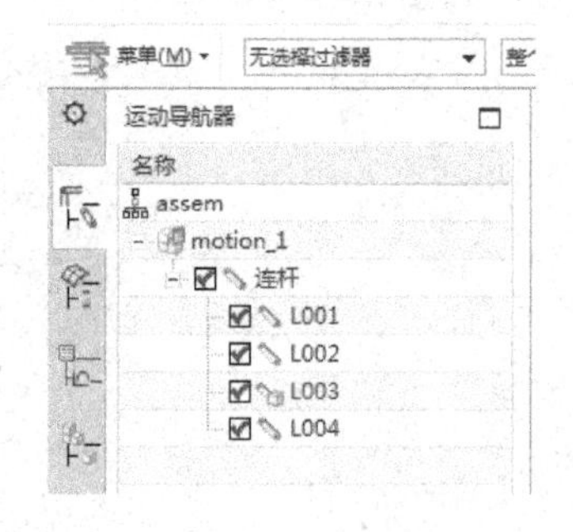

图 13-6 创建的连杆

提示：

必要时可对已创建的连杆进行编辑。在如图 13-6 所示的运动导航器中双击某个连杆，可打开“连杆”对话框，此时，可根据需要添加或排除连杆对象：

（1）选择某个未被定义为连杆的对象，可将该对象添加到当前被编辑的连杆中。

（2）按住键盘的<Shift>键，然后选择当前连杆中的某个对象，可将该对象从连杆中排除。

13.3 运动副、传动副及约束

13.3.1 运动副

机构具有确定的运动，因此，在进行运动仿真时，要利用运动副对相邻连杆的相对运动进行约束。运动副限制了相邻两个连杆或连杆和大地（机架）之间的相对运动，在创建运动副时，应使其类型及方向符合机构中构件的物理连接方式，或符合设计的具体要求，以使仿真模型的运动符合机构本身的运动特点。

1. 常用运动副

准确创建运动副是获得正确仿真结果的关键，常用运动副的介绍如下：

（1）旋转副：

旋转副用来设定一个连杆绕指定轴线做旋转运动，或设定相连的两个连杆绕指定轴线进行相对旋转，通常用于设置铰链的运动。

（2）滑块（即滑动副）：

滑块（滑动副）用来设定一个连杆沿指定的方向滑动，或相连的两个连杆之间作沿指定方向的相对滑动，通常用于设置滑块的运动。

（3）柱面副：

柱面副设定连杆沿指定的轴线进行运动（旋转或移动）。同样，可为一个连杆指定柱面副，即指定连杆和机架之间的运动关系，也可以在相连的两个运动连杆之间设定。

（4）螺旋副：

螺旋副连接能够实现两个连杆之间进行螺旋相对运动，如丝杠、螺母之间的运动。

（5）万向节：

万向节能够实现两个连杆之间绕互相垂直的两根轴作相对的转动。万向节不能定义驱动，只能作为从动运动副。

（6）球面副：

球面副用于设定相连的两个连杆之间可作各个角度的相对转动，典型应用为球形铰链的运动设置。

（7）平面副：

平面副用于设定两个连杆在互相接触的平面上相对滑动，并绕接触平面的法向进行相对转动。

（8）固定副：

固定副阻止连杆的运动，单个具有固定副的连杆自由度为 0。可为机架或不发生相对运动的两个连杆指定固定副。

（9）共点运动副：

限制一个部件与另一个部件或者机架之间通过点接触实现相对运动的约束。

（10）共线运动副：

用于设置两个连杆上的曲线之间进行接触且相切的约束。

2. 创建运动副的命令执行方式

在创建运动副时，需要首先打开“运动副”对话框，可通过多种方式打开该对话框，例如：

（1）选择菜单命令“菜单”→“插入”→“运动副”。

（2）单击“主页”选项卡→“设置”组→“运动副”图标。

（3）在运动导航器中选择当前运动场景，单击鼠标右键，在弹出的快捷菜单的“新建运动副”子菜单的级联菜单选择相应的运动副命令。

（4）如果已经在运动场景中建立了运动副，可在运动导航器中选择“运动副”节点，单击鼠标右键，在弹出的快捷菜单的“新建”子菜单的级联菜单中选择相应的运动副命令。

3. 创建运动副的基本步骤

“运动副”对话框如图 13-7 所示，利用该对话框创建运动副的一般步骤如下：

（1）确定运动副类型

采用上述第（1）、（2）种方法执行运动副命令后，需要在对话框的“类型”下拉列表框中选择需要的运动副类型；如果是采用上述其他两种方式打开“运动副”对话框，则“类型”下拉列表框中显示的即为指定的运动副类型。

（2）选择第一个连杆

通常需要为组成运动副的第一个连杆指定原点和方向。确认“操作”选项组的“选择连杆”为选中状态，用鼠标点击需要创建运动副的第一个连杆的任意部分，即可选中整个连杆。

系统自动指定该连杆的中心为运动副的原点，必要时可选中“指定原点”，然后根据需要选择对象以确定运动副原点。

指定运动副原点后，“指定矢量”选项转换为选中状态，此时在图形窗口显示方位指示坐标系，如图 13-8 所示，可用鼠标选择某个坐标轴指定方位，也可通过选择曲线、实体的边缘等对象指定方位。

图 13-7 “运动副”对话框

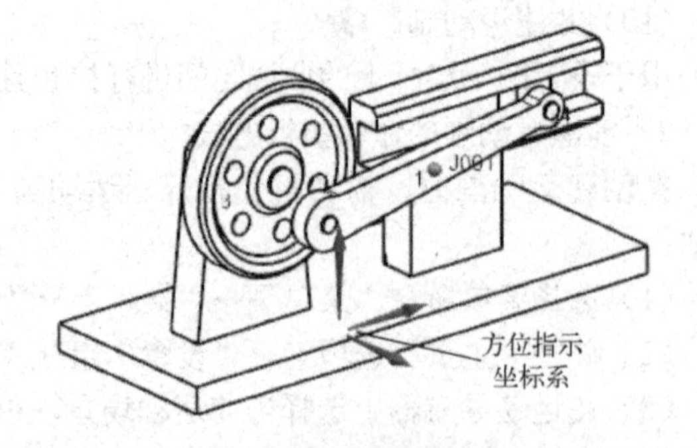

图 13-8 方位指示坐标系

（3）选择第二个连杆

如果是创建连杆与大地（机架）之间的运动副，上述操作已完成所需运动副的创建，但如果需要创建两个运动连杆之间的运动副，则需要选择组成运动副的第二个连杆。

选择“基本件”选项组的“选择连杆”，然后单击第二个连杆的任意对象将其选中，最后在“名称”文本框中设置运动副的名称，单击“确定”或“应用”按钮创建运动副。

📖 提示：

（1）上述选择第二个连杆的操作步骤是在机构已经装配好的情况下采用的，如果机构还没有装配好，可在“基本件”选项组选择“啮合连杆”复选框，然后选择第二个连杆，并为其指定运动副的原点和方向，所指定的原点和方向应与第一个连杆一致，这样，在仿真过程中两个连杆就会按设定的运动副装配到一起并进行仿真计算。

（2）虽然通过设置“啮合连杆”可将未装配好的连杆在仿真中按照需要进行计算，但操作相对复杂，而且容易出错，因此，建议将机构在完成装配后再进行运动仿真。

13.3.2 传动副

传动副用于改变扭矩的大小、控制力的输出类型，UG NX 中可用的传动副包括齿轮副、齿条副和线缆副，它们都是建立在基础运动副之上的运动类型，因此，传动副没有驱动可以加载。

1. 创建传动副的命令执行方式

可用以下方式执行传动副的创建命令：

（1）选择菜单“菜单”→“插入”→“传动副”的级联菜单选择相应命令。

（2）从“主页”选项卡的“传动副”组中选择相应的命令。

（3）在运动导航器中选择运动场景名称，单击鼠标右键，在弹出的快捷菜单中选择“新建传动副”子菜单的级联菜单。

2. 传动副类型

各种传动副的作用及形式如下：

（1）齿轮副：

齿轮副用于模拟齿轮传动。在传动过程中，两个齿轮分别绕各自轴线旋转，因此，齿轮副建立在现有旋转副或圆柱副的基础上，通过设定两个旋转副（或旋转副和圆柱副）之间的比率或指定接触点（即啮合点）定义传动比。

（2）齿轮齿条副：

齿轮齿条副通过定义一个现有的旋转副和滑动副之间的相对运动，模拟齿轮、齿条之间的啮合传动。

（3）线缆副：

线缆副定义两个滑动副之间的运动关系，可用于模拟线缆、滑轮等运动。

（4）2-3 传动副：

定义两个或三个旋转副、滑动副和柱面副之间的相对运动。

13.3.3 约束

在进行运动仿真时，有时需要通过建立一些约束以模拟机构传动，比如，需要使凸轮机构中的滚子始终与凸轮表面接触。UG NX 中能够建立点在线上副、线在线上副和点在面上副三种约束。

1. 创建约束的命令执行方式

可用以下方式执行约束的创建命令：

（1）从“菜单”→“插入”→“约束”子菜单的级联菜单中选择相应命令。

（2）从“主页”选项卡的“约束”组选择相应的命令。

（3）在运动导航器中选择运动场景名称，单击鼠标右键，在弹出的快捷菜单中选择“新建约束”子菜单的级联菜单。

2. 约束类型

三种传动副的作用及形式如下：

（1）点在线上副

使两个对象保持点与线的接触，如缆车沿钢丝绳的运动。

（2）线在线上副

使两个对象之间保持曲线接触，如凸轮机构中滚子与凸轮曲面的接触。

（3）点在面上副

使两个对象之间保持点和曲面的接触，比如，可用来模拟汽车刮雨器的运动。

13.4 机构运动载荷

运动学仿真目的是模拟机构的理想运动过程，以检验所设计的机构的运动是否正确，各个构件有无干涉等，而不考虑各个构件的重力、摩擦力以及构件间的相互作用。如果要考察机构运动过程中各个构件的受力及构件之间的相互作用，就需要进行动力学仿真。

在 UG NX 的运动仿真模块中能够为机构添加一定的载荷，从而使动态仿真的结果更接近实际情况，例如，可以为构件指定重力和摩擦力，也可以为机构添加力和扭矩作为驱动力，并且能够通过创建连接器模拟构件之间的相互作用。本节介绍各种机构载荷的功能和创建方法。

13.4.1 重力与摩擦力

在任意机构中，各个构件都存在重力，而且运动过程中都受到摩擦力的影响，因此，动力学仿真通常需要设置重力和摩擦力。

1. 重力

地球上任何物体都受到重力的影响，设置重力参数有以下两种方式：

（1）通过首选项设置重力

选择菜单命令“菜单”→“首选项”→“运动”，打开如图 13-9 所示的“运动首选项”对话框，选择“质量属性”复选框，单击“重力常数”按钮，打开如图 13-10 所示的“全局重力常数”对话框，利用 Gx、Gy、Gz 三个文本框自定义全局重力常数，其中，负的参数值表示重力方向为坐标轴的负方向。

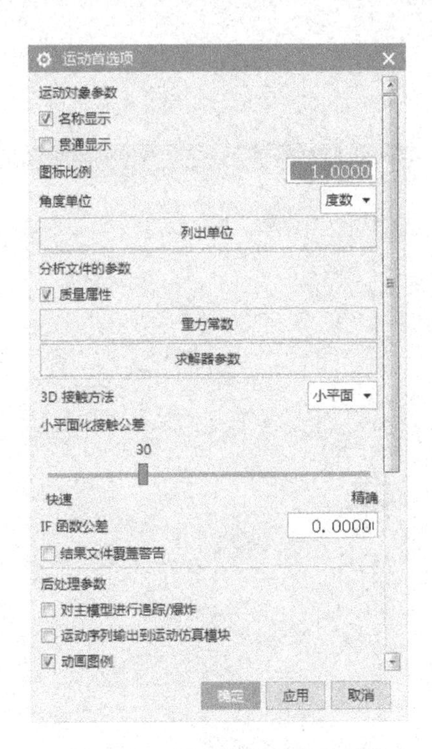

图 13-9 “运动首选项”对话框

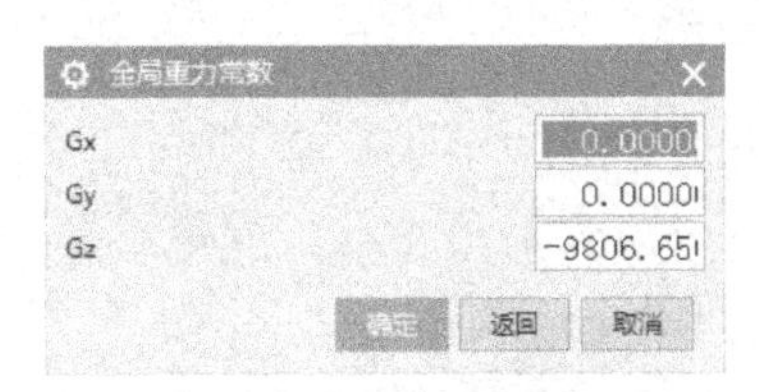

图 13-10 “全局重力常数”对话框

（2）通过解算方案设置

当建立新的解算方案时，将打开如图 13-11 所示的“解算方案”对话框，通过“重力”选项组可设置重力方向和常数。需要注意的是，解算方案中的重力设置优先于首选项的设置。

图 13-11 “解算方案”对话框

2．摩擦力

只要构件之间存在相对运动，就必然存在摩擦力，因此，在创建运动副时，可根据需要指定摩擦参数。

在“运动副”对话框中打开“摩擦”选项卡，选择“启用摩擦”复选框，如图 13-12 所示，即可设置各个摩擦参数，其中主要参数说明如下：

（1）“静摩擦”系数：物体由静止到滑动时的摩擦系数。

（2）“动摩擦”系数：物体之间相对滑动时的摩擦系数。

（3）“静摩擦过渡速度”：当物体由静摩擦完全过渡到动摩擦时的切向速度。

另外，当两个构件发生碰撞等相互作用时，可能需要创建 3D 接触，此时，也可为 3D 接触设置摩擦参数。在“主页”选项卡的“连接器”组单击“3D 接触”图标，打开如图 13-13 所示的“3D 接触”对话框，在“基本”选项卡的“库仑摩擦”下拉列表框中选择

“开”，然后为其下各个选项设置摩擦参数。

图 13-12 “摩擦”选项卡

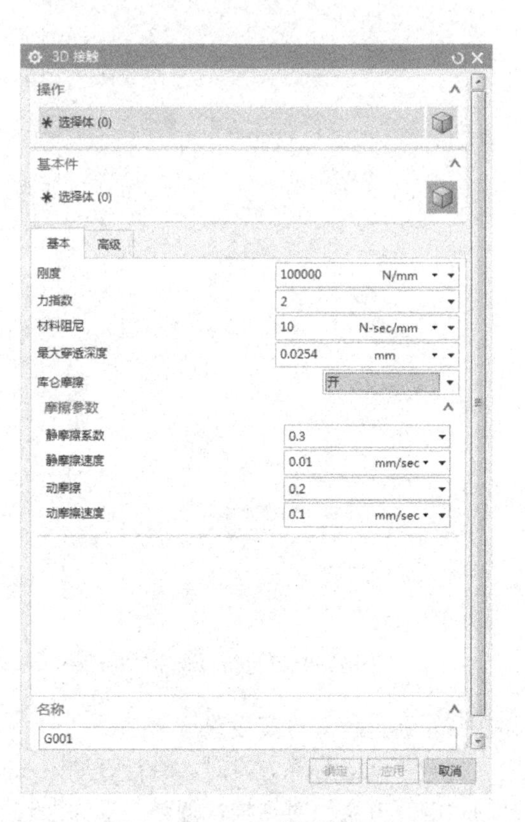

图 13-13 “3D 接触”对话框

13.4.2 载荷

力是使物体的运动状态发生改变的因素，本节介绍为机构创建力和扭矩等载荷的方法。

UG NX 的载荷主要包括标量力、矢量力、标量扭矩和矢量扭矩，创建各载荷的命令执行方式有以下三种：

（1）从“菜单”→“插入”→“载荷”菜单项的级联菜单中选择相应命令。

（2）从“主页”选项卡的“加载”组选择相应命令。

（3）在运动导航器中选择当前的运动场景，单击鼠标右键，从弹出的快捷菜单的“新建载荷”菜单项的级联菜单中选择相应命令。

1．标量力

标量力可以作为使连杆运动的驱动力，也可以作为约束和延缓连杆运动的反作用力。标量力为沿直线方向作用的力，其方向由指定的两个连杆的原点（或固定点和运动连杆的原点）确定，而且随连杆位置的变化而变化，如图 13-14 所示，其中 O 点为固定点，P 为所指定的长方体这一连杆的原点（左下角的角点），P1、P2、P3……为长方体运动中 P 点的各个位置。

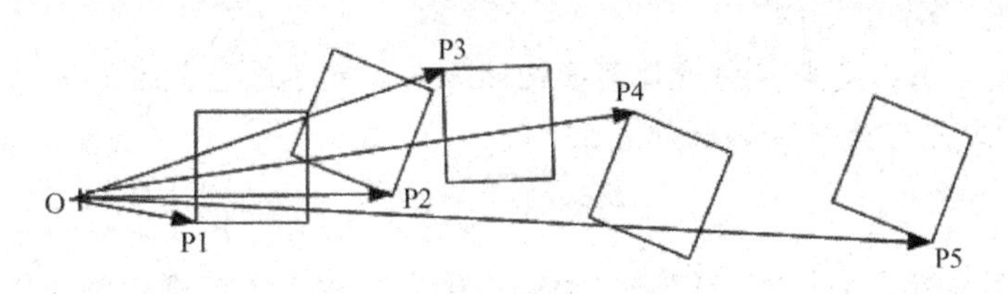

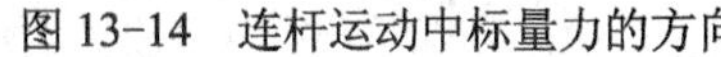
图 13-14 连杆运动中标量力的方向

创建标量力的一般方法如下：

（1）执行相应命令打开如图 13-15 所示的“标量力”对话框。

（2）此时“操作”选项组的“选择连杆”为选中状态，提示选择需要施加力的连杆。应注意的是，非连杆对象不能被选中。

（3）选择“操作”选项组的“指定原点”选项，选择某个点作为标量力的作用点（即终点）。

（4）选择“基本件”选项组的“选择连杆”，选择第二个连杆，作为发出标量力的构件。

（5）选择“基本件”选项组的“指定原点”，选择某个点作为标量力的起点。

（6）设置标量力的数值。如果标量力为恒定值，在“幅值”选项组的“类型”下拉列表框中选择“表达式”选项，并在“值”文本框中设置力的大小；如果标量力为变值，可从“类型”下拉列表框中选择“$f(x)$函数”选项，在“函数”文本框中输入力的函数，或单击该文本框右侧的箭头，在打开的菜单中选择“函数管理器”命令，打开如图 13-16 所示的“XY 函数管理器”对话框，单击“新建”图标，打开“XY 函数编辑器”对话框创建函数。

（7）最后设置标量力的显示比例及名称，单击“确定”或“应用”按钮完成创建。

图 13-15 “标量力”对话框

图 13-16 “XY 函数管理器”对话框

提示：

（1）标量力的初始方向由所指定的第二个原点指向第一个原点，而且随原点位置的变化而变化。

（2）如果标量力由固定点指向被作用连杆的原点，可不进行上述第 4 步的操作，而在第 5 步中选择某个固定点作为标量力的起点。

2．矢量力

矢量力的作用与标量力相同，但矢量力的作用方向相对于连杆或绝对坐标系始终不变。创建矢量力的一般方法如下：

（1）执行相应命令打开如图 13-17 所示的“矢量力”对话框。

（2）从“类型”下拉列表框中选择“分量”（或“幅值和方向”）选项。

（3）选择受力连杆。选择“操作”选项组的“选择连杆”，选择矢量力将要作用的连杆。

（4）指定矢量力作用点。选择“操作”选项组的“指定原点”选项，选择一个点作为矢量力的作用点。通常选择连杆上的一个点作为作用点，否则，系统将把所选择的点作为连杆的一部分。

（5）指定矢量力的方向及大小。如果在“类型”下拉列表框中选择“分量”选项，可在“分量”选项组通过常数或函数确定 X、Y、Z 方向分力的大小，从而确定矢量力的大小和方向；如果在“类型”下拉列表框中选择“幅值和方向”，则可选择“操作”选项组的“指定方位”，选择某个对象或坐标轴定义力的方向，然后在“幅值”选项组通过常数或函数确定力的大小。

（6）如果矢量力由另一个连杆产生，选择“基本件”选项组的“选择连杆”，然后选择相应的连杆作为施力构件。

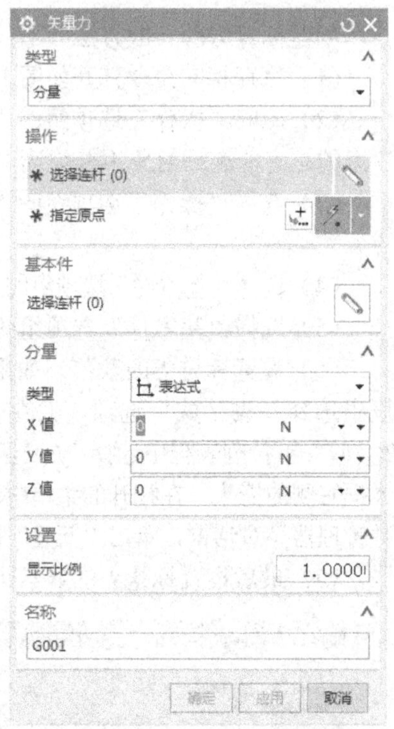

图 13-17 “矢量力”对话框

（7）最后设置矢量力的显示比例及名称，单击“确定”或“应用”按钮完成创建。

3．标量扭矩

标量扭矩施加于旋转副，以驱动连杆转动，或减缓、限制连杆的转动。应注意的是，标量扭矩只能施加于旋转副，旋转副的方向即为所创建的标量扭矩的方向。创建标量扭矩的一般方法如下：

（1）执行相应命令打开如图 13-18 所示的“标量扭矩”对话框。

（2）在“运动副”选项组选择“选择运动副”，选择需要施加扭矩的已创建的旋转副。

图 13-18 “标量扭矩”对话框

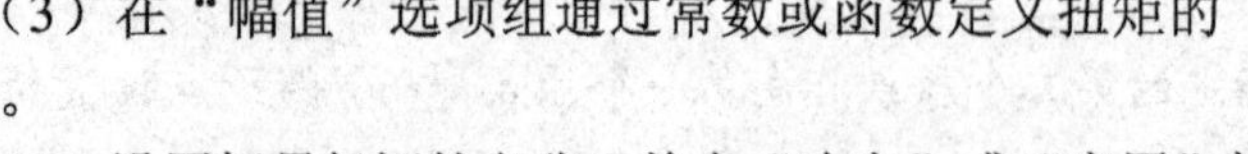

（3）在“幅值”选项组通过常数或函数定义扭矩的大小。

（4）设置标量扭矩的名称，单击“确定”或“应用”按钮完成创建。

4. 矢量扭矩

矢量扭矩的作用与标量扭矩相同，但创建方式相对灵活。矢量扭矩施加于连杆，旋转轴由指定的原点、方位确定。矢量扭矩的创建过程与创建矢量力基本相同。

13.4.3 连接器

UG NX 通过连接器模拟连杆之间的弹性连接、阻尼和接触，主要包括弹簧、阻尼器、衬套、2D 接触和 3D 接触，创建各连接器的命令执行方式如下：

（1）从“菜单”→“插入”→“连接器”菜单项的级联菜单选择相应命令。

（2）从“主页”选项卡→“连接器”组中选择相应命令。

（3）在运动导航器选择当前的运动场景，单击鼠标右键，从弹出的快捷菜单的“新建连接器”菜单项的级联菜单中选择相应命令。

1. 弹簧

弹簧是一个弹性元件，用于施加力和扭矩，在 UG NX 中能够模仿拉伸、压缩和扭矩弹簧。弹簧力可施加于连杆、滑动副和旋转副，其大小由刚度和位移决定。以施加于连杆为例，创建弹簧的一般方法如下：

（1）执行相应命令打开“弹簧”对话框。

（2）在“附着”下拉列表框中选择“连杆”选项，对话框界面如图 13-19 所示。

（3）选择弹簧力作用的连杆。在“操作”选项组选择“选择连杆”，选择将要施加弹簧力的连杆。

（4）选择弹簧力的作用点。在“操作”选项组选择“指定原点”，选择上步指定的受力连杆上的一个点为作用点。

（5）指定弹簧的附着点。如果弹簧固定于另一个连杆，在“基本件”选项组选择“选择连杆”，选择第二个连杆，然后选择“指定原点”，之后选择第二个连杆上的点为附着点；如果弹簧另一端附着于固定点，可在“基本件”选项组选择“指定原点”，然后利用该选项右侧的“点对话框”图标或下拉列表框，选择某个固定点作为弹簧的附着点。

（6）设置弹簧刚度。在“刚度”选项组通过常数或函数确定弹簧刚度。

（7）“在预载荷”文本框中设置预载荷的大小，选择“预载长度”复选框，并在其右侧的文本框设置弹簧施加预载荷之后的长度，系统会根据指定的刚度、施加的预载荷以及施加预载荷之后的长度计算出弹簧的自由长度。

（8）最后设置弹簧的名称，单击“确定”或“应用”按钮完成创建。

2. 阻尼器

阻尼器用于消耗运动能量、抑止运动，对物体的运动起反作用，经常用于控制弹簧反作用力的行为。阻尼类似于摩擦，但与摩擦力不同，阻尼力的大小与物体的运动速度有关：

$$F_{damping}=C \times V_b$$

其中，$F_{damping}$ 为阻尼力，C 为阻尼系数，V_b 为物体的运动速度。

阻尼器可施加于连杆、滑动副和旋转副，对话框如图 13-20 所示，其对话框内容和创建方法与弹簧类似。

图 13-19 “弹簧”对话框

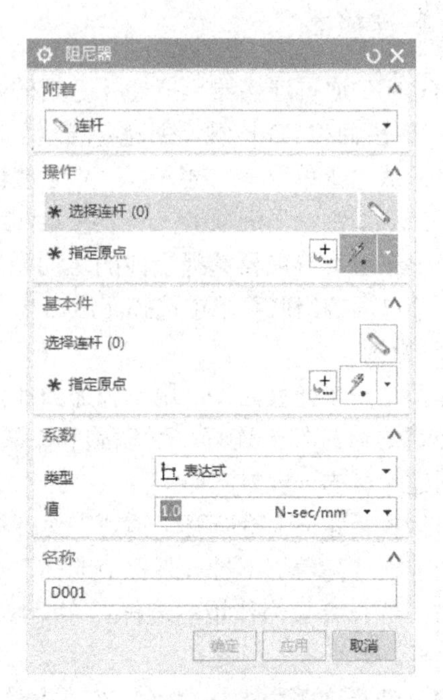

图 13-20 “阻尼器”对话框

3．衬套

衬套用于定义两个连杆之间的弹性关系，是拉压弹簧力和扭转弹簧扭矩的组合。UG NX 中能够建立两种衬套：

（1）圆柱形弹性衬套：需要定义径向、轴向、圆锥摆动、扭转运动的刚度系数和阻尼系数。

（2）常规（通用）弹性衬套：需要定义沿 X、Y、Z 方向的平移和绕 X、Y、Z 方向转动的刚度和阻尼系数。

创建衬套的一般方法如下：

（1）执行相应命令打开如图 13-21 所示的“衬套”对话框。

（2）在“类型”下拉列表框中选择衬套的类型。

（3）利用“操作”选项组各选项选择衬套附着的第一个连杆及其原点和方位。

（4）利用“基本件”选项组各选项选择衬套附着的第二个连杆及其原点。

（5）打开“系数”选项卡，利用常数或函数定义各个扭转刚度和阻尼系数。

（6）最后单击“确定”或“应用”按钮完成衬套的创建。

4．2D 接触

2D 接触是二维平面中的接触作用，类似于线与线上副约束，但也有碰撞载荷的特点。执行相应命令打开如图 13-22 所示的“2D 接触”对话框，依次选择互相接触的两条平面曲线，然后设置各项参数，完成 2D 接触的创建。

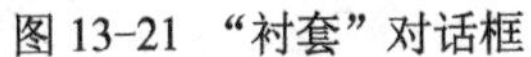
图 13-21 “衬套”对话框

图 13-22 “2D 接触”对话框

2D 接触的主要参数说明如下：

（1）刚度：单位穿透深度所需的力，材料硬度越大，刚度越大，刚对刚的接触刚度为 10^7N/m。

（2）力指数：用于计算法向力。ADAMS 解算器用力指数计算材料刚度为瞬间法向力的贡献。力指数大于 1，钢材的力指数一般为 1.1～1.3。

（3）材料阻尼：代表碰撞中负影响的量，必须大于或等于 0，值越大物体的弹跳越小。

（4）穿透深度：用于计算法向力，一般非常小，为 0.001 左右。

5．3D 接触

3D 接触用于模拟实体与实体之间的接触，例如实体之间的碰撞。创建 3D 接触时，执行相应命令打开“3D 接触”对话框，依次选择相互作用的两个实体，并设置相关参数，最后单击“确定”或“应用”按钮完成创建。3D 接触的主要参数的意义与 2D 接触类似。

13.5 运动分析和仿真

建立运动场景后，依次创建连杆、运动副（包括传动副和约束）、机构载荷等，然后就可以建立解算方案并进行求解，并且可以通过动画、图表等功能对仿真结果进行观察和分析。

13.5.1 运动驱动

在运动导航器中选择当前处于工作状态的运动仿真场景，单击鼠标右键，在弹出的快捷菜单中选择“新建解算方案”命令，或在“主页”选项卡的“设置”组单击“解算方案”图标，打开如图 13-23 所示的“解算方案”对话框，设置相关参数后单击“确定”按钮，即可创建解算方案。

在“解算方案”对话框中需要设置的主要内容是运动驱动方式，可从“解算方案选项”选项组的“解算方案类型”下拉列表框中进行选择。各驱动的说明如下：

1．常规驱动

常规驱动是最常用的一种驱动，它是基于时间的一种运动形式，即机构根据指定的时间和步数进行运动仿真。

任何机构都具有原动件，在运动仿真中，需要为原动件的运动副指定驱动类型。要执行常规驱动，可以为原动件的运动副指定以下运动驱动：

（1）多项式：为运动副的运动（旋转或移动）参数（如位移、速度、加速度等）设置常量参数。

（2）简谐：运动副的运动形式为光滑的正弦运动，主要参数为幅值、频率、相位角和位移。

（3）功能：通过数学函数确定运动副复杂的运动。选择该选项后，可在“函数数据类型”下拉列表框中选择“位移”“速度”“加速度”作为函数驱动参数，然后单击“函数”列表框右侧的箭头按钮，在打开的菜单中选择“*f*(*x*)函数管理器”命令，打开“XY 函数管理器”创建和编辑运动函数。

在创建运动副时，打开“运动副”对话框中的“驱动”选项卡，如图 13-24 所示，可在下拉列表框中选择不同的驱动类型。

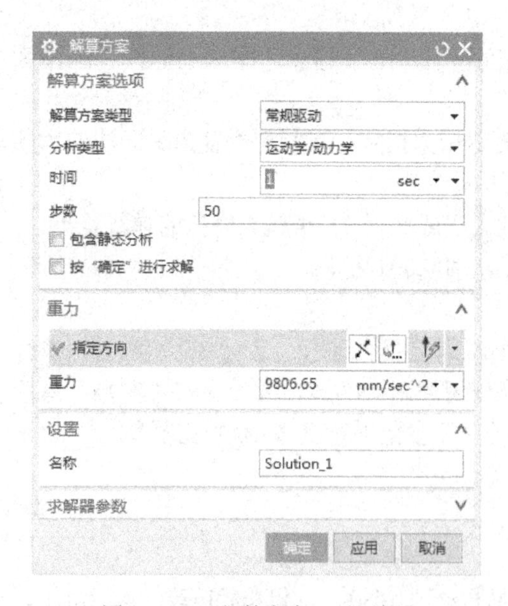

图 13-23 “解算方案”对话框

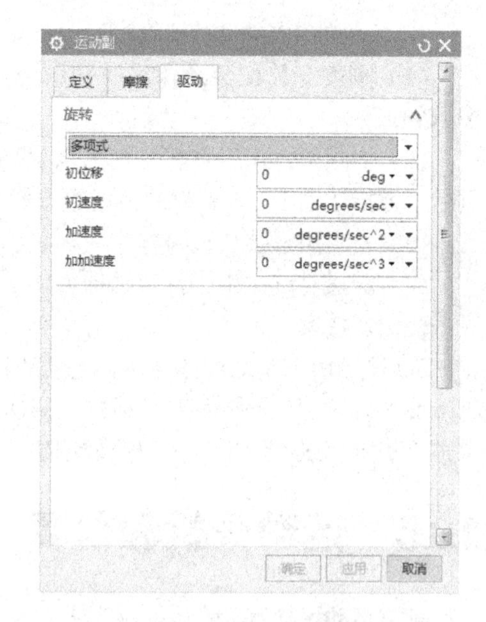

图 13-24 运动副的“驱动”选项卡

2．铰接运动驱动

铰接运动驱动是基于位移的机构运动仿真，采用该驱动方式，需要在“运动副”对话框的“驱动”选项卡中选择“铰接运动”选项。

选择该驱动方式，对解算方案进行求解时，将打开如图 13-25 所示的“铰接运动”对话框。选择运动副名称左侧的复选框，即选中驱动运动副，然后在“步长”和“步数”文本框中设置参数，单击“单步向前”或“单步向后”图表按钮，可观察到运动仿真动画。

3．电子表格驱动

对于非常复杂的驱动，通过函数也很难定义，在此情况下可采用电子表格进行驱动。在“解算方案类型”下拉列表框中选择“电子表格驱动”选项，并选择“按“确定”进行求解”复选框，然后单击“确定”按钮，将打开“电子表格文件”对话框，利用该对话框选择所需的电子表格文件后，打开如图 13-26 所示的“电子表格驱动”对话框，单击“播放”图表按钮，可观察到结构运动仿真的结果。

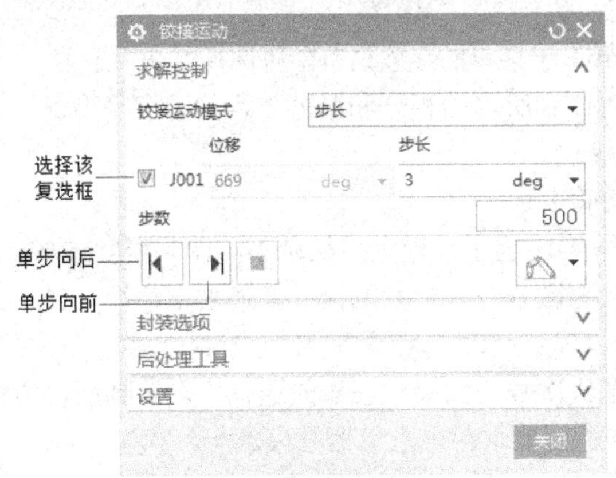

图 13-25 “铰接运动”对话框

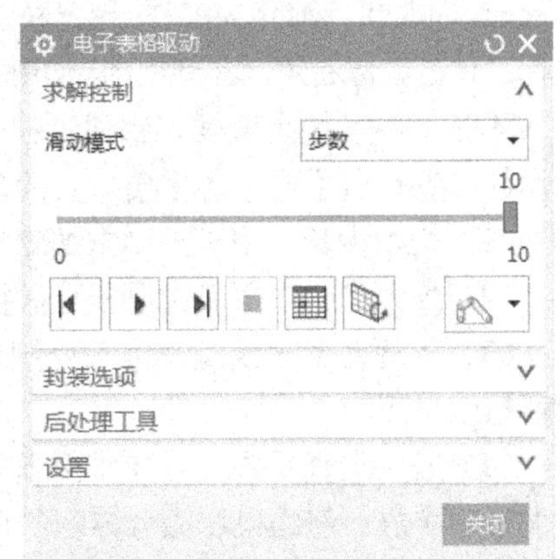

图 13-26 “电子表格驱动”对话框

在 Windows 操作系统中，电子表格一般使用的是 Microsoft Office Excel，作为驱动的电子表格其结构应如图 13-27 所示。驱动电子表格必须包含两列数据，第一列为时间，第二列为与时间相对应的位移、速度等数据。

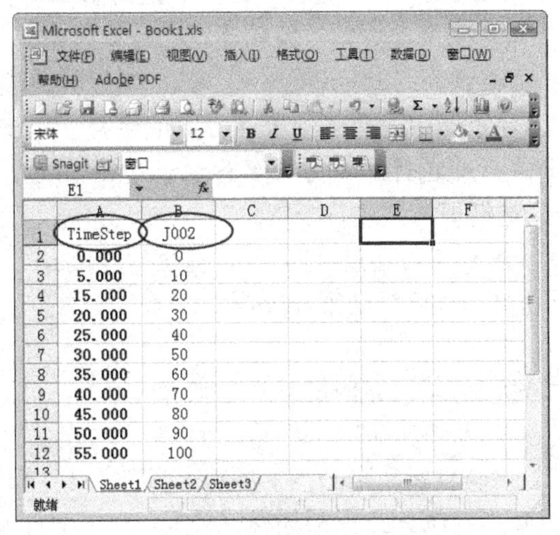

	A	B
1	TimeStep	J002
2	0.000	0
3	5.000	10
4	15.000	20
5	20.000	30
6	25.000	40
7	30.000	50
8	35.000	60
9	40.000	70
10	45.000	80
11	50.000	90
12	55.000	100

图 13-27 驱动电子表格

提示：

创建驱动电子表格应注意以下问题：

（1）如图 13-27 所示，电子表格第一行必须包括“Time Step”和“J***”字段，其中，“Time Step”表明该列为时间步序列，“J***”为作为驱动的运动副名称，并已经为该运动副指定驱动（可指定任意驱动运动和参数，仿真过程中的驱动由电子表格决定），例如在图 13-27 中，表格中所对应的驱动运动副为 J002。

（2）“Time Step”列的时间序列数据必须是递增的。

13.5.2 求解器及其参数

UG NX 内置求解器为“Simcenter Motion”、“RecurDyn”和“ADAMS”，其中“RecurDyn”和“ADAMS”求解器较常用。在运动导航器中选择当前处于工作状态的运动场景名称，单击鼠标右键，在弹出的菜单的“求解器”子菜单的级联菜单中可选择默认求解器。

不论采用哪种求解器，都通过积分器参数控制所用的积分和微分方程的求解精度。各求解器的参数有所不同，各主要参数的说明如下：

（1）初始步长：用于控制求解器积分的初始步长。

（2）最大步长：用于控制积分和微分方程的 dx 因子，最大步长越小，计算精度越高。

（3）求解器最大误差：用于控制求解结果与微分方程之间的误差，最大求解误差越小，求解精度越高。

（4）最大迭代次数：控制求解器的最大迭代次数，如果求解器的迭代次数达到所设定的最大迭代次数，但结果和微分方程的误差仍未达到要求时，求解器结束求解。

（5）积分器：可选“N-R”或“鲁棒 N-R”选项，其中，“N-R”选项控制 Newton-Raphson 积分器的属性，“鲁棒 N-R”用于提高 Newton-Raphson 积分器的属性。

13.5.3 运动仿真结果输出

如果在“解算方案”对话框选择“通过按“确定”进行解算”复选框，完成设置后单击“确定”按钮，后台便开始进行求解，否则，仅创建新的解算方案。

新建的解算方案的名称默认为“Solution_*”（其中“*”号代表的数字反映了所建立的解算方案的顺序），在运动导航器中选择某个解算方案的名称，单击鼠标右键，在弹出的快捷菜单中选择“求解”命令，或选择解算方案名称后，单击“主页”选项卡“分析”组的“求解”图标，即可对所选解算方案进行求解。

将某个解算方案成功求解后，可通过 UG NX 提供的动画或图表功能对运动仿真结果进行观察和分析。

1．动画分析

如果以常规驱动方式进行仿真，完成解算后，可单击“主页”选项卡“分析”组的“动画”图标，打开如图 13-28 所示的“动画”对话框观察运动仿真动画。

图 13-28 “动画”对话框

以铰接运动或电子表格进行驱动，如前所述，完成解算后将打开相应的对话框，利用该对话框就可以播放运动仿真动画。

2．电子图表输出

完成解算方案的求解后，不仅可通过动画观察机构的运动，还可以利用图表了解各个运动副的位移、速度

和加速度曲线，以对机构的运动有更深入的了解。

完成解算方案求解后，如果是第一个解算方案，将在运动导航器中增加“Solution-1”节点，如图 13-29 所示，可以通过如下方法创建图表输出观察计算结果：

（1）指定运动副。通常选择运动副作为创建图表的对象，而连杆不能作为图表的运动对象，但是可以在连杆上创建标记，通过标记间接创建连杆运动图表。

（2）选择图表参数。在运动导航器中展开“XY 结果视图”选项组，可以从该选项组选择需要通过图表输出的参数，如图 13-30 所示，选择某个参数后，单击鼠标右键，从弹出的快捷菜单中选择“创建图对象”命令，可将该参数设置为图表输出对象。

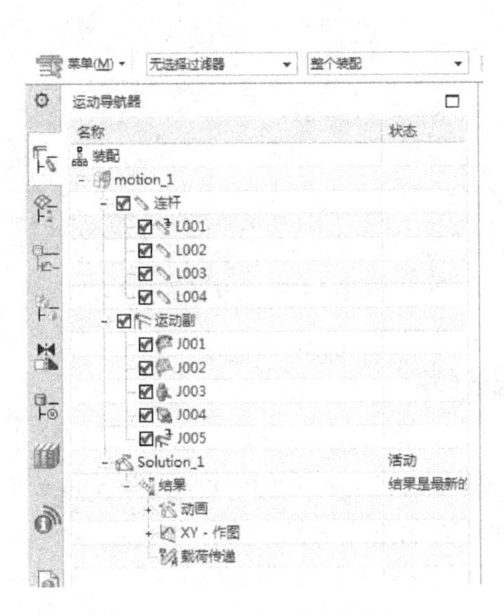

图 13-29 运动导航器

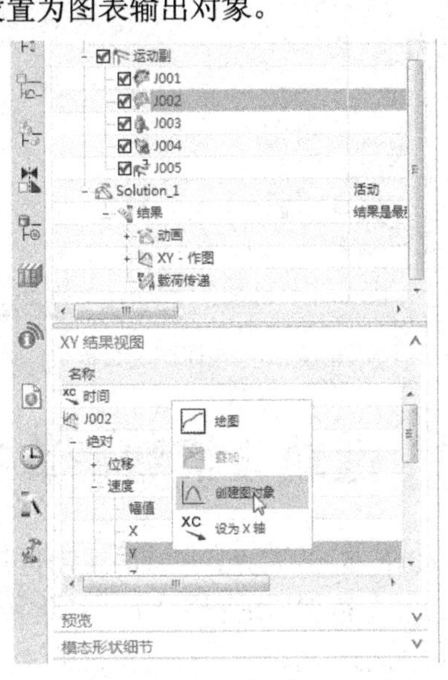

图 13-30 运动导航器中的“XY 结果视图”选项组

（3）在图形窗口绘制参数曲线。完成上步操作后，在运动导航器中展开“solution_1”节点下的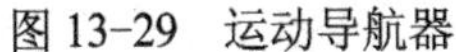节点，可看到刚才设置的参数输出添加到该节点下，选择该参数并单击鼠标右键，在弹出的快捷菜单中选择“绘图”命令，如图 13-31 所示，在弹出的“查看窗口”工具条中单击“新建窗口”图标，可在新建窗口中生成参数曲线，如图 13-32 所示。

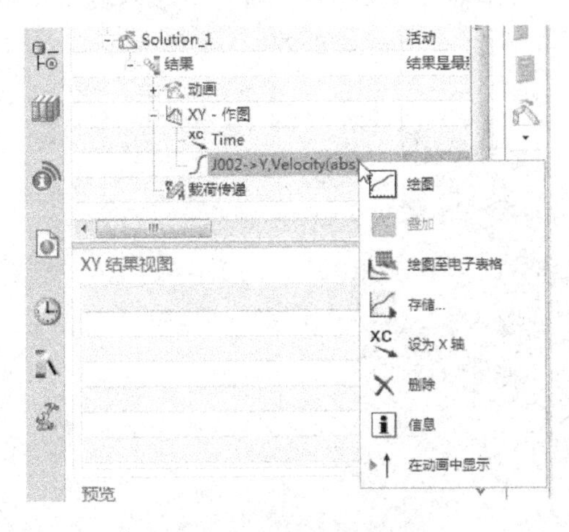

图 13-31 选择参数作图

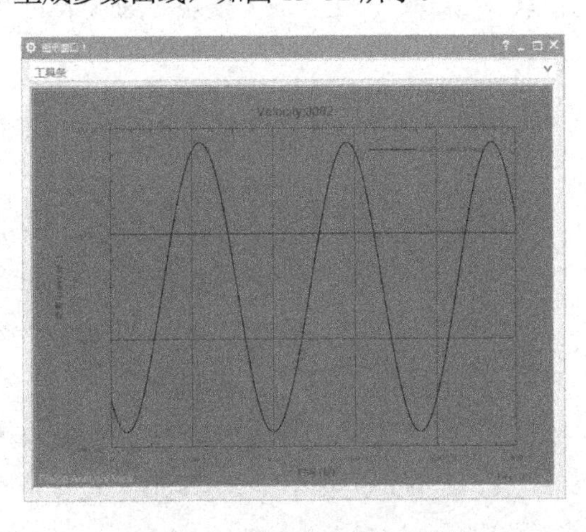

图 13-32 运动参数的输出曲线

（4）利用电子表格绘制参数曲线。在上步操作中，如果选择输出参数后单击鼠标右键，在弹出的快捷菜单中选择“绘图至电子表格”命令，将打开 Excel 电子表格绘制运动曲线，电子表格中参数和所绘制的曲线分别如图 13-33 和 13-34 所示。

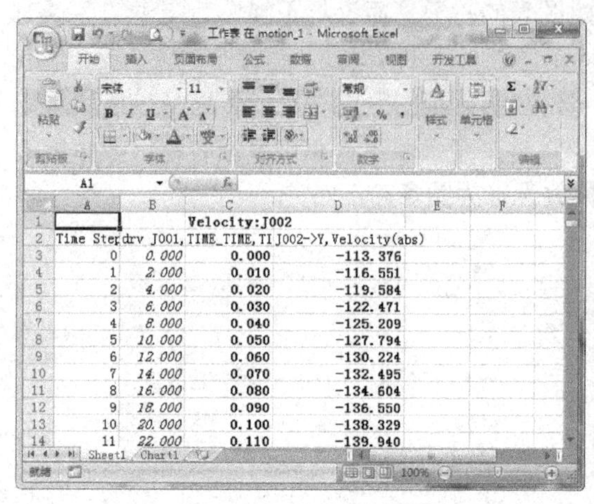

	A	B	C	D
1			Velocity:J002	
2	Time Step	drv J001,	TIME_TIME, TI	J002->Y, Velocity(abs)
3	0	0.000	0.000	-113.376
4	1	2.000	0.010	-116.551
5	2	4.000	0.020	-119.584
6	3	6.000	0.030	-122.471
7	4	8.000	0.040	-125.209
8	5	10.000	0.050	-127.794
9	6	12.000	0.060	-130.224
10	7	14.000	0.070	-132.495
11	8	16.000	0.080	-134.604
12	9	18.000	0.090	-136.550
13	10	20.000	0.100	-138.329
14	11	22.000	0.110	-139.940

图 13-33 电子图表数据

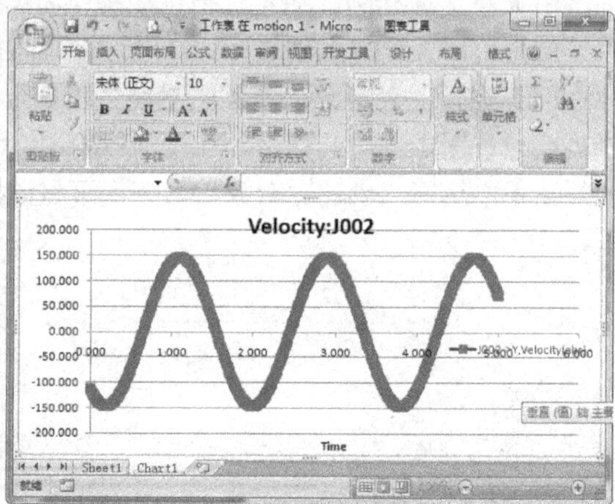

图 13-34 电子图表曲线

13.6 运动分析和仿真范例解析

UG NX 提供了功能丰富的运动仿真模块，使大多数情况下的机构运动仿真成为可能。本节通过若干范例介绍利用 UG NX 进行机构运动仿真的基本方法。

13.6.1 飞轮曲柄滑块机构运动仿真范例

本节以如图 13-35 所示的飞轮曲柄滑块机构为例介绍利用装配模型创建连杆、运动副、驱动和解算方案，并进行运动仿真求解的一般方法。机构各构件的名称如图中所示。

1．打开网盘文件

将网盘文件夹“练习文件\第 13 章\飞轮滑块”复制到硬盘，如 D 盘，打开文件“D:\飞轮滑块\装配.prt”，在“应用模块”选项卡的“仿真”组单击“运动”图标进入运动仿真应用模块。

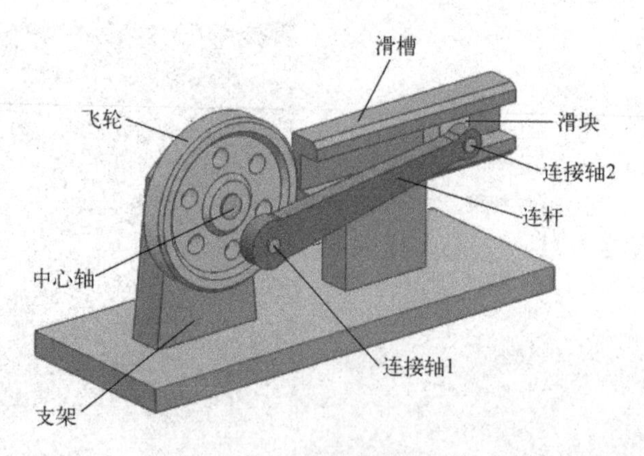

图 13-35 飞轮曲柄滑块机构

2. 建立运动仿真场景

在运动导航器中选择“装配”，单击鼠标右键，在弹出的快捷菜单中选择“新建仿真”命令，在打开的“环境”对话框的“分析类型”选项组选择“运动学”单选按钮，其余选项不变，单击“确定”按钮关闭对话框。此时，系统打开如图 13-36 所示的“机构运动副向导”对话框，提示是否将装配建模中的装配约束映射为运动副，单击“取消”按钮关闭对话框。系统建立名称为“motion_1”的运动仿真场景。

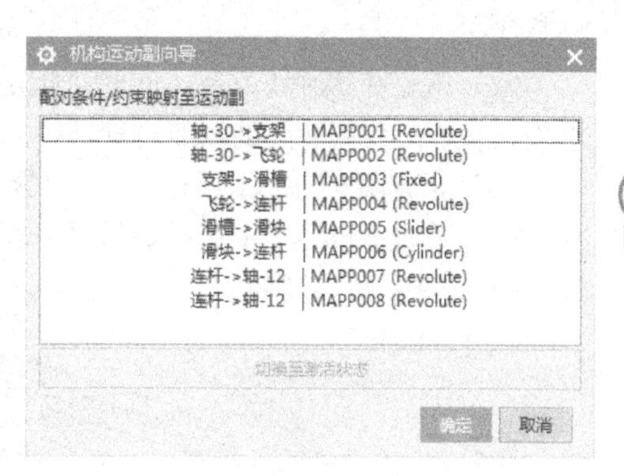

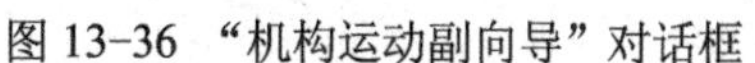
图 13-36 “机构运动副向导”对话框

3. 创建固定连杆

支架、滑槽以及中心轴在机构中不发生运动，应将其建立为固定连杆。在运动导航器中选择运动场景“motion_1”，单击鼠标右键，在弹出的快捷菜单中选择“新建连杆”命令，打开“连杆”对话框，此时“连杆对象”选项组的“选择对象”为选中状态，即要求选择要创建连杆的对象。

在图形窗口用鼠标点击支架的任意部分，支架即以高亮显示，表示被选中，用同样的方法分别选择滑槽和中心轴，在“设置”选项组选择“无运动副固定连杆”复选框，系统设置连杆的默认名称为“L001”，单击“应用”按钮创建连杆。

4. 创建其他连杆

此时“连杆”对话框仍然打开，取消“设置”选项组“无运动副固定连杆”复选框的选择，依次选择飞轮和连接轴 1，单击“应用”按钮创建第二个连杆“L002”。

采用上述同样的方法，选择连杆创建第三个连杆“L003”，选择滑块和连接轴 2 创建第四个连杆“L004”。

5. 查看已创建的连杆

在运动导航器可看到运动场景“motion_1”中已创建了“连杆”节点，展开“连杆”节点可观察到所创建的四个连杆，选择其中某个连杆后，该连杆内包含的对象在图形窗口以高亮显示，以此可查看已创建连杆正确与否。

提示：

已创建的连杆可进行编辑。在运动导航器的“连杆”节点上双击某个已创建的连杆，或选择某个连杆后单击鼠标右键，在打开的快捷菜单中选择“编辑”命令，可打开“连杆”对话框，此时，可用鼠标选择某个未定义为连杆的对象，将其添加到当前被编辑的连杆中，也可按住键盘的<Shift>键，然后选择当前连杆中的某个对象，将其从当前连杆中排除。完成操作后，单击“确定”按钮关闭对话框，完成连杆的编辑。

6. 创建飞轮与机架之间的旋转副

在运动导航器中选择“motion_1”节点，单击鼠标右键，在弹出的快捷菜单的“新建运动副”菜单的级联菜单中选择“旋转副”命令，打开“运动副”对话框，按照如下步骤创建旋转副：

（1）选择连杆。此时“操作”选项组的“选择连杆”为选中状态，选择飞轮的任意部分将其选中。

（2）指定旋转轴线方向。此时“指定矢量”为选中状态，在图形窗口选择如图 13-37 所示的矢量方向为旋转副的轴线方向。

（3）指定旋转轴线的原点。在“操作”选项组选择“指定原点”，单击其最右侧的箭头，在打开的下拉菜单中选择⊙选项，然后选择如图 13-38 所示的飞轮的凸台边缘，以设置旋转副的轴线通过该圆心。

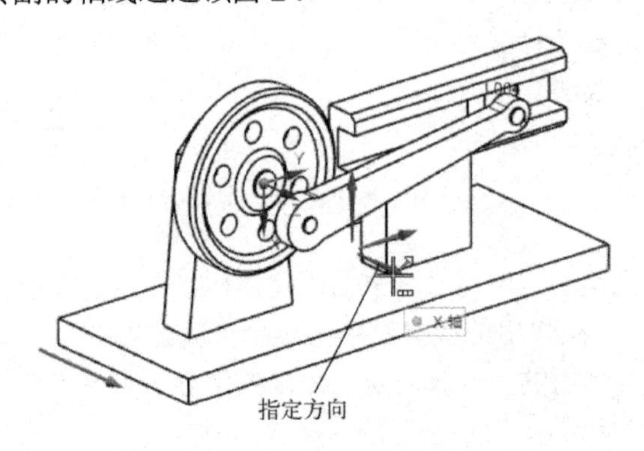

图 13-37 指定旋转副轴线方向

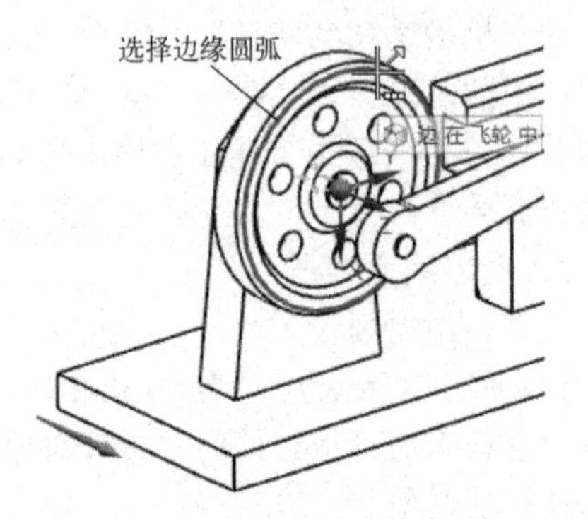

图 13-38 指定旋转副原点

（4）设置旋转副的显示参数。在“设置”选项组的“显示比例”文本框中输入 4，使旋转副标志以较大方式显示，便于观察，最后单击“应用”按钮创建旋转副。

通过上述指定的原点和方位，确定所创建的旋转副的轴线与飞轮中心孔轴线重合，如图 13-39 所示。

7. 创建飞轮与连杆之间的旋转副

此时“运动副”对话框仍然打开，确认“类型”下拉列表框为“旋转副”选项，并且“操作”选项组的“选择连杆”为选中状态，选择飞轮的任意部分将其选中，利用前述方法，选择平行于连接轴 1 轴线的方向为旋转副方向，并选择如图 13-40 所示的圆弧中心为旋转副轴线原点。

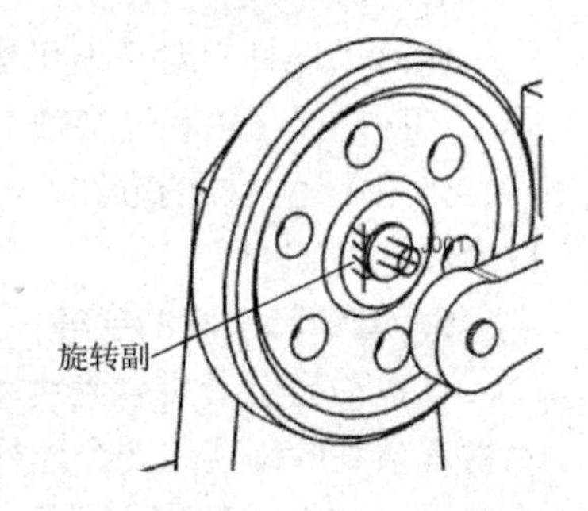

图 13-39 创建的旋转副

在“基本件”选项组选择“啮合连杆”复选框，然后选择“选择连杆”，选择连杆的任意部分将其选中，仍然利用前述方法，选择平行于连接轴 1 轴线的方向为旋转副方向，并选择如图 13-40 所示的圆弧中心为旋转副轴线原点，仍然在“显示比例”文本框中输入 4，单击“应用”按钮创建旋转副，如图 13-41 所示。

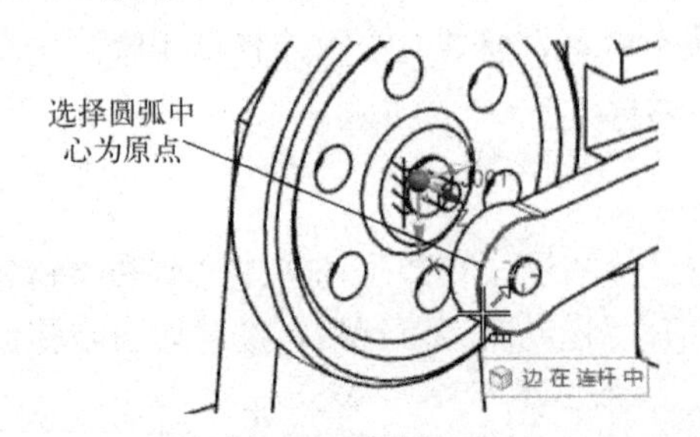

图 13-40 指定旋转副原点

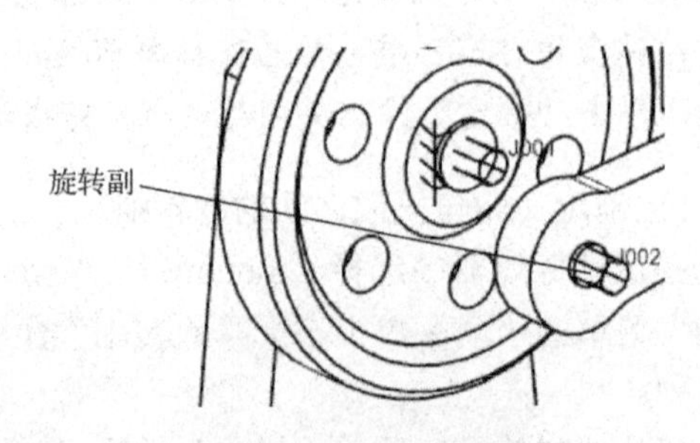

图 13-41 创建的旋转副

8. 创建连杆与滑块间的柱面副

此时“运动副”对话框仍然打开，在“类型”下拉列表框中选择“柱面副”选项，确认“操作”选项组的“选择连杆”选项为选中状态，选择连杆的任意部分将其选中，利用前述方法，选择平行于连接轴 2 轴线的方向为旋转副方向，并选择如图 13-42 所示的圆弧中心为旋转副轴线原点。

在“基本”选项组选择“啮合连杆”复选框，然后选择“选择连杆”，选择滑块的任意部分将其选中，此时“指定矢量”为选中状态，选择平行于连接轴 2 轴线方向的矢量，在“显示比例”文本中输入 2，单击“应用”按钮创建柱面副，如图 13-43 所示。

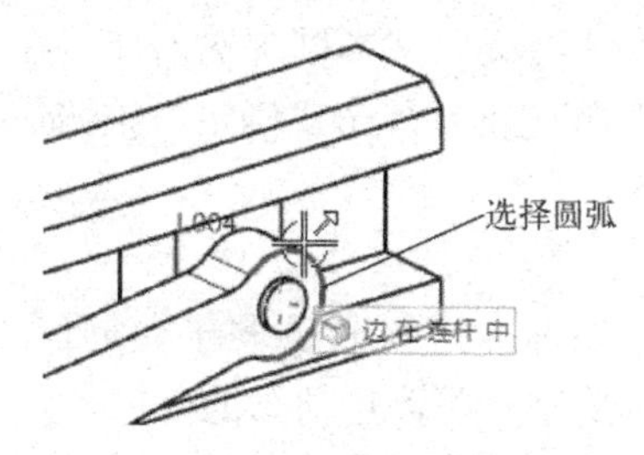

图 13-42 指定旋转副原点

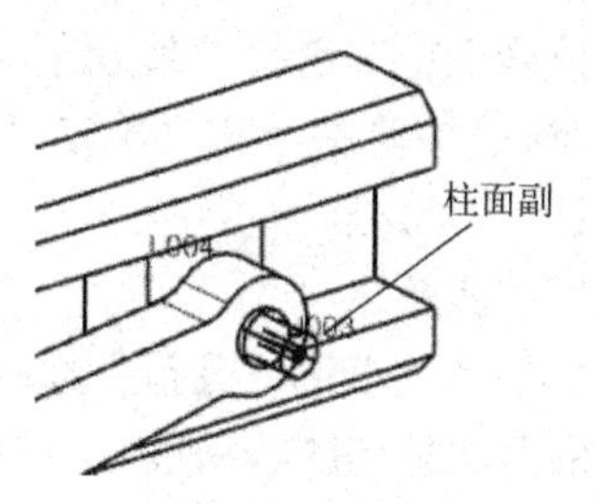

图 13-43 创建的柱面副

9. 创建滑块与机架之间的滑动副

此时“运动副”对话框仍然打开，在“类型”下拉列表框中选择“滑块”选项，确认“操作”选项组的“选择连杆”为选中状态，选择滑块的任意部分将其选中，此时“指定矢量”为选中状态，选择如图 13-44 所示的实体边缘确定方位，使滑动副方向平行于滑块滑动方向，在“显示比例”文本中输入 2，单击“确定”按钮创建滑动副，如图 13-45 所示。

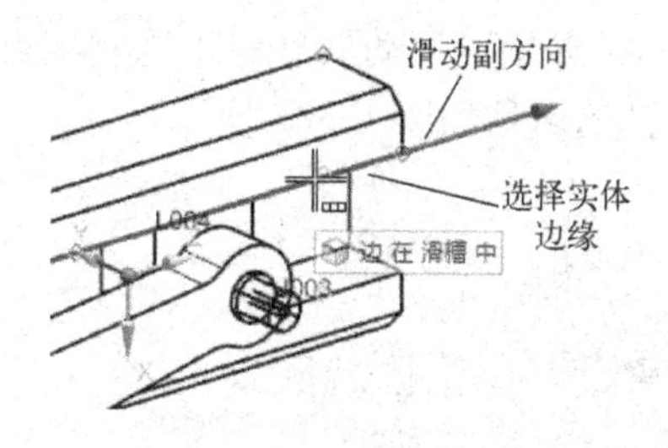

图 13-44 指定滑动副方向

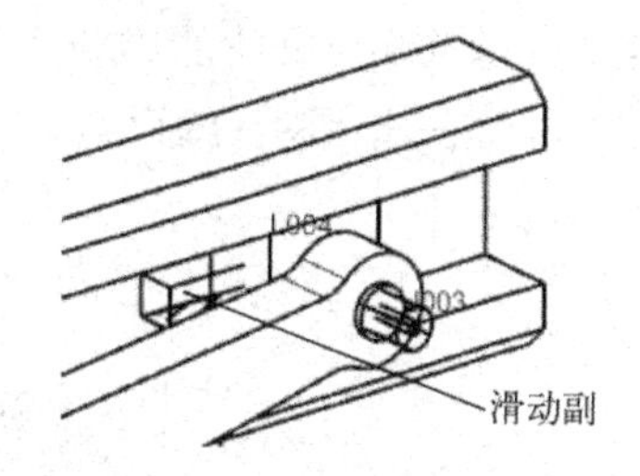

图 13-45 创建的滑动副

📖 **提示：**

（1）如果创建滑动副时，在上述选择滑块这个连杆时选择的部位不同，而且又没有指定原点的情况下，最终创建的滑动副的位置会有所不同。

（2）滑动副原点的位置不影响运动仿真的结果，但如果要进行动力学仿真，就涉及各个运动副的受力问题，必须通过一定的方法将受力的中心位置指定为运动副的原点，以保证各运动副动力学仿真结果的正确性。

10. 指定驱动

要实现机构的运动，必须指定驱动。在运动导航器中展开“运动副”节点，双击“J001”（即飞轮与机架之间的旋转副），在打开的“运动副”对话框中打开“驱动”选项卡，在下拉列表框中选择“多项式”选项，在“初速度”文本框中设置飞轮的旋转速度为200，单击“确定”按钮关闭对话框。此时，可看到 J001 旋转副附近显示旋转标志，表示该旋转副已指定驱动。

11．选择求解器

在运动导航器选择“motion_1”节点，单击鼠标右键，在弹出的快捷菜单“求解器”的级联菜单中选择“RecurDyn”求解器。

12．创建解算方案

在“主页”选项卡的“设置”组单击“解算方案”图标，在打开的对话框的“解算方案类型”下拉列表框中选择“常规驱动”选项，在“时间”文本框中输入 5，在“步数”文本框中输入 500，并选择“按‘确定’”进行求解”复选框，单击“确定”按钮进行解算，然后关闭“信息”对话框。

13．观察仿真结果

在“主页”选项卡的“分析”组单击“动画”图标，利用打开的“动画”对话框可观察到飞轮曲柄滑块机构的运动过程，单击“停止”图标可停止动画的播放。

在运动导航器中选择“装配”节点，单击鼠标右键，在弹出的快捷菜单中选择“设为工作状态”，并在“应用模块”选项组单击“建模”图标，即可返回建模应用模块。

上述创建的运动仿真模型可参考网盘文件“练习文件\第 13 章\飞轮滑块\装配-仿真.prt”。

13.6.2 压力机运动仿真范例

本范例介绍如图 13-46 所示的压力机的运动仿真过程。压力机由连杆机构、凸轮机构和齿轮机构组成，除前面所介绍的旋转副、柱面副和滑动副等运动副外，本范例重点介绍齿轮副（传动副）和线在线上副（约束）。压力机各构件的名称如图 13-46 所示。

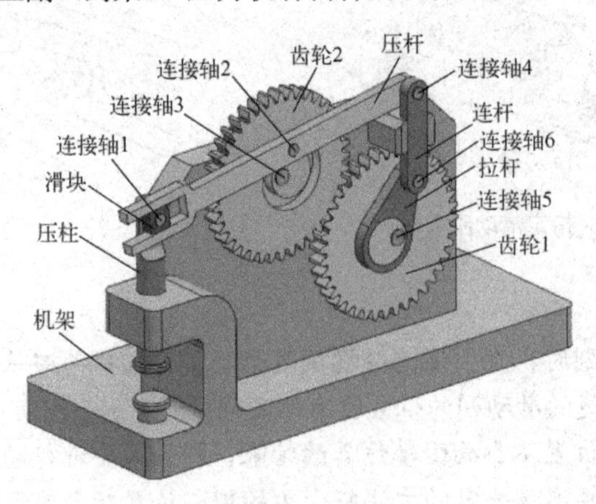

图 13-46 压力机

1．打开文件

将网盘上的文件夹“练习文件\第 13 章\压力机”复制到硬盘，如 D 盘，打开文件“D:\压力机\装配.prt”，然后进入运动仿真应用模块。

2．建立运动仿真场景

在运动导航器中选择“装配”，单击鼠标右键，选择右键快捷菜单命令“新建仿真”，在“环境”对话框的“分析类型”选项组选择“动力学”单选按钮，其余选项不变，单击“确定”按钮创建运动场景，在随后打开的“机构运动副向导”对话框中单击“取消”按钮关闭对话框。

3．建立连杆

在“主页”选项卡的“设置”组单击“连杆”图标，打开“连杆”对话框，依次在图形窗口选择机架、连接轴 3、连接轴 5 三个构件，在“设置”选项组选择“无运动副固定连杆”复选框，单击“应用”按钮创建第一个连杆“L001”。

此时“连杆”对话框仍然打开，取消“无运动副固定连杆”复选框的选择，然后选择齿轮 1，单击“应用”按钮，创建连杆“L002”。

利用上述同样方法，选择齿轮 2 创建连杆“L003”；选择拉杆和连接轴 6 创建连杆“L004”；选择连杆创建连杆“L005”；选择压杆、连接轴 2 和连接轴 4 创建连杆“L006”；选择滑块创建连杆“L007”；选择压柱和连接轴 1 创建连杆“L008”。

最后单击“取消”按钮关闭“连杆”对话框。

4．为齿轮 1 创建旋转副

在“主页”选项卡的“设置”组单击“运动副”图标，在打开的“运动副”对话框“定义”选项卡的“类型”下拉列表框中选择“旋转副”，确认“操作”选项组的“选择连杆”为选中状态，选择齿轮 1 的端面平面将其选中，然后利用前述方法，选择平行于齿轮轴线的方向为旋转副轴线方向，选择如图 13-47 所示的圆弧圆心为旋转副轴线原点，并设置显示比例为 2。

打开“驱动”选项卡，在“旋转”下拉列表框中选择“多项式”选项，在“初速度”文本框中输入 300，单击“应用”按钮创建旋转副，如图 13-48 所示。

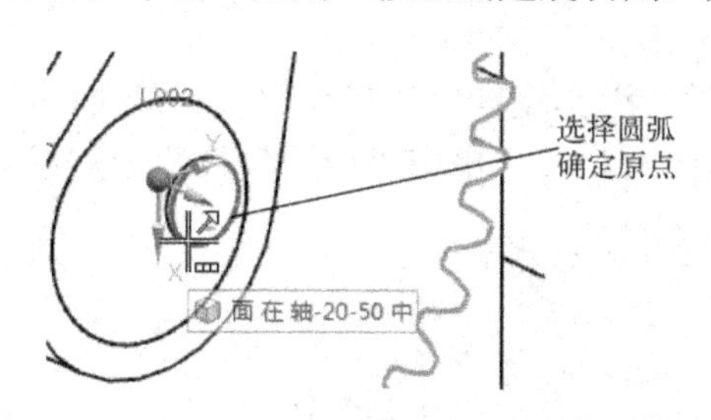

图 13-47 指定旋转副原点

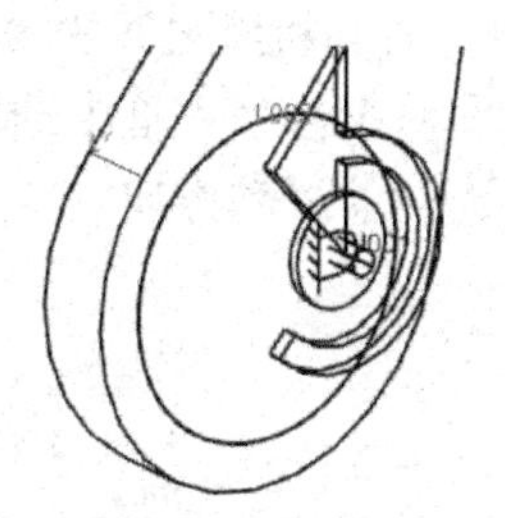

图 13-48 创建的旋转副

5．创建拉杆和齿轮 1 之间的柱面副

在“运动副”对话框的“类型”下拉列表框选择“柱面副”，并且“操作”选项组的“选择连杆”为选中状态，选择拉杆的任意部分将其选中，然后利用前述方法，选择平行于连接轴 5 轴线的方向为柱面副轴线方向，选择如图 13-49 所示的圆弧圆心为柱面副轴线原点。

在“基本件”选项组选择“啮合连杆”复选框，然后选择“选择连杆”，选择齿轮 1 的任意部分将其选中，然后按照前述方法，选择平行于齿轮轴线的方向为柱面副轴线方向，选择如图 13-49 所示的圆弧圆心为柱面副轴线原点，设置显示比例为 2，单击“应用”按钮创建柱面副，如图 13-50 所示。

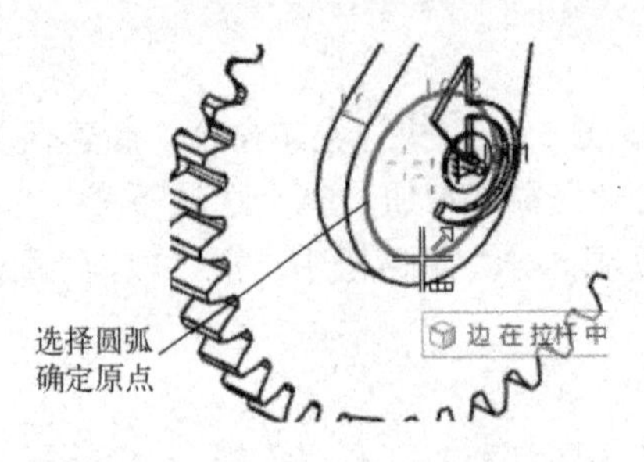

图 13-49　指定柱面副原点

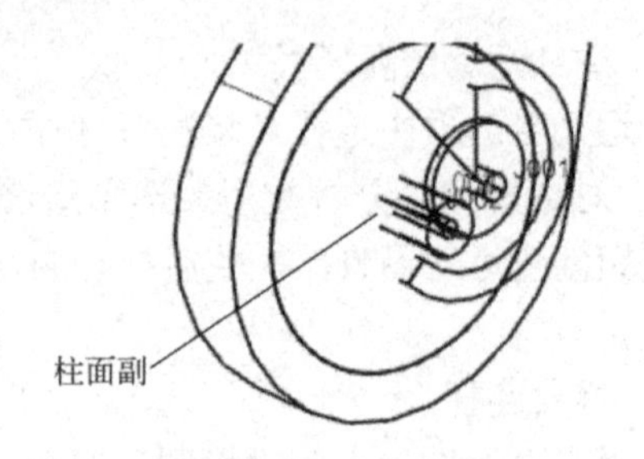

图 13-50　创建的柱面副

6．创建拉杆和连杆之间的柱面副

在“类型”下拉列表框中选择“柱面副”，选择连杆，然后选择平行于齿轮轴线的方向为柱面副轴线方向，选择如图 13-51 所示的圆弧圆心为柱面副轴线原点。

在“基本件”选项组选择“啮合连杆”复选框，选中“选择连杆”，然后选择拉杆，并选择平行于齿轮轴线的方向为柱面副轴线方向，选择如图 13-51 所示的圆弧圆心为柱面副轴线原点，设置显示比例为 2，单击“应用”按钮，创建的柱面副如图 13-52 所示。

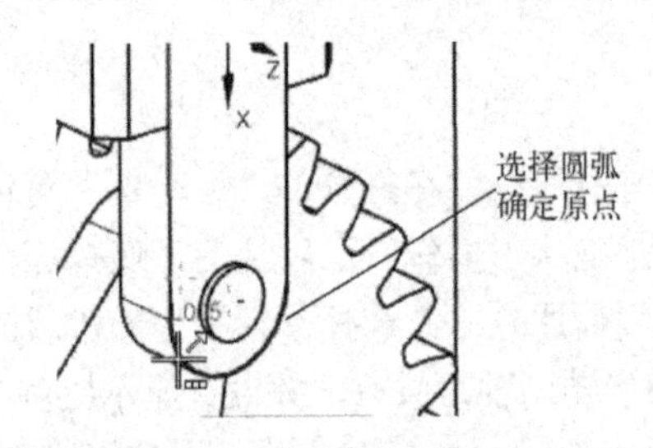

图 13-51　指定柱面副原点

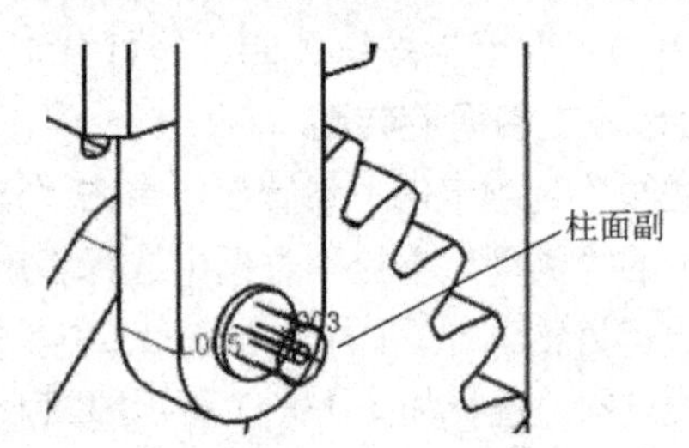

图 13-52　创建的柱面副

7．创建连杆与机架之间的滑动副

在“类型”下拉列表框中选择“滑块”，选择连杆，选择如图 13-53 所示的连杆的边缘，以指定连杆的滑动方向，并设置显示比例为 2，单击“应用”按钮创建滑动副，如图 13-54 所示。

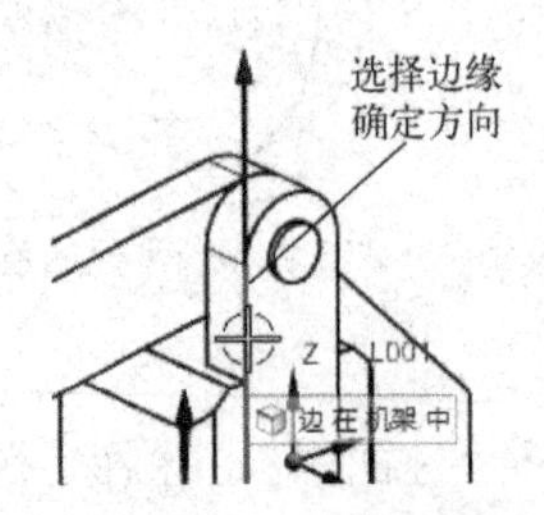

图 13-53　指定滑动副方向

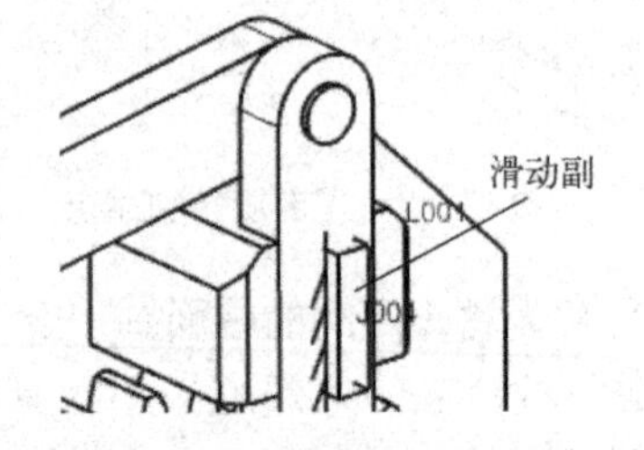

图 13-54　创建的滑动副

8．创建连杆和压杆之间的柱面副

在“类型”下拉列表框中选择“柱面副”，选择连杆，然后选择平行于连接轴 4 轴线的方向为柱面副轴线方向，选择如图 13-55 所示的圆弧圆心为柱面副轴线原点。

在“基本件”选项组选择“啮合连杆”复选框，选中“选择连杆”，然后选择压杆，并选择平行于连接轴 4 轴线的方向为柱面副轴线方向，选择如图 13-55 所示的圆弧圆心为柱面

副轴线原点，并设置显示比例为 2，单击“应用”按钮，创建的柱面副如图 13-56 所示。

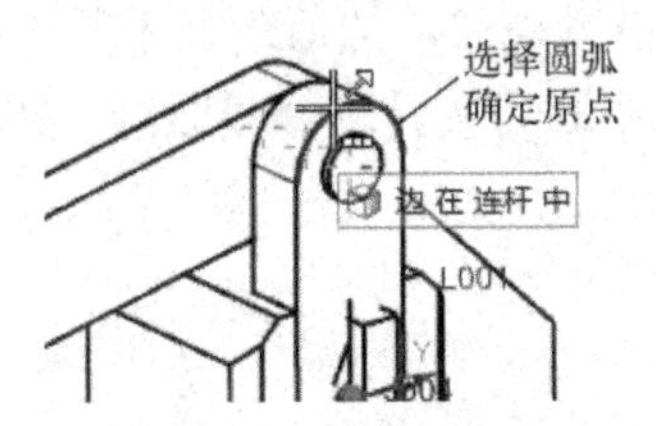

图 13-55　指定柱面副原点

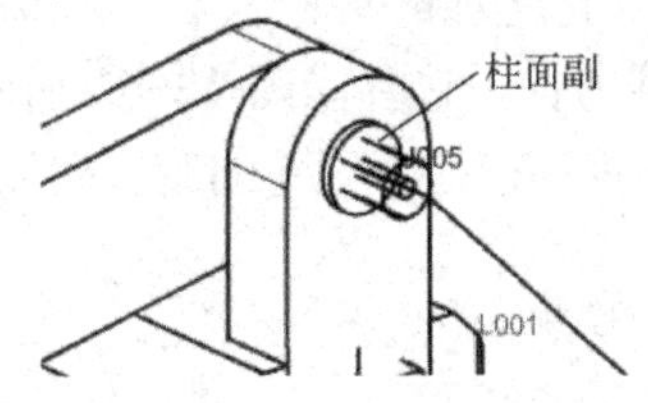

图 13-56　创建的柱面副

9．创建滑块与压杆之间的滑动副

在“类型”下拉列表框中选择“滑块”，选择滑块，然后选择如图 13-57 所示的压杆边缘，以指定滑动副方向。

在“基本件”选项组选择“啮合连杆”复选框，选择“选择连杆”，然后选择压杆，并选择如图 13-57 所示的边缘指定滑动方向，并设置显示比例为 2，单击“应用”按钮创建滑动副，如图 13-58 所示。

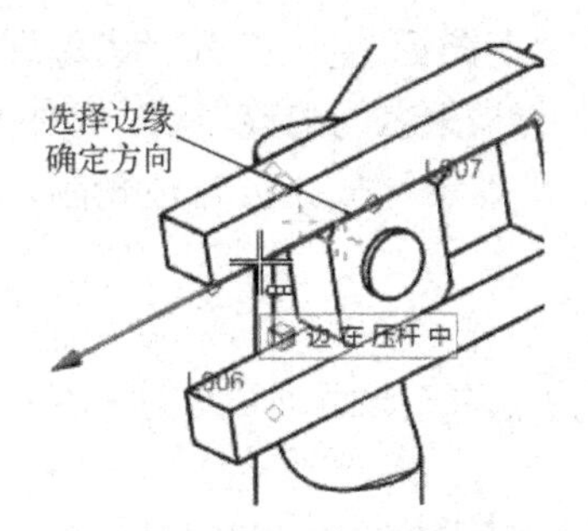

图 13-57　指定滑动副方向

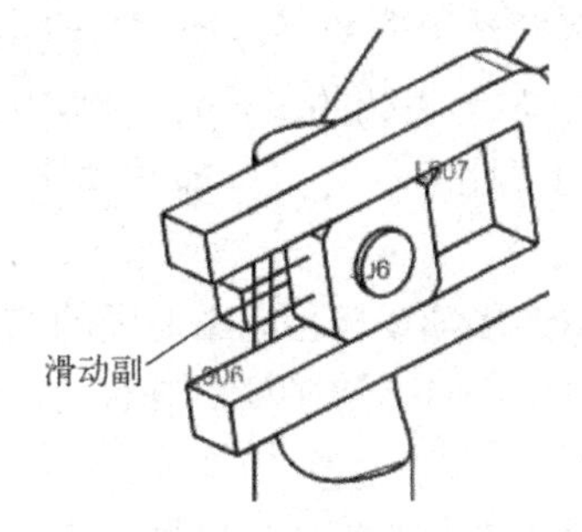

图 13-58　创建的滑动副

10．创建滑块与压柱之间的柱面副

在“类型”下拉列表框中选择“柱面副”，选择滑块，然后选择平行于连接轴 1 轴线的方向为柱面副轴线方向，选择如图 13-59 所示的圆弧圆心为柱面副轴线原点。

在“基本件”选项组选择“啮合连杆”复选框，选择“选择连杆”，然后选择压柱，选择平行于连接轴 1 轴线的方向为柱面副轴线方向，选择如图 13-59 所示的圆弧圆心为柱面副轴线原点，并设置显示比例为 2，单击“应用”按钮，创建的柱面副如图 13-60 所示。

11．创建压柱与机架之间的柱面副

在“类型”下拉列表框中选择“柱面副”，选择压柱，然后选择平行于压柱轴线的方向为柱面副方位，并设置显示比例为 3，单击“应用”按钮，创建的柱面副如图 13-61 所示。

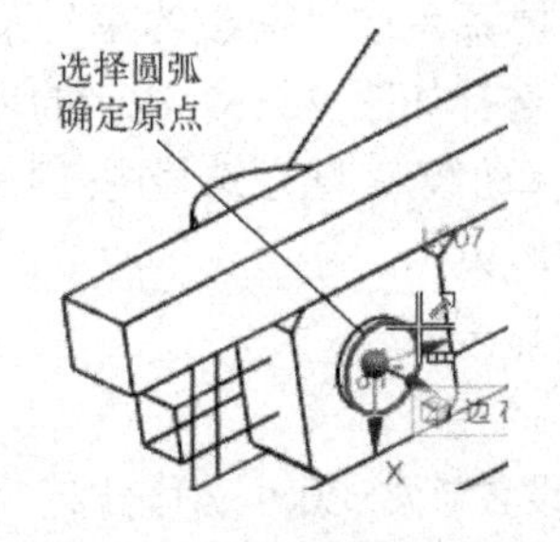

图 13-59　指定柱面副原点

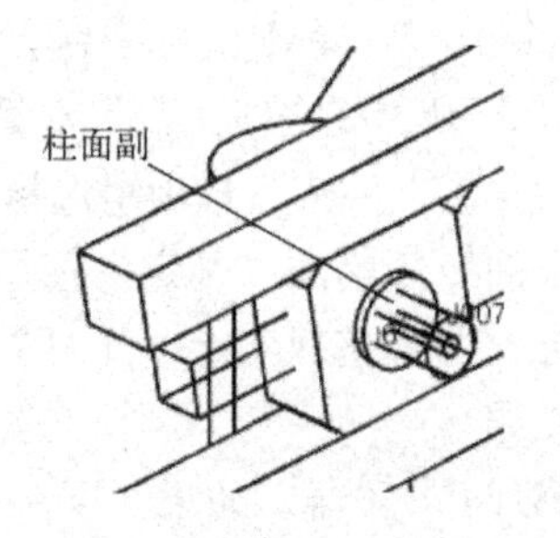

图 13-60　创建的柱面副

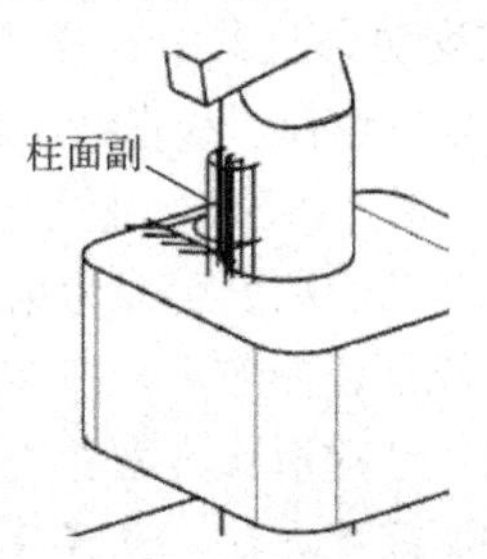

图 13-61　创建的柱面副

12．创建齿轮2与机架之间的旋转副

在“类型”下拉列表框中选择“旋转副”，选择齿轮 2，然后选择平行于齿轮轴线的方向为旋转副轴线方向，选择如图 13-62 所示的圆弧中心为旋转副轴线原点，并设置显示比例为 2，单击“确定”按钮，创建的旋转副如图 13-63 所示。

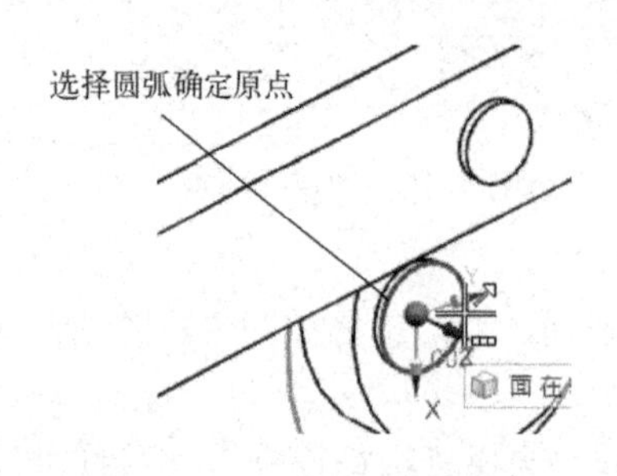

图 13-62 指定旋转副原点

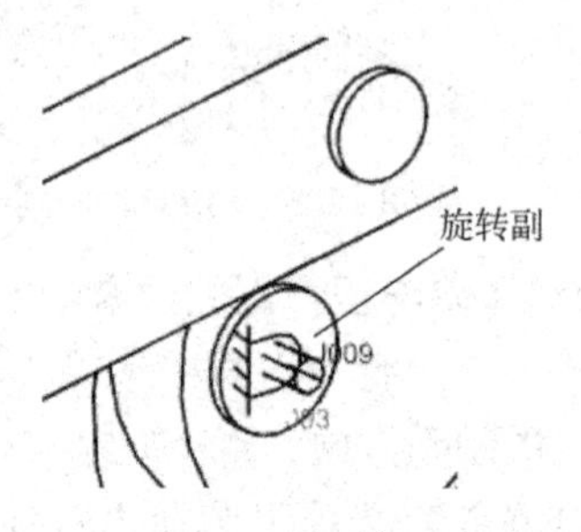

图 13-63 创建的旋转副

13．创建齿轮副

在“主页”选项卡的“传动副”组单击“齿轮副”图标，打开“齿轮副”对话框，依次选择齿轮 1 与机架的旋转副（J001）和齿轮 2 与机架之间的旋转副（J009），确定“设置”选项组的“比率”为 1，即传动比为 1，单击“确定”按钮创建齿轮副，如图 13-64 所示。

14．创建连接轴2与齿轮2之间的约束

当压力机工作时，连接轴 2 在齿轮 2 的环形槽内滑动，该运动可通过“线在线上副”这一约束实现。

为便于操作，需要将压杆隐藏。在资源栏中打开装配导航器，将“装配”节点展开，取消“压杆”的勾选，将其隐藏，并将视图旋转到如图 13-65 所示的位置。

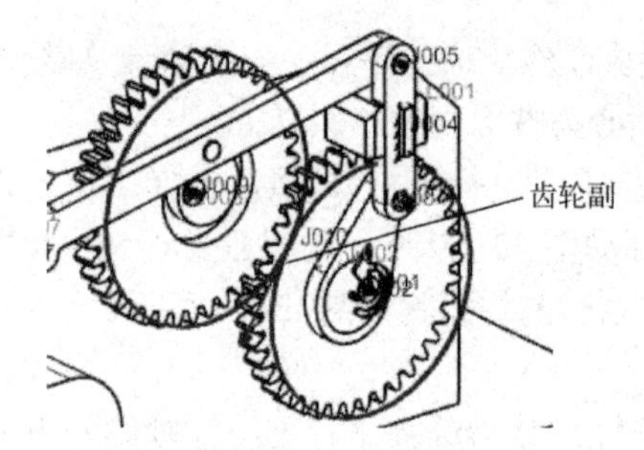

图 13-64 创建的齿轮副

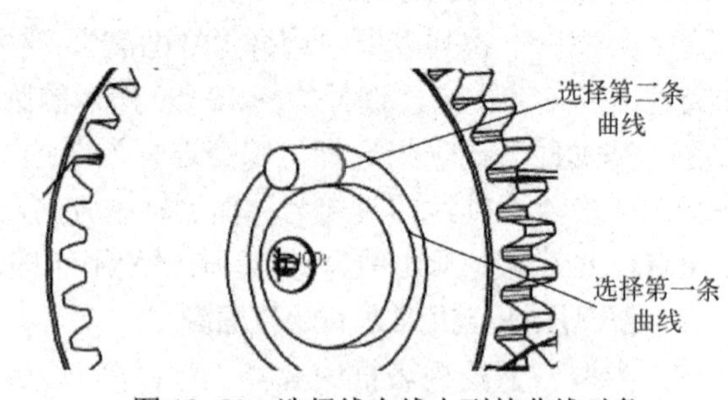

图 13-65 选择线在线上副的曲线对象

在运动导航器中选择“motion_1”，单击鼠标右键，在快捷菜单的“新建约束”菜单的级联菜单中选择“线在线上副”，打开“线在线上副”对话框，选择如图 13-65 所示的环形槽的边缘为第一条曲线，然后在 “第二曲线集”选项组选择“选择曲线”，随后选择图 13-65 所示的连接轴的端面边缘为第二条曲线，单击“确定”按钮确定约束。

完成上述操作后，在装配导航器中重新勾选“压杆”将其显示。

15．创建解算方案并观察结果

按照前述方法，选择 RecurDyn 求解器，如果必要，重新设置连杆 L001 为固定连杆。

在“主页”选项卡的“设置”组单击“解算方案”图标，在打开的“解算方案”对话框的“解算方案选项”选项组选择“按‘确定’”进行求解”复选框，在“时间”文本框中输入 5，在“步数”文本框中输入 500，单击“确定”按钮进行解算，然后关闭“信息”对话框。

在“主页”选项卡的“分析”组单击“动画”图标，利用“动画”对话框可观察压力机的工作过程。

16. 绘制压柱位移和速度曲线

为了解压柱的运动特点，可创建压柱的位移、速度、加速度等图表。在运动导航器中选择 J008 运动副（即压柱的柱面副），展开“XY 结果视图”选项组，选择“绝对”→“速度”→“Z”选项，单击鼠标右键，在弹出的快捷菜单中选择“创建图对象”命令，设置压柱 Z 轴方向的速度为输出对象，然后用上述同样方法，选择“绝对”→“加速度”→“Z”选项，即压柱 Z 轴方向的加速度，创建输出对象。

在运动导航器中展开“Solution_1”节点，之后展开“XY-作图”节点，然后按住键盘的<Ctrl>键，依次选择 J008->Z,Velocity(abs) 和 J008->Z,Acceleration(abs) 两个选项，单击鼠标右键，在弹出的快捷菜单中选择“绘图”命令，在弹出的“查看窗口”工具条中单击“新建”窗口图标，在新建的图形窗口中绘制压柱 Z 轴方向的速度和加速度曲线，如图 13-66 所示。

上述创建的运动仿真模型可参考网盘文件“练习文件\第 13 章\压力机\装配-仿真.prt”。

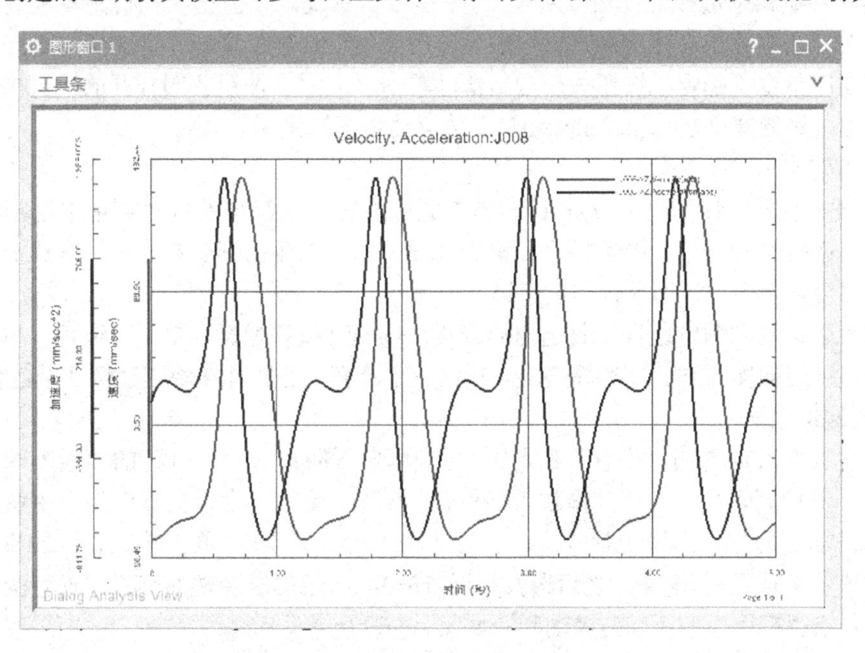

图 13-66　压柱的速度和加速度曲线

13.6.3 冲击台动力学仿真

冲击试验系统如图 13-67 所示，垫块通过弹簧与立板连接，立板与平台之间通过弹性衬套连接。进行冲击试验时，为冲击块施加垂直于圆台端面的矢量力，使冲击块快速运动，冲击垫块。在矢量力和弹簧、衬套的作用下，最终冲击块与垫块贴合在一起，稳定在某个位置。

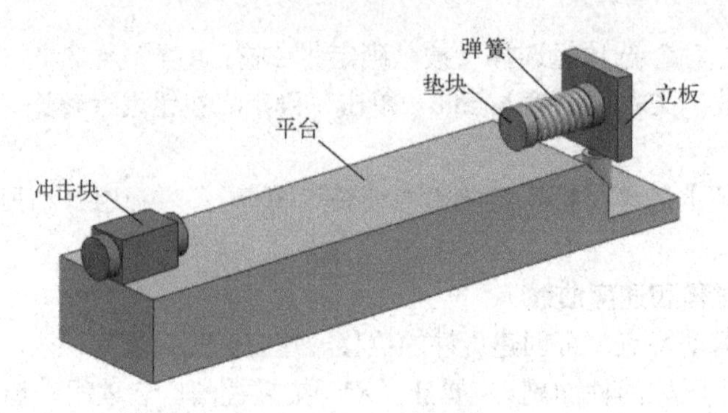

图 13-67 冲击台结构

要实现上述仿真，需要在运动场景中创建矢量力、3D 接触、弹簧和衬套，本范例通过该冲击试验的仿真介绍进行动力学仿真的一般方法。

1．打开网盘文件

将网盘文件夹“练习文件\第 13 章\冲击”复制到硬盘，如 D 盘，打开文件“D:\冲击\装配.prt”，然后进入运动仿真应用模块。

2．建立运动仿真场景

在运动导航器中选择文件名“装配”，单击鼠标右键，在弹出的快捷菜单中选择“新建仿真”命令，在打开的“环境”对话框的“分析类型”选项组选择“动力学”单选按钮，其余选项不变，单击“确定”按钮关闭对话框，单击“取消”按钮关闭打开的“机构运动副向导”对话框。系统建立名称为“motion_1”的运动仿真场景。

3．创建连杆

在运动导航器中选择“motion_1”，单击鼠标右键，在弹出的快捷菜单中选择“新建连杆”命令，在打开的对话框中选择“设置”选项组的“无运动副固定连杆”复选框，在图形窗口选择平台，单击“应用”按钮创建第一个连杆。

取消“无运动副固定连杆”复选框的选择，选择立板和弹簧，单击“应用”按钮创建第二个连杆。利用同样的方法，选择垫块创建第三个连杆，选择冲击块创建第四个连杆。

4．创建运动副

在“主页”选项卡的“设置”组单击“运动副”图标，在打开的“运动副”对话框的“类型”下拉列表框中选择“滑块”，选择冲击块，此时“指定矢量”为选中状态，选择平行于弹簧轴线的方向为滑动副方向，然后选择“指定原点”，单击其最右侧的箭头，在打开的下拉菜单中选择 ⊙ 选项，之后选择如图 13-68 所示的圆台端面圆弧，设置圆心为运动副原点，单击“应用”按钮创建滑动副，如图 13-69 所示。

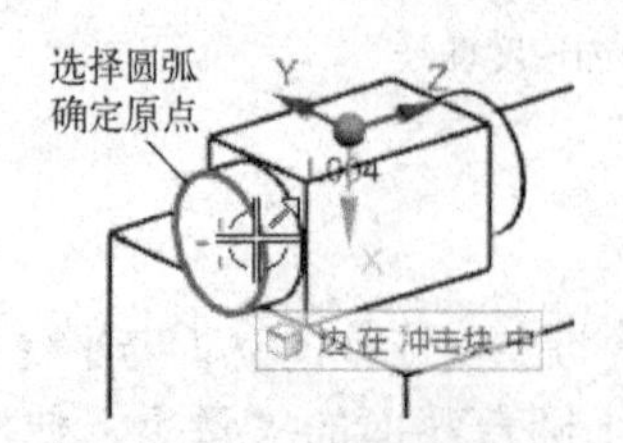

图 13-68 选择滑动副原点

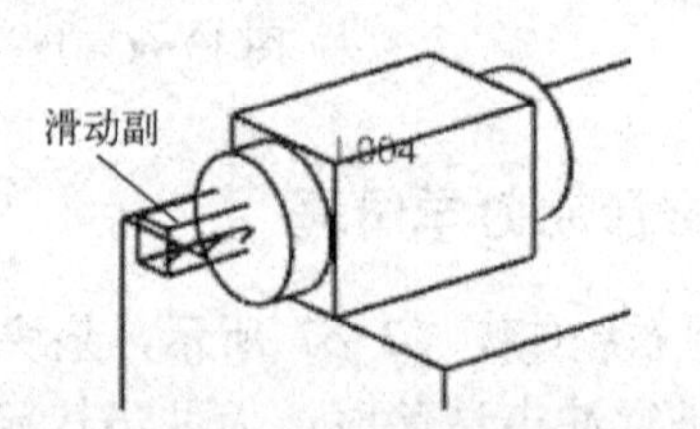

图 13-69 冲击块的滑动副

此时“运动副”对话框仍然打开，确认“类型”下拉列表框的选项为“滑块”，选择垫块，利用前述方法，选择平行于弹簧轴线的方向为滑动副方向，选择如图 13-70 所示的垫块端面圆弧，设置圆心为运动副原点，单击“确定”按钮创建滑动副，如图 13-71 所示。

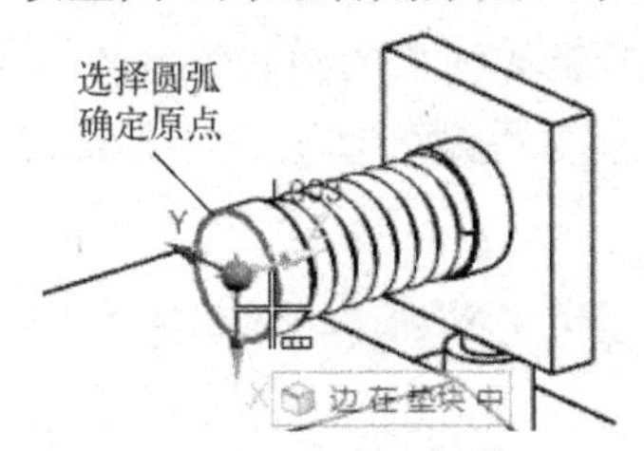

图 13-70　选择滑动副原点

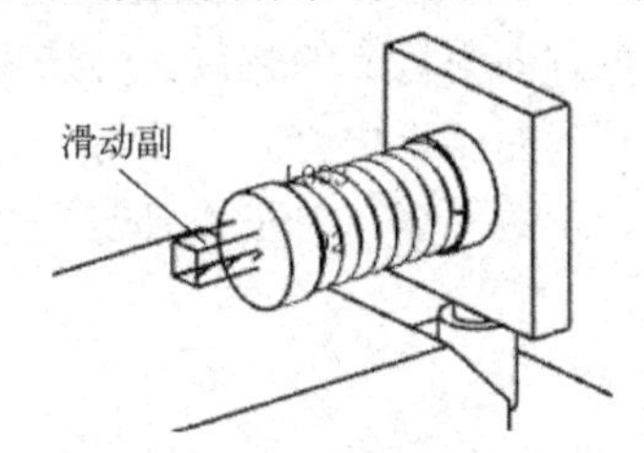

图 13-71　垫块的滑动副

5．创建矢量力

在“主页”选项卡的“加载”组单击“矢量力”图标，在打开的“矢量力”对话框中按照以下步骤创建矢量力：

（1）在“类型”下拉列表框中选择“幅值和方向”选项，在“操作”选项组选择“选择连杆”，选择冲击块，此时“指定方位”为选中状态，选择平行于弹簧轴线的方向为力的作用方向，然后选择“指定原点”，单击其最右侧的箭头，在打开的下拉菜单中选择⊙选项，之后选择如图 13-68 所示的圆台端面圆弧，设置圆心为矢量力的作用点。

（2）在“幅值”选项组的“类型”下拉列表框中选择“表达式”选项，在“值”文本框中输入 50，即力的大小为 50N。

（3）在“显示比例”文本框中输入 3，单击“确定”按钮创建矢量力，将模型显示方式设置为“静态线框”，并设置不可见部分显示为虚线，创建的矢量力的标志如图 13-72 所示。

6．创建 3D 接触

在“主页”选项卡的“连接器”组单击“3D 接触”图标，依次选择冲击块和垫块，单击“应用”按钮，创建冲击块和垫块之间的接触，然后依次选择垫块和弹簧，单击“确定”按钮，创建垫块和弹簧之间的接触。

创建上述 3D 接触后，就确定了仿真过程中冲击块、垫块和弹簧等各个对象之间的碰撞关系。

7．创建弹簧

在“主页”选项卡的“连接器”组单击“弹簧”图标，在打开的“弹簧”对话框的“附着”下拉列表框中选择“滑动副”，在运动导航器的“运动副”节点下选择“J002”（即为垫块创建的滑动副），在“安装长度”文本框中输入 24，在“刚度”选项组的“类型”下拉列表框中选择“表达式”选项，在“值”文本框中输入 10，选择“预载长度”复选框，并在其右侧的文本框中输入 24，单击“确定”按钮创建弹簧，其标志如图 13-73 所示。

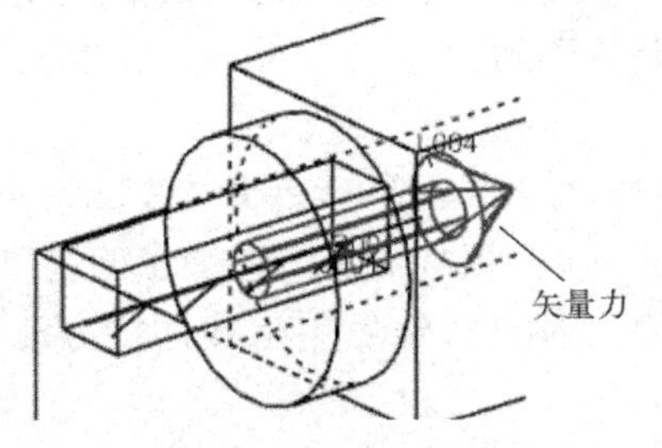

图 13-72　矢量力标志

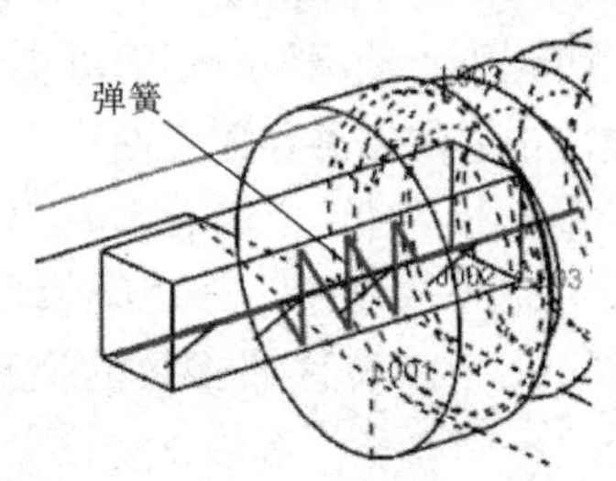

图 13-73　弹簧标志

8．创建衬套

在“主页”选项卡的“连接器”组单击“衬套”图标，选择立板，然后利用前述方法，选择竖直方向为衬套的方位，并选择如图13-74所示的圆弧的圆心为衬套的原点。

在“衬套”对话框中打开“系数”选项卡，在“刚度系数”选项组按照图13-75所示设置参数，其余参数不变，单击“确定”按钮创建衬套，其标志如图13-76所示。

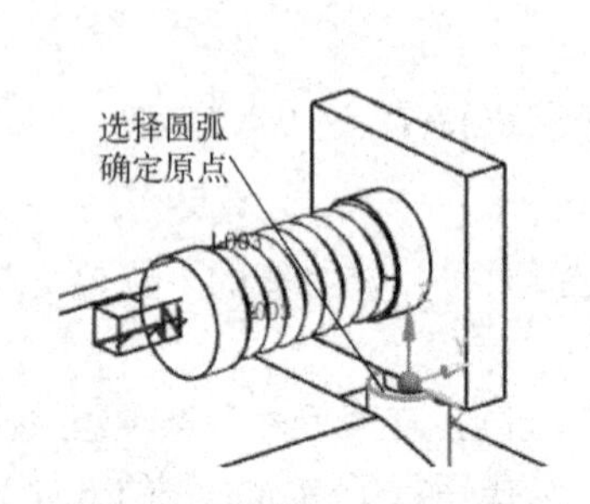

图13-74 捕捉圆心为原点

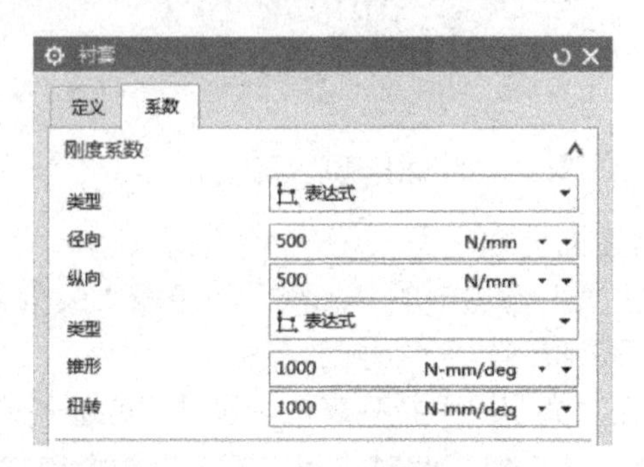

图13-75 设置刚度系数

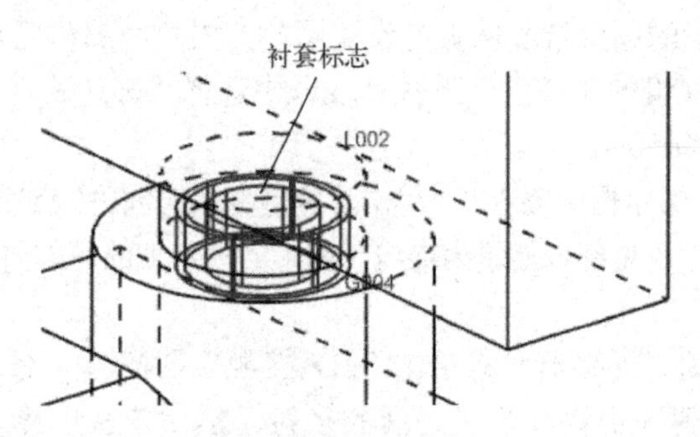

图13-76 衬套标志

9．设置求解器

在运动导航器中选择“motion_1”，单击鼠标右键，在弹出的快捷菜单的“求解器”菜单的级联菜单中选择“Adams”求解器。

10．创建解算器并求解

在“主页”选项卡的“设置”组单击“解算方案”图标，在打开的“结算方案”对话框的“解算方案类型”下拉列表框中选择“常规驱动”，在“分析类型”下拉列表框中选择“运动学/动力学”，在“时间”文本框中输入0.5，在“步数”文本框中输入300，选择“按‘确定’进行求解”复选框，单击“确定”按钮进行解算，然后关闭“信息”对话框。完成解算后，可利用“动画”对话框浏览运动仿真动画。

11．创建冲击块的位移和速度曲线

在运动导航器中选择J001运动副（即冲击块的滑动副），展开“XY结果视图”选项组，选择“绝对”→“位移”→“幅值”选项，单击鼠标右键，在弹出的快捷菜单中选择“创建图对象”命令，设置冲击块的位移为输出对象，然后用上述同样方法，选择“绝对”→“速度”→“幅值”选项创建输出对象。

在运动导航器中展开“Solution_1”节点，之后展开“XY-作图”节点，然后按住键盘的<Ctrl>键，依次选择∫J001->MAG,Displacement(abs)和∫J001->MAG,Velocity(abs)两个选项，单击鼠标右键，在弹出的快捷菜单中选择“绘图”命令，然后在弹出的“查看窗口”工具条中单击“新建”窗口图标，得到冲击块的位移和速度曲线，如图13-77所示。

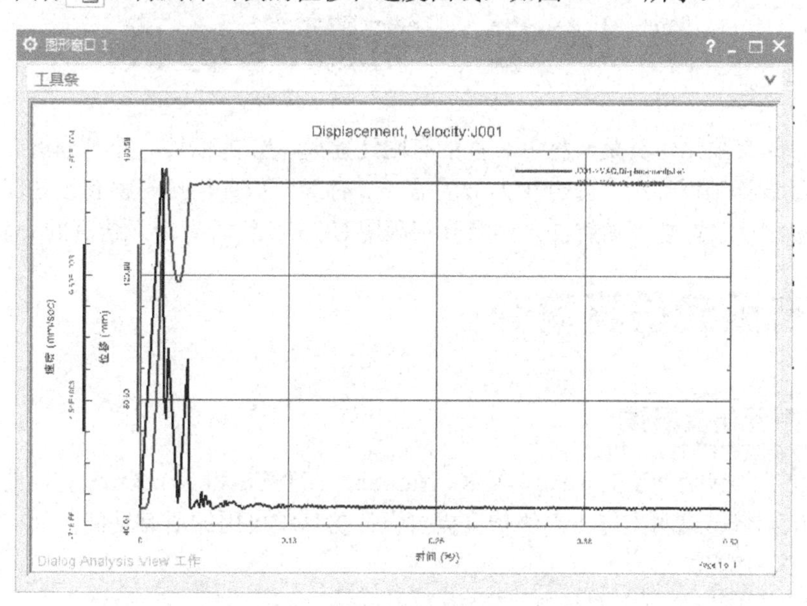

图 13-77 冲击块的位移和速度曲线

上述创建的运动仿真模型可参考网盘文件“练习文件\第13章\冲击\装配-仿真.prt”。

第 14 章 有限元仿真

UG NX 的有限元仿真是一种综合性的有限元建模、分析工具，并且分析结果是可视化的，旨在满足设计工程师和专业分析人员的需要。有限元仿真包括一整套预处理和后处理工具，并支持多种产品性能评估解法。本章介绍利用 UG NX 进行有限元仿真的一般方法。

14.1 有限元仿真简介

14.1.1 有限元仿真概述

有限元仿真为包括 NX Nastran、MSC Nastran、ANSYS 和 ABAQUS 在内的许多业界标准解算器提供无缝、透明支持。高级仿真提供设计仿真中可用的所有功能，并支持高级分析流程的众多其他功能。

UG NX 的有限元仿真主要具有以下特色：

（1）数据结构特色鲜明，具有独立的仿真文件和 FEM（有限元模型）文件，这有利于在分布式工作环境中开发 FE（有限元）模型。同时，这些数据结构还允许分析员轻松地共享 FE 数据，以执行多种分析。

（2）提供世界级网格划分功能。高级仿真旨在使用经济的单元计数来产生高质量网格，支持补充完全的单元类型（如 0D、1D、2D 和 3D 网格）。另外，高级仿真使工程师能够控制特定网格公差，以控制如何对复杂几何体（例如圆角）划分网格。

（3）高级仿真包括许多几何体简化工具，使工程师能够根据其分析需要来量身定制 CAD 几何体，例如，可以通过消除有问题的几何体（例如微小的边）等方法来提高其网格划分的整体质量。

14.1.2 有限元仿真文件结构

要在有限元仿真中高效工作，需要了解哪些数据存储在哪个文件中，以及在创建有关数据时哪个文件必须是活动的工作部件。高级仿真在四个独立而关联的文件中管理仿真数据，其文件结构如图 14-1 的仿真导航器中所示。

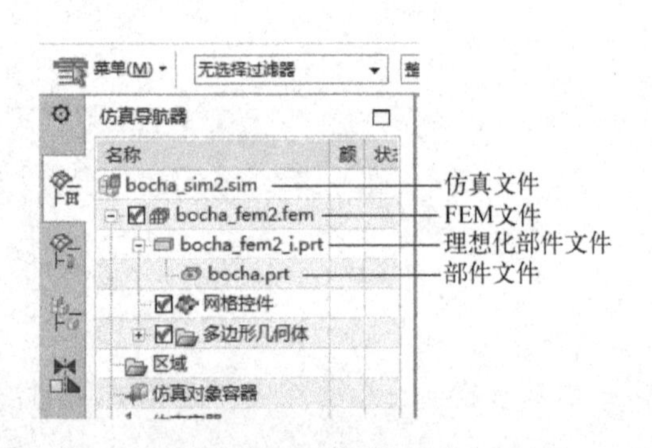

图 14-1 仿真导航器中的文件结构

（1）部件文件：如 bocha.prt，包含主模型部件和未修改的部件几何体。大多数情况下，主模型部件将不更改。

（2）理想化部件文件：如 bocha_fem2_i.prt，其扩展名与部件文件相同，_fem2_i 是对部件名的附加，包含理想化部件，理想化部件是主模型部件的装配实例。理想化工具（如抑制特征或分割模型）允许根据需要使用理想化部件对模型的设计特征进行更改，而不修改主模型部件。创建 FEM 或仿真文件后自动创建理想化部件。

（3）FEM 文件：如 bocha_fem2.fem，扩展名为.fem，_fem2 是对部件名的附加，包含网格（节点和单元）、物理属性和材料。FEM 文件中的所有几何体都是多边形几何体。如果对 FEM 进行网格划分，则会对多边形几何体进行进一步几何体抽取操作，而不是理想化部件或主模型部件。FEM 文件与理想化部件相关联，而且可以将多个 FEM 文件与同一理想化部件相关联。

（4）仿真文件：如 bocha_sim2.sim，扩展名为.sim，_sim2 为部件名的附加，包含所有仿真数据，例如解法、解法设置、载荷、约束、单元关联数据等，可以创建多个与同一 FEM 部件相关联的仿真文件。

使用多文件分析数据结构方法具有以下几个数据管理和仿真－建模方面的优点：

（1）.sim 和.fem 文件扩展名使得能够在操作系统层面上将 NX 实体模型几何体文件（.prt）与其他数据区分开，而且该信息还可以由其他的 PLM 软件利用。

（2）可以直接处理 FEM 文件和仿真文件，而不需要先打开主模型部件，以节省内存和系统资源。

（3）可以对给定的理想化部件创建多个 FEM 文件，或对给定的 FEM 创建多个仿真，这对于基于团队的分析、复杂加载或假设分析非常方便。

（4）可以同时加载多个 FEM 文件和仿真文件。

（5）多个用户可以同时对不同版本的 FEM 文件和仿真文件进行处理。

（6）FEM 的重复使用可以显著提高资源利用率。多个仿真文件可以使用同一 FEM 文件。

（7）如果处理大型或复杂模型，可以关闭不使用的文件，以释放资源。例如，进行网格划分时，可以关闭除 FEM 外的所有文件来提高速度和改进性能。

14.1.3 有限元仿真工作流

在进行有限元仿真之前，应对要解决的问题做全面的了解，确定需要采用的解算器和执行的分析及解法类型。有限元仿真软件非常灵活，能够根据建模问题、有关的标准以及个人偏好启用多种工作流。常用的基本工作流为显式工作流和自动工作流，两种工作流可以满足大多数情况下的使用，它们之间的主要区别在对物理、材料和网格属性的创建和管理方式上。

显式工作流对于由多个体、材料和网格构成的复杂模型非常有用，还有助于在完整定义模型时确保精确性和完整性，其一般步骤如下：

（1）在 NX 中，打开一个部件文件，在“应用模块”选项卡的“仿真”组单击“前/后处理”图标进入仿真应用模块。

提示：

1）“前/后处理”应用模块提供有限元建模和结果可视化的综合性工具，专门为满足资深分析人员的需要而制定，本教材主要针对此模块的基本应用进行介绍。

2）如果在“应用模块”选项卡的“仿真”组单击“设计”图标，则进入“设计”应用模块，该仿真应用模块提供了相对简单的有限元建模和结果可视化的工具，其功能比“前/后处理”模块要简单，是为设计工程师执行初始设计验证研究而定制的。

（2）在“主页”选项卡的“关联”组单击“新建 FEM 和仿真”图标，或在仿真导航器选择部件文件，单击鼠标右键，在弹出的快捷菜单中选择“新建 FEM 和仿真”命令，创建新的FEM和仿真文件。

（3）如果需要，使理想化部件成为显示部件，然后采用工具将部件理想化。

（4）如果需要，定义在模型中使用的材料。

（5）使 FEM 部件成为显示的部件，创建物理属性表，并将材料库中的材料或自定义的材料分配给物理属性表。

（6）创建网格捕集器。网格捕集器定义共享相同的材料、物理和显示属性的网格组。可以随时创建附加的网格捕集器，但必须为创建的属于给定单元系列的每个网格至少创建一个目标捕集器。

（7）网格化几何体，将每个网格指定给相应的目标捕集器。网格会继承指定给捕集器的材料、物理和显示属性。

（8）检查网格质量。必要时可能希望通过重新访问部件几何体理想化来修整网格，或使用抽取工具控制自动几何体抽取，以进行网格划分。进行网格化之后，可能需要对某些网格中的单元修改单元属性。

（9）使仿真部件成为显示的部件，并将载荷和约束条件应用于模型。

（10）定义输出请求。

（11）根据需要，定义解法和步骤或子工况。确保为每个解法指定一个输出请求。在仿真导航器中，可在多个解法和步骤或子工况之间拖放载荷、约束和仿真对象，从而为不同解法定义边界条件。

（12）求解模型。

（13）对结果进行后处理并生成报告。

14.2 模型准备

为节约计算时间，在很多情况下需要对模型进行适当的修改和简化，如去除对部件影响较小的圆角、小孔等特征，以降低模型的复杂程度，达到计算效率和准确性的有机结合。

14.2.1 修改几何体

在“前/后处理”应用模块中，可对理想化几何体进行修改，以满足仿真的需要。可进行理想化几何体、移除几何特征、拆分体、分割面和缝合等操作。

1．提升几何体

要修改几何体，需要首先将理想化部件设置为显示部件，并将其进行提升。在部件导航器中选择理想化部件文件（图 14-1），单击鼠标右键，在弹出的快捷菜单中选择“设为显示部件”命令，在随后打开的对话框中单击“确定”按钮关闭对话框。

在仿真导航器中选择理想化部件文件，单击鼠标右键，在弹出的快捷菜单中选择“提升”命令，或在“主页”选项卡的“开始”组单击“提升”图标，在图形窗口选择几何体，单击“确定”按钮关闭“提升体”对话框，即完成理想化部件的提升。

2．理想化几何体

在仿真过程中，模型上一些小的圆孔或圆角对仿真结果影响不大，为减小计算工作量，可在理想化部件中将其去除。

在“主页”选项卡的“几何体准备”组单击“理想化几何体”图标，打开如图14-2所示的“理想化几何体”对话框，在“类型”选项组选择（体）或（区域），在图形窗口选择实体模型或某个表面，然后选择“孔”（或“圆角”）复选框，并设置孔的直径（或圆角的半径），最后单击“确定”按钮关闭对话框，则小于指定直径（或半径）的孔（或圆角）将从理想化部件中删除。

图14-2 “理想化几何体”对话框

3．移除几何特征

必要时可在几何体中移除一个面或一组面将几何体进行简化。这是移除较大的模型特征（例如包含多个面的槽或凸台）比较快速的方法。

单击“主页”选项卡→“几何体准备”组→“更多”库→“移除几何特征”图标，将打开“移除几何特征”工具条，选择一个面（如圆孔的孔壁）或多个面（如沟槽的各个表面）后，在“移除几何特征”工具条中单击“确定”图标，可将所选对象从理想化部件中删除。

4．拆分体

在进行仿真时，可使用拆分体将片体或实体等目标几何体分割为一个或多个体。使用拆分体有助于准备复杂几何体，以便网格划分，例如，可将较大模型分割为较小的可扫掠区域，以促进六面网格划分。另外，利用拆分体，可将对称的目标体进行分割，仅对其一半进行计算，以节约计算时间。

拆分体的基本方法如下：

（1）利用前述的方法，将理想化部件设为显示部件，并将其提升。

（2）在“主页”选项卡的“几何体准备”组单击“拆分体”图标，打开如图14-3所示的对话框。

（3）确认“目标”选项组的“选择体”选项为选中状态，在图形窗口选择几何体。

（4）在“工具”选项组的“工具选项”下拉列表框中选择拆分体的工具，其中，“面或平面”选项允许指定现有的平面或面作为分割平面；“新建平面”选项允许创建新的分割平面；“拉伸”选项允许拉伸选定曲线以拆分几何体；“旋转”选项允许旋转选定曲线以拆分几何体。选择上述选项后，对话框将出现相应的选项，以帮助指定拆分工具。

（5）根据需要，在“仿真设置”选项组选择“创建网格配对条件”和“检查可扫掠的体”复选框。

（6）单击“确定”或“应用”按钮，完成对所选几何体的拆分。

图14-4和图14-5是几何体拆分前后的对比。

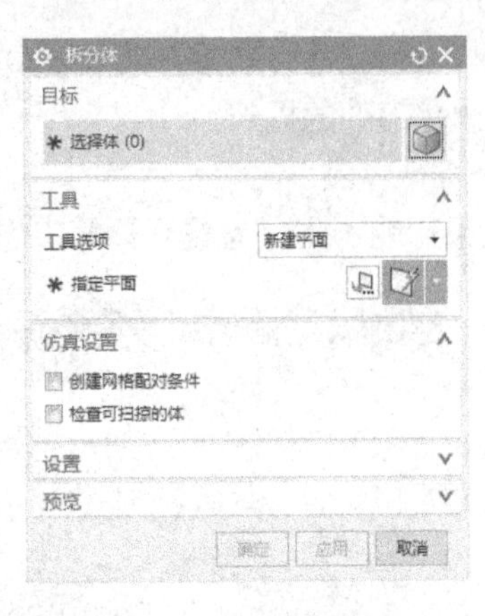

图 14-3 “拆分体”对话框

图 14-4 拆分前的几何体

图 14-5 拆分后的几何体

5. 分割面

在仿真过程中，可能需要对某个实体的一部分进行重点分析，就需要对这部分结构的网格划分得细一些，或者需要在一个实体表面的不同部分施加不同的载荷和约束。要实现以上目的，可以对实体的表面进行分割，其基本方法如下。

（1）利用前述的方法，将理想化部件设为显示部件，并将其提升。

（2）单击“主页”选项卡→“几何体准备”组→“更多”库→“分割面”图标，打开如图 14-6 所示的对话框。

（3）首先在“要分割的面”选项组选择“选择面”选项，在实体表面选择需要分割的表面。

（4）在“分割对象”选项组的“工具选项”下拉列表框中，选择“选择对象”，然后选择已经创建的分割工具（如曲线），如图 14-7 所示。

（5）根据需要，在“投影方向”选项组设置投影方向，并在“设置”选项组设置是否隐藏分割工具。

（6）单击“确定”或“应用”按钮，完成对所选表面的分割。

图 14-6 “分割面”对话框

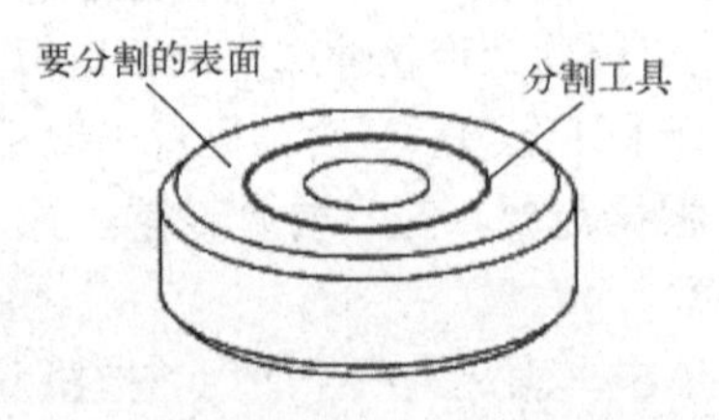

图 14-7 以圆分割实体表面

6. 缝合

在高级仿真应用模块中，可以采用缝合方式将选定片体或实体连接在一起，可以使用缝合来连接：

（1）两个或多个片体以创建一个片体。如果所要缝合的多个片体闭合成一个体积，则软件会创建一个实体。如果要通过将一组片体缝合在一起来创建实体，则选定的片体间隙不能大于指定的缝合公差。否则，产生的体就是一个片体，而不是实体。

（2）两个实体（如果它们共享一个或多个公共面）。只有两个实体共享一个或多个公共（重合）面时，才可以缝合这两个实体。在使用缝合时，软件删除公共面，将两个实体缝合成一个实体。

图 14-8 “缝合”对话框

以实体为例，进行缝合操作的一般方法如下：

（1）利用前述的方法，将理想化部件设为显示部件，并将其提升。

（2）单击“主页”选项卡→“几何体准备”组→“缝合”图标，打开如图 14-8 所示的对话框。

（3）在“类型”下拉列表框中选择“实体”选项，在“目标”选项组选择“选择面”，选择实体公共表面为目标实体面，然后在“工具”选项组选择“选择面”，再次选择实体公共表面为工具实体面。

（4）单击“确定”或“应用”按钮，即可将实体的公共表面删除，完成对实体的缝合。实体缝合前后的对比如图 14-9 和图 14-10 所示。

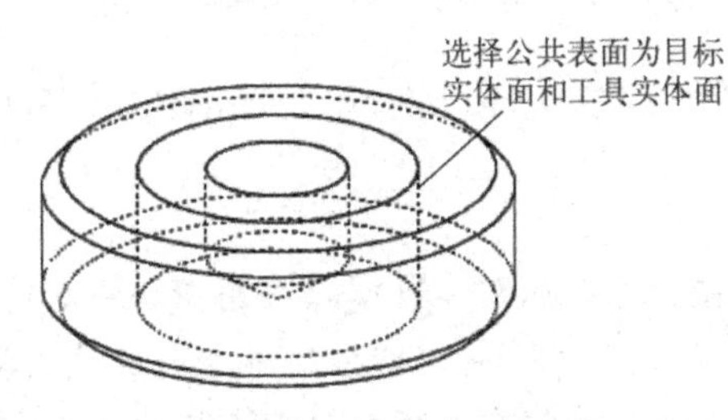

图 14-9 缝合前的实体

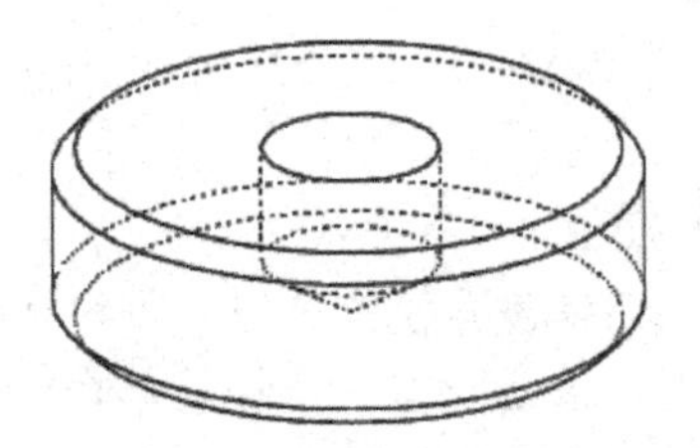

图 14-10 缝合后的实体

14.2.2 修改特征

1. 主模型尺寸

将理想化部件设为显示部件并将其提升后，选择菜单命令“菜单”→“编辑”→“主模型尺寸”命令，打开如图 14-11 所示的“编辑尺寸”对话框，其上部的列表框中列出了实体模型各个特征的名称，选择某个特征后，其部件间表达式显示在“特征表达式”选项组的列表框中，可选择某个表达式修改参数值，从而修改模型特征的尺寸。

提示：

使用“编辑尺寸”对话框可在高级仿真应用模块中修改理想化部件的任何特征或草图尺寸，但不会影响主模型部件尺寸。

2. 抑制特征

在进行有限元仿真时，可通过抑制特征，减小大模型，或从模型中移除非关键的特征，如小孔、圆角和倒斜角等，从而便于分析，减少计算时间。另外，可通过抑制特征，在有冲突几何体的位置生成特征，例如，如果需要用已倒圆的边来放置特征，则不需删除圆角。可抑制圆角，生成并放置新特征，然后取消抑制圆角。

将理想化部件设为显示部件并将其提升后，单击“主页”选项卡→“几何体准备”组→“更多”库→“抑制特征”图标，打开如图 14-12 所示的“抑制特征”对话框，在上方的列表框中选择需要抑制的特征，所选特征将出现在“选定的特征”列表框中，然后单击“确定”按钮，即可将所选特征抑制。

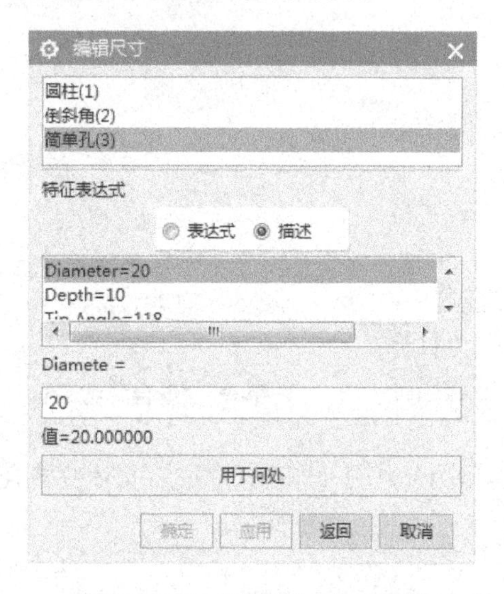

图 14-11 “编辑尺寸”对话框

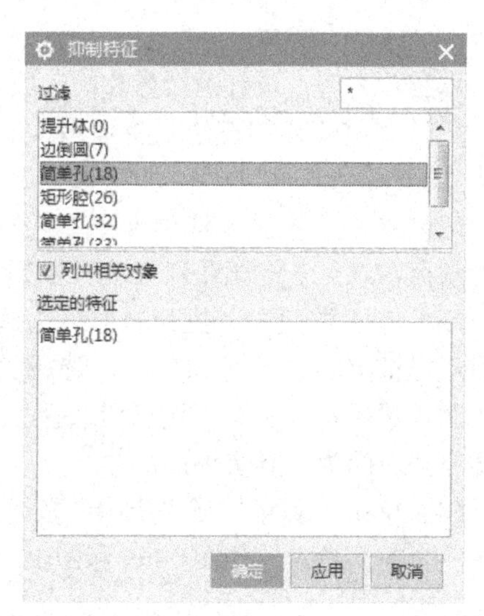

图 14-12 “抑制特征”对话框

提示：

要在高级仿真模块中抑制某些特征，必须在仿真开始前，在建模应用模块中对有关特征启用抑制，方法如下：选择菜单命令“菜单”→“编辑”→“特征”→“由表达式抑制”，打开“由表达式抑制”对话框，在图形窗口或“相关特征”选项组的列表框中选择有限元仿真过程中需要抑制的特征，单击“确定”按钮关闭对话框。经上述操作后，启用抑制的特征将出现在图 14-12 所示的“抑制特征”对话框中。

3. 取消抑制特征

如果需要取消抑制的特征，可单击“主页”选项卡→“几何体准备”组→“更多”库→“取消抑制特征”图标，打开“取消抑制特征”对话框，选择需要取消抑制的特征，单击“确定”按钮关闭对话框，即可取消对所选特征的抑制。

14.3 建立有限元模型

在完成模型的准备后，就可以按照仿真的目的建立有限元模型，主要包括为实体模型指定材料、划分网格和设定边界条件。

14.3.1 材料属性

在能够解算模型之前，需要为其分配材料。可使用从某个体继承的材料，也可将新材料分配给网格捕集器所用的物理属性表。网格捕集器定义共享相同的材料、物理和显示属性的网格组。

1. 材料类型

高级仿真包括一个材料库，它提供一些标准材料，也可以创建各向同性、正交各向异性、各向异性、流体和超弹性材料。

（1）各向同性材料：各向同性材料是最简单也是最常用的材料类型，具有与方向无关的材料特性，换言之，各向同性材料的特性在各个方向上都相同。

（2）正交各向异性材料：为各向异性材料的特殊情况，可用于处理板单元和壳单元，具有三个相互垂直的对称平面以及九个独立的弹性常数。复合结构的零件，特别是纤维状合成物，通常被视为正交各向异性材料。

（3）各向异性材料：材料各个方向的物理特性都不同，在任一给定位置、每个方向都有不同属性。

（4）流体材料：用来为液体和气体等流体定义材料特性，通常不用在结构分析中，而在热传递和流分析中比较常用。

2. 创建物理属性

为模型指定材料的方法如下：

（1）如果理想化部件为当前的显示部件，在仿真导航器中将其选择后单击鼠标右键，在弹出的快捷菜单中选择“显示 FEM”菜单的级联菜单，或在仿真导航器中选择 FEM 部件文件名称，单击鼠标右键，在弹出的右键快捷菜单中选择“设为显示部件”命令，将 FEM 文件设置为显示部件。

（2）在“主页”选项卡的“属性”组单击“物理属性”图标，打开如图 14-13 所示的“物理属性表管理器”对话框，单击“创建”按钮，在打开的“PSOLID”对话框中单击“材料”下拉列表框右侧的“选择材料”图标，在打开的“材料列表”对话框中选择需要的材料，单击“确定”按钮返回“PSOLID”对话框，在“名称”文本框中设置名称，单击“确定”关闭“PSOLID”对话框。最后单击“关闭”按钮关闭“物理属性表管理器”对话框。

3. 创建材料

如果系统提供的材料库中没有所需的材料，可创建新的材料，以满足仿真需要。在“主页”选项卡的“属性”组单击“管理材料”图标，在打开的对话框的“新建材料”选项组的“类型”下拉列表框中选择材料类型，然后单击“创建材料”图标，打开如图 14-14 所示的对话框，填写材料的参数，单击“确定”按钮，即可创建新材料，并且新建材料显示在“管理材料”对话框中（此时“材料列表”下拉列表框选项为“本地材料”），所创建的材料即可用上述方法分配给物理属性。

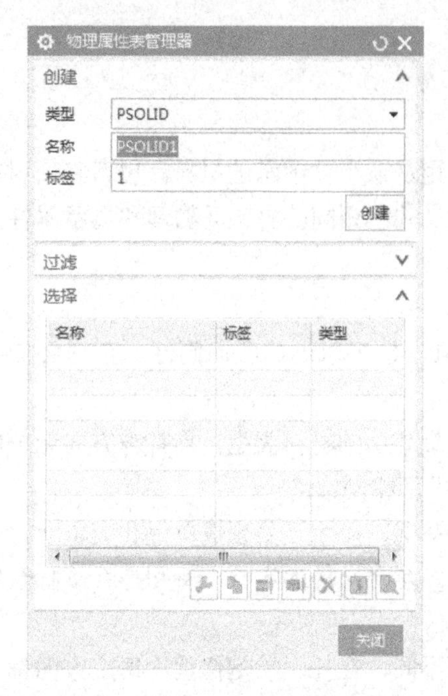

图 14-13 “物理属性表管理器”对话框

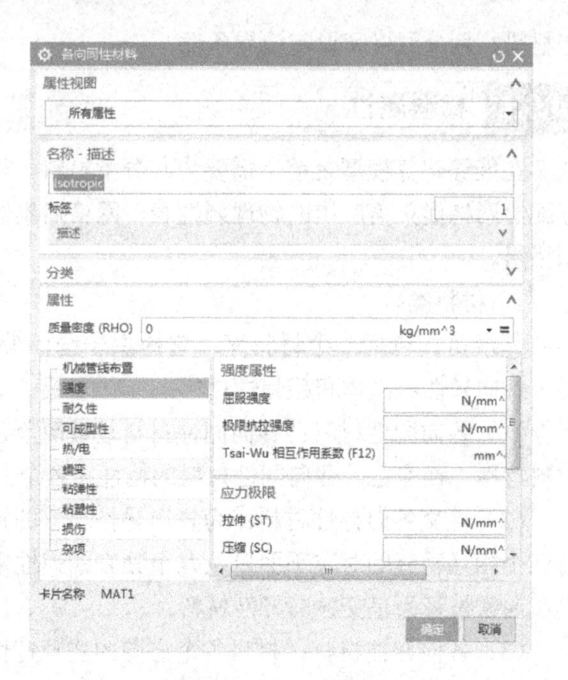

图 14-14 新建材料对话框

14.3.2 划分网格

网格化是有限元建模过程的重要阶段，将一个连续结构（模型）拆分成有限数量的区域，这些区域称为单元，并由节点连接在一起，每个单元是对模型物理结构中离散部分的数学表示。创建一个较好的有限元网格是分析过程中最关键的步骤之一，有限元结果的精度部分取决于网格的质量。

1．网格类型

高级仿真模块提供了多种网格类型，常用的网格如下：

（1）0D 网格：即零维单元，也称为标量单元，提供在指定节点创建集中质量单元的工具。要在节点上创建集中质量的单元，可以选择点、线、曲线、面、边缘、实体或网格。

（2）1D 网格：使用 1D 网格可创建与几何体关联的一维单元的网格。一维单元是包含两个节点的单元，可以沿曲线或多边形边创建或编辑，通常应用于梁、加强筋和桁架结构。创建 1D 网格后，可以创建 1D 单元截面，并在网格捕集器的物理属性表中将其指定到 1D 网格，当划分了网格的几何体更新时，梁截面、方位和偏置都会更新。

（3）2D 网格：可以使用 2D 网格在选定的面上生成线性、抛物线三角形或四边形单元网格。2D 单元一般也称为壳单元或板单元。可以使用 2D 网格在选定的面上创建单元网格，例如，可以使用 2D 网格在中位面模型上生成网格。

（4）2D 映射网格：2D 映射网格允许在选定的三边和四边面上创建映射网格，如果在三边面上生成映射网格，可以控制网格退化所在的顶点。相对于 2D 网格，使用映射网格能够更好地控制单元在整个面上的分布，因此，可用于网格化特定类型的几何体（如圆角和圆柱），获得规则网格，其效果可参考如图 14-15 所示的模型中间圆角交汇区域 2D 网格和 2D

映射网格的对比。

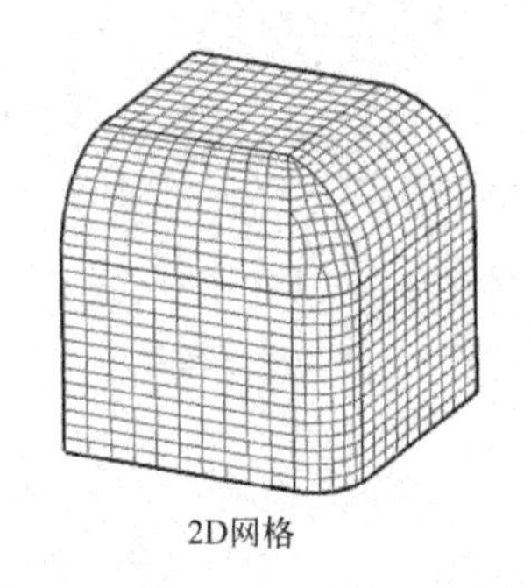

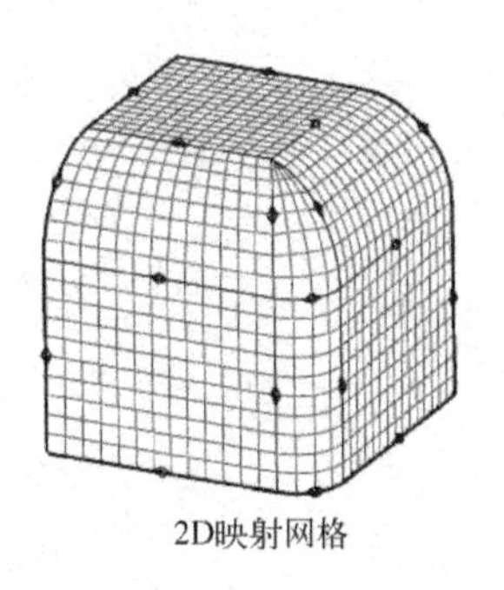

图 14-15 2D 网格和 2D 映射网格的对比

（5）2D 相关网格：使用 2D 相关网格在模型的不同面上创建相同的自由网格或映射网格，需要选择主面（独立面）和目标面（依附面），当软件在这些面上生成网格时，它会保证目标面上的网格与主面上的网格匹配。2D 相关网格在很多建模情况中非常有用，例如，可以在选定面之间创建相关网格，以便对接触问题建模。

（6）3D 网格：3D 网格包括 3D 四面体网格和 3D 扫掠（六面体或楔形单元）网格，用于实体的网格划分。

2. 网格收集器

网格收集器包含共享相同的属性（如材料、物理属性和显示属性）的网格，并允许将相同属性指定到该捕集器中的所有网格。

在处理复杂、非均质模型或基于装配的模型时，网格收集器非常有价值。使用网格收集器创建网格的逻辑分组以利于模型管理，可通过网格集合来控制可视性，以重点关注模型的特定区域。由于共享的属性是集合在一起存储而不是指派到多个网格，因此集合可提高处理大模型的性能。

创建网格收集器的方法如下：

（1）利用前述的方法，将 FEM 部件设为显示部件。

（2）在“主页”选项卡的“属性”组单击“网格收集器”图标，打开如图 14-16 所示的“网格收集器”对话框。

（3）在“单元拓扑结构”选项组，根据需要在“单元族”和“收集器类型”下拉列表框中选择合适的选项。

（4）根据需要，在“属性”选项组为网格指定物理属性。要创建新的物理属性表，可单击“创建物理项”图标，利用打开的对话框创建新的物理属性表。

（5）在“名称”列表框中为网格收集器命名，单击“确定”或“应用”按钮创建收集器。

3. 划分网格

划分不同类型网格的对话框和操作步骤有所不同，以在实体上创建 3D 四面体单元为例，划分网格的一般方法如下：

（1）在“主页”选项卡的“网格”组单击“3D 四面体”图标，打开如图 14-17 所示的对话框。

图 14-16 “网格收集器”对话框

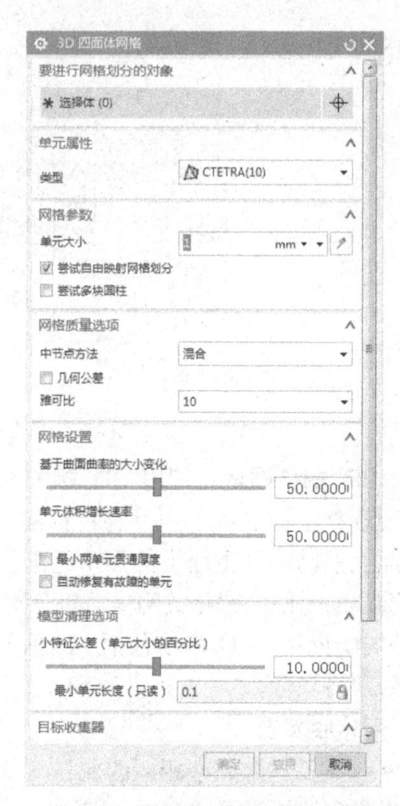

图 14-17 “3D 四面体网格”对话框

（2）确认“要进行网格划分的对象”选项组的“选择体”为选中状态，在图形窗口选择需要划分网格的对象。

（3）在“单元属性”选项组的“类型”下拉列表框中选择单元类型。3D 四面体单元包括 CTETRA（4）和 CTETRA（10）两种类型，即 4 节点和 10 节点两种单元类型，如图 14-18 所示，4 节点四面体单元刚性较高，在对实体划分四面体网格时，应优先选用 10 节点四面体单元。

（4）在“网格参数”选项组的“单元大小”文本框中设置单元尺寸。单元尺寸决定了单元总数量，单元尺寸越大，实体划分的单元就越少，计算时间也就越短，但计算精度相对降低。可单击“自动单元大小”图标，由系统根据实体的大小自动计算单元尺寸。

（5）对于 10 节点四面体单元，可使用“网格质量选项”选项组中的选项控制软件将单元中的节点投影到几何体上。

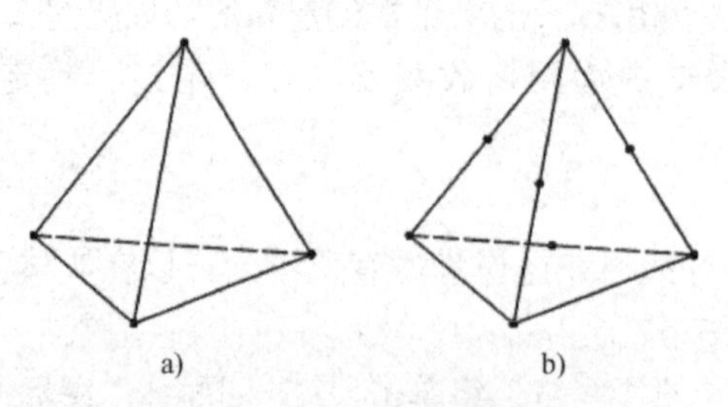

图 14-18　3D 四面体单元

a) 4 节点四面体单元　b) 10 节点四面体单元

（6）设置网格收集器。如果在划分网格之前未创建网格收集器，“目标收集器”选项组的“自动创建”复选框为选中状态，让软件创建新的目标网格捕集器，此网格捕集器使用默认的物理属性，并继承实体模型的材料属性；如果已建立网格收集器，清除“自动创建”复选框的选择，并从“网格捕集器”下拉列表框中选择一个收集器；如果需要，可清除“自动创建”复选框的选择，单击“新建捕集器”图标，创建新的收集器。

（7）单击“确定”或“应用”按钮，完成网格的划分。

14.3.3 设定边界条件

载荷和约束都被认为是边界条件。仿真导航器提供了一些工具，可创建、编辑和显示边界条件。边界条件对话框中的选项都特定于有效的解法及其相关解算器。

可以在创建解法之前或之后创建边界条件：

（1）如果先创建了解法，则载荷、约束和仿真对象就存储在仿真中它们各自的容器中，包括载荷容器、约束容器和仿真对象容器。它们也存储在解法中。

（2）如果先创建了载荷、约束和仿真对象，则它们存储在仿真中它们各自的容器中。随后可以将各个边界条件拖放到创建的解法中。

可将边界条件应用于几何体（边、面、顶点、点）和 FEM 对象（节点、单元、单元面和单元边）。基于 FEM 的边界条件对于不包含基本几何体的导入网格、未由几何体定义的位置以及在抽取过程中移除了其中的小边缘和面的区域来说特别有用。

在仿真导航器中显示仿真文件，可通过“主页”选项卡的“载荷和条件”组选择相应的命令创建载荷和约束等边界条件。

1．载荷类型

不同分析类型支持不同的载荷。当仿真文件为显示部件时，通过“主页”选项卡的“载荷和条件”组的“载荷类型”下拉菜单可选择不同的载荷类型，如图 14-19 所示，常用载荷类型如下：

（1）力：常用载荷类型，可施加到点、曲线、边和面上。

（2）轴承：轴承载荷是一类常见的载荷情况，是一种力载荷的特殊情况，在结构应用中使用非常广泛。可以使用轴承载荷进行建模的一般情况是轴承、齿轮、凸轮和滚轮。轴承载荷可应用于圆柱面或圆形边（曲线、多边形面或多边形边），且包含以下特性：载荷在径向发生变化；圆柱面上的载荷沿轴向恒定；对于面上的轴承载荷，最大载荷点总是位于圆柱体中心指定矢量与圆柱面的交点；对于边缘上的轴承载荷，最大载荷点总是位于圆弧中心上指定的矢量与圆形边缘的交点；轴承载荷的方向总是垂直于圆柱面或圆形边缘。

（3）扭矩：扭矩载荷是一个切向力，可应用于圆柱面或圆形边（曲线、多边形面或多边形边）。扭矩载荷自动定向到圆柱面或圆形边的垂直轴，如果应用扭矩载荷到多个面时，每个面或边都将自己的垂直轴用于定向。

（4）力矩：常用载荷类型，可施加在边界、曲线和点上。

（5）压力：压力载荷是均匀施加的，并且根据载荷类型，可以按多边形边、多边形面、曲线和单元的任意方向定义。

（6）流体静压力：静压是指静态液体中给定深度处的压力。它是该深度处液体对单位面积施加的重量，再加上对液面施加的任何压力而得到的。纯因液体而产生的给定深度处压力取决于液体密度以及液面下的距离。

（7）离心压力：离心压力创建径向变化的离心压力载荷。产生离心压力载荷的部件类型的典型示例包括滚筒（如离心机、洗衣机）和旋转涡轮（如水电站中的旋转涡轮）。

（8）重力：作用于整个模型，不需读者指定。

（9）温度：要施加温度载荷，先选择几何体或节点，然后在温度载荷对话框中输入温度值。温度值指定给与选定实体相关联的节点。

（10）螺栓预紧力：是在螺栓或紧固件首次拧紧时所应用的初始扭矩，可与工作载荷一起应用，以便分析在螺栓中可能发生的接触条件，或计算由这些载荷组合产生的应力。使用螺栓预载边界条件命令可将预载应用于使用有限元建模的螺栓或紧固件。

2. 约束类型

不同分析类型支持不同的约束，通过“主页”选项卡的“载荷和条件”组的“约束类型”下拉菜单可选择不同的约束类型，如图14-20所示，常用约束类型如下：

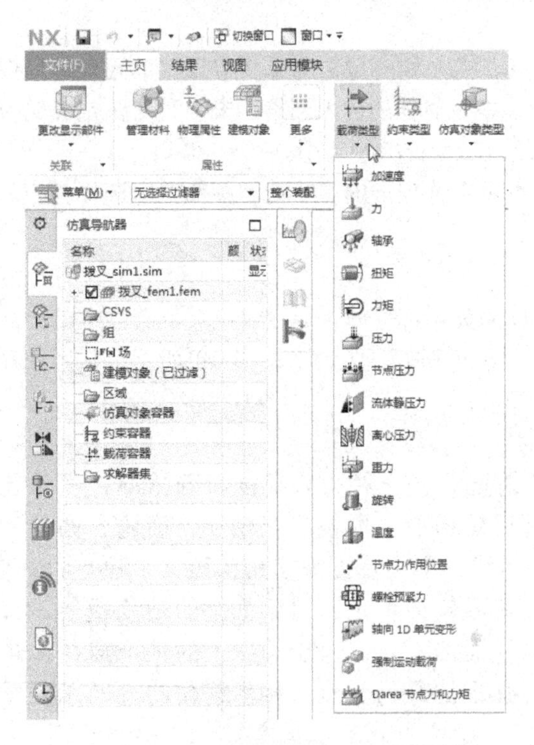

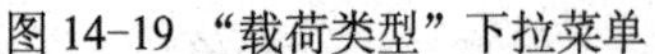
图14-19 “载荷类型”下拉菜单

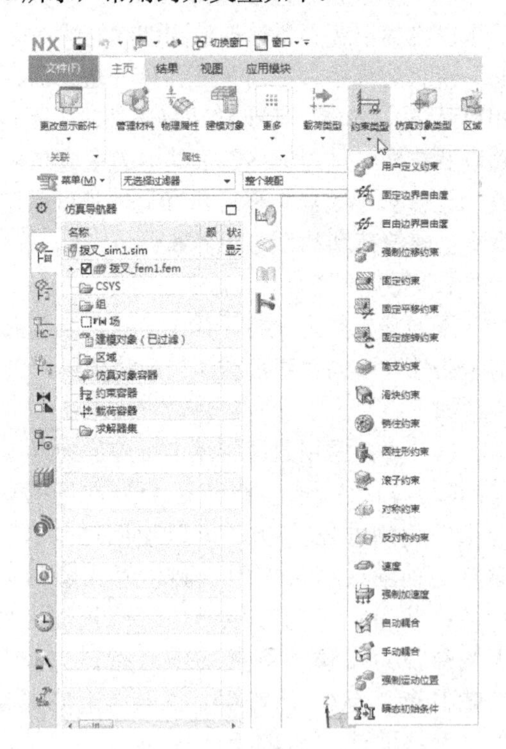

图14-20 “约束类型”下拉菜单

（1）用户定义约束：根据所选的几何体，可以最多分别定义六个自由度，即沿X、Y、Z轴方向的平移和绕三个坐标轴的转动，每个自由度都可以固定、自由或设置成一个位移值。可以按全局坐标系或局部坐标系来指定自由度。

（2）强制位移约束：强制位移约束将已知位移应用于几何体或FEM实体，具体取决于约束的类型。

（3）固定约束：仿真应用模块提供用于创建固定约束的三个命令：“固定约束”，将固定所有六个自由度；“固定平移约束”，将固定三个平移自由度，所有旋转自由度都不固定；“固定旋转约束”，将固定三个旋转自由度，所有平移自由度都不固定。

（4）简支约束：即简单支撑约束，该约束 Z 轴固定，其余五个自由度自由。

（5）滑块约束：滑块约束具有五个固定的自由度，且滑动 X 轴是自由的。要定义滑块约束，需要指定要约束的平面，以及滑动（X 轴）的方向。

（6）销柱约束：用于定义旋转轴，一旦选择圆柱面，则创建圆柱坐标系，R 和 Z 方向是固定的，theta（旋转）方向是自由的。

（7）圆柱形约束：定义如何在圆柱形坐标系中约束圆柱面，可以将径向增长（R）、轴向旋转（theta）和轴向增长（Z）设置成固定、自由或位移值。

（8）滚子约束：定义滚动约束，需要指定要约束的平面和滚轴的方向，滚轴的平移自由度和旋转自动度是自由的，所有其他自由度都是固定的。

（9）对称约束：当一个部件是对称的，且包含对称的支持条件和加载条件，则可以通过将模型切割成一半，仅分析一半模型来简化问题。但是要对该问题正确建模，必须应用正确的边界条件，以考虑到删除的半个模型。应用的边界条件必须强制这半个模型的对称平面上的位移与整个模型上发生的位移相同。将对称约束应用到平面时，会定义一个局部节点笛卡儿坐标系，其 Z 轴垂直于该平面，其中沿 X 轴和 Y 轴平移、绕 Z 轴旋转的自由度是自由的，而沿 Z 轴平移、绕 X 轴和 Y 轴旋转的自由度是固定的。

（10）反对称约束：反对称约束类似对称约束，当模型是对称的，载荷是对称的时候，就是对称的，但是符号在跨“镜像”平面时是反向的，就称为反对称。反对称的一个典型示例是应用于轿车框架的扭曲载荷。

（11）自动耦合：使用自动耦合，可以自动在偏置和对称网格之间创建耦合自由度。偏置或对称条件可以是相对于三种坐标系中的任何一种而言的。耦合自由度是一组按特定旋转方式在特定方向链接在一起的节点。使用自动耦合，软件可以根据指定的坐标系和节点搜索公差将模型独立边上的节点和模型依附边上的节点配对。软件按照搜索公差基于从指定的独立节点到指定的依附节点的平移搜索节点。

14.3.4 有限元模型检查

在为模型分配材料、划分网格和设定边界条件后，可通过软件提供的功能对所建立的有限元模型进行检查，以及时发现存在的问题并进行修正。可通过“主页”选项卡的“检查和信息”组的各命令对网格单元质量、单元法向和材料等设置进行检查，也可查询网格、材料等信息。

以单元质量检查为例，单击“单元质量”图标，打开如图 14-21 所示的“单元质量”对话框，在图形窗口选择对象后，如果该对象的网格存在问题，将按照“显示设置”选项组中所设置的颜色提示警告和错误单元，根据需要可在“输出设置”选项组的“输出组单元”和“报告”下拉列表框中选择相应的选项，将检查结果输出到日志文件，如图 14-22 所示。

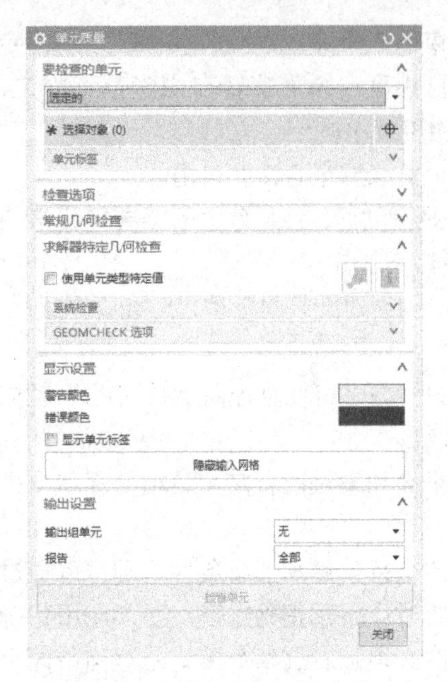

图 14-21 “单元质量”对话框

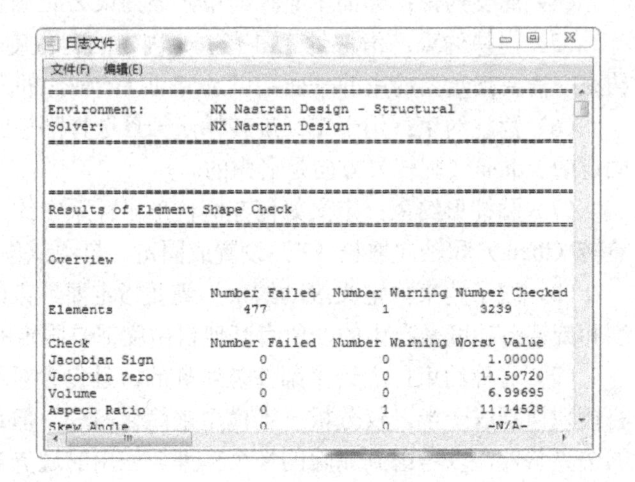

图 14-22 检查报告

14.4 有限元模型求解与结果后处理

14.4.1 模型求解

建立有限元模型之后，就可以设置解算方案并进行求解。在对模型求解时，软件为选定的解算器创建输入文件，然后开始处理。也可以选择只创建解算器输入文件，而实际上不解算它。

1. 解算方案

在仿真导航器中选择当前的仿真文件，单击鼠标右键，在弹出的快捷菜单中选择“新建解算方案”命令，打开如图 14-23 所示的“解算方案”对话框，设置解算方案的名称、求解器、分析类型和解算方案类型等参数后，单击“确定”按钮，创建新的解算方案。

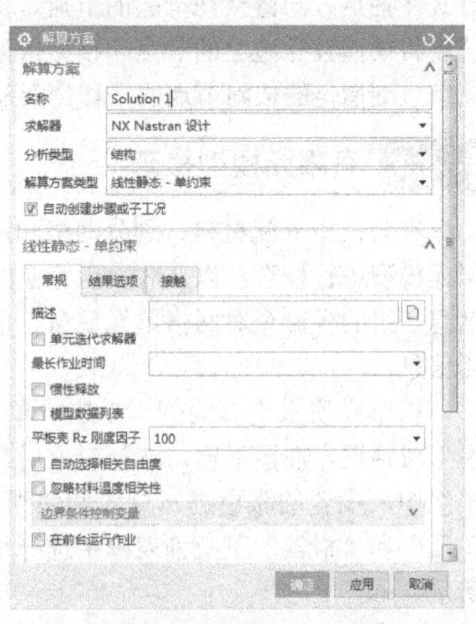

图 14-23 “解算方案”对话框

2. 求解步骤或子工况

可以对每个解法创建无限数量的步骤或子工况，每个步骤或子工况均含有诸如载荷、约束和仿真对象之类的解法实体。通过创建多个子工况，可在一个主模型的基础上针对不同分析目的和条件进行仿真。

每种解法所包含的步骤或子工况取决于解算

器，例如：

（1）NX Nastran：对于结构性解算，约束可以存储在主解法或子工况中，载荷存储在子工况中。对于热解算，载荷和约束均存储在子工况中。

（2）ANSYS：约束存储在主解法中，且载荷存储在子步骤中；对于非线性静态解算和热解算，约束存储在子步骤中。

（3）ABAQUS：加载历史记录被分为几个步骤。对于线性分析，每个步骤基本上都是一个载荷工况。所有载荷和约束都分配在指定的步骤中。步骤可以包含任意数目、任意类型的载荷和约束。如果要进行仿真的问题是一个步骤的结果成为下一步骤的初始条件，则必须确保上一步骤的载荷和边界条件也包括在后续步骤中。

（4）LSDYNA：对于 LS-DYNA 解算器，使用创建解法对话框可创建结构解法。此功能用于未来扩展。不必创建仿真文件或解法。可改为从 FEM 直接执行导出仿真命令，以写入 LS-DYNA 关键字文件。高级仿真不支持 LS-DYNA 的边界条件或载荷。

3．有限元模型求解

建立有限元模型和解算方案后，可通过以下三种方式进行求解：

（1）选择菜单命令“菜单”→“分析”→“求解”。

（2）在“主页”选项卡的“解算方案”组单击“求解”图标。

（3）在仿真导航器中选择解算方案（如 Solution_1），单击鼠标右键，在弹出的快捷菜单中选择“求解”命令。

执行求解命令后，打开如图 14-24 所示的“求解”对话框，在“提交”下拉列表框中可选择以下 4 种解算类型：

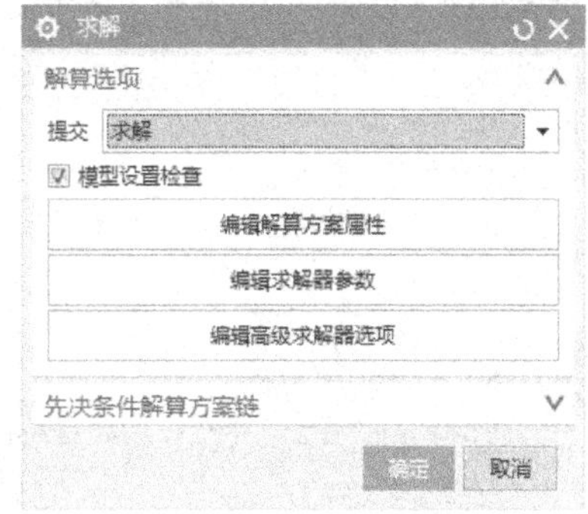

图 14-24 “求解”对话框

（1）求解：对批量数据板面或输入文件进行格式化，并自动开始处理。按照这种模式，一旦数据被格式化，分析作业就提交给解算器。

（2）写入求解器输入文件：创建板面或输入文件，而无需执行求解。

（3）求解输入文件：解算由编写解算器输入文件选项编写的输入文件。

（4）写入、编辑并求解输入文件：将打开现有的输入文件，可对其进行修改，完成修改后关闭文件，解算过程将自动开始。

单击“编辑解算方案属性”“编辑求解器参数”“编辑高级求解器选项”按钮，可打开相应的对话框，对解算方案的属性和求解器参数进行修改。如果选择“模型设置检查”复选框，将在求解时对有限元模型进行检查，并且在“信息”对话框中显示检查结果。

在“求解”对话框完成设置后，单击“确定”或“应用”按钮，将打开“分析作业显示器”对话框。当“Review Results”对话框提示已经完成解算后，单击“Yes”按钮关闭对话框。

在“分析作业显示器”对话框中单击“检查分析质量”按钮，将对求解结果进行综合评价，在打开的对话框中提示求解结果的可信度，并提示是否需要采用更精细的网格划分。

14.4.2 结果后处理

利用后处理导航器可以管理、查看和查询分析结果。后处理显示是在图形窗口中直接创建的，使用后处理工具，可以通过以下方式观察求解结果：

（1）创建模型结果的节点和单元轮廓图。

（2）创建标量数据、矢量数据和张量数据的标记图（立方体、球体、箭头和张量标记）。

（3）创建横截面和切割平面视图。

（4）标识节点或单元处的最小值和最大值，标识选定节点和单元的值并将这些值导出至电子表格以供进一步分析。

（5）针对选定节点处的结果数据创建图形并显示这些图形。

1．加载并分析求解结果

在资源栏打开后处理导航器，选择解算方案节点下的分析类型，单击鼠标右键，在弹出的快捷菜单中选择“加载”命令，如图 14-25 所示，可将求解结果加载，随后可展开解算方案的子工况节点，如图 14-26 所示，查看各方面的结果。

如图 14-26 所示，展开位移节点，双击“幅值”项，将在图形窗口显示如图 14-27 所示的图形，默认情况下，视图中的模型以不同的颜色显示位移，根据视图左侧显示的各颜色所对应的数值，可直观地了解各个部分位移的大小，并且视图左上角会显示分析结果的相关信息。

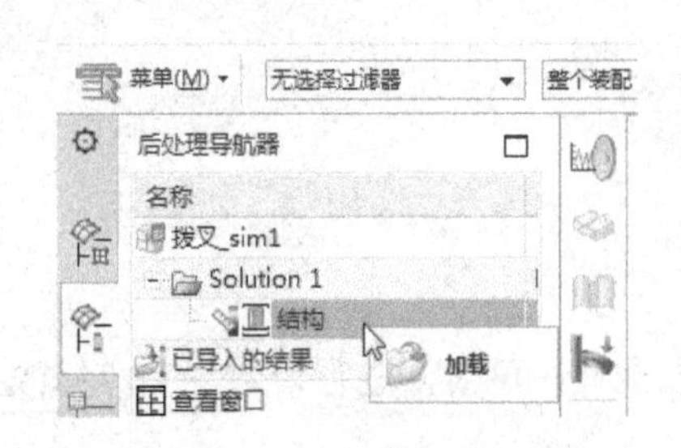

图 14-25　加载求解结果

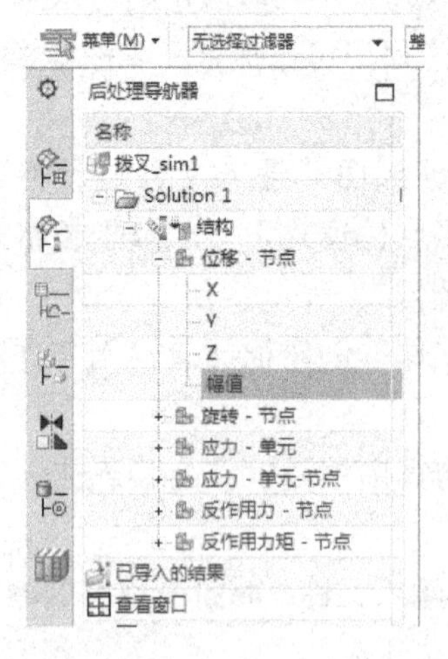

图 14-26　求解结果查看

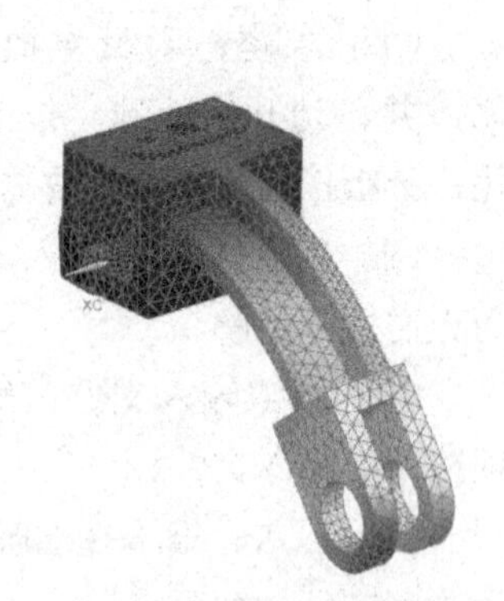

图 14-27　模型各节点的位移

2．仿真结果动画演示

为更直观地观察有限元模型的求解结果，可在“结果”选项卡的“动画”组单击“动画”图标，利用打开的对话框观察动画。另外，可通过“结果”选项卡的“后处理”组的命令对所关心的结果进行观察和分析。

完成仿真结果的观察和分析后，在“结果”选项卡的“关联”组单击“返回到模型”图标，结果后处理即可结束并返回到模型。

14.5 有限元仿真范例解析

有限元仿真在机械设计中应用广泛，因其能够对零部件的应力、应变、疲劳等复杂问题进行快速而且较为精确的分析计算，在工程设计中的地位越来越重要。有限元仿真涉及的内容比较广泛，主要难度在于通过指定材料、划分网格、设置边界条件等建立精确的有限元模型，使分析结果尽量精确。本节通过若干范例介绍利用 UG NX 进行有限元仿真的基本方法。

14.5.1 拨叉有限元仿真范例

本节以如图 14-28 所示的拨叉介绍对零件进行应力、应变等结构分析的基本方法。在工作过程中，通过传动轴作用于拨叉上方的半圆孔，使拨叉绕其下方的孔的轴线进行扭转振动，并通过键带动输出轴将运动输出。

拨叉的半圆孔在不同阶段将受到竖直或水平方向的力，通过创建多个子工况可对不同受力状态进行分析，操作步骤如下：

1. 打开网盘文件

启动 UG NX，打开网盘文件“练习文件\第 14 章\拨叉\拨叉.prt”，并进入建模应用模块。

2. 抑制倒角特征

选择菜单命令“菜单”→“编辑”→“特征”→“由表达式抑制”，在打开的对话框的列表框中选择特征“倒斜角（15）”，如图 14-29 所示，在图形窗口中可观察到拨叉下方凸台的四个斜角高亮显示，单击“确定”按钮关闭对话框。

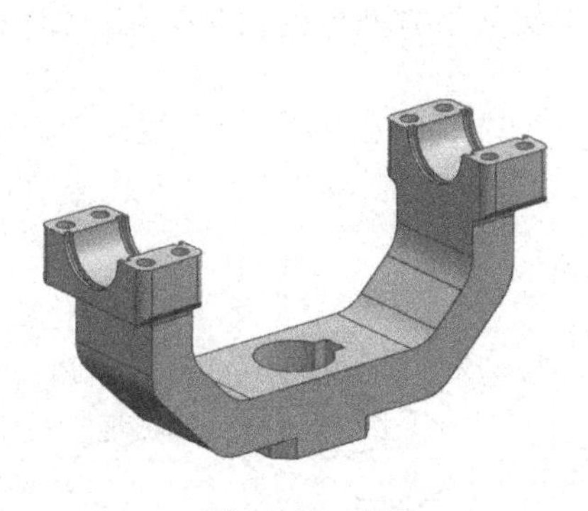

图 14-28 拨叉

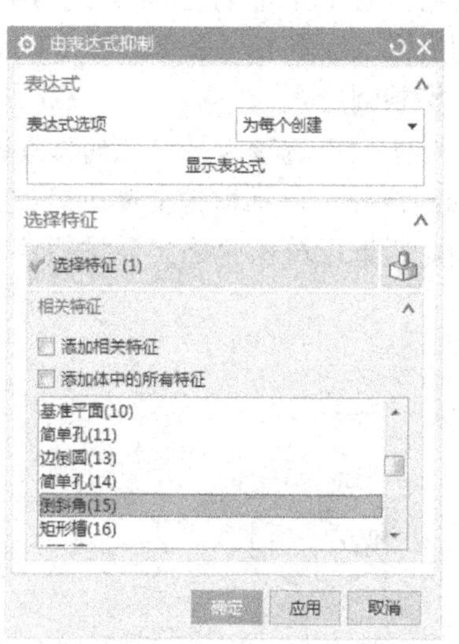

图 14-29 “由表达式抑制”对话框

📖 提示：

如果在有限元仿真中需要抑制某些不重要的细部结构，简化有限元模型的复杂度，必须在建模应用模块中利用上述方法，利用“由表达式抑制”命令将其抑制，使其能够在理想化模型时被抑制。

3．进入仿真应用模块

在“应用模块”选项卡的“仿真”组单击“前/后处理”图标，进入“前/后处理”应用模块。

在仿真导航器中选择部件名称“拨叉.prt”，单击鼠标右键，在弹出的快捷菜单中选择“新建 FEM 和仿真”命令，在打开的对话框中接受默认设置，单击“确定”按钮，并在随后打开的“解算方案”对话框中接受默认设置，单击“确定”按钮，创建解算方案。

4．准备几何体

为减小计算量，将几何体中影响较小的细节特征去除，操作方法如下：

（1）设置理想化部件为显示部件

在仿真导航器中展开“拨叉_fem1.fem”节点，在其下选择理想化部件文件“拨叉_fem1_i.prt”，单击鼠标右键，在弹出的快捷菜单中选择“设为显示部件”命令，在随后打开的对话框中单击“确定”按钮。

在仿真导航器选择“拨叉_fem1_i.prt”，单击鼠标右键，在弹出的快捷菜单中选择“提升”命令，在图形窗口选择拨叉，在“提升体”对话框中单击“确定”按钮，将理想化部件进行提升。

（2）理想化几何体

在“主页”选项卡的“几何体准备”组单击“理想化几何体”图标，在图形窗口选择拨叉，在“理想化模型”对话框中选择“孔”和“圆角”复选框，在“直径”和“半径”文本框中分别输入 10 和 6，即直径小于 10mm 的孔和半径小于 6mm 的圆角将被去除，在图形窗口可看到拨叉上部的孔和圆角被选中。单击“确定”按钮关闭“理想化几何体”对话框，得到的拨叉如图 14-30 所示。

（3）抑制倒角

单击“主页”选项卡→“几何体准备”组→“更多”库→“抑制特征”图标，在打开的“抑制特征”对话框的上部列表框中选择“倒斜角（15）”，单击“确定”按钮，在随后打开的对话框中单击“确定”按钮将其关闭，将拨叉下方凸台的斜角抑制，如图 14-31 所示。

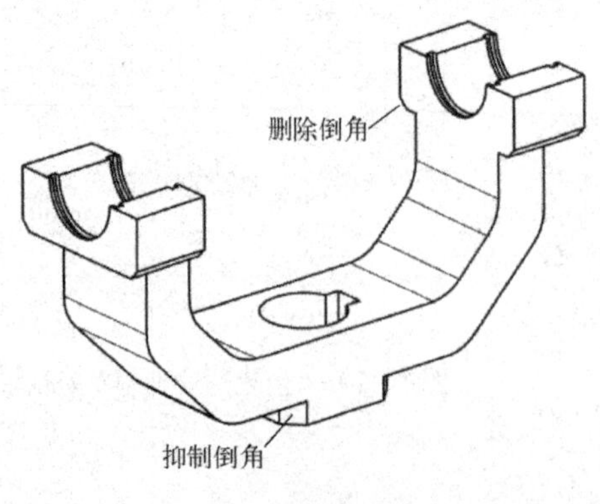

图 14-30　理想化拨叉

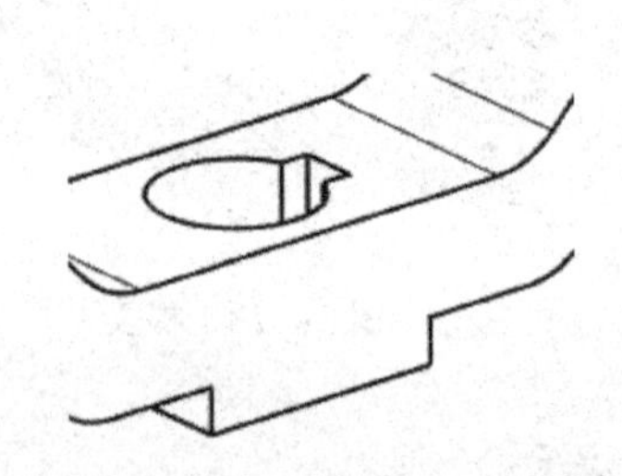

图 14-31　抑制凸台倒角

（4）删除倒角

单击“主页”选项卡→“几何体准备”组→“更多”库→“移除几何特征”图标，依次选择如图 14-30 所示的拨叉轴承孔附近的 4 个倒角，在打开的“移除几何特征”工具条中单击“确定”图标，将所选倒角移除，得到的拨叉如图 14-32 所示。

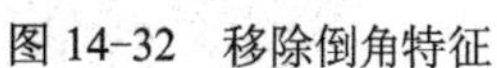

图 14-32　移除倒角特征

5．显示 FEM 部件

关闭“移除几何特征”对话框，在仿真导航器中选择“拨叉_fem1_i.prt”，单击鼠标右键，在弹出的快捷菜单的“显示 FEM”菜单的级联菜单中选择“拨叉_fem1.fem”，显示 FEM 部件。将随后打开的“信息”对话框关闭。

6．创建物理属性

在“主页”选项卡的“属性”组单击“物理属性”图标，在打开的“物理属性表管理器”对话框的“名称”文本框中输入 M-STEEL，其余设置不变，单击“创建”按钮，在打开的“PSOLID”对话框的“属性”选项组单击“材料”下拉列表框，选择右侧的“选择材料”图标，在打开的“材料列表”对话框的列表框中选择“steel”选项，单击“确定”按钮关闭“材料列表”对话框，然后单击“确定”按钮关闭“PSOLID”对话框，最后在“物理属性表管理器”对话框中单击“关闭”按钮将其关闭。

7．创建网格收集器

在“主页”选项卡的“属性”组单击“网格收集器”图标，在打开的对话框的“物理属性”选项组的“实体属性”下拉列表框中选择“M-STEEL”，在“名称”文本框中输入 S-STEEL，单击“确定”按钮创建收集器。

8．划分网格

在“主页”选项卡的“网格”组单击“3D 四面体”图标，在“单元属性”选项组的“类型”下拉列表框中选择“CTETRA(10)”选项，在图形窗口选择拨叉，在“网格参数”选项组单击“自动单元大小”图标，系统自动设置单元大小为 8.26。

在“目标收集器”选项组取消“自动创建”复选框的选择，可看到在网格收集器下拉列表框中自动设置为“S-STEEL”。

单击“确定”按钮关闭对话框，系统按照设置参数进行网格划分，设置显示方式为静态线框，划分网格后的拨叉如图 14-33 所示。

提示：

以上指定材料和划分网格过程为采用显示工作流的方式，该方式对于由多个体、材料和网格构成的复杂模型非常有用，还有助于在完整定义模型时确保精确性和完整性。

9．显示仿真部件

在仿真导航器中选择“拨叉_fem1.fem”，单击鼠标右键，在弹出的快捷菜单的“显示仿真”菜单的级联菜单中选择“拨叉_sim1.fem”。

10．设置约束

单击“主页”选项卡→“载荷和条件”组→“约束类型”下拉菜单→“固定约束”图标，选择拨叉下方孔的孔壁以及键槽的各个壁，单击“确定”按钮关闭“固定约束”对话框，将所选表面设置为固定约束，如图 14-34 所示。

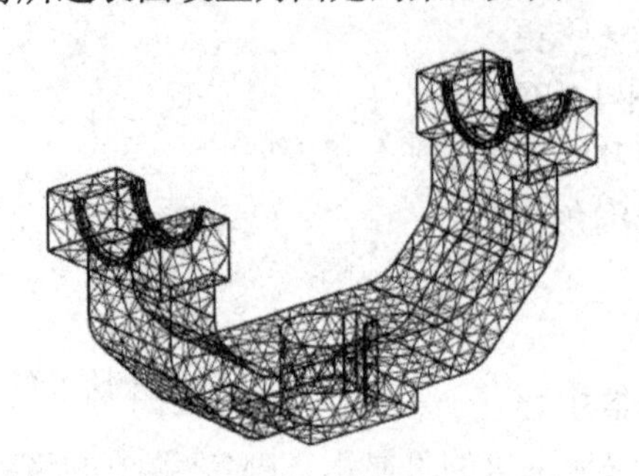
图 14-33　划分网格

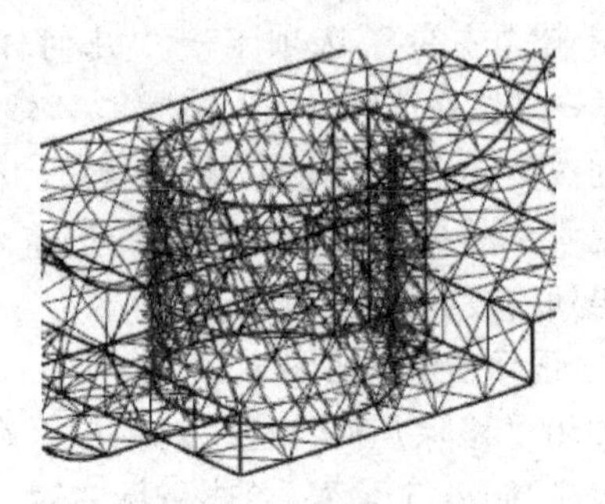
图 14-34　设置固定约束

11．施加轴承载荷

如图 14-35 所示，在解算方案“Solution_1”的子工况“Subcase-Static Loads1”下选择“载荷”，通过右键快捷菜单“新建载荷”的子菜单选择“轴承”命令，选择如图 14-36 所示的圆柱面，在“方向”选项组选择“指定矢量”确认其右侧的选项为，选择如图 14-37 所示的矢量方向，在“属性”选项组的“力”文本框中输入 500，其余参数不变，单击“应用”按钮，创建的轴承载荷如图 14-38 所示。

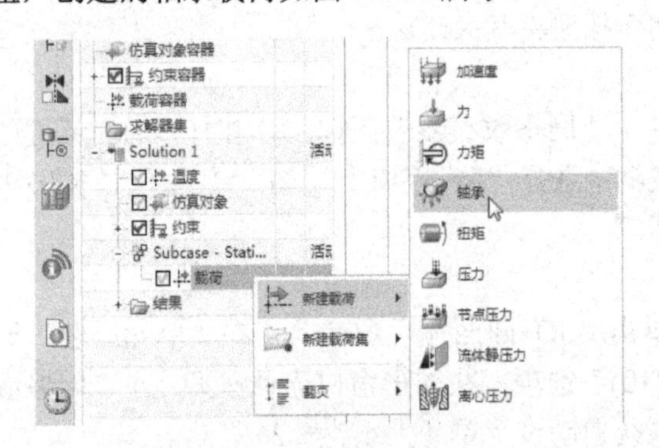

图 14-35　选择轴承约束

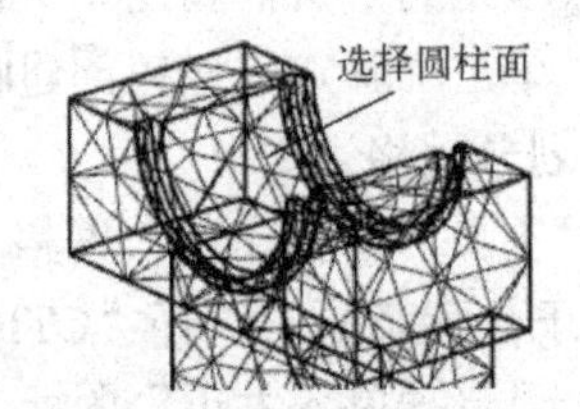

图 14-36　选择圆柱面

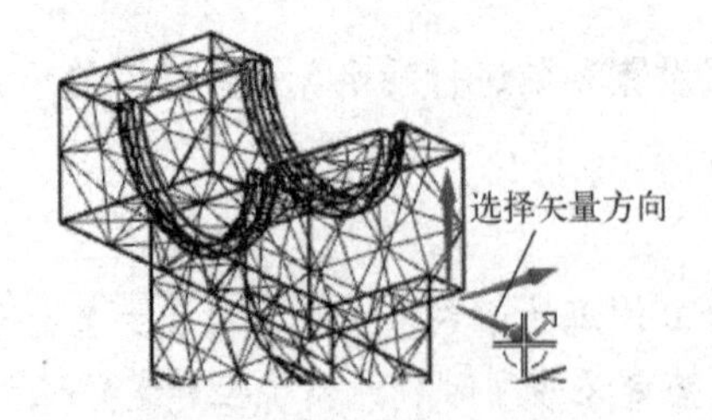

图 14-37　选择矢量方向

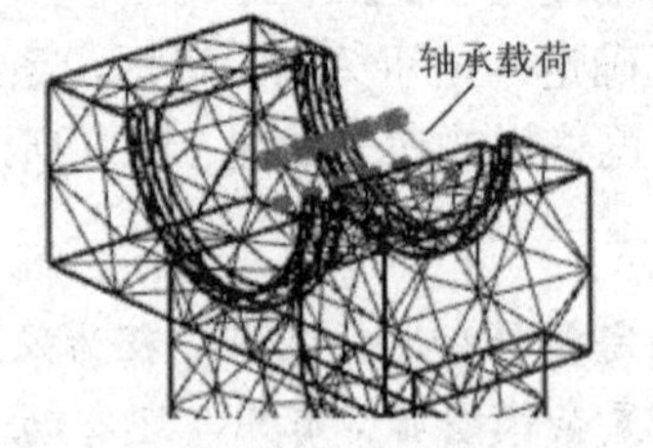

图 14-38　轴承载荷

利用上述方法，选择另一个圆柱面，仍然选择如图 14-37 所示的矢量，单击“反向”图标，使方向反向，仍然设置力的大小为 500N，单击“确定”按钮，创建与上述方向相反的轴承载荷，所施加的载荷如图 14-39 所示。

12．创建第二个子工况

在仿真导航器中选择解算方案“Solution_1”，单击鼠标右键，在弹出的快捷菜单中选择

“新建子工况”命令，在打开的对话框中接受默认选项，单击“确定”按钮创建子工况。此时，所创建的新子工况为激活状态。

13．施加压力载荷

选择新建的子工况“Subcase-Static loads2”下的“载荷”，通过右键快捷菜单“新建载荷”的子菜单选择“压力”命令，在打开的“压力”对话框的“类型”下拉列表框中选择“2D 单元或 3D 单元面上的法向力”选项，在上边框条的下拉列表框中选择“相关面”选项，如图 14-40 所示，依次选择上述施加轴承载荷的两个圆柱面，在“幅值”选项组的“压力”文本框右侧选择单位为“N/mm^2(MPa)”，并在“压力”文本框中设置幅值为 10MPa，单击“确定”按钮，创建的压力如图 14-41 所示。

在仿真导航器中展开两个子工况，可观察到每个子工况中包含各自施加的载荷，如图 14-42 所示。

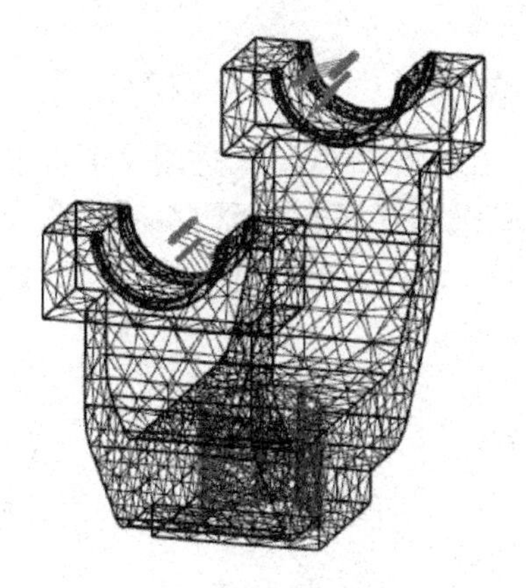

图 14-39　方向相反的轴承载荷

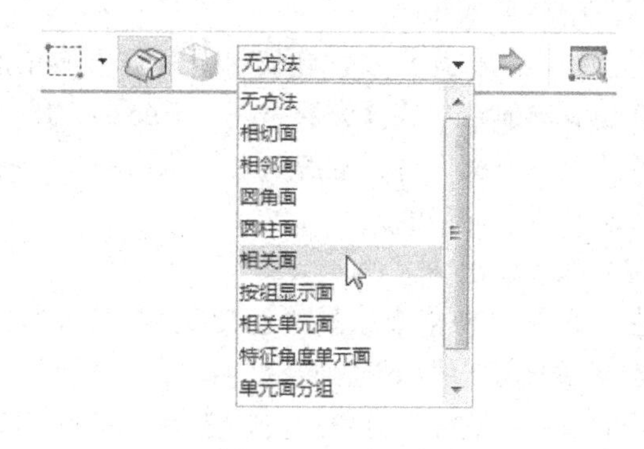

图 14-40　选择方式

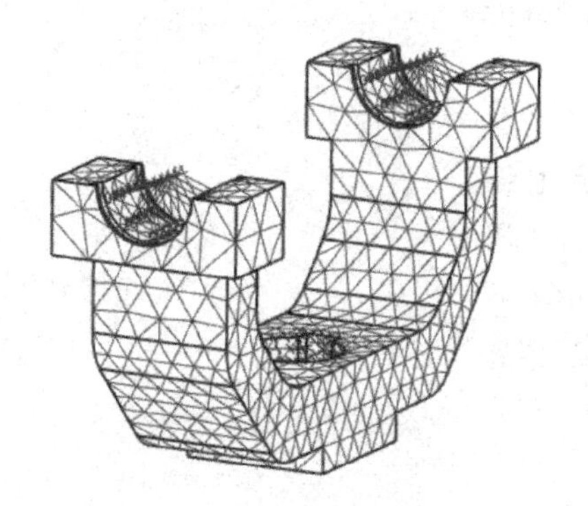

图 14-41　压力载荷

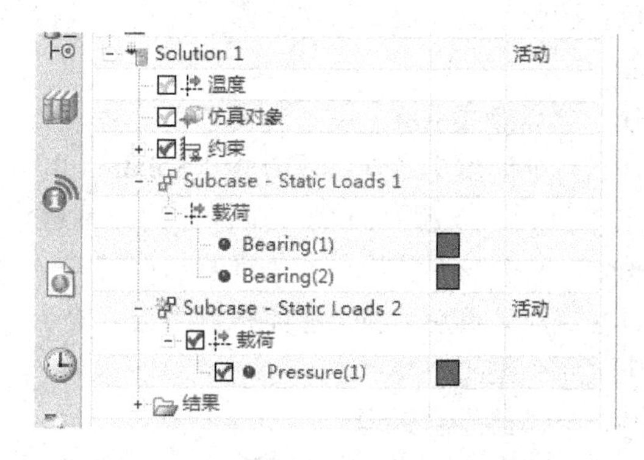

图 14-42　子工况的载荷

14．检查模型

为保证仿真计算顺利进行，并能够获得较好的计算结果，最好在开始仿真计算前进行有限元模型设置检查。单击“主页”选项卡→“检查和信息”组→“更多”库→“模型设置”图标，在打开的对话框中单击“确定”按钮，软件检查所建立的有限元模型，并打开如图 14-43 所示的“信息”对话框，显示有限元模型的基本情况。

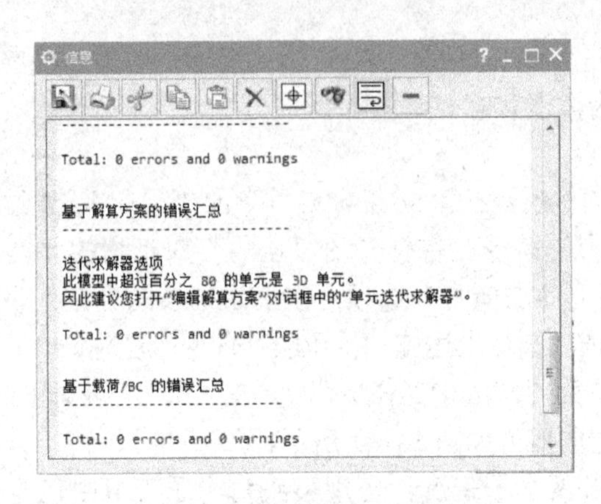

图 14-43 "信息"对话框

15. 编辑解算方案

（1）编辑常规选项

模型检查的信息提示，建议打开解算方案中的"单元迭代求解器"。关闭"信息"对话框，在仿真导航器中选择解算方案"Solution 1"，利用右键快捷菜单执行"编辑"命令，在打开的"解算方案"对话框的树形导览窗格中选择"常规"选项，然后在右侧窗口选择"单元迭代求解器"复选框。

（2）编辑输出请求

在树形导览窗格中选择"工况控制"选项，在右侧窗口单击"输出请求"下拉列表框右侧的"编辑"图标，在打开的对话框的树形导览窗格中选择"应变"选项，然后在右侧窗口选择"启用 STRAIN 请求"复选框，即求解结果中包含应变数据。最后依次单击"确定"按钮，关闭各个对话框。

16. 解算方案求解

在仿真导航器中选择解算方案"Solution 1"，利用右键快捷菜单执行"求解"命令，在打开的对话框中单击"确定"按钮，将会打开分析作业监视器和信息窗口，显示求解过程，在完成计算后，将会在监视器中显示提示，并在解算方案下显示"结果"节点。

17. 求解结果后处理

在资源条打开后处理导航器，选择"Solution 1"节点下的"结构"，利用右键快捷菜单选择"加载"命令，将求解结果加载。然后在后处理导航器中展开"结构"下的各个节点，如图 14-44 所示，可见两个子工况分别输出求解结果。

图 14-44 求解结果

双击子工况下的各个节点可观察计算结果，分别双击两个子工况下的"位移－节点"节点的"幅值"，在两种载荷状态下的结果分别如图 14-45 和图 14-46 所示。由此可见，可通过多个子工况分析同一模型的不同受力状态，以对零件的受力状态有综合的了解和掌握。

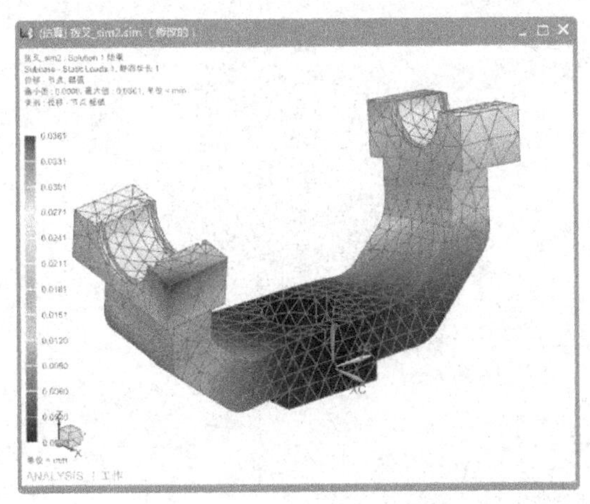

图 14-45　轴承载荷的位移

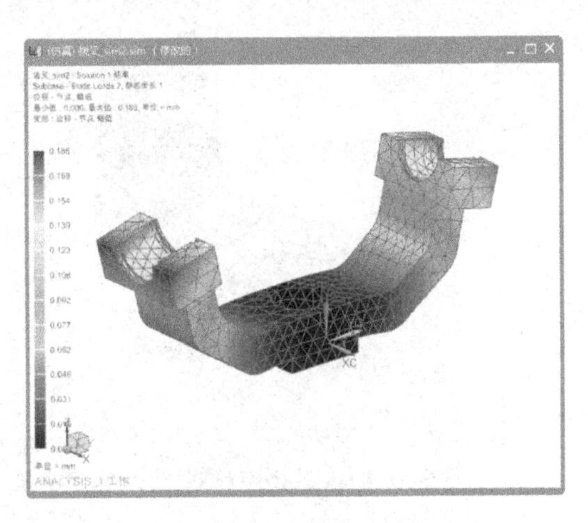

图 14-46　压力载荷的位移

上述仿真结果可参考网盘文件夹“练习文件\第 14 章\拨叉-1”下的相关文件。

14.5.2 弯板模态分析范例

本范例介绍如图 14-47 所示的弯板的模态分析过程，操作步骤如下：

1．打开网盘文件

将网盘文件夹“练习文件\第 14 章\L-板”复制到计算机硬盘，比如 D 盘。启动 UG NX，打开该文件夹中的部件“L 形板.prt”，在“应用模块”选项卡的“仿真”组单击“前/后处理”图标，进入仿真应用模块。

2．创建 FEM 和仿真

在仿真导航器中选择部件名称“L 形板.prt”，单击鼠标右键，在弹出的快捷菜单中选择“新建 FEM 和仿真”命令，接受默认设置，单击“确定”按钮，关闭“新建 FEM 和仿真”对话框。

在随后打开的“解算方案”对话框的“解算方案类型”下拉列表框中选择“SOL 103 响应动力学”选项，单击“确定”按钮，创建解算方案。

3．为模型指定材料

在仿真导航器中选择有限元模型名称“L 形板_fem1.fem”，利用右键快捷菜单执行“设为显示部件”命令。

单击“主页”选项卡→“属性”组→“更多”库→“指派材料”图标，在打开的对话框的“材料”列表框中选择“Steel”，在图形窗口选择弯板，单击“确定”按钮，为弯板指派钢材。

4．划分网格

单击“主页”选项卡→“网格”组→“3D 四面体”图标，在“单元属性”选项组的“类型”下拉列表框中选择“CTETRA(10)”选项，在图形窗口选择弯板，在“网格参数”选项组单击“自动单元大小”图标，系统自动设置单元大小为 4.08，单击“确定”按钮关闭对话框，系统按照设置参数进行网格划分，设置显示方式为带有隐藏边的线框，划分网格后的弯板如图 14-48 所示。

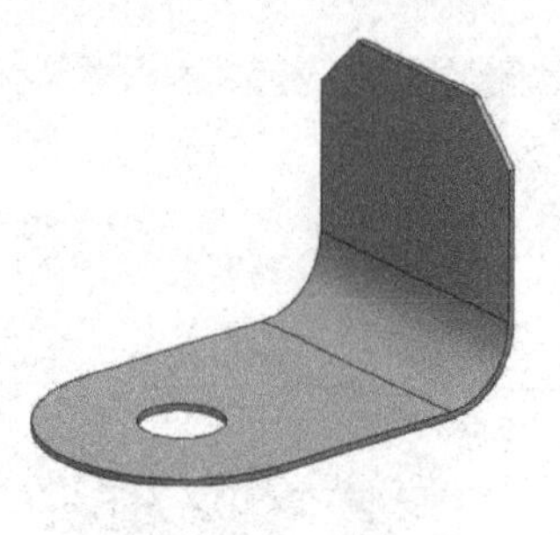

图 14-47 弯板

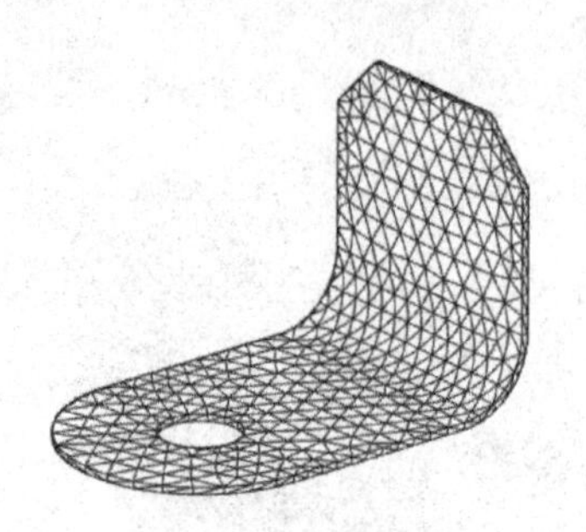

图 14-48 划分网格

提示：

以上指定材料和划分网格过程为采用自动工作流方式。

5. 显示仿真模型

在仿真导航器中选择“L 形板_fem1.fem”，单击鼠标右键，在弹出的快捷菜单的“显示仿真”级联菜单中选择“L 形板_sim1.sim”。

6. 设置约束

（1）施加用户定义约束

单击“主页”选项卡→“载荷和条件”组→“约束类型”下拉菜单→“用户定义约束”图标，打开如图 14-49 所示的对话框，在“自由度”选项组，除“DOF3”外，其余均设置为“固定”，在图形窗口选择如图 14-50 所示的弯板竖直部分的前后两部分平面，单击“确定”按钮创建固定约束。

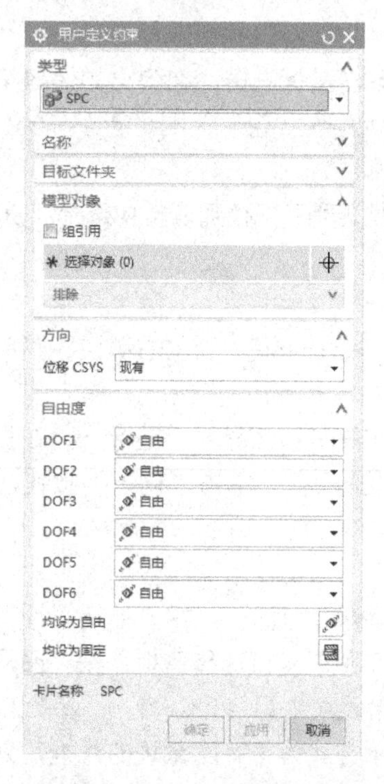

图 14-49 “用户定义约束”对话框

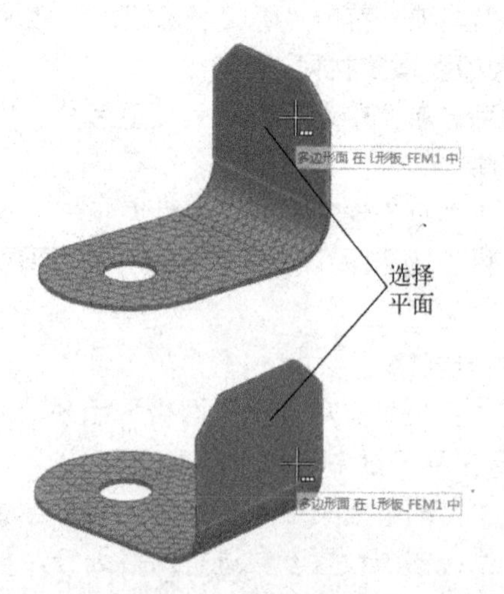

图 14-50 选择平面

（2）施加强迫运动作用位置约束

单击“主页”选项卡→“载荷和条件”组→“约束类型”下拉菜单→“强迫运动位置”图标，在打开的对话框的“自由度”选项组的“DOF3”下拉列表框中选择“强制”选项，其余自由度均为自由，选择弯板竖直部分的顶面，单击“确定”按钮创建约束。

7．编辑解算方案

在仿真导航器中选择解算方案“Solution 1”下的“Subcase-Dynamics”，单击鼠标右键，在弹出的快捷菜单中选择“编辑”命令，打开“解算步骤”对话框。

在“属性”选项组单击“输出请求”下拉列表框右侧的“编辑”图标，在打开的对话框的属性导览窗格中选择“加速度”选项，在右侧选择“启用 ACCELARATION 输出请求”复选框，单击“确定”按钮。

在“属性”选项组单击“Lanczos 数据”下拉列表框右侧的“编辑”图标，在打开的对话框中设置“频率范围－下限”为 0，“频率范围－上限”为 10kHz，依次单击“确定”按钮，关闭各个对话框。

8．求解

在“主页”选项卡的“解算方案”组单击“求解”图标，在打开的对话框中单击“确定”按钮，完成求解后关闭所有对话框。

9．结果后处理

在资源栏打开后处理导航器，利用前述方法将求解结果加载，可观察弯板各个模态的频率和振型，并可通过“结果”选项卡的“动画”组的各个命令观察各振型的动画。

在“文件”下拉菜单的“关闭”级联菜单中选择“全部保存并关闭”命令，保存和关闭文件，供后续范例使用。

上述仿真结果可参考网盘文件夹“练习文件\第 14 章\L－板-1”下的相关文件。

14.5.3 弯板响应仿真范例

本节以上述弯板为例介绍响应仿真的一般方法，操作步骤如下：

1．打开保存的文件

启动 UG NX，从“文件”下拉菜单中选择“打开”命令，在“打开”对话框的“文件类型”下拉列表框中选择“仿真文件（*.sim）”，然后选择上节保存的文件“D:\L-板\L 形板_sim1.sim”，单击“OK”按钮将其打开。

2．新建响应仿真

在仿真导航器中选择“L 形板_sim1.sim”，单击鼠标右键，在弹出的“新建解算过程”菜单的级联菜单中选择“新建响应动力学”命令，在打开的对话框中接受默认设置，单击“确定”按钮关闭对话框，建立响应仿真。

3．编辑阻尼系数

如图 14-51 所示，在仿真导航器中选择“Normal Modes [10]”节点，利用右键快捷菜单执行“编辑阻尼系数”命令，在打开的对话框中选择“粘滞”复选框，并设置“粘滞”系数为 5。单击“确定”按钮关闭对话框。

4．创建加速度脉冲函数

在图形窗口上方功能区选项卡标签所在行的空白区域单击鼠标右键，在弹出的快捷菜单中选择“响应动力学”，将“响应动力学”选项卡添加到功能区。

单击“响应动力学”选项卡→“响应动力学”组→“工具”库→“响应动力学的函数工具”图标，在打开的对话框中单击“Pulse”按钮，然后进行以下操作：

（1）在打开对话框的顶端选择“Half-sine”单选按钮，设置脉冲幅值为 1.0，脉冲宽度为 0.002，如图 14-52 所示。

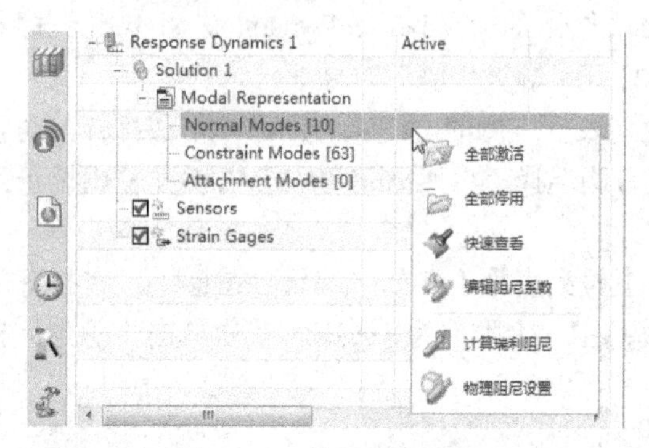

图 14-51 编辑阻尼因子

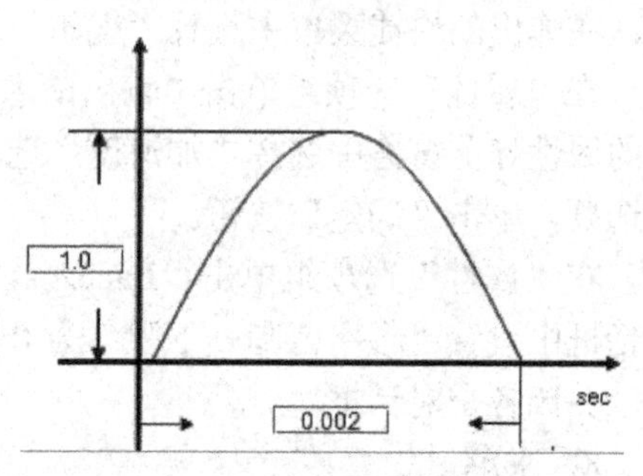

图 14-52 创建脉冲函数

（2）在“Unit Type”下拉列表框中选择单位为“mm/sec^2”。

（3）在“Record Name”文本框中输入 HS，在“AFU File”文本框中输入 AFU-HS。

（4）单击“OK”按钮关闭“Pulse”对话框，创建脉冲函数。最后关闭“Function Tool for Response Simulation”对话框。

5. 创建瞬态事件

在仿真导航器中选择响应仿真“Response Dynamics 1”，单击鼠标右键，在弹出的快捷菜单中选择“新建事件”命令，在打开的“新建事件”对话框的“类型”下拉列表框中选择“瞬态”，在“事件属性”选项组的“数据恢复”下拉列表框中选择“模态位移法”，在“持续时间选项”下拉列表框中选择“用户定义”，在“持续时间”文本框中输入 0.1，其余设置不变，单击“确定”按钮，创建瞬态事件。

6. 创建激励

如图 14-53 所示，在仿真导航器的事件“Event_1”下选择“Excitations”，利用右键快捷菜单执行“平移节点”命令，在打开的“新建平移节点激励”对话框中进行以下操作：

（1）在“激励位置”选项组的“激励”下拉列表框中选择“强制运动”选项，在“选择方法”下拉列表框中选择“图形选择”选项，在图形窗口选择如图 14-54 所示的激励位置。

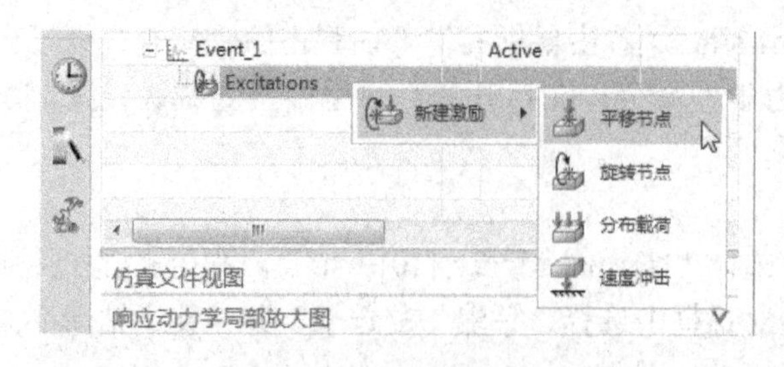

图 14-53 创建激励

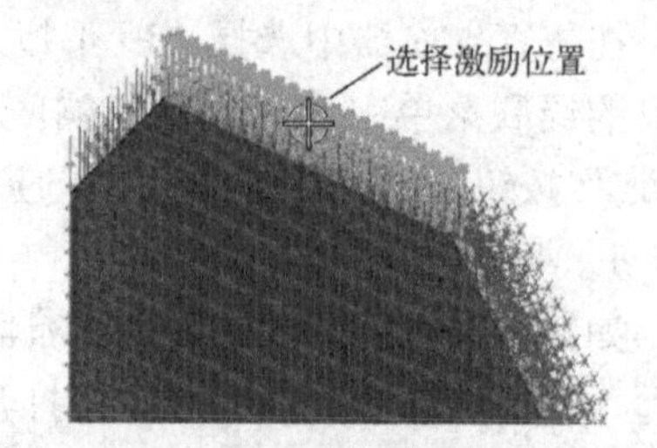

图 14-54 选择激励位置

（2）在“激励函数”选项组选择“Z”复选框，单击文本框右侧的图标，在打开的菜单中选择“f(x)函数管理器”命令，在打开的对话框中选择第 5 步创建的函数后单击“确定”按钮。

其余参数不变，单击“确定”按钮关闭“新建平移节点激励”对话框。

📖 **提示：**

当进行其他操作后，如果图形窗口不显示模型，可在功能区的选项卡中单击“返回到主页”图标，使模型重新显示在图形窗口中。

7．生成节点函数响应

在仿真导航器中选择“Response Dynamics 1”下的“Event 1”，单击鼠标右键，在弹出的“评估响应函数”菜单的级联菜单中选择“节点”命令，在打开的“计算节点函数响应”对话框中进行以下操作：

（1）在“结果”下拉列表框中选择“加速度”选项。

（2）选择图 14-55 所示的节点。

（3）在“数据分量”下拉列表框中选择“Z”选项。

（4）选择“存储至 AFU”复选框。

最后单击确定按钮，在打开的“查看窗口”工具条中单击“新建窗口”图标，可在打开的窗口中得到如图 14-56 所示的响应曲线。

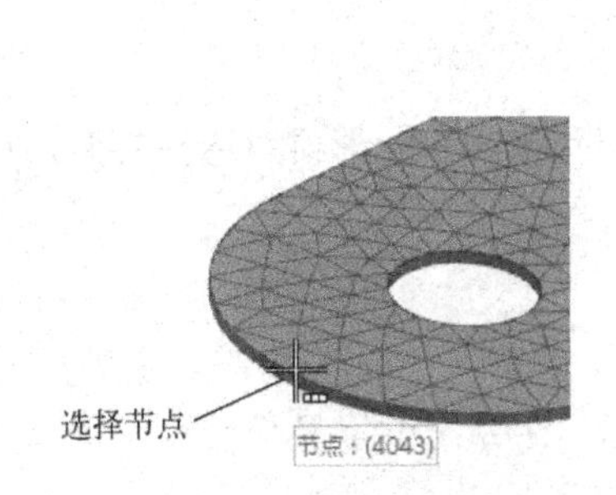

图 14-55　选择输出节点

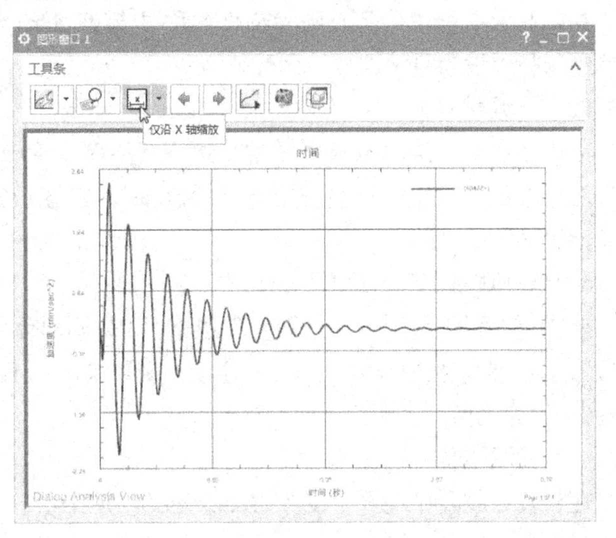

图 14-56　响应曲线

📖 **提示：**

如果在图形窗口中得到的曲线因坐标轴比例等问题导致曲线不容易看清，可在该图形窗口上方的工具条中选择相应的工具进行 X、Y 等轴的缩放，如图 14-56 所示。例如，要进行 X 轴缩放，可在工具条中选择“仅沿 X 轴缩放”命令，然后用鼠标在 X 轴选择需要缩放区域的起点，再选择缩放区域的终点，即可对所选区域进行缩放。

上述仿真的结果可参考网盘文件夹“练习文件\第 14 章\L－板-1”下的相关文件。

14.5.4 支架结构优化范例

本范例通过如图 14-57 所示的支架介绍进行结构优化的基本方法，其基本操作方法如下所述。

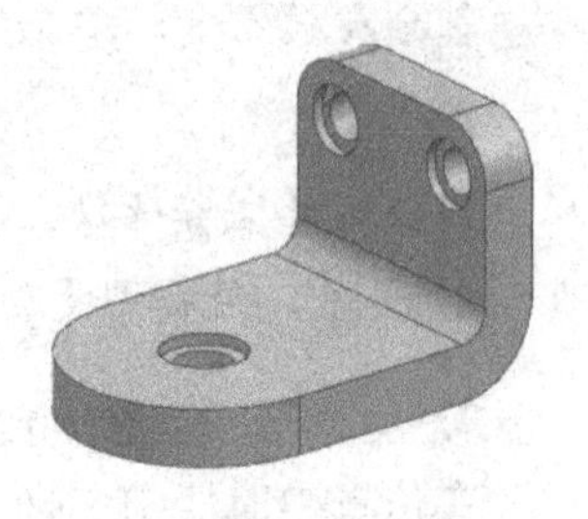

图 14-57 支架

1. 打开网盘文件

将网盘文件夹“练习文件\第 14 章\优化”复制到计算机硬盘，比如 D:盘。启动 UG NX，打开该文件夹中的部件“支架.prt”，在“应用模块”选项卡的“仿真”组单击“前/后处理”图标，进入仿真应用模块。

2. 创建 FEM 和仿真

在仿真导航器中选择部件名称“支架.prt”，单击鼠标右键，在弹出的快捷菜单中选择“新建 FEM 和仿真”命令，接受默认设置，单击“确定”按钮，关闭“新建 FEM 和仿真”对话框。在随后打开的“解算方案”对话框的树形导览窗格中选择“常规”选项，然后选择“单元迭代求解器”复选框，单击“确定”按钮创建解算方案。

3. 为模型指派材料

（1）显示有限元部件

在仿真导航器中选择有限元部件名称“支架_fem1.fem”，单击鼠标右键，在弹出的快捷菜单中选择“设为显示部件”命令。

（2）指派材料

单击“主页”选项卡→“属性”组→“更多”库→“指派材料”图标，在“指派材料”对话框的“材料”列表框中选择“Steel”，在图形窗口选择支架，单击“确定”按钮为支架指派材料。

4. 划分网格

单击“主页”选项卡→“网格”组→“3D 四面体”图标，在图形窗口选择支架，在“单元大小”文本框中输入 4，其余选项不变，单击“确定”按钮划分网格。

5. 设置约束

（1）显示仿真

在仿真导航器中选择“支架_fem1.fem”，单击鼠标右键，在弹出的“显示仿真”菜单的级联菜单中选择“支架_sim1.sim”。

（2）设置固定约束

单击“主页”选项卡→“载荷和条件”组→“约束类型”下拉菜单→“固定约束”图标，选择如图 14-58 所示的平面，单击“确定”按钮，关闭“固定约束”对话框。

6. 施加载荷

单击“主页”选项卡→“载荷和条件”组→“载荷类型”下拉菜单→“力”图标，在打开的“力”对话框中进行以下操作：

（1）在“类型”下拉列表框中选择“幅值和方向”，选择如图 14-59 所示的台阶孔的圆环面。

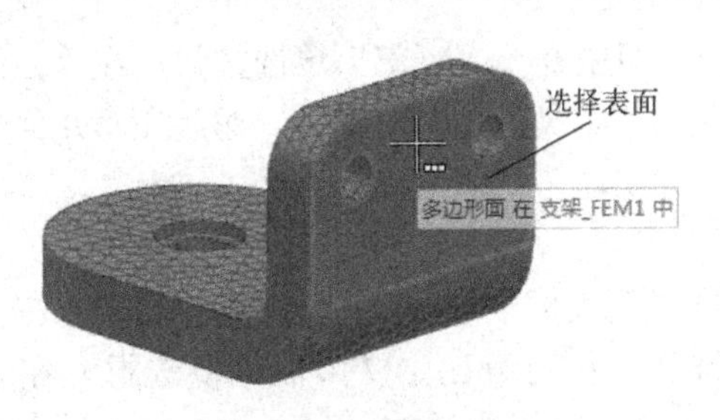

图 14-58　选择固定表面

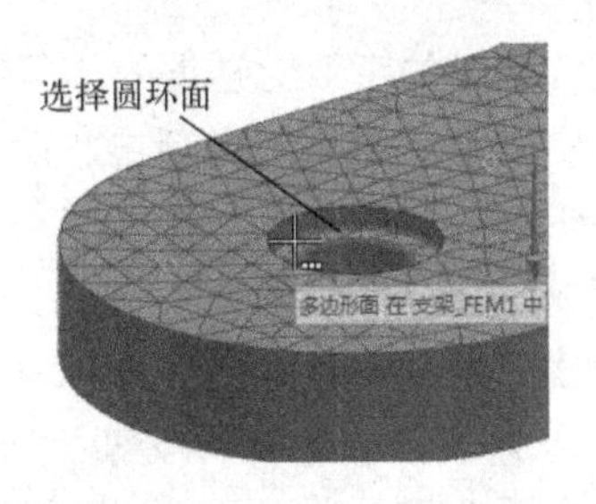

图 14-59　选择施加力的位置

（2）在“方向”选项组“指定矢量”最右侧的下拉菜单中选择 ，使力的方向垂直向下。

（3）在“幅值”文本框中设置力的大小为 1000N。最后单击“确定”按钮，在台阶孔的圆环面施加力。

7．求解解算方案

在“主页”选项卡的“解算方案”组单击“求解”图标 ，在打开的“求解”对话框中单击“确定”按钮进行求解。当监视器提示完成求解后，关闭所有对话框。

8．观察求解结果

利用前述方法，在后处理导航器中加载计算结果，然后展开计算结果的各个节点，在“位移—节点的”下双击“Z”，通过图形窗口左侧的标尺可看到 Z 向的最大位移为 0.0981，利用同样方法，可知“应力－单元节点”下的“Von Mises”最大值为 96.85MPa。

9．创建优化方案

在仿真导航器中选择“支架_sim1.sim”，单击鼠标右键，在弹出的“新建解算过程”级联菜单中选择“几何优化”命令，在打开的对话框中单击“确定”按钮，打开“几何优化”对话框，进行以下操作：

（1）设置优化设计名称

在“名称”文本框输入“OPT-1”，单击“下一步”按钮。

（2）设置优化目标

在“目标”选项组的“类型”下拉列表框中选择“结果测量”选项，然后单击“结果测量”图标 ，在打开的“结果测量管理器”对话框中单击“新建”图标 ，在打开对话框的“结果类型”下拉列表框中选择“应力-单元-节点”选项，在“组件”下拉列表框中选择“Von Mises”选项，在“操作”选项组选择“最大值”单选按钮，在“表达式名称”文本框中输入“OST”，依次单击关闭“结果测量”对话框和“结果测量管理器”对话框。

在“几何优化”对话框中选择“目标”单选按钮，在“目标值”文本框中输入“80”，单击“下一步”按钮。

（3）定义约束

单击“创建约束”图标 ，在打开的“定义约束”对话框的“类型”下拉列表框中选择“结果测量”选项，单击“结果测量”图标 ，在打开的“结果测量管理器”对话框中单击“新建”图标 ，在“结果类型”下拉列表框中选择“位移-节点”选项，在“组件”下拉列表框中选择“Z”选项，在“操作”选项组选择“最小值”选项，在“表达式名称”文本框中输入“OSS”，依次关闭“结果测量”对话框和“结果测量管理器”对话框。

在“定义约束”对话框的“限制类型”选项组中选择“下部”单选按钮，在“限制值”文本框中输入“-0.075”，单击“确定”按钮关闭“定义约束”对话框。然后在“几何优化”对话框中单击“下一步”按钮。

（4）定义设计变量

单击“创建设计变量”图标，在“特征”列表框中选择“矩形垫块（2）”，在“特征表达式”列表框中选择“支架”::p11=65，选择“按百分比定义限制”复选框，在“百分数”文本框中输入“40”，单击“确定”按钮。

（5）观察已定义的设置

单击“信息”图标，通过打开的“信息”对话框可观察优化设置正确与否。关闭“信息”对话框，其余参数不变，单击“完成”按钮，创建优化解算方案。

10．优化方案求解

在仿真导航器中选择优化方案“OPT-1”，单击鼠标右键，在弹出的快捷菜单中选择“求解”命令，可观察到解算过程，完成求解后将打开 Excel 工作表，显示优化求解过程及结果，并在表当中的最后一行显示提示“对设计做出小更改，运行已收敛。”说明已完成求解，并且收敛。

由 Excel 工作表可知，经 3 次优化计算后，应力为 79.459，非常接近目标值，参数"zhijia"::p11 的最终值为 57.37542。在 Excel 工作表打开 DV1"支架"::p11=65 属性页，可看到该参数的优化曲线，如图 14-60 所示。

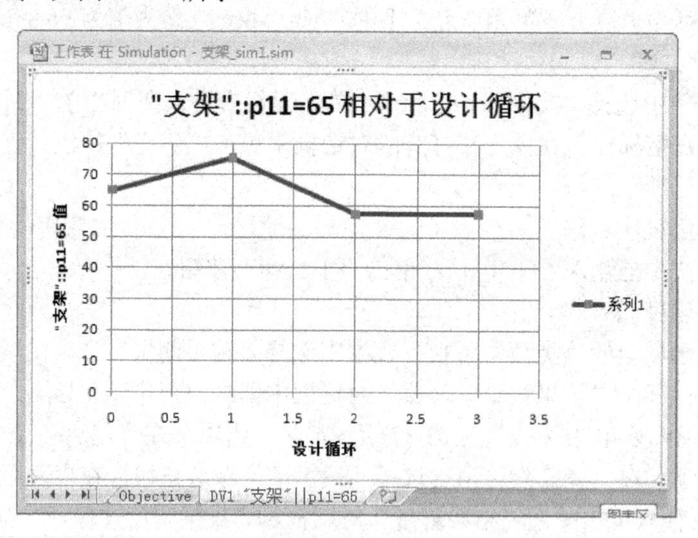

图 14-60　参数优化曲线

上述仿真结果可参考网盘文件夹“练习文件\第 14 章\优化-1”下的相关文件。